先进钢铁材料技术丛书

双相钢

——物理和力学冶金

(第2版)

马鸣图　吴宝榕　著

北京
冶金工业出版社
2009

内 容 简 介

本书介绍了双相钢的产生、发展、工业生产和新近应用概况；论述了双相钢的微观结构特征、单轴拉伸下的变形特性、Bauschinger效应成形性、断裂特性、疲劳和其他工艺性能，以及描述了双相钢变形特性的连续力学和微观力学模型。

本书可供冶金企业、机械制造企业、特别是汽车制造企业从事金属材料、热处理和力学性能的科研或工艺开发的技术人员及高等院校材料专业的师生、研究生阅读或参考。

图书在版编目(CIP)数据

双相钢：物理和力学冶金/马鸣图，吴宝榕著. —2版. —北京：冶金工业出版社，2009.1
(先进钢铁材料技术丛书)
ISBN 978-7-5024-4655-0

Ⅰ. 双… Ⅱ. ①马… ②吴… Ⅲ. 钢—性能—研究
Ⅳ. TG142.1

中国版本图书馆CIP数据核字(2008)第158937号

出 版 人　曹胜利
地　　址　北京北河沿大街嵩祝院北巷39号，邮编100009
电　　话　(010)64027926　电子信箱　postmaster@cnmip.com.cn
策划编辑　张　卫　责任编辑　王雪涛　美术编辑　李　心
版式设计　张　青　责任校对　王贺兰　责任印制　李玉山
ISBN 978-7-5024-4655-0
北京百善印刷厂印刷；冶金工业出版社发行；各地新华书店经销
1988年6月第1版，2009年1月第2版，2009年1月第2次印刷
169mm×239mm；31印张；602千字；473页；2101～4100册
79.00元

冶金工业出版社发行部　电话：(010)64044283　传真：(010)64027893
冶金书店　地址：北京东四西大街46号(100711)　电话：(010)65289081
(本书如有印装质量问题，本社发行部负责退换)

《先进钢铁材料技术丛书》
编辑委员会

序　言

钢铁材料具有资源丰富、生产规模大、品种规格多、性能稳定且多样化等特点，并易于加工、价格低廉。钢铁材料既方便使用，又便于回收，是人类从铁器时代就开始使用、目前亦为工业生产和人民生活中最广泛使用的材料。在可以预见的未来，还没有哪一种材料能够全面取代钢铁材料的作用。钢铁材料是人类社会进步的重要物质基础。

我国经济和社会持续不断地发展，钢产量持续快速增长，自 1996 年以来，粗钢产量连续十余年保持世界首位。但是，金属矿产资源、能源、交通运输和环境等方面却难以满足不断增长且数量庞大的钢材生产和使用的需求。在技术进步和各种材料的竞争条件下，人们提出了钢铁材料合理生产和创新发展的问题。那么，中国需要什么样的钢铁材料呢？

进入 21 世纪，一方面，国民经济各个部门都需要高性能、高精度和低成本的先进钢铁材料，如高层建筑、海洋设施、大跨度重载桥梁、高速铁路、轻型节能汽车、石油开采和长距离油气输送管线、大型储存容器、工程机械、精密仪器、大型民用船舶、军用舰艇、航空航天和国防装备等都需要专业用途的先进钢铁材料；另一方面，社会的发展对钢铁的生产、加工、使用和回收等环节又提出了节约能源、节省金属矿产资源、保护环境等要求。因此，从科学发展观来看，我们现在和未来的经济建设和社会发展迫切需要的先进钢铁材料应该是采用先进技术生产的高技术含量的钢铁材料，是具有高性能、高精度、低成本、绿色化为特征的钢铁材料，如高强度、高韧性、长寿命的高性能化;高形状尺寸精度和高表面质量的高精度化;低合金含量和优化工艺流程的低成本化;易于回收和再利用的绿色化。

近年来,在国家发改委、国防科工委和国家科技部的大力支持下,国内的科研院所、高校和企业的研发人员承担了国家工程研究中心、重点工程配套材料、国家支撑计划、国家“973”规划、国家“863”计划等国家重要科技项目工作,开展了先进钢铁材料的研发,在基础理论、工艺技术、产品应用等方面都取得了很好的成绩。为了促进钢铁材料发展,满足市场需要,由先进钢铁材料技术国家工程研究中心、中国金属学会特殊钢分会和冶金工业出版社共同发起,并由先进钢铁材料技术国家工程研究中心和中国金属学会特殊钢分会负责组织编写了《先进钢铁材料技术丛书》。先进钢铁材料技术国家工程研究中心专家委员会专家和中国金属学会特殊钢分会的专业人员组成本套丛书的编辑委员会。本套丛书的编写与出版具有时代意义。丛书编委会将组织国内钢铁冶金和材料领域的知名学者分别撰写,努力反映先进钢铁材料的科研、生产和应用的最新进展。期望本套丛书能够在推动先进钢铁材料的研究、生产和应用等方面发挥积极作用。本套丛书的出版可以为钢铁材料生产和使用部门的技术人员提供先进钢铁材料生产和使用的技术基础,也可为相关大专院校师生提供教学参考。我们组织编写《先进钢铁材料技术丛书》尚属首次。本套丛书将分册撰写,陆续出版。书中存在的疏漏和不足之处,欢迎读者批评指正。

《先进钢铁材料技术丛书》编委会

第2版前言

自2000年以来，中国汽车工业的发展跨入了快车道，每年均以两位数的速度快速增长。2006年中国汽车产量已达728万辆，2007年超过880万辆，中国汽车产量已进入世界产销大国的行列，其汽车保有量近5000万辆。与此同时，世界汽车产量也在较快增长，2006年产量已超过7000万辆，汽车保有量已超过5亿辆。汽车产量的持续攀升，汽车保有量的增加，由此而造就的汽车文明和该文明所蕴藏的深刻的内涵，在对人类社会产生深刻影响的同时，也产生了三大社会问题：燃油消耗、排放和安全。而减少燃油消耗和降低排放的有效途径是汽车轻量化，大量的实验结果表明：乘用车自重每减轻10%，则油耗下降6%~8%。对全顺车的系统实验表明：在符合欧Ⅳ标准排放下，汽车自重和油耗亦呈线性关系。但轻量化和汽车安全性是相悖的，既减轻自重实现轻量化而又保证汽车安全的方法就是应用各种高强度轻量化材料。20世纪末，面对汽车轻量化的需求和各种轻量化材料的竞争态势，国际钢铁协会组织了34家钢铁企业和知名汽车公司联合开展了超轻钢车身项目（UL-SABAVC），项目提出一些典型轿车的白车身的减重目标为20%，价格与原白车身保持不变，并满足2004年的碰撞安全法规；达到项目目标使原白车身用材发生了重大变化，高强度从原来白车身用量的5%提高到ULSAB的98%；而在高强度钢和先进高强度钢的应用中，兼有强度和延性良好匹配的双相钢用量竟达70%~80%。

双相钢诞生于20世纪70年代初，30多年来，人们对双相钢进行了大量研究,并曾预言,双相钢的出现将会使汽车结构轻量化、安全行驶,从而对提高汽车工业的竞争能力产生深远影响。在双相钢诞生之初,人们研究探讨的重点集中在对这一新钢种的物理和力学冶金的原理、组织性能的关系上,本书的第1版总结了双相钢的物理和力学冶金所取得的进展。近年来,汽车工业发展和国际上燃油价格的不断攀升以及对人类赖以生存的地球的环境保护,对温室效应的控制,导致汽车轻量化的进步在加快。双相钢——具有高强度高成形性的钢种再次引起人们高度的兴趣,而且近年来对双相钢的一些研究,更多地集中在与使用性能相关的应用上,在这一时期热镀锌连续退火生产线的建立和批量生产运行,为双相钢的生产提供了手段和装备,亦为双相钢的扩大应用提供了条件,而高强度和良好成形性的双相钢,在汽车轻量化和保证安全碰撞性能中所显示的良好效果和作用,已远远超出双相钢诞生之初时人们的预料。基于以上情况,承蒙冶金工业出版社的大力支持,作者决定将《双相钢——物理和力学冶金》一书修订再版,以满足有关读者和我国汽车用钢和汽车工业发展的需求。此次的第2版基本保留第1版的结构,但补充了近年来有关双相钢使用性能方面的研究成果,尤其补充了双相钢和其他高强度钢的应用对整车性能影响的研究成果;在双相钢的成形性中,补充了有实用价值的性能检测结果和回弹预测、回弹补偿等相关内容;考虑到双相钢用于碰撞安全件,还补充了双相钢在高速拉伸条件下的响应特性。汽车轻量化还对其他类型的高强度高成形性钢的发展提供了需求和动力,如相变诱发塑性钢(TRIP钢)和孪晶诱发塑性钢(TWIP钢),以及复相钢及热成形马氏体钢。这些钢的合金设计思想仍然是利用复合材料概念,即利用一个复合物,依靠这个复合物,使得各相的优点尽可能发挥,而其缺点由于其他相的存在而减少或消除;这仍与双相钢有很多类同之处,只是在TRIP钢中又增加了应变诱发马氏体转变,使受力集中处的缩颈因马氏体转变而强化,推迟了缩颈的发生,从而提高了均匀延伸,取得更高的强度和延性匹配。由于对这些钢的论述超出了本书范畴,本书中专列一章论述双相钢和其他高强度钢的性能对比,以拓展对双相钢和其他高强度钢异同的认识和应用。在双相钢的工业生产应用一章,列举了更多的应用实例和减重效果,可以进一步拓宽人们的思路和扩大双相钢的应用。在双相钢的生产和应用一章,还补充了一些典型连续退火生产线和镀层板生产线的内容和实例,以使读者对双相钢的现代生产模式有所了解。在20年前,有关这方面的具体报道还较少见。

在汽车高强度钢零件的成形和性能预测中,计算机模拟是一个有力的工具和手段,第1版时由于缺少材料成形的数据和油漆烘烤的数据,使应用这一工具受到限制,本书的有关章节亦注意补充了相关数据和内容。

本书中还补充一章专门论述了双相钢中Baushinger效应的一些内容,以使读者对这一经典效应有更深入的了解,同时也阐述了作者关于用矫顽力研究Baushinger效应的一些成果。近年来,Baushinger效应有了更多的实际应用,但愿从对Baushinger效应应用的论述中能对读者有所帮助。

作者还对附录中的成形极限图理论分析中的缩颈理论和M-K理论计算方程编制了计算程序,以便读者利用相关数据进行FLD理论计算;有兴趣的读者,可与作者联系。

本书保留了第1版从物理和力学冶金方面对双相钢进行阐述的特点,同时更突出了一些对双相钢应用研究成果和使用性能的介绍,试图实现对双相钢的成分/结构组织与材料性能、材料的合成与加工、有用构件的制造工艺,以及使用性能(即材料科学与工程)四大要素系统介绍的完整的统一。

作者虽然尽了很大努力,力图使本书内容尽可能丰富,但由于内容涉及材料科学和工程的四大要素及较宽知识领域,书中不妥和疏漏之处,希望广大读者不吝指正。

第1版的作者之一吴宝榕先生和部分章节的审阅者孙珍宝先生已经不幸过世,本书的出版也是对二位老先生的纪念。

在本书的修订出版过程中,冶金工业出版社的同志付出了辛勤劳动,上海宝钢、韩国浦项钢铁、德国蒂森公司以及JFE和瑞典SSAB公司等提供了一些宝贵资料和图片,丰富了本书修订内容,蒋素芳同志和中国汽车工程研究院材料工艺部的有关同志也对本书的修订给予了大力支持,在此并致谢意。

马鸣图

2008年3月于重庆

第1版前言

20世纪70年代初，低合金高强度钢的研究取得了一个重要突破，这就是双相钢的产生与发展。双相钢是指主要由马氏体和铁素体所构成的一类高强度高延性低合金钢。它的出现不只把低合金高强度钢的发展推向一个新的强度与延性的综合平衡阶段，而且由于它的特殊性能以及国内外物理冶金学者对描述这类钢的组织和性能关系的新概念、新机制和新模型所进行的大量工作，从而大大丰富了物理和力学冶金的内容。

双相钢最初是采用临界区热处理生产的（后来控轧工艺的发展又产生了轧制双相钢），然而人们对临界区处理和两相组织力学性能的认识则经历了一段发展过程。40年代前后，热处理工作者发现，当钢在完全奥氏体化后如果冷却不当，或部分奥氏体化后的淬火组织中存在有铁素体等非马氏体组织时，会使钢的强度、冲击韧性，尤其是弹性极限降低。50年代的试验表明，在临界点温度附近进行摆动热处理，可以细化晶粒，大幅度提高钢的低温韧性，同时经临界区加热淬火后可以抑制钢的回火脆性。到了60年代，人们对马氏体相变理论和复合材料力学性能的研究有了新的认识和进展，使临界区热处理的应用发生了质的变化。1968年双相钢专利的发表是这种质变的表现。

工业生产尤其汽车工业生产需要高强度冲压用钢，并为双相钢的开发提供了动力，而双相钢的出现又对汽车结构轻量化、安全行驶以及提高汽车工业的竞争能力产生了深远的影响。美国麻省理工学院 W. S. Owen 教授在1980年发表的重要报告“一个简单的热处理能挽救底特律（汽车工业）吗？”说明了双相钢对美国四大工业支柱之一的汽车工业的重要性。

双相钢的产生与发展改变或丰富了过去人们熟悉的有关完全奥氏体化钢的物理和力学冶金中的某些概念。临界区加热时合金元素在热循环中的再分配，奥氏体和铁素体共存时马氏体相变的拘束，两相塑性应变不相容情况下材料的变形特性，断裂源的位置和传播途径的多样性，岛状硬质相的强化机制以及描述双相钢抗拉强度的连续或不连续纤维复合材料强度的混合物定律等就是其中的一些例子。本书将归纳、评述近二十年来关于双相钢的物理和力学冶金研究中的进展。全书共分九章：

第 1 章概述双相钢的产生、发展和应用，以给读者一个关于双相钢的概貌。

第 2 章介绍临界区加热时奥氏体形成的特点、影响因素以及描述临界区热处理时奥氏体形成的体视特征的理论模型，为获得合适组织的双相钢提供理论基础和途径。

第 3 章介绍双相钢的显微组织特征及其影响因素，为认识双相钢的性能特点提供显微组织基础。

第 4、5 章详细论述双相钢在单轴拉伸下的变形特性及描述这些变形特性的理论模型。应该说像双相钢这样性能的理论预测值和实验值之间具有如此紧密的联系是较少见的。

第 6 章介绍双相钢的成形性、试验方法、表征参量及其与其他钢种的对比。作为主要用于冲压构件的双相钢，了解其成形性或平面应力下的变形特性对于实际应用具有重要意义。

第 7 章介绍解理断裂应力的意义、测试方法和双相钢的解理断裂特性。这对理解组织特征对材料解理断裂应力的影响，扩大双相钢的应用和进行安全设计都十分重要。

作为交变负荷使用的构件（如汽车轮盘），材料的疲劳性能对构件使用寿命的预测十分重要，本书第 8 章介绍双相钢的疲劳裂纹萌生、扩展和门坎值的实验结果，同时介绍双相钢在腐蚀环境下使用时的性能—氢脆和工艺性能—点焊性。

最后一章介绍双相钢的生产和应用情况，我们希望本书尤其本章的内容可促进双相钢在我国早日开花结果。

各章之间互有联系，但基本自成体系，可供单独阅读。

本书的若干章节由《材料科学和测试技术丛书》编委孙珍宝先生审阅，第 6 章由北京航空学院钟群鹏教授校阅，他们提出的宝贵意见已经著者采用于书中，在此敬表谢意。

本书涉及物理和力学冶金的广大领域，限于作者水平，编著中可能有不当之处，热情希望读者多加指正。

作　者

1984 年元月

目　　录

1 双相钢的产生与发展

1.1 概述

由低碳钢或低合金高强度钢经临界区处理或控轧控冷而得到的、主要由铁素体和马氏体所组成的钢称为**双相钢**。这种钢具有屈服点低、初始加工硬化速率高以及强度和延性匹配好等特点，已成为一种强度高成形性好的新型冲压用钢。它的出现为发展和生产高强度高延性的低合金高强度钢板指出了一条新的途径，因此引起了人们的强烈兴趣。

众所周知，除了应用在腐蚀性的环境之外，人们希望结构钢应具有的主要性能是强度、韧性和延性[1]。但这些性能往往不能同时令人满意，其主要原因是强度与延性的关系通常是相互矛盾的，即强度的升高往往降低或牺牲其他性能；而韧性和延性的改善，常伴随着强度的下降。解决这些相互矛盾的性能最优化的一个重要方法就是应用复合材料概念进行合金设计[1]。这一方法的基本原理是利用一个复合物，依靠这个复合物使得各相的优点尽可能得到发挥，同时使它们的缺点由于其他相的存在而减少或消除。第二相的大小、分布、形状和体积分数影响和控制着复合物或双相组织的力学性能，这在一定程度上提供了达到最佳力学性能状态的冶金灵活性，这种灵活性在单相结构和许多沉淀强化材料中是不存在的。双相钢就是在这种原理指导下进行合金设计的一个实例。这类钢因强韧的马氏体（承载组分）引入到高延性的铁素体中而强化。铁素体赋予这类钢高的延性。两相的比例则要视对双相钢综合性能的要求而定。

任何新技术的开发和新材料的出现，往往与生产上的需要密切相关。双相钢的产生和发展正是由于汽车工业的发展需要采用高强度高成形性板材的直接结果。同时，由于双相钢的生产工艺简单，以及用固态相变产生的双相组织，保证了两相之间界面的很好结合。因此，双相钢自20世纪70年代初出现以来，迅速发展并在汽车工业上得到应用。

1.2 汽车工业的发展和低合金高强度钢板的应用

自20世纪70年代中期以来，世界上主要工业化国家，汽车尤其是小汽车的生产迅速发展。以美国为例，1975年小汽车产量为898.7万辆，汽车保有量为1.327亿辆；到1985年，汽车产量上升到1165.4万辆，其中轿车达818万辆，汽车保有量达1.686亿辆。1985年全世界汽车总产量达4503万辆，保有量达4.71亿辆。

2005年美国汽车产量达1202万辆，全世界汽车总产量达6772万辆，保有量达6.5亿辆。2000年以后，中国汽车工业发展进入了快车道，每年都以两位数的速率增长，2006年，中国汽车产量达728万辆，产量已位于世界第三，销量处世界第二，而2007年产量已超过880万辆，如果加上农用车可超过1000万辆，产、销量稳居世界第二，而汽车保有量超过5000万辆。预计到2020年，中国家庭轿车的保有量有望超过1亿辆，汽车保有量将超过1.6亿辆。按2003年的统计，中国每千人汽车的拥有量仅为15辆，美国已达850辆。汽车工业发展，产量的增加，汽车保有量的提高，产生三个主要问题。其一是能耗加大，2003年中国汽车燃油消耗已达6000万t，2005年已达1.3亿t，2010年可能会达到2.7亿t；降低燃油消耗已成各国的当务之急。二是环保和排放污染加重，燃油消耗增加，必然带来排放污染增加。在通常情况下，按满足欧Ⅱ排放标准，汽车每消耗1 t燃油，将会排放$CO_2$2000 kg，NO_x44.09 kg，微粒1 kg，汽车排放污染也是惊人的。三是安全交通事故增加，中国每年因交通事故而造成的伤亡人数高达20万人/年，即百万辆汽车死亡人数高达0.5万人。为保证汽车工业健康发展，各国都制定了相应的法规。首先是如何减少汽车行车油耗，节约能源。能耗问题首次变得尖锐源于20世纪70年代初的石油危机，石油供应短缺和价格猛涨，迫使一些国家采取相应对策。70年代末，美国[2]和日本[3]相继制定了内容类似的能源政策。美国的公司平均油耗法（CAFÉ）要求各汽车厂生产销售的小汽车的平均油耗为：1978年为7.61 km/L（18mile/gal），1980年为8.46 km/L（20mile/gal），1985年为11.67 km/L（27.6mile/gal）。在汽车油价持续攀升的今天，这一法规更加严格。在美国，当某车型不能满足CAFÉ规定时，该车型的生产厂家将受到高额罚款，该车的买主也将被征收汽油超标税，汽油超标税的起征点为9.52 km/L（22.5mile/gal）；这一指标将对整个汽车设计用材及其生产产生重大影响；日本也于1999年规定了车辆的油耗限值，该限值依据车辆的装备质量不同，车辆驱动形式的不同，以及变速箱形式的不同而改变；尽管欧洲尚无燃油方面的规定，但CEE规定了燃油消耗量的测试方法，政府公布每种车型的实测燃油消耗，引导用户的购车意向；中国也于2003年制定并实施了车辆燃料消耗量限值方面的法规。

汽车数量增多，车速增高，车祸增多。为保证人员和车辆安全，美国在1966年制定了联邦汽车安全标准（Federal Motor Vehicle Safety Standard）[2]。这个标准的内容在技术上逐年加严。此外，1970年，美国、日本与西欧各国共同制定了安全实验车（Experimental Safety Vehicle）计划，并进行了几年的研究试制和国际交流，从而得出，保证安全的一个重要措施是汽车构造和构件要显著增强。例如，美国规定[3]汽车的前保险杠必须承受在8.05 km/h（5mile/h）车速下的撞击无任何永久变形。近年来，安全法规逐年严格，基于有关单位的统计报告，在车辆碰撞事故中，正面碰撞占49%，侧面碰撞占25%，追尾（即后碰）占22%。虽然侧碰比例较少，但人员伤害最严重。欧美除制定了正碰法规 FMVSS208 和 ECE R94 外,还制定了侧面碰撞法规 FMVSS214 和 ECE R95,我国 2004 年 6 月 1 日起实施正撞法规,2006 年 7 月 1 日起正式实施侧碰法规。

为降低排放,欧美均先后制定了相关的排放法规。欧洲 1993 年开始实施欧Ⅰ排放标准,1997 年实施欧Ⅱ,2000 年实施欧Ⅲ,2004 年实施欧Ⅳ;美国于 1993 年制定了类同欧Ⅰ的排放标准,同时提出了过渡低排放汽车(TLEV)、低排放汽车(LEV)和超低排放汽车(ULEV)排放标准,对汽车排放提出了更高的要求;我国目前已全面实施欧Ⅱ排放标准,2006 年 7 月 1 日起,部分城市实施欧Ⅲ排放标准。

降低汽车油耗虽然可以通过提高发动机效率、增加传动效率、减少运行阻力等方法,但是根据汽车油耗和汽车重量成线性关系的试验结果[4],如果汽车自重降低 10%,在其他条件不变的情况下,则可使汽车油耗降低 8%,排放降低 4%,可见,降低汽车自重是降低汽车油耗的简单有效的方法。

汽车质量对燃油消耗的影响可从以下分析中更一目了然地体现出来。如图 1-1所示,汽车在角度为 α 的坡面行驶,其行驶阻力 F_{wi} 可由方程 1-1 表示。

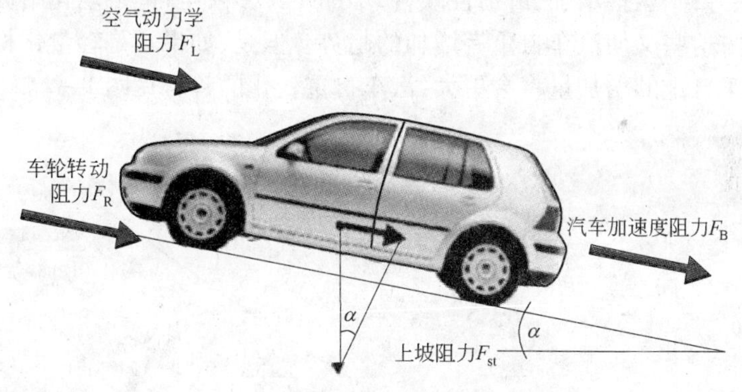

图 1-1 汽车行驶示意图

$$F_{wi} = F_R + F_L + F_{st} + F_B \tag{1-1}$$

车轮转动阻力 F_R 为:

$$F_R = K_R mg\cos\alpha \tag{1-2}$$

空气动力学阻力 F_L 为:

$$F_L = \frac{\rho}{2} C_w A v_x^2 \tag{1-3}$$

汽车上坡阻力 F_{st} 为:

$$F_{st} = mg\sin\alpha \tag{1-4}$$

汽车运动时加速度阻力 F_B 为:

$$F_B = K_m m a_x \tag{1-5}$$

以上各式中，m 为汽车质量，ρ 为空气密度，C_w 为风阻系数，A 为汽车迎风截面积，v_x 为车速，g 为重力加速度，a_x 为汽车加速度，K_R 为上坡阻力系数，K_m 为加速度阻力系数，将方程 1－2～1－5 代入方程 1－1，可得：

$$F_{wi}=\frac{\rho}{2}C_wAv_x^2+m(K_Rg\cos\alpha+g\sin\alpha+K_ma_x) \tag{1-6}$$

方程 1－6 表明：汽车的运动阻力与汽车质量密切相关，通常当车型设计完成后，风阻便可固定，则车子的运行阻力（也即燃油消耗）与车子的自身质量呈线性关系。

从汽车制造、使用中耗能的统计结果来看[4]：假定一部小汽车“一生”所耗能量为 12.56×10^8 kJ（3×10^8 kcal），则行驶占 82%，制造材料占 10%，加工工艺占 5%，轮胎占 2%，润滑油占 1%。可以看出，减少汽车自重从而降低使用中油耗的重要意义。因此，美国汽车的自重自 1974 年以来，已经迅速下降，例如：1977 年轿车平均重量为 1900 kg，1985 年下降到 1360 kg。汽车自重的这种明显的变化只有通过各种构件用材的变化才可能实现。

有趣的是，降低燃油消耗和排放，要求汽车轻量化，降低自重；而近年来，由于汽车功能提升，安全性增加，舒适性改善，增加了许多安全件、自动化附件和相关的舒适性附件，这些又使汽车自重有增加的趋势。但是，如果不是轻量化材料和技术的应用，汽车自重的增加量将会更大，汽车自重变化的趋势见图 1－2。

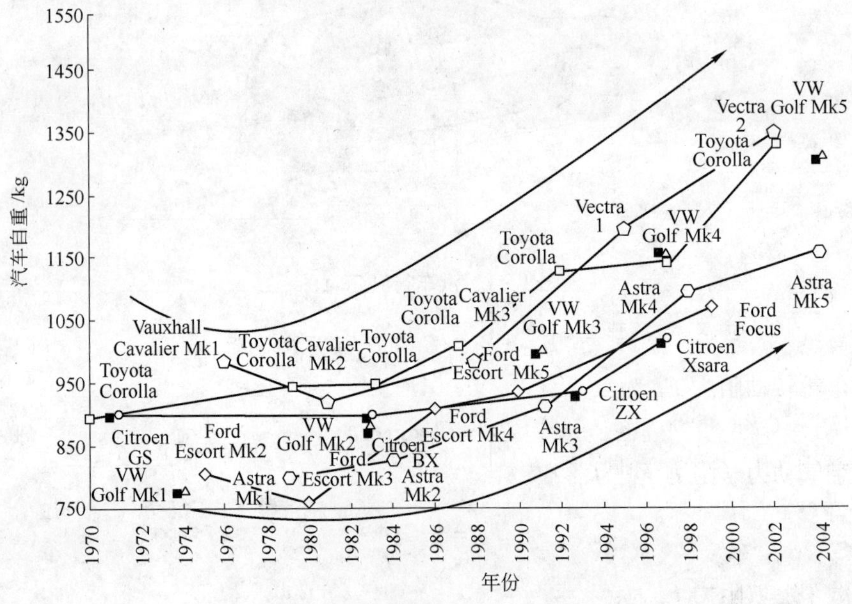

图 1－2　乘用汽车自重的变化趋势图

减轻汽车自重可以采用密度低的铝合金、塑料以及纤维增强复合材料。但这些材料与低合金高强度钢相比，尤其和近年发展的先进高强度钢相比，不只制造过程耗能多、工艺复杂，而且现阶段的价格也较高。根据我国及美国有关部门进行的德尔菲（Delphi）预测，为了减少能源消耗，汽车工业用材近期仍以钢为主，中期可能发展铝合金，远期才发展工程塑料和复合材料。这和 Compoton 对美国汽车材料使用的预测是一致的[2]。1970 年 Compoton 指出，即使到 1985 年，汽车工业中钢铁的用量还会占 70% 以上，而且高强度钢材的用量会有显著增加。

2001 年美国典型家庭轿车用材的构成：钢 54%，铸铁 10%，铝合金 8%，橡胶和玻璃 7%，镁合金 0.3%，其他 12.7%，而高强度钢的用量迅速增加，在国际钢铁协会组织的全世界 34 家钢铁公司和相关汽车行业的轻量化项目 ULSABAVC 白车身（BIW）的开发中，高强度钢用量已达 90% 以上，这些数据和上述的预测趋势相一致。

在一部汽车中，钢板的质量占车体材料的 83% 以上[4]。因此，采用低合金高强度钢板代替传统的低碳钢板，对减轻汽车自重、降低油耗、提高汽车构件强度、保证安全行驶都具有重要的意义。正如 Nitto[5] 等人在 1981 年所指出的："现在可以毫不夸张地说，如何利用高强度钢板已经成为影响 80 年代小汽车制造全局的关键技术问题。"基于最近几年的试验结果和所进行的理论分析，高强度钢板的应用及其在各类汽车零、部件中的应用总结于表 1-1[5]。

表 1-1 高强度钢板在汽车零、部件中的应用

零、部件使用中可能承受的变形量	零、部件的名称	所希望的零、部件性能	板材厚度、强度和性能之间的关系方程
大的塑性变形	保险杠加强体内防冲柱	高的压溃强度	$P_s \propto t\sigma_b^n$ $n=\frac{1}{2}$
	边板（梁）加强筋	高的撞击吸能	$A_E \propto t^2\sigma_b^{2n}$ $n=\frac{1}{2}$
小的塑性变形	车顶盖板门 油箱盖板	高的压痕抗力	$P_t \propto t\sigma_b^n$ $n=\frac{1}{2.5}$
非常小的变形（弹性和塑性）	车身边梁 横　梁	高的模量值	$P \propto tE_D^n$ $\frac{1}{E_D}=\frac{1}{E}+\frac{1}{E_s}$
非常小的弹性变形	边　梁 车　轮	高的疲劳强度	$\sigma_w \propto \sigma_b$

注：P_s 为压溃强度，A_E 为压溃吸能，P_t 为压痕抗力，P 为小变形抗力，σ_w 为疲劳强度，σ_b 为抗拉强度，t 为板材厚度，E_D 为动荷设计模量，E 为弹性模量；E_s 为正割模量；n 为常数。

由表中各关系方程可以看出：除疲劳强度外，其他各性能均正比于板材厚度和相应的材料性能(抗拉强度、流变应力和弹性模量)。如果材料强度提高,在所要求的性能不变或略有提高的前提下,则板材构件厚度可以减薄,因而可以降低构件重量。以承受大变形的保险杠加强体为例,该零件在使用中承受大的撞击载荷,希望具有较高的压溃强度。厚度、强度和压溃强度之间的关系方程为 $P_s \propto t(\sigma_b)^n$, $n=\frac{1}{2}$。如以厚度 $t=5$ mm 的普通碳钢制造,设低碳钢的 $\sigma_b=280$ MPa,则 $P_s=84K$ (K 为常数);如采用强度 $\sigma_b=430$ MPa 的 SAE950X 制造,P_s 保持不变,则厚度可减为 4 mm 或重量可降低 20%;如采用 $\sigma_b=600$ MPa 的 SAE980X 制造,P_s 不变,则厚度可减至 3.4 mm,重量可减少 30%;如仍用 SAE980X 制造,但重量只降低 20%,则 P_s 可提高到 98K。这个例子说明了采用高强度钢的优越性。这和文献[9]中所列的采用屈服强度为 350 MPa 的 HSLA 钢代替低碳钢可分别使前梁、发动机支架、保险杠加强体、保险杠、门、发动机内外盖板等构件板厚减少 15% ~ 25% 的计算结果是一致的。因此,采用高强度钢板制造车身构件,可以减少板材厚度,降低构件重量,从而节约行驶油耗,并保证安全运输。

文献[32,33]指出:采用高强度钢和先进高强度钢,还有利于提高乘用车白车身的弯曲刚度、扭转刚度以及相应的振动频率,从而有利于降低白车身的 NVH 性能。

1.3 低合金高强度钢的发展和双相钢的产生

低合金高强度钢的名称于 1934 年在美国出现(美国称 HSLA 钢、日本称高张力钢,前苏联称低合金钢、前西德则称低合金焊接结构钢),当时是指在普通低碳钢中加入少量合金元素,屈服强度为 280 MPa(28 kgf/mm^2)的一些钢种。1975 年,Cohen 和 Owen[6] 把低合金高强度钢定义为屈服强度等于 350 ~ 700 MPa,具有良好低温韧性、成形性和焊接性的钢类。由于技术上的进步,生产工艺的发展以及应用理论研究的深入,低合金高强度钢发展很快,形成几个分支,以满足不同类型的构件对钢材性能的要求[10]。

回顾低合金高强度钢发展的历史可以看出:人们对低合金高强度钢的性能要求在不断地变化[11],与此相对应的强化机制也在不断地发展。从性能来看,低合金高强度钢大体经历了以提高强度为主的初期阶段,到强度和韧性的相对平衡阶段,然后到强度、韧性、可焊性的综合考虑阶段以及最近的强度和成形性的平衡等阶段。各个阶段之间并无严格界限,并且可能是相互联系的。从强化机制来看[8],低合金高强度钢先后经历了固溶强化为主,沉淀强化为主,显微组织强化(针状铁素体和无碳贝氏体)为主,利用各种强化机制的综合强化,以及最近发展的复合材料强化机制等发展阶段,而各强化机制之间又是相互渗透和相互影响的。

早期设计和发展低合金高强度钢时,主要依据是抗拉强度。由于这类钢大量用于铆接的桥梁、船舶等结构件,不需考虑冷成形性和焊接性。其生产方法是热轧,主要强化手段是固溶强化,或者调整碳和锰的含量以改变钢中铁素体和珠光体的比例来提高强度。二次世界大战期间,由于采用焊接工艺而出现船舶断裂、容器爆炸等事故,机械制造上要求改善低合金高强度钢的断裂韧性、韧脆转折温度、焊接热影响区的韧性等。而在20世纪50年代初,晶粒细化对屈服强度和韧脆转折温度的有利影响已被人们逐渐认识。50年代后期,出现了微合金化钢,最初细化晶粒的方法是利用氮化铝,随后发现加入Nb、V、Ti等微合金化元素可以更好地强化和细化晶粒。

60年代初,美国琼斯–劳林钢公司,通过在钢中加入微量合金元素(如V、Nb、Ti等)、控制终轧温度和终轧后的冷却速度(如喷雾冷却)使低合金高强度钢的强度明显升高[7]。这类钢的强化机制是晶粒细化和碳化物、氮化物或碳–氮化物沉淀的综合强化。对于给定的强度水平,钢中碳含量下降,钢的可焊性改善,这就是早期的微合金化钢。一般来说,每加入0.0156% V,可使屈服强度提高14 MPa(1.4 kgf/mm^2);每加入0.01% Nb,可使强度提高35~40 MPa(3.5~4 kgf/mm^2)。随着人们对轧制过程中晶粒细化和变化规律的新的认识,对微合金化钢强韧化机制的进一步了解和对钢的纯洁度和夹杂物形态在改善韧性和横向性能方面作用的新的理解,低合金高强度钢又有了新的发展——产生了微合金化控轧钢。这类钢是利用Nb、V的碳–氮化物控制奥氏体再结晶和晶粒长大,通过控轧工艺使晶粒进一步细化,利用部分V(C、N)及Nb(C、N)在铁素体中析出,以及硫化物形态的改变而生产出的以细小等轴铁素体为基体的高强度、高韧性、良好可焊性的微合金化控轧钢。

针状铁素体或低碳贝氏体钢是为满足野外施焊条件的需要和提高韧性而发展起来的另一类低合金高强度钢,这类钢通过降低碳含量(0.03%~0.0656% C),以提高低温韧性;通过加入少量合金元素以提高强度;通过控轧工艺和冷却速率的控制,以尽量减少珠光体量并使铁素体成为极细小的针状组织或贝氏体组织。

上述各类钢的开发大多以改善强韧性或可焊性为其主要目的。由于这类钢在其强度提高的同时,其屈服强度明显升高,延性也有所下降,故这类钢的成形性仍很有限。

70年代初,美国、日本采用了低合金高强度钢代替普通低碳钢制造汽车上的一些安全零件(如保险杠、横梁等)以减轻汽车自重。但一般低合金高强度钢难以满足冲压工艺对板材成形性的要求,冲压件难以成形,或在延展操作中严重开裂,尽管从钢板成形工艺上做了许多努力和改进,但屈服强度大于450 MPa的低合金高强度钢的成形问题仍然难以解决。这时期,人们对复合材料强化机制和性能有了新的认识,复合材料强化理论有了新的发展。因此,一类新型的复合显微组织强化的具有良好成形性的低合金高强度钢——马氏体铁素体双相钢应运而生。

1.4　双相钢的发展概况

双相钢的第一个专利是 1968 年在美国提出的[12]。但是直到 1975 年，Hayami 和 Furukawa[13]对这类钢的显微组织、化学成分、力学性能和成形性做了完整的描述之后，双相钢的巨大潜力才被人们所认识。由于在双相钢的物理冶金原理、材料工艺和应用技术等方面的探索和开发都取得了很大进展，几十年来双相钢一直处于低合金高强度钢发展的前沿。它为汽车减轻自重、高强度冲压构件的制造和简化冲压工艺开辟了一条崭新的途径。

Hayami 和 Furukawa 比较了含磷钢、Si-Mn 固溶强化的铝镇静钢和 Ti、Nb 或 Nb-V 微量合金化的沉淀强化钢以及板厚 2 mm 的 Si-Mn 冷轧双相钢(0.1% C-1.4% Si-1.6% Mn-Fe)的拉伸性能和深拉延成形性。在上述几类钢中，双相钢的屈服强度最低，抗拉强度和延性的结合最佳，成形性最好。

Hayami 和 Furukawa 的论文发表后不久，1976 年，Bailey[14~17]发表了 TMT-550 含 N 双相钢的研究结果。该钢是增氮半镇静的 SAE1010 钢，其氮含量比普通的 SAE1010 钢高 4 倍，经热处理后零件的屈服强度与 SAE980X 相当，但 TMT-550 钢的冲压性能和回弹则比 SAE980X 好得多，一些较复杂的零件已用这种双相钢制造[15,18]。

由于当时美国尚未采用具有计算机控制的连续退火生产线，因此，需要寻求经临界区退火后空冷可得到双相组织的钢的方法。根据这一设想，Rashid[19~21]研究了含有微量元素(例如钒)的低碳－锰双相钢，Morrow 及其同事[22]研究了含少量钼的双相钢。由 Rashid 所开发的双相钢的原始牌号为 SAE980X，热轧板最小厚度为2 mm。Rashid 认为，含钒钢较其他微合金化钢(如 Ti、Nb 等)，经临界区处理空冷后具有更好的拉伸性能和成形性。这种钢被定名为 GM980X。随后，美国的詹斯拉古林钢公司生产了一组不同强度级别的含钒双相钢，分别定名为 VAN-QN50、VAN-QN80 和 VAN-QN100。

1978 年，Colaren 和 Tither[23]研制了新的双相钢。这种双相钢的组织可以通过控制终轧温度和盘卷前的冷却速度而获得，不需要临界区退火处理，因而定名为"ARDP"，即"轧制双相钢"。这类双相钢的典型化学成分为：0.07% C-0.90% Si-1.20% Mn-0.06% Cr-0.04% Mo。其工艺过程是：将 25 mm 厚的板坯重新加热到 1538 K，保温 1 h 后，控轧到 2.5 mm 厚，从终轧温度(1123 K)以 28 K/s 的冷却速度冷到盘卷温度(873 K)——"盘卷窗"，在盘卷前大约有 80%(体积分数)的铁素体形成，然后在盘卷冷却中，使未转变的残余奥氏体转变为回火马氏体。

目前，美国已有两个汽车公司(通用汽车公司——GM、福特汽车公司——Ford)，一些钢公司(国家钢公司、伯利恒钢公司、詹斯拉古林钢公司、美国钢公司)，克里马克斯钼公司和几个大学(匹兹堡大学、麻省理工学院——MIT、加利福尼亚大学、科罗拉多矿业研究院等)从事双相钢的基础理论(物理和力学冶金)及应用方面的研究工作。

日本对双相钢的研究和应用进行了大量工作[24~26,28~31],其生产和应用方面在世界上居领先地位。最初日本双相钢的生产多采用临界区退火生产。在1978年前后,一些钢公司建成并投产了由计算机控制的水淬连续退火生产线;所采用钢种多为普通低碳钢或低碳锰钢,经严格控制的退火工艺和水淬处理后进行回火,以改善延性并使组织稳定。随后在日本也开展了热轧双相钢的研究。但日本的"轧制双相钢"的成分与美国不同,其合金量很少,多为低碳Si-Mn钢或Mn-Cr钢,终轧后迅速冷却(如水冷)到M_s点以下进行盘卷。这类钢的强度没有克里马克斯钼公司的热轧双相钢好[27],但总伸长基本相当。

加拿大的麦克麻斯脱大学和底法斯科钢公司进行了双相钢的研究和工业试制工作[25,32],所研究和生产的热处理双相钢和Mn-Si-Cr-Mo热轧双相钢的成分和美国基本相同。

英国钢公司和剑桥大学也进行了双相钢的性能研究工作。Balliger和Gladman[33]研究了微量合金元素Nb、Ti、V等对热处理双相钢性能的影响。西欧的瑞典、意大利、法国等已试制了热处理和热轧双相钢,除交付有关汽车厂进行成形性试验外,还进行了部分构件(如车轮)的疲劳寿命对比试验。德国对高磷双相钢有较大的兴趣[34,35]。

我国的一些科研、教学和生产单位,从1978年起对双相钢的变形特性[36]、轧制变形模式[37]、强化原理[38,39]及断裂特性[40]进行了研究,有关钢铁公司和钢铁研究所已经研制了热处理双相钢和热轧双相钢。

30多年来,人们对双相钢的认识逐步深入,应用逐步扩大,迄今为止,关于双相钢的研究文献已有千余篇,并且在1979~1981年间出版了三本很有影响的论文集[41~43]。这些文章的内容包括下列几个方面:(1)双相钢的合金设计——合金化、工艺、显微组织与性能的关系;(2)临界区退火时奥氏体的形成动力学及随后冷却时的奥氏体转变动力学;(3)双相钢的变形特性——双相钢的初始屈服强度、加工硬化速率、抗拉强度、均匀伸长率、总伸长率及其影响因素等;(4)双相钢的变形理论——各类变形模型,应力应变曲线的模拟等;(5)双相钢的成形性——双轴应力下的延展、胀孔、延展弯曲以及成形构件的性能(如回弹、烘烤硬化)等;(6)双相钢的断裂特性——裂纹的萌生与扩展及其与应力状态的关系等;(7)双相钢的其他性能,如疲劳、门坎值、裂纹扩展速率、氢脆、可焊性等;(8)双相钢中的包辛格效应(Bauschinger Effect,以下简称BE)和矫顽力[44];(9)双相钢和其他高强度钢的一些性能对比;(10)双相钢的工业生产和应用。对双相钢本质的研究和认识不但对双相钢的生产有指导作用,而且也为材料科学的发展提供了广阔的前景。

目前,双相钢的生产和应用已进入了一个全新的时期,在以上有关研究成果以及物理冶金、力学冶金理论指导下,再加上高新技术、电子技术、数学技术对传统的钢铁生产模式的改变和提升,双相钢的生产工艺已渐成熟,世界上的一些知名钢铁企业如新日铁、JFE、浦项公司、阿塞勒、瑞典 SSAB 公司、美国钢公司、上海宝钢等都可生产各种牌号的双相钢,并在汽车车身板和车身结构件上应用,为汽车的减重、节能、减排和保证安全发挥了作用。

可以预测,当前和今后几年中用于汽车工业方面的 80% 以上的双相钢将由冷轧 - 退火工艺生产,并且生产工艺多是在自动化的连续退火生产线或热镀锌生产线上进行。美国底特律的产品中,亦有采用冷轧 - 退火生产的双相钢板材制造的趋势。用于安全零件的(如保险杠、车轮等)较厚规格的热轧双相钢板材,其需求量也会迅速增加。这种较厚规格的板材用临界区退火还是用控制轧制方法生产,则主要取决于两种类型工艺的经济性。

从世界范围来看,汽车工业往往是衡量一个国家国民经济发展的重要标志。在一些工业化的国家中,汽车工业的产值占工业总产值的 8% ~13%,素有三大支柱之一或四大支柱之一说。如果考虑到汽车运输在国民经济中的作用和意义,则汽车工业在国民经济中具有举足轻重的作用。因此,国外对汽车用材的进展十分重视,这也正是双相钢迅速发展的原因。1949 年以来,我国汽车工业有了很大发展,但就目前水平,不只产量和保有量与我国资源和需求量不相称,而且汽车的性能参数与国外同类产品相比仍有差距,以生产的载重 2 t 的货车为例,我国某车型重量利用系数为 1. 06,每百公里燃料消耗为 15 L,日本丰田 Dynaru-20-QR-BT 的相应的指标为 1. 17/13 L。如通过采用高强度钢板,降低汽车自重,不只可以显著提高汽车的重量利用系数,延长汽车零、部件的使用寿命和保证汽车安全行驶,而且可以降低油耗。

今天,中国汽车工业已进入世界产、销大国。2007 年中国汽车产量和销售量均居世界第二,且品种齐全,汽车的品种和质量均逐渐和世界汽车工业接轨,汽车工业已成为中国的支柱产业之一,轻量化、节能、减排和保证行驶安全工作也是刻不容缓。就在本书第 1 版问世不久,不少人还认为汽车工业广泛应用双相钢为时尚早,并感到困惑时,在文献[45]中,就以“跨世纪的拼搏”为题记述了本书作者对双相钢的研究,文章中写道:“……盯住我国轿车工业的旺盛期——21 世纪,为提供轿车用双相钢,进行了卓有成效的开发和应用基础研究”。我们不得不称赞作者的敏锐洞察力。由此可见,在我国汽车工业中采用高强度钢,尤其是双相钢更是十分迫切的。

从材料价格、工艺性能、构件寿命等方面来看,双相钢与塑料、铝合金的竞争,在大多数情况下是有利的。在今后几年中,双相钢在汽车工业中的应用将会迅速增加,并且会在许多以刚度作为主要设计考虑的构件中应用。双相钢未来的应用将会超出汽车工业的范围。

令人可喜的是,在高强度高成形性钢板中,除开发较早的双相钢之外,近年来还出现了相变诱发塑性钢(TRIP 钢)、热成形马氏体钢或部分马氏体钢、孪生诱发塑性钢以及复相钢等先进高强度钢[46,47],它们将和双相钢一起,为中国汽车工业的发展、减重、节能而又保证安全做出贡献。

参考文献

1 Kou J Y, Narasimha Rao B V, Thomas G. Metal Prog. ,1979,116(4):66

2 Owen W S. Metal Technology,1980,7:1

3 铃木骁一. 金属,1978,48:37

4 大久保宣天,杉沢正基. 塑性と加工,1980,21:108

5 Nitto H, Herai T, Satoh T. Nippon Steel Technical Report,1981,18:92

6 Cohen M, Owen W S. Microalloying 75,1977,New York, Union Carbide Corp. ,2

7 Morgan E R, Dancy T E, Korchynsky M. J. of Metals, 1965,17:825

8 Cohen M, Hansen S S. Micron 78, Optimization of Proceding Properties and Service Performance through Microstructural Control, ASTM,1978 Stp. 672,34

9 武智弘. 塑性と加工,1980,21:105

10 Poter L F, Repas P F. J. of Metals,1982,34(4):14

11 Pickering F B. Physical Metallurgy and The Design of Steels, Applied Science Publishers LTD, London, 1978,60

12 Mcfarlan W H. US Patent, No. 3378360,1968

13 Hayami S, Furukawa T. Microalloying 75,1977,New York, Union Carbide Corp. ,311

14 Bailey D J. US Patent No. 3930907,1968.

15 Bailey D J. ICM_2 Preprint, Boston, Mass.,1978,1722

16 Bailey D J, Steenson R. Metall. Trans.,1979,10A:47

17 Stevenson R, Bailey D J, Thomas G. ibid,57

18 Bailey D J. SAE preprint, 760208,1976,Feb.

19 Rashid M S, SAE Paper,760206,1976,Feb.

20 Rashid M S, SAE Preprint,770211,1977,Feb.

21 Rashid M S. US Patent No. 642457,1976

22 Morrow J W, Tither G. J. of Metals,1978,30:20

23 Colaren A P, Tither G. J. of Metals, 1978,30:6

24 马鸣图,吴宝榕. 国外金属材料,1982,19:9

25 Buck R M. Molybdenum Mosaic, 1980,4(3):6

26 Chihara T. Molybdenum Mosaic,1980,4(3):10

27 Tither G, Boussel P. Molybdenum Mosaic,1980,4(3):8

28 Hashiguchi K, Mishida M, Kata T, et al. Steel Technical Report,1980,1:70

29 Furukawa T, Endo M. Trans., ISIJ.,1981,2:B376

30 佐伯真事. 鉄と鋼,1981,67:540

31 花井瑜等. 鉄と鋼,1982,67:1306

32 Gerbase J, Embury J D, Hobbs R M. Structure and Properties of Dual Phase Steels. ed. by Kot R A, Morris J W Jr. , 1979, TMS/AIME, New York, 118

33 Balliger N K, Gladman T. Metal Science, 1981, 15(3):95

34 Becker J, Hornbogen E, Z. Metallkunde, 1981, 72(2):89

35 Becker J, Hornbogen E, Wendl F. Fundamentals of Dual Phase Steels, ed. by Kot R A, Bramfitt B L, 1981, TMS/AIME, New York, 183

36 马鸣图,汪德根,吴宝榕. 钢铁,1982,17(10):49

37 雷廷权,沈显璞. 哈尔滨工业大学学报,1981,增刊:42

38 马鸣图,汪德根,吴宝榕. 北京钢铁研究总院学报,1983,3(1):89

39 Ma M T, Wang G D, Wu B R. Mechanical Behaviour of Materials-Ⅳ. ed. Carlsson J, Ohlson N G, 1983, Pergamon Press, 1067

40 马鸣图,汪德根,吴宝榕. 金属学报,1983,19:A332

41 Formable HSLA and Dual Phase Steels. ed. by Davenport A T. TMS/AIME, New York, 1979

42 Structure and Properties of Dual Phase Steels. ed. by Kot R A, Morris J W. Jr. , TMS/AIME, New York, 1979

43 Fundamentals of Dual Phase Steels. ed. by. Kot R A, Bramfitt. E L. TMS/AIME, Yew York, 1981

44 马鸣图,段祝平,友田阳. 金属合金中的包辛格效应及其在工业中的应用. 北京:机械工业出版社,1989

45 邓鹏. 跨世纪的拼搏,勤奋与智慧的丰碑. 北京:中国经济出版社,1991,434~448

46 马鸣图. 先进的汽车用钢. 北京:化学工业出版社,2007. 1~130

47 Ludke B, Pfestorf M. The first International Symposium on Niobium Microalloy Sheet Steels for Automotive Applications, TMS, 2006, (10):1~36

2 临界区加热[❶]时奥氏体的形成

2.1 概述

钢在加热时奥氏体的形成动力学一直是人们感兴趣的物理冶金课题。奥氏体的形成由形核和长大速率决定，而形核和长大速率则受相变激活能或扩散激活能的控制和影响。在相当长的一段时间里，这方面的研究工作局限于平衡态钢加热到 Ac_3 以上温度时奥氏体的形成过程[1]。由于高频热处理、快速热处理的应用，对非平衡态钢加热时的组织转变的研究取得了一些进展[2]，但对临界区加热时奥氏体形成的研究才开始进行。临界区加热时奥氏体的形成决定马氏体的体积分数、成分及铁素体的成分，因而决定着双相钢的性能（如强度和延性）。临界区处理时，奥氏体的形成和长大是扩散过程，在 Fe-C 合金中，碳的扩散将控制奥氏体的长大过程；但如有合金元素的存在，合金元素在铁素体和奥氏体中的扩散和分配，将影响和控制奥氏体的长大过程。

基于对低碳钢临界区处理时，奥氏体的体积分数（V_V）与单位体积奥氏体与铁素体相交的表面面积（S_V）之间关系的分析，Datta 等[3]提出了奥氏体的二维长大模型，对奥氏体的形成进行了体视分析和表象描述。已经得出[4,5]，临界区加热时奥氏体的形成过程可分为三个阶段：（1）奥氏体在铁素体和珠光体交界面成核后迅速向珠光体长大；（2）奥氏体缓慢长大进入铁素体；（3）奥氏体与铁素体的最终平衡。并根据对奥氏体形成过程的观察和扩散理论，计算了奥氏体形成的动力学曲线，得出奥氏体的形成图[4]。Wycliffe 等[6]研究了三元系 Fe-Mn-C 和四元系 Fe-Mn-Si-C 合金临界区加热时奥氏体形成动力学，根据扩散理论和合金元素的分布系数，计算了奥氏体的长大和合金元素的分配。Garcia 和 DeArdo 认为[7]，临界区退火前的钢的初始显微组织不只影响临界区加热时奥氏体的形成，而且还影响合金元素在奥氏体和铁素体二相中的分配。临界区退火时奥氏体的形成过程除具有 Ac_3 以上温度加热时奥氏体形成的一些特点（如扩散控制长大等）之外，还具有一些特殊的特征（如奥氏体与铁素体二相之间的平衡，碳和合金元素在二相之间的

---

❶ 国外广泛采用临界区退火（intercritical annealing）一词，为叙述方便，本书中大部分采用临界区加热，个别地方仍沿用临界区退火一词，其意义基本相同。

扩散与分配等)，因此对临界区加热时奥氏体形成的认识和研究，不仅对双相钢处理工艺的制定提供有参考价值的数据，而且对认识二相存在条件下奥氏体的形成过程有重要的帮助。

2.2 临界区加热时奥氏体的形成

2.2.1 奥氏体形成的观察

临界区加热时奥氏体的形成过程可以分为两个阶段:形核和长大。而长大过程又可细分为:初始长大、向铁素体长大及最终平衡。

2.2.1.1 奥氏体的形核

相变时，新相的生成并不是在体系的每个点上同时发生，而是先在某些小区域内开始，然后扩展到整体。新相开始形成的小区域称核心。相变的第一个过程就是形核过程。一般固态相变中，新相的形核功在晶界或相界比在母相晶粒内小[8]，因此新相晶核总是优先在两相交界面上或晶界上出现。

对三种不同原始组织——球状渗碳体加再结晶的铁素体、珠光体加铁素体、球状渗碳体加冷轧状态的铁素体，在临界区加热时奥氏体的形成过程观察得出[7]：在第一种和第二种组织中，奥氏体优先在铁素体晶界的碳化物上形核及长大。在第三种组织中，奥氏体形核较为复杂，此时奥氏体可在珠光体团边界的渗碳体上，也可在铁素体晶粒与珠光体团分界面上的渗碳体上形核。有趣的是，甚至在珠光体含量较高的钢中，奥氏体仍在珠光体团边界的渗碳体粒子上形核，这些珠光体团的边界最后变成铁素体晶界。

Specich[4]认为:在成分为(0.06% ~0.20%)C-1.5%Mn、初始组织为铁素体加珠光体的钢中，临界区加热时奥氏体形成的第一步是在铁素体－珠光体交界面上形核，形核过程是瞬时发生的，基本上没有势垒障碍，同时珠光体片层间隙很细，奥氏体一旦形核，就迅速长大。

如将预先淬火、回火的钢，加热到临界区温度，奥氏体将在铁素体晶界而不是在铁素体晶粒内部的碳化物粒子上形核。奥氏体形核后沿着铁素体晶界长大，而铁素体晶粒内部的碳化物粒子在等温时溶解，碳从这些粒子扩散到铁素体晶界上的奥氏体中，使奥氏体长大。

2.2.1.2 奥氏体的初始长大

奥氏体形核之后，随即开始了迅速长大的初始阶段。原始组织为珠光体加铁素体的钢中，在此阶段珠光体迅速溶解。奥氏体的长大主要由碳在奥氏体中的扩散所控制，扩散路径是沿着珠光体－奥氏体交界面，扩散距离大约等于珠光体的片间距(0.2 μm)[4]。由于扩散距离非常短，因此这一阶段奥氏体的长大速率很快。随着临界区加热温度升高，珠光体的溶解速率迅速增加，例如在780℃下珠光体的溶解速率比730℃高3个数量级[4]。温度对奥氏体初始长大速率的影响与温度引起的浓度梯度变化及温度对碳的扩散系数的影响有关。

在较低的临界区加热温度下，奥氏体长大具有明显的方向性，即奥氏体形核后，首先是沿着铁素体的晶界长大，长大方向平行于铁素体的晶界。初始长大的这种非对称性可能与扩散系数的结构敏感性有关[9]。对于扩散控制长大的新相，长大速率通常正比于扩散系数[10,11]。垂直于晶界的长大速率受体扩散控制，平行于晶界的长大受晶界扩散的影响。在低温下（加热温度在$0.5T_{熔}$～$0.7T_{熔}$之间）质量传递多以晶界扩散的方式进行[12]。而在高温下（温度$>0.7T_{熔}$），质量传递多以体扩散的方式进行。一般晶界扩散的激活能仅为体扩散激活能的一半或更小。因此，在低的临界区退火温度下奥氏体的非对称长大，可用晶界扩散和体扩散的激活能的不同及扩散速率的快慢来解释。

奥氏体的初始长大还和初始显微组织有关。例如当碳化物为球形时，晶界碳化物粒子会迅速转变为奥氏体，但随后的长大，由于要靠铁素体晶粒内的碳化物粒子溶解才能进行，碳的扩散距离较大，所以奥氏体的长大速率变慢。

2.2.1.3 奥氏体向铁素体长大

在奥氏体初始长大阶段完成后，珠光体或碳化物全部溶解，并转变为奥氏体，继续增加保温时间，奥氏体将长大进入周围的铁素体，以达到由二相区内杠杆定律所确定的奥氏体平衡的体积分数。这一过程可以分为两种情况。一种情况没有锰的扩散和再分配，奥氏体长大过程由奥氏体中的碳扩散控制。此时可能建立起佯平衡状态，并可用一维的奥氏体中碳扩散问题来处理。

另一种情况，即在一般情况下，奥氏体－铁素体交界面向铁素体推移的过程中，可能发生锰的分配。由于锰在铁素体中的扩散速率比在奥氏体中几乎高3个数量级，因此，锰在铁素体中的扩散是过程的控制因素。锰通过铁素体或沿铁素体晶界的扩散都会导致奥氏体粒子周围形成高锰的边圈，使得奥氏体岛的边部比中心有更高的淬透性，当冷却时，就会形成马氏体边圈，而心部则转变为珠光体或其他非马氏体转变产物（图2－1）。马氏体边圈的存在间接证明了锰在铁素体和奥氏体中的扩散速率不同。用扫描透射显微术对铁素体、奥氏体（即淬火后的马氏体）中锰含量的测定结果（图2－2）是锰分配扩散的直接证据[13]。

2.2.1.4 最终的平衡

奥氏体形成的最后一步是锰在奥氏体内扩散，使奥氏体的成分均匀化。奥氏体中锰的含量梯度所造成的化学势差，为这一过程提供了驱动力。由于锰在奥氏体中的扩散速率较慢，因此这一过程所需时间较长，在通常的临界区处理工艺条件下，这一步均难以完成。

上述奥氏体形成过程中的各阶段是一个连续过程，并且不一定达到过程的最终平衡。各个阶段的长短和进行的程度与钢中合金元素、临界区加热温度及加热前钢的初始组织等因素有关。初始组织为铁素体加珠光体的0.06% C-1.55% Mn钢,740℃加热时奥氏体形成过程中钢的显微组织示于图2-3。

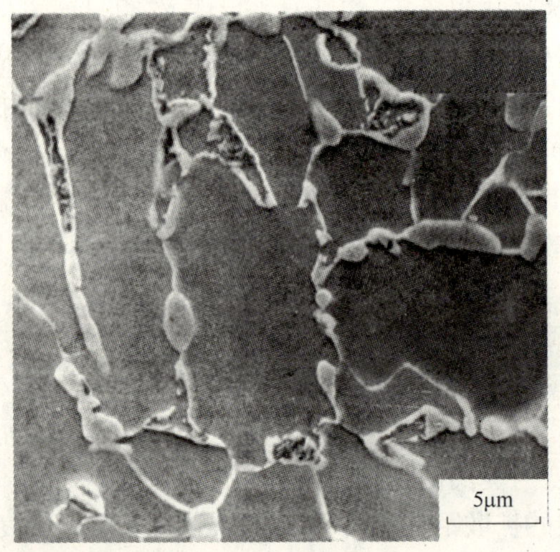

图2-1　奥氏体岛冷却后的马氏体边圈和中心的非马氏体组织　SEM

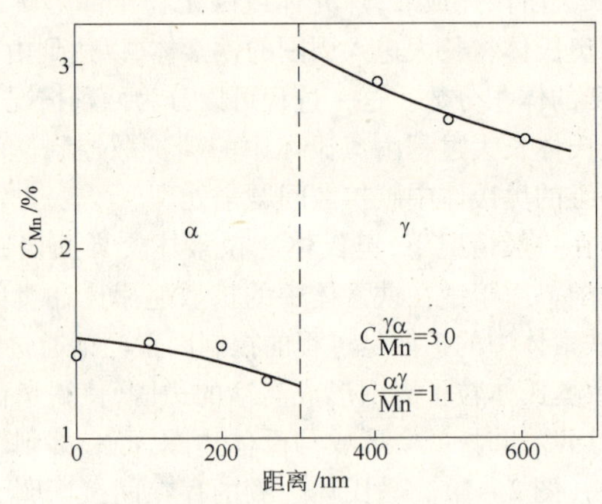

图2-2　0.06% C-1.5% Mn钢740℃加热1 h铁素体与奥氏体中锰的分布　STEM

初始组织为粒状碳化物加冷变形铁素体的0.22% C-1.55% Mn钢,在725℃临界区加热时奥氏体形成过程中钢的显微组织的变化示于图2-4。在725℃保温10 s后,铁素体基本完成了再结晶,奥氏体已在不少碳化物粒子上成核(见图2-4*b*);725℃保温40 min后,铁素体晶粒内的碳化物粒子开始溶解,处于晶界上的奥氏体粒子已经长大(见图2-4*c*);725℃保温400 min后,铁素体晶粒内的碳化物粒子全部溶解,奥氏体粒子沿晶界长大。

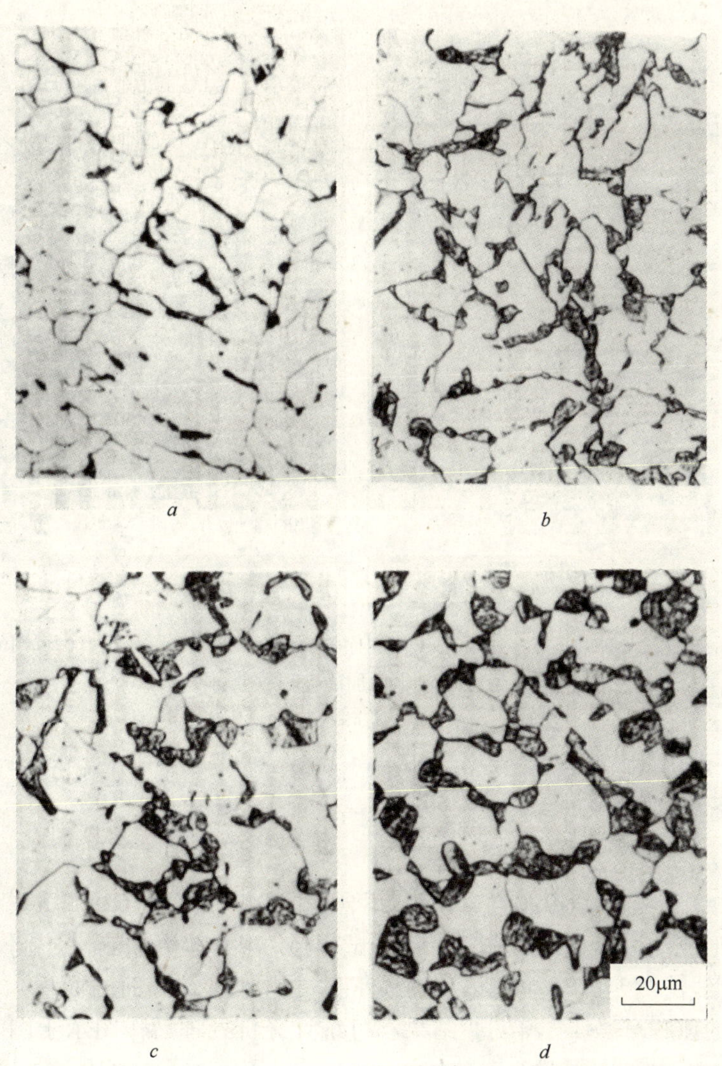

图 2－3 740℃加热时奥氏体形成过程中钢的显微组织(0.06% C-1.55% Mn 钢,初始组织为铁素体加珠光体) SEM

保温时间:*a*—0 min;*b*—2 min;*c*—1 h;*d*—24 h

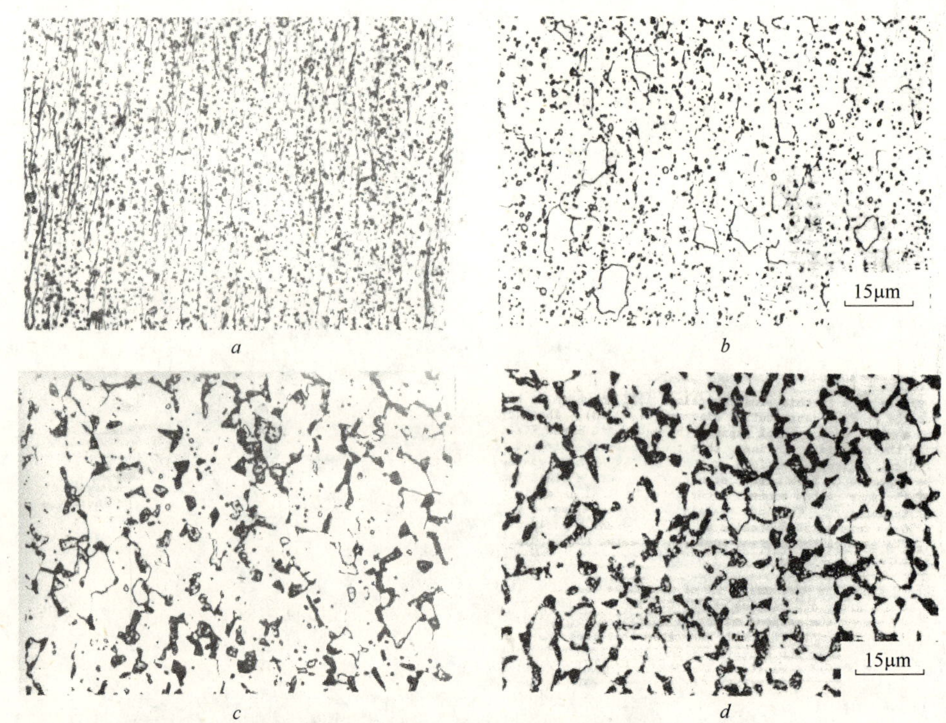

图2-4 725℃加热时奥氏体形成过程中钢的显微组织((0.22%C-1.55%Mn钢)
初始组织为粒状碳化物加冷变形铁素体) SEM
保温时间:*a*—0 s;*b*—10 s;*c*—40 min;*d*—400 min

2.2.2 奥氏体形成动力学

2.2.2.1 奥氏体形成的动力学曲线

用金相法测定的含0.041%Nb和不含铌的0.14%C-1.62%Mn-0.42%Si钢的奥氏体形成动力学曲线见图2-5[6],试样经740℃盐浴加热,保温不同时间后水淬,用割线法测定$S_v^{\alpha\alpha}$(单位体积内铁素体-铁素体交界面的面积),用数点法测定各相的体积分数V_v,将实验结果经过统计分析处理后作图示于图2-5。可以看出:

(1)初始时,奥氏体的体积分数随临界区加热保温时间的增加,非常迅速地增长,10 min左右,即达到平台区,进一步增加保温时间,奥氏体体积分数变化不大。

(2)奥氏体的体积分数V_v^γ在保温60 s时达到15%,珠光体体积分数随在临界区温度保温时间的增加迅速下降(表2-1)。但同时测定的铁素体体积分数基本没有变化,这说明奥氏体的初始形成和长大是依靠珠光体的溶解。

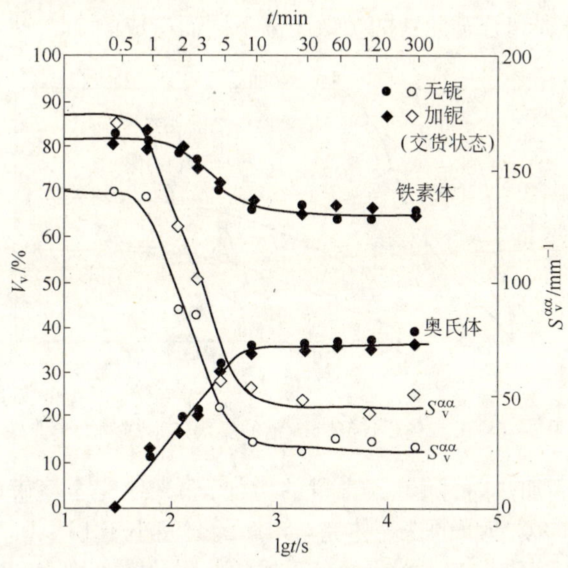

图 2-5 临界区加热时(740℃)奥氏体形成的动力学曲线

表 2-1 珠光体的体积分数与临界区温度保温时间的关系[6]

保温时间/s		0	30	60	120	180	300
珠光体的体积分数/%	无铌钢	21.8	20.1	6.4	3.6	2.25	—
	含铌钢	19.3	19.0	6.9	2.8	1.8	—

(3) 在光学显微镜和扫描电镜的分辨范围内,达到 $S_v^{\alpha\alpha}$、V_v^{α} 和 V_v^{γ}的测定值不再发生变化时的"佯平衡条件"所需的时间(即显微组织不发生变化的时间)为 180 s。740℃下奥氏体向铁素体长大开始时的时间比根据 Specich[4] 等人的奥氏体形成图的预测更早些。

(4) 含铌钢和不含铌钢的奥氏体形成动力学曲线相似。扫描电镜观察指出:在淬火组织中有马氏体组织边圈,这说明在这一临界区处理条件下有锰的分配,即不能采用碳扩散控制的佯平衡模型来处理奥氏体长大动力学。

用膨胀法和金相法测定了各种温度处理时奥氏体形成动力学曲线。钢的成分为 0.06% C,0.12% C,0.20% C-1.5% Mn,初始显微组织为铁素体加珠光体。碳含量为 0.12% 的钢的奥氏体形成动力学曲线示于图 2-6[4]。将金相观察的不同碳含量钢的奥氏体形成动力学曲线对比与分析得出:

(1) Ac_3 以上的温度退火时,奥氏体形成非常迅速,碳越高,全部奥氏体化所需的时间越短。例如含碳 0.06% 的钢,需 1 min 多,而 0.20% C 钢不到 10 s,这可能由于在同样的退火温度下(900℃),不同碳含量的钢的过热程度不同,因而奥氏体形成所需的能量不同;或者由于碳含量不同,珠光体量和珠光体团的平均距离不同,奥氏体形成时碳和合金元素的扩散距离不同而造成的。

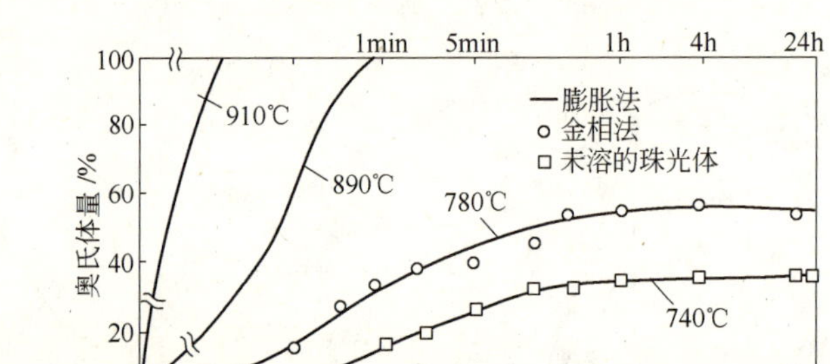

图 2-6 0.12%C-1.5%Mn 钢的奥氏体形成动力学曲线

(2) 当临界区加热时,随着碳含量的增加,珠光体完全溶解的时间增加。例如,740℃时,0.06%C 钢中的珠光体完全溶解的时间小于 15 s,0.12%C 钢为 30 s,而 0.20%C 钢则需要 2 min。相应的奥氏体的体积分数分别为 8%、15%、30%;碳含量越高,珠光体溶解后奥氏体的长大速率也越快,但达到最终平衡的时间基本相当。在 780℃加热时,3 种碳含量的钢的珠光体溶解速率均小于 15 s。

(3) 临界区加热时,奥氏体在铁素体和珠光体交界面上形核,瞬间即可完成,然后珠光体溶解,这一步的速率视温度和是否有置换固溶元素的扩散而异,然后是奥氏体向铁素体长大,其速率决定于碳的扩散或锰的重新分配,最后是奥氏体内的合金元素均匀化。正如图 2-6 中的曲线所示,后两步一般时间较长。

2.2.2.2 临界区加热时奥氏体的 S_v 和 V_v 的关系

表征临界区加热时奥氏体形成的初始显微组织特征、局部长大速率及长大几何形状的方法,可应用 S_v 和 V_v 关系作图法。S_v 为单位体积内奥氏体-铁素体交界面的面积,V_v 为奥氏体的体积分数,成分为 0.15%C-0.10%Si-0.01%S-0.02%P 钢经不同临界区温度加热后,$\frac{S_v}{1-V_v}$与 V_v 的关系示于图 2-7。不同加热温度下$\frac{V_v}{1-V_v}$与保温时间的关系见图 2-8[3]。由图 2-7 可以看出:$\frac{S_v}{1-V_v}$与 V_v 呈线性关系,即

$$\frac{S_v}{1-V_v}=KV_v \tag{2-1}$$

根据图中的实验数据,回归分析的结果为

$$S_v=1413V_v(1-V_v) \tag{2-2}$$

换句话说:S_v 与 V_v 呈抛物线关系。从图 2-8 可以看出,上述钢种在 800℃及 820℃加热时,$\frac{V_v}{1-V_v}$与时间 t 呈线性关系,即

$$\frac{V_v}{1-V_v}=A+Bt \tag{2-3}$$

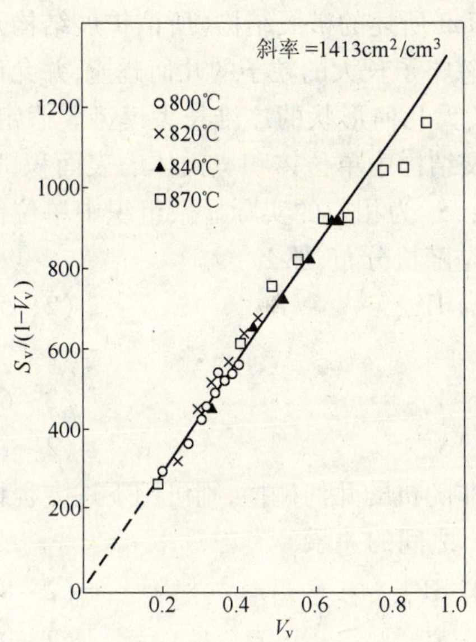

图 2-7　不同加热温度下奥氏体的 $\frac{S_v}{1-V_v}$ 与 V_v 的关系

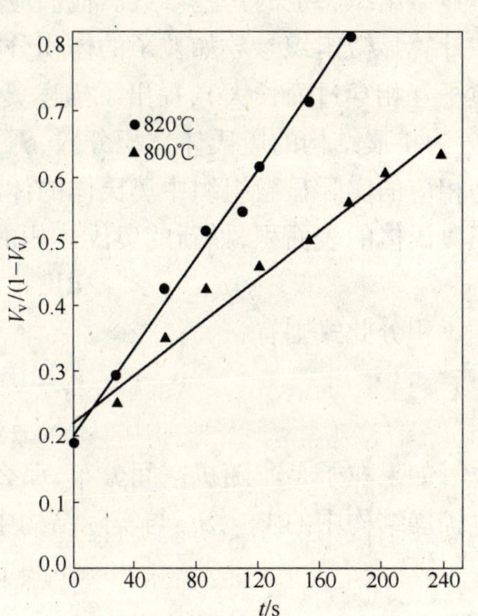

图 2-8　不同加热温度下奥氏体的 $\frac{V_v}{1-V_v}$ 与保温时间的关系

根据实验数据回归分析所求出的常数 A 和 B 的值列于表 2-2。

表 2-2　式 2-3 中的常数 A 和 B 的值

温度/℃	A	B
800	0.22	1.89×10^{-3}
820	0.20	3.48×10^{-3}
840	0.20	14.6×10^{-3}

但是同一钢种在 870℃加热时，实验得出：$\frac{V_v}{1-V_v}$ 与 t 的关系不是直线，说明在 870℃的转变动力学与低温不同，回归分析结果为

$$\frac{V_v}{1-V_v}=A_1+B_1t^2=0.25+1.2\times10^{-3}t^2 \tag{2-4}$$

2.3　临界区加热时奥氏体的形成模型

2.3.1　奥氏体长大的几何特征

Datta 和 Gokhale 研究了含 0.15%C 的低碳钢的奥氏体长大过程[3]，其初始组

织为珠光体加铁素体。研究时奥氏体化的时间远远超过 1 s,因此,所得的试验结果属于长大过程的第二阶段。在这种情况下,初始显微组织、奥氏体的局部长大速率和长大几何形状决定着显微组织的演变过程。这三者给定后,可计算表征奥氏体显微组织特征的一些参数。他们应用 DeHoff 所述的扩展结构(所谓扩展结构是在计算显微组织参数如粒子的体积分数时,忽略了长大的粒子的几何碰撞,并允许粒子互相穿过而长大),提出了描述奥氏体长大几何形状的二维长大模型。假定:V_{vex} 为扩展结构的奥氏体体积分数,S_{vex} 为扩展结构中单位体积奥氏体的表面积,V_v 为相应的实际显微组织中奥氏体的体积分数,S_v 为相应的实际显微组织中单位体积奥氏体的表面积,如新的奥氏体相的粒子是随机分布,那么

$$dV_v = (1 - V_v)dV_{vex} \tag{2-5}$$

积分此式则有

$$V_v = 1 - \exp(-V_{vex}) \tag{2-6}$$

$$S_v = (1 - V_v)S_{vex} \tag{2-7}$$

如果粒子是非随机空间分布,那么对于非随机的几何碰撞,则可用下述方程描述扩展结构中的 V_{vex}、S_{vex} 与实际结构中 V_v、S_v 之间的关系

$$dV_v = (1 - V_v)^i dV_{vex} \tag{2-8}$$

$$S_v = (1 - V_v)^i S_{vex} \tag{2-9}$$

如果粒子成群分布,则 $i>1$;如果粒子是有序分布,则 $i<1$。在初始显微组织中,大部分珠光体团处在铁素体晶粒的边界,由这种组织形成的大部分奥氏体也必然会成群地处在铁素体晶粒的边界。在这种情况下,可以预测会有成群的几何碰撞,故式 2-8 和式 2-9 中的指数 i 必然大于 1。假定 $i=2$,那么可以得出

$$V_{vex} = \frac{V_v}{1 - V_v} \tag{2-10}$$

$$S_{vex} = \frac{S_v}{(1 - V_v)^2} \tag{2-11}$$

式 2-10 和式 2-11 曾成功地解释了 Fe-Si 合金再结晶时显微组织的演变,在这种场合下,再结晶区成群地围绕在基体晶粒的边缘。

如果新相长大的几何形状最多只能用三种不同的特征尺寸描述,那么有三种可能的长大几何形状。当新相长大的几何特征确定之后,那么就可计算新相的局部长大速率。

(1) 三维长大,新相粒子的所有特征尺寸均以类似的速率随时间而变化,三维长大的结果产生等轴粒子。

(2) 二维长大,新相粒子只是两个特征尺寸以恒定的速率随时间而变化,例如圆柱形粒子仅径向长大,而长度方向保持不变。

(3) 一维长大,新相粒子像棒一样延伸长大,而其横截面积并不随时间而变

化。

根据实验观察结果，Datta 和 Gokhale 认为一维和三维长大是不可能的，长大应以二维方式进行。此外，在扩展结构中，在某给定的时间 t 下，全部粒子均具有圆柱形状，而且半径 R 相同。令 N_v 和 L_0 分别为扩展结构中单位体积的粒子数目和粒子的长度，那么对于二维长大模型则有

$$V_{vex} = \pi R^2 L_0 N_v \tag{2-12}$$

$$S_{vex} = 2\pi R^2 N_v (1 + Q) \tag{2-13}$$

$$Q = \frac{L_0}{R} \tag{2-14}$$

在二维长大中，L_0 并不随时间而变化；从式 2－10～式 2－13 可以得出

$$\frac{V_v}{1 - V_v} = \pi R^2 L_0 N_v \tag{2-15}$$

$$\frac{S_v}{(1 - V_v)^2} = 2\pi R^2 N_v (1 + Q) \tag{2-16}$$

显然，式 2－15 和式 2－16 也适用于长大过程第二阶段刚开始的瞬间。对于钢来说，第二阶段开始时的显微组织特征与初始的显微组织特征大体相同，只是奥氏体代替了珠光体。因此当 $t \to 0$ 时，式 2－15 和式 2－16 中的 V_v 和 S_v 在数值上应等于初始组织中珠光体的体积分数 V_v^P 和单位珠光体的表面面积 S_v^P。

$$\frac{V_v^P}{1 - V_v^P} = \pi R_0^2 L_0 N_v \tag{2-17}$$

$$\frac{S_v^P}{(1 - V_v^P)^2} = 2\pi R_0^2 N_v (1 + Q_0) \tag{2-18}$$

观察的任一抛光面的单位面积的珠光体团的数目（N_v^P）为

$$\frac{N_v^P}{(1 - V_v^P)^2} = \frac{R_0 N_v}{2} (\pi + Q_0) \tag{2-19}$$

式中　R_0，Q_0——第二阶段开始时的 R 和 Q 值。

根据 Datta 等[3] 对 0.10% C－0.1% Si-Fe 合金的实验结果，$\frac{V_v^P}{1 - V_v^P} = 0.19$，$\frac{S_v^P}{(1 - V_v^P)^2} = 309$，$\frac{N_v^P}{(1 - V_v^P)^2} = 1.56 \times 10^4$，则由式 2－17 和式 2－19 可以得出

$$L_0 = 24.6 \times 10^{-4}\ \text{cm},\ R_0 = 24.6 \times 10^{-4}\ \text{cm}$$

$$N_v = 4.06 \times 10^6\quad 1/\text{cm}^3,\ Q_0 = 1.0$$

当 R 值从它的初值 R_0 增加到 $3R_0$ 时，S_{vex} 的变化几乎是 1 个数量级，但量$(1 + Q)$的变化只是从 2.0 到 1.33，故在式 2－15 中可用平均值 1.67 代替$(1 + Q)$，那么

$$\frac{S_v}{(1-V_v)^2} \approx 2 \times 1.67\pi R^2 N_v \quad (2-20)$$

由式 2－15 和式 2－21 可以给出

$$S_v = \frac{2 \times 1.67}{L_0} V_v (1-V_v) \quad (2-21)$$

将 $L_0 = 24.6 \times 10^{-4}$ cm 的实验值代入式 2－21，可得到

$$S_v = 1360 V_v (1-V_v) \quad (2-22)$$

式 2－22 和由实验所求得的经验式 2－2 很一致，所以 Datta 等认为以上提出的二维长大模型及一些假定基本合理。

将经验式 2－3 与式 2－10 合并

$$(\pi L_0 N_v) R^2 = A + Bt \quad (2-23)$$

800～840℃之间的奥氏体径向长大速率为

$$\frac{dR}{dt} = \frac{\alpha}{2R} \quad (2-24)$$

$$\alpha = \frac{B}{\pi L_0 N_v} \quad (2-25)$$

式 2－24 表明在 800～840℃之间，奥氏体的径向长大速率可用一个简单的抛物线规律来表示。常数 α 值见表 2－3。

表 2－3 常数 α 的值

温度/℃	α/cm² · s⁻¹
800	6.03×10^{-8}
820	11.1×10^{-8}
840	46.6×10^{-8}

由式 2－4 和式 2－15 可以得出 870℃的奥氏体的径向长大速率为

$$\frac{dR}{dt} = \frac{B_1 t}{[\pi L_0 N_v (A_1 + B_1 t^2)]^{1/2}} \quad (2-26)$$

式中 t——过程经历的时间，s；当 $t > 30$ s 时，$\frac{dR}{dt} = 1.96 \times 10^{-4}$ cm/s；在 870℃时间较长时，长大速率接近于常数。

在以上分析和计算中，假定了在给定的过程时间内全部粒子的大小相同。当粒子大小在一个范围内变化时，计算的长大速率则受到影响。

令变数 ζ 代表第二阶段开始时扩展结构中的粒子大小，$f(\zeta)$ 为 ζ 的频率函数，以使 $N_v f(\zeta) d\zeta$ 给出在第二阶段开始时，粒子大小在 ζ 到 $(\zeta + d\zeta)$ 之间的单位体积的粒子数。令 $R(\zeta, t)$ 表示时间为 t 时的奥氏体粒子的大小，该粒子的初始大小为 ζ，那么

$$V_{vex} = \pi L_0 N_v \int_0^{\zeta_m} [R(\zeta, t)]^2 f(\zeta) d\zeta \quad (2-27)$$

式中 ζ_m——最大粒子的初始半径。

由式 2－3 和式 2－27 就可给出 800～840℃之间的过程动力学方程

$$\pi L_0 N_v \int_0^{\zeta_m} [R(\zeta,t)]^2 f(\zeta)\,d\zeta = A + Bt \qquad (2-28)$$

以$\frac{d}{dt}$对式 2－28 进行运算可给出

$$\int_0^{\zeta_m} \left(\frac{\partial R^2}{\partial t}\right)_\zeta f(\zeta)\,d\zeta = \alpha \qquad (2-29)$$

由于$f(\zeta)$、ζ_m 和 α 与时间无关，只有在$\left(\frac{\partial R^2}{\partial t}\right)_\zeta$ 也与时间无关的时候，式2－29才可适用于任何过程。但是$\frac{\partial R^2}{\partial t}$是$\zeta$ 的函数，因此参数 α 表示组织中全部初始粒子尺寸的$\frac{dR^2}{dt}$平均值。对于二维长大的几何特征。$\left(\frac{\partial R^2}{\partial t}\right)_\zeta$ 正比于初始尺寸为ζ 的粒子的体积变化率。研究大小分布不同的珠光体团对参数 α 的影响，可以在实验上确定$\left(\frac{\partial R^2}{\partial t}\right)_\zeta$ 是否取决于ζ。

为了进一步证明上述的新相二维长大模型的合理性，Datta 等导出三维和一维长大模型的 S_v 与 V_v 的关系。

假定新相以三维长大，令 r 为新相奥氏体粒子的半径，则

$$V_{vex} = K_v r^3 N_v \qquad (2-30)$$

$$S_{vex} = K_s r^2 N_v \qquad (2-31)$$

式中 K_v，K_s——形状因子。

由式 2－10、式 2－11 及式 2－30、式 2－31 可以得出

$$S_v = \left[\frac{K_s N_v^{1/3}}{K_v^{2/3}}\right] V_v^{2/3} (1-V_v)^{4/3} \qquad (2-32)$$

式 2－32 表示的三维长大的几何形状下 S_v 与 V_v 的关系，它与由实验数据所获得的经验方程式 2－1 并不一致，这说明三维长大模型不能描述奥氏体长大的实际几何形状。

假定新相奥氏体是一维长大，令 A_0 表示形状为棒状的新相奥氏体粒子的横截面积，L 为粒子的长度，A_0 不随时间而变化，那么

$$V_{vex} = A_0 N_v L \qquad (2-33)$$

由式 2－4、式 2－10 及式 2－33 可以导出

$$A_0 N_v \frac{dL}{dt} = 2B_1 t \qquad (2-34)$$

或

$$\frac{dL}{dt} = \left(\frac{2B_1}{A_0 N_v}\right) t \qquad (2-35)$$

式 2－35 表明,新相粒子的一维长大速率随时间增加而增加,从物理本质上来说,这显然是不可能的。

已经表明[14],如果新相长大的几何形状是二维的,并且新相的几何碰撞可以由式 2－10 和式 2－11 表示,那么在高的体积分数下 S_v 和 V_v 的关系很近似于抛物线。这种情况可以简单证明如下,假定新相粒子形状为一个圆柱体,那么粒子的体积 V 和表面积 S 可以写为

$$V=\pi R^2 L_0 \tag{2-36}$$

$$S=2\pi R^2+2\pi R L_0 \tag{2-37}$$

由于是二维长大,每个粒子刚形核之后,其长度即达到 L_0 值,并且不再随时间变化,而粒子的半径则随时间而连续增加。因此在刚形核之后,作为一级近似式 2－37可以写为

$$S\approx 2\pi R^2 \tag{2-38}$$

由式 2－36 和式 2－38 可得出

$$S\approx \frac{2}{L_0}V \tag{2-39}$$

在任一给定时间下,式 2－39 对体系中大部分粒子都是适用的,所以

$$S_{vex}\approx \frac{2}{L_0}V_{vex} \tag{2-40}$$

由式 2－10、式 2－11 和式 2－40 可得出

$$S_v\approx \frac{2}{L_0}V_v(1-V_v) \tag{2-41}$$

该式表明 S_v 和 V_v 呈抛物线关系。

二维长大几何形状意味着圆柱形奥氏体粒子两端的平滑表面的可动性比圆柱曲线表面小得多。这种情况的可能原因是:(1)铁素体和奥氏体之间的取向关系导致了新相平面表面的可动性较低。而曲线表面有随机的取向关系,因此可动性较高。但是,如果三个相邻的铁素体晶粒均因取向关系而限制新相粒子的平面可动性,也是不可能的,而且显微组织观察表明,奥氏体粒子会穿过三个相邻的铁素体长大,Datta 等认为取向关系作为二维长大的理由不充分。(2)另一个原因是早期的几何碰撞使粒子的纵向长大停止,即在初始组织中,铁素体晶粒边界的珠光体团的空间分布是成群的,在形核过程结束时,新相奥氏体粒子都是相同的,在初始长大刚刚开始时,奥氏体粒子的长度和半径都长大,然而不久大多数奥氏体粒子将沿铁素体的晶粒边界彼此碰撞。这样,大多数奥氏体粒子长度方向的长大因碰撞而停止,而半径方向将随时间增加而继续长大,即二维长大。这种二维长大的几何形状模型示于图 2－9。

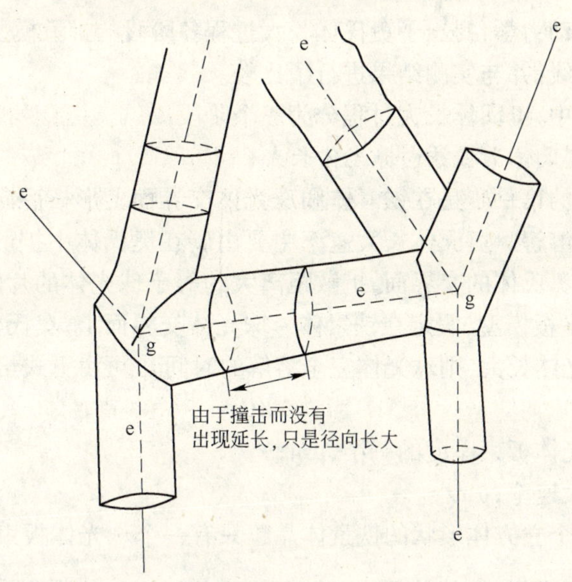

图 2-9 奥氏体粒子二维长大的几何形状示意图

e—铁素体晶粒端部;g—四重结点

参数 S_v 和 V_v 的抛物线关系曾首先用以描述 Fe-Si 合金再结晶过程中显微组织的变化[15]。后来 Cahn[16] 认为,对于形核和长大过程,这一抛物线关系是不成立的。如令 $\overline{\lambda}$ 表示交割新相粒子的平均割线长度,则

$$\overline{\lambda} = \frac{4V_v}{S_v} \tag{2-42}$$

将式 2-1 代入式 2-42 中,则

$$\overline{\lambda} = \frac{4}{K(1-V_v)} \tag{2-43}$$

当 $V_v \to 0$ 时,$\overline{\lambda} = 4/K$。显然,这是一反常结果。因为当 $V_v \to 0$ 时,$\overline{\lambda}$ 亦应为 0。Datta 等认为[3],如果对 S_v 与 V_v 的抛物线关系规定一个边界条件,例如 $V_v \geqslant 0.16$(不包括 $V_v = 0$),即用以描述低碳钢在临界区加热时奥氏体形成的第二阶段,那么体视参数 S_v 与 V_v 仍具有抛物线关系。

以上分析表明,新相长大的几何数据可以通过显微组织的演化过程进行了解。但是,临界区加热时,奥氏体长大的几何本质不能只根据一个体视参数(例如体积分数)与时间的关系来确定。为了说明新相形成中的综合显微组织演化过程,必须测定至少两个独立的体视参数(如 V_v 和 S_v)。临界区加热时,一般奥氏体在铁素体母相中形成时并非以球形或等轴长大,而是以二维长大的几何方式进行。

2.3.2 奥氏体形成动力学的计算

Specich 等[4]研究了原始组织为铁素体加珠光体的三种低碳钢在临界区处理

时的奥氏体形成动力学，提出了奥氏体长大过程各阶段的扩散模型，计算了奥氏体形成的动力学曲线，并与实测结果进行了比较。

在这一模型中，奥氏体长大过程分为三个阶段。

2.3.2.1　奥氏体形核并向珠光体长大

奥氏体形成的第一步是在铁素体和珠光体交界面上形核后向珠光体长大，一直到珠光体完全溶解。奥氏体长大速率主要由碳在奥氏体中扩散控制，扩散的路径沿着珠光体-奥氏体的交界面，扩散距离大约等于珠光体的片间距（0.2 μm 左右）。利用一维平板模型，假定在铁素体-珠光体交界面上，奥氏体以薄膜形式瞬时成核，并向珠光体长大，则珠光体完全溶解的时间 t_P 可由下式给出

$$t_P = a/G \tag{2-44}$$

式中　a——珠光体板束厚度的一半，μm；

G——长大速率，μm/s。

如果假定每个立方体形状的铁素体晶粒只有一个珠光体板束（珠光体的初始分布和铁素体晶粒形状的其他假定，只是修正式 2-43 中的常数值，其值为 $\frac{1}{2}$ ~ $\frac{1}{3}$），那么 a 值可由下式给出

$$a = V_v^P \frac{d}{2} \tag{2-45}$$

式中　V_v^P——珠光体的体积分数；

d——立方体形状铁素体晶粒的体对角线长。

三个试验钢的 V_v^P、a、G 和计算的 t_P 列于表 2-4。计算中 d 值假定为 20 μm。

从表 2-4 数据可以看出：由于奥氏体向珠光体长大时，扩散距离很短，因此长大速率很快，珠光体溶解时间很短；但在低温下（730℃左右），置换元素（如锰）扩散较慢，也可能是速率的控制因素，奥氏体向珠光体长大的速率会显著降低。Garcia 和 DeArdo 在与上述类似成分的钢中观察到的 730℃退火时珠光体溶解速率较慢，就与锰扩散有关[7]。但温度略微升高，可能引起置换元素扩散控制变为间隙元素扩散控制，因此珠光体的溶解速率显著地增加。

表 2-4　奥氏体向珠光体长大

钢　种	加热温度 /℃	V_v^P	a/μm	G[17] /μm · s^{-1}	t_P/s
0.06% C-1.5% Mn	740	0.06	0.6	0.05	12
	780	0.06	0.6	5.5	0.11
	900	0.06	0.6	1×10^4	0.6×10^{-4}

续表 2-4

钢 种	加热温度 /℃	V_v^P	a/μm	G[17] /μm·s^{-1}	t_P/s
0.12%C-1.5%Mn	740	0.12	1.2	0.05	24
	780	0.12	1.2	5.5	0.22
	900	0.12	1.2	1×10^4	1.2×10^{-4}
0.20%C-1.5%Mn	740	0.20	2.0	0.05	40
	780	0.20	2.0	5.5	0.36
	850	0.20	2.0	2×10^3	1.0×10^{-3}

注:1. V_v^P 为珠光体的体积分数;
2. a 为珠光体板束厚度的一半(对于晶粒直径为 20 μm 的铁素体而言);
3. G 为奥氏体向珠光体长大的速率;
4. t_P 为珠光体完全溶解的时间。

2.3.2.2 奥氏体向铁素体长大(碳扩散控制)

奥氏体形成的第一步完成之后或与其同时,奥氏体将向其周围的铁素体长大。根据其相变的驱动力,可能发生也可能不发生锰的再分配[18]。如果没有锰的再分配,则可能建立伴平衡(这类平衡是针对碳的平衡而与锰无关),此时奥氏体的长大速率由碳在奥氏体中扩散控制[19]。Fe-Mn-C 合金在 730℃和 800℃的等温截面的伴平衡边界分别见图 2-10a、b。虽然 740℃和 780℃等温截面的伴平衡边界尚无文献资料,但对于 1% Mn 钢可根据 Gilmour 等人[20]的工作进行估算。图 2-10a 示出了 730℃下碳向奥氏体扩散浓集的方式。碳扩散控制的奥氏体向铁素体长大的有关数据列于表 2-5。

表 2-5 奥氏体向铁素体长大(碳扩散控制)

钢 种	加热温度 /℃	C_C^α/%	C_C^γ/%	R_C	D_C^γ[19] /cm^2·s^{-1}	t_C/s
0.06%C-1.5%Mn	740	0.53	1.0	1.9	2.3×10^{-8}	0.4
	780	0.33	1.0	3.0	4.2×10^{-8}	1.7
	900	0.06	1.0	16.6	19.1×10^{-8}	9
0.12%C-1.5%Mn	740	0.53	1.0	1.9	2.3×10^{-8}	1.6
	780	0.33	1.0	3.0	4.2×10^{-8}	6.8
	900	0.12	1.0	8.6	19.1×10^{-8}	9.1

续表 2-5

钢种	加热温度/℃	$C_C^{\gamma\alpha}$/%	C_C^{γ}/%	R_C	D_C^{γ}[19] /$cm^2 \cdot s^{-1}$	t_C/s
0.20%C-1.5%Mn	740	0.53	1.0	1.9	2.3×10^{-8}	4.4
	780	0.33	1.0	3.0	4.2×10^{-8}	18.7
	850	0.20	1.0	5.0	10.5×10^{-8}	7.7

注:1. $C_C^{\gamma\alpha}$ 为 γ-α 界面上奥氏体的碳含量;

2. C_C^{γ} 为珠光体溶解结束时奥氏体的初始碳含量;

3. R_C 为 $C_C^{\gamma}/C_C^{\gamma\alpha}$ 之比;

4. D_C^{γ} 为碳在奥氏体中的扩散系数;

5. t_C 为达到奥氏体最终长大量80%所需的时间(奥氏体中碳的扩散为速率控制因素,铁素体的晶粒直径为20 μm)。

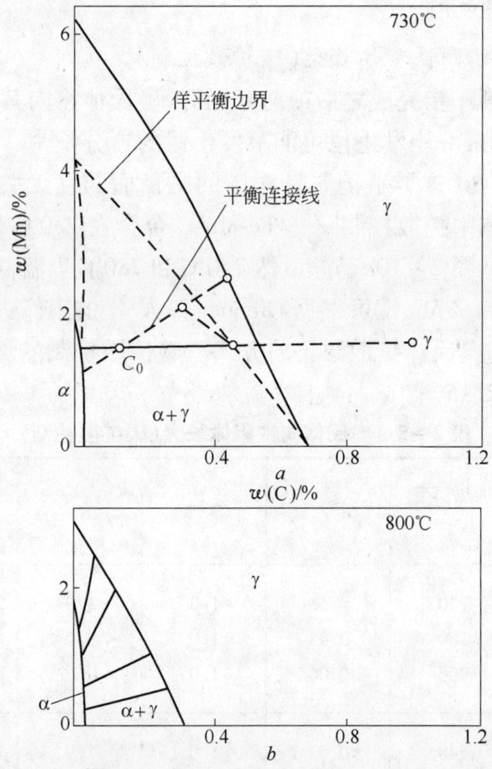

图 2-10 Fe-Mn-C 合金的730℃(a)和800℃(b)的等温截面的伴平衡边界

求出关于有限的扩散控制的边界移动问题(例如 γ-α 界面向铁素体推移的边界移动)的解析解尚有困难,但这类问题可用数字解[21]、半分析解[4]、数字-模拟解[7]等计算机技术解决。

采用数字－模拟技术对只在奥氏体中发生碳扩散的一维长大问题进行求解，其结果见图2－11[4]，图中所用的变量 ε/a、$C_C^\gamma/C_C^{\gamma\alpha}$ 和 $D_C^\gamma t/a^2$ 都是无量纲变量，ε 为交界面的位置，a 为奥氏体板束的初始厚度之半。达到奥氏体最终长大量80%所需的时间计算值和各种变量的数值见表2－5。

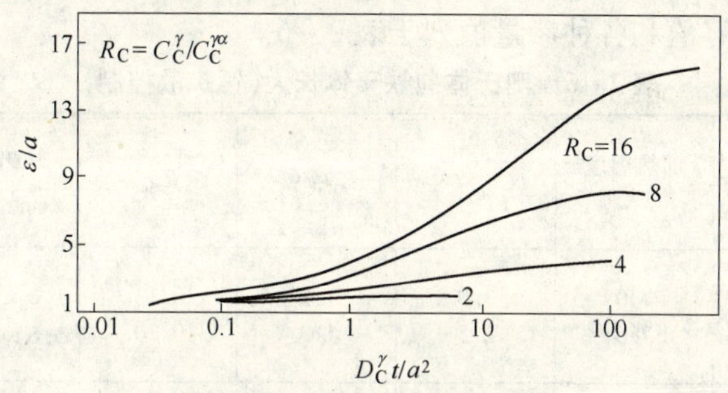

图2－11　碳扩散控制的奥氏体向铁素体长大的数字模拟解

2.3.2.3　奥氏体向铁素体长大（锰扩散控制）

在低温下（奥氏体中碳的过饱和度低的情况下），奥氏体－铁素体界面向铁素体推移的过程中，可能出现锰的分配。由于锰在铁素体中的扩散速率比在奥氏体中几乎高3个数量级，因此可以假定锰在铁素体中的扩散而不是锰在奥氏体中的扩散是奥氏体初始长大速率的控制因素。扩散的情况仍然可以作为锰由铁素体向长大的奥氏体扩散的有限一维界面移动问题处理。这一扩散问题也可用数字－模拟技术求解，用无量纲变量$(\varepsilon-a)\Big/\left(\dfrac{d}{2}-a\right)$、$(C_{Mn}^\alpha-C_{Mn}^{\alpha\gamma})/(C_{Mn}^{\gamma\alpha}-C_{Mn}^\alpha)$、$D_{Mn}^\alpha t\Big/\left(\dfrac{d}{2}-a\right)^2$所表示的解见图2－12。这里变量 ε 和 a 和图2－11中定义相同，d 为立方体形铁素体晶粒的体对角线长。C_{Mn}^α 是铁素体中锰的初始含量，$C_{Mn}^{\alpha\gamma}$ 为铁素体－奥氏体界面上铁素体中锰的含量，$C_{Mn}^{\gamma\alpha}$ 为铁素体－奥氏体界面上奥氏体中锰的含量，D_{Mn}^α 为铁素体中锰的扩散系

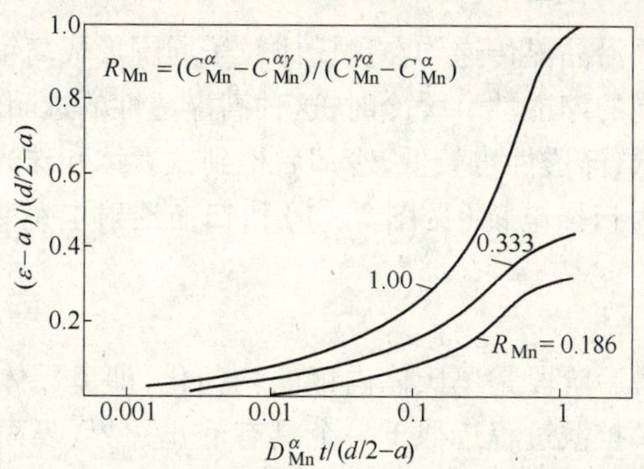

图2－12　由锰在铁素体中扩散控制的奥氏体向铁素体长大的数字模拟解

数。740℃和780℃时界面上 $C_{Mn}^{\alpha\gamma}$、$C_{Mn}^{\gamma\alpha}$ 的数值可根据730℃和800℃等温截面图上的平衡连接线(见图2-10)求出。虽然直接测定的 D_{Mn}^{α} 值还未见报道,但根据铁素体中所有置换元素的扩散速率基本相同,并且置换元素的扩散系数都等于铁素体中铁的自扩散系数,因而可以确定 D_{Mn}^{α} 值[19]。对于奥氏体长大到 ε/a 终值的80%时所需的时间计算值和各种参量值列于表2-6。

表2-6 奥氏体向铁素体长大(锰扩散控制)

钢 种	加热温度/℃	$C_{Mn}^{\gamma\alpha}$/%	$C_{Mn}^{\alpha\gamma}$/%	R_{Mn}	D_{Mn}^{α} /cm^2·s^{-1}	t_{Mn}^{α}/s
0.06%C-1.5%Mn	740 780	3.0 2.5	1.3 1.3	0.13 0.20	1.2×10^{-12} 3.6×10^{-12}	7.7×10^{5} 2.6×10^{5}
0.12%C-1.5%Mn	740 780	2.5 2.0	1.2 1.3	0.30 0.40	1.2×10^{-12} 3.6×10^{-12}	6.4×10^{5} 2.1×10^{5}
0.20%C-1.5%Mn	740 780	2.2 1.8	1.2 1.3	0.43 0.66	1.2×10^{-12} 3.6×10^{-12}	5.3×10^{5} 1.7×10^{5}

注:1. R_{Mn} 为 $(C_{Mn}-C_{Mn}^{\gamma\alpha})/(C_{Mn}^{\gamma\alpha}-C_{Mn}^{\alpha})$;

2. t_{Mn}^{α} 为达到奥氏体最终长大量的80%所需的时间(锰在铁素体中的扩散为速率控制因素,铁素体晶粒直径为20 μm)。

这一阶段奥氏体长大的另一种可能的扩散模型是在铁素体中锰沿晶界扩散,这一机制比体扩散会产生更快的锰的质量传递。在这一模型中,锰沿着铁素体晶界扩散将把锰传递到位于晶界的一个奥氏体粒子(见图2-13)。这样,晶界相当于锰的集流器。显然,当奥氏体的体积分数较高时,铁素体晶界几乎被奥氏体完全覆盖,这一过程就显得不重要。这一问题的解析解非常复杂,此处不再叙述,可参阅文献[22]。

锰透过铁素体或沿晶界传递均在奥氏体粒子周围形成高锰边圈,因此,这个边圈比中心部分有更高的淬透性。缓冷时,这种高淬透性的边圈就转变为马氏体,而心部由于锰含量较低,淬透性也较低,冷却后得到铁素体和珠光体混合物。这种锰的富集特征已直接为扫描电镜(见图2-1)和扫描透射电镜观察结果所证实(见图2-2)。

2.3.2.4 最终平衡

奥氏体形成的最后阶段是奥氏体内锰的均匀化,即奥氏体内锰的浓度梯度通过扩散而消除。这一扩散过程近似于一个具有静止边界、表面成分固定的一维平板中的扩散情况,使锰的浓度梯度降低到它的终值的90%以内所需要的时间 t_{Mn}^{γ} 可根据下式估算:

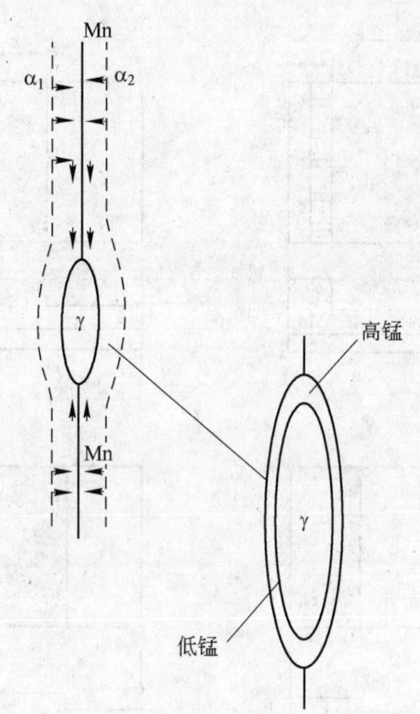

图 2-13 临界区加热时通过晶界扩散实现锰的分配的模型

$$t_{Mn}^{\gamma} = \varepsilon_f^2 / D_{Mn}^{\gamma}$$

式中 ε_f——锰扩散控制的奥氏体向铁素体长大阶段末期奥氏体薄膜的厚度，μm；

D_{Mn}^{γ}——锰在奥氏体中的扩散系数，cm^2/s。

ε_f、D_{Mn}^{γ} 值和计算的 t_{Mn}^{γ} 值列于表 2-7。

表 2-7 奥氏体和铁素体的最终平衡

钢 种	加热温度/℃	ε_f/μm	D_{Mn}^{γ}/$cm^2 \cdot s^{-1}$	t_{Mn}^{γ}/s
0.06% C-1.5% Mn	740	2.0	6.8×10^{-15}	5.8×10^{6}
	780	4.0	2.4×10^{-14}	6.6×10^{6}
0.12% C-1.5% Mn	740	3.5	6.8×10^{-15}	1.8×10^{7}
	780	5.5	2.4×10^{-14}	1.3×10^{7}
0.20% C-1.5% Mn	740	5.5	6.8×10^{-15}	4.4×10^{7}
	780	7.0	2.4×10^{-14}	2.0×10^{7}

注：铁素体晶粒直径为 20 μm。

上述奥氏体形成过程示意图见图 2-14。

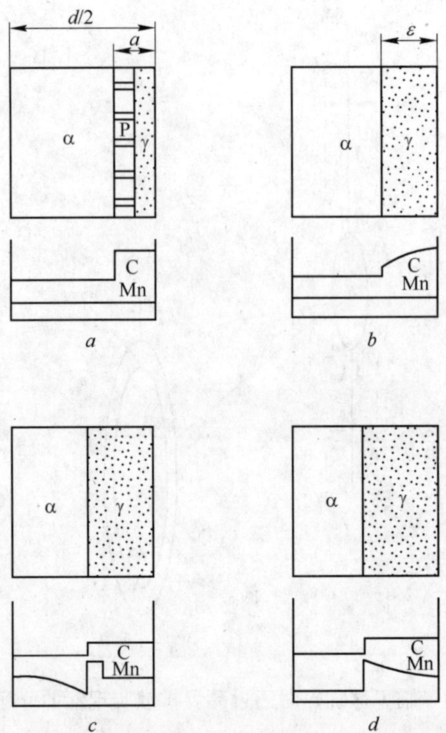

图 2 - 14　铁素体 - 珠光体钢临界区加热时奥氏体长大过程示意图

a—珠光体溶解；*b*—碳在奥氏体中扩散控制的奥氏体长大；*c*—锰在铁素体中扩散控制的奥氏体长大；*d*—锰在奥氏体中扩散而实现的最终平衡

2.3.2.5　奥氏体的扩散长大模型和实验结果的比较

计算的 0.12% C-1.5% Mn-Fe 钢的 t_P、t_C、t_{Mn}^{α} 和 t_{Mn}^{γ} 值与实验确定的奥氏体形成动力学曲线的比较见图2 - 15。900℃时（略高于Ac_3）计算的珠光体溶解的时间

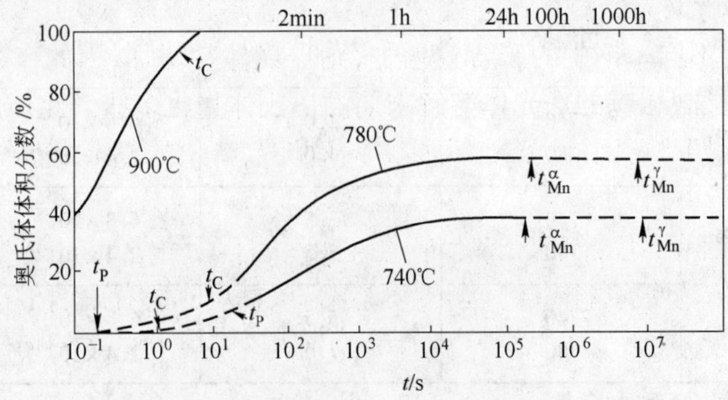

图 2 - 15　奥氏体各个长大阶段完成所需的时间（计算值）与奥氏体形成动力学曲线（实验值）的比较（0.12% C-1.5% Mn 钢）

$t_P = 1.2 \times 10^{-4}$ s,但这一结果尚未以实验加以证实。然而,在珠光体溶解之后,计算的受碳扩散控制的奥氏体长大时间 $t_C = 4.1$ s,与实验观察的100%奥氏体形成所需的时间一致。

在780℃,计算的珠光体溶解时间 $t_P = 0.22$ s,虽然由于时间太短不能用实验证实,但与在这一温度下保温15 s之后,珠光体完全消失的观察结果一致。珠光体溶解之后,受碳扩散控制的奥氏体长大时间的计算值为6.8 s(t_C),也比上述测定值(15 s)短些,因此,所观察到的大部分奥氏体长大伴随着铁素体中锰的扩散,并且是速率控制因素。完成这一过程所需时间 $t_{Mn}^{\alpha} = 2.1 \times 10^5$ s(58 h)似乎比实验观察的奥氏体长大完成时间 1.4×10^4 s(4 h)长一些。铁素体相和奥氏体相完全平衡所需的时间 $t_{Mn}^{\gamma} = 1.3 \times 10^7$ s(3600 h)似乎比Specich[4]所用的或实践中通常遇到的时间要长得多。如此长的时间是由于锰在奥氏体中的扩散速率比其在铁素体中低得多的缘故。

在740℃下,珠光体溶解时间的计算值 $t_P = 24$ s,与实验观察的珠光体的溶解时间45 s相近。由于在低温下珠光体长大是由置换元素扩散控制的,因此造成 $t_C < t_P$ 的意外情况。珠光体溶解后,奥氏体的进一步长大由锰在铁素体中扩散所控制。虽然这一过程所需的时间 $t_{Mn}^{\alpha} = 6.4 \times 10^5$ s(177 h)要比实验观察的奥氏体长大终止时间 8.6×10^4 s(24 h)长些,然而完全平衡的时间 $t_{Mn}^{\gamma} = 1.8 \times 10^7$ s(5000 h)则更长些。

对于由锰在铁素体中扩散控制的奥氏体长大动力学的计算值与观察值的矛盾,较合理的解释是:晶界或其他晶体缺陷(如位错)帮助扩散而加速了锰在铁素体中的扩散速率。另一些可能的解释是:奥氏体长大由凸缘(ledge)机制或晶界拖曳机制控制。但是,Home等表明[23]:凸缘机制对于晶界(非本形晶体)是不起作用的。晶界拖曳机制目前也没有定量的模型。

对0.06% C-1.5% Mn钢和0.20% C-1.5% Mn钢的实验结果可以用与上述0.12% C-1.5% Mn钢类似的方式进行分析,主要差异是不同钢种的初始珠光体含量和 Ac_3 的温度不同。钢中的碳含量增加,则珠光体量增加,因此,珠光体溶解所需的时间略有增加,相应的珠光体溶解末期的奥氏体量也多些。此外,钢的碳含量增加,则 Ac_3 温度下降,因此,在随后的奥氏体长大步骤的末期,奥氏体量将更多些。

应该指出,钢液凝固过程保留下来的锰的偏析以及偏析造成的带状组织(只有在1300℃退火24 h才能消除),会使实验结果与奥氏体形成的扩散模型处理的结果难以对比。

2.3.3 奥氏体的长大和合金元素分配

Wycliffe等[6]根据碳和合金元素在铁素体和奥氏体中的扩散和分配假定:(1)

在 α-γ 界面上存在局部平衡；(2) 奥氏体长大是由扩散控制的；(3) 扩散反应发生在平面前沿，因此扩散过程可以作为一维问题处理；提出了奥氏体长大模型，用于估算临界区退火时三元系合金（如 Fe-C-Mn）和四元系合金（如 Fe-C-Mn-Si）的奥氏体长大速率和奥氏体与铁素体的成分与临界区加热时间的关系。

2.3.3.1　Fe-C-Mn 合金奥氏体等温长大计算

A　起始条件

(1) 原始组织为铁素体－珠光体，加热到临界区时变成铁素体（α）－奥氏体（γ）；(2) 铁素体中的碳含量可以忽略，奥氏体中的碳含量是均匀的，并为共析成分（C_1^E），即奥氏体从珠光体形核的时间和消除奥氏体中任何不均匀性所需的时间可以忽略；(3) 锰的初始含量是均匀的，在铁素体和奥氏体中含量相同，均为 C_2^o，其含量分布图示于图 2－16。

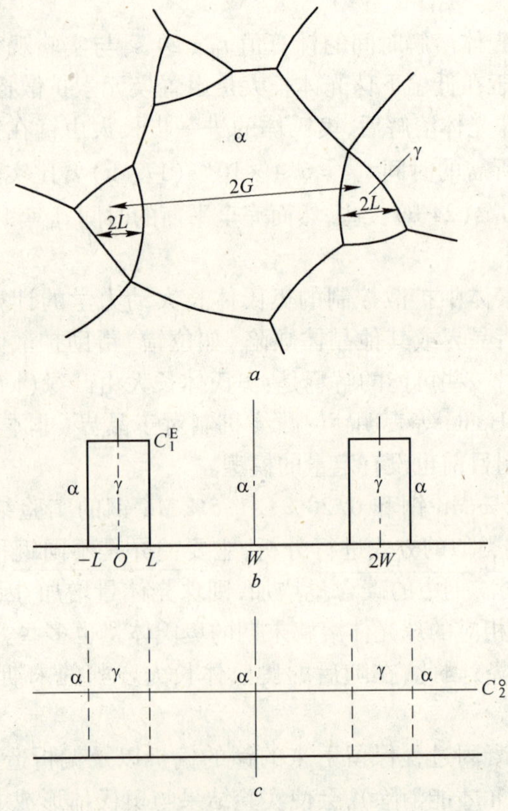

图 2－16　奥氏体－铁素体中碳和锰的含量分布示意图

a—由珠光体－铁素体加热到临界区时形成的奥氏体加铁素体混合物；奥氏体粒子宽为 $2L$，距离为 $2G$；b—碳的含量分布；c—锰的含量分布

根据反应是体积扩散控制的假定，那么界面的成分由相图上的平衡连接线给定。如果已知合金的分布系数为 K_0、K_1、K_2（下标 0,1,2 分别表示 Fe、C、Mn），那么其他成分的界面含量可以用奥氏体中的界面碳含量 C_1 表示[23]，即

$$\left.\begin{aligned} C_2^{\gamma} &= a + bC_1 \\ C_2^{\alpha} &= K_2(a + bC_1) \end{aligned}\right\} \tag{2-46}$$

式中 $a = \dfrac{1 - K_0}{K_2 - K_0}, b = \dfrac{K_0 - K_1}{K_2 - K_0}$。

假定分布系数不随成分而变化，α 相中的碳含量为零，在等温图上则可得到直线相界，见图 2-17*c*。利用文献[24]中 K_0、K_1、K_2 的数据和式 2-46 便可计算 C_2^{γ} 和 C_2^{α}。

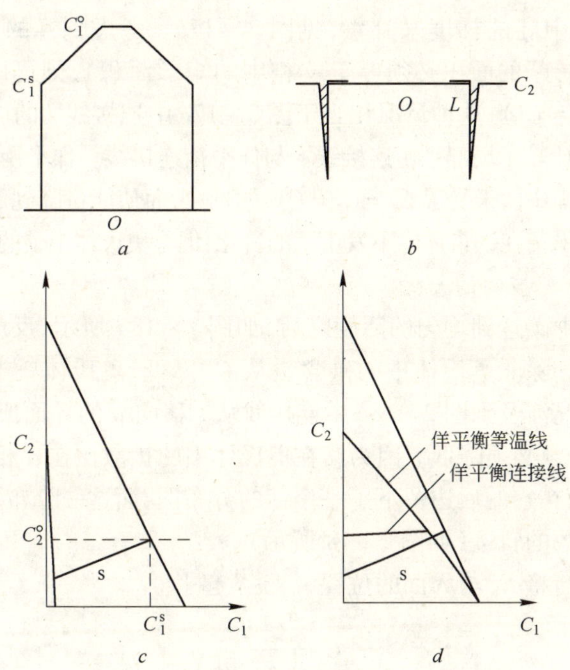

图 2-17 碳扩散控制长大时碳和锰的含量分布[25]

a—碳的含量分布；*b*—锰的含量分布；*c*—局部平衡连接线 s；
d—相应于同样锰含量的伴平衡连接线与平衡连接线的比较

奥氏体的长大过程可以分为两个阶段，碳扩散控制的长大阶段（此时，锰在奥氏体中的分配可忽略）和锰在 α 相中扩散控制的长大阶段。碳扩散控制的长大阶段可细分为抛物线长大阶段和对数长大阶段。

B 初始长大

碳扩散控制的长大阶段中，描述界面成分的平衡连接线的变化量可以忽略，它

的位置只能由锰和碳的扩散速率相等点来确定。其定性表示见图 2 - 17,该图表明初始阶段少量长大之后,锰和碳的含量分布。不仅对于锰而且对于碳来说,界面速度$\frac{dx_0}{dt}$与界面扩散流量 J、界面的含量差 ΔC 有关,并可以下式表示

$$\left|\frac{dx_0}{dt}\right| = \left|\frac{J_2}{\Delta C_2}\right| = \left|\frac{J_1}{\Delta C_1}\right| \tag{2-47}$$

扩散流量可用 Fick 第一定律给出

$$J = D\frac{dC}{dx} \tag{2-48}$$

式中　D——扩散系数。

由于 D_C 比 D_{Mn} 大约高 10^4 倍,为使界面上二者速率值相等,扩散系数低的锰必须以在铁素体中陡的梯度来补偿,见图 2 - 17*b*。考虑到锰的质量平衡(即图 2 - 17*b* α相中“长钉”的面积必须等于 γ 相中的矩形面积),则可以忽略初始阶段锰的分配(即 $C°_2 \approx C_2^\gamma$),这种情况相当于图 2 - 17*c* 中连接线 s 的位置。

图 2 - 17*d* 中比较了局部平衡连接线 s 与伴平衡连接线。伴平衡是一种拘束形式的平衡,在这类平衡中由于受了 $C_2^\gamma = C_2^\alpha = C°_2$ 的拘束,而使能量降到最小,即不出现锰的分配。因此,伴平衡在铁素体中不发生锰的贫化,但是奥氏体中碳的含量下降。

C　锰扩散分配控制的长大

在整个材料中碳达到均匀的活度之后,如图 2 - 18*a* 所示,反应过程将在锰的扩散控制下进行。除非奥氏体中的碳含量从 C_1^s 降低,奥氏体就不可能进一步长大。由于这种情况涉及到图 2 - 18*c* 中连接线从 s 移向 p 的界面成分的变化,因此奥氏体中碳含量 C_1 必须降低。因为锰在奥氏体中的扩散比在 α 相中慢,那么可以假定,移动的界面在它的后边留下了一个锰的分布图,而这一分布图是 γ 相的平衡成分作为距离函数的轨迹(如图 2 - 18 所示)。

碳的质量平衡将 C_1 与界面的位置 x_0 联系起来

$$C_1 = \frac{C_1^E L}{x_0} \tag{2-49}$$

由式 2 - 46、式 2 - 47 及式 2 - 49 得出 C_2^γ 与距离 x 的关系

$$C_2^\gamma(x) = a + b\frac{C_1^E L}{x} \tag{2-50}$$

如将锰在 α 相中的扩散分布图近似为底为“f”的三角形。对于一个给定的界面位置,用锰的质量平衡可计算相应的 f

$$\int_0^{x_0}[C_2^\gamma(x) - C°_2]dx = \frac{1}{2}f(C°_2 - C_2^\alpha) \tag{2-51}$$

然后式中 f 可用于确定 α 相中含量梯度的大小。这个量与式 2 - 47、式 2 - 49

相结合,可给出由铁素体中扩散流确定的界面速度的分量:

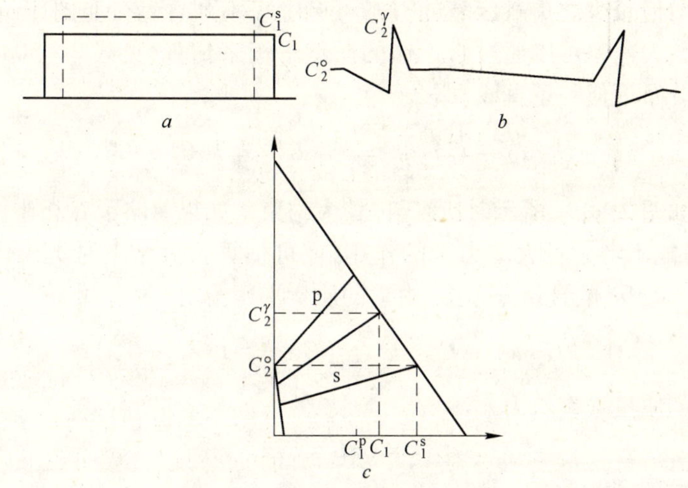

图 2-18 锰扩散分配控制的长大

a—奥氏体中碳含量由 C_1^s 降到 C_1,奥氏体进一步长大;b—连接线位置的移动与由于奥氏体中平衡界面锰的成分“冻结”引起的奥氏体中锰含量升高相对应;c—与图 a 相对应,平衡连接线 s 向 p 变化

$$D_2^\alpha \frac{C_2^\gamma - C_2^\alpha}{f} = (C_2^\gamma - C_2^\alpha)\left(\frac{\mathrm{d}x_0}{\mathrm{d}t}\right)^\alpha \tag{2-52}$$

由式 2-51 和式 2-52 就可确定 $\left(\frac{\mathrm{d}x_0}{\mathrm{d}t}\right)^\alpha$ 作为位置 x 的函数。

由于在奥氏体中存在锰的含量梯度,因此在奥氏体中有扩散流,这种扩散流有降低界面速度的倾向。界面的净速度 $\left(\frac{\mathrm{d}x_0}{\mathrm{d}t}\right)$ 是 γ 相中和 α 相中的扩散流引起的速度分量之和

$$\frac{\mathrm{d}x_0}{\mathrm{d}t} = \left(\frac{\mathrm{d}x_0}{\mathrm{d}t}\right)^\alpha + \left(\frac{\mathrm{d}x_0}{\mathrm{d}t}\right)^\gamma \tag{2-53}$$

式中

$$\left(\frac{\mathrm{d}x_0}{\mathrm{d}t}\right)^\gamma = \frac{J^\gamma}{C_2^\gamma - C_2^\alpha} \tag{2-54}$$

J^γ 可由式 2-50 微分,并利用 Fick 第一定律求出

$$J^\gamma = D_2^\gamma\left(\frac{\mathrm{d}C_2^\gamma(x)}{\mathrm{d}t}\right) \tag{2-55}$$

奥氏体中的扩散流只是在奥氏体长大接近完成时才产生明显的作用。用式 2-50 ~ 式 2-55 就可将界面速度和含量确定为界面位置的函数。分离变数并积分就可计算与每个界面位置有关的时间。

当奥氏体中锰的扩散流等于铁素体中锰的扩散流时,$|J^\gamma| = |J^\alpha|$,奥氏体长大结束。由于 $D_2^\gamma \ll D_2^\alpha$,这种情况相当于 α 相中的含量梯度非常平缓。在大多数情

况下，这一平缓的含量梯度可由 α 相中的扩散区域的撞击来实现，因此 α 相中的锰几乎是均匀地减少。扩散区域的撞击可产生一系列含量分布图（见图 2－19）。这一阶段的长大速率可以通过修正锰的质量平衡来估算，见式 2－50。如果铁素体中的含量分布近似一条直线，那么

$$\int_0^{x_0}[C_2^{\gamma}(x) - C_2^{\circ}]\mathrm{d}x = \frac{1}{2}(G - x_0)(C_2^{\alpha} + C_2^{\alpha F}) \tag{2-56}$$

当含量分布如图 2－19c 所示时，奥氏体长大结束。如果忽略了 α 相中微小的含量梯度，则有可能不考虑长大动力学的作用，就可估算长大结束时奥氏体的体积分数。基于图 2－19c 的含量分布图，由锰的质量平衡给出

$$\int_0^{x_F}[C_2^{\gamma}(x) - C_2^{\circ}]\mathrm{d}x = (G - x_F)(C_2^{\circ} - C_2^{\alpha F}) \tag{2-57}$$

对于碳的质量平衡给出

$$C_1^E L = C_1^{\circ} G = C_1^E x_F \tag{2-58}$$

体积分数 V_f 为

$$V_f = \frac{C_1^{\circ}}{C_1^F} = \frac{x_F}{G} \tag{2-59}$$

式中　G——两个奥氏体粒子中心的距离。

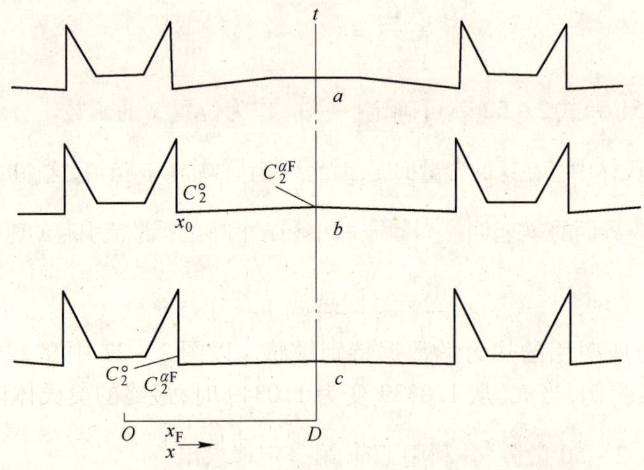

图 2－19　奥氏体长大的后一阶段锰的含量分布图

a—铁素体中锰扩散区域撞击前的含量分布；b—刚刚撞击后的含量分布（$C_2^{\alpha F}$ 为两个奥氏体晶粒中间的铁素体中锰的含量梯度）；c—奥氏体长大末尾的含量分布，此时铁素体中仍存留微小的含量梯度

本式与式 2－45、式 2－26、式 2－50 和式 2－57 结合可得出体积分数 V_f 与钢中碳含量 C_1° 的关系为

$$(a-C_2^\circ)V_f+bC_1^\circ+bC_1^\circ\ln\frac{V_f}{bC_1^\circ}(C_2^\circ-a)$$
$$=(C_2^\circ-k_2a)(1-V_f)-k_2bC_1^\circ\left(\frac{1}{V_f}-1\right) \quad (2-60)$$

由于 L 和 G 由式2－58 联系，故上述体积分数的表达式与组织尺度无关，只取决于化学成分及其分布系数。但达到这一体积分数的时间对于较粗的组织将会更长（随 L^2 而变化）。

四元系 Fe-C-Mn-Si 系合金在临界区加热时奥氏体等温长大和合金元素的分配的计算方法，与三元系类同，有兴趣的读者可参考文献[6]。

2.3.3.2 模型预测及实验结果

Wycliffe 等人的模型对临界区加热时奥氏体形成的预测及其与实验结果的比较如下。

利用上述模型，Wycliffe 等人计算了 0.08% C-1.0% Mn 和 0.08% C-1.0% Mn-1.0% Si 钢在 750℃保温不同时间后的合金元素含量分布，其中 0.08% C-1.0% Mn 钢的计算结果见图 2－20。该合金实验所测得的含量分布图示于图 2－21，图中同时示出了按模型计算的分布曲线，可以看出模型的预测值与实验观测值的趋势一致。实测的含量分布图的峰值宽于预测值，很可能是由于试样制备时切割效应的影响。例如，假定图 2－21 中的分布图是一个宽度为 W 的平面界面，该界面与厚度为 t 的薄膜法线成 θ 角倾斜时，则会使表观宽度增宽到 $\left(\frac{W}{\cos\theta}+\frac{t}{2}\tan\theta\right)$。也就是说，对于 $t=300$ nm，$\theta=45°$试验条件，表观宽度从 0.34 μm 增加到 0.62 μm。因此考虑到这一切割效应的影响，上述模型对预测和了解临界区加热过程中合金元素在 α 相和 γ 相中的分配特征显然是合适的。

按模型计算的 C-Mn 钢 740℃加热时奥氏体形成动力学曲线和实验结果[4]的比较示于图 2－22。给定时间的奥氏体的体积分数及其长大结束后的奥氏体体积分数对计算时所引用的热力学数据特别敏感。以图 2－22 中 0.12% C-1.5% Mn 钢的计算结果为例，当 K_0 从 1.0339 变为 1.0349 时，最终的奥氏体体积分数将从 0.395 减小到 0.376。热力学数据的不精确性，可能是体积分数计算值误差的主要来源。

上述三个临界区加热时的奥氏体形成模型对了解临界区加热时奥氏体形成的组织特征、奥氏体的生成和长大特征、合金元素对奥氏体形成的影响，从而预测临界区处理时应采取的工艺参数具有一定的意义。但应指出，由于模型中的一些简化假定，实际组织结构的复杂性以及有关的热力学数据的不确定性，使应用模型计算的结果和实际测定值尚有一定距离。

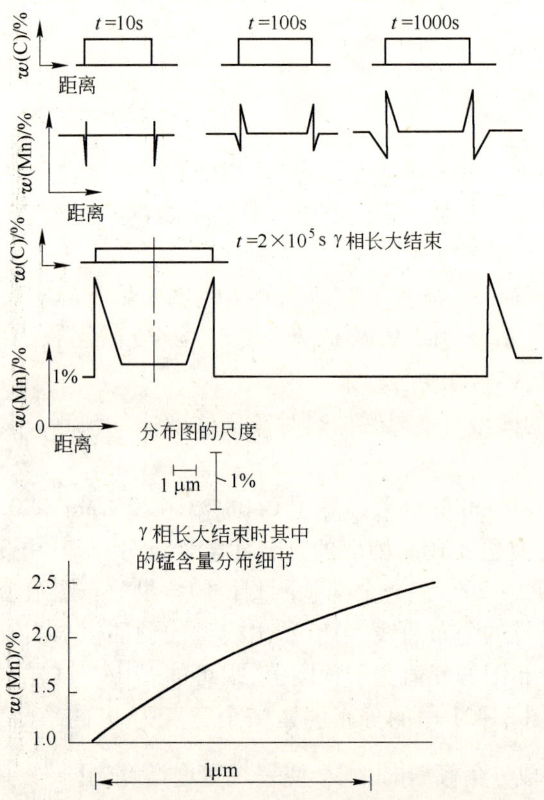

图 2-20　0.08% C-1.0% Mn 钢在 750℃保温不同时间后碳和锰的含量分布图

热力学数据，$K_0=1.0297$；$K_1=0.027$；$K_2=0.336$

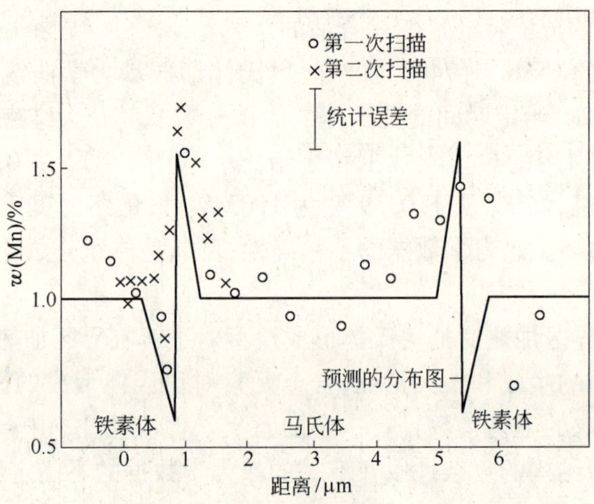

图 2-21　0.08% C-1.0% Mn 钢在 750℃保温 500 s 时锰含量分布的实验值和预测值的比较（SEM400 电镜、STEM 观察结果）

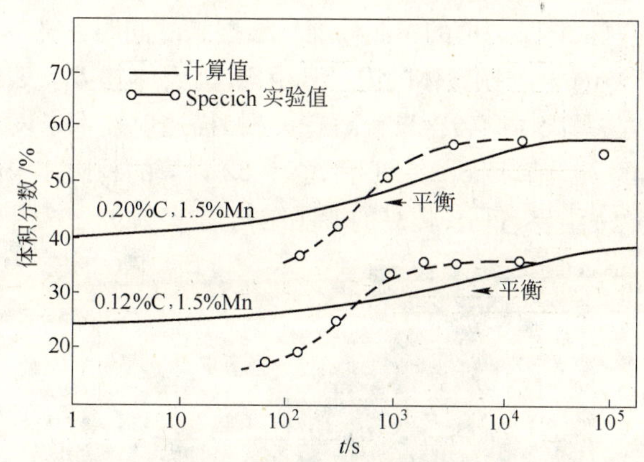

图 2-22 C-Mn 钢在 740℃加热时奥氏体长大动力学曲线

计算时采用的热力学数据：$K_0=1.0339$；$K_1=0.026$；$K_2=0.407$

2.3.4 碳和合金元素在 α 和 γ 相中的分配及其意义

临界区加热时，碳和合金元素在铁素体和奥氏体中重新分配，可使低碳钢获得双相组织（在延性良好的铁素体中分布着像中、高碳钢那样的淬火马氏体岛），赋予钢良好的强度与延性配合。同时，马氏体的体积分数和形态可在很宽的范围内变化，从而提供了获得各种强度和延性配合的低合金高强度钢的灵活的物理冶金手段。

碳是按平衡图上的含量线进行分配的。尽管碳的扩散速率较高，但一般情况下，并不能完全达到平衡，实际奥氏体中的碳含量略高于平衡含量。因此根据平衡图按质量平衡定律估算的奥氏体体积分数往往会与实测值有些偏离，但由于用一般方法测定马氏体中的碳含量有不少困难，人们常根据平衡图来估算碳的分配。

采用高分辨率的透射电镜，摄取晶格条纹像，测定马氏体的某一晶面指数的晶格平面间距 D，根据 D 与晶格常数 a 和 c 的关系及库尔久莫夫方程[33]（见式 2-61 和式 2-62），可以计算马氏体中的碳含量。

任一（hkl）平面的 D 值与晶格常数的关系为

$$\frac{1}{D^2}=\frac{h^2+k^2}{a^2}+\frac{l}{c^2} \tag{2-61}$$

按照库尔久莫夫方程，马氏体的正方度与碳含量的关系为

$$\left.\begin{aligned}c&=0.28664+0.0116w(\mathrm{C})\\a&=0.28664-0.0013w(\mathrm{C})\end{aligned}\right\} \tag{2-62}$$

例如 AISI1010 钢经 752℃加热后水冷，马氏体的体积分数为 20%，马氏体岛的精细结构照片见图 2-23[31]。从照片中标识的区域内采用双束倾斜照明方式获得的（101）晶格条纹像见图 2-24。（为了尽可能反映马氏体的正方度，试验时采用 D 值较大的{011}平面作为摄取晶格条纹图像的平面）。取同一试样的铁素体的 $D_{101}=$

0.203 nm作为测定马氏体 D_{101} 值的参照标准。根据条纹间距计算的马氏体的 D_{101} 值为(0.2047 ±0.0003)nm。与铁素体的 D_{101} 值相比,马氏体的 D_{101} 变化值为 0.0014 ~ 0.0020 nm,这显然与马氏体中碳含量较高有关(扫描透射技术未发现锰在两相中分配)。根据马氏体的 D_{101} 值,用式 2-61 和式 2-62 计算的马氏体中相应的碳含量为 0.50% ~0.65%,这一结果与马氏体岛的孪晶结构是一致的。

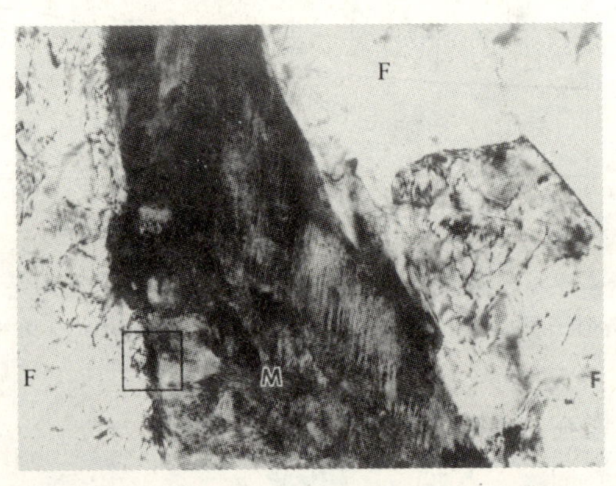

图 2-23　双相钢中的孪晶马氏体岛(AISI1010 钢,752℃水冷)

双反射衍射技术表明,马氏体与铁素体界面具有轻微的取向差,这进一步证实了马氏体的正方度[30]。

从这一例子可以看出,高分辨率的透射电镜技术不仅可以观察两相交界附近晶体结构的细节,而且还可用于确定马氏体相中的碳含量。也就是说,晶格条纹像是分析微观区域化学成分的有力手段,是分析双相钢中马氏体和铁素体两相化学成分的一种有用的新技术。

采用扫描透射技术分析了铝在含铝双相钢的马氏体、铁素体中的分配。试样为含铝 1% 的 AISI1010 钢, 经 788K/10 min 加热水冷,马氏体体积分数为 20%,用 40 nm 的探头通过铁素体-马氏体界面所获得的 X 射线谱计算合金成分,测定结果见图 2-25。铝择优分布于铁素体中,铁素体内的平均铝含量比马氏体中高 50%,但在每相内部,铝的分布是均匀的[32]。

锰在双相钢两相中重新进行分配,在未达到最终平衡的淬火组织中,马氏体岛周围有高锰的边圈是锰在 α 相和 γ 相中重新分配的结果。锰在奥氏体中集中,可提高奥氏体的淬透性,使合金元素被充分利用。

在含锰双相钢中,电子探针的分析表明[34],在探针通过的区域内(见图 2-26),锰含量的波动范围在 1.3% ~1.8%,在马氏体区内锰含量较高。用同样的方法表明[35],高温盘卷也可引起碳和锰在第二相偏聚。扫描电镜能谱和计算机计算表明,在含锰双相钢中(0.10% C-1.5% Mn-0.04% V,760℃ 1 h 水冷),马氏体中的锰含量比铁素体中高 0.20% ~0.30%。

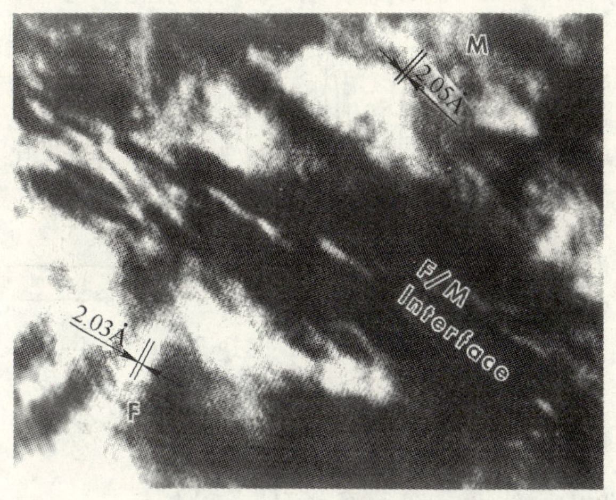

图 2-24 图 2-23 的方框区域内(101)面的晶格条纹像

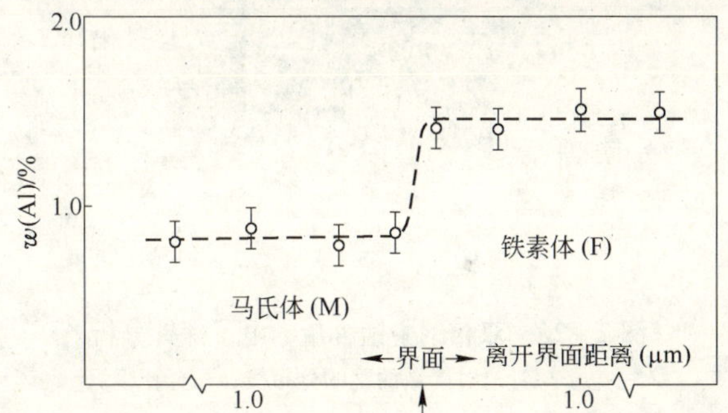

图 2-25 含铝双相钢中马氏体-铁素体交界面及两相内铝的分布

临界区加热时，硅向 α 相中浓集，可使 α 相产生固溶强化，同时还促使 α 相中的碳向奥氏体中扩散，对 α 相有“净化”作用，有利于提高双相钢的延性。采用扫描透射技术研究了 0.10% C-0.74% Si-0.09% V 双相钢中硅和钒在 α 相和 γ 相中的分配，结果表明[32]：硅和钒在两相中的分配情况与双相钢的处理工艺方法有关。如钢经预先淬火，再经两相区重新加热淬火，硅和钒在 α 相和 γ 相中发生明显再分配，两种合金元素均在 α 相中浓集。当重新加热温度从 850～975℃变化时，钒在两相中含量分配变化不大；而硅则随着加热温度升高，在两相中分配的含量值升高；即加热温度升高，硅将进一步向铁素体中浓集。如果试样先在 Ac_3 以上的温度加热，然后在两相区温度分级停留后再行淬火，则硅和钒在 α 相和 γ 相中基本上无含量分配，只是在两相界面上有轻微的含量分配。也就是说，在奥氏体区加热后，于临界区分级保温时，铁素体从奥氏体中析出是靠碳从 α 相向 γ 相中扩散来完成，而不是由合金元素硅或钒的扩散分配来控制的。在这一合金系中，$\gamma \rightarrow \alpha + \gamma$ 的反应遵从合金元素不进行分配的伴平衡条件。

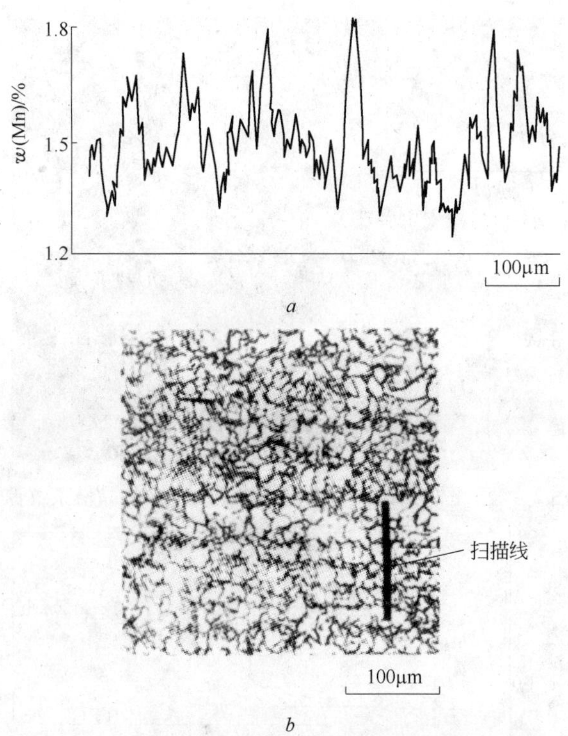

图 2 – 26　双相钢中锰含量的电子探针分析

a—电子探针通过区域的锰的分布线；*b*—金相组织

在不同的工艺条件下，合金元素对临界区加热时奥氏体形成或从奥氏体中析出铁素体的过程的不同的影响，其机理尚有待进一步研究，显然这是两种不同的扩散长大机制。临界区加热时奥氏体的形成与双相钢的热处理工艺过程有关；而临界区保温时，铁素体从奥氏体中析出，则和双相钢的轧制工艺过程有关。因此，了解和认识各种工艺方法和处理历史对临界区加热或等温时 $\alpha + \gamma$ 的形成过程及随之冷却后的双相钢性能的影响，在理论上和生产工艺的制定上均具有重要价值。

2.4　影响临界区加热时奥氏体形成的因素

钢的成分，热处理工艺（加热速度、保温时间）和初始显微组织是影响临界区加热时奥氏体形成的主要因素。

2.4.1　钢的成分

一般热处理双相钢中的主要成分为 C、Mn、Si 及少量 V 或 Nb，在热轧双相钢中还含有铬和钼，以提高奥氏体的淬透性，这些元素对临界区处理时奥氏体的形成具有不同的影响。

碳主要影响形成的奥氏体体积分数。在平衡条件下,形成的奥氏体体积分数可按质量平衡定律,根据相图和加热温度来确定

$$V_f = \frac{C_1^{\circ} - C_1^{\alpha}}{C_1^{\gamma} - C_1^{\alpha}} \tag{2-63}$$

如考虑到 α 相中的碳含量较低,近似计算时可以忽略,那么 $V_f \approx \frac{C_1^{\circ}}{C_1^{\gamma}}$。

按平衡计算的 C-1.5% Mn-0.5% Si 钢临界区加热时形成的奥氏体体积分数示于图 2-27[26]。碳含量升高或临界区加热温度升高,则奥氏体体积分数增加。碳含量对 C-1.5% Mn-0.01% Si 钢 725℃保温 400 min 后奥氏体体积分数的影响见图 2-28[20]。随着碳含量的增加,奥氏体的体积分数线性地增加。

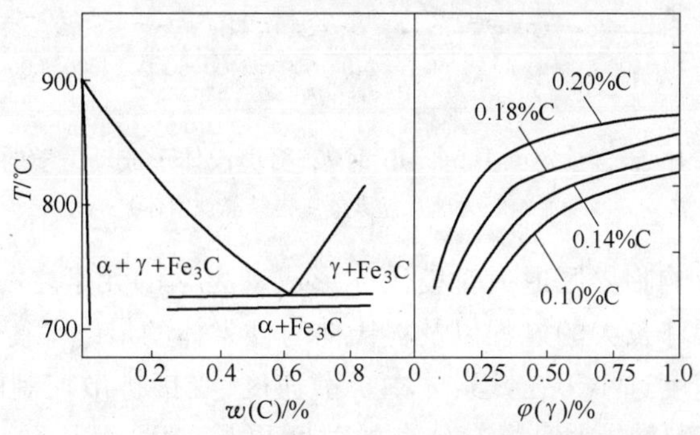

图 2-27 Fe-1.5% Mn-0.5% Si-C 合金的平衡图和按平衡图计算的临界区加热时形成的奥氏体的体积分数

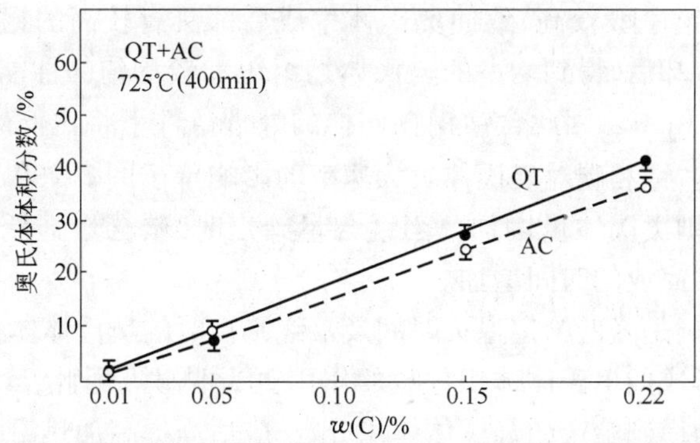

图 2-28 碳含量对 C-1.5% Mn-0.01% Si 钢 725℃保温 400 min 形成的奥氏体体积分数的影响(初始组织为球状渗碳体 + 再结晶铁素体)

碳含量对 C-1.5% Mn 钢在 725℃加热时奥氏体形成动力学曲线的形状基本没有影响,并且达到最大奥氏体量所需的保温时间也大体相同,但碳含量增加,最终

形成的奥氏体量明显增加(见图 2－29)。由于碳在奥氏体或铁素体中的扩散速率均比较高,因此在奥氏体形成过程中,以碳扩散控制的长大阶段所需时间均较短。不同碳含量对该阶段奥氏体形成时间上的影响相差不大于 10 s。

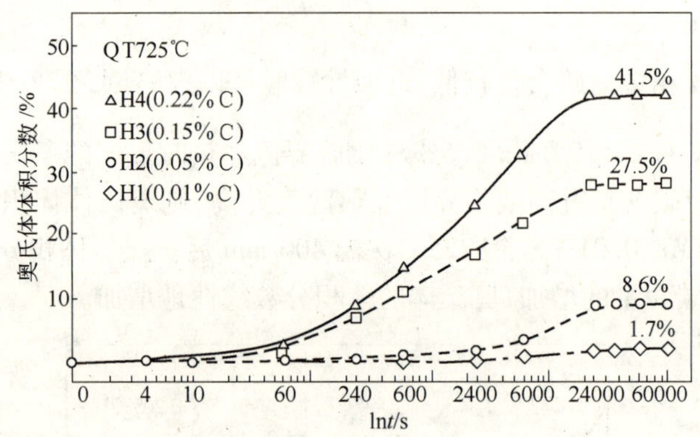

图 2－29　碳含量对 C-1.5% Mn 钢 725℃奥氏体形成动力学的影响
(初始组织为球状渗碳体＋再结晶铁素体)

锰是明显地影响临界区退火时奥氏体形成动力学的元素之一,锰主要影响奥氏体生成后向铁素体长大的过程以及奥氏体与铁素体的最终平衡过程。由于锰在奥氏体中的扩散速度远小于在铁素体中扩散速度,受锰扩散控制的奥氏体长大时间较长,而锰在奥氏体内达到均匀分布的时间更长(10^6 s 以上)。在临界区加热时,由于保温时间较短,锰在奥氏体内达不到均匀分布,随后冷却速度不足时,可能得不到均一的马氏体岛组织。在采用快速加热工艺生产的双相钢中(如水淬连续退火生产线),含锰一般较高,致使奥氏体生成后即具有较高的锰含量,保证奥氏体岛的淬透性,冷却后,得到均一的马氏体岛组织和较均匀的性能。此外,锰扩大 γ 相区,降低 Ac_1 和 Ac_3,因此含锰钢在同样的处理条件下将比低碳钢得到更高的马氏体体积分数。锰和碳对奥氏体长大速率的影响示于图 2－30[6]。碳含量一定时,锰含量增加,则奥氏体量增加。当锰含量给定时,碳含量降低,会增加粒子间隙,使奥氏体长大完成的时间增加。

硅的主要影响是降低给定退火时间及最终平衡时的奥氏体体积分数。以硅代替锰时,硅降低形成的奥氏体体积分数的作用更为明显。因此,含硅较高的钢,在临界区处理时,为得到给定的马氏体体积分数,应适当提高加热温度。硅对奥氏体长大速率没有明显影响,但硅对奥氏体形成的形态和分布有明显影响。高硅双相钢容易得到呈纤维状分布的马氏体[28],这有利于双相钢力学性能的改善。1% Si 对 0.08% C-1% Mn 钢奥氏体形成动力学的影响不大,只是降低给定保温时形成的奥氏体体积分数(见图 2－31)。

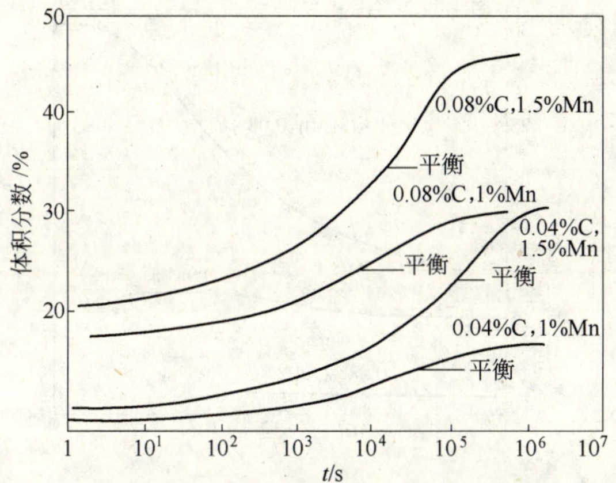

图2-30 锰和碳对C-Mn钢750℃加热时奥氏体长大速率的影响

热力学数据：$K_0=1.0297$；$K_1=0.027$；$K_2=0.336$

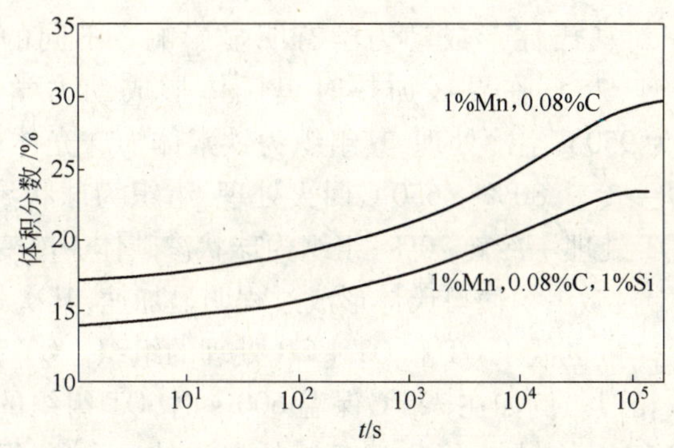

图2-31 1%Si对0.08%C-1%Mn钢750℃加热时奥氏体长大速率的影响

合金元素对奥氏体形成动力学的影响与合金元素在α相和γ相中的分布系数、初始含量以及扩散系数等因素有关。分布系数接近于1的元素，奥氏体长大完成的时间快于分布系数小于1的元素，例如0.08%C-1%Ni钢（$K_{Ni}=0.57$），在750℃加热时奥氏体长大完成的时间为10^5 s，而0.08%C-1%Si钢（$K_{Si}=1.3$）在750℃加热时奥氏体长大完成的时间只需1 s（这与硅的扩散系数远高于镍也有关系）（见图2-32）。

微量的碳化物形成元素如V、Nb、Ti等对奥氏体形成过程影响不大，但这些元素对随后冷却时奥氏体的淬透性及冷却后铁素体中的形态和铁素体中的沉淀相有明显影响[29,30]。

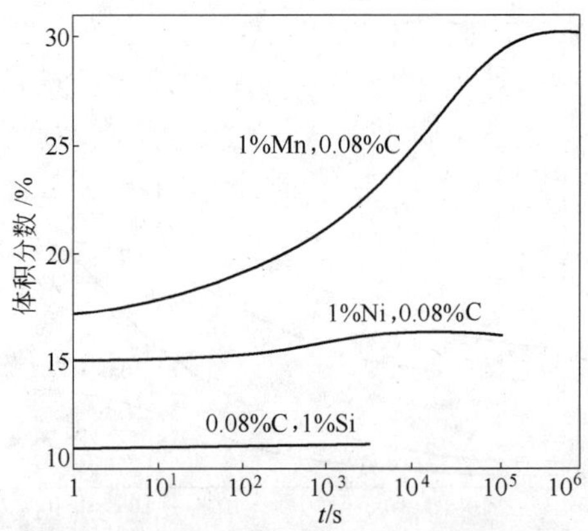

图 2－32　0.08% C-1% x(x = Si、Ni、Mn) 钢 750℃加热时奥氏体长大速率的影响
热力学数据：$K_0 = 1.0297$；$K_C = 0.027$；$K_{Mn} = 0.336$；$K_{Si} = 1.3$；$K_{Ni} = 0.57$

2.4.2　初始显微组织

初始显微组织对奥氏体形成动力学有明显影响。不同的初始显微组织对 0.22% C-1.5% Mn钢 725℃临界区加热时奥氏体形成动力学曲线的影响示于图 2－33[27]。AC 为 950℃空冷处理，其组织为铁素体加珠光体；QT 为 925℃水冷→650℃回火，空冷→冷轧 80%→650℃回火处理，组织为球状渗碳体加再结晶铁素体；QT + CR 为 QT 处理 + 冷轧 70%；组织为球状渗碳体 + 冷变形的铁素体。QT + CR 处理后的初始显微组织使奥氏体形成过程明显加速，其次是 QT，AC 最慢，而且后者形成的奥氏体量也低于 QT 和 QT + CR 处理的组织。QT 和 QT + CR 组织最终形成的奥氏体量相似。例如在 725℃保温 600 s 时，QT 组织的材料形成 14.5% 的奥氏体，QT + CR 组织的材料形成 18.7% 的奥氏体，而 AC 组织的材料仅形成 12.2% 的奥氏体。在相同的临界区加热温度下(例如 725℃)，形成 15% 的奥氏体量所需的保温时间：QT + CR 为 450 s，QT 为 680 s，而 AC 则为 750 s。

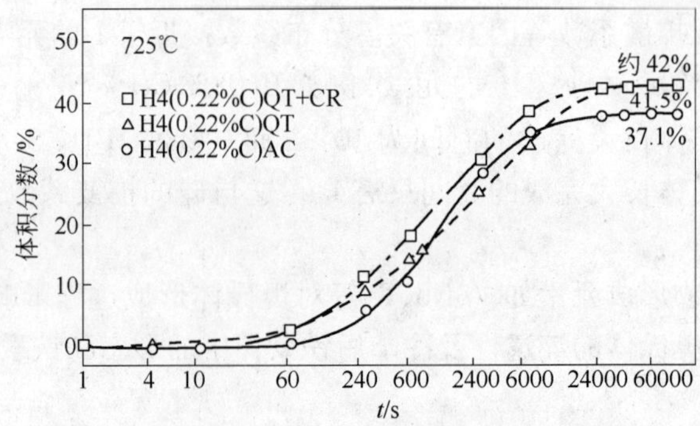

图 2－33　不同初始显微组织对 0.22% C-1.5% Mn 钢 725℃加热时奥氏体形成动力学的影响

初始显微组织对奥氏体形成动力学的影响与它们对奥氏体形核及对碳和合金元素的扩散速率及扩散路径的影响有关。QT + CR 组织为球状渗碳体 + 冷变形的铁素体,这种组织储能较高,加热到 725℃时,冷变形铁素体发生再结晶得到细晶粒铁素体 + 球状碳化物。由于奥氏体在铁素体晶界的碳化物上最容易形核,这种组织容易得到较多的奥氏体核心,而且在保温时奥氏体主要沿平行于铁素体晶界方向长大,这个方向的长大主要受晶界扩散系数控制,在较低温度下($<0.7T_{熔}$)晶界扩散控制的质量传递比体扩散要容易得多,因此这种组织奥氏体形成过程进行得较快。由珠光体和铁素体组成的 AC 组织,珠光体团数比球状碳化物数目要少得多,同时铁素体的晶粒也较 QT + CR 组织粗大,725℃加热时,奥氏体的核心较少,随后保温时,奥氏体的长大所需的碳和锰的扩散距离也较长,因此奥氏体在这种组织中的形成和长大较慢。而 QT 组织的奥氏体长大速率仅次于 QT + CR 组织。

在制定临界区处理工艺、选取保温时间时,应考虑到初始显微组织对奥氏体形成过程的影响。

2.4.3　热处理工艺

奥氏体的形成包括形核和长大,并且是由扩散控制的,因此奥氏体的形成过程受热处理工艺(包括加热速率、加热温度、保温时间等)的影响。快速加热到给定的临界区温度,会增加奥氏体的形成核心,有利于产生细小的奥氏体粒子;加热温度升高,可提高碳和合金元素的扩散速率,加速奥氏体的形成过程;保温时间延长,有利于达到奥氏体和铁素体的最终平衡及奥氏体内部碳和合金元素的均匀化,并有利于某些合金元素(如锰)向奥氏体富集,或某些合金元素(如硅)向铁素体富集,而后这一过程又会促使铁素体中的碳向奥氏体扩散和富集。在工业上,为了提高双相钢的性能,以及改善板材表面质量并使板材保持良好的形状,人们有意识地利用快速加热,使奥氏体化过程并不达到最终平衡,以保证冷却后得到均匀分布的马氏体岛加铁素体。

2.5　临界区加热时奥氏体形成图

基于对临界区加热时奥氏体形成过程的理论分析,Specich 等[4]绘制了奥氏体形成图,如图 2 – 34 所示。利用这种图不仅可以方便地求出各种加热温度下形成不同奥氏体量所需要的时间,而且从图中很容易看出在每一个奥氏体形成阶段,控制奥氏体形成动力学的各个因素。

例如钢的加热温度为 780℃,从图 2 – 34 可以看出,奥氏体形成的第一步是珠光体的溶解。这一步进行的非常快,0.2 s 内 12% 的奥氏体已经形成,即珠光体已完全溶解。当进一步保温时,奥氏体长大进入铁素体,在奥氏体中碳扩散是速率控制因素，直到 6 s 后，形成 20% 的奥氏体。随之是奥氏体较慢地长大进入铁素体，此时，锰在铁素体中的扩散是速率控制因素，55 h 之后才形成 50% 左右的奥氏体。最后一步是奥氏体中锰含量的缓慢平衡，奥氏体中锰的扩散是这一步的速率控制因素，3000 h 后达到最终平衡。

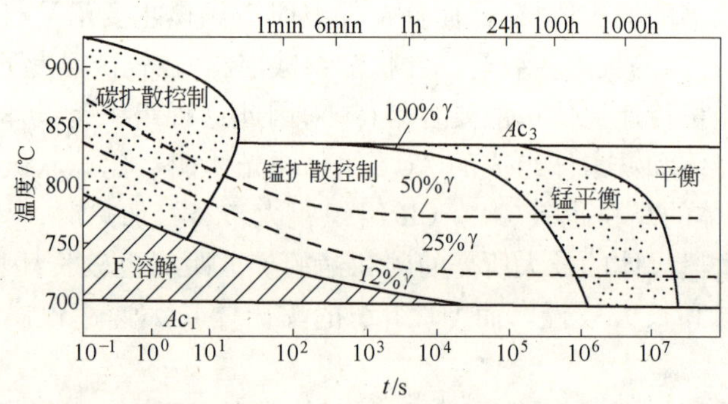

图 2 - 34　0.12% C - 1.5% Mn 钢的奥氏体形成图

从图 2 - 34 还可以看出，在低的临界区温度（Ac_1 ~740℃之间）加热时，珠光体溶解变得非常缓慢（从 15 s ~8 h）。此时，奥氏体的形成是由铁素体中锰的扩散所控制。在较高温度（850 ~900℃）珠光体溶解几乎是瞬时的，奥氏体进一步长大进入铁素体是由奥氏体中碳扩散所控制。不同的临界区加热温度，奥氏体形成过程经历不同的进程。

参考文献

1　Садовскнй В Д, Мальииев К А, Сазонов Б Г. Превращение при нагреве стали. Металлургизбат, 1954

2　戚正风. 金属热处理学报, 1981, 2:2, 37

3　Datta D P, Gokhale A M. Metall. Trans., 1981, 12A:443

4　Specich G S, Demarest V A, Miller R A. Metall. Trans., 1981, 12A:1419

5　Sauza M M, Guimaraes J R C, Chawla K K. Metall. Trans., 1982, 13A:575

6　Wycliffe P, Purdy G R, Embury J D. Fundamentals of Dual Phase Steels. ed. by Kot R A, Bramfitt B L. TMS/AIME, New York, 1981, 59

7　Garcia C I, DeArdo A J. Metall. Trans., 1981, 12A:521

8　冯端，王业宁，丘第荣. 金属物理，下册. 北京：科学出版社，1975, 511

9　Mölinder G. Acta Metall., 1956, 4:563

10　Crank P G. The Mathematics of Diffusion, Mc Graw-Hill, New York, 1963, 216

11　Shewmon P G. Diffusion in Solids. Mc Graw-Hill, New York, 1963, 152

12　VAN Bueren H G. Imperfection in Crystals, North-Holland Publishing Company-Amsterdam, 1960,

Chapter,16

13 Garcia C I,DeArdo A J. Structure and Proporties of Dual Phase Steels. ed. by Kot R A,Morris J W,TMS/AIME,New York,Ny,1979,40

14 Gokhale A M,Iswaran C V,Dehoff R T. Metall. Trans.,1979,10A:1239

15 Specich G R,Fisher R M. Recrystallization Grain Growth and Textures,ASM/AIME,Metals Park,OH,1967,563

16 Cahn J W. Trans. TMS/AIME,1967,239:610

17 Specich G R,Szirme A. Trans. TMS/AIME,1969,245:1063

18 Gilmour J B,Purdy G R,Kirkaldy J S. Metall. Trans. ,1972,3:2313

19 Purdy G R,Reichert O H,Kirkaldy J S. Trans. TMS/AIME,1964,220:1025

20 Gilmour J B,Purdy G R,Kirkaldy J S. Metall. Trans. ,1972,3:1455

21 Tanzilli R A,Heckel R W. Trans. TMS/AIME,1968,242:2313

22 Aaron H B,Aaronson H Z. Acta Metall. ,1968,16:789

23 Home M,Subramanian S V,Purdy G R. Can. Metall. Quart. ,1969,8:251

24 Kavlson B,Metall. Z. 1972,63:160

25 Uhrenius B. A Compendium of Ternary Iron Base Phase Diagrams in Hardenability Concepts with Applications to Steel. ed. by Doane D V, Kirkaldy J S. Met. Soc. of AIME, Warrendale, 1978, 28 ~ 81

26 Repas P E. SAE Paper,790008,1979. Feb.

27 Plichta M R,Aaronson H I. Metall. Trans. ,1974,5A:2611

28 Koo J Y,Thomas G. Metall. Trans. ,1977,8A:525

29 Öström P,Lönnberg B,Lindgren I. Metals Technology,1981,3:81

30 Markd G D,Matlock K,Krauss G. Metall. Trans. ,1980,11A:1683

31 Koo J Y,Raghhavan M,Thomas G. Metall. Trans. ,1980,11A:351

32 Romig Jr. A D,Salzbrenner R. Scvipta Metallurgia,1981,16:33

33 Kurdjumov G,Kaminsky E. Nature,1928,122:475

34 Specich G S,Miller R L. Structure and Properties of Dual Phase Steels. ed. by Kot K A,Morris J W,TMS/AIME,New York,1979,45

35 Furukawa T,Taino M. Fundamentals of Dual Phase Steels. ed. by Kot R A,Bramfitt B L,TMS/AIME,New York,1981,221

3 双相钢的显微组织

3.1 概述

任何结构材料的性能总是和它的显微组织密切相关,双相钢良好的强度和延性配合是由它的双相组织决定的。因此,自从双相钢产生以来,人们对双相钢的显微组织进行了大量研究,以期建立组织和性能的关系,并找出控制和改进性能的组织因素。

1968 年,McFaland[1] 描述双相钢的光学显微组织为在连续的铁素体母相中孤立分布着的马氏体岛。Hayami 等人[2] 于 1975 年对双相钢的显微组织特征和性能做了研究。随后 Rashid[3]、Koo 和 Thomas[4,5] 对双相钢的显微组织、马氏体岛的精细结构、铁素体中的位错组态及影响因素做了细致的探讨。

1976 年前后,为满足定量分析双相钢显微组织、提高马氏体和铁素体相的反差以及区分贝氏体组织的需要,Lepera[6,7] 发表了用于研究双相钢显微组织的新的腐蚀技术和专用腐蚀剂。Richard[8] 发展了含微量铌合金化双相钢的专用腐蚀技术以区别取向附生铁素体和“老”的铁素体。Koo 和 Thomas[5,9] 利用高分辨率的晶格条纹像对双相钢中两相的界面结构进行了观察。

双相钢中两相的组织和性能相差较大,因此制备用于电镜观察的薄膜试样的方法有其特殊性。采用双喷射电解加离子轰击清洗减薄的方法制样[25],获得了良好的效果。

人们对双相钢的组织形态、精细结构特性有一定的了解,但是组织(尤其是精细结构)与性能之间的关系还需系统地进行探索。

3.2 双相组织的形貌学[10,11]

依据两组分相的形态、大小、分布和相对量,Beckev 等[14] 将两组分相所构成的复相合金分为复相组织、双相组织、弥散组织和网状组织,并给出这四种组织的定义和描述它们的特征参量。这四种组织的形貌结构示意图见图 3 - 1。

设两组分相分别为 i 相和 j 相,两相的体积分数分别为 f_i 和 f_j,并以百分数表示。

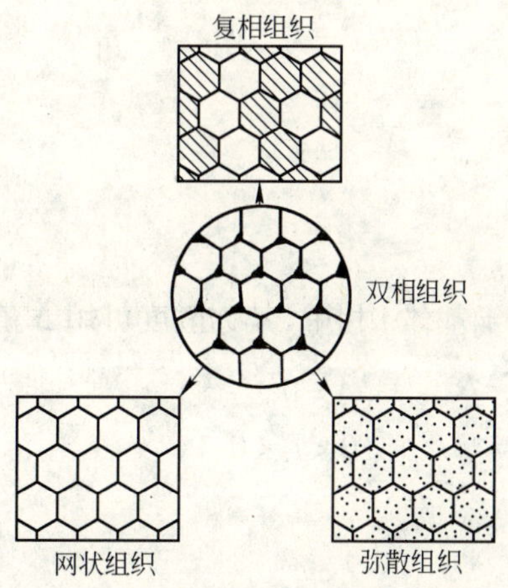

图 3-1 两相组织拓扑结构示意图

$$f_i = \frac{V_i}{V}, \quad f_j = \frac{V_j}{V} \tag{3-1}$$

式中 V_i, V_j——分别为合金中 i 相和 j 相的体积；

V——合金的体积。

为了表征两相组织特征，引入三种界面密度参数，即晶界密度 c_{ii}、c_{jj} 和相界密度 c_{ij}。令 A_{ii}、A_{jj} 和 A_{ij} 分别表示 i 相和 j 相晶界面积以及 i 相和 j 相的相界面积，则

$$c_{ii} = \frac{\sum A_{ii}}{V}, \ c_{jj} = \frac{\sum A_{jj}}{V}, \ c_{ij} = \frac{\sum A_{ij}}{V} \tag{3-2}$$

定义晶界密度比 $\Delta = \frac{c_{jj}}{c_{ii}}$，定义相界密度与晶界密度比 $\delta = \frac{c_{ij}}{c_{jj}}$；以这两个参量表示合金中相的弥散度。定义 K_v 为两组分相的体积分数比

$$K_v = \frac{f_j}{f_i} = \frac{f_j}{1 - f_j} = \left(\frac{d_j}{d_i}\right)^3 \tag{3-3}$$

式中 d_i, d_j——分别为 i 相和 j 相的晶粒直径。

利用上述各参数，就可对两相合金中的四种不同组织特征进行定义和描述。

3.2.1 复相组织

合金中两个组分相的晶粒大小相等、体积分数相等，彼此成统计分布

$$\left.\begin{aligned} f_i &= f_j = 0.5 \\ d_i &= d_j \\ \Delta &= 1 \end{aligned}\right\} \tag{3-4}$$

或表示为

$$\left.\begin{aligned} &f_i = f_j = 0.5 \\ &d_i = d_j \\ &\delta = 2 \end{aligned}\right\} \tag{3-5}$$

3.2.2 弥散组织

合金中 j 相均匀分布于基体 i 相中，其弥散度可用 Δ 值表示。

$$\left.\begin{aligned} &\Delta = 0 \\ &0 < f_j < 0.1 \end{aligned}\right\} \tag{3-6}$$

3.2.3 网状组织

合金中 j 相连续地分布于基体 i 相的晶界上

$$\left.\begin{aligned} &\Delta \gg 1 \text{ 或 } \Delta = \propto \text{（理想状态）} \\ &0 < f_j < 1 \\ &\delta^{-1} = 0 \end{aligned}\right\} \tag{3-7}$$

3.2.4 双相组织

双相组织兼有上述三种组织的某些典型特征：(1)单位体积的 j 相晶粒数与 i 相晶粒数相等，并且与每相的体积百分数无关；(2)平均晶粒直径的立方比等于两相体积比，即$\frac{V_j}{V_i} = \left(\frac{d_j}{d_i}\right)^3$；(3) j 相被 i 相分开；(4) j 相的所有晶粒都分布于 i 相的晶界上。用形貌参数来表征是

$$\left.\begin{aligned} &\Delta \to 0 \\ &\delta = \delta^{-1} \approx 1 \\ &\frac{V_j}{V_i} = \left(\frac{d_j}{d_i}\right)^3 \\ &c_{jj} \to 0, f_j \leqslant 20\% \sim 30\% \end{aligned}\right\} \tag{3-8}$$

两相合金的组织特征与形貌参数 δ^{-1} 与 f_j 的关系示意图见图 3-2。

显然，上述的定义和描述方法只是一种理想化的情况。在实际工程合金中，应对描述两相合金组织特征的形貌参数进行统计分析，以使这些形貌参数更符合实际合金组织情况。

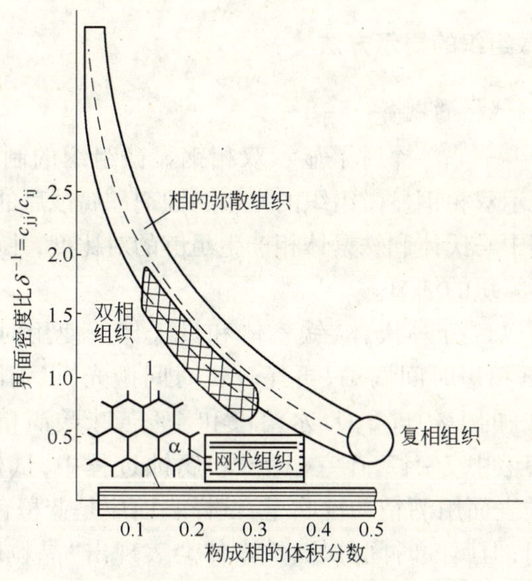

图3－2　两相合金的组织特征与形貌参数δ^{-1}及f_j的关系

3.3　双相钢的显微组织特征

双相钢的显微组织可以通过临界区处理或控制轧制产生。钢中合金元素和原始组织的变化，不同的热处理工艺或控轧工艺，都会明显影响和改变双相钢的组织形态，因此双相钢的组织形态及其相对量有着很宽的调整范围[12,13]。几种热处理工艺和双相钢的组织形态见图3－3。

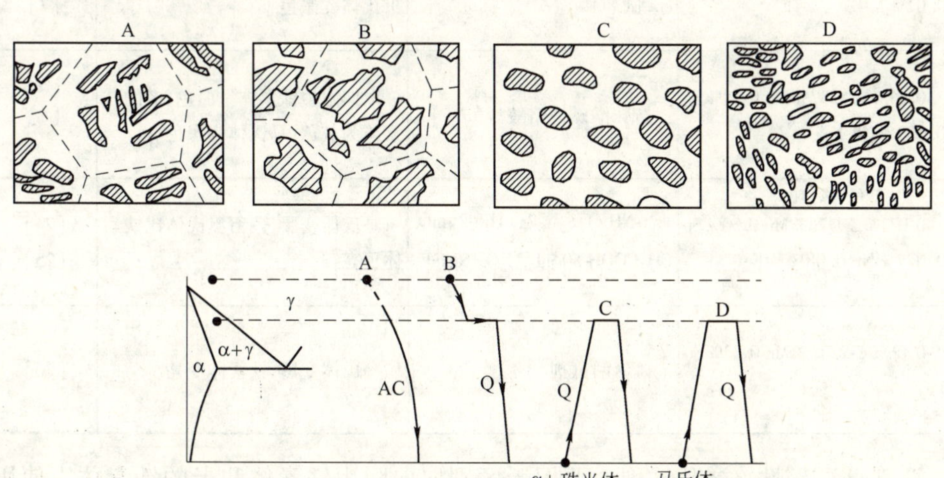

图3－3　热处理工艺和双相钢的显微组织示意图

3.3.1　双相钢显微组织的显示方法

3.3.1.1　金相试样的制备

许多研究工作[6~8,24~26]探讨了显示双相钢显微组织的制样和腐蚀方法。表3－1列出了四种显示双相钢显微组织的专用腐蚀剂和腐蚀后的组织特征。这些腐蚀剂可以使双相钢中马氏体和铁素体相产生足够的对比度,并可区分马氏体、贝氏体及残留奥氏体等组织的细节。

Lepera试剂可以区分马氏体、铁素体和贝氏体。使用时,试样经仔细抛光后,用2%的硝酸酒精短时间腐蚀,再经较长时间抛光,以消除硝酸酒精腐蚀的痕迹;然后将配制好的1% $Na_2S_2O_5$ 水溶液和4%苦味酸酒精进行混合,经抛光的试样立即放入溶液中7～12 s(室温下)。腐蚀过程中,试样表面会出现沸腾现象。腐蚀后试样表面用酒精冲洗吹干,试样表面应是蓝橙色。如果反差不足,则应增加腐蚀时间;但腐蚀时间过长,铁素体会表现出"晶粒取向光泽"效应,即由于晶粒的取向不同,有些铁素体晶粒变黑,这会给图像分析仪造成假象。此外,这些腐蚀剂显示碳化物与马氏体的特征相同,当碳化物较多时,应注意碳化物造成的计数误差。

表3－1　显示双相钢显微组织的腐蚀剂和腐蚀后的组织特征

钢的成分	腐 蚀 剂	组 织 特 征	文 献
0.065% C-1.42% Mn-0.59% Si-0.01% V-Fe	苦味酸偏重亚硫酸钠(Lepera试剂)	铁素体呈灰色,马氏体为白色,贝氏体变黑色	[6] [7]
0.11% C-1.47% Mn-0.34% Si-0.053% Nb-Fe	苦味酸碱性铬酸盐	取向附生铁素体呈白色,老的铁素体为灰色,马氏体为黑色	[8]
0.072% C-1.26% Mn-0.30% Si-0.077% Nb-0.08% V-Fe	$(NH_4)_2S_2O_8$ 7g, HF 2 mL, CH_3COOH 50 mL, H_2O 150 mL	马氏体变黑,残留奥氏体比铁素体更亮	[24] [25]
0.06% C-2.88% Mn-0.32% Si-Fe	氢氟酸试剂	马氏体变黑,铁素体变亮	[26]

苦味酸碱性铬酸盐试剂主要用于区别取向附生铁素体和老的铁素体。使用时,首先将仔细抛光的试样放入4%苦味酸酒精溶液中(4 g苦味酸,100 mL酒精)腐蚀40～60 s,另加3～5 s的2%硝酸酒精腐蚀以强化显示铁素体晶界的效果,清

洗后，试样再水平浸入沸腾的碱性铬酸盐溶液中4～10 min（溶液成分为：8g CrO_3，72 mL H_2O，40 g NaOH）；为防止在沸腾溶液内形成过多的气泡，温度应保持在120℃附近。碱性铬酸盐溶液的放置寿命只有一天，最好在使用前配制，配制这种溶液时必须特别小心，因为加NaOH至CrO_3水溶液中时，会产生强烈的放热反应，应有适当的安全措施。这种腐蚀剂适合于腐蚀Nb、V微合金化的双相钢，可以使取向附生铁素体变白，老的铁素体变灰，马氏体变黑。

3.3.1.2　电镜薄膜试样的制备

由于双相钢中马氏体和铁素体的成分、性能差异甚大，两相腐蚀抗力不同，采用一般制样方法很难得到厚度均匀的薄膜。在常用的几种制膜方法中（见表3-2），双喷射加离子轰击清洗减薄的方法，制样时间较短，并可清晰地观察到马氏体和铁素体组织。

表3-2　双相钢薄膜试样制备方法

合　金	薄膜试样制备方法	文　献
GM980X 回火态	Cr_2O_3 + 冰醋酸 + 蒸馏水，电解双喷射减薄	[31]
铌微量合金化双相钢	Cr_5O_3 冰醋酸溶液，电解双喷射减薄	[27]
AISI1010 和 1% Al 双相钢	离子轰击减薄	[9]
钒和钛微合金化双相钢	5% 高氯酸 +95% 二丁氧基酒精（2-butoxyethanol）	[30]
钒微合金化双相钢	10% 高氯酸酒精，双喷射 + 离子轰击清洗减薄	[25]
含钒双相钢 MAXI—Form 80	（1）8% 高氯酸冰醋酸溶液，单喷射减薄 （2）250 mL 冰醋酸 +75 g 无水铬酸钠 +25 g Cr_2O_3 + 10 mL 水，在 -10℃下电解减薄	[24]

3.3.2　光学显微镜观察时双相钢的显微组织特征

采用不同的制样方法和不同腐蚀剂对低碳Mn-V双相钢显微组织特征的研究结果指出[25]：用2%硝酸酒精腐蚀试样可以区分板条马氏体岛和片状马氏体岛，显示铁素体和马氏体两相界面；因此用计点法、割线法测定马氏体的体积分数时，可采用这种腐蚀剂。

用苦味酸偏重亚硫酸钠腐蚀后的试样，表面呈蓝橙色，显微镜下观察时，马氏体为白色，铁素体呈深灰色（腐蚀时间过长，则会变成黑色），铁素体晶界呈黑色（图3-4）。这种腐蚀技术适合于图像分析仪定量分析。

图 3－4　双相钢的显微组织　苦味酸偏重亚硫酸钠腐蚀　×400（10MnV，730℃水淬）

过硫酸铵腐蚀后的 Mn-V 双相钢的显微组织见图 3－5[25]，这种腐蚀剂可使马氏体变黑，铁素体变亮，残留奥氏体比铁素体更亮。但由于双相钢中残留奥氏体量较少而且尺寸又小，所以光学显微镜下不易区分，一般是在透射电镜下进行观察和鉴别。

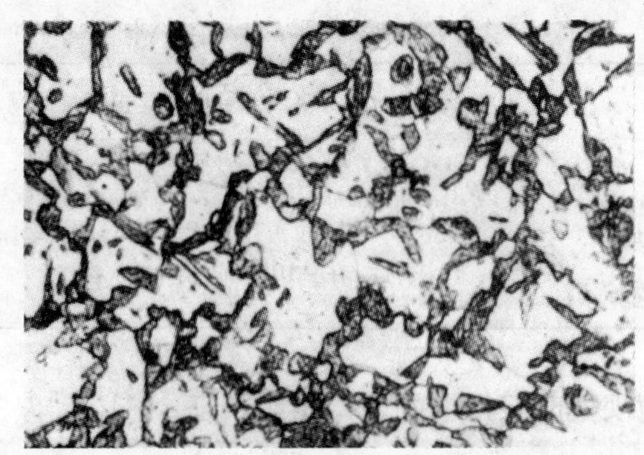

图 3－5　双相钢的显微组织　过硫酸铵腐蚀　×500（20MnV，780℃水淬）

用苦味酸偏重亚硫酸钠（文献中亦称 Lepera 试剂）和普通硝酸酒精腐蚀后的双相钢显微组织对比见图 3－6 和图 3－7，含钒双相钢中的贝氏体组织见图 3－8。

用苦味酸碱性铬酸盐腐蚀后的含铌双相钢的显微组织见图 3－9[8,21]。可以看出，取向附生铁素体和老的铁素体的明显区别。含钒双相钢中有类似的组织形貌。

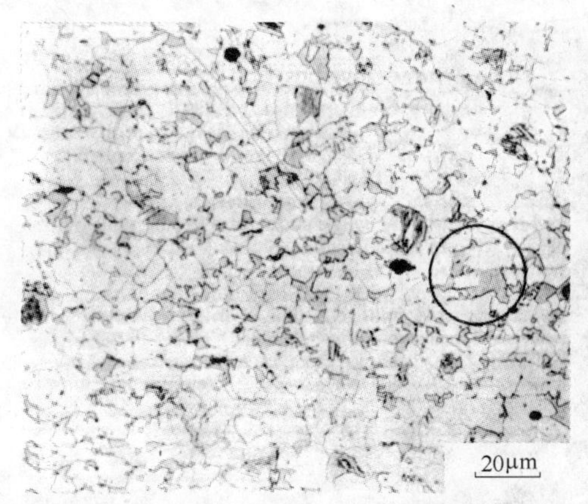

图3-6 含钒双相钢的显微组织
2%硝酸酒精腐蚀 ×500

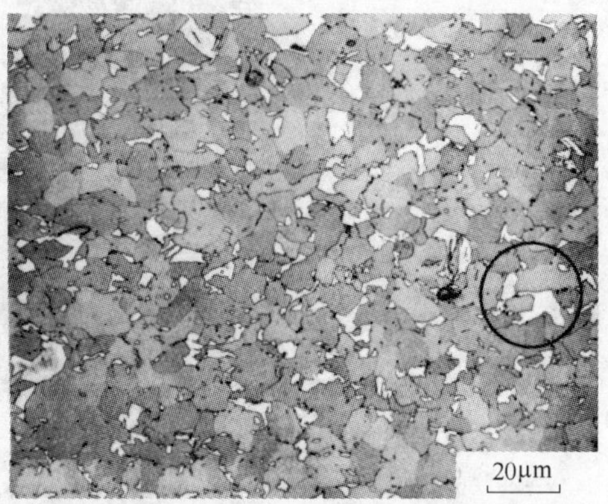

图3-7 含钒双相钢的显微组织 Lepera试剂腐蚀 ×500(与图3-6为同一视场)

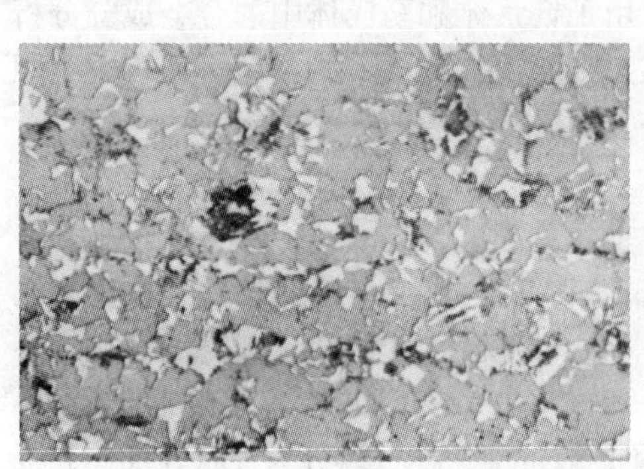

图3-8 含钒双相钢的显微组织(黑色为贝氏体组织) Lepera试剂 ×500

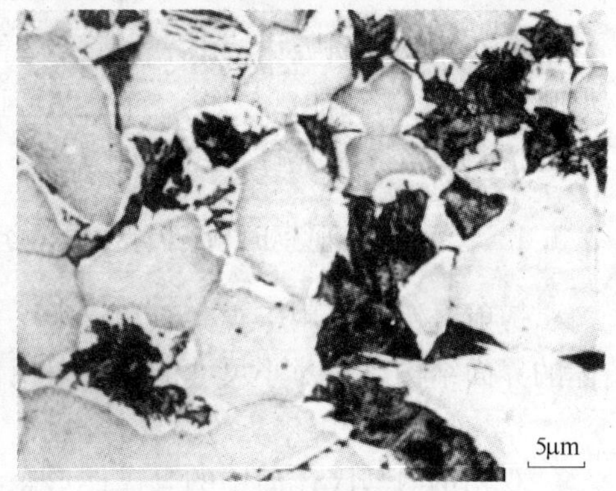

图3-9 含铌双相钢的显微组织(10MnNb,810℃ 4 min油淬;黑色为马氏体,灰色为老的铁素体,白色为取向附生铁素体) 苦味酸碱性铬酸盐腐蚀 ×1600

3.3.3 扫描电镜观察时双相钢的显微组织特征

用扫描电镜观察双相钢的显微组织时,对制样和腐蚀无特殊要求,染色腐蚀可使马氏体和铁素体的不平度增加,在扫描电镜下观察时,可获得更好的观察效果。采用反复腐蚀抛光法制样,也可取得良好的观察效果[25]。在扫描电镜下观察时,马氏体一般呈白亮色,铁素体一般呈暗黑色(图3-10)。由于扫描电镜的放大倍数较高,因此还可以用于鉴别马氏体岛内的其他组织,例如在含锰的双相钢中形成的高锰的马氏体边圈[65]及中心部分形成的渗碳体加铁素体的聚合体[28](见图2-1)。当采用低负荷(如5~10 g)测定双相钢中马氏体和铁素体的显微硬度时,由于压痕很小,用扫描电镜观察和测定压痕大小不仅方便,而且也较准确[29]。

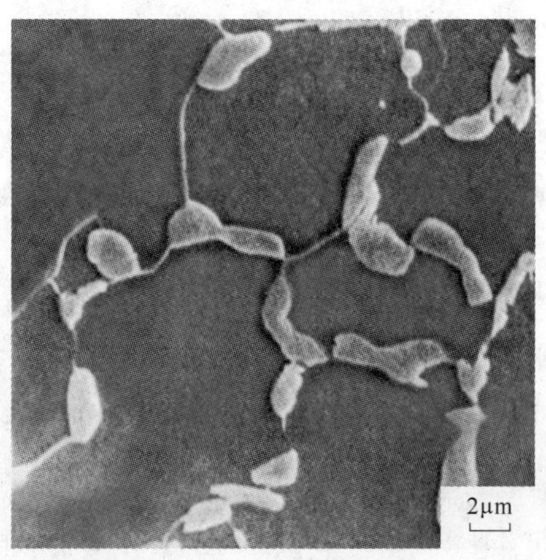

图 3 – 10　双相钢的显微组织　SEM　×2500(0.06% C-1.5% Mn-Fe,760℃水冷)

在双相钢的研究中,扫描电镜还经常用于铁素体和马氏体中的合金成分分析(俄歇电子能谱和能谱技术)。在双相钢断裂特性的研究中,扫描电镜还可用于观察分析断口形貌和显微组织的对应关系、裂纹扩展途径和断裂机制。

3.3.4　透射电镜观察时双相钢的显微组织特征

透射电镜主要用于观察双相钢中马氏体和铁素体的精细结构、铁素体和马氏体的界面结构以及对小尺寸的残留奥氏体粒子和碳 – 氮化物的析出进行鉴别。

3.3.4.1　马氏体岛的精细结构

双相钢内马氏体岛中的马氏体形态和一般钢中一样可以分为片状马氏体和板条状马氏体[32],其精细结构可以分为孪晶和位错。由于双相钢中马氏体岛的尺寸一般较小,岛内的组织形态用光学显微镜难以分辨。用高分辨电镜摄取晶格条纹像和 Kurdjumov[33]方程,可以计算马氏体岛的碳含量和判定马氏体形态。

透射电镜下孪晶马氏体岛的形态见图 3 – 11[25]。由图可以看出,在孪晶马氏体岛中有许多微孪晶,并存在一些铁素体小区。马氏体岛的孪晶形态与根据 Fe-C-Mn 相图估算的碳含量为 0.5% ~0.6% 的马氏体形态一致。

图 3 – 12 为 Mn-V 双相钢内另一种孪晶马氏体岛的组态。在这类孪晶马氏体岛中,各孪晶迹线并不贯穿整个马氏体片,孪晶迹线未达到的地方是高密度位错。产生这种孪晶组态的原因,可能与奥氏体岛在周围为铁素体时发生马氏体相变比全部为奥氏体时发生马氏体相变所受的拘束度较小有关。

在 C-Mn 双相钢中(0.22% C-2.06% Mn),有类似孪晶马氏体岛的孪晶组态[34]。

图 3－11 双相钢中的孪晶马氏体岛 TEM ×21000(10MnV,730℃加热,水冷)

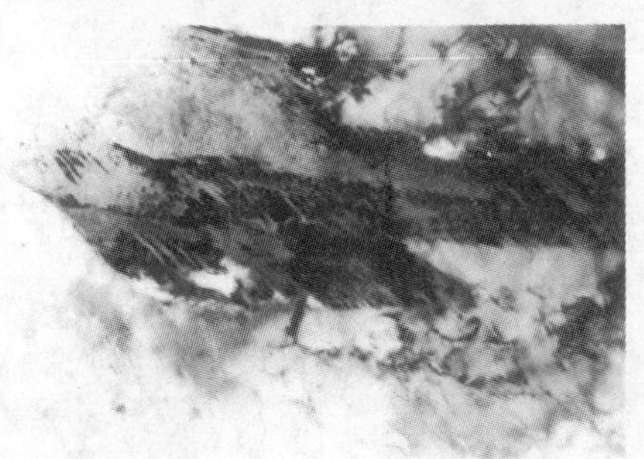

图 3－12 双相钢中的孪晶马氏体岛 TEM ×20000(10MnV 钢,730℃加热,水冷)

在马氏体岛中除了有微孪晶之外,还有残留奥氏体(见图 3－13)。马氏体和残留奥氏体同时存在的相称为 M-A 相。

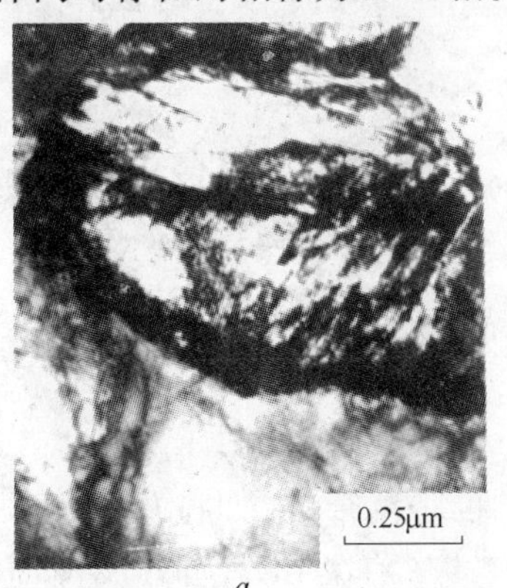

a

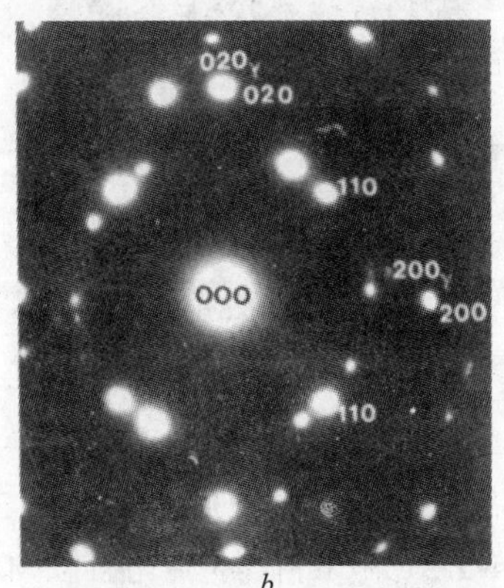

b

图 3－13 双相钢中的 M-A 相(低碳 Mn-V 钢,820℃,10 min,水冷) TEM

a—明场;b—选区衍射(表明残留奥氏体存在)

当临界区加热温度较高，奥氏体中碳含量较低时，将试样迅速淬火到室温就可得到板条马氏体。图3－14为Mn-V双相钢中的板条马氏体岛[25]。该岛内由几个取向差很小的板条来构成。每个板条内具有高密度的位错，在一些板条内还存在一些微孪晶。和低的临界区加热温度相比（即和孪晶马氏体岛相比），孪晶片变短，片间距变大，在0.24% C-9% Ni钢中板条状马氏体内亦有类似的内部孪晶[35]。这可能是由于马氏体相变刚结束时，组织中产生较高的弹性约束，促使马氏体通过范性变形来协调，而范性变形的方式是滑移还是孪生，则取决于新相马氏体中范性变形的机制及其和温度的依赖关系，如M_f较低，则以孪生方式变形的可能性较大，转变结束时就形成内部孪晶[36]。

有时板条马氏体岛形成平行的板状排列，中间被铁素体分割（图3－15）。这种组织形态和0.10% C-2.0% Si-Fe合金经预先淬火后，再经临界区处理所得到的呈条带分布的板条马氏体＋铁素体组织类似[23]，在平行的板条马氏体之间是含有高密度位错的铁素体。

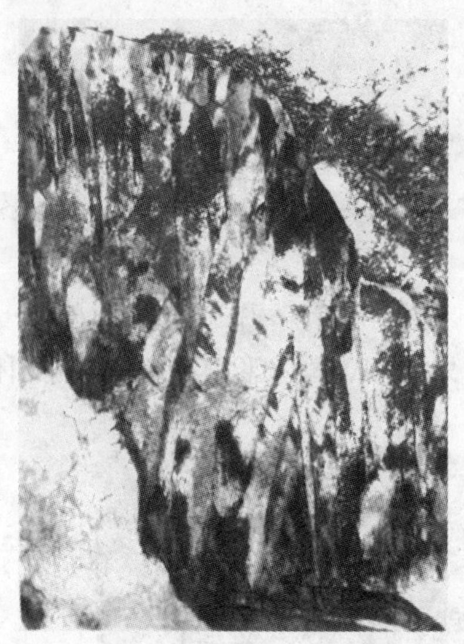

图3－14　双相钢中板条马氏体岛和铁素体中位错　TEM　×15000
（10MnV钢，800℃退火，水冷）

图3－15　成平行板状排列的板条马氏体岛　TEM　×6000
（10MnV钢，800℃退火，水冷）

在热轧双相钢中，硬质相的组成有时也是复杂的，如将0.04% C-0.48% Si-1.54% Mn-0.51% Cr钢，经热轧后以30℃/s和45℃/s的冷却速度冷却后，可得到孪晶马氏体、含有碳化物的贝氏体等多种形态的硬质相（图3－16）[37]。

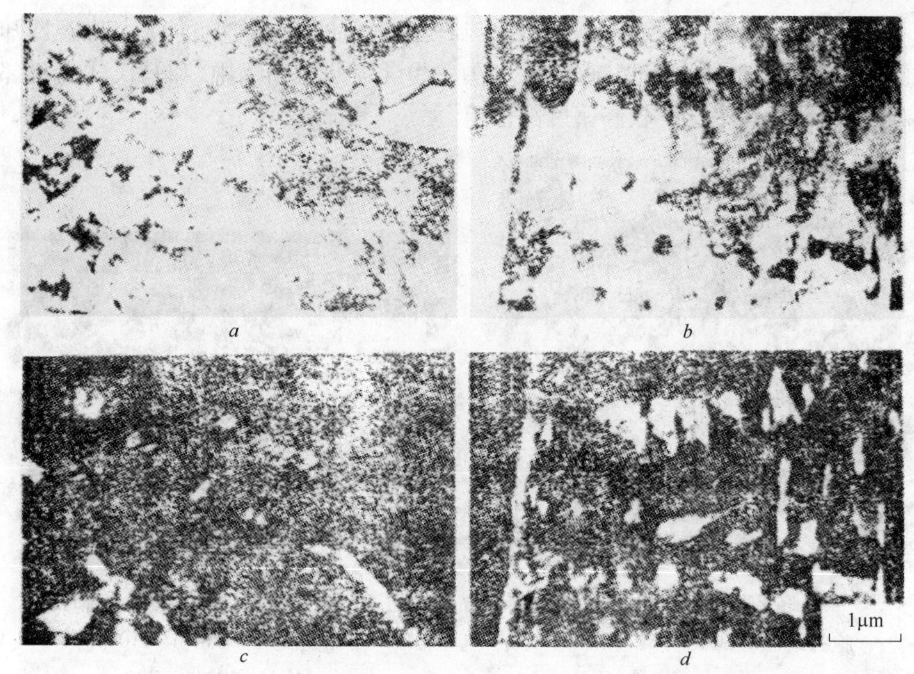

图3-16 热轧双相钢中不同的硬质相的形态 TEM ×8000

a—含有碳化物的贝氏体和孪晶马氏体明场(30℃/s 冷却);
b—分散于贝氏体中的马氏体明场(45℃/s 冷却);c—相应于
a 的马氏体暗场;d—相应于 b 的马氏体暗场

在退火温度较高,冷却速度不太快的双相钢中,有时还可观察到一些自回火的马氏体岛[30]。

3.3.4.2 铁素体中的位错组态

对含钒双相钢中铁素体位错组态的观察得出,紧靠马氏体岛周围的铁素体中,有马氏体相变诱发的高密度位错。这是由于马氏体相变产生的体积膨胀(在奥氏体→马氏体转变时,原子体积膨胀1%左右,晶胞体积膨胀2%~4%左右[32,33])以及相变以切变方式进行引起的体积形状变化,使铁素体发生塑性变形的结果。当临界区加热温度较低时,马氏体量较少,铁素体中位错密度也较低,如图3-12所示。临界区加热温度升高,马氏体体积分数增加,铁素体中位错密度增加[25](图3-14)。有时在马氏体岛周围的铁素体中有弯曲消光线,这意味着在铁素体中存在马氏体相变诱发的弹性应变[40]。

铁素体中的位错有时形成胞状结构[25,27]。发展不完全的位错胞或位错缠结[25]示于图3-17。

15MnV 钢930℃正火后铁素体中的位错组态示于图3-18。可以看出,正火状态钢铁素体中的位错密度比临界区处理后铁素体中的位错密度要低得多。

在奥氏体岛周围的铁素体中，也观察到较高密度的位错，这可能是从高温冷却时，体积收缩产生的内应力引起的[43]。在一些含铌的双相钢中，和马氏体岛相邻的取向附生铁素体中也有较高密度的位错。

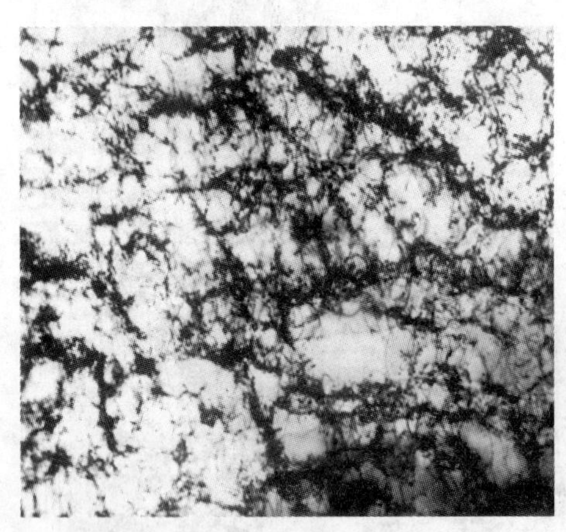

图 3－17　铁素体中的位错形成的胞状结构　TEM　×27000
（10MnV 钢，800℃水冷）

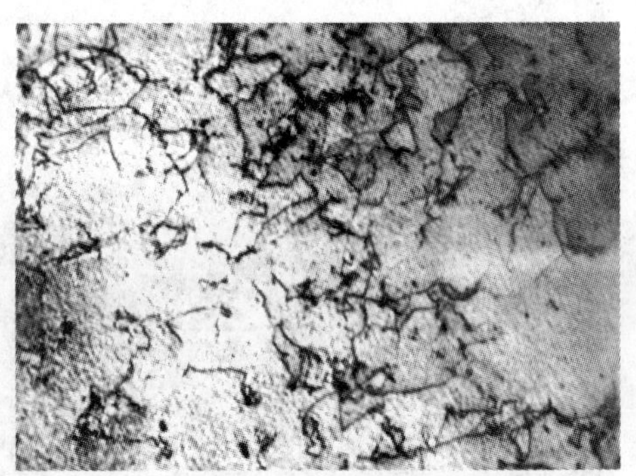

图 3－18　正火状态钢的铁素体中位错组态　TEM　×21000
（15MnV 钢，930℃空冷）

3.3.4.3　铁素体中沉淀相

经 800℃加热后水冷的 0.12% C-0.60% Si-1.22% Mn 钢中残留铁素体的沉淀相见图 3－19。可以看出沉淀相的密度较低。含钒的 0.10% C-0.60% Si-1.22% Mn-0.12% V 双相钢中新生铁素体和残留铁素体中的沉淀相照片分别见图 3－20*a*、*b*。在马氏体和铁素体界面附近的新生铁素体内为成行排列的非连续的碳化物沉淀（图 3－20*a*），沉淀相粒子为渗碳体和钒的碳－氮化物，这种组织形态与在含有碳化物形成元素的钢中奥氏体等温分解的共析转变产物类似。在残留铁素体中，可以观察到细小的碳化物沉淀，且沉淀相的密度比不含钒钢高得多，这表明钒的存在促使碳化物沉淀。实验证明[44]，细小的沉淀相是在临界区退火后淬火冷却中形成的，沉淀反应的驱动力是铁素体中碳的过饱和度。沉淀相的存在，可能会引起一些双相钢（尤其是含铌钢）的屈服强度出现反常现象，即马氏体体积分数升高时屈服强度反而低于马氏体体积分数较低时。当采用快速淬火时，应考虑到双相钢中沉淀相对性能的影响[64]。

Geib 等[27]研究了铌微量合金化的双相钢中铁素体内的沉淀相，并和热轧状态的铁素体中的沉淀相进行了对比。热轧状态下沉淀相的粒子尺寸约为 20 nm 或更小，沉淀粒子多半为铌的碳－氮化物，粒子的相对大小和间距与热加工时再结晶奥氏体内形成的一般沉淀相一致。在 760℃ 8 min 临界区加热后，广泛分布的 20 nm 大小的沉淀粒子仍然存在，但细密的小的（2 nm）沉淀粒子已经出现，这种细密而弥散的粒子主要是母相脱溶沉淀的结果。有些沉淀粒子成行排列（类似于图3-20a），这可能是在位错线上择优沉淀的结果。根据形态判断出在残留铁素体中的三角形沉淀相可能是一些铝的氮化物。

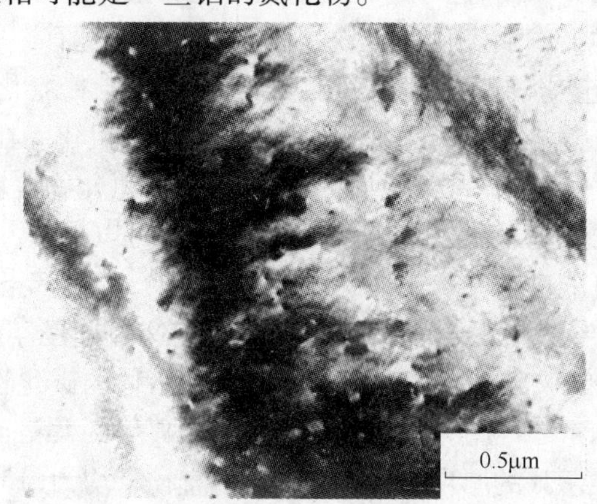

图3-19 残留铁素体中的细小沉淀相 TEM ×48000
（0.12% C-0.60% Si-1.22% Mn-Fe，800℃加热水淬）

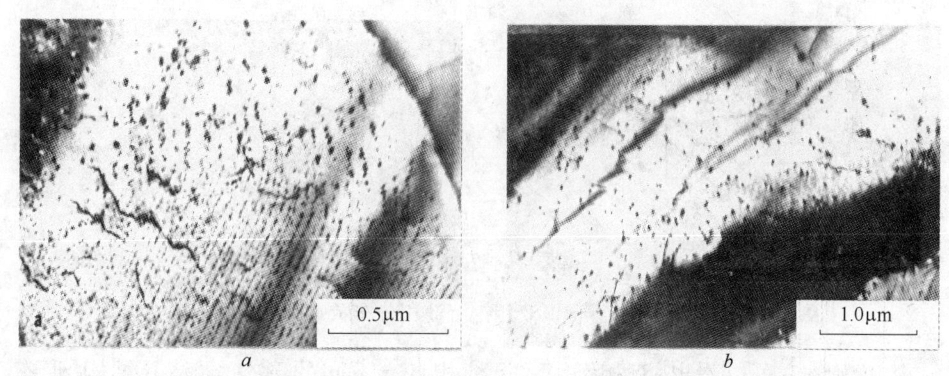

图3-20 铁素体中的沉淀相
a—在马氏体和铁素体交界面附近成行排列的非连续碳化物沉淀，TEM ×30000；
b—残留铁素体中的细小沉淀相，TEM ×48000

在新生铁素体内，几乎不存在沉淀相。新生铁素体和残留铁素体的腐蚀特性不同，可能直接与两种铁素体内沉淀相的特征有关，残留铁素体由于沉淀相存在而引起表面粗糙，或者引起母相的化学性质改变；也可能是二者的综合影响，使得残留铁素体呈灰黑色。

根据对新生和残留铁素体中沉淀相的观察，可以得出含铌钢临界区加热时组织变化的几个特征[41,64]：(1) 当临界区加热时伴随着奥氏体的形成，溶解了初始存在的碳-氮化物；(2) 退火冷却后，由于新生铁素体中的碳-氮化物过饱和含量很低,碳-氮化合物沉淀不在新生铁素体内重新析出;(3)新生铁素体和残留铁素体之间不存在界面、亚晶界或晶界。新生铁素体通过残留铁素体的长大而直接形成,不需产生一个新的晶体取向,这一过程是取向附生长大的特殊类型。在Fe-0.10% V-0.20% C合金中,也观察到奥氏体-铁素体界面的可逆迁移[42]。

对V和Ti微合金化的双相钢中残留铁素体内的碳-氮化物沉淀的研究得出[30]:V和Ti的碳-氮化物经临界区短时间退火并不粗化。在同样的处理条件下,钛的碳-氮化物比钒的碳-氮化物更细,钛的碳-氮化物在铁素体中的溶解度更低。在残留的奥氏体内很难发现小的碳-氮化物,可以推测,这些小的碳-氮化物在临界区退火时可能已溶于奥氏体。Liu❶和Law[42]等也都指出:在临界区退火时钒的碳化物可以溶入奥氏体;当钢中含锰时,可使这一过程容易进行。

对0.15% C-1.50% Si-0.03% Nb双相钢中,铁素体内碳化物(或碳-氮化物)沉淀相的形态观察确定[43]:铌的碳-氮化物是一种典型的共格或部分共格的片状沉淀。弱束衍射像显示片的厚度为2.5 nm,片的直径平均为(13.5 ± 2) nm。

含钒双相钢中的沉淀相组织形态及位错亚结构分布示意图见图3-21[45],这和含铌钢中沉淀相的分布特征基本一致。

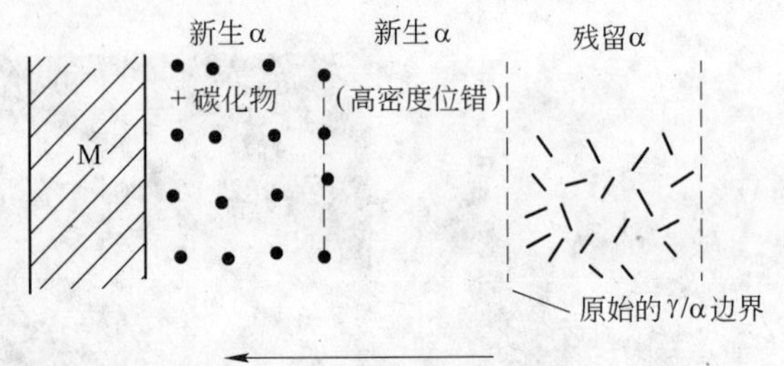

图3-21　含钒双相钢沉淀相分布示意图

从以上讨论可以看出:双相钢中的沉淀相具有不同的形态,弄清其结构、形态及其对性能的影响尚需继续工作。

3.3.4.4　残留奥氏体

双相钢中的残留奥氏体按其存在形式,大体可以分为以下三种:和马氏体岛在一起的奥氏体形成所谓M-A相、板条马氏体中的残留奥氏体薄膜以及铁素体中孤立的奥氏体粒子。后者可能是由于其中包含较高的合金元素和碳含量,因此M_s点较低,从临界区温度冷至室温未发生转变而残留于双相钢内;而更可能是由于尺寸效应(如直径小于1 μm的粒子)引起的稳定化而残留的[38,39]。残留奥氏体粒子形态见图3-22。

---

❶　Liu Y G,1980年在第二汽车制造厂讲演稿,1980年7月。

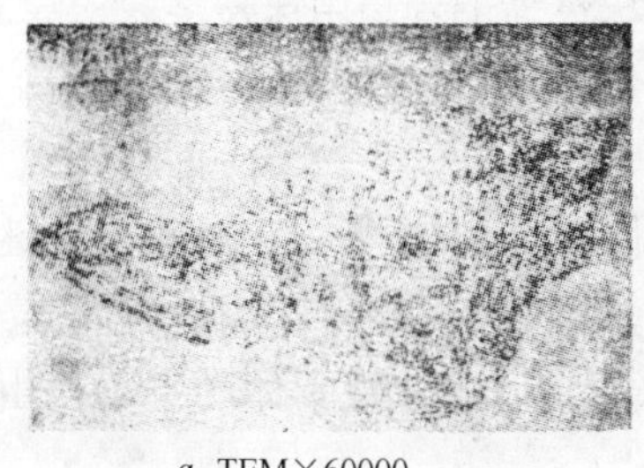
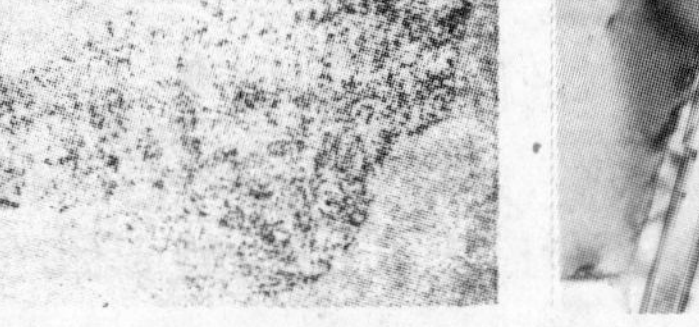

a TEM×60000

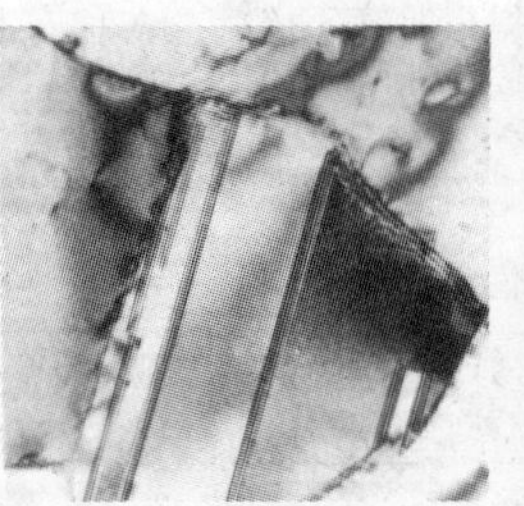

b TEM×21000

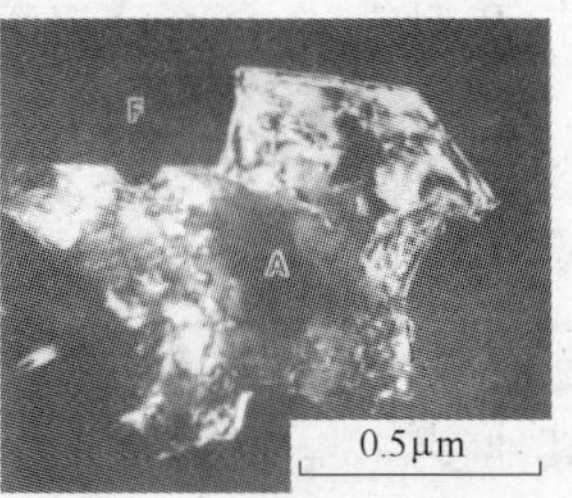

c TEM暗场×50000

图 3-22 双相钢中残留奥氏体粒子形态

a—0.072% C-1.30% Mn-0.08% Nb-0.08% V 钢,899℃5 min,热油冷;*b*—0.082% C-0.39% Si-1.59% Mn 钢,750℃加热,水冷;*c*—0.07% C-0.90% Mn-1.20% Si-0.57% Cr-0.29% Mo 钢,终轧温度 900℃,盘卷温度 554 ~ 704℃

由图 3-22*a*、*b*、*c* 以及奥氏体的$\langle 111\rangle_{fcc}$衍射方向的暗场观察表明:在奥氏体粒子中存在着大量的堆垛层错,这些可能是奥氏体到马氏体转变的形核位置。由于在奥氏体中存在着四种不同的层错平面可以利用,因此可以解释同一奥氏体粒子中有多种不同的马氏体变态。

这些小的残留奥氏体粒子对冷处理极为稳定,-196℃温度下也不发生任何转变,但是对外力十分敏感,少量的外加应力,例如在百分之几的塑性应变以内,全部转变为马氏体,并表现出一定的相变诱发塑性(TRIP)效应。

3.3.4.5 各相界面的特征

复相合金中,各相界面的性质对合金性能具有重要的影响。

扫描电子显微镜对双相钢中残留奥氏体和铁素体之间界面形态观察表明[24],这两相之间具有很好的刻面化界面。刻面化的界面说明新相长大时存在着结构障碍,由此推断奥氏体与铁素体的界面至少是部分共格的。此外,新相中的 15 ~ 20 nm高的长大凸缘,也是两相界面部分共格的证明。对马氏体岛与铁素体界面的观察也发现有类似的情况(图 3-14)[25]。

采用透射电镜,通过高分辨的晶格条纹像,观察和分析了 AISI1010 钢和 2% Si 双相钢中马氏体和铁素体的界面[9,44]。(110)的条纹通过两相界面时,条纹发生扭曲,但是除了偶然遇到位错端部或在位错线上之外,条纹全是连续的。由于这种连续过渡的条纹只有在下面情况下才可能生成:即假定在临界区加热温度下,铁素体和奥氏体两相保持 K-S 关系,那么与$(111)_\gamma$相对应的六个可能的$(110)_\alpha$中的特殊变态面是$(101)_\gamma$,既然在临界区温度下$(101)_\alpha$已经存在,并且平行于$(111)_\alpha$而通过初始的 γ-α 界面,因此,当发生 $\gamma\rightarrow\alpha$ 转变时,$(111)_\gamma$变成$(101)_{\alpha'}$并且平行于初始存在的铁素体的$(101)_\alpha$。这就造成了$(101)_\alpha$到$(101)_{\alpha'}$条纹像的连续过渡。由此可以推断,马氏体和铁素体界面至少是部分共格的。此外,在低硅双相钢中(0.1% ~0.5%Si),有时还观察到铁素体和马氏体界面上有渗碳体粒子。

3.4 双相钢显微组织参数的定量测试方法

双相钢中最重要的显微组织参数是马氏体的体积分数(f_m❶),它对双相钢性能有很大的影响。生产和实验研究都要测定这一组织参数,并和性能进行联系。其他参数是马氏体岛的大小、马氏体岛之间的平均距离(或称铁素体的平均自由程)、铁素体的晶粒大小以及马氏体相的连续度等。

3.4.1 马氏体体积分数的测定

3.4.1.1 数点法和割线法

测量马氏体体积分数常用的方法是数点法和割线法[15,16]。数点法应用较多,而且较为方便。

割线法是在显微组织照片上作任意直线,该直线被组织中马氏体相和铁素体相分截成若干段,把落在马氏体上的线段相加,得到总长度 L_M,然后除以测试线的长度 L_T。根据体视学中[11,12] $V_V = A_A = L_L$,即每单位测量用的体积中测量对象占的体积等于每单位测量用的面积上测量对象占的面积等于每单位测量用的线上测量对象占的长度,可得到马氏体的体积分数 $f_m = L_M/L_T$。计算时由于是相对量,故比例尺和放大倍数均不必考虑。这种测试方法亦可在装有测微标尺的显微镜上直接从金相试样上测定。

数点法是在装有网格的目镜上,观察显微组织中马氏体落在网格结点上的数目 P_M,将 P_M 除以网格结点总数 P_T,可得到马氏体的体积分数:

$$f_m = P_M/P_T \tag{3-9}$$

数点法(或割线法)的测量误差计算公式(导出过程见附录1)是

$$\varepsilon = K\sqrt{\frac{f_m(100-f_m)}{Z}} \tag{3-10}$$

式中 ε——测量误差;

K——正态偏差,可由概率积分表查得[17];

Z——总的测量点数。

实际上在马氏体体积分数测定中,有两种情况:一种是对已进行的测定求误差大小,进行误差分析;另一种是在保证不超过一定误差条件下,求必须测定的点数。两种情况的计算举例见附录1。

3.4.1.2 图像分析仪方法

自动图像分析仪用于定量分析显微组织始于20世纪60年代初。随着仪器性

---

❶ f_m 有时简写为 MVF,即 Martensite Volume Fraction 的缩写。

能的改进,应用已较普遍。这种仪器实际上是一套组合设备,包括分辨率较高的光学显微镜,对组分相进行计数和大小测定的特殊寄存器,进行数据处理的计算机,数据输出装置以及电视显像装置。

一种方法是采用自动图像分析仪测定马氏体的体积分数和大小,这种方法要求马氏体和铁素体具有良好的对比度。这可通过各种显微镜附件,如暗视场照明、滤光片、相衬附件、干涉相衬附件和斜照明等来改善,也可通过试样制备如着色腐蚀和气相沉积干涉薄层等方法提高两相对比度。双相钢试样由于铁素体和马氏体在普通腐蚀条件下(如硝酸酒精)反差较小,使用图像分析仪时难以区分,为获得足够的对比度,可采用回火处理,使马氏体变黑。另一种方法是采用特殊的腐蚀剂和腐蚀技术[6~8]。

使用图像分析仪的优点是迅速,收录的待测相的讯号多。但由于双相钢中组织的复杂性,测定各相的体积分数时,往往同时使用数点法校验测试结果。

3.4.2 马氏体岛大小的测定

马氏体岛大小的测定常用 Fullman 方法[16]。测定时用一适当的网格和尺子,覆在显微组织照片上,也可以用测微目镜直接在金相试样上测定。测出单位测量用线长度上交割的马氏体岛数和单位面积上的马氏体岛数。假定马氏体岛为球形而且大小和分布均匀,则可得到

$$d = \frac{4}{\pi} \times \frac{N_L}{N_S} \tag{3-11}$$

$$f_m = \frac{8}{3\pi} \times \frac{N_L^2}{N_S} \tag{3-12}$$

将式(3-12)代入式(3-11),则有:

$$d = \frac{4}{\pi} \times \left(\frac{3\pi}{8}\right)^{1/2} \times f_m^{1/2} \times N_S^{-1/2} = 1.3823 f_m^{1/2} N_S^{-1/2} \tag{3-13}$$

式中 N_L——单位测量用线长度上交割的马氏体岛的粒子数;

N_S——单位测量面积上包括马氏体岛的粒子数。

马氏体岛之间的平均自由距离 λ 或称铁素体的平均自由程为[18]

$$\lambda = \frac{1 - f_m}{N_L} \tag{3-14}$$

马氏体相的连续度[18~20]由下式给出:

$$\psi = \frac{N_g}{N_g + N_b} \tag{3-15}$$

式中　N_g——单位长度的测试线交割马氏体相界面的平均数目；

N_b——单位长度的测试线交割铁素体相的平均数目（扣除被马氏体相所占去的测试线的长度）。

3.5　影响双相钢显微组织特征的因素

3.5.1　合金元素

铬和硅对双相钢显微组织形态和分布的影响示于图3－23。试样预先淬成马氏体，然后经临界区处理，得到马氏体加铁素体组织。由图可以看出，在0.07%C-4%Cr钢中，马氏体为球状（图3－23*a*）；在0.07%C-0.5%Cr钢中，在原始奥氏体晶粒内部马氏体呈类针状（或称纤维状），在原始奥氏体晶界上呈连续分布（图3－23*b*）；而在0.07%C-2%Si钢中，马氏体呈均匀分布的纤维状；在0.07%C-0.5%Si钢中，马氏体虽然也和含2%Si的钢类似，呈纤维状，并且精细结构也为位错型马氏体[24]，但在低硅双相钢中，马氏体－铁素体界面附近会出现脆性的渗碳体粒子。加入硅，有利于得到细小均匀分布的马氏体，同时硅还可以扩大临界区范围，并对铁素体中的固溶碳有“清除”和“净化”作用[46]。

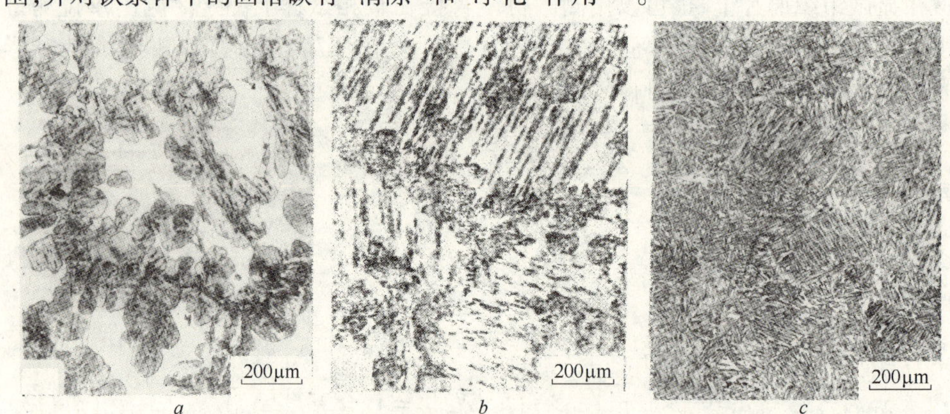

图3－23　铬和硅对双相钢中马氏体形态和分布的影响

a—0.07%C-4%Cr钢；*b*—0.07%C-0.5%Cr钢；*c*—0.07%C-2%Si钢

磷含量对含钼的热处理双相钢（基本成分为：0.11%～0.12%C，1.52%～1.61%Mn，0.15%Mo，0.49%～0.58%Si，0.03%～0.05%Al，0.006%S，0.005%N；磷含量分别为：0.004%，0.10%，0.24%，0.98%）显微组织的影响示于图3－24[47]。加入磷使马氏体岛的形态发生了显著变化，含0.1%～0.24%P，马氏体岛细化分布均匀，但含磷为0.98%时，马氏体岛变长，由岛状变为短棒状。同时，加磷使双相钢中马氏体相的硬度略有下降，铁素体的硬度略有升高。磷含量对双相钢拉伸断口形貌的影响见图3－25。当磷含量为0.001%和0.10%时，其断口表面为韧窝状；当磷含量大于0.24%时，则为解理断口；当磷含量达到0.98%时，断口内的铁素体晶粒中出现了明显的河流状解理花样。磷含量对拉伸时裂纹扩展途径的影响见图3－26。当磷含量小于0.1%时，断裂沿铁素体扩展，不发生铁素体和马氏体的相界断裂；当磷含量大于0.24%以后，裂纹沿相界扩展，而且铁素体以解理形式发生断裂。

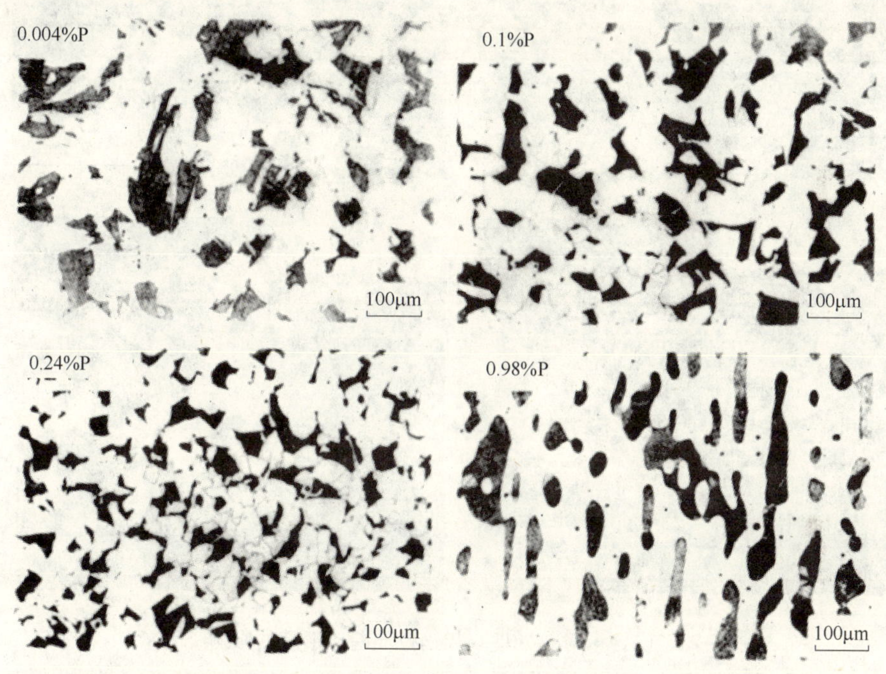

图3－24　磷对含钼热处理双相钢马氏体岛形态的影响

磷的另一影响是提高α相的形成温度，扩大形成α相的温度范围，从而影响退火后铁素体和马氏体的相对量。磷可以促进得到细小均匀分布的马氏体[46]。

实验得出[48]：铝对临界区加热时奥氏体形态的影响与硅相似，即铝也促使马氏体呈纤维状形态，但对含铝双相钢的研究还较少。

Nb、V、Ti等微量合金化元素会增加双相钢的铁素体中沉淀相的析出量，在适当的冷却速率和加热温度下，会出现取向附生铁素体。

置换固溶合金元素如Mn、Mo、Si及Cr等主要增加临界区加热时形成的奥氏体岛的淬透性，使得到给定马氏体体积分数的奥氏体冷却速率下降，因而降低铁素体中的间隙原子固溶量。但是如果钢中碳增加，则临界区加热时形成的奥氏体的体积分数增加，奥氏体中合金元素的平均含量下降，合金元素对淬透性的有益影响下降。

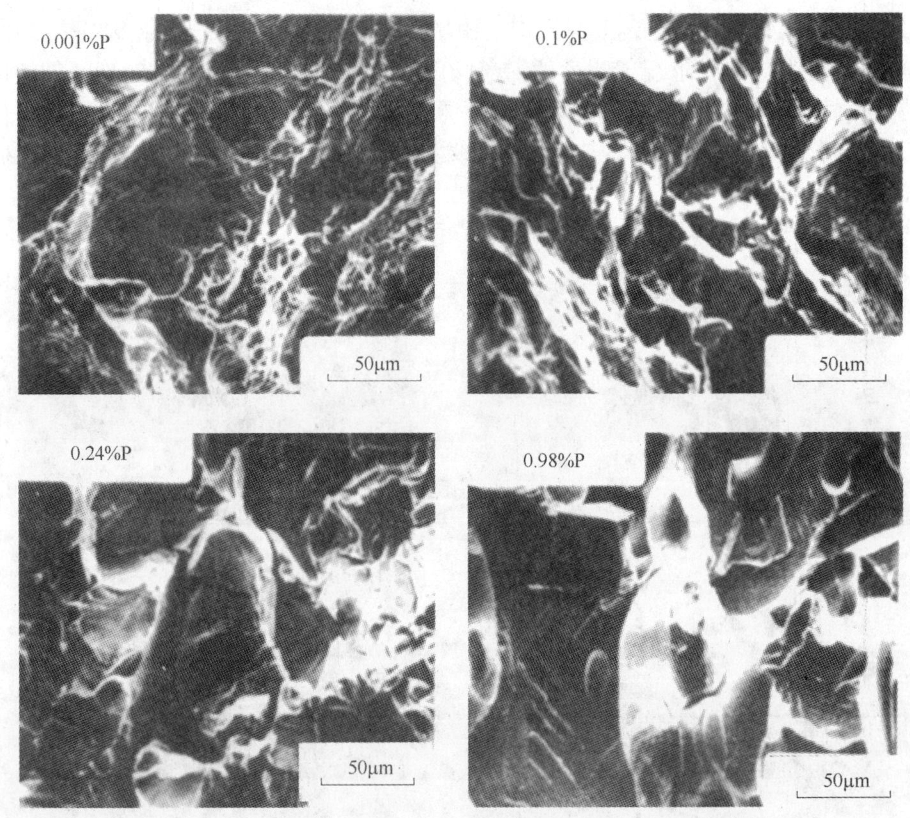

图 3-25 磷含量对热处理双相钢拉伸断口形貌的影响 SEM

3.5.2 临界区加热温度

临界区加热温度对双相钢组织形态的影响与钢种及随后的冷却速率有关。一般情况下，临界区加热温度升高时，一方面，碳和合金元素易于向奥氏体富集，使奥氏体的淬透性升高；另一方面，由于奥氏体的体积分数增加，奥氏体内合金元素平均含量下降，奥氏体的淬透性降低。如冷却速率足以使临界区加热时形成的奥氏体都转变为马氏体，那么临界区加热温度升高，就会使加热后双相钢中马氏体的体积分数增加。此外，临界区加热温度升高，奥氏体中碳含量减少，会使淬火后马氏体的形态从孪晶马氏体向板条马氏体转化；同时，由于低碳马氏体的生成温度较高，马氏体相变诱发的铁素体中位错可能发生部分回复，形成胞状结构[25]。

如果临界区加热温度升高，但冷却方式不能保证奥氏体转变成马氏体，那么不同的临界区加热温度就会得到不同的组织形态。如 0.084% C-1.47% Mn-0.34% Si-0.01% N-0.003% V-0.053% Nb 钢，760℃退火油冷，得到的组织是取向附生铁素体、残留铁素体和马氏体。而在 810℃油冷的试样中得到的组织是变形的共析组织,碳化物粒子大致沿垂直于铁素体的交界面方向排列,却不发展成为连续的片层状形态。形成这种形态的可能原因是:在取向附生铁素体的前沿,形成高的浓度梯度,促使珠光体形成。

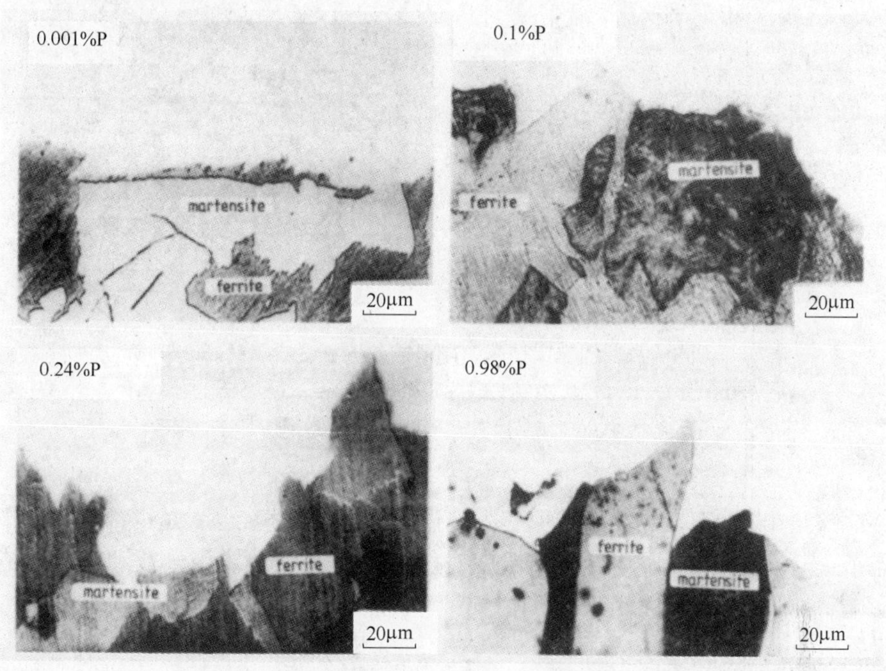

图 3-26 磷含量对双相钢裂纹扩展途径的影响

临界区加热温度对低 C-Mn 钢(0.082% C-1.59% Mn-0.39% Si)水冷后的组织和形态的影响见图 3-27[67],由图可以看出,在 725℃加热时,组织为 0~5% 的马氏体+碳化物+铁素体,加热温度升高,马氏体体积分数增加;在 850℃加热时,则得到马氏体+贝氏体+铁素体。

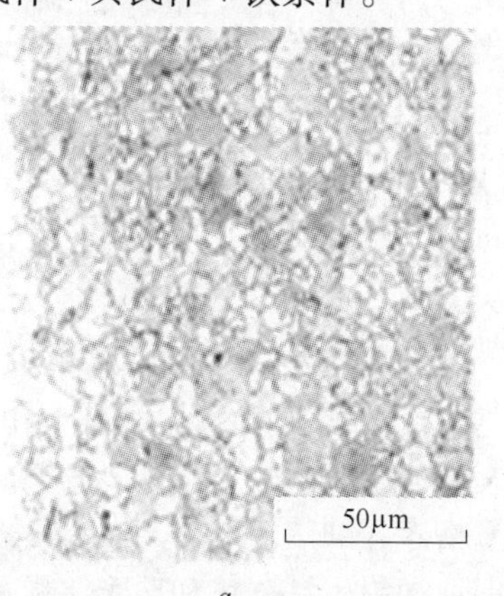

a

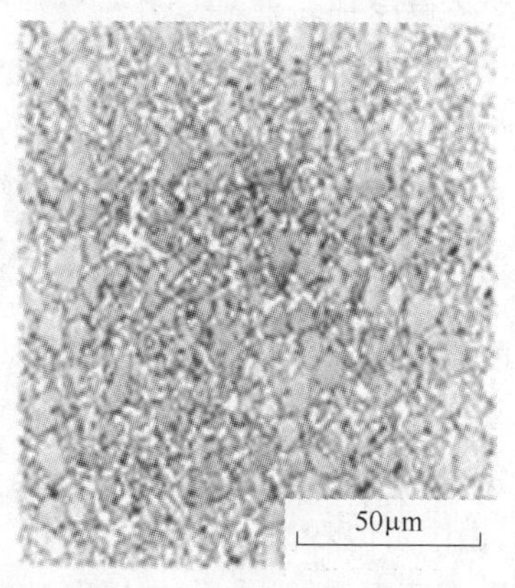

b

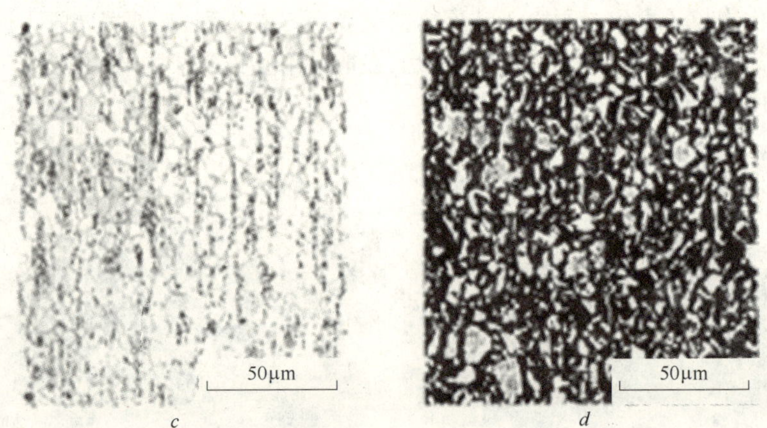

c　　d

图 3－27　临界区加热温度对双相钢显微组织的影响

a—750℃，水冷，10%马氏体＋铁素体；*b*—775℃，水冷，25%马氏体＋铁素体；
c—725℃，水冷，0～5%马氏体＋碳化物＋铁素体；*d*—850℃，水冷，
马氏体＋贝氏体＋铁素体（Lepera 试剂腐蚀）

应该指出，由于临界区加热温度的保温时间一般较短，也就是说都是在非平衡状态下进行冷却，因而临界区加热温度对所形成的奥氏体体积分数和奥氏体成分的影响，是难以用平衡图来预测的。

3.5.3　加热后冷却速率

临界区加热后冷却速率的影响与钢中的合金元素、临界区加热温度有关。Hashiguchi[49] 等研究了合金元素和退火后的冷却速率对双相钢的组织和性能的影响。他们根据合金元素对 TTT 图和 CCT 图的影响，计算了获得双相钢的显微组织所需的临界冷却速率和锰当量（Mneq）的关系。其他合金元素的影响以其锰当量表示，并以实验进行了验证（详见第 4 章第 4.5.9 节）。锰当量越高，则获得双相钢的组织所需的临界冷却速率越小。

冷却速率对经 810℃和 760℃加热后的 CMS2 钢（0.063%C-1.29%Mn-0.24%Si-0.09%P-0.019%S）的显微组织的影响分别示于图 3－28 和图 3－29，图中黑色为马氏体，灰色为残留铁素体，白色为取向附生铁素体，白色和灰色之间的界限是临界区加热时形成的奥氏体岛的范围。从图 3－28 也可以看出，随着冷却速率的降低，取向附生铁素体量增加，马氏体量减少；图 3－29 有相同的趋势，但后者是从 760℃淬火，而且奥氏体的淬透性较高，故只是在 60℃/s 的冷却速率下，才有一定数量的取向附生铁素体。冷却速率对 810℃临界区加热后显微组织组成的影响见图 3－28，由图可以看出，对于这一种钢，810℃临界区加热时转变相的体积分数大约为 40%，冷却速率增加，马氏体体积分数增加，取向附生铁素体和珠光体量减少[66]。

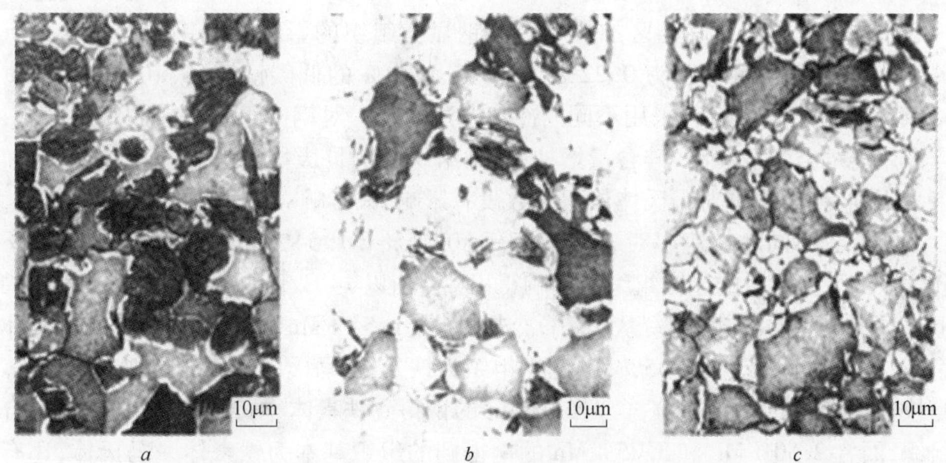

图 3-28 冷却速率对 CMS2 钢显微组织的影响
(810℃退火,苦味酸碱性铬酸盐腐蚀)
a—1000℃/s;b—300℃/s;c—60℃/s

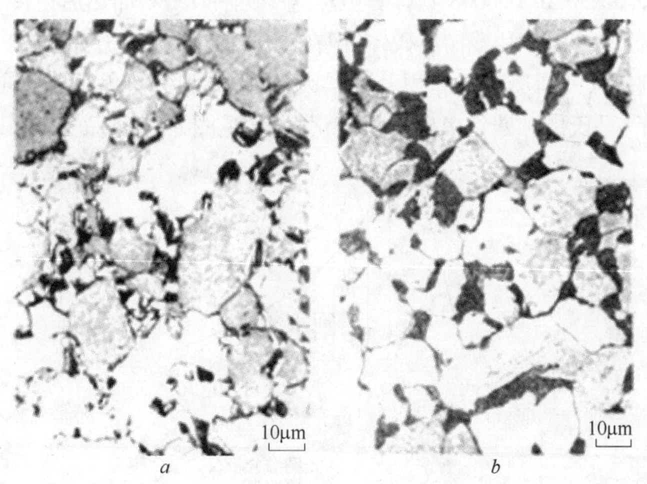

图 3-29 冷却速率对 CMS2 钢显微组织的影响
(760℃退火,苦味酸碱性铬酸盐腐蚀)
a—60℃/s;b—300℃/s

当退火温度较低时,由于某些钢(如 0.037% C-1.55% Mn-1.16% Si-0.021% Al)[61]奥氏体的淬透性较高,空冷、喷气冷、油冷和水冷所得到的马氏体体积分数均在 6% ~8% 左右,并且电子显微镜所观察到的精细结构也基本相同;但铁素体中的间隙原子固溶量及其和位错交互作用的强弱不同,其性能尤其是屈服特性也不相同。

不同冷却方法对临界区加热后双相钢显微组织的影响还和钢中的硅含量有关[50]，例如，硅含量分别为 0.22%、0.72%、1.44% 的低碳锰钢（0.10% C-1.54% Mn-Si）经 790℃ 加热后，采用不同的冷却方法冷却。对钢中组织组成的观察表明：当采用压缩空气吹冷时，硅含量增加，显微组织中的贝氏体和马氏体量增加；但如果采用油冷，硅含量对马氏体体积分数没有影响，只影响对铁素体的强化作用。

研究了不同冷却速率对含锰双相钢（0.05% C-1.54% Mn/2.50% Mn/3.35% Mn）临界区加热后的显微组织的影响得出[51]，当以 14℃/h 的冷却速率（一般箱式退火炉的典型的冷却速率）从 727℃ 冷却时，含 1.54% Mn 的钢为铁素体和珠光体组织；含 2.50% Mn 和 3.35% Mn 的钢组织为铁素体、马氏体和少量的细小珠光体。当快速冷却时（1650℃/h），含 1.54% Mn 的钢得到铁素体、马氏体和珠光体的混合组织，而含 2.50% Mn 和 3.25% Mn 的钢得到的组织基本为铁素体 + 马氏体，还有少许珠光体和贝氏体。

临界区加热冷却后的组织还和加热后开始冷却的温度有关[53]。图 3－30*a*、*b* 分别示出了 750℃ 加热后水冷开始的温度和相对应的显微组织（钢的成分为 0.12% C-0.26% Si-2.04% Mn-0.022% Al-0.0048% N）。虽然这一钢种 750℃ 加热后空冷到室温也可得到一定体积分数的马氏体和残留奥氏体，但在 400℃ 以上，随着开始水冷的温度降低，马氏体体积分数减小，残留奥氏体体积分数增大，马氏体和残留奥氏体总量也略有降低；而在 400℃ 以下，马氏体和残留奥氏体量变化很小（见图 3－30*b*）。

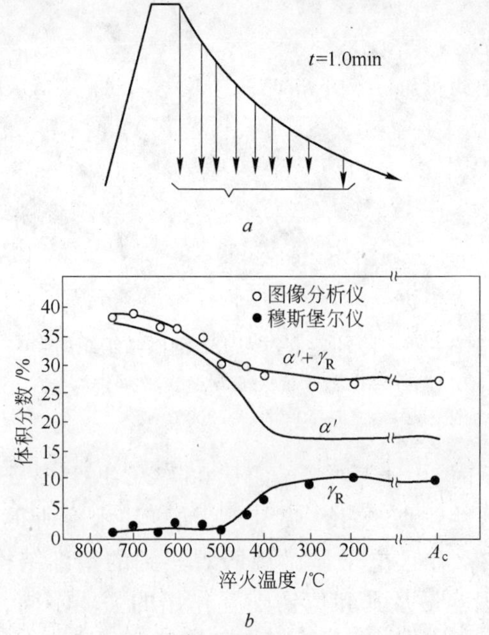

图 3－30　用于显微组织检验的热处理工艺（*a*）及与图 *a* 相对应的显微组织组成（*b*）

临界区加热后的冷却速率还会影响到铁素体中沉淀相的形成和数量。虽然在临界区加热时,铁素体的碳含量与奥氏体中的碳含量,相比似可忽略(在较低的临界区温度退火时尤其如此),但是从 Fe-C 相图的富铁角[54]可以清楚地看出,临界区加热温度下铁素体中的碳含量比室温下铁素体中碳含量大许多倍(例如0.10% C 钢,在铁素体体积分数为 50% 时,大约高 100 倍)。如果临界区加热后快速冷却,则这部分碳就被保留在铁素体中,回火时就会析出碳化物。如冷却速度较慢,碳就有足够的时间向奥氏体扩散,则冷却后就得到清洁的铁素体,这对提高双相钢的伸长率是有利的[52]。但如果铁素体中碳含量过少,则对随后的烘烤硬化不利,不能达到足够的烘烤硬化量。因此,在保证得到所需要的马氏体体积分数下,尽量采用较低的冷却速率是合适的。

3.5.4 热轧工艺

3.5.4.1 终轧温度

许多工作[53,55,56]研究了终轧温度对热轧双相钢显微组织的影响。终轧温度对 C-Mn 钢和 C-Mn-Si 钢的显微组织影响的研究表明:如果终轧温度太高,例如大于840℃,则最终组织为类针状铁素体,这一现象在 C-Mn 钢中比 C-Mn-Si 钢中更加明显;如果终轧温度太低,则会得到变形的粗大的铁素体和少量马氏体。基于对轧制双相钢中铁素体的形态观察,得出为得到良好的双相钢组织(细小的多边形铁素体加分散分布的马氏体岛),终轧温度应略高于 Ar_3;如终轧温度低于 Ar_3,则会引起铁素体的加工硬化,生成拉长的铁素体晶粒。

终轧温度对第二相的精细结构的影响示于图 3－31。对 C-Mn 钢来说,终轧温度为 840℃时,第二相为贝氏体组织;终轧温度为 760℃时,第二相为板条马氏体组织;当终轧温度为 730℃时,第二相为孪晶马氏体。但对 C-Mn-Si 钢来说(图 3－31 下部),第二相的精细结构全为板条马氏体,基本不受终轧温度的影响。电子显微镜暗场和电子衍射揭示出,在马氏体条间有残留奥氏体薄膜和终轧温度较低时,铁素体中具有细小回复的亚结构。因此,必须根据双相钢中的合金元素,以及终轧温度对显微组织和精细结构的影响,选定合适的终轧温度,以使最终得到由细小的多边形铁素体和均匀分散分布的马氏体混合组织。

3.5.4.2 盘卷温度

盘卷温度对轧制双相钢的显微组织有重要的影响。合理的盘卷温度应该是既避免铁素体时效,又保证得到清洁的铁素体和一定体积分数的 M-A 相。

盘卷温度和碳含量对 Si-Mn-Cr-Mo 轧制双相钢显微组织的影响列于表 3-3[55]。可以看出,在同样的卷盘温度下,碳含量增加,硬质相体积分数迅速增加;盘卷温度下降,硬质相体积分数上升。由盘卷温度对轧制双相钢 0.05% C-1.30% Mn-1.0% Si-1.0% Cr 的显微组织影响的研究得出[56],当盘卷温度高于

540℃时，有非马氏体组织出现；在500℃盘卷时，其组织由多边形铁素体和马氏体组成；在400℃盘卷时，组织中有大量贝氏体。因此，对于这一钢种，较合理的盘卷温度为500℃左右；通常应在保证获得双相钢组织的前提下，盘卷温度应取其上限，这样既有利于工艺进行，也有利于获得所需的组织和性能。

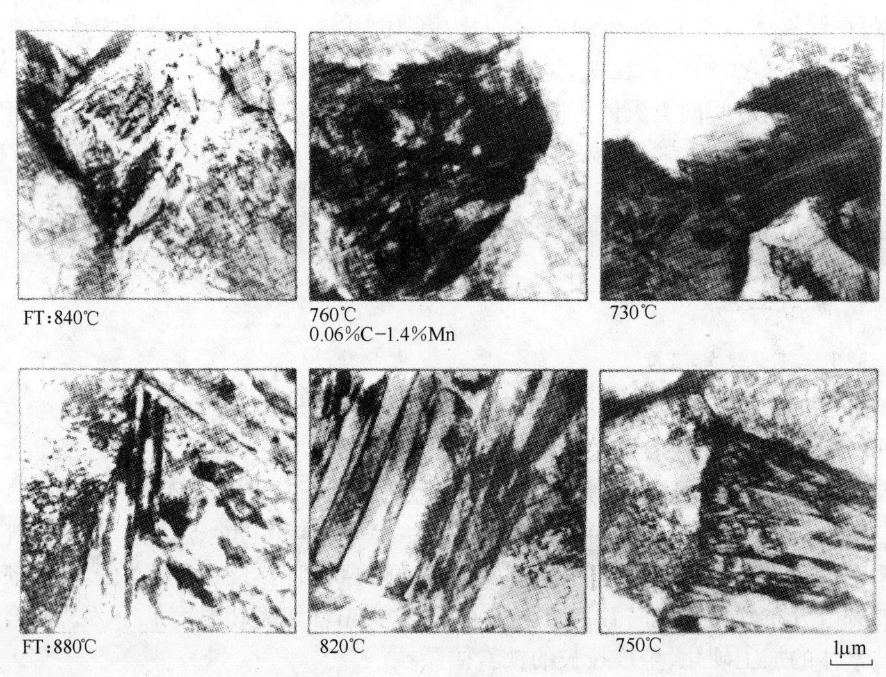

图3－31　终轧温度对双相钢中硬质相精细结构的影响

表3－3　碳含量和盘卷温度对2.5 mm厚钢带显微组织组成的影响

（化学成分1.20%Mn-0.90%Si-0.60%Cr-0.40%Mo）

碳含量/%	盘卷温度/℃	显微组织的体积分数/%		
		多边形铁素体	贝氏体	M-A相
0.032	620	90.6	3.6	5.8
	595	93.4	0.2	6.4
0.065	620	87.8	0.5	11.7
0.075	620	82.3	5.1	12.6
	595	72.4	11.0	16.6
0.091	595	57.6	19.1	23.3
	565	10.9	65.1	24.0
0.12	595	40.2	32.8	27.0
	565	19.6	54.9	26.5

3.5.4.3 盘卷前冷却方法的影响

盘卷前不同的冷却方式及其对盘卷后双相钢显微组织的影响见图 3－32[56]。由图可以看出,冷却方式 1(终轧后直接水冷)和冷却方式 2(终轧后空冷,待一定时间后水冷),其最终组织由铁素体、贝氏体和马氏体组成,冷却方式 1 铁素体晶粒较细,冷却方式 2 贝氏体组织较粗;冷却方式 3(空冷,待较长时间后水冷)的铁素体晶粒较方式 1 和方式 2 粗,但无贝氏体,而且铁素体的转变量较多,即组织由铁素体和马氏体构成,力学性能也以冷却方式 3 较好。

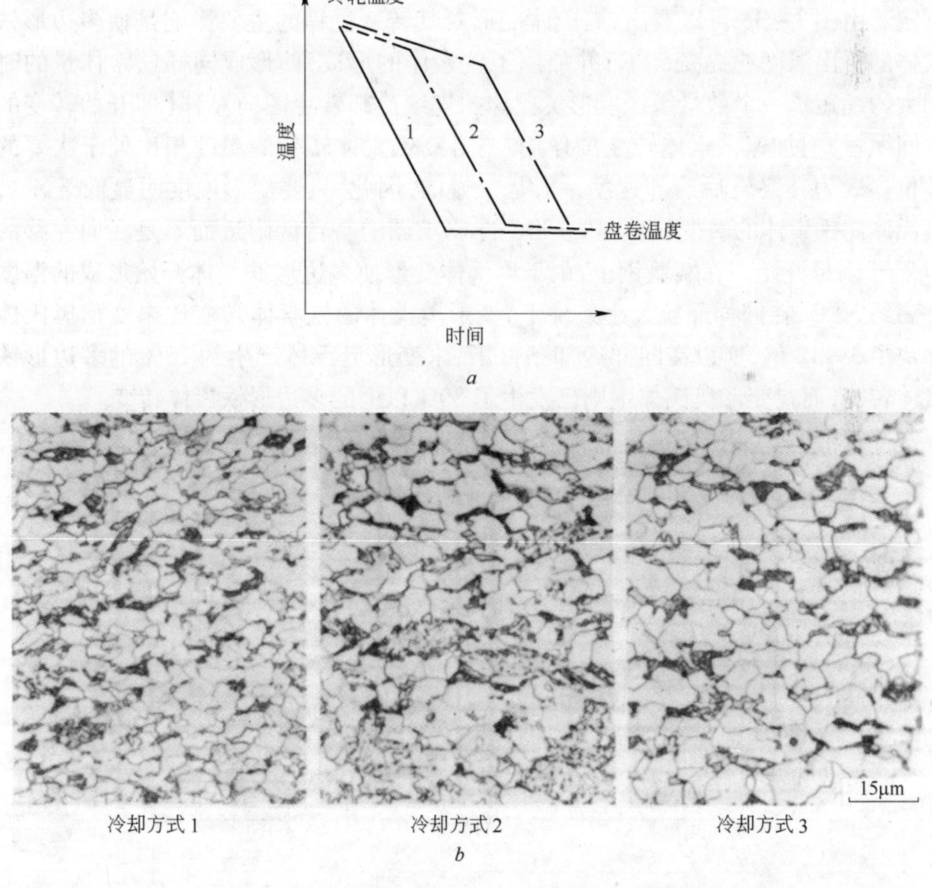

图 3－32 盘卷前的冷却方法对双相钢显微组织的影响
a—盘卷前的冷却方法示意图;*b*—与图 *a* 相对应的三种显微组织

3.5.5 轧制变形的影响

众所周知,变形奥氏体和普通奥氏体的转变特性明显不同。通常变形可以加速奥氏体的等温或连续冷却转变过程。模拟轧制时奥氏体变形和变形奥氏体转变动力学的设备通常利用配有计算机程序和伺服控制的热扭转试验机或压力膨胀仪。用这种设备测定的变形奥氏体和未变形奥氏体的转变图示于图 3 – 33[57]，其相应的变形—时间—温度示意图见图 3 – 34。所用钢种为轧制双相钢 ARDP，化学成分为 0.06% C-0.92% Mn-1.46% Si-0.45% Cr-0.40% Mo，试样经 1100℃ 奥氏体化 5 min，模拟初轧的两个道次的变形量为 60% 和 80%。冷却到 1000 ~ 900℃ 之后，再进行两个道次的变形，其变形量仍为 60% 和 80%，以模拟终轧。终轧后，试样以 10℃/s 的冷却速率冷至 800 ~ 650℃ 后水冷。冷却时铁素体的析出过程用金相法测定。由图 3 – 33 可以看出，奥氏体变形对其转变过程的主要影响是使多边形铁素体的析出温度约提高 50℃，并加速了铁素体的形成，使形成同样铁素体量的时间大约缩短了一个数量级。变形奥氏体的连续冷却转变图向左移（即开始转变的时间缩短）对加速铁素体转变的作用，与升高铁素体转变的温度相比处于次要的地位。因为在终轧后冷却速率一般是较慢的，因此，只要变形温度明显低于 Ac_3，奥氏体向铁素体的转变就会在“变形”的 CCT 图的平台区附近而不是在向左移的“鼻子”附近开始。在实验钢中，由于奥氏体变形使多边形铁素体开始形成的温度提高约 50℃，在同样晶粒大小条件下，变形奥氏体的铁素体转变比未变形奥氏体加快了 3 ~ 12 倍，所以在同样冷却条件下，未变形奥氏体产生约 25% 的多边形铁素体转变，而在变形奥氏体中则已发生了 80% 以上的多边形铁素体转变。

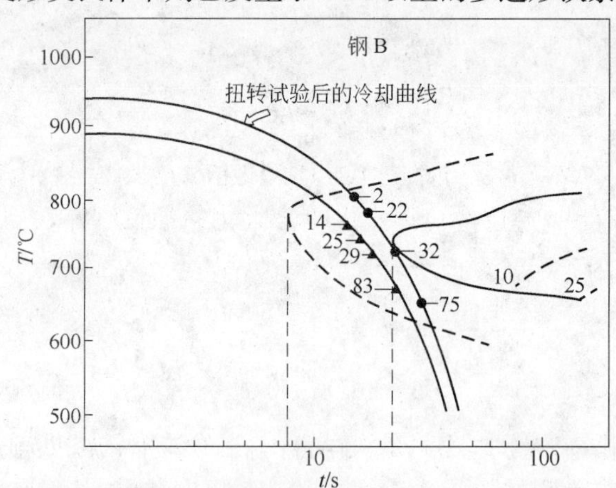

图 3 – 33 变形对奥氏体转变动力学的影响

变形奥氏体开始向多边形铁素体转变温度的升高和转变速度加快的原因主要是变形奥氏体内位错密度较高，使奥氏体的能量增加，奥氏体中固溶元素分配的扩散速率增加。此外，变形奥氏体的晶粒细化、晶界面积增加也产生一定的影响。

因此，在制定轧制双相钢的工艺时，应考虑到奥氏体的变形对奥氏体转变的影响。

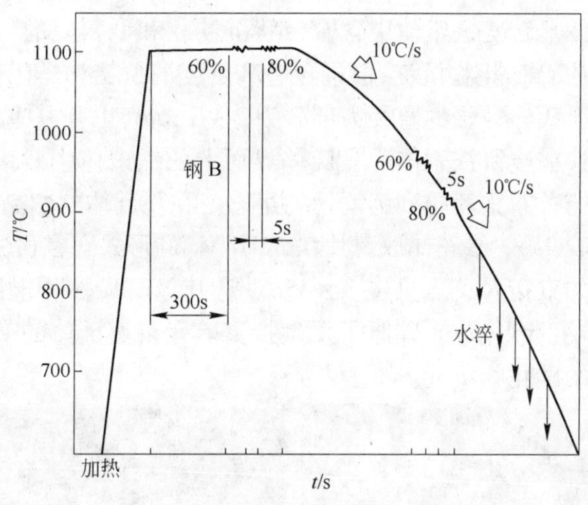

图 3-34 变形—时间—温度示意图

3.5.6 临界区加热前组织状态

临界区加热前的组织状态有正火态(或热轧态,一般为珠光体加等轴铁素体组织)、冷轧态(变形的铁素体加珠光体组织)、淬火态(板条马氏体组织)、球化组织(粒状渗碳体加铁素体组织),但工业上常见的原始组织状态是热轧态和冷轧态。

不同的原始状态对双相钢组织的影响和所采用的处理工艺有关。例如原始组织为珠光体加铁素体的钢,当加热到较低的临界区温度后,奥氏体首先在珠光体与铁素体的界面的碳化物上形核和长大,如保温时间较长,由于奥氏体的长大以晶界扩散为主,则会形成沿晶界分布的奥氏体相,随后淬火便得到沿铁素体晶界分布的马氏体。如初始组织为板条马氏体或球状碳化物加铁素体,并且在临界区温度下保温时间不长,则一般冷却后得到岛状马氏体加铁素体,如临界区加热温度较高,则奥氏体的长大以二维及体扩散为主,这时一般也得到岛状马氏体加铁素体。

3.5.7 回火

由双相钢制造的零件,尤其是汽车零件,一般均有油漆烘烤工序。在一些连续退火双相钢的制造工序中,为改善双相钢的强度和延性,一般要经过低温回火。因此,了解双相钢在回火过程中的组织变化,不仅对改善双相钢的生产工艺而且对于了解双相钢构件制造工艺过程中组织变化都具有重要意义。

Rashid[60] 和 Rao[61] 采用透射电镜明场、暗场、选区衍射和弱束暗场技术研究了含钒双相钢(0.10% C-1.50% Mn-0.50% Si-0.10% V,即 GM980X)回火过程中的组织变化。该钢经临界区加热后的显微组织由“转变”铁素体、残留铁素体、马氏体和残留奥氏体组成,所谓“转变”铁素体是指由临界区加热时形成的奥氏体中形核转变的铁素体。转变铁素体中含有带状沉淀相和低密度的位错，而残留铁素体内基本上无钒的 C-N 化物沉淀，但包含有高密度的位错。马氏体的亚结构基本上是孪晶。残留奥氏体粒子的直径大部分为 2 ~ 6 μm，也有一些小于 1 μm。

200℃回火时，在残留铁素体 - 马氏体界面上的铁素体中残留应力发生松弛。高度不均匀的位错分布重新排列为均匀的组态。在马氏体的孪晶界上有许多渗碳体析出（图 3 - 35*a*、*b*），渗碳体以薄片状或薄膜状的形式存在（图 3 - 35*c*）。选区电子衍射所显示的双衍射斑点见图 3 - 35*d*。从其他马氏体片上所获得的衍射条纹表明，在渗碳体沉淀形成前，碳原子发生折聚。残留奥氏体的变化很小，只是出现一些非常细小的碳化物沉淀。

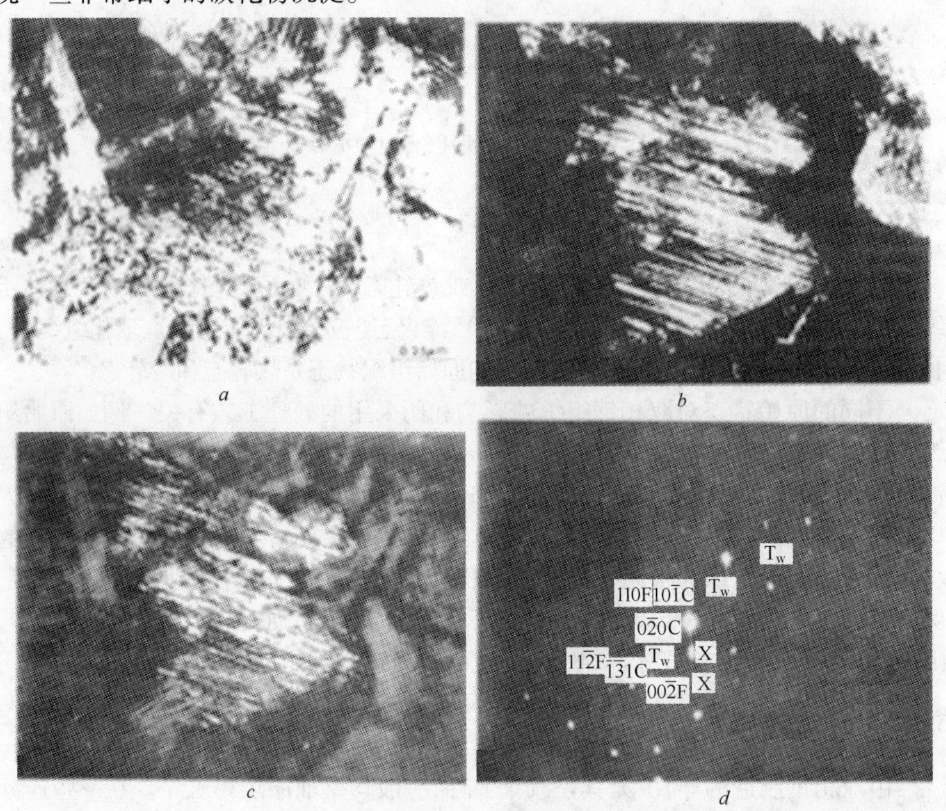

图 3 - 35　GM980X 双相钢 200℃回火时的组织变化　TEM　×36000

a—马氏体的明场像；*b*—与图 *a* 同样区域的暗场像；*c*—叠加到孪晶片上的渗碳体片的暗场像（双衍射和从孪晶的反射条纹）；*d*—选区双衍射斑点的指标化，显示了孪晶亚结构和孪晶界上的渗碳体薄片，形成暗场像；图(*c*)的反射点在图(*d*)中以白色亮点表示（图 *d* 中：F—铁素体；C—渗碳体；X—双衍射；T_W—孪晶）

300℃回火时，铁素体中出现较高密度的细小沉淀相（粒子直径小于 2.5 nm），见图3-36*b*。一些区域的弱束暗场分析表明，沉淀相是在位错上形核。这些沉淀相可能是钒的C-N化物，由于这些碳化物粒子很细，尚未获得有力的衍射证据。在转变铁素体中，一些呈带状分布的C-N化物发生粗化。

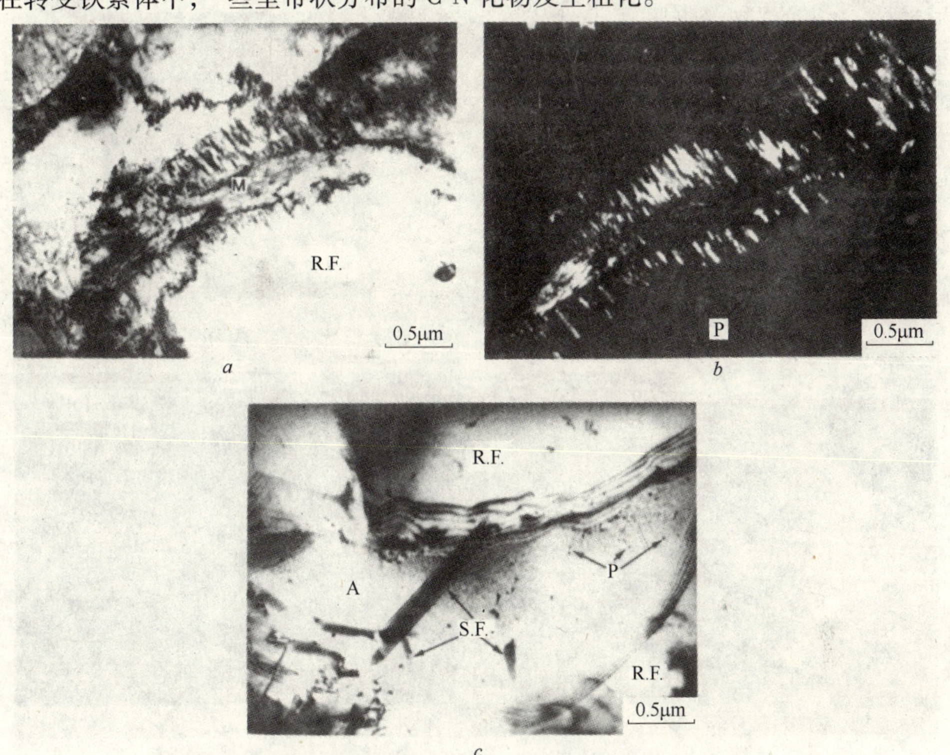

图3-36 300℃回火试样中的碳化物沉淀 TEM ×18000

a—明场；*b*—暗场，P指示了在残留铁素体中特别细小的沉淀；

c—表明在不同区域的未分解的残留奥氏体，明场

（图中S. F. —堆垛层错；P—细小沉淀；R. F. —残留铁素体）

与200℃回火后的组织相比，马氏体中发现有较粗大的渗碳体片（厚度大约50 nm，长约200 nm），马氏体中的孪晶亚结构已不清晰，表明孪晶界已发生移动（见图3-36*a*）。90%以上的残留奥氏体仍未发生变化，并和未回火状态相似。少量的残留奥氏体转变为由板条铁素体和在板条间呈带状的、连续的渗碳体片所构成的上贝氏体。

当回火温度高于400℃时，显微组织发生很大的变化，铁素体中细小沉淀相（直径小于5 nm）的密度有明显增加（见图3-37*a*、*b*）。在相当数量的晶界和亚晶界上出现渗碳体片，在铁素体晶内也生成碳化物薄片，一些位错被沉淀粒子钉扎。这就表明，二次硬化可能是这种交互作用的结果。

在马氏体中的渗碳体沉淀与 300℃ 回火时类似，但沉淀相更粗些，同时也更明显些。

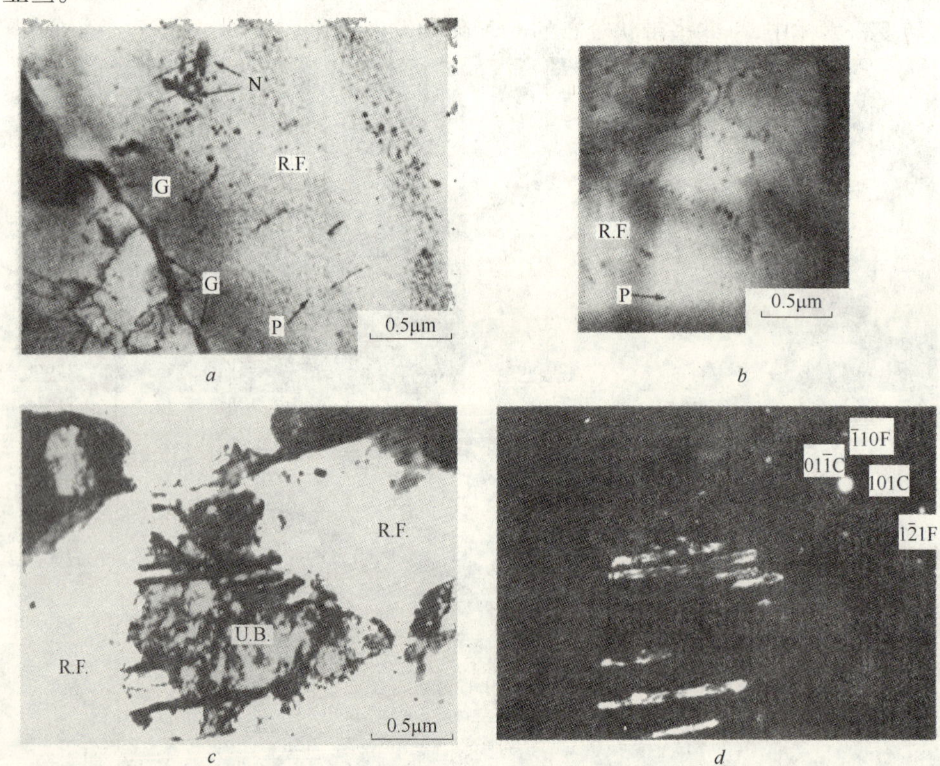

图 3－37　GM980X 双相钢 400℃ 回火后的组织变化　TEM　×18000

a，*b*—残留铁素体中的沉淀相（照片中还显示了一些未溶解的钒的 C-N 化物）；*c*—残留奥氏体的分解产物；*d*—与图 *c* 相同区域的渗碳体的暗场像和衍射斑点指标化（G—晶界碳化物；N—氮化物；R. F. —残留铁素体；P—铁素体中的沉淀相；U. B. —上贝氏体）

此时，大部分残留奥氏体（估计 90% 以上）发生分解，其分解产物为上贝氏体。上贝氏体可以用透射电镜进行形态观察，并可用取向分析证明（见图 3－37*c*、*d*）。图 3－37*c* 为完全分解的残留奥氏体粒子的明场像，图 3－37*d* 为呈带状分布的渗碳体片的暗场像和衍射斑点。

500℃ 回火后，双相钢的组织发生更大的变化。铁素体中的钒的 C-N 化物沉淀比低温回火时更粗，在"转变"铁素体中带状沉淀的特征已基本消失。在晶界上出现一些较大的渗碳体片（见图 3－38*a*）。

在马氏体中的碳化物粒子更粗，部分粒子开始球化（见图 3－38*b*）。

残留奥氏体全部分解，一部分成为上贝氏体，另一部分以相间沉淀的机制产生若干个带状碳化物沉淀和铁素体。

0.10% C－1.50% Mn 双相钢的 200℃ 和 650℃ 回火后的组织变化和上述过程

大体相同[62]。

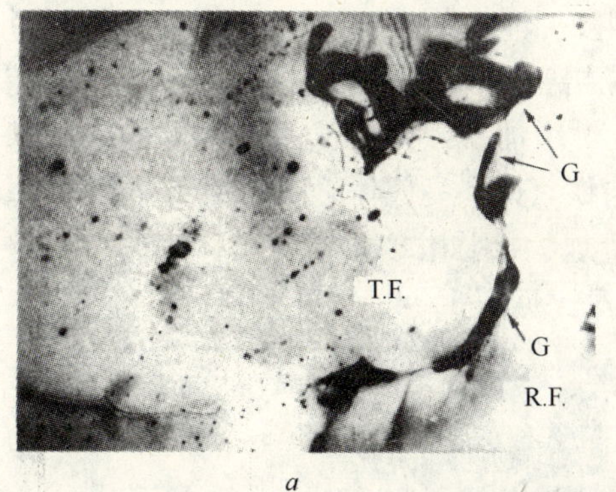

a

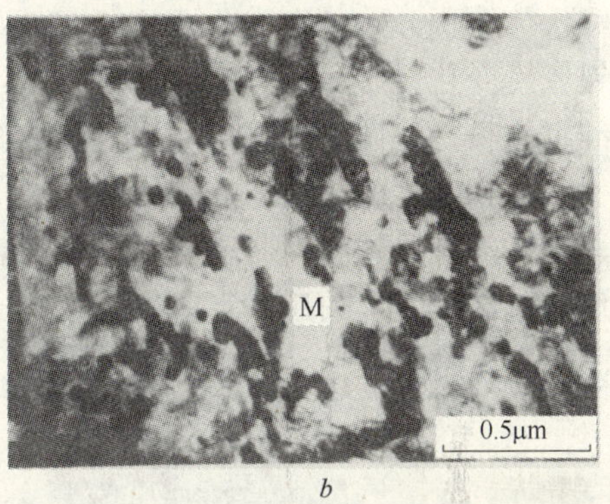

b

图 3－38 500℃回火时铁素体中的 C-N 化物粗化(a)与马氏体中碳化物球化的早期阶段(b) TEM ×48000

(G—晶间碳化物沉淀;T. F. —“转变”铁素体;R. F. —残留铁素体;M—基体)

3.6 双相钢显微组织的变形

双相钢的显微组织中,由于马氏体和铁素体的性能不同,承受载荷和应变的能力亦有明显不同。在单轴拉伸下变形时,铁素体承受较大的应变,两相表现出明显的塑性应变不相容。由孪晶马氏体和铁素体所构成的双相钢在单轴拉伸变形后的显微组织见图 3－39。由图可以明显看出在马氏体岛周围的铁素体发生塑性流动,即在铁素体中集中了大量的塑性应变。铁素体的流变,引起马氏体岛的聚集。和未变形状态相比,马氏体体积分数升高[58,60]。透射电镜观察指出,在变形的铁素体内,位错密度升高。

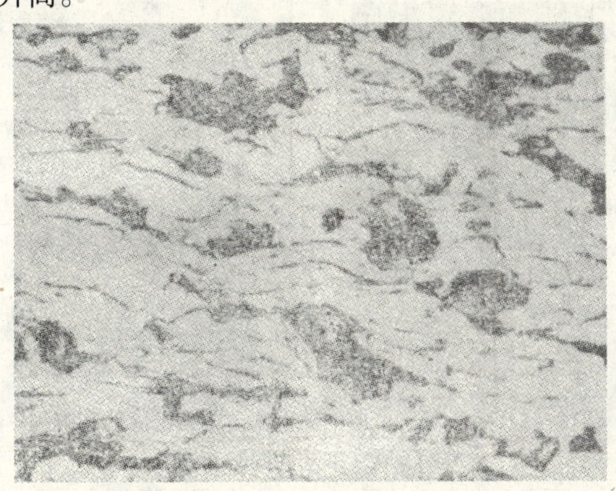

图 3－39 拉伸断口附近的显微组织(照片平行于拉伸轴)

拉伸变形对双相钢铁素体中位错密度的影响常和马氏体体积分数有关。例如将成分为0.11% C-1.40% Mn-0.48% Si-0.08% V钢，经不同临界区处理后，得到马氏体体积分数分别为24%和60%双相组织，经拉伸变形7%，测定铁素体中位错密度变化，结果表明变形前后铁素体中位错密度均随着马氏体体积分数增加而线性增长，并且马氏体体积分数越高，应变对增加铁素体中的位错密度的作用越大。位错密度随马氏体含量的变化，显然与铁素体和马氏体之间的应变分配有关。马氏体的含量越高，则铁素体承受的应变量越大，因此，变形后铁素体中的位错密度也越高。变形前后铁素体中位错密度的对比见图3-40和图3-41。

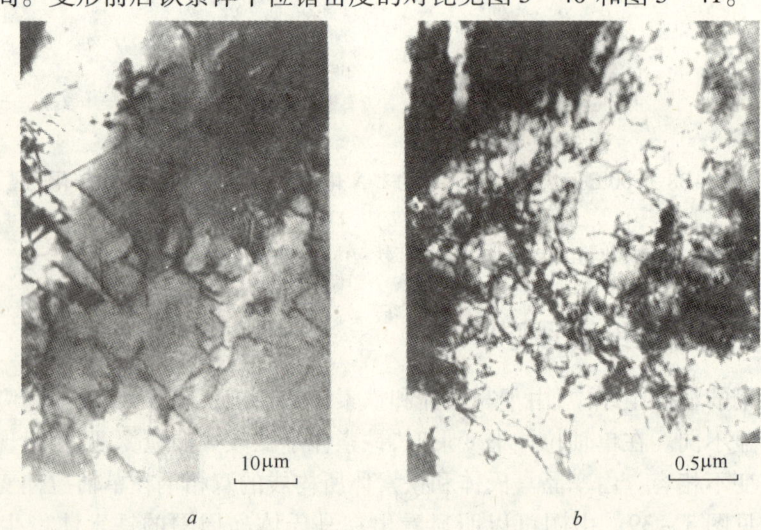

图3-40　变形前双相钢铁素体中的位错　TEM

a—760℃加热，水冷，$f_m=24\%$；*b*—820℃加热，水冷，$f_m=60\%$

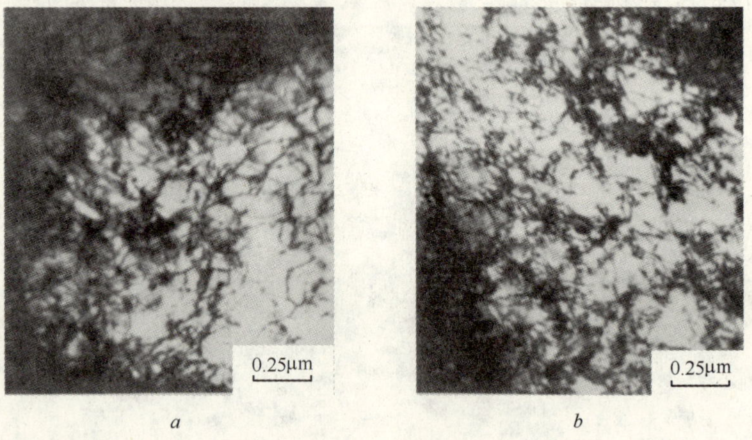

图3-41　变形对双相钢中铁素体内位错密度的影响　TEM（工艺同图3-40）

不同马氏体体积分数的双相钢承受$\frac{\Delta\varepsilon}{2}=0.01$的循环塑性应变后，铁素体中的位错会排列成胞状组织，位错胞的平均大小约为0.5 μm，而与马氏体体积分数无关（见图3-42）。在马氏体和铁素体界面上均未发现位错塞积。这些观察结果表明，不管马氏体含量高低，铁素体所承受的循环塑性应变基本相同。同时也表明，马氏体也承受循环塑性应变，即在循环应变下，马氏体与铁素体中的应变分配与单轴拉伸应变不同。

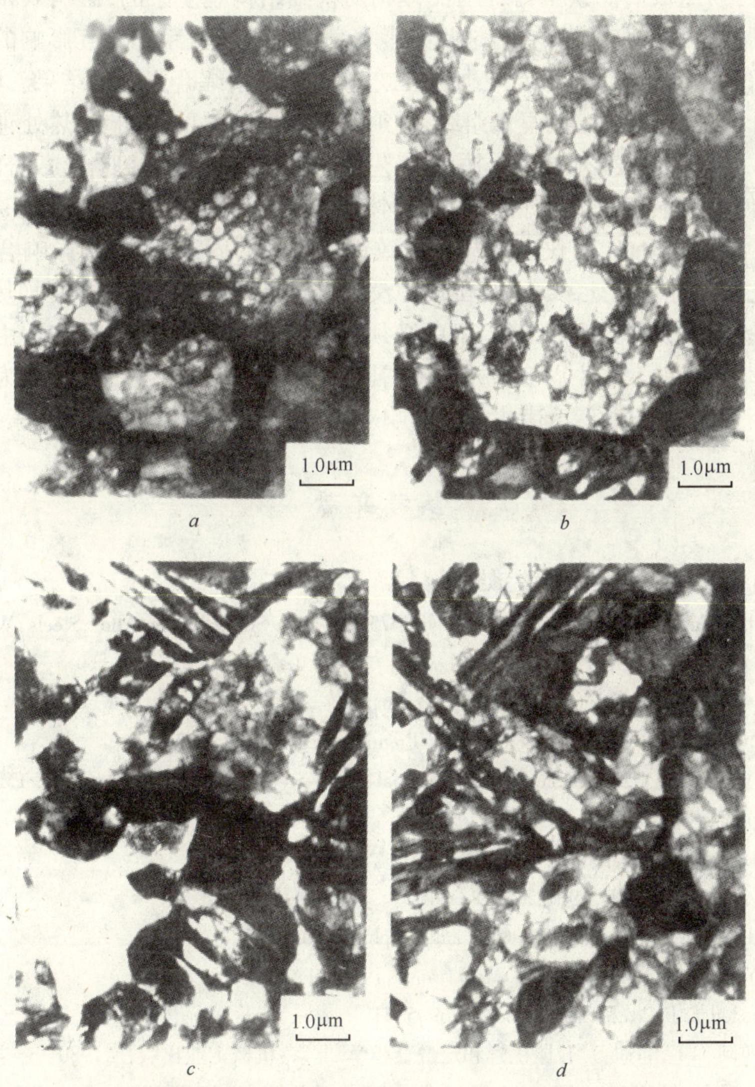

图3-42　循环塑性应变$\left(\frac{\Delta\varepsilon}{2}=0.01\right)$变形后双相钢中的位错胞　TEM(650 kV)

a—760℃淬火，$f_m=24\%$；*b*—780℃淬火，$f_m=30\%$；*c*—800℃淬火，$f_m=40\%$；*d*—820℃淬火，$f_m=60\%$

变形对双相钢显微组织的另一个重要影响是使残留奥氏体迅速转变。用X射线和电子衍射分析Cr-Mo双相钢中残留奥氏体在变形中的变化表明[30]，在拉伸变形达到最大负荷（即塑性失稳）前，残留奥氏体已全部发生转变。

3.7 综述

综上讨论可以看出，双相钢主要由铁素体和马氏体（可能还包含残留奥氏体、贝氏体等）所组成。而铁素体和马氏体相的精细结构是复杂的，影响双相钢显微组织特征的因素是多方面的，而这些因素本身常是相互联系和相互影响的。双相钢的组织是钢的化学成分，冷、热加工工艺等各种因素综合影响的结果。因此，在合金设计时，为得到一定的显微组织，必须同时考虑材料的热加工、热处理工艺以及零件或构件的冷变形工艺。同样在工艺设计时，亦必须考虑到合金成分的特点。例如，为使基本不含有合金元素的低碳钢板可以获得所希望的双相钢组织，临界区加热后必须快速冷却，而快速冷却会导致铁素体中的固溶碳增高，影响合金的延性。为此必须进行回火，反之，如工厂中没有连续退火生产线或临界区加热后不能采用快速冷却，为得到双相组织，钢中必须含有足够的合金元素。此时，由于临界冷却速率较低，铁素体中固溶碳并不多，补充回火就没有必要了。总之，为得到理想的双相钢组织，必须综合考虑上述影响双相钢显微组织特征的各种因素。

参考文献

1 McFaland W H. US Patent 3378 360, 1968

2 Hayami S, Furukawa T. Proc. “Microalloying 75” on High Strength Low-Alloy Steels, Washington D. C. October, 1975, 328

3 Rashid M S. SAE Preprint 760206, 1976, February

4 Koo J Y, Thomas G. Materials Science and Engineering, 1976, 24:187

5 Koo J Y, Thomas G. Formable HSLA and Dual-Phase Steel. ed. by Davenport A T. TMS/AIME, New York, 1979, 40

6 Lepera F S. Metallography, 1979, 12:263

7 Lepera F S. J. of Metals, 1980, 32(2):38

8 Richard D L, David K N, Krauss G. Metallography, 1980, 13:71

9 Koo J Y, Raghnava M, Thomas G. Met. Trans., 1980, 11A:351

10 Hornbogen E. Prakt. Metallographie, 1969, 5:51

11 彼里西阿 G E，浦迪 S M. 体视学和定量金相学. 北京：机械工业出版社，1980

12 Rigsbee J M, Abraham J K, Davenpor A T, Franklin J E, Pickens J W. Structure and Properties of Dual Phase Steels. ed. by. Kot R A, Morris J W. TMS/AIME, New York, 1979, 304

13 Nakaoka K, Hosoya Y, Ohmura M, Nishimoto A, ibid, 330

14 Beckev J, Hornbogen E, Stratmann P, Metallkunde Z. 1980, 71:27

15 Салмыков С А. Смереометри ческая Металл графия мета лургиздат, 1965, 35

16 Fullman R L. Trans. Met. Soc. AIME, 1953, 197:447

17 浙江大学数学系高等数学教研组. 概率论与数理统计. 北京:人民教育出版社, 1979, 337

18 Metals Hendbook, 1975, 8:125

19 Shimizu Kunio M T, Yamada K, Su H Zuki. Engineering Fracture Mechanics, 1975, 7:411

20 Suzuki H, Mcevily A J. Met. Trans., 1979, 10A:475

21 马鸣图, 汪德根, 吴宝榕. 金属科学与工艺, 1982, 1:34

22 Davies R G. Metall. Trans., 1978, 9A:41

23 Koo J Y, Rao B V N, Thomas G. Metal Prog., 1979, 116(4):66

24 Rigsbee J M, Vander Arend P L. Formable HSLA and Dual Phase Steels. ed. by Davenport A T, TMS/AIME, New York, 1979, 58

25 马鸣图, 汪德根, 吴宝榕. 理化检验物理, 1982, 18(5):2

26 Crawley A F, Shehata M T, Pussegoda N, Mitohell C M, Tyson W R. Fundamentals of Dual Phase Steels. ed. by Kot R A, Bramfitt B L. TMS/AIME, New York, 1981, 181

27 Geib M, Matlock D K, Krauss G. Metall. Trans., 1980, 11A:1683

28 Specich G S, Demarest V A, Miller R L. Metall. Trans., 1981, 12A:419

29 中岡一秀. 鉄と鋼, 1982, 68:1159

30 Balliger N K, Gladman T. Metal Science, 1981, 15:95

31 Rashid M S, Rao B V N. Fundamentals of Dual Phase Steels. ed. by Kot R A, Bramfitt B L, TMS/AIME, New York, 1981, 249

32 徐祖耀. 马氏体相变和马氏体. 北京:科学出版社, 1980, 87

33 Kurdjumov G, Kaminsky E. Nature, 1928, 122:475

34 Okamoto A, Takahashi T. Fundamentals of Dual Phase Steels. ed. by Kot R A, Bramfitt B L, TMS/AIME, New York, 1981, 427

35 Das S K, Thomas G. Metall. Trans., 1970, 1:325

36 Wayman C M. Metall. Trans., 1970, 1:2009

37 须藤正俊, 岩井隆房. 鉄と鋼, 1982, 68:59

38 Kinsman K R, Das G, Hemann R F. Acta Metall, 1977, 25:359

39 Leslie W C, Miller R L. Trans. ASM, 1964, 57:972

40 Nishimoto A, Hosoya Y, Nakaoka K. Trans. ISIJ, 1981, 21:778

41 Davenport A T, Brossard L C, Miner R E. J. Met., 1975, 27:21

42 Law N C, Edmonds D V. Metall. Trans., 1980, 11A:33

43 Hoel R H, Thomas G. Scripta Metall., 1981, 15:867

44 Koo J Y, Thomas G. Formable HSLA and Dual Phase Steels. ed. by Davenport A T, TMS/AIME, New York, 1977, 40

45 Alvin Nakugawa, Koo J Y, Thomas G. Metall. Trans., 1981, 12A:1965

46 Davies R G. Metall. Trans., 1979, 10A:113

47　Beckev J, Hornbogen E, Wendl F, Metallkunde Z. 1981, 72: 89

48　Plichta M R, Aronson H I. Metall. Trans., 1974, 5A: 2611

49　Hashiguchi K, Nishida M, Kata T, Tanaka T Kawasani. Steel Technical Report. 1980, 70

50　Repas P E. SAE Paper, 790008, 1979, Feb.

51　Mould P R, Kena C C S. Formable HSLA and Dual Phase Steel. ed. by Davenport A T, TMS/AIME, New York, 1979, 181

52　Owashi N, Takuhashi I, Hashiguchi K. Trans. ISIJ., 1978, 18: 321

53　Furukawa T, Tanino M. Fundamentals of Dual Phase Steels. ed. by Kot R A, Bramfitt B L, TMS/AIME, New York, 1981, 221

54　Hawkins D T, Hultgren R. Constitution of Binary Alloys in Metals Handbook, ASM Publication, 1973, 8: 276

55　Tither G, Hiam J R. Formable HSLA and Dual Phase Steels. ed. by Davenport A T, TMS/AIME, New York, 1979, 205

56　Kato T, Hashiguchi K, Takahashi I, Irio T, Ohashi N. Fundamentals of Dual Phase Steels. ed. by Kot R A, Bramfitt B L, TMS/AIME., New York, 1981, 199

57　Jonas J J, Nascimento R A D, Weiss I, Rothwell A B, ibid, 95

58　Cornford A E, Hiam J R, Hobbs R M. SAE paper 790007, 1979, Feb.

59　Sherman A M, Davies R G, Donlon W T. Fundamentals of Dual Phase Steels. ed. by Kot R A, Bramfitt B L, TMS/AIME, New York, 1981, 85

60　Rashid M S. Formable HSLA and Dual Phase Steels. ed. by Davenport A T, TMS/AIME, New York, 1979, 205

61　Rashid M S, Rao B V N. Fundamentals of Dual Phase Steels, TMS/AIME. ed. by Kot R A, Bramfitt B L, New York, 1981, 249

62　Specich G R, Miller R L. ibid, 279

63　Furukawa T, Morikawa H, Takechi M, Kogama K. Structure and Properties of Dual Phase Steels. ed. by Kot R A, Morris J W, TMS/AIME, New York, 1979, 281

64　Gau J S, Koo J Y, Kakagawa A, Thomas G. Fundamentals of Dual Phase Steels. ed. by Kot R A, Eramfitt B L, TMS/AIME, New York, 1981, 47

65　Specich G S, Miller R L. Structure and Properties of Dual Phase Steels. ed. by Kot R A, Morris J W, TMS/AIME, New York, 1979, 45

66　Lawson R D, Matlock D K, Krauss G. Fundamentals of Dual Phase Steels. ed. by Kot R A, Bramfitt B L, TMS/AIME, New York, 1981, 347

67　Messien P, Herman J C, Greday T. ibid, 161

4 双相钢在单轴拉伸下的变形特性

4.1 概述

双相钢在单轴拉伸下的变形特性包括屈服、均匀延伸、加工硬化、塑性失稳。有关参量有屈服强度和抗拉强度、均匀伸长率、总伸长率、加工硬化速率、加工硬化指数、应变速率敏感指数，以及用真应力真应变表示的一些强度和延性参量。这些特征参量不仅对双相钢质量控制、新钢种的评价和开发具有重要意义，而且有些参量，如加工硬化指数、应变速率敏感指数、塑性应变各向异性比、双相钢的成形性（如 FLD_0）和成形构件的性能（如回弹、凹痕抗力等）都有一定联系；对单轴拉伸下变形特性（下文简称变形特性）的研究与测定，可对双相钢的成形性做初步评价，对成形构件的性能做初步预测。

Hayami 和 Furukawa[1] 首先对 Si-Mn 热处理双相钢的变形特性作了详细研究，并和其他低合金高强度钢的变形特性进行了对比；随后 Rashid[2] 和 Davies[3,4] 详细研究了含钒双相钢的变形特性及其影响因素。

双相钢的变形特性与纤维增强复合材料有许多类似之处[5,6]。但由于双相钢中两相的性能和分布特点，又有它自己的独特之处[9]。

研究双相钢的变形特性对改进双相钢的生产工艺，制定双相钢板的成形工艺都很有价值。本章着重介绍双相钢变形特性的研究和测定结果，变形特性的分析和处理，以及影响变形特性的因素（工艺、合金元素和显微组织等）。有关双相钢变形特性的理论与模型见第 5 章。

4.2 单轴拉伸下的变形特性参量

单轴拉伸下的变形特性参量可以用应力应变曲线（或负荷伸长曲线）和真应力真应变曲线表示，两种曲线上各参量之间有一定关系。

4.2.1 应力应变曲线

应力应变曲线是以应力 σ（拉伸试样中的平均纵向应力）和应变 e（拉伸试样中的平均线性应变）为坐标所画的曲线。应力应变曲线和负荷伸长曲线的形状是相同的，前者很容易从后者转化而来，因此两种曲线常常交替使用。热轧低碳钢的应力应变曲线见图 4－1。

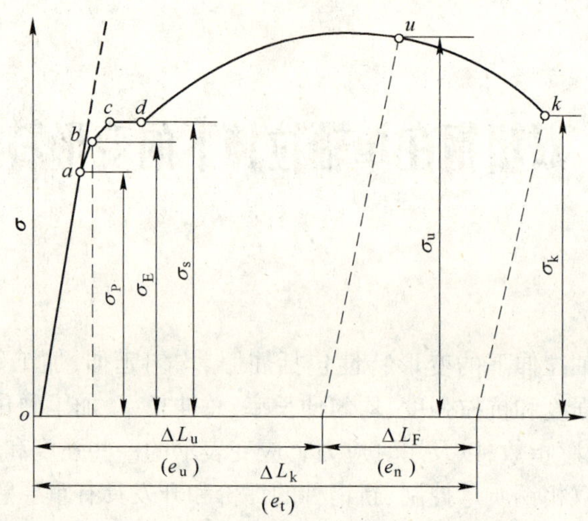

图 4－1　热轧低碳钢的应力应变曲线

应力应变曲线上的一些特征参量如下：

(1) 真弹性极限(σ_{TE})为产生 5×10^{-5} 塑性应变所需的应力，其相应的值低于σ_P。

(2) 比例极限(σ_P)是应力与应变成正比的最高应力。

(3) 弹性极限(σ_E)是当载荷完全去除后，没有任何残留变形条件下，材料可以承受的最大应力。随着应变测量精度增加，弹性极限值降低直到真弹性极限。在工程上所用的应变测量精度(2×10^{-3})条件下，弹性极限高于比例极限。

(4) 屈服极限(σ_y)为产生特定的少量塑性变形所需的应力。工程上取残留变形值 0.2%，这时屈服极限定义为 $\sigma_{0.2}$。当材料存在物理屈服点时，以下屈服点作为屈服强度，表示为 σ_y 或 σ_s。

(5) 抗拉强度(σ_b)为在非常严格的单轴拉伸载荷条件下，延性金属可以承受的最大载荷，它是材料塑性失稳抗力的重要指标。抗拉强度测试容易，重现性好，并和硬度、疲劳强度有一定的经验关系，所以它对产品质量控制、材料的鉴别、设计选材都十分重要。

(6) 断裂强度(σ_F)是延性金属的断裂抗力。对于无颈缩变形的脆性材料，$\varepsilon_F=\varepsilon_b$。

(7) 均匀伸长率(e_u)是在单轴拉伸变形时，材料均匀变形的能力。

(8) 总伸长率(e_t)是单轴拉伸试验时，材料延性的度量。$e_t=e_u+e_n/L_0$，e_n 为缩颈伸长，e_t 受试样标距长度的影响，L_0 为试样标距长度。实验得出，几何上类似的试样产生几何上相似的缩颈区，按照 Barba 定则，$e_n=\beta\sqrt{A_0}$，β 为常数，A_0 为试样的初始截面,那么 e_t 还可重写为 $e_t = e_n + \beta \frac{\sqrt{A_0}}{L_0}$。为了比较不同大小试样的伸长率,试样必须是几何上类似,即保持类似的几何因子(板状试样为 $L_0/\sqrt{A_0}$,圆棒试样为 L_0/d_0)。不同国家规定有不同的 $L_0/\sqrt{A_0}$。为使同一种材料,两种不同试样尺寸的总伸长率可比,试样的几何尺寸应满足 $L_1/\sqrt{A_1} = L_2/\sqrt{A_2}$。

(9) 断面收缩率(φ)是材料塑性的一种度量,和材料的韧性指标有一定关系,$\varphi = \frac{A_0 - A_f}{A_0} = \frac{d_0^2 - d_f^2}{d_0^2}$,$d_0$ 和 A_0 分别为试样的初始直径和横截面积,d_f 和 A_f 分别为试样断裂时的直径和横截面积。

(10) 弹性模量 E,是拉伸曲线弹性阶段的直线的斜率[8]。

4.2.2 真应力真应变曲线

以真应力 σ_T(在拉伸中任一瞬时试样所承受的负荷 P 除以试样的瞬时面积 A,$\sigma_T = P/A$)为纵坐标,以真应变 ε(它等于标距长度内一系列小的应变增量,除以瞬时长度值的总和,即 $\varepsilon = \sum_i \left(\frac{\delta L}{L_i}\right)$,以微积分形式表示为[7]:$\varepsilon = \int_{L_0}^{L} \frac{dL}{L} = \ln \frac{L_i}{L_0}$,但缩颈开始后,$\varepsilon = 2\ln \frac{D_0}{D}$)为横坐标画的曲线称真应力真应变曲线,因为这种曲线表示了材料的基本流变特性,又称流变曲线。

真应力真应变曲线上的特征参量及其和应力、应变的关系如下:

(1) 真应力 $\sigma_T = P/A$;缩颈前,真应力与应力之间的关系为

$$\sigma_T = \sigma(1 + e) \tag{4-1}$$

(2) 真应变 $\varepsilon = \ln \frac{L}{L_0}$;缩颈前,真应变与应变之间的关系为

$$\varepsilon = \ln(1 + e) \tag{4-2}$$

(3) 真实抗拉强度(σ_T^b)为拉伸试样承受的最大负荷除以该负荷下试样的横截面积 A_u,$\sigma_T^b = P_{max}/A_u$。

(4) 最大均匀真应变(ε_u)为拉伸时最大负荷下试样的真应变;$\varepsilon_u = \ln \frac{L_u}{L_0} = \ln \frac{A_0}{A_u}$。$L_u$ 为最大负荷下试样的标距长度。式 4-2 可得

$$\varepsilon_u = \ln(1 + e_u) \tag{4-3}$$

由式 4-1 和式 4-3 可得抗拉强度与真实抗拉强度关系为

$$\sigma_T^b = \sigma_b \exp \varepsilon_u \tag{4-4}$$

(5) 断裂真应变(ε_f)为试样断裂前可以承受的最大真应变。它可以根据试样的

初始面积A_0和断裂后试样的截面积A_f计算，$\varepsilon_f = \ln \frac{A_0}{A_f}$；对于圆柱试样$\varepsilon_f$与$\varphi$的关系为

$$\varepsilon_f = \ln \frac{1}{1-\varphi} \tag{4-5}$$

(6) 真实断裂强度(σ_T^F)为试样断裂时的负荷除以试样断裂时的横截面积A_F，$\sigma_T^F = P_F/A_F$。由于拉伸试样的缩颈区有三轴应力状态，因此应对断裂应力进行修正。布里奇曼提出的修正关系式为[10]

$$\sigma = \frac{\sigma_T^F}{\left(1+2\frac{R}{a}\right)\left[\ln(1+a/R)\right]} \tag{4-6}$$

式中　R——试样缩颈区外表面曲率半径；

a——缩颈区试样的曲率半径。

陈篪[11]根据实验观察和缩颈区的应力分析，假定缩颈区试样的自由表面为双曲线，导出断裂应力的修正公式为

$$\sigma = \frac{\sigma_T^F}{\frac{1}{2}\left[1+(R/a-1)\ln(1+a/R)\right]} \tag{4-7}$$

a/R与真应变的回归方程为

$$a/R = 0.88(\varepsilon - \varepsilon_u) \tag{4-8}$$

由上述分析可以看出：缩颈前的真应力真应变与应力应变之间有一定关系，如测定了应力应变曲线(或负荷—伸长曲线)，由方程4-1和方程4-2就可计算出(或采用计算机计算)真应力真应变曲线[9]。但缩颈后的真应力真应变曲线的绘制，只有根据瞬时的拉伸负荷和试样瞬时的横截面积，计算出相应的真应力真应变值。真应力真应变与工程应力应变曲线的对比见图4-2，图中虚线为采用式4-6的修正值。

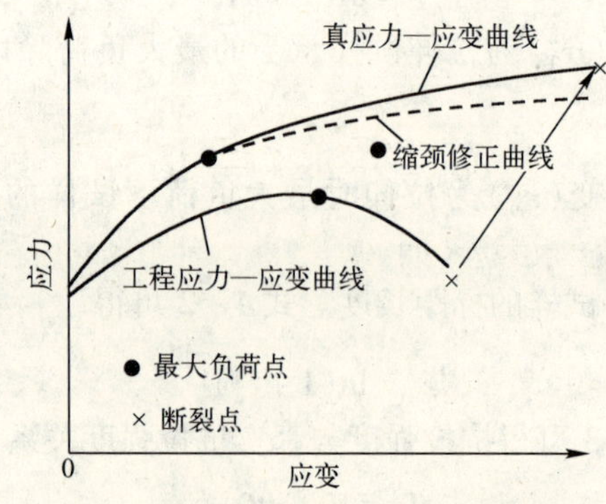

图4-2　应力应变与真应力真应变曲线的对比

4.2.3 加工硬化和塑性失稳

加工硬化是指金属塑性变形后，使之继续塑性变形所需的外加应力增加的现象，它是位错与障碍物、位错与位错交互作用的结果。加工硬化是金属材料的重要性能之一。它和金属的加工过程、成形、使用都有密切关系，因此不少工作研究了金属的加工硬化特性[12~14]，并得出了一些金属材料的组织、成分与加工硬化参量之间的回归关系式[15]。

描述单轴拉伸下加工硬化的参量是加工硬化指数 n、均匀应变硬化指数 n_u、加工硬化速率$\frac{d\sigma}{d\varepsilon}$、加工硬化系数$\frac{1}{\sigma}\times\frac{d\sigma}{d\varepsilon}$，这些物理量的意义随描述金属应力应变曲线的经验方程不同而不同。有关加工硬化参数的表示方法和讨论见文献[19,20]。

在有加工硬化的金属材料中，拉伸试样屈服变形发生后，将有两种过程在试样中发生：一种是材料的加工硬化，使试样承载能力增加；另一种是试样的几何尺寸发生变化，即试样伸长，横截面尺寸下降，使试样的承载能力下降。在缩颈产生之前，试样的加工硬化作用占主导地位；在缩颈开始后，几何尺寸变化引起的软化作用大于加工硬化作用。产生塑性失稳的临界条件就是加工硬化作用与几何软化作用相等[16~18]。塑性失稳的宏观表现是不需增加外加负荷，试样可以继续变形，或表达为

$$dP=0,\ P=\sigma_T A \tag{4-9}$$

式中 P——负荷；

σ_T——真应力；

A——变形试样的横截面积。

由式 4-9 可得 $dP=\sigma_T dA+A d\sigma_T=0$，或写为

$$\frac{d\sigma_T}{\sigma_T}=-\frac{dA}{A} \tag{4-10}$$

假定变形时温度不变，则 $\sigma_T=f(\varepsilon,\dot{\varepsilon})$

$$d\sigma_T=\frac{\partial\sigma_T}{\partial\varepsilon}d\varepsilon+\frac{\partial\sigma_T}{\partial\dot{\varepsilon}}d\dot{\varepsilon} \tag{4-11}$$

假定拉伸时试样的体积不变，即 $AL=A_0L_0=V$，则在均匀变形阶段，由 $dV=0$ 可得

$$\frac{dL}{L}=-\frac{dA}{A}=-\frac{\dot{A}}{A} \tag{4-12}$$

由$\dot{\varepsilon}=\frac{d\varepsilon}{dt}$，$\varepsilon=\ln\frac{L}{L_0}$，$d\varepsilon=\frac{dL}{L}=-\frac{\dot{A}}{A}$，则

$$\mathrm{d}\dot{\varepsilon} = -\frac{\mathrm{d}\dot{A}}{A} + \frac{\dot{A}\mathrm{d}A}{A^2} \tag{4-13}$$

定义 $H = \frac{1}{\sigma} \times \frac{\partial\sigma}{\partial\varepsilon}$ 为加工硬化系数，即用应力归一化的加工硬化速率；定义 $m = \frac{\partial\ln\sigma}{\partial\ln\dot{\varepsilon}}$ 为应变速率敏感系数[21]。将式4－11、式4－12和式4－13以及 H、m 代入式4－10，则有

$$\frac{\mathrm{d}A}{A}\left(H - m\frac{\mathrm{d}\dot{A}}{\dot{A}} \times \frac{A}{\mathrm{d}A} + m\right) = \frac{\mathrm{d}A}{A}$$

或

$$H - m\frac{\mathrm{d}\dot{A}}{\dot{A}} \times \frac{A}{\mathrm{d}A} + m = 1$$

$$H + m - 1 = m\frac{\mathrm{d}\ln\dot{A}}{\mathrm{d}\ln A} \tag{4-14}$$

式4－18的右边 $m>0$，$\mathrm{d}\ln A>0$，故 $m\frac{\mathrm{d}\ln\dot{A}}{\mathrm{d}\ln A}$ 的符号由 $\mathrm{d}\ln\dot{A}$ 来确定。均匀变形阶段 $\mathrm{d}\ln\dot{A}<0$，产生塑性失稳时 $\mathrm{d}\ln\dot{A}>0$，产生塑性失稳的临界条件是 $\mathrm{d}\ln\dot{A}=0$，即

$$H + m - 1 = 0 \tag{4-15}$$

在室温下变形时，一般金属材料的应变速率敏感性很低，即 $m \ll H$，为简化计算，可忽略 m 值，得 $H\approx1$，即 $\frac{1}{\sigma} \times \frac{\mathrm{d}\sigma}{\mathrm{d}\varepsilon} = 1$，

或写为

$$\frac{\mathrm{d}\sigma}{\mathrm{d}\varepsilon} - \sigma = 0 \tag{4-16}$$

式4－16即为单轴拉伸时塑性失稳条件，或称康西德判据[22]。

塑性失稳判据的图解表示见图4－3a、b。在最大载荷下的缩颈点，可以根据真应力真应变曲线找出其正切值为1的点（图4－3a），或 $\sigma-\varepsilon$ 与 $\frac{\mathrm{d}\sigma}{\mathrm{d}\varepsilon}-\varepsilon$ 两曲线的交点（图4－3b）。

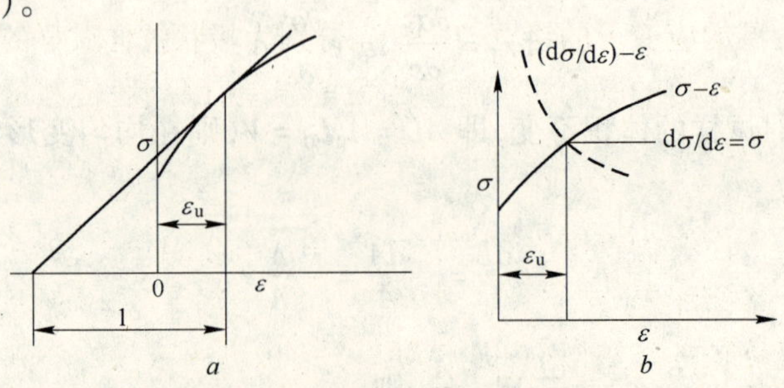

图4－3　塑性失稳判据的图解表示

如果采用真应力对工程应变作图,则塑性失稳判据可以更明确地表示。将式4-16变换形式:

$$\frac{d\sigma}{d\varepsilon}=\frac{d\sigma}{de}\times\frac{de}{d\varepsilon}=\frac{d\sigma}{de}\times\frac{dL/L_0}{dL/L}=\frac{d\sigma}{de}\times\frac{L}{L_0}=\frac{d\sigma}{de}(1+e)=\sigma$$

或写为

$$\frac{d\sigma}{de}=\frac{\sigma}{1+e} \tag{4-17}$$

方程4-17的图解表示见图4-4[18,22]。

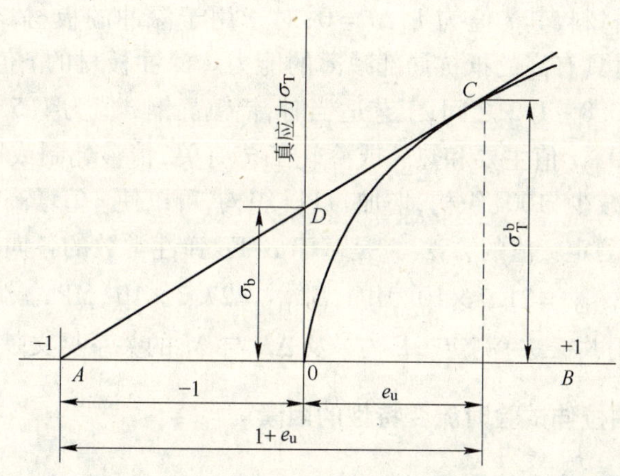

图4-4 确定失稳载荷点的康西德作图法

4.2.4 塑性应变各向异性比

塑性应变各向异性比通常用 r 值表示,它是板材深冲成形性的重要参量。板材深冲时的开裂,一般是从塑性失稳开始的,也就是说,在一些小的区域内,板材迅速变薄,直至破裂。控制缩颈开始的一个因素是 r 值。r 值的定义为:当板材拉伸试验时,宽度真应变与厚度真应变之比,$r=\dfrac{\ln(W_i/W_f)}{\ln(T_i/T_f)}$。$W_i$ 和 W_f 分别为板状拉伸试样的始宽和测试的应变下的终宽,T_i 和 T_f 分别为板状拉伸试样的始厚和测试应变下的终厚。由于板材的厚度测量有相当大的误差,因此通常假定试样的体积恒定,那么 $r=\dfrac{\ln(W_i/W_f)}{\ln(L_fW_f/L_iW_i)}$。$L_i$ 和 L_f 分别为板状拉伸试样的工作部分的始长和测试应变下的终长。在有物理屈服点的钢中,r 值应在 Lüders 应变终止和最大载荷点之间任一点上进行测定。

习惯上 r 值常取三个方向的平均值并以 $\bar{r}$ 表示:

$$\bar{r}=\frac{1}{4}(r_0+2r_{45°}+r_{90°}) \tag{4-18}$$

式中　r_0——沿轧向测定的 r 值；

$r_{45°}$——与轧向成45°方向测定的 r 值；

$r_{90°}$——垂直于轧向测定的 r 值。

r 值随沿板材方向的变化是板材平面各向异性的一个指标，常以 Δr 表示：

$$\Delta r=\frac{r_0-2r_{45°}+r_{90°}}{2} \tag{4-19}$$

各向同性的材料，其 r 值为 1，$\Delta r=0$；对于用于深冲的板材，希望具有高的 $\bar{r}$ 值，这将表明板材具有高的抵抗局部减薄的能力。深冲板材的 $\bar{r}$ 值最好大于 1.5；沸腾钢中 $\bar{r}$ 值在 0.8 ~ 1.2 之间；工艺适当时，铝镇静钢 $\bar{r}$ 值为 1.5 ~ 1.8；有些试验钢种 $\bar{r}$ 值高达 3.0。$\bar{r}$ 值主要和热轧或冷轧工艺有关，精整轧制或回火时效对 $\bar{r}$ 值基本没有影响。减少{100}织构，增加{111}织构，可以使 $\bar{r}$ 值增高。

最近发展的测定 r 值的方法[23]是基于 α-Fe 弹性常数的各向异性，即$E_{[100]}=13.1\times10^4$ MPa，$E_{[110]}=21.7\times10^4$ MPa，$E_{[111]}=27.7\times10^4$ MPa。弹性模量 E 可用超声波方法（或用共振法）测定。$\bar{E}$ 与 $\bar{r}$ 及 ΔE 与 Δr 的关系见文献[24]。

4.2.5　影响单轴拉伸试验时流变特性的因素

4.2.5.1　应变速率的影响

施加于试样上的应变速率对流变过程有重要的影响，用液压或丝杆传动的试验机进行拉伸试验时，其应变速率为 $10^{-5}\sim10^{-1}$/s。应变速率增加，则抗拉强度增加。在较低的塑性应变下，屈服应力和流变应力受应变速率的影响比抗拉强度更大些。在很低的应变速率下试验时不出现屈服点伸长的低碳钢，在高的应变速率下，会出现屈服点伸长，如应变速率进一步增高，屈服点伸长也可能消失。

应变速率对拉伸试验中流变应力的影响可通过下面简单分析来说明。

如将圆柱形拉伸试样一端固定，另一端固定在试验机可动十字夹头上，十字夹头速度是 $V=\mathrm{d}L/\mathrm{d}t$，则工程应变速率 $\dot{e}$ 可表示为

$$\dot{e}=\frac{\mathrm{d}e}{\mathrm{d}t}=\frac{1}{L_0}\times\frac{\mathrm{d}l}{\mathrm{d}t}=\frac{V}{L_0} \tag{4-20}$$

式4-20 表明，工程应变速率正比于十字夹头速度。在现代试验机中，在恒定十字夹头速率下进行的拉伸试验是简单易行的。

真应变速率$\dot{\varepsilon}$由下式给定

$$\dot{\varepsilon}=\frac{\mathrm{d}\varepsilon}{\mathrm{d}t}=\frac{\mathrm{d}[\ln(L/L_0)]}{\mathrm{d}t}=\frac{1}{2}\,\frac{\mathrm{d}L}{\mathrm{d}t}=\frac{V}{L} \tag{4-21}$$

该方程表明，对于恒定的十字夹头速度，真应变速率将随试样的伸长而降低。

为保持恒定的真应变速率，十字夹头速率必须与试样伸长成比例增加。普通圆柱试样，真应变速率与试样的瞬时直径 D_i 有以下关系：

$$\dot{\varepsilon}=\frac{d\varepsilon}{dt}=\frac{d[2\ln(D_0/D_i)]}{dt}=-\frac{2}{D_i}\frac{dD_i}{dt} \tag{4-22}$$

真应变速率与工程应变速率的关系为

$$\dot{\varepsilon}=\frac{V}{L}=\frac{\dot{e}}{1+e} \tag{4-23}$$

对于软钢不同应变速率试验表明，下屈服点和应变速率之间具有半对数关系

$$\sigma_s=K_1+K_2\lg\dot{\varepsilon} \tag{4-24}$$

在恒定温度和应变下，流变应力和应变速率之间的一般关系为

$$\sigma=C(\dot{\varepsilon})^m\big|_{\varepsilon,T} \tag{4-25}$$

式中 C——常数；

m——应变速率敏感系数，m 值可用阶梯变速拉伸来测定：

$$m=\frac{\partial\ln\sigma}{\partial\ln\dot{\varepsilon}}\bigg|_{\varepsilon,T}=\frac{\Delta\ln\sigma}{\Delta\ln\dot{\varepsilon}}\bigg|_{\varepsilon,T}=\frac{\ln(\sigma_2/\sigma_1)}{\ln(\dot{\varepsilon}_2/\dot{\varepsilon}_1)} \tag{4-26}$$

室温下金属的应变速率敏感性十分低（$m<0.1$），但随温度上升而增高，因而 m 值是金属变形特性的重要指标。同时 m 值也把塑性变形中的位错概念同拉伸试验中所进行的较宏观的测量结果联系起来。在外力作用下，拉伸试样的宏观变形是微观上位错运动的结果。应变速率和可动位错的平均运动速度 $\bar{v}$ 的关系为

$$\dot{\varepsilon}=ab\rho\bar{v} \tag{4-27}$$

式中 ρ——可动位错密度；

a——比例常数；

b——布氏矢量。

位错运动速度 $\bar{v}$ 与应力的经验关系为[25]：

$$\bar{v}=B(\sigma^*)^{m^*},\ B=\frac{1}{\sigma_0^{m^*}} \tag{4-28}$$

式中 σ^*——有效应力，它等于外加应力与长程内应力（晶格摩擦力）之差；

m^*——位错运动速度的应力敏感指数，又叫速率-应力因子，它表征位错运动速度对应力的敏感程度。不同材料有不同的 m^* 值；

σ_0——使位错运动速度为 1 cm/s 时所需的应力。

B 和 m^* 均与压力及温度有关。将式 4-28 代入式 4-27 可得

$$\dot{\varepsilon}=ab\rho B(\sigma^*)^{m^*} \tag{4-29}$$

在拉伸过程中应变速率 $\dot{\varepsilon}$ 一般变化很小，$\dot{\varepsilon}$ 是弹性应变速率 $\dot{\varepsilon}_e$ 和塑性应变速率 $\dot{\varepsilon}_P$ 的叠加。屈服时塑性变形大量发生，即 $\dot{\varepsilon}_P\gg\dot{\varepsilon}_e$，因而可以忽略 $\dot{\varepsilon}_e$ 的变化，可将 $\dot{\varepsilon}_e$ 近似地看作常数。在屈服过程中，可动位错密度 ρ 大量增加，由于 $\dot{\varepsilon}$ 不变，位

错运动速率 v 必然下降，从而导致应力 σ 下降，于是出现明显屈服现象。实验[26]和理论计算[27]都表明：材料中原来的可动位错密度 ρ 愈小，屈服时应力下降的现象愈明显。理论分析[28]还表明：除了原始的可动位错密度外，影响屈服时应力降落的主要材料参量是应力敏感指数 m^*，m^* 值很小时也能导致屈服时应力降落。一般面心立方金属和密排六方金属的 m^* 值大，而且由于位错钉扎效应微弱，原始可动位错密度大，因此不出现明显屈服现象。

体心立方金属的 m^* 值不大，位错密度不是很小，但由于位错被杂质原子钉扎（如低碳钢中的 C、N 原子），可动位错密度很小，因此出现明显屈服现象。拉伸变形后，位错脱钉，可动位错密度增加，故卸载后立即再拉伸，不出现明显屈服现象。只有经过应变时效，位错重新被钉扎，可动位错密度再度减少，明显的屈服现象才又重新出现。有关 m、m^*，应力 σ_i 及 $\dot{\varepsilon}$ 之间的关系与 m、m^* 的测定方法详见文献[29]。

4.2.5.2 温度的影响

拉伸试验所得出的应力应变曲线以及流变和断裂特性取决于试验温度。一般来说，当温度升高时，强度降低，延性升高。在试验温度范围内发生组织变化，如应变时效或再结晶，则变形特性变化更为复杂。当与变形有关的热激活过程发生时，金属材料的高温强度便会下降。

低碳钢的工程应力应变曲线随温度的变化见图 4－5。一般体心立方金属的屈服强度随温度降低而迅速增加，这是金属在低温下发生脆断的重要原因[30]。面心立方金属的流变特性随温度变化比较小，因此在低温下表现出较高的韧性。同时面心立方金属的应变硬化指数随温度增加而降低，因而随着温度增加，应力应变曲线平坦化，即抗拉强度比屈服强度对温度的依赖性更强。考虑到拉伸变形过程中试样的热效应，在文献[31]中报道了采用热图❶研究钢的拉伸变形过程。

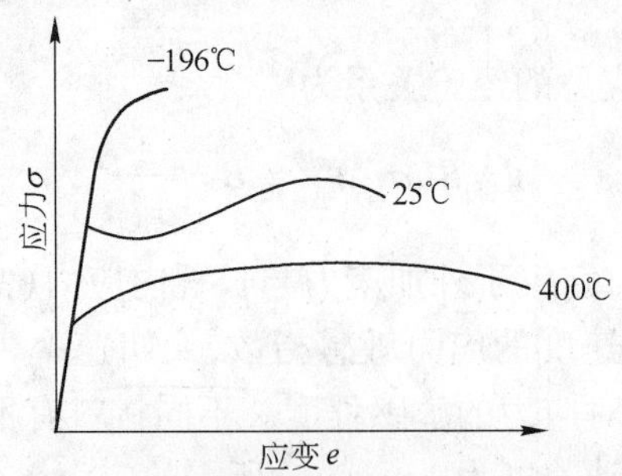

图 4－5 温度对低碳钢工程应力应变曲线的影响

4.2.5.3 温度和应变速率的综合影响

温度和应变速率对流变应力的综合影响可由下式表示：

---

❶ 所谓热图是指记录拉伸过程中试样温度变化的图像。

$$\sigma = f(Z) = f(\dot{\varepsilon} e^{\Delta H/RT})\Big|_{e} \tag{4-30}$$

式中 ΔH——激活能，$\Delta H = Q/m$；

Z——Zener-Hollomon 参量：

$$Z = \dot{\varepsilon}\exp\left(\frac{\Delta H}{RT}\right) \tag{4-31}$$

方程4－31代表了一个力学状态方程，它表示流变应力只取决于瞬时的应变值、应变状态和温度。许多材料的试验结果遵从这一状态方程。也有一些实验结果得出：流变应力取决于初始的温度条件、应变状态以及二者的瞬时值。既然流变特性基本上取决于位错的组态，而位错组态强烈地取决于温度和应变历史，显然，由拉伸试验所确定的金属的流变特性，偏离应力状态方程是很可能的。Hart[32]的工作表明：恒定组织下的流变应力和应变速率的关系可根据应力松弛法来确定，即将试样迅速拉伸到所希望的塑性应变水平，然后用十字夹头固定，应力松弛就是来自于试样中的弹性应变能转化为塑性应变。应力松弛的大小就产生了各种塑性应变值下的应力－应变速率关系。

流变应力、温度及热加工条件下的应变速率之间的修正关系见文献[33]。

此外，试验机本身的刚度对拉伸试验时的流变特性也有一定影响[33]，为得到较可靠的上、下屈服点，应采用刚度较高的“硬试验机”测定。

4.3 双相钢单轴拉伸时的变形特性

4.3.1 双相钢的工程应力应变曲线

双相钢、低碳钢及低合金高强度钢的工程应力应变曲线的对比见图4－6[34]。

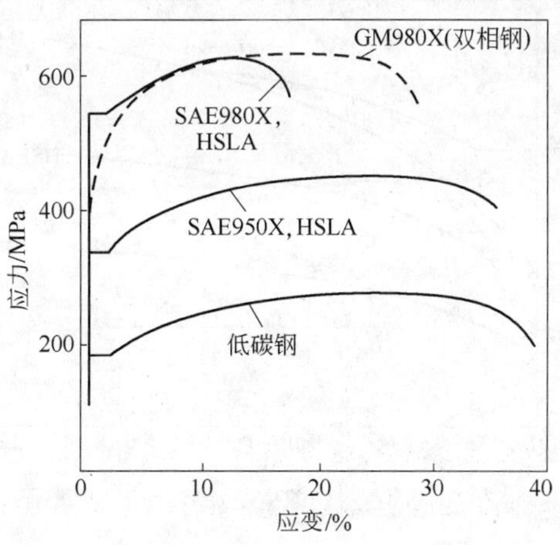

图4－6 双相钢和其他几种钢工程应力应变曲线对比

由图可以看出,双相钢工程应力应变曲线的特点是[35,36]:

(1) 屈服强度低(和 SAE950X 低合金高强度钢的屈服强度相当)。低的屈服强度使冲压构件易于成形,回弹小,同时冲压模具的磨损也小。

(2) 无屈服点伸长,应力应变曲线呈平滑的拱形,这避免成形零件表面起皱,而不需要附加的精整轧制或其他附加操作。

(3) 强度高。双相钢 GM980X 的抗拉强度和 SAE980X 相当,高的抗拉强度可以使构件具有较高的帽形结构压溃抗力、撞击吸能和疲劳强度。

(4) 均匀伸长率和总伸长率大。和同样强度的低合金高强度钢相比,双相钢的均匀伸长率和总伸长率提高了三分之一或一倍。

(5) 双相钢的工程应力应变曲线的最大载荷附近有一个平坦区,它覆盖了较宽的应变范围,这表明双相钢在拉伸时形成的缩颈是浅的或者说缩颈区是扩散的。

(6) 加工硬化速率尤其是初始加工硬化速率高。如果以 0.2% 应变条件下的流变应力来判断,屈服强度为 280 ~ 350 MPa 的双相钢并非是高强度钢。然而由于它的初始加工硬化速率高,在应变达到 3% ~ 4% 以后,双相钢的流变应力一般可达 500 ~ 550 MPa,与低合金高强度钢 SAE980X 的屈服强度(550 MPa)相当。因此,只要应变百分之几,就可使由双相钢制成的冲压构件的流变应力达到低合金高强度钢的水平,从而使双相钢构件可像低合金高强度钢构件一样使用[37,38]。

4.3.2　双相钢的真应力真应变曲线

双相钢的真应力真应变曲线及其和其他钢种的对比见图 4 - 7[39]。从图可以看出,各种钢的真应力均随真应变的增加而一直增加,直至断裂。但双相钢的真应

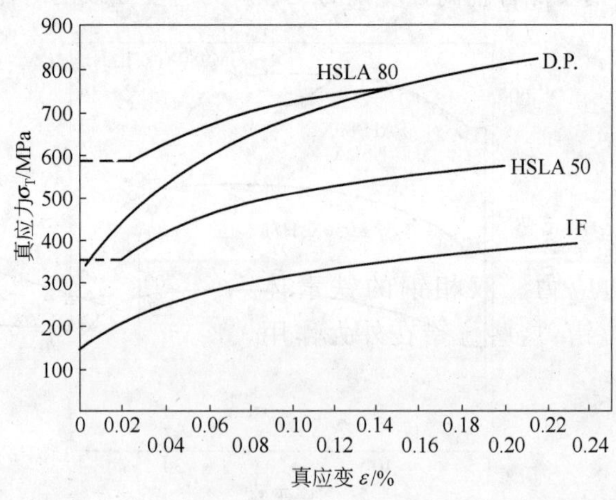

图 4 - 7　双相钢的真应力真应变曲线和与其他钢种真应力真应变曲线的对比

力随着真应变的增加而增加的速率远大于 IF 钢❶和热轧状态的部分低合金高强度钢,从而使双相钢在一定的应变之后,具有较高的真应力水平。

4.3.3 双相钢的屈服特性

4.3.3.1 宏观屈服特性

所谓宏观屈服特性是指塑性应变量大于 10^{-3} 数量级的屈服行为。双相钢的宏观屈服有两个显著特点[38,40]:一是无物理屈服点和屈服点伸长,即具有连续的屈服行为;二是屈服强度低(和同样强度的 HSLA 钢相比)。双相钢的连续屈服可能与其组织中包含有较高密度的可动位错[41,45,47],即具有在低应力下可激活的位错源[42,43,44,46],马氏体与铁素体的弹性模量基本相同[47],高的应变速率敏感性[46,49]以及较高的内应力[55]等因素有关(详见第5章)。

在一般低合金高强度钢中,组织内包含有大量的弥散分布的碳-氮化物质点,弥散强化是这类钢屈服强度高的重要原因。当临界区处理时,大量的碳(氮)化物沉淀溶解或部分溶解。在随后冷却时来不及析出或以极细小的颗粒重新析出[34],或者由于新生铁素体的生成而出现无沉淀区[48~50];而第二相质点的弥散强化效果与粒子的临界大小和分布有关[28,51],当质点的尺寸很小时,位错线将刚性通过粒子而不发生弯曲,这样便大大减弱了原来的强化效应,使双相钢的屈服强度显著降低。

4.3.3.2 微观屈服特性

所谓微观屈服特性是指塑性应变量小于 10^{-3} 数量级的屈服行为。微观屈服应力远低于宏观屈服应力,在塑性应变为 10^{-5} 时,含钒双相钢(0.11% C-0.55% Si-1.34% Mn-0.085% V)的流变应力与马氏体体积分数无关,塑性应变越高则屈服应力与马氏体含量的关系越密切[52]。一般均匀变形的材料,微观屈服应力只是位错通过基体运动的应力。双相钢的铁素体中,有大量可动位错,这些位错在外力作用下,很容易在铁素体中运动,因此双相钢的微观屈服应力很低,并和马氏体含量关系不大(见图4-8)。

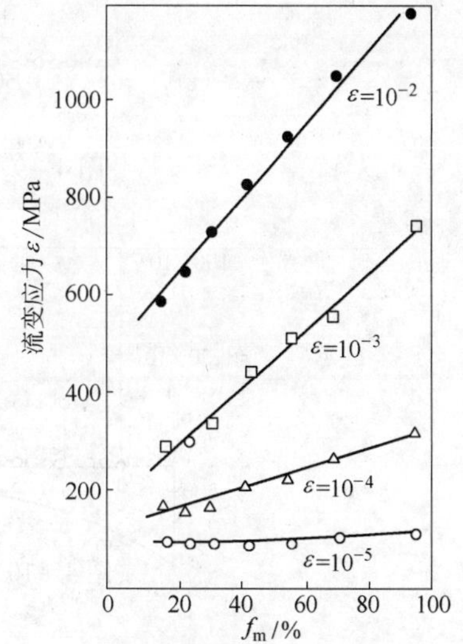

图4-8 不同塑性应变量下的流变应力与马氏体体积分数的关系

❶ IF 钢是指无间隙元素钢,下同。

Mathy 等[53]研究了 Mn-Si-Cr-Mo 热轧双相钢(0.07% C-1.15% Mn-0.80% Si-0.50% Cr-0.40% Mo)塑性变形早期阶段的应力应变关系。两种不同工艺处理后的热轧双相钢的微应变与外加应力的关系分别示于图 4－9 和图4－10。图 4－9 中 B_1 试样的轧制工艺为:轧制压下量为 25%,终轧温度 850℃,然后以 15℃/s 的速度冷至室温。显微组织为 17% 的马氏体岛均匀分布于多边铁素体中。图 4－10 中 A_1 试样的轧制工艺同 B_1,但以 30℃/s 的冷速冷至室温,重新加热到700℃保温半小时,以 0.03℃/s 冷至 500℃,然后以 1.5℃/s 的冷速冷至室温。显微组织为 20% 的回火马氏体分布于软的铁素体中。

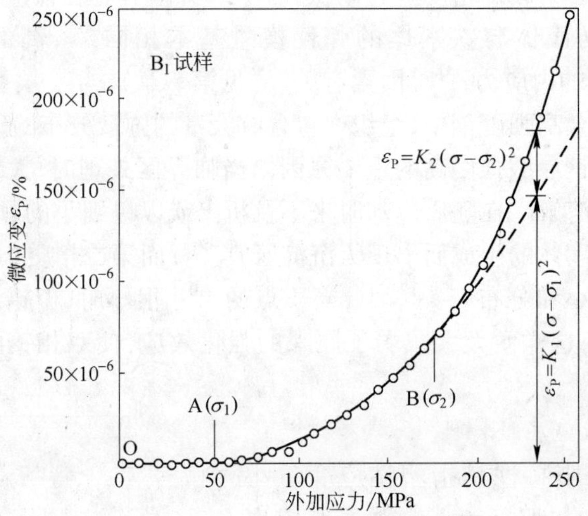

图 4－9　B_1 试样的微塑性曲线

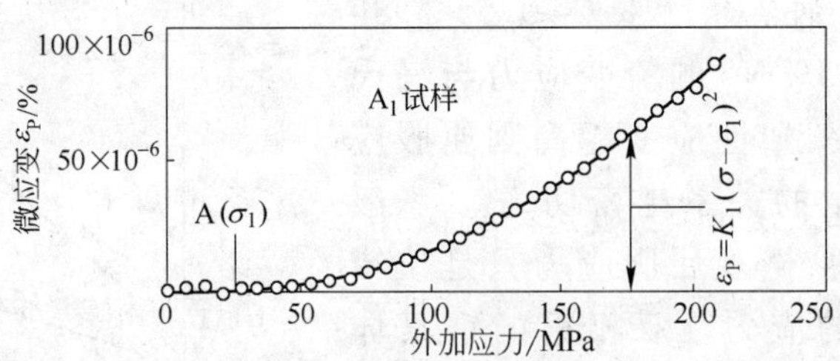

图 4－10　A_1 试样的微塑性曲线

从图 4－9 可以看出微塑性曲线具有三个不同的区域,OA 区(略高于弹性应变)应力与应变成线性关系,该区域的微应变是组织中已存在的小量位错运动的结果。为了清楚起见,图中所标出的应变减去了弹性应变和线性微应变,因此 OA 区就与图 4－9 中的 x 轴重合。

从临界应力 σ_1 开始(点 A),微塑性应变与应力之间关系按二阶抛物线规律增长。这一阶段的位错是累进产生的,应力应变关系为

$$\varepsilon_P = K_1(\sigma - \sigma_1)^2 \tag{4-32}$$

式中 K_1——应力高于 σ_1 时钢中产生位错的能力。

从 B 点开始(应力 σ_2),曲线进入微应变的第三阶段,由另外一个抛物线规律所构成。这一阶段也与位错的累进产生有关,并且遵循同样类型的关系:

$$\varepsilon_P = K_2(\sigma - \sigma_2)^2 \tag{4-33}$$

式中 K_2——应力高于 σ_2 时钢中产生位错的能力。

而在 A_1 试样中,仅存在一个二阶抛物线规律(见图 4-10)。在铁素体和珠光体(或高温回火的马氏体)两相组织所构成的钢中,微塑性应变试验时,只存在一个二阶抛物线区。只有在双相钢中才存在两个不同的抛物线区。

观察指出,双相钢中微塑性变形的第一个二阶抛物线规律是与铁素体晶界上的位错源开动有关。而第二阶段的二阶抛物线规律与双相钢中铁素体与马氏体界面上的位错源的开动有关。

不同工艺处理的试样微应变的抛物线规律中的常数也不同。经高温回火处理的双相钢(类同于铁素体珠光体钢),其应力 σ_1 值较低,这就意味着位错源在这类钢中会很快形成,较低的 K_1 值表明位错源的密度不高,并且每个位错源只放出少量位错。未经回火的双相钢,σ_1 值较高,表明位错源的形成较为困难,这类钢中 K_1 值也较高,表明铁素体中的位错源也较多,或者每个位错源放出的位错量较多。这不仅与双相钢中两相界面上存在较高的内应力有关,也与铁素体中存在亚结构,从而有更多有利的产生位错源的位置有关。如果在临界区温度下的轧制变形量增加,则会使铁素体与马氏体之间的相界面混乱,那么就会使 σ_2 值下降。但由于界面扭曲和混乱,可能造成更多的有利于位错源产生的位置,因此 K_2 值升高。马氏体岛的拉延变形也会产生同样的效果,即使 K 值升高。

4.3.4 双相钢的加工硬化和应变速率敏感性

高的加工硬化能力是双相钢的重要特性之一。由于双相钢特殊的组织组成,因此对双相钢加工硬化特征的研究不只对于探讨双相合金的加工硬化机理具有理论意义,而且也和双相钢的应用及双相钢构件的性能有密切关系。

双相钢 Hi-Form80d(0.11%C-0.50%Mn)、无间隙固溶元素钢(IF 钢)、铝镇静钢(AKDQ)、低合金高强度钢(HSLA80)及球化高碳钢(1090)的加工硬化速率与真应变的关系和加工硬化速率与真应力的关系分别见图4-11 和图 4-12[55]。该二图表明,双相钢不只在各种应变水平下,而且在高的强度水平下,都具有较高的加工硬化能力,在文献[54]中有类似的试验结果。

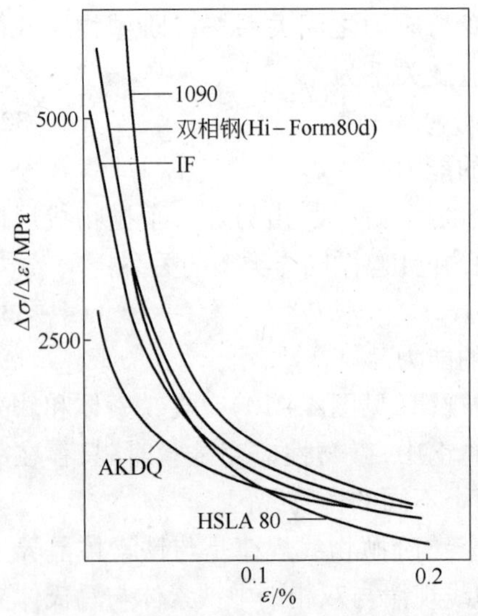

图 4－11　双相钢和其他钢种的加工硬化速率与真应变关系曲线

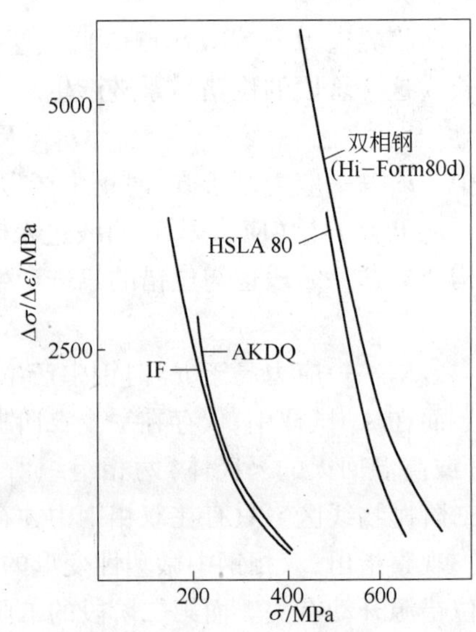

图 4－12　双相钢和其他钢种的加工硬化速率与真应力关系曲线

在比较材料的加工硬化能力时，常常同时考虑到流变应力水平和加工硬化速率。根据塑性失稳的康西德判据，当满足$\frac{1}{\sigma}\times\frac{d\sigma}{d\varepsilon}=1$的条件时，便会发生缩颈。因此，为了避免缩颈发生，则$\frac{1}{\sigma}\times\frac{d\sigma}{d\varepsilon}$应大于1。用流变应力归一化的瞬时加工硬化速率$\frac{1}{\sigma}\times\frac{d\sigma}{d\varepsilon}$（又称加工硬化系数）可以更好地反映材料的加工硬化特性。在低应变下由于双相钢不存在屈服点伸长和高的初始加工硬化速率，因此，其$\frac{1}{\sigma}\times\frac{d\sigma}{d\varepsilon}$的初始值比 HSLA 钢高得多。但在大应变下，不同钢种的$\frac{1}{\sigma}\times\frac{d\sigma}{d\varepsilon}$的差别减少。三个双相钢和两个低合金高强度钢的加工硬化系数与真应变的关系见图 4－13[56]。这五种钢的化学成分列于表 4－1，力学性能和显微组织特征列于表 4－2。

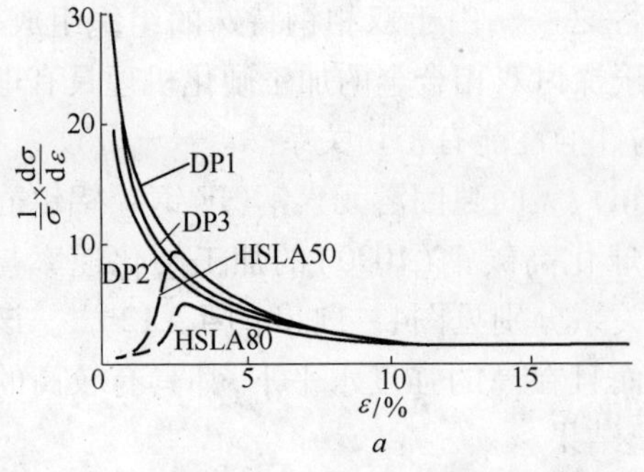

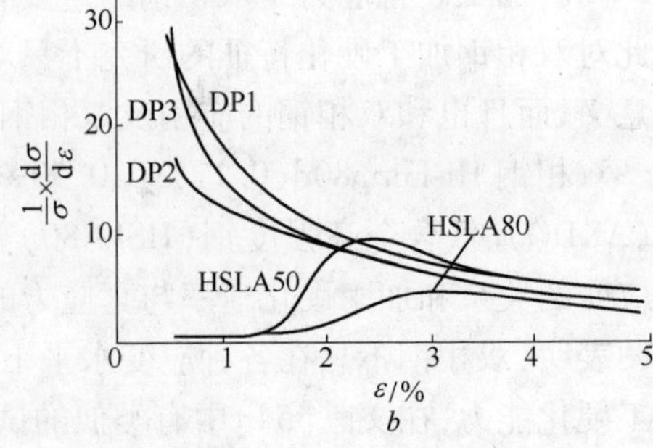

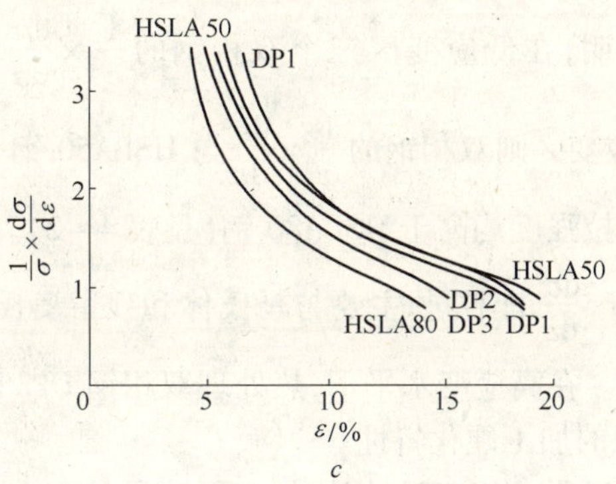

图 4-13 不同钢种的$\frac{1}{\sigma}\times\frac{d\sigma}{d\varepsilon}$与真应变的关系

a—低应变区；*b*—整个均匀应变区；*c*—高应变区

表 4-1 五种钢的化学成分(质量分数,%)

钢号	C	Mn	Si	Mo	Cr	Al	P	S	N	Ce	Nb	Zr	V
HSLA50	0.10	0.48	0.25	—	—	0.06	0.009	0.009	0.007	—	0.006	0.07	—
HSLA80	0.08	1.51	0.27	—	—	0.05	0.008	0.012	0.010	—	0.080	0.09	—
DP1	0.05	1.37	1.37	0.39	0.52	0.26	0.020	0.008	0.017	0.010	—	—	—
DP2	0.12	1.44	0.68	—	—	0.03	0.009	0.008	0.012	0.028	—	—	0.051
DP3	0.06	1.30	1.39	0.41	0.60	0.05	0.017	0.010	0.012	0.020	—	—	—

表 4-2 五种钢的显微组织特性和力学性能

钢号	钢板厚度/mm	M-A相体积分数/% 数点法	M-A相体积分数/% 图像分析仪	$\gamma_{残}$/%	晶粒大小 (ASTM №)	晶粒大小 μm	力学性能 方向	σ_y/MPa	σ_3/MPa	σ_5/MPa	σ_b/MPa	e_T/%	YPE①	$\bar{\gamma}$	备注
HSLA50	3.25	—	—	—	11.5	6.67	L T	347 357			465 468	33.8 32.4	1.9 2.3	0.76	热轧
HSLA80	2.29	—	—	—	14	2.81	L T	566 683			642 648	23.2 19.2	2.7 2.8	0.61	热轧
DP1	3.43	8.9 10.0	7.8 10.6	<0.5 2.0	$12^{1/2}$	4.72	L T	368 403	531 545	579 592	653 654	28.5 25.6	0 0	0.70	热轧双相钢
DP2	2.80	18.8 14.6	15.4 12.4	5.8 8.8	12	5.61	L T	416 427	550 561	595 602	661 659	28.0 25.5	0 0	0.80	热处理双相钢
DP3	2.46	18.3 19.0	16.0 15.3	1.7 1.8	13	3.97	L T	406 434	618 616	667 663	733 718	23.8 21.9	0 0	0.69	热轧双相钢

① YPE—Yield Point Elongation 屈服点伸长。

图 4 – 13 清楚表明，在低应变区三个双相钢的$\frac{1}{\sigma} \times \frac{d\sigma}{d\varepsilon}$均高于 HSLA50 钢和 HSLA80钢。而在高应变区则双相钢的$\frac{1}{\sigma} \times \frac{d\sigma}{d\varepsilon}$与 HSLA50 钢相当，但高于 HSLA80 钢。三个双相钢的抗拉强度均高于 HSLA80 钢（见表 4 – 2）。

三个双相钢的$\frac{1}{\sigma} \times \frac{d\sigma}{d\varepsilon}$的不同，主要与马氏体和残留奥氏体的含量不同、屈服强度不同等因素有关。在高应变水平下，热处理双相钢 DP2 和强度较低的热轧双相钢 DP1 表现有类似的加工硬化特性。

一些工作[41,44,57]证明，许多双相钢均匀变形阶段的应力应变曲线符合霍洛曼方程即 $\sigma_r = k\varepsilon_p^n$，$n$ 为加工硬化指数，ε_p 为真塑性应变，σ_r 为真应力。根据拉伸试验时塑性失稳的康西德判据，可以导出 $n_u = \varepsilon_u$。所以 n_u 表明了塑性失稳时的均匀真应变的大小，同时 n_u 也标志了材料对发生缩颈的抗力。此外由 n 的定义 $\left(n = \frac{d\ln\sigma}{d\ln\varepsilon_p}\right)$可以看出：$n$ 表征了材料均匀变形阶段的平均加工硬化效应，显然 n 值和材料的加工硬化速率有密切关系。工程上一般将 n 值作为衡量加工硬化能力的粗略尺度。一般冷冲压低碳钢的 n 值在 0.165 ~ 0.225 之间，低合金高强度钢的 n 值为 0.11 ~ 0.12，而双相钢的 n 值通常都大于 0.18 ~ 0.20，个别高达 0.26，几乎相当于低合金高强度钢 n 值的 2 倍[58]。但是最近的研究表明[45,60]：不少双相钢均匀变形阶段的流变特性不能简单地以霍洛曼方程来描述，因而不能以单一的 n 值来描述其加工硬化特性。然而在缩颈附近的 n 值和 ε_u 有较好的对应关系[9,59]。含钒双相钢的应变在 $\varepsilon_u/2 \sim \varepsilon_u$ 之间的 n 值与 ε_u 的对应关系见图 4 – 14[60]。由图可以看出 $n = \varepsilon_u$。

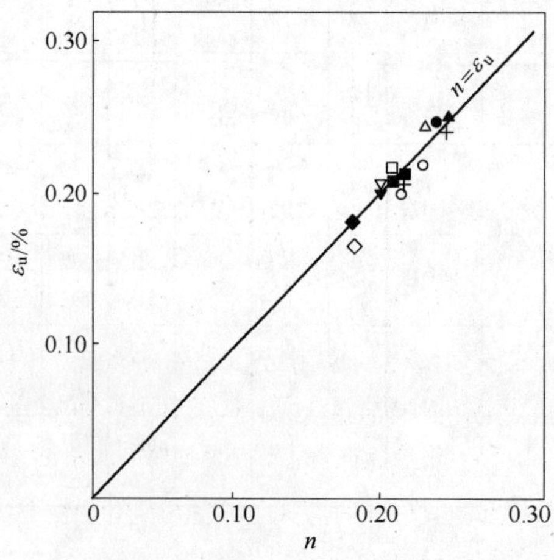

图 4 – 14　一些双相钢的均匀真应变 ε_u 与 n 的关系

根据塑性失稳的康西德判据，材料的强度和延性加工硬化速率有密切关系，加工硬化速率$\frac{d\sigma}{d\varepsilon}-\varepsilon$与$\sigma-\varepsilon$曲线的交点（缩颈开始点）所对应的横坐标即为最大均匀真应变（见图4－15）。由图可以看出：只有具有较高加工硬化速率的材料才可在较高的强度下具有较高的均匀延伸。

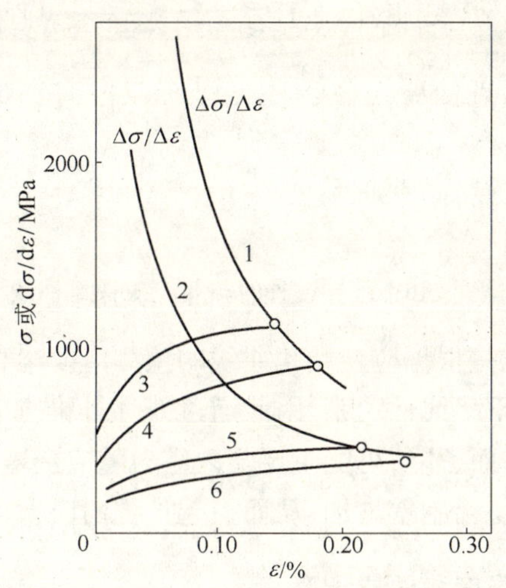

图4－15 不同钢种的加工硬化速率$\frac{d\sigma}{d\varepsilon}$和真应力与真应变的关系曲线

1—双相钢；2—低碳钢；3—热处理双相钢；4—热轧双相钢；5—增磷钢；6—铝镇静钢

双相钢的加工硬化特性和它的组织结构特征密切相关。铁素体中的高密度位错、强韧的马氏体岛、结合得很好的马氏体－铁素体界面等都会导致加工硬化速率升高，使微孔的产生和聚集发生困难，推迟缩颈发生[61~66]。

对大多数钢材的试验表明，当应变速率增加时，流变应力尤其是初始屈服时的流变应力敏感地增加。流变应力的速率敏感性对材料的解理断裂应力有明显影响[61]。对冲压构件成形时冲压工艺（如变形速率）的制定也非常重要。应变速率敏感性对缩颈的形成也有重要的影响，当应变硬化引起的材料承载能力增加不能补偿变形导致的横截面积降低引起的承载能力减小时，就发生缩颈。一旦缩颈开始形成，在缩颈区内部应变速率增加，如材料具有高的应变速率敏感性，则由于速率硬化引起的流变应力的增加，也可以推迟缩颈的形成。流变应力与应变速率的关系为$\sigma=K\dot{\varepsilon}^m$。室温下钢的$m$值通常很小，不同钢种的$m$值与应变的关系见图4－16[39]。由图可以看出，在所测的应变下，双相钢的m值高于普通低合金高强度钢而略低于IF钢，不过从成形性的观点来看，低应变区由于应变硬化指数较高，应变速率敏感性会被应变硬化所掩盖，所以此时的m值并不重要。但是在高应变区，应变硬化指数降低，则应变速率敏感性就显得重要了，因此双相钢的局部缩颈

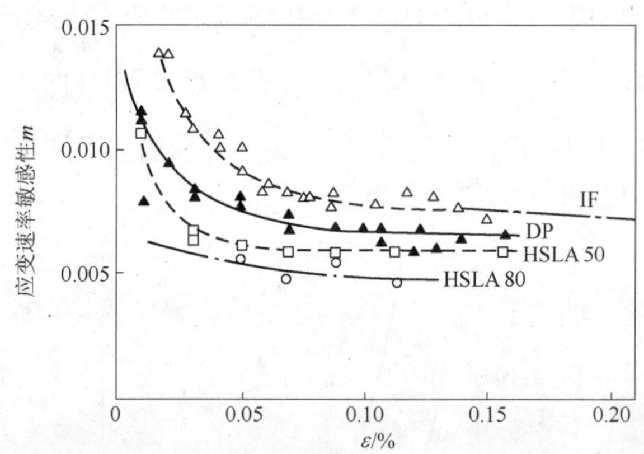

图4－16　不同钢种的 m 值与 ε 关系曲线

应变或成形极限应变比只根据应变硬化曲线的预测值要略高些。同时从图亦可看出，m 值与应变的关系不呈线性关系，因此通过线性外推求 m^* 的方法在这里并不适用。m 值随应变增加而下降，可能主要与内应力随应变增加而增加有关，即在变形过程中，位错缠结和位错胞壁增加，从而引起长程内应力场的增加[60,67~69]。

4.3.5　双相钢的抗拉强度和总伸长率

抗拉强度是材料抵抗塑性失稳的强度指标。在同样的均匀伸长率条件下，双相钢的抗拉强度高于低合金高强度钢（见图4－17）。

双相钢较高的强度和均匀伸长率是与双相钢的显微组织特征有关的。已经发现在应变 $\varepsilon=10^{-3}$ 的流变应力下，铁素体中的位错将通过晶界进行增殖，每个铁素体晶粒内会有几个滑移系开动。双相钢主要由铁素体和在晶界的马氏体小岛组成，这些马氏体小岛由于含碳较高和位错密度较高，因而具有较高的强度，位错通过马氏体运动就有困难，这就导致位错在铁素体－马氏体界面上塞积，塞积端的应力集中，将引起马氏体变形，并因此维持了双相钢结构的完整性。如果马氏体是完全不能变形的硬粒子，将会在马氏体内部或马氏体－铁素体界面上产生开裂。实验指出在拉伸试验时，含有20%马氏体的双相钢，即使应变为10%，也未发现马氏体早期开裂迹象。从这个意义上说，双相钢的宏观流变应力及高的均匀应变下的流变应力可以认为是存在于晶界的高强度的第二相变形的结果，是晶界强化的特殊情况。

总伸长率由均匀伸长率和缩颈伸长率两部分组成。在拉伸试样中，缩颈一旦形成，微裂纹便在其中产生，微裂纹的萌生可由于硬的沉淀粒子或夹杂物的解理，也可由于这些粒子与铁素体的界面发生脱聚，进一步应变时微裂纹扩展形成孔洞，通过孔洞之间金属的剪切断裂，孔洞逐渐连接达到最后断裂。Stevenson 等[63]指出,在含氮的双相钢中,延性断裂是由于马氏体岛的开裂而诱发的。但大多数双相钢,其延性断裂过程是沿二相界面发生的[69,79,81]。

从以上分析可以看出,双相钢的总伸长率是由下列因素决定的:(1)n 值——控制均匀伸长率大小的因素;(2)流变应力的应变速率敏感性——确定缩颈敏感的因素;(3)马氏体岛的断裂抗力以及马氏体岛和铁素体界面的断裂抗力;(4)马氏体–铁素体两相塑性应变的不相容性。总之,n 值越高,m 值越大,马氏体岛以及马氏体–铁素体界面的断裂抗力越高,马氏体和铁素体两相塑性应变不相容性越小,则双相钢的总伸长率越高。

4.3.6 双相钢的 $\bar{r}$ 值

$\bar{r}$ 值为深冲成形性参数。厚度小于 2 mm 深冲成形性一般的冷轧低碳钢板,$\bar{r}$ 值大于 1;深冲性良好的冷轧低碳钢板,$\bar{r}$ 值接近于 2.0[70]。但厚度大于 2.0 mm 的热轧碳钢板和热轧低合金高强度钢板,$\bar{r}$ 值通常小于 1.0。低合金高强度钢经冷轧后,$\bar{r}$ 值仅有少量改进,可增加到 1.0 ~ 1.1。双相钢的 $\bar{r}$ 值至多和冷轧低合金高强度钢板相当。一般冷轧热处理的双相钢板,其 $\bar{r}$ 值高于热轧双相钢。热轧双相钢的 $\bar{r}$ 值一般低于 1.0。

最近 Hu(胡旬)[37]进行了具有高 $\bar{r}$ 值的高强度双相钢的开发研究。初步结果表明,经适当的工艺处理后的 Si-P 双相钢(0.07% P,0.04% ~1.071% Si)可以取得 $\sigma_y = 483$ MPa,$\sigma_b = 690$ MPa,$e_t = 18\%$,$\bar{r} = 1.8$ 的高 $\bar{r}$ 值高强度的综合性能。如进一步改善钢的淬透性,则 e_t 可进一步改善,这类钢的工业生产工艺仍有待研究和改进。

4.4 双相钢单轴拉伸下各变形特性参量的关系

4.4.1 抗拉强度和伸长率的关系

4.4.1.1 抗拉强度和总伸长率的关系

从工程应用角度来看,抗拉强度和总伸长率是冷成形材料的主要性能指标。一些钢种的抗拉强度和总伸长率的关系见图 4 – 17[54]。由图可以看出,双相钢的综合性能优于其他成形材料,其强度与伸长率有较宽的调整范围。

Si-Mn 双相钢、含 Si-P 固溶硬化钢、含 Nb、Ti 的沉淀强化钢的伸长率和抗拉强度的关系见图 4 – 18[1],其趋势与图 4 – 17 大致相同,但在低强度部分,这三类钢有部分重叠。这是由于在低强度水平下,双相钢中的马氏体量和沉淀强化钢中的沉淀物量都很少,两类钢的组织状态均和固溶强化钢的组织状态类同,因而表现在强度和延性的关系上也相似。

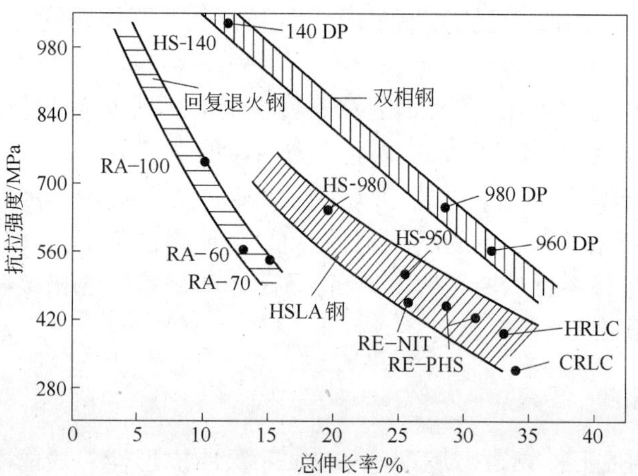

图 4－17　几种冷成形材料的抗拉强度与总伸长率的关系曲线
RA—回复退火钢；DP—双相钢；RE－NIT—增氮钢；RE－PHS—增 P 钢；
HRLC—热轧低碳钢；CRLC—冷轧低碳钢；HS—高强度钢

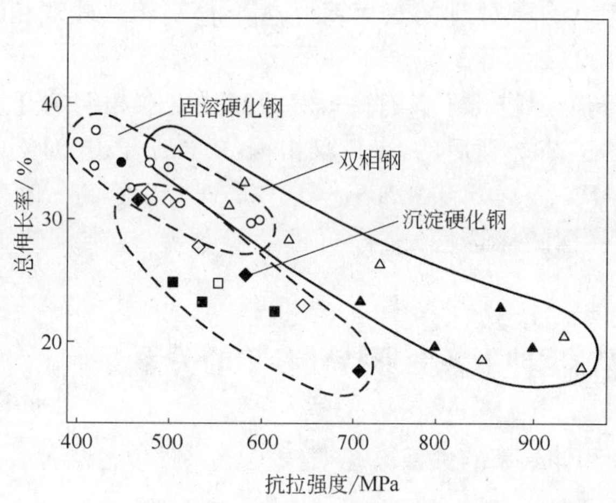

图 4－18　几种高强度冷轧钢板的抗拉强度和伸长率之间的关系

采用不同工艺方法生产的各类钢的伸长率和抗拉强度的关系示于图 4－19[71]，图中同时标出了各种处理工艺和钢类，其中 CAPL 表示用连续退火工艺生产的钢类，BAF 表示批量退火方法生产的钢类。可以看出，不论采用什么生产工艺，双相钢的综合性能都处在较高水平上。

含钼双相钢（0.11% C-1.45% Mn-0.17% Mo）和含钒双相钢（0.098% C-1.44% Mn-0.08% V）的抗拉强度和均匀伸长率与总伸长率的比值的关系示于图 4－20。由图显示出，对于这两类热处理双相钢，均匀伸长率与总伸长率之比，并不随抗拉强度而改变。

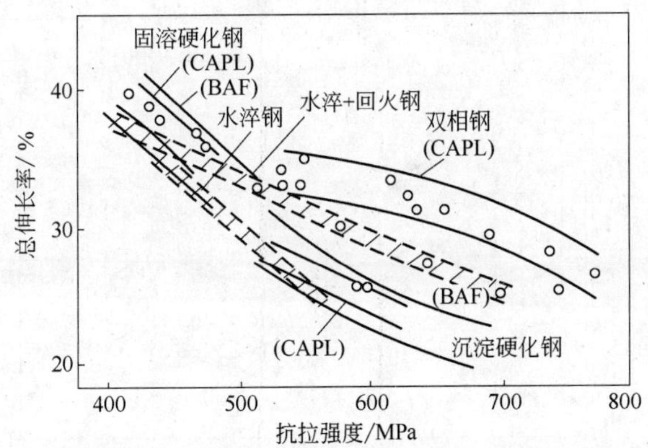

图 4-19 各种工艺方法生产的各类钢的抗拉强度和伸长率的关系

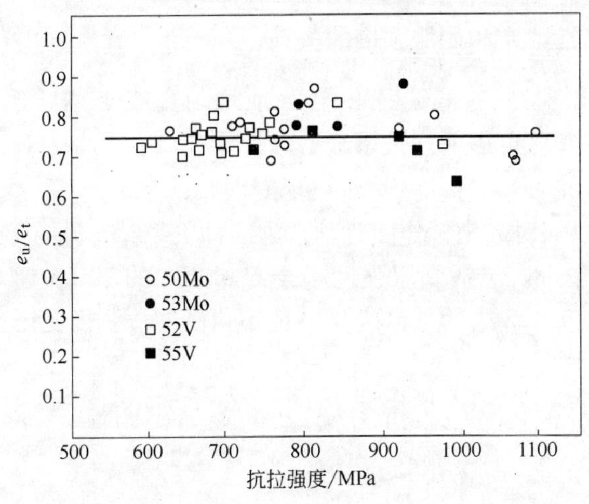

图 4-20 含钼或含钒的热处理双相钢的 e_u/e_t 与抗拉强度的关系

4.4.1.2 抗拉强度与均匀伸长率的关系

双相钢、HSLA 钢的均匀伸长率和抗拉强度的关系见图 4-21[74]。在一定的抗拉强度范围内，均匀伸长率随抗拉强度的增加而直线地下降，但在高于一定的抗拉强度后，均匀伸长率基本稳定，不再下降。同时从图中数据还可看出，在各种强度水平下，双相钢的均匀伸长率均优于 HSLA 钢。

对热轧、冷轧和镀锌三种状态的含钒双相钢 VAN-QN 的均匀伸长率和抗拉强度的关系的测定结果表明，三种状态的含钒双相钢都具有良好的均匀伸长率和高的抗拉强度。

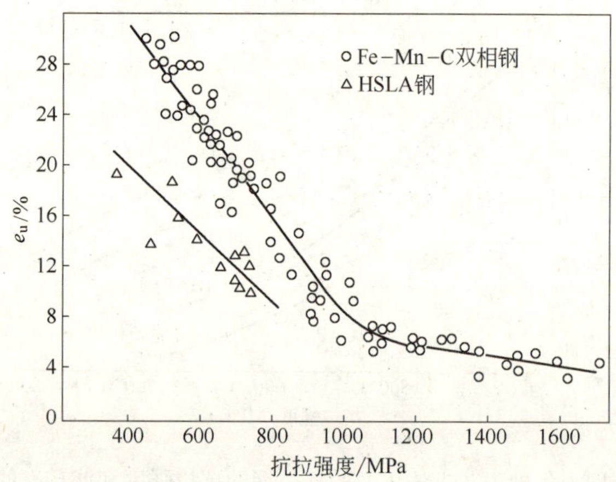

图4-21 双相钢、HSLA钢的均匀伸长率和抗拉强度的关系

4.4.2 加工硬化指数 *n* 和屈服强度的关系

Backofen 指出[76]，一些低碳钢的 n 值（或均匀真应变）对屈服强度作图时，大都落在一个窄带中，并可用下列关系来近似：

$$\sigma_y n = 69(\text{MPa}) \tag{4-34}$$

方程4-34以双对数坐标作图时基本为线性关系[76]（见图4-26）。Keeler 证明，这一关系对许多钢，包括屈服强度小于600 MPa的HSLA钢均适用。当 n 值高于0.2之后（图4-22中的平台区），n 值不再随屈服强度变化而变化。由于一些

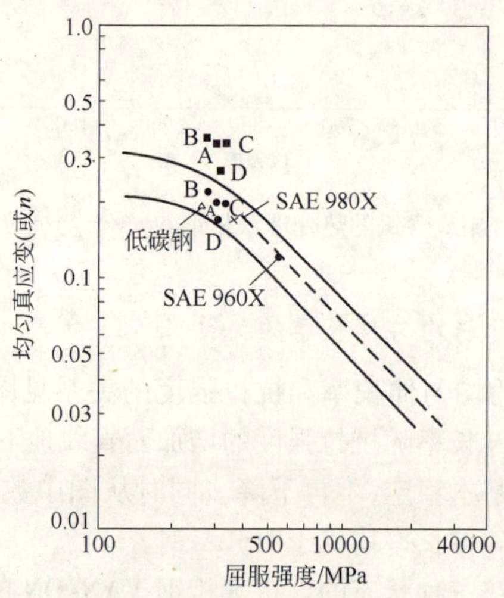

图4-22 各种钢的 n 值和屈服强度的关系

双相钢缩颈开始时的 n_i 值均落在 Backofen 带之内（●）；以 $\lg\sigma-\lg\varepsilon_p$ 作图的斜率求得的双相钢的 n 值落在 Backofen 带上限线之外（■）

双相钢的初始 n 值较高,均匀应变硬化指数较低,如用 $\lg\sigma-\lg\varepsilon_p$ 作图求 n 值,则双相钢的 n 值将落在 Backofen 带的上限线之外。但是如果以缩颈开始时的 n_i 代替全曲线 n(即以 $\lg\sigma-\lg\varepsilon$ 作图法求的 n),那么双相钢的 n 值与屈服强度的关系也就落在 Backofen 带之内。n_i 的求法如下:将屈服以后的真应力真应变曲线(如有屈服点伸长,则从屈服点伸长以后开始)分成若干个等间隔$(0,1,2\cdots,j\cdots,m)$,取屈服极限点作为 o 点,取缩颈点作为 m 点,每一个间隔的 $\sigma_T-\varepsilon$ 坐标值都进行测定,则增量应变硬化指数 n_i 可由下式计算:

$$n_i=\frac{\lg\sigma_j-\lg\sigma_{j-1}}{\lg\varepsilon_{p(j)}-\lg\varepsilon_{p(j-1)}} \tag{4-35}$$

此外,双相钢的加工硬化速率随真应变值的增加而下降,在真应变值比较低时,加工硬化速率下降尤为迅速;在真应变值达到缩颈应变后,加工硬化速率随真应变增加不再下降。双相钢的加工硬化速率与真应变的关系及其和其他钢种的对比见图 4-11。

4.5 影响双相钢变形特性的因素

影响双相钢变形特性的因素很多,如合金元素、马氏体的体积分数和成分、热处理工艺、预应变、回火与时效处理、铁素体的形态、沉淀相等。这些因素的影响往往是相互有关的,有些又是间接起作用的。为了叙述方便本节仍按各有关因素分别叙述,有关它们的影响机制,将在第 5 章双相钢的变形理论中分析。

4.5.1 马氏体体积分数

Davies[3,4] 首先较系统地研究了一系列热处理双相钢的马氏体体积分数与流变应力的关系。实验用钢为一组不同碳含量的 C-1.4% Mn 钢和加入微量 Mo、V、Nb 合金化的低碳锰钢。试样经不同临界区温度加热后淬火,尔后测定其流变应力与马氏体体积分数的关系,结果见图 4-23(图中虚线为 $\varepsilon=0.01$ 的流变应力,为清晰起见,该曲线略去了有关试验点)。从图中可以清楚看出,各种不同应变水平下的流变应力都是马氏体体积分数的线性函数,而与产生这一马氏体体积分数的淬火温度无关。也就是说和马氏体中的碳含量无关。从 740℃ 淬火(马氏体中碳含量为 0.57%)与从 800℃ 淬火(马氏体中碳含量为 0.32%)所得到的马氏体对双相钢的强化作用相当。这两种淬火温度下所得到的马氏体的强度是显然不同的。根据流变应力和抗拉强度与马氏体体积分数的测定结果可以得到这类钢的流变应力与马氏体体积分数关系的回归表达式:

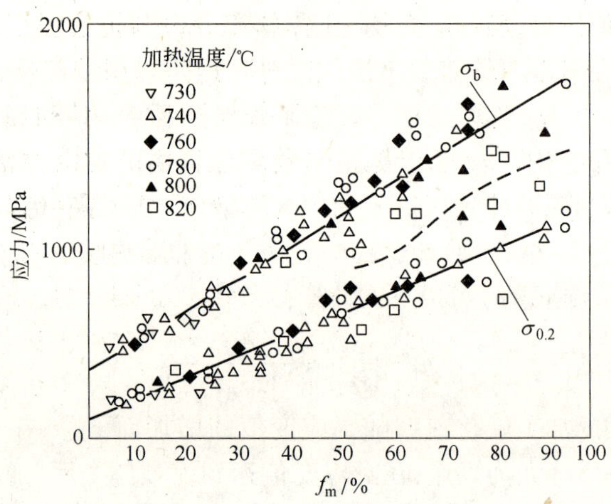

图 4－23　C-Mn 双相钢的 $\sigma_{0.2}$ 和 σ_b 与马氏体体积分数的关系

在 0.2% 应变下的流变应力时，

$$\sigma = 103 + 1110f_m \tag{4-36}$$

在 1% 应变下的流变应力时，

$$\sigma = 172 + 1590f_m \tag{4-37}$$

抗拉强度

$$\sigma_b = 365 + 1630f_m \tag{4-38}$$

如果将 740℃淬火后测得的马氏体体积分数和抗拉强度值进行回归，并将直线外推到 100% 的马氏体，所求得的强度值仅与碳含量为 0.4% 的淬火马氏体强度值相当，远低于 740℃淬火时所得到的碳含量为 0.57% 的马氏体的强度值。

双相钢的抗拉强度与马氏体体积分数关系的实验结果列于表 4－3。

方程 4－36 ~ 方程 4－38 和表 4－3 表明：虽然不同的双相钢类，其抗拉强度与马氏体体积分数的回归关系式有些差别，但抗拉强度与马氏体体积分数均呈线性关系。

表 4－3　双相钢的抗拉强度与马氏体体积分数的关系

双相钢类	抗拉强度与马氏体体积分数的关系
Si-Mn，Si-Mn-Mo Si-Mn-V 双相钢[66]	$\sigma_b = 499 + 959f_m$
Mn-V 双相钢[79]	$\sigma_b = 499 + 1415f_m$
AISI1010 双相钢[80]	$\sigma_b = 491 + 625f_m$
双相 20 钢[81]	$\sigma_b = 524 + 593f_m$
Mn-V、Mn-Mo 双相钢[77]	$\sigma_b = 480 + 910f_m$

含钼(或钒)的热处理双相钢的马氏体体积分数与抗拉强度、屈服强度的关系见图 4-24[85]。图中曲线表明,在一定的马氏体体积分数下,屈服强度出现凹谷。在较低的马氏体体积分数下,屈服强度的反常升高可能与这些材料中拉伸时出现的屈服平台有关,而后者可能与铁素体体中的自由位错量低于使钢产生连续屈服所需的最小位错量有关。自由位错量的不足是由于转变的马氏体量不足、马氏体粒子间距过大、冷却过程中铁素体中位错出现动态回复和冷却中位错被沉淀相或间隙原子钉扎等原因造成的。由此 Marder 提出[85]:要产生连续屈服、双相钢组织中必须有足够的马氏体体积分数,以使铁素体中产生足够的位错量,而马氏体的体积分数可以通过合理的临界区退火温度和退火后的冷却速率进行控制。

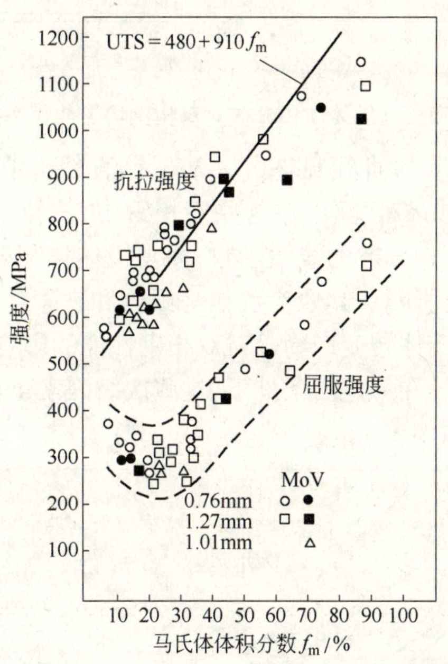

图 4-24 马氏体体积分数对双相钢屈服强度和抗拉强度的影响
(0.11% C-1.5% Mn-0.56% Si-0.17% Mo 或 0.06% V 钢)

马氏体体积分数对均匀伸长率的影响见图 4-25,根据图中所示的实验结果,采用直线拟合所得出的回归方程是

$$e_u(\%) = (0.23 - 0.268 f_m) \times 100 \tag{4-39}$$

该方程与 Speich 等人[86]的结果类似。

将方程 4-39 改变形式,并以 $f_m = (\sigma_b - 480)/910$(见表 4-3)代入可得

$$e_u(\%) = 37.2 - 0.0295\sigma_b \tag{4-40}$$

式中 σ_b——抗拉强度,MPa。

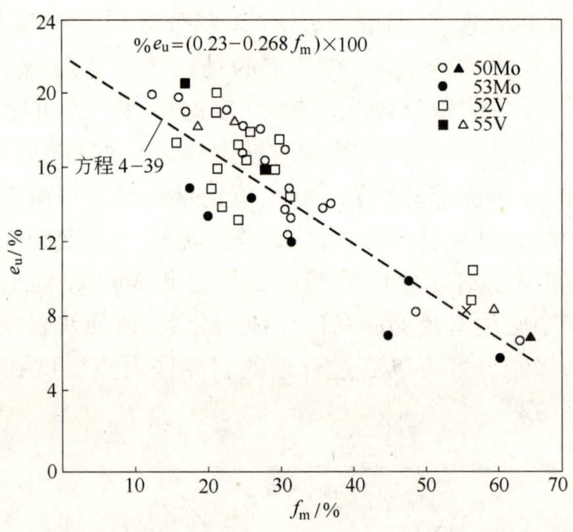

图 4 - 25　马氏体体积分数对双相钢均匀伸长率的影响

方程 4 - 40 所表示的直线见图 4 - 26。该直线处在 Davies[4] 与 Speich 和 Miller[86] 的实验数据散布带之间。在这些双相钢中，抗拉强度和均匀伸长率在一级近似下都是马氏体体积分数的线性函数，而马氏体体积分数的变化正是体现了热处理工艺参数的主要影响。其他参数如马氏体和铁素体的精细结构、铁素体中的沉淀相、少量的非马氏体转变产物等对双相钢性能的影响则是次要的。当然，这样区分也并非是绝对的，在一定的条件下，这些次级因素也可能对双相钢性能产生重要的甚至主要的影响。

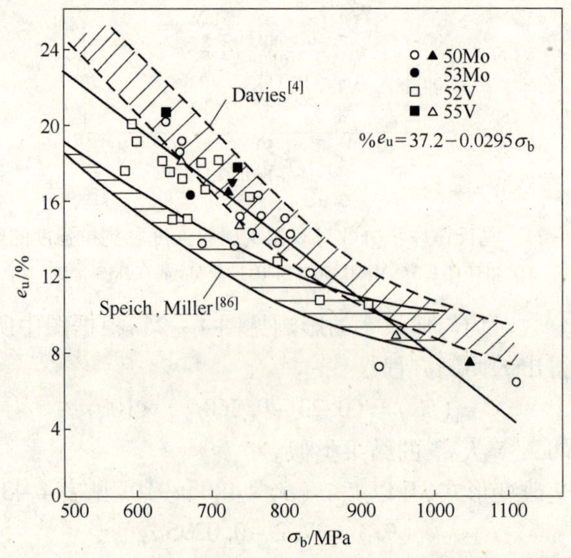

图 4 - 26　一些双相钢的均匀伸长率和抗拉强度的关系

马氏体体积分数对双相钢的抗拉强度和均匀伸长率乘积的影响示于图4－27[77]。对抗拉强度和总伸长率乘积的影响见图4－28[87]。这两个图的变化趋势是一致的，即在一定的马氏体体积分数下，$\sigma_b \times e_t$ 或 $\sigma_b \times e_u$ 的乘积明显下降，这种下降主要是由于延性的降低造成的。如果将强度与延性的乘积作为要控制的综合性能指标，那么为了得到良好的综合性能，必须合理控制马氏体的体积分数。

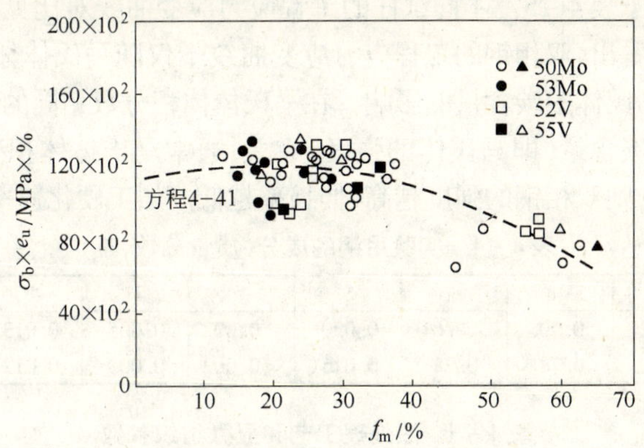

图4－27 双相钢的抗拉强度和均匀伸长率的乘积与马氏体体积分数的关系

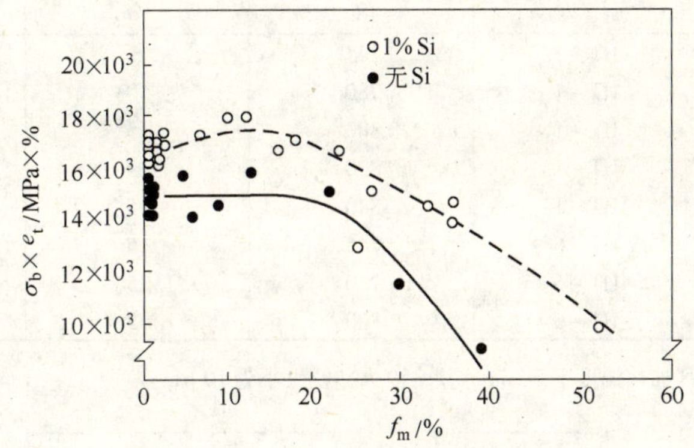

图4－28 双相钢(0.02% C-0.3% Mn-0Si 或1.0% Si-Fe)的抗拉强度和总伸长率的乘积与马氏体体积分数的关系

将方程4－39 和方程4－38 相乘，则有

$$\sigma_b \times e_u = 110.4 + 80.7 f_m - 243.9 f_m^2 \qquad (4-41)$$

显然，式4－41 是以马氏体体积分数为变数的二次曲线方程。它所表示的曲线以虚线形式画在图4－27 上。可以看出当 $f_m < 0.35$ 时，曲线基本是一水平线，当$f_m > 0.35$ 以后，曲线才开始明显下降。该方程在 $f_m < 0.65$ 时都是正确的，当 $f_m > 0.65$ 以后，由于铁素体可能不再是连续相，马氏体逐渐成为连续相，那么双相钢的性能便会发生明显改变。显然，如果双相钢的 σ_b 与 e_u 的乘积和f_m 的关系不发生突变，那么双相钢就不会因孔洞早期形成或早期失效而引起 $\sigma_b \times e_u$ 综合性能指标的突变。

4.5.2　马氏体中碳含量

将同一钢种，在 $\alpha+\gamma$ 两相区内加热到不同温度淬火，则钢中马氏体的体积分数和马氏体中的碳含量都发生变化，这种变化也明显影响双相钢的变形特性。Ramos 等人[45]将不同碳含量的两种低碳钢（成分见表4－4）进行热处理，其热处理工艺和显微组织参数列于表4－5。不同试样的工程应力应变曲线对比见图4－29。从图中各曲线对比可以看出，双相钢的工程应力应变曲线不仅随马氏体体积分数的不同而变化，而且还受马氏体中碳含量的影响。在马氏体体积分数相同的试样中，加工硬化特性和马氏体中碳含量（即马氏体的强度）有关；通常马氏体体积分数越高，马氏体岛中碳含量越高，则双相钢的强度越高，伸长率越低。加工硬化速率也越高。

表4－4　实验用钢的成分（质量分数，%）

钢　号	C	Mn	Si	S	V	Ti	P	Al	N
HT－1	0.052	0.90	<0.01	0.020	<0.002	0.005	0.013	0.006	0.0038
HT－6	0.110	0.78	0.28	0.015	<0.002	0.003	0.012	0.074	0.0049

表4－5　热处理工艺和显微组织参数

试　样	钢　号	临界区加热温度①/℃	马氏体体积分数/%	马氏体中的碳含量/%
A	HT－1	745	6	0.64
B	HT－1	780	10	0.42
C	HT－1	800	15	0.30
D	HT－1	820	25	0.42
E	HT－1	840	35	0.15
F	HT－6	745	15	0.64
G	HT－6	780	25	0.42
H	HT－6	800	35	0.30

① 试样经临界区加热温度下6 min冰盐水淬火晶粒大小为10 μm。

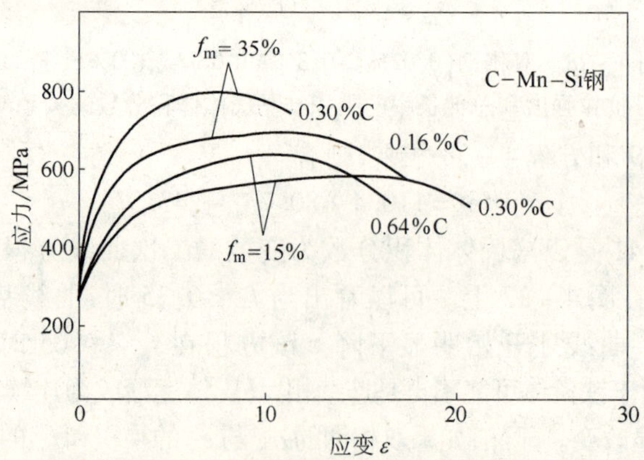

图4－29　马氏体的体积分数和马氏体岛中的碳含量对双相钢工程应力应变曲线的影响

一般情况下,复相显微组织构成的材料的变形特性是每一相的变形特性和各相之间的相互作用的综合反映。显然,双相钢的变形特性与铁素体、马氏体和残留奥氏体(如果存在的话)的变形特性以及各相之间变形的相容性有关。两相的相对强度、体积分数都会影响双相钢的变形特性,如马氏体的体积分数恒定,当马氏体中碳含量增加时,在铁素体和马氏体相之间的应变分布将会发生改变。因此,初始屈服强度、低应变下的加工硬化速率也发生改变。

图4-30为双相钢的屈服强度、抗拉强度与马氏体的体积分数的关系,图中不同斜率的直线表示不同的马氏体中碳含量,从图中所列的结果可以看出,随着马氏体中碳含量增加,直线的斜率略有增加。将屈服强度和抗拉强度两组直线外延至马氏体体积分数为0时,则分别交会于一点,交点所对应的纵坐标分别表示铁素体的屈服强度和抗拉强度。但是如果将上述两个钢种(HT-1和HT-6),经不同临界区温度退火后所测得的强度和马氏体体积分数值分别进行作图(见图4-31),则可以看出两个不同碳含量的钢经临界区处理后的屈服强度和抗拉强度与马氏体体积分数的关系均保持良好的线性关系,并且二条直线的斜率相同,外推至马氏体体积分数为0时,这两条直线并不交会于一点。显然,外推点($f_m=0$)相对应的性能应是未经临界区处理的该钢种的性能,而不是铁素体的性能。在低碳钢范围内,如原始组织均为正火状态,并且钢中碳含量区别不大,则这一外推值也差别不大。在同一马氏体体积分数下,两种钢的屈服强度和抗拉强度值也相差不大(见图4-31,两种钢的屈服强度和抗拉强度仅差20 MPa)。

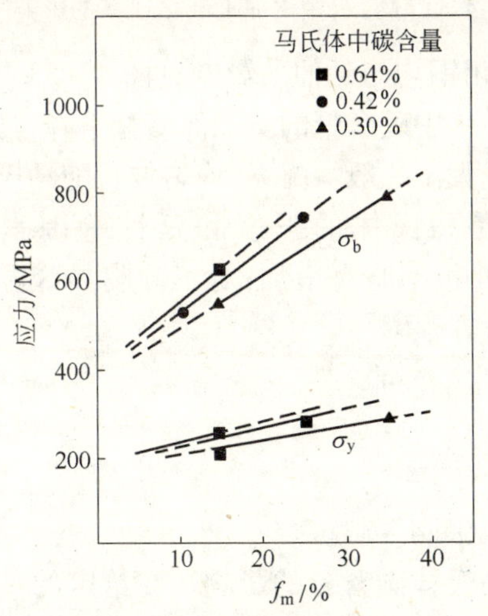

图4-30　双相钢的屈服强度和抗拉强度与马氏体体积分数及马氏体中碳含量的关系
(成分和工艺见表4-4、表4-5)

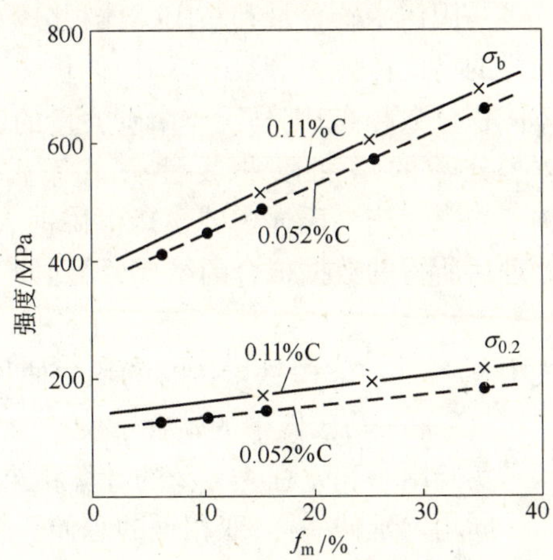

图4-31　不同钢种不同临界区温度处理后的马氏体体积分数与强度的关系

马氏体体积分数和马氏体中碳含量对双相钢加工硬化速率的影响见图 4－32*a*、*b*[129]。在同样的马氏体碳含量下，马氏体的体积分数增加，初始加工硬化速率上升，但在较高应变下（$\varepsilon > 12\%$），不同马氏体体积分数的钢，其加工硬化速率趋于一致（图 4－32*a*）。在同样的马氏体体积分数下，马氏体中的碳含量越高，其加工硬化速率也越高（见图 4－32*b*）。在最高应变下，二者趋于一致。

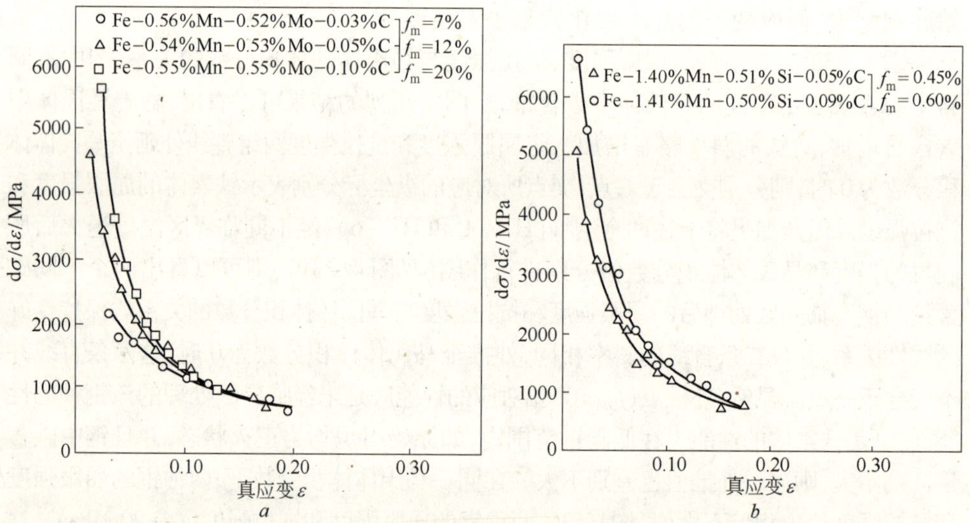

图 4－32　马氏体的体积分数（*a*）和马氏体中碳含量（*b*）对双相钢加工硬化速率的影响

马氏体中碳含量和马氏体体积分数对双相钢均匀延伸的影响见图 4－33。在同样的马氏体体积分数下，均匀伸长率随马氏体中碳含量的增加而明显下降，马氏体体积分数越高，则马氏体中碳含量的影响越大。一般情况下，均匀伸长随马氏体体积分数的增加以非线性方式下降，并受马氏体的强度和延性等因素影响[78,86,88]。当马氏体中碳含量下降时，均匀伸长率略有增加；对不同临界区温度处理后所得的数据拟合的结果，得到如下经验方程[88]：

$$e_u = [1 - 2.2C_m(f_m)^{1/2}]e_u^{\alpha} \tag{4-42}$$

式中　e_u^{α}——100%铁素体时的均匀伸长；

C_m——马氏体中的碳含量。

实验结果和方程 4－42 的计算结果对比见图 4－33。

同均匀延伸一样，双相钢的总伸长率受马氏体碳含量的影响。在给定的马氏体体积分数下，双相钢的总伸长率随马氏体的屈服强度与铁素体屈服强度比值的升高而降低[89]。总伸长率与马氏体中碳含量、马氏体体积分数的关系为[86]

$$e_t = [1 - 2.5C_m(f_m)^{1/2}]e_t^{\alpha} \tag{4-43}$$

式中　e_t^{α}——100%铁素体时的总伸长率。

实验结果与按方程 4－43 的计算结果对比见图 4－33。总伸长率一般随马氏体

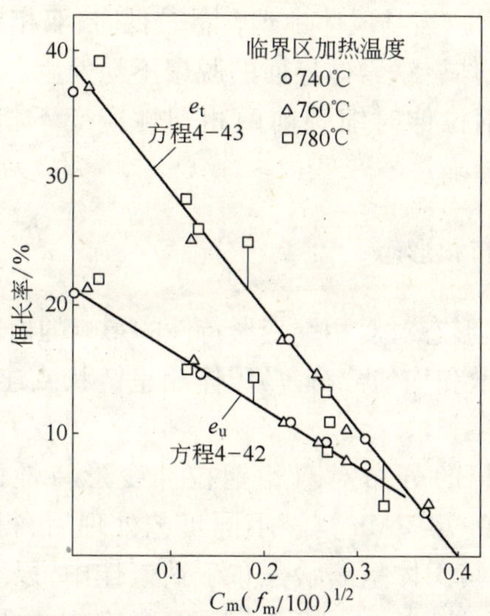

图4-33 马氏体的体积分数和碳含量对双相钢均匀伸长和总伸长的影响

体积分数和马氏体中碳含量增加而降低。

Speich 和 Miller[86] 由实验结果导出：

$$(1-e_u/e_u^\alpha)^2=4.8(\sigma_b-\sigma_b^\alpha)/[(620-\sigma_b^\alpha)/C_m^2+2585/C_m] \quad (4-44)$$

$$(1-e_t/e_t^\alpha)^2=6.2(\sigma_b-\sigma_b^\alpha)/[(620-\sigma_b^\alpha)/C_m^2+2585/C_m] \quad (4-45)$$

方程4-44和方程4-45表明对一个给定抗拉强度的双相钢，e_u^α（或e_t^α）越高，C_m值越低，则双相钢的总伸长率越高。例如对给定抗拉强度的含锰双相钢，马氏体的碳含量越低，马氏体的强度越低，则K_c❶值越低，因而双相钢的均匀伸长率和总伸长率越高（图4-34）。

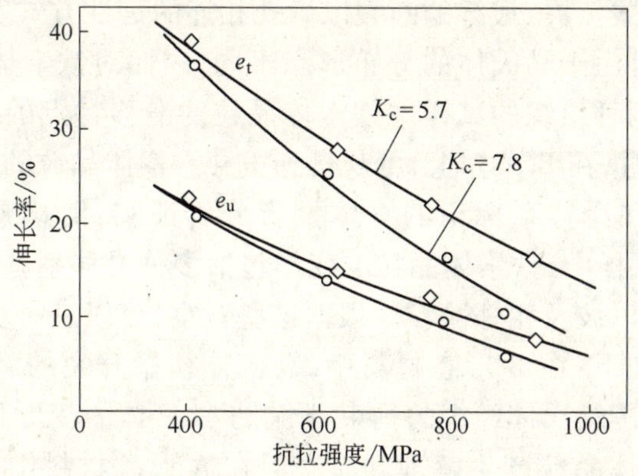

图4-34 含锰双相钢的抗拉强度和均匀伸长率、总伸长率之间的关系

❶ K_c值为两相屈服强度比，$K_c=\sigma_y^m/\sigma_y^a$。

Speich 和 Miller 认为：当马氏体中碳含量较低时，双相钢延性较高的原因是马氏体粒子的开裂或马氏体－铁素体界面的脱聚不易发生。这与文献[9]中提出的低碳马氏体可使双相钢拉伸时缩颈前两相塑性应变不相容性减少的看法是一致的。

4.5.3　马氏体相的分布和形态

马氏体相的分布和形态对双相钢变形特性的影响的研究还不多。通常总是希望马氏体粒子细小、分散和均匀分布，马氏体相呈链状或连接在一起，将使微裂纹容易扩展，导致延性恶化。

为了研究马氏体相的分布对双相钢拉伸变形特性的影响，Kunio 等[91]将 0.13% C－0.24% Si－0.74% Mn 钢经不同工艺处理后，得到两种马氏体相不同分布的双相钢，一种是马氏体呈岛状分布于铁素体中，以 A 表示；另一种马氏体呈连续状包围铁素体晶粒，以 B 表示。两种组织的马氏体体积分数均为 33.5%，铁素体晶粒的平均直径为 102～105 μm。马氏体与铁素体的显微硬度分别为 761 HV 和 195 HV。两种组织的主要不同是马氏体的分布形态。两种组织的应力应变曲线见图 4－35。A、B 试样的断面收缩率分别为 23% 和 6%，二者相差将近 4 倍。拉伸断口观察表明 A 试样的断口为韧窝，B 试样断口为解理小平面与少量韧窝的混合型断口。两种组织的断裂过程示于图 4－36。由于铁素体、马氏体相的塑性应变不相容，在两相界面上产生应力集中，并使马氏体开裂，但马氏体开裂后，裂纹在两种组织中的扩展过程不同。在 B 组织试样中，其裂纹扩展过程是与开裂的马氏体相相邻接的铁素体晶粒的解理，最终断裂是以脆性断裂方式发生。但在 A 型组织试样中，初始裂纹尖端由于塑性变形而钝化，难于以解理方式扩展，最终的断裂以微孔相连的延性方式发生。这两种明显不同的断裂过程是由于马氏体的分布形态不同，因而对铁素体产生的拘束度也不同的结果。对两种组织的试样中铁素体晶粒的滑移特点的观察表明：当宏观应变为 2%～3% 时，在 B 试样上，可观察到贯穿铁素体晶粒的直的滑移痕迹，小刻面腐蚀斑技术和滑移系标识的立体投影分析证实，滑移系被限制在{110}〈111〉系。在 A 试样中，铁素体晶粒的变形包括多种滑移系，因而引起波状滑移带，这种滑移带可以波及相邻晶粒。根据这些观察，可以进一步对两种材料的微观断裂特征说明如下：在 B 形态材料中，马氏体初始开裂的裂纹进入周围的铁素体中时，由于周围马氏体组织的拘束，限制了铁素体的变形和滑移系的自由开动，因而诱发铁素体晶粒产生解理开裂。但在 A 形态材料中，当第二相中的裂纹扩展到铁素体晶粒时，由于铁素体晶粒可以自由变形，可以激活多个滑移系，裂纹的尖端因此而钝化，最终断裂以延性断裂的形式发生。

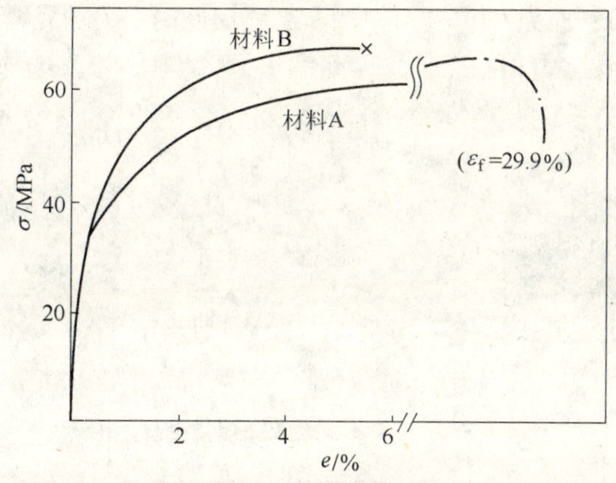

图 4-35　A、B 两种组织试样的应力应变曲线

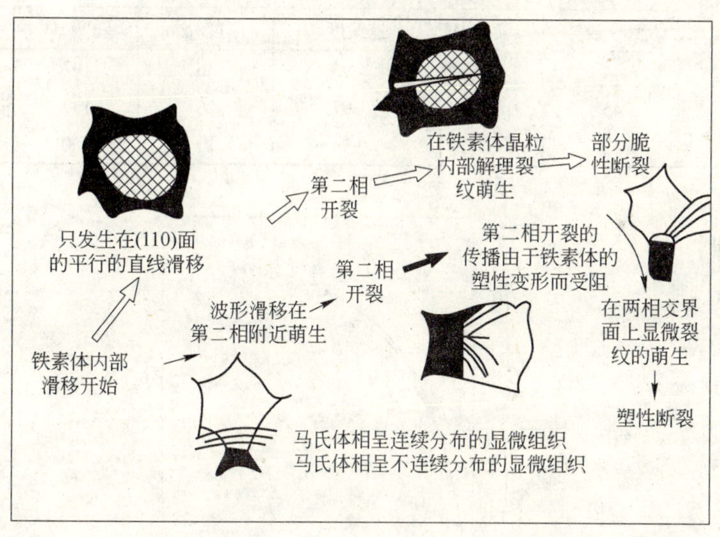

图 4-36　A、B 两种显微组织断裂过程示意图

马氏体与铁素体的显微组织尺度大小对双相钢的拉伸变形特性和拉伸时的断裂过程有重要的影响。例如成分为 0.25% C-0.24% Si-0.43% Mn 的低碳钢，经不同工艺热处理后，得到三种不同的显微组织形态（见图 4-37）和显微组织参数（见表 4-6）[92]。这三种组织的主要不同是马氏体的大小和铁素体的大小。其他组织参数和性能如马氏体的连续度，二相的显微硬度则基本相当。三种组织材料的应力应变曲线对比见图 4-38。由图可以看出马氏体和铁素体的组织越细，则双相钢的强度越高、延性越好。三种组织形态材料的初始屈服强度相同，初始加工硬化速率类似，但最终延伸和抗拉强度不同。将拉伸试样加载到 99% 的断裂负荷下卸载，进行微观组织检验，三种形态材料的微观断裂过程没有明显差别。马氏体

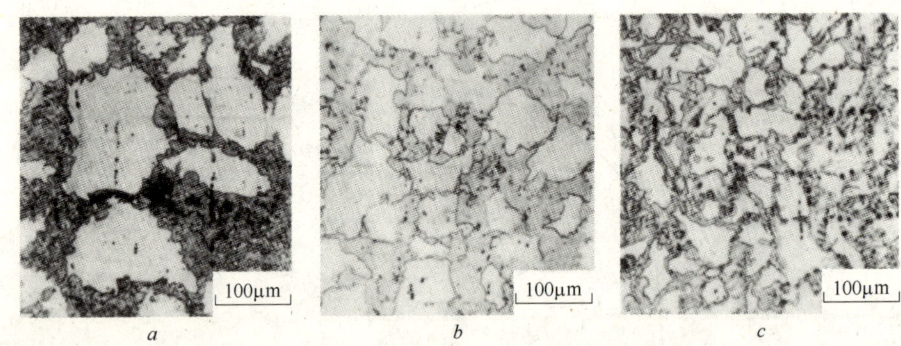

图 4－37　三种不同的双相钢的显微组织

表 4－6　实验钢的显微组织参数

编　号	马氏体组织				铁素体晶粒	
	体积分数/%	硬度 HV	连续度/%	厚度/μm	硬度 HV	大小/μm
A	44	665	95	36	197	62
B	45	698	97	26	197	43
C	42	640	94	13	200	24

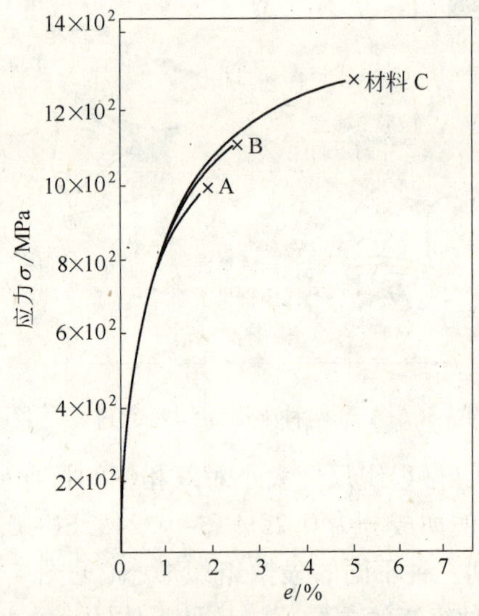

图 4－38　三种组织形态双相钢的应力应变曲线

组织的开裂作为诱发铁素体解理的微裂纹源，而解理微裂纹的扩展又受到马氏体组织的阻碍。因此，几乎所有的裂纹尺寸都和一个铁素体晶粒大小加一个马氏体组织的厚度之和相对应。断口的扫描电镜观察指出，三种组织的试样断口表面均由解理小平面和韧窝组成。断口表面和显微组织的对应关系的观察表明[92]，断口中韧窝部分与马氏体组织相对应,解理开裂部分与铁素体晶粒相对应(图 4-39)。从裂纹扩展途径和断口特征可以确定:试样的最终断裂是“断裂过程单元”聚合的结果。“断裂过程单元”由第二相开裂和与其邻接的铁素体晶粒的解理组成。在外加应力下,不同组织的试样中微裂纹的产生量也不相同,在 C 形态组织的试样中,其微裂纹的数量较 A 形态材料中(组织较粗大)大得多。例如在 944 MPa 应力下,材料 A 中的微裂纹只有 244 个/cm^2,只是在应力 $\sigma > 992$ MPa 时,材料 C 中可产生微裂纹的密度为 330.3 个/cm^2。这表明在 C 型组织形态的材料中,微裂纹发生聚集的应力更高,聚集更加困难。与此相对应,C 形态材料具有更高的断裂强度。可见三种组织形态断裂时的应力强烈地受“断裂过程单元”的聚合过程影响。

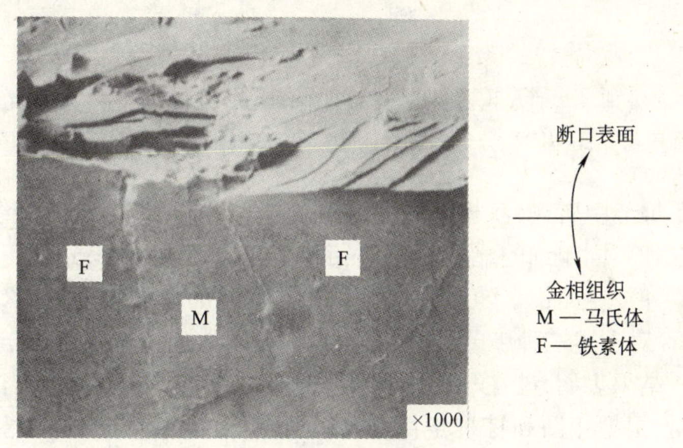

图 4-39 拉伸断口表面和显微组织的对应关系

Kim 和 Thomas[93] 研究了组织形态对高纯度的 0.1% C-2% Si 双相钢的力学性能的影响。试样经中间淬火、临界区退火和分级淬火三种不同工艺处理,以获得不同的双相组织形态:当初始显微组织为板条马氏体时,经中间淬火处理后得到呈细小纤维状分布的马氏体加铁素体;当初始显微组织是亚共析铁素体和珠光体时,临界区退火后得到沿铁素体晶界呈细小粒状分布的马氏体加铁素体;当采用分级淬火时(即将经奥氏体区加热后的试样在临界区温度分级保温后淬火),最终淬火后的组织为由铁素体包围的粗粒马氏体。奥氏体晶粒越粗,则最终的显微组织也越粗。

具有上述三种显微组织的材料的力学性能对比分别见图 4-40 和图 4-41[93]。由图可以看出较粗组织的双相钢具有较高的抗拉强度和屈服强度,但伸长率则比其他较细的组织明显偏低。

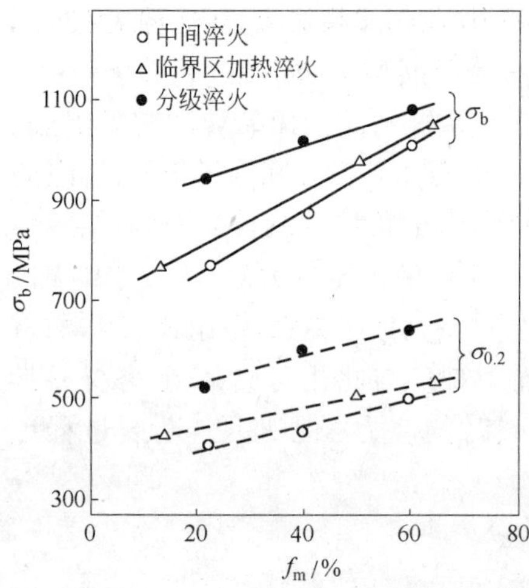

图 4 - 40 三种处理工艺的双相钢的屈服强度和抗拉强度与马氏体体积分数的关系

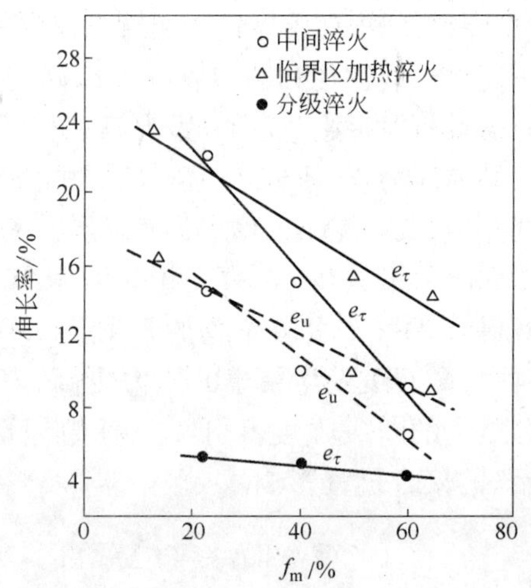

图 4 - 41 三种处理工艺的双相钢的均匀伸长率和总伸长率与马氏体体积分类的关系

正如 4.5.1 节中所述,双相钢的强度性能与马氏体的体积分数呈线性关系,但是对于上述三种不同粗细的显微组织,强度性能随马氏体体积分数变化的斜率明显不同(图 4 - 40)。伸长率随马氏体体积分数变化的斜率区别更大(图 4 - 41)。Kim 和 Thomas 对上述三种工艺处理的含硅双相钢进行了微区成分分析和两相的亚结构观察。结果表明,硅在马氏体和铁素体中的分布是均匀的。当马氏体的体积分数相同时,根据相图和杠杆定律,碳在马氏体和铁素体中的分配也应是相同的。透射电镜观察结果证实,三种工艺处理条件下,马氏体的亚结构基本相同,只是在中间淬火和临界区退火后,铁素体内有亚晶形成。因此,由这些分析可以看出,造成上述三种处理后的力学性能不同的主要原因是马氏体岛的形态不同。马氏体岛较粗的双相钢的伸长率较低与铁素体基体中解理裂纹的萌生和扩展有关。而这又引起变形早期阶段试样的早期失效。Karlsson 等人[94]指出,当双相钢变形时,最大应变发生在铁素体的内部。铁素体的流变强度比马氏体低得多,因此塑性变形在软的铁素体基体内开始时,马氏体仍处于弹性变形状态,铁素体的塑性变形受到相邻的马氏体的拘束,导致在铁素体内产生应力集中。这种局部变形和(或)应力集中,引起铁素体母相断裂,是以解理或以微孔萌生和聚合的形式发生断裂,则与马氏体和铁素体的组织形态有关。在粗的马氏体组织情况下,变形的双相钢试样的铁素体组织中滑移线和机械孪晶同时出现。滑移线是塑性变形的结果,而机械孪晶可能是局部应力集中的结果。同时粗的组织,铁素体与马氏体之间的间隙增加,从而使铁素体中的应力集中增加,最终以解理方式发生断裂。在细小的马氏体所构成的双相钢显微组织中,铁素体与马氏体之间的间距减小,铁素体中的应力集中降低,因而铁素体中解理裂纹萌生的几率下降;与此相对应,在这种组织中,当发生一定的塑性变形之后,铁素体会由于局部化的塑性变形引起孔洞的萌生和聚合,最后以延性断裂的形式发生断裂。断裂试样纵剖面的扫描电镜观察指出,在马氏体呈细的纤维状分布的双相钢组织中,有大量的孔洞核心在马氏体和铁素体界面上萌生。采用金相表面连续切截抛光法对组织中裂纹连续扩展图像观察表明,裂纹首先沿着马氏体－铁素体界面扩展。当遇到马氏体时,或通过马氏体,或沿着马氏体－铁素体界面扩展,或终止于马氏体－铁素体界面上,则视裂纹扩展方向与二相的相对取向或和裂纹尖端应力场的高低而定。

粗和细的两种双相钢组织的断裂特性的不同,可解释两种组织形态的材料宏观上的力学性能的不同。

观察得出[95],在同样的马氏体体积分数下,双相钢的延性不仅取决于马氏体岛的形态和分布,而且还取决于马氏体岛内的精细结构是位错还是孪晶。如马氏体岛由板条马氏体构成,则拉伸变形时会在马氏体和铁素体界面上萌生孔洞,然后聚合产生延性断裂。如马氏体岛由孪晶马氏体组成,而且马氏体体积分数较高时,则会发生孪晶马氏体断裂,然后引起铁素体的解理,以脆断方式发生断裂。两种不同的断裂方式,将会明显影响双相钢的力学性能。

Becker 等人[96,97]指出,双相合金的性能不能简单地从各组成相的性能和各相的体积分数来确定,而必须考虑到相的分布形态和相界面的影响。在由两相构成的复相组织、双相组织、网状组织和弥散组织合金中,其单轴拉伸延性以双相组织较高,网状组织最差,复相和弥散组织居中。成分为 0.11% C-0.08% Si-1.17% Mn-0.008% P-0.014% S-0.007% N-0.03% Al 的钢,不同组织状态的工程应力应变曲线对比见图 4－42[96],由图可以看出,双相组织的伸长率远高于复相组织。

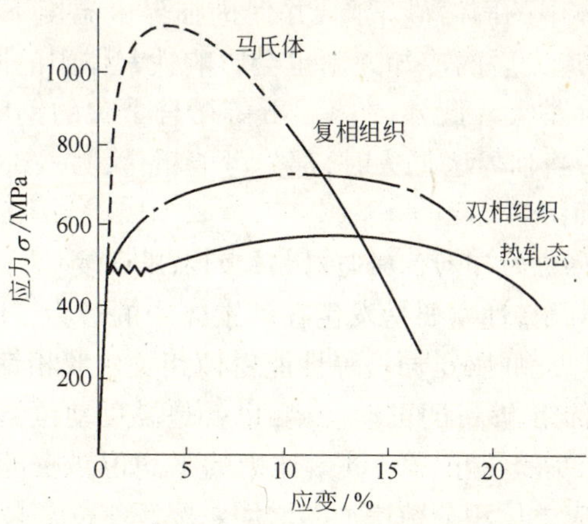

图 4－42　不同组织状态的低碳锰钢工程应力应变曲线

4.5.4 铁素体性能

铁素体是双相钢的基体,它的性能会对双相钢性能发生重要影响。和普通低合金高强度钢或低碳钢相比,双相钢中的铁素体具有以下几个特点:(1)晶粒细小,这是临界区处理时加热温度较低和铁素体被马氏体相分割的结果;(2)铁素体内位错密度高,尤其是可动位错密度高,这是由于马氏体相变时产生的体积膨胀和体积形状的变化,使铁素体产生塑性变形,诱发铁素体中产生位错。而马氏体相变的温度较低,铁素体中的位错产生后,未被沉淀相钉扎(高温冷却时多数沉淀相已在这些位错产生前形成);(3)铁素体中间隙原子较少,尤其是在一些双相钢中会出现一些"清洁"的取向附生铁素体;(4)在 Nb、V 等微合金化的双相钢中的铁素体还会出现一些 C-N 化物沉淀。现根据临界区退火时铁素体组织的变化及其特点来论述它对双相钢性能的影响。

4.5.4.1　临界区退火时铁素体组织的变化

冷轧钢再加热时,铁素体将迅速发生再结晶,一般在达到预定的临界区退火温度之前,再结晶过程就会完成。即使在大多数连续退火生产线中所采用的快速加热条件下,再结晶过程也会很快完成[98,99]。但在临界区温度下,由于奥氏体粒子具有阻碍作用[100,101],因此再结晶后的铁素体晶粒的长大一般会受到限制。许多研究者认为[3,87,102],铁素体中的碳含量对双相钢的延性具有重要的影响。在临界区温度下退火时,铁素体中的碳含量会发生变化,其碳含量的高低既和临界区退火温度有关,也受钢中合金元素及其含量的影响。临界区退火温度升高和钢中合金元素含量增加,都会使铁素体中的碳含量下降。例如,在碳钢中加入 1.5% Mn 就可使 760℃下铁素体中的碳含量从 0.02% 下降到 0.005%;加入硅也可以使铁素体中的固溶碳下降,并促进临界区温度下铁素体中的碳向奥氏体中扩散[87,102]。退火后的冷却速率也会影响铁素体中的固溶碳,并影响取向附生铁素体的生成和长大。此外,在 V、Nb 等微合金化的钢中,存在于铁素体中的 VCN、NbCN 沉淀,当临界区退火时,部分可能粗化,另一部分也可能随着奥氏体长大进入铁素体而溶解。

4.5.4.2　铁素体中的可动位错与双相钢的屈服强度

双相钢的初始屈服特性主要是发生在铁素体中的行为。因此,铁素体的性能与双相钢的屈服点低、无屈服点伸长等性能密切相关。双相钢发生连续屈服需两个条件[104]:(1)必须有足够量的可动位错,也就是说可动位错密度必须超过连续屈服所需的临界值。实验得出[105],铁素体中的平均位错密度与马氏体体积分数呈线性关系,即随马氏体体积分数增加而增加。按目前技术水平,区分可动与不可动位错是困难的,但要获得一定的位错密度,必须有一定量的马氏体体积分数。(2)由马氏体相变诱发的铁素体中的位错,在室温下应是可动的,即铁素体中的间隙原子应较少,并且当位错产生后,在间隙原子扩散速率高的温度下停留时间应尽量短,以防位错被间隙原子气团钉扎。如马氏体的体积分数低于某一值,铁素体中的位错密度就会低于临界值,则双相钢的屈服强度会由于屈服点出现而反常升高[85]。

4.5.4.3 铁素体中的沉淀相对双相钢屈服强度和抗拉强度的影响

通常认为,双相钢的流变应力(包括屈服应力)随马氏体体积分数增加呈线性增加。但是,有一些双相钢的屈服强度随马氏体体积分数的增加有反常的降低现象,如图4-43所示[102,106]。图中示出了0.15%C-1.5%Si-0.03%Nb和0.15%C-1.5%Si-0.38%Mo两个双相钢的抗拉强度和屈服强度随马氏体体积分数的变化情况。Thomas和Koo[102]提出屈服强度变化反常的理由是:当双相钢的组织为细小分散的马氏体岛(马氏体的体积分数不太高)加连续分布的铁素体基体时,则双相钢的屈服强度主要取决于铁素体的屈服强度。当钢中有碳化物形成元素(如V、Nb、Mo等)存在时,则铁素体产生沉淀强化,而沉淀强化的水平,将随马氏体体积分数的增加而降低,导致了双相钢的屈服强度下降。Hoel和Thomas[106]测定和观察了上述两个含硅并以铌或钼合金化的双相钢中沉淀相的形态及马氏体体积分数对沉淀量的影响。利用会聚束显微衍射技术精确测定薄膜厚度,以确定沉淀相密度。采用弱束衍射条件,观察和确定粒子的形状和大小。结果指出,在加铌或钼的钢中,先经1100℃中间淬火,再经二相区退火,铁素体内产生一种均匀的共格或部分共格的片状沉淀,沉淀片在{100}平面上取向,片的厚度为2.5 nm,片的直径为(13.5±2) nm,回火时碳化物进一步长大。薄膜表面切割粒子的影响用下式进行修正。

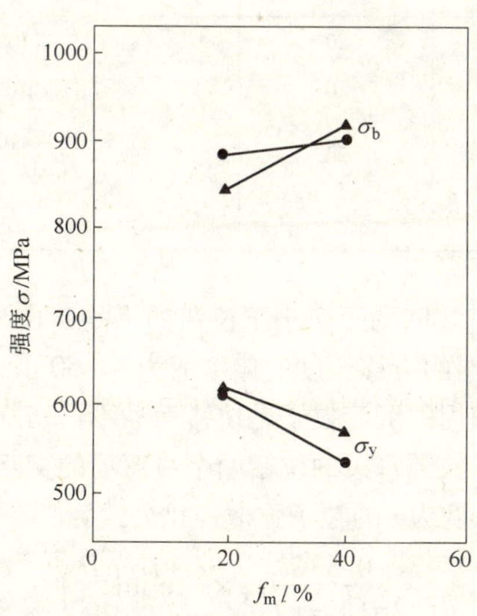

图4-43 双相钢的抗拉强度和屈服强度与马氏体体积分数的关系

$$N_A = N_V(x + 2r) \tag{4-46}$$

式中　N_A——在薄膜厚度中单位投影面积的粒子数；

N_V——粒子的密度；

$2r$——一种假想的球状沉淀粒子的平均直径，其值与直径为 D、厚度为 t 的片状沉淀的平均大小相当。

试验测得 $2r$ 值为 7.3 nm，粒子的线密度 N_L 是 N_V 的立方根，相邻沉淀粒子的平均距离 $l=\frac{1}{N_L}$。表 4－7 列出了测定结果，其中 L 值的不确定性是六次独立测定的重现性的极限值（±6%）。从表中数据可以看出，100℃以下回火时，并未发现沉淀相长大。在实验误差内，粒子密度和粒子间隙测定结果与未回火状态是相同的。采用经典的 Orowan 强化机制，所导出的流变应力公式为：

$$\tau = \tau_0 + \alpha \frac{Gb}{l_g} \tag{4-47}$$

式中　τ——流变应力；

τ_0——不存在硬的沉淀质点时基体的流变应力；

α——与粒子形状和分布有关的几何因素；

G——切变模量；

b——滑移位错的布氏矢量；

l_g——滑移平面上粒子间的平均距离。

表 4－7　沉淀粒子密度 N_V、平均粒子间距 l 和马氏体体积分数 f_m 的关系

钢的成分	f_m/%	N_V/cm^{-3}	l/mm
0.15% C-1.5% Si-0.03% Nb	20	$(81 \pm 15) \times 10^{14}$	49.8 ±3
0.15% C-1.5% Si-0.03% Nb	40	$(38 \pm 6) \times 10^{14}$	64.1 ±3.5
0.15% C-1.5% Si-0.03% Nb 100℃回火 0.5 h	20	$(85.5 \pm 15) \times 10^{14}$	49.1 ±2.7
0.15% C-1.5% Si-0.38% Mo	20	$(77 \pm 16) \times 10^{14}$	50.6 ±3.5

如果粒子（或障碍物）之间的距离小于位错的平均自由滑移长度，则基体就会强化。一般金属基体，位错的滑移长度的典型值为 1～50 μm。

上述铁素体中的钼和铌的沉淀粒子是位错运动不可切割的障碍。考虑到粒子的大小、位错线的线张力、粒子每边的位错两个弓弯项的交互作用及粒子的形状等因素，导出的直径为 D、厚度为 t 的粒子弥散强化公式为[107]

$$\tau_0 = \frac{0.83Gb}{2\pi(1-\nu)^{1/2}} \times \frac{L+t}{L^2}\ln\left(\frac{D}{r_0}\right) \tag{4-48}$$

式中　ν——泊松比；

r_0——位错的核心半径；

L——粒子的有效间隙。

按 Fullman[108] 所得出的结果，$L=\left(\frac{tD}{f}\right)^{\frac{1}{2}}$，$f$ 为粒子的体积分数，$f=r^2/\left(\frac{l}{2}\right)^2$，$r$ 为平均粒子半径。根据测定结果，$G=79.8$ MPa，$b=0.248$ nm，$\nu=0.29$，$t=(1.4\pm0.1)$ nm，$D=(13.5\pm2)$ nm，$r_0=(1.1\pm0.3)$ nm，l 值见表 4－7。将这些值代入式 4－48 则可求得：当马氏体的体积分数为 20% 时，0.15% C-1.5% Si-0.03% Nb 双相钢中铁素体的沉淀强化水平 $\tau_{20}=274$ MPa；当 f_m 增加到 40% 时，强化水平下降到 $\tau_{40}=211$ MPa。强化水平的变化值是 $\Delta\tau=(71.8\pm27)$ MPa（根据各测定值的不确定性，由式 4－48 计算的 $\Delta\tau$ 的不确定性为 ±27 MPa）。由图 4－43 的实验结果可以看出，当马氏体体积分数由 20% 提高到 40% 时，双相钢屈服强度的下降值为 51.2 MPa，这与计算结果是很接近的。应该说明，双相钢的屈服强度一般是随着马氏体体积分数的上升而升高，并呈线性关系。这里对铁素体沉淀强化作用的分析，只是作为对这种双相钢屈服强度反常变化原因的一种解释。

双相钢的抗拉强度一般随马氏体体积分数增加呈线性关系增加。但不同钢种，不同工艺，其直线的斜率也不相同。在分析双相钢的强度与马氏体强度、铁素体强度及马氏体的体积分数关系时，应像前面分析屈服强度的反常情况那样，考虑到马氏体强度、铁素体强度本身随马氏体体积分数的变化而变化的情况，以及它们之间的相互影响。

4.5.4.4 铁素体的性能对双相钢延性的影响

很多工作[2~4,88,109]都指出：提高铁素体的强度和延性有利于提高双相钢的延性，例如当铁素体的抗拉强度由 270 MPa 提高到 550 MPa 时，则抗拉强度为 770 MPa 级的双相钢的最大均匀真应变由 0.14 提高到 0.25[4]。对于给定强度的双相钢，铁素体强度升高，马氏体体积分数减小。由延性和马氏体体积分数的关系可知，马氏体体积分数的降低，会使双相钢的延性明显升高。基于 Mileino 理论，对双相钢的变形特性进行了计算机仿真的结果表明[110]，提高铁素体的抗拉强度和延性对改善双相钢的延性具有重要的作用。

Koo 和 Thomas[82] 将初始组织为马氏体的 AISI1010 钢分别进行循环加热直接淬火和亚温淬火，得到晶粒度大致相同的二组双相钢，虽然二者的马氏体含量不同（经直接淬火的 $f_m=75\%$，经亚温淬火的试样的 $f_m=60\%$），但它们的硬度（或者说它们的抗拉强度）却基本相等，但经亚温淬火试样的延性则高于直接淬火试样。透射电镜观察表明，经直接淬火的试样，由于原始马氏体内高密度位错已在重新加热时消除，所以铁素体中位错密度较低。而亚温淬火试样，没有发生完全的奥氏体转变，所以原始马氏体组织中的位错在冷却时被遗传下来，并形成亚结构，铁素体中位错密度较高。正是这种位错密度的差异，也就是铁素体强度的差异，使得两种马氏体体积分数的双相钢的强度基本相同。由此表明，铁素体中的位错密度影响铁素体的抗拉强度，并且铁素体的抗拉强度对双相钢的抗拉强度和延性有影响。

4.5.4.5　取向附生铁素体的作用

在临界区退火及随后冷却过程中，所产生的各类显微组织与退火温度和冷却速率有关。临界区加热的温度范围，确定了奥氏体的体积分数和奥氏体中碳和合金元素含量，因此影响了每个奥氏体岛的淬透性，冷却速率则决定了单个奥氏体岛冷却后的转变产物是扩散型或是切变型。当以某一冷却速度从临界区冷却时，奥氏体岛会由于取向附生铁素体的长大而缩小，同时发生碳的富集，进一步冷却时，奥氏体岛转变为马氏体或贝氏体，最终组织包括马氏体+取向附生铁素体+老的铁素体。在 Nb[48,68] 和 V[50] 微合金化的双相钢中，均发现有这类显微组织。

关于取向附生铁素体对双相钢性能影响的定量研究报道尚少。Huppi 等[49] 检验了取向附生铁素体对双相钢抗拉强度和延性的影响。采用钢种为 0.12% C-1.42% Mn-0.29% Si-0.035% Al-0.045% V，试样经不同临界区温度加热后以恒定的冷却速率冷却。测定取向附生铁素体量和双相钢的抗拉强度及延性的关系，结果见图 4-44。

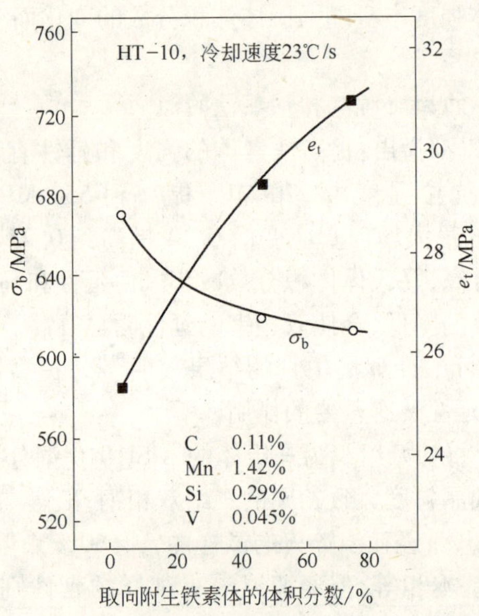

图 4-44　双相钢的 σ_b、e_t 与取向附生铁素体体积分数的关系

由图可以看出，双相钢的抗拉强度随取向附生铁素体量的升高而下降，而总伸长率则随取向附生铁素体的体积分数增加而升高。取向附生铁素体对双相钢性能

的这种影响是与它的显微组织和性能有关的。和残留铁素体相比，取向附生铁素体中无沉淀相，具有高密度的位错，因而具有较高的延性和较低的强度；这一结果表明了“清洁的”[115]或“特殊的”高延性铁素体在提高双相钢的延性中具有重要的作用。和普通低碳双相钢相比，Nb、V 等微合金化双相钢具有更高的延性，可能与取向附生铁素体的存在有关。

4.5.5 残留奥氏体

双相钢中残留奥氏体的存在，已为许多工作所证实[39,82,115~118]。它有时以薄膜形式存在于板条马氏体的板条边界上[82,117]，有时则以直径小于(或等于)1 μm 的粒子[39,115,116]孤立存在于铁素体中。残留奥氏体量、存在形式和钢种、临界区退火温度、冷却速度等因素有关。通常双相钢中的残留奥氏体量低于 5%，个别高达 10%。透射电镜暗场和衍射分析可以证明残留奥氏体的存在，并可观察形貌。X 射线衍射分析或穆斯堡尔效应分析可对残留奥氏体进行定量分析。

Rigsbee[116]详细研究了双相钢中残留奥氏体的性能及其对拉伸变形特性的影响。所用合金成分列于表 4－8。试样在中性盐浴中进行临界区加热 5 min，然后热油冷。残留奥氏体的体积分数和退火温度的关系见图 4－45*a*、*b*。两种材料中残留奥氏体量随退火温度的变化趋势相似，残留奥氏体首先随退火温度升高而增加，分别于 843℃和 899℃时达到最高值 6.5%，加热温度进一步升高，残留奥氏体量下降。将这种试样在液氮中(－196℃)，甚至在－269℃温度下处理 10 min，残留奥氏体量基本没有变化，但这些残留奥氏体在拉伸变形中特别不稳定，其中钢Ⅰ经 843℃处理后残留奥氏体与拉伸应变的关系见图 4－46。由图可以看出：在外加应变下，残留奥氏体发生马氏体转变(也就是说 M_d > R.T.)在外加应变 5% 时，将近 50% 的残留奥氏体转变为马氏体，随应变增加，残留奥氏体量减少。当外加应变达到 20% 时，80% 的残留奥氏体转变为马氏体(即双相钢中残留奥氏体只剩下 1.3% 未发生转变)。定量金相测定表明：残留奥氏体粒子的平均直径为 0.75 μm，马氏体岛的平均直径为 2 μm。对 V、Ti 微合金化的双相钢变形与残留奥氏体量的关系观察得出[39,115]：在均匀变形阶段，几乎全部残留奥氏体都转变为马氏体。

表 4－8 试验用钢的成分(质量分数，%)

钢编号	C	Mn	Si	Nb	V	Cr	Mo	Ni	Al	N	Fe
Ⅰ	0.072	1.29	0.30	0.077	0.08	0.02	<0.01	0.02	0.035	0.008	余
Ⅱ	0.11	1.29	0.29	0.071	0.065	0.03	<0.01	0.02	0.038	0.008	余

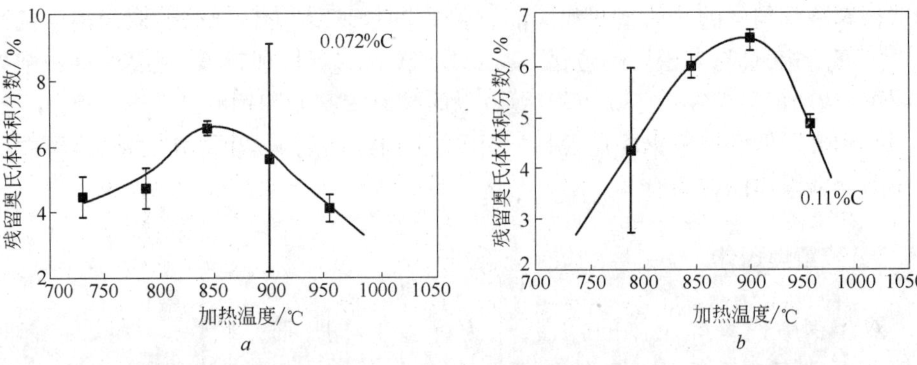

图4-45 双相钢中的残留奥氏体量和临界区加热温度的关系（X射线分析结果）

a—钢Ⅰ；*b*—钢Ⅱ

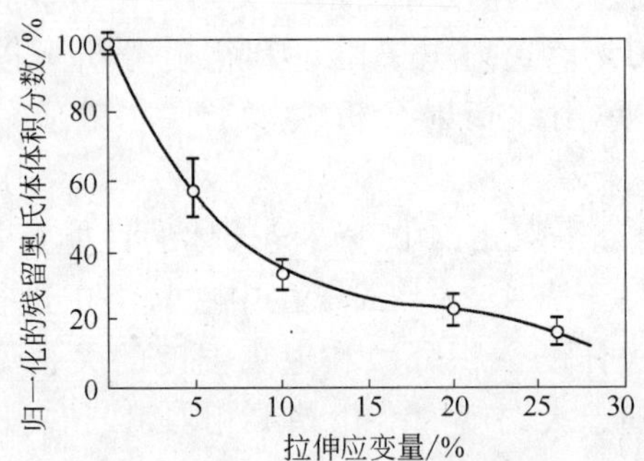

图4-46 拉伸应变量和归一化的残留奥氏体体积分数的关系

加工硬化指数和残留奥氏体体积分数的关系见图4-47[116]。随着残留奥氏体量增加，加工硬化指数增加，在1%～5%初期应变中，残留奥氏体对双相钢的加工硬化特性具有重要的作用。残留奥氏体对均匀伸长的影响具有类似的趋势，即均匀伸长随残留奥氏体体积分数增加而升高。残留奥氏体的这种良好影响类似于

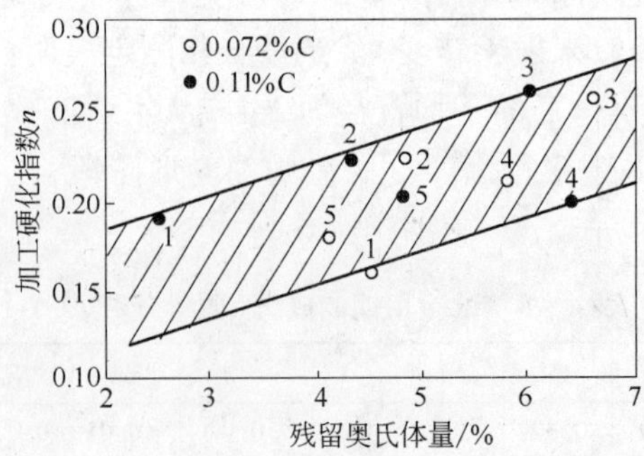

图4-47 加工硬化指数与残留奥氏体体积分数的关系

相变诱发塑性效应(TRIP),而残留奥氏体转变时的体积膨胀还会使铁素体中位错密度增加,从而使铁素体产生强化。应该注意,一般双相钢中,残留奥氏体量均较低,对双相钢加工硬化特性起主要作用的还是马氏体和铁素体。

双相钢中的残留奥氏体粒子(直径小于 1 μm)具有较高的热稳定性可能与这些小的残留奥氏体粒子不含有效的马氏体核有关。在一些残留奥氏体粒子中虽然也有一些堆垛层错,但由于铁素体 - 奥氏体界面部分共格,因此会由于铁素体母相产生拘束而稳定化。当材料变形时,会将变形组织结构引入到奥氏体粒子中去,这种变形组织将可作为马氏体转变的核心。同时,材料的变形将在铁素体 - 奥氏体界面上铁素体内产生应变梯度,而应变梯度的存在,则可使部分共格界面拘束有效地降低,这显然有利于奥氏体粒子发生马氏体转变。当奥氏体粒子发生马氏体转变时,将伴随形状和体积变化。为保持界面的相容性,要求铁素体中产生一定的变形量,这又使界面上的应变得到缓解,从而推迟了孔洞的萌生和聚合,提高双相钢的延性。

4.5.6 合金元素

合金元素对双相钢性能的影响,主要表现在临界区热处理时它们对淬透性、马氏体形态及分布和铁素体的形态及性质的影响。一般双相钢中,合金元素的含量并不高,合金元素的种类也不多。大部分双相钢是 Si-Mn 系,高硅系及微合金化的 Mn-V、Mn-Nb 系,只是在某些热轧双相钢中,为满足工艺上的要求,加入少量铬和钼。

4.5.6.1 硅和磷的影响

硅和磷都是强化铁素体的元素,它们可以有效地提高铁素体的强度(加入 0.2% P 与加入 2% Si 的强化作用相当),但降低铁素体的延性。

硅和磷对双相钢均匀伸长率和抗拉强度的综合性能的影响见图 4-48。由图可以看出,硅和磷对双相钢性能具有良好的影响,这与硅和磷对铁素体性能的提高有关。

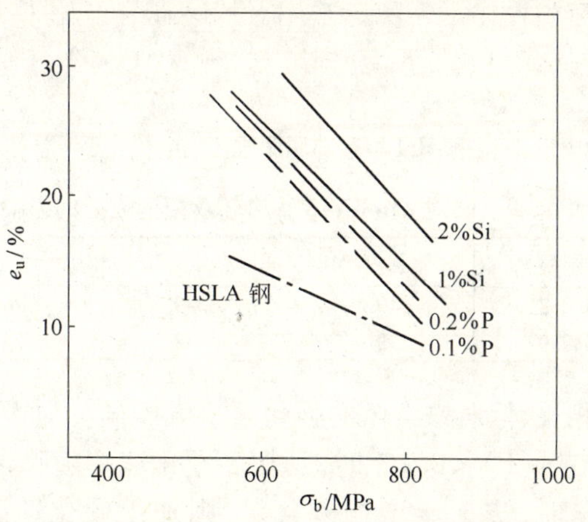

图 4-48 硅和磷对双相钢的均匀伸长率和抗拉强度的影响

硅在双相钢中的良好作用是[57,119,120]：(1)硅可以扩大 Fe-C 相图的 α + γ 区，使临界区处理的温度范围加宽，改善双相钢的工艺性能，有利于保持双相钢强度、延性等性能的稳定性和重现性。(2)可以改变临界区加热时形成的奥氏体的形态，因而容易得到细密而均匀分布的马氏体，保证双相钢获得良好的强化效果以及强度与延性的良好配合。(3)硅是铁素体的固溶强化元素，它加速碳向奥氏体的偏聚，使铁素体进一步净化，免除间隙固溶强化并可避免冷却时粗大碳化物的生成。(4)可以提高淬透性。(5)固溶到铁素体中的硅可以影响位错的交互作用，增加加工硬化速率和给定强度水平下的均匀延伸，含 2% Si 双相钢的综合性能与其他 HSLA 钢的对比见图 4－49[47]；硅不仅可使 Mn-Cr-Mo 热轧双相钢的强度提高，而且还可以使双相钢的总伸长率和加工硬化指数升高(见表 4－9)。然而，高的含硅量有害于板材表面质量，例如，在均匀化处理时，可能会形成一些低熔点的复杂的氧化物，因此高硅双相钢的应用还受到限制。

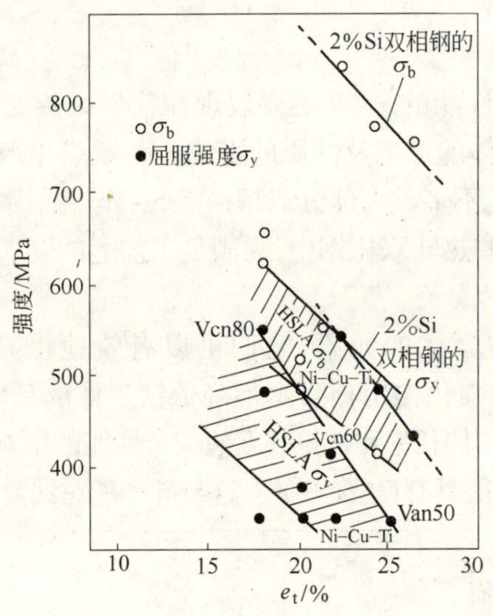

图 4－49　2% Si 双相钢、HSLA 钢的屈服强度、抗拉强度与总伸长率的关系

表 4－9　硅对 Mn-Cr-Mo 热轧双相钢性能的影响

硅含量/%	抗拉强度/MPa	屈服强度/MPa	屈服点伸长率/%	e_t/%	n_u
0.52	578.2	340.1	0.59	24	0.182
1.53	639.9	370.4	0.58	27	0.202

磷的作用与硅相反，但对铁素体的强化效果大于硅。加入磷可以提高纯铁的加工硬化速率[129]，在 $w(P) < 0.2\%$ 时，其加工硬化速率随磷含量增加而增加，但在磷含量大于 0.2% 时，进一步增加磷含量，则加工硬化速率不再增加。加入 0.09% P 可使含锰双相钢的加工硬化速率明显提高，其效果与加入 2.0% Si 相当。

适当地提高磷含量对改善热处理双相钢的性能具有良好的作用[97,119]。Becker[97]采用4种不同磷含量的钢(0.11%C-1.54%Mn-0.50%Si,磷含量分别为:0.004%、0.10%、0.24%、0.98%)进行试验,试样经适当热处理,以使4种双相钢中马氏体体积分数均在25%。拉伸试验结果见图4-50*a*~*d*,由图可以看出磷含量在0.24%以下,增加磷含量则双相钢的强度提高,延性增加;但当磷含量达到0.24%时,进一步增加磷含量双相钢的抗拉强度不仅降低,而且均匀伸长率和断裂真应变明显下降。拉伸断口观察指出,含磷为0.004%和0.1%的双相钢拉伸断口为韧窝状,但含0.1%P的双相钢比0.004%P的双相钢的断口中韧窝要浅些。裂纹扩展途径的观察指出,铁素体内的裂纹是穿晶的,并绕过马氏体相,也就是说断裂是由铁素体的断裂而引起。仔细观察马氏体附近的裂纹可以看出,二相交界面一般并不发生断裂,在相界上始终保留着铁素体的薄膜。在磷含量达到0.24%以后,断裂行为发生了变化,相界断裂的百分比增加,同时铁素体又呈现出解理断裂的趋势,这种情况和拉伸性能的试验结果是一致的。如果不发生铁素体和马氏体的界面断裂,则双相钢的性能由磷含量、马氏体体积分数及晶粒度决定。如果磷含

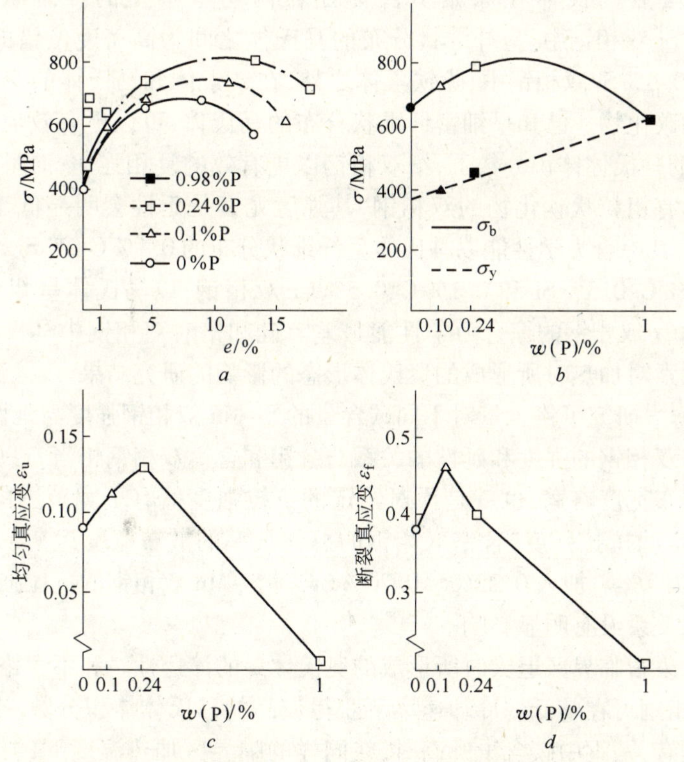

图4-50 磷含量对双相钢(f_m=25%)拉伸变形特性的影响

量较高,发生铁素体与马氏体界面断裂,则双相钢的性能将由磷偏析所产生的相界脆化情况来确定。界面脆变发生以前,加磷使铁素体延性升高,但在界面脆化以后,加磷则使铁素体延性恶化。前一种情况,铁素体发生延性断裂,而后一种情况则会发生相界断裂,并使铁素体发生解理。因此磷含量有一个最佳值。此外膨胀曲线表明,磷对组织形成的直接影响是加磷可使 $\alpha+\gamma$ 区扩大,亦即使临界区处理的温度范围扩大,从而使临界区加热时轻微的温度波动对马氏体体积分数几乎没有影响,这种良好的影响类似于硅。Davies[119]实验得出,双相钢中磷含量应在0.2%以下,这与上述分析是一致的。

4.5.6.2　铬的影响

不同铬含量对双相钢综合性能的影响见图4－51[123],图中同时示出了不同硅含量对双相钢性能的影响。显微组织观察指出铬和硅对双相钢性能的这种影响主要与马氏体形态和分布的变化有关。在0.1%C-4%Cr双相钢中,马氏体在铁素体中呈粗粒状分布,因此强度和延性较低。而在0.1%C-0.5%Cr双相钢中,在原始奥氏体晶粒内部呈类针状分布,而在原始奥氏体晶界则呈连续状分布,在铁素体－马氏体界面上还有粗粒状碳化物存在。在0.1%C-2%Si和0.1%C-0.5%Si双相钢中,虽然马氏体在原始奥氏体晶粒内均呈细密的纤维状分布,但在0.1%C-2%Si双相钢中,呈纤维状分布的马氏体之间为高密度位错的铁素体,而在0.1%C-0.5%Si双相钢中,除铁素体之外,在铁素体和马氏体的交界面上还发现粗颗粒的碳化物。已知呈细密纤维状分布的马氏体,可以更有效地阻碍位错运动,在给定的马氏体体积分数下,给双相钢以更有效的复相强化;而呈粒状分布的马氏体和含有粗粒状碳化物的双相钢,其强度尤其是延性会明显低于前者;如图4－51所示,其综合力学性能以马氏体呈纤维状分布的0.1%C-2%Si双相钢最优,其次是0.1%C-0.5%Si和0.1%C-0.5%Cr双相钢,以马氏体呈粗粒状分布的0.1%C-4%Cr双相钢的综合力学性能最差。硅和铬对双相钢中马氏体形态的影响与合金元素对加热时所形成的奥氏体形态的影响的研究结果[124]一致。

Marder[125]研究了铬含量对不同碳含量的Si-Mn双相钢强度与延性的影响,结果指出含铬双相钢的强度和延性的关系与含钼和含钒双相钢相当。只是含铬双相钢的延性散布宽度略宽,也就是说对给定的抗拉强度值有更宽范围的总伸长率。例如,对给定的抗拉强度,含铬双相钢的总伸长率的散布宽度为9%,而含钒(或钼)双相钢为7%。加入0.22%～0.76%Cr,对Si-Mn双相钢的抗拉强度与马氏体体积分数的关系没有明显影响。

铬可以改善临界区退火时所形成的奥氏体岛的淬透性。和不含铬的双相钢相比,含铬双相钢可在较低的冷却速率下获得较高的马氏体体积分数。铬的影响和钢中碳含量有关,钢中碳含量升高时,在同样的临界区加热温度下,会有更多体积分数的奥氏体形成,而每个奥氏体岛中平均铬含量降低,即铬对淬透性的有益影响降低。Marder用最大屈服点伸长与 $w(\mathrm{Cr})/w(\mathrm{C})$ 值的关系来说明碳和铬对奥氏体

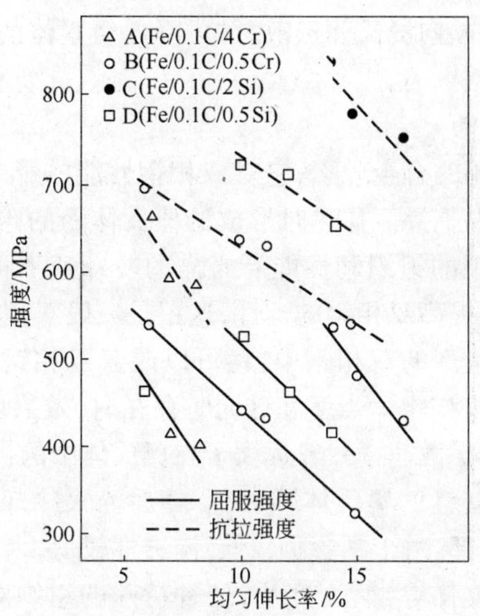

图 4-51 C-X-Fe 合金的抗拉强度、屈服强度与均匀伸长率的关系

岛淬透性的影响(见图 4-52)。由图可以看出,在图中给定的条件下,当 w(Cr)/w(C)值超过 3.0 时,1.5% Mn-0.5% Si-C 钢的奥氏体岛可获得最高的淬透性。如碳含量增高,铬含量降低(即 w(Cr)/w(C)值下降),则在临界区退火时形成的奥氏体岛将含有较低的合金元素(如铬或锰),随后冷却时,含合金元素较少的奥氏体岛就可能转变为珠光体。

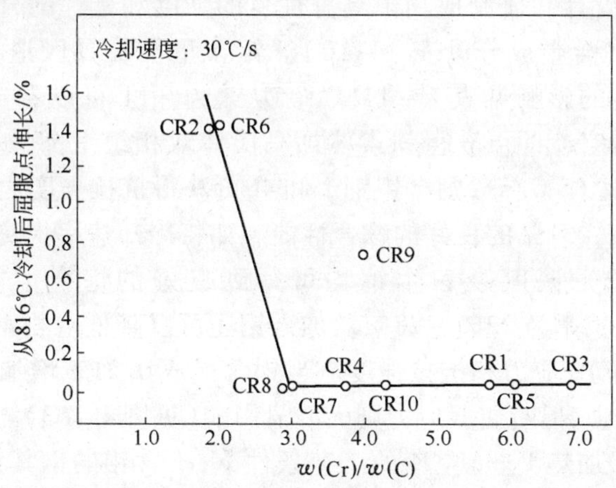

图 4-52 w(Cr)/w(C)值对最大屈服点伸长的影响(1.5% Mn-0.5% Si-C,810℃加热)

CR1: Cr0.65/C0.096 CR2: Cr0.22/C0.11 CR3: Cr0.76/C0.11
CR4: Cr0.52/C0.14 CR5: Cr0.52/C0.086 CR6: Cr0.26/C0.13
CR7: Cr0.25/C0.073 CR8: Cr0.24/C0.082 CR9: Cr0.52/C0.13
CR10: Cr0.47/C0.11

此外,铬可以促进碳向奥氏体扩散,并可降低铁素体的屈服强度,更有利于获得低屈服强度的双相钢。

4.5.6.3　锰的影响

锰是双相钢中常用的合金元素,它对双相钢性能的影响常常和冷却速度相联系。锰可以有效地提高临界区加热时形成的奥氏体岛的淬透性,因而可以降低临界区加热后获得双相钢的组织和性能所必需的冷却速率[126],同时锰也可降低铁素体中的固溶碳,从而提高双相钢的延性,这正是一般双相钢中均含有一定量的锰的原因。在连续退火生产的双相钢中,锰可以改善双相钢的延性,提高断裂真应变,并改善断口组织形貌[127]。当锰和硅同时存在时,效果更为明显。在临界区加热时,锰在铁素体中的扩散速率一般远大于在奥氏体中的扩散速率,因此会在奥氏体岛的周围形成一周富锰的奥氏体圈[128]。随后淬火冷却时,就形成一层马氏体圈,而在奥氏体岛的心部,由于锰含量较低,淬透性较低,因而会出现一些非马氏体(如先共析铁素体、珠光体等)转变产物,这种特殊的组织对性能的影响尚需进一步查明。考虑到锰在铁素体和奥氏体中不同的扩散速率,为充分发挥锰对淬透性的有益作用,在临界区加热时,应选定适当的保温时间。关于锰含量、退火工艺及其与性能的关系,将在第 11 章详细讨论。

4.5.6.4　钼的影响

钼系碳化物形成元素,但在临界区加热时,钼的碳化物多已溶解,因此对临界区加热时所形成的奥氏体岛的淬透性有良好的影响。根据钼对奥氏体转变曲线的影响,设计并研制成功了具有优良的强度和延性配合的 Mn-Si-Cr-Mo 热轧双相钢[130](合金成分见表 4 - 10)。钼含量及临界区退火工艺对 Mn-Si 双相钢拉伸性能的影响见表 4 - 11[131]。从表 4 - 11 可以看出:加入少量钼,经临界区加热后空冷即可获得铁素体加马氏体双相组织,例如 790℃ 加热 15 s ~3 min,然后空冷(5℃/s),则含钼钢 1 和 4,可获得抗拉强度为 620 ~ 690 MPa、总伸长率为 26% ~31% 的良好的综合性能。如将冷却速率提高到 28℃/s,除不含钼的钢(No. 2)外,其余三个钢均可得到良好的综合性能,即抗拉强度 ≥640 MPa,总伸长率为 22% ~28%。加入钼还可以降低双相钢的屈服强度,增加应变为 2% 的流变应力和抗拉强度。当钼含量从 0.21% 增加到 0.31% 时,这一趋势进一步增强,但对屈服应力则无明显影响(见图 4 - 53)[132]。扫描电镜观察指出:在 790℃ 加热 1 min 空冷的工艺条件下,不含钼的钢其显微组织由细晶粒的多边铁素体、珠光体团、上贝氏体和弥散分布的渗碳体粒子组成。而在含 0.21% Mo 的钢中,其显微组织为细晶粒的多边形铁素体和马氏体。从而阻碍了拉伸变形时的塑性失稳,并使孔洞萌生和聚集发生困难,提高了强度,而延性基本不变。同时马氏体转变在铁素体中诱发了足够的可动位错,所以屈服强度也明显下降。

表 4-10 试验钢的化学成分

序号	化学成分/%							
	C	Mn	Si	Mo	P	S	N	Al
1	0.11	1.49	0.56	0.15	0.010	0.005	0.008	0.06
2	0.08	1.43	0.54		0.006	0.006	0.005	0.05
3	0.08	1.44	0.56	0.10	0.006	0.006	0.005	0.04
4	0.11	1.46	0.56	0.10	0.006	0.006	0.005	0.05

表 4-11 钼对双相钢拉伸性能的影响

（2.5 mm 厚钢带，790℃临界区退火）

序号	临界区加热温度后的冷却速率/℃·s^{-1}	临界区加热时间	$\sigma_{0.2}$/MPa	σ_z/MPa	σ_b/MPa	e_t（50 mm 标距长）
1	5	15 s	290	471	668	26
		1 min	288	487	671	28
		3 min	316	512	686	27
2	5	15 s	429	435	513	33
		1 min	438	445	520	31
		3 min	384	398	524	30
	28	15 s	323	386	581	31
		1 min	328	381	594	29
		3 min	278	398	599	30
3	5	15 s	341	391	578	31
		1 min	342	402	594	30
		3 min	307	405	603	30
	28	15 s	289	456	647	28
		1 min	289	464	655	27
		3 min	298	475	654	28
4	5	15 s	354	449	665	30
		1 min	331	441	660	31
		3 min	353	461	676	29
	28	15 s	315	192	700	22
		1 min	323	536	740	26
		3 min	323	544	748	26

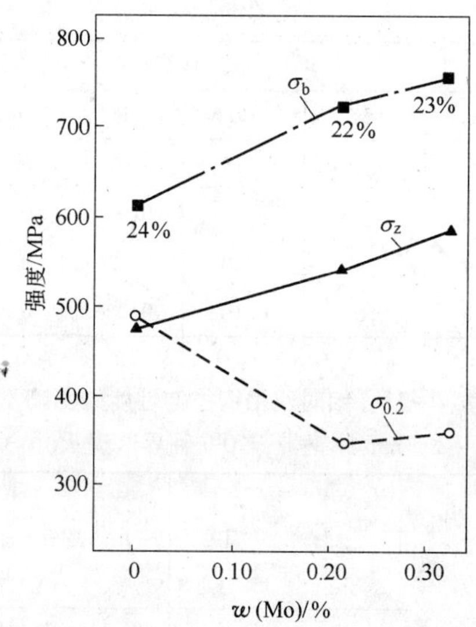

图 4－53　钼含量对双相钢拉伸强度性能的影响（2.5 mm 钢带，790℃加热 1 min 空冷，基本成分为 0.11% C-1.45% Mn-0.55% Si-0.04% Nb，图中数字为均匀伸长率）

4.5.6.5　钒的影响

钒可以提高临界区加热下所形成的奥氏体岛的淬透性，含钒钢从临界区加热温度空冷或吹风冷却可获得满意的双相组织和性能。钒是强碳化物形成元素，它对免除铁素体间隙固溶强化，细化晶粒，产生高延性的铁素体，消除屈服点伸长均有好处[3]。同时钒还提高双相钢抗时效稳定性，因此在美国早期开发的双相钢中（主要是热处理双相钢），如双相钢 GM980X[34,133] 和 VAN-QN[67] 系列都包含有少量钒，并且 Rashid[34] 认为，如要获得良好性能的双相钢，钒是必须加入的元素。含钒双相钢 VAN-QN 系列和同等抗拉强度级别的 HSLA 钢性能对比列于表 4－12。

表 4－12　不同强度级别的双相钢与低碳钢或 HSLA 钢的性能比较

钢　种	σ_y/MPa	σ_b/MPa	e_u/%	e_t/%	备　注
普通优质碳钢	173/276	242/345	22/27	32/38	厚 0.76 mm 冷轧板
深拉延质量钢	173/242	242/311	25/30	35/40	厚 0.76 mm 冷轧板
SAE950	345/414	449/518	15/18	20/25	厚 0.76 mm 冷轧板
VAN-QN50	242/345	483/552	25/28	30/35	厚 0.76 mm 冷轧板
SAE980	552/621	656/725	11/13	19/22	厚 2.54 mm 热轧板
VAN-QN80	345/449	621/690	20/23	27/30	厚 2.54 mm 热轧板

续表 4-12

钢 种	σ_y/MPa	σ_b/MPa	e_u/%	e_t/%	备 注
Q&T110	759/828	828/897	10/12	16/19	厚 2.54 mm 热轧板
VAN-QN100	380/483	863/897	15/18	19/22	厚 2.54 mm 热轧板

钒提高临界区加热时形成的奥氏体的淬透性的一种可能的原因是在临界区加热温度下,钒的碳化物会部分溶解,锰的存在可以加速这一溶解过程[136]。根据透射电镜的观察结果,在马氏体岛或残留奥氏体的边界上有钒的碳化物粒子存在,因此钒的碳氮化物粒子对两相界面的钉扎作用是钒提高临界区退火后奥氏体淬透性的另一原因[39]。在这方面,钒和钛的碳化物的作用是相同的。含钒钢和含钛钢在工艺条件相当的情况下,二者性能出入不大。但 Rashid[34] 指出,用钛代替钒,会使双相钢性能恶化。此外,含钒钢的性能强烈受冷却速率的影响[64],如在临界区退火后水冷,含钒钢和不含钒钢在性能方面几乎没有差异[113]。为了进一步弄清双相钢中钒的作用,Östrom 等[135] 采用基本成分(0.11% ~0.12% C,0.60% ~0.64% Si,1.43% ~1.53% Mn,0.014% ~0.012% P,0.005% ~0.007% S,0.027% ~0.025% Al,0.007% ~0.006% N,0.023% ~0.016% Ce)相同的不含钒和含钒(0.058% V)的两种钢,考察了各种冷却速度、临界区退火温度、保温时间对双相钢的延性、强度、显微组织结构的影响。结果得出,钒可以提高临界区加热时所形成的奥氏体的淬透性,因此采用较低的冷却速率就可以获得强度和延性配合良好的双相钢。例如经 790℃或 840℃加热的含钒钢,采用吹风冷(30 K/s)就可获得强度和延性的最佳配合;而不含钒钢,则需淬入 99℃盐水中才可获得与钒钢相近的综合性能。当加热温度升高时(例如从 790℃到 840℃),会使残留奥氏体量增加,使强度和延性进一步改进,但获得强度和延性最佳配合的冷却速度亦需相应的提高。

铌和钒的作用类似,但铌的碳化物更稳定,临界区加热时其长大或溶解更困难些。在合适的冷却速度下,含铌双相钢会出现取向附生铁素体,这改善了双相钢的延性。

4.5.6.6 碳的影响

碳直接影响临界区处理后双相钢中马氏体的体积分数和马氏体碳含量。一般双相钢中碳应该在 0.10% 以下,以便得到工业上常用 20% 左右的马氏体体积分数,马氏体中碳含量为 0.4% 以下的双相钢,这对延性和断裂抗力改善都有好处。

通常碳含量增加,双相钢的强度增加,延性下降[4,104,137]。碳含量对双相钢性能的影响见图 4-54 和表 4-13[137]。由图和表中回归结果可以看出,强度、延性与碳含量均呈线性关系。在这种处理条件下,强度随碳含量增加而增加,延性则随碳含量增加而降低。

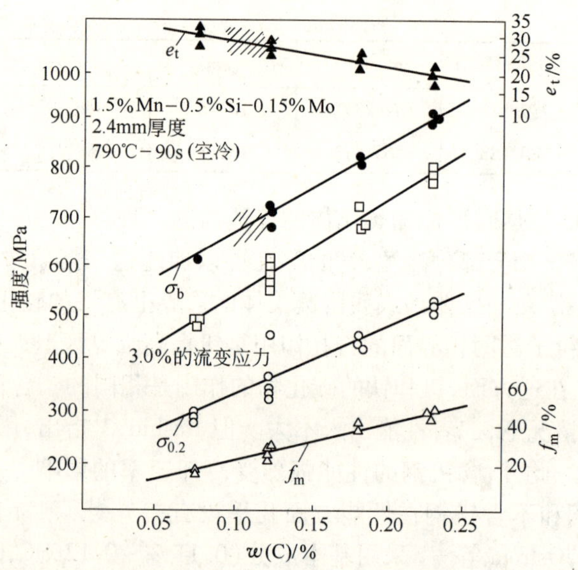

图 4-54 碳含量对双相钢力学性能和显微组织的影响
（790℃加热 90 s，空冷；成分为 C-0.5%Si-1.5%Mn-0.15%Mo）

表 4-13 双相钢的强度和延性与钢中碳含量、M-A 相体积分数的回归分析结果

关 系	方 程	斜率的95%置信区间	相关系数
$\sigma_{0.2}$与 C%	$\sigma_{0.2}$ = 1335C% + 200	1005/1666	0.931
σ_3 与 C%	σ_3 = 1890C% + 348	1723/2057	0.990
σ_b 与 C%	σ_b = 1781C% + 486	1627/1936	0.991
e_T 与 C%	e_T = 36.1 - 68.3C%	-90.3/-46.2	0.890
(M-A)% 与 C%	(M-A)% = 169.2%C + 9.3	147.5/190.8	0.980
$\sigma_{0.2}$与(M-A)%	$\sigma_{0.2}$ = 7.79%(M-A) + 130	5.96/9.62	0.937
σ_b 与(M-A)%	σ_b = 10.15%(M-A) + 401	8.67/11.62	0.974
e_T 与(M-A)%	e_T = 39.0 - 0.38%(M-A)	-0.52/-0.23	0.850
e_T 与 σ_b	e_T = 54.4 - 0.038σ_b	-0.050/-0.026	0.889

注：独立变数的范围：0.075% ~0.23%C，19% ~49%M-A，σ_b = 606 ~ 901，强度均以 MPa 表示。

4.5.7 临界区加热温度

根据 Fe-C 或 Fe-Mn-C（或其他 Fe-X-C）相图可以看出，对给定的碳含量的钢，临界区加热温度升高，奥氏体的体积分数增加，奥氏体中碳含量下降。如果随后的冷却速度可保证临界区温度下形成的奥氏体岛全部转变为马氏体，则双相钢中的马氏体体积分数和碳含量（因而影响到马氏体岛内马氏体的形态）也按同样的趋势发生变化。根据马氏体体积分数和马氏体中碳含量对双相钢性能的影响,可分析临界区加热温度的影响。同时,临界区加热温度上升,铁素体中组织也发生变化,根据相图可知此时铁素体中碳含量下降。如果铁素体中有碳化物则它会逐渐粗化或溶解,冷却后由于马氏体体积分数增加,铁素体中位错量也显著增加。如果冷却速率不能保证临界区加热时形成的奥氏体岛全部转变为马氏体,那么临界区加热温度升高时,由于奥氏体的体积分数增加,奥氏体中碳和合金元素减少,奥氏体岛的淬透性下降,冷却后的组织就更为复杂。低淬透性的奥氏体岛在冷却时可能首先以取向附生的方式析出先共析铁素体,然后可能析出珠光体或贝氏体等非马氏体组织。小尺寸的奥氏体粒子可能因尺寸因素引起的稳定性而残留,部分奥氏体岛可能转变为马氏体。因此,临界区加热温度对双相钢变形特性的影响常常和其他因素如钢中的合金元素、临界区加热时的保温时间、冷却速度等联系在一起。

临界区加热温度对不同碳含量 0.06% ~0.52% C-1.30% ~1.50% Mn 双相钢的流变应力的影响见图 4 – 55[4]（试样经临界区加热后淬入盐水中）。由图 4 –55 可以看出,同一淬火温度,流变应力随钢中碳含量的增加而线性增加。在给定的碳含量下,加热温度越高,流变应力越大。同时,随加热温度的升高,直线的斜率增大。有趣的是这些直线外延至碳含量为 0 时交汇于一点。

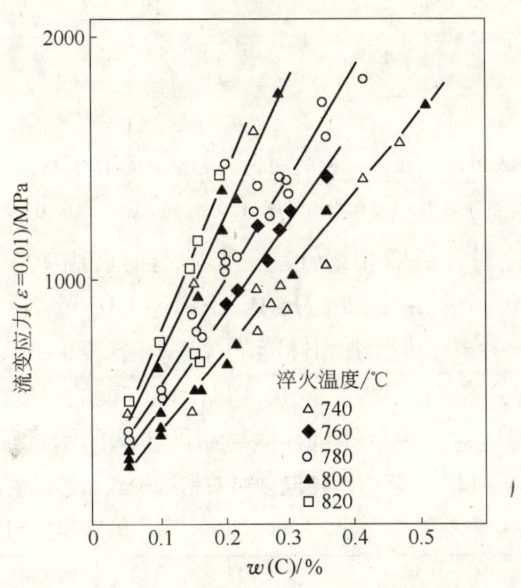

图 4 –55　1% 应变的流变应力与临界区加热温度和钢中碳含量的关系

临界区加热温度（790 ~830℃）对含钼双相钢（0.11% C-1.49% Mn-0.56% Si-0.15% Mo）性能影响的研究得出（试样经临界区加热后空冷）[132],随加热温度升高强度略微下降,而延性略有上升。当加热温度为 830℃时,总伸长率可达 29%。

临界区加热温度对含钒双相钢强度与延性的影响见图 4 - 56[136]。试样在图中所示的温度下加热 10 min，随之吹风冷却。由图可以看出，临界区加热温度升高，双相钢的抗拉强度下降，抗拉强度与延性的乘积上升，即综合性能改善。但是，如果在完全奥氏体化的温度下加热，由于马氏体岛的粗化，延性变差，综合性能下降。临界区加热温度对双相钢性能的影响与冷却后双相钢中的组织变化有关。对于含钒钢，在临界区温度下加热 10 min，随之吹风冷却的条件下，随着临界区加热温度升高，马氏体体积分数下降，残留奥氏体体积分数上升，这两个因素都有利于延性改善。

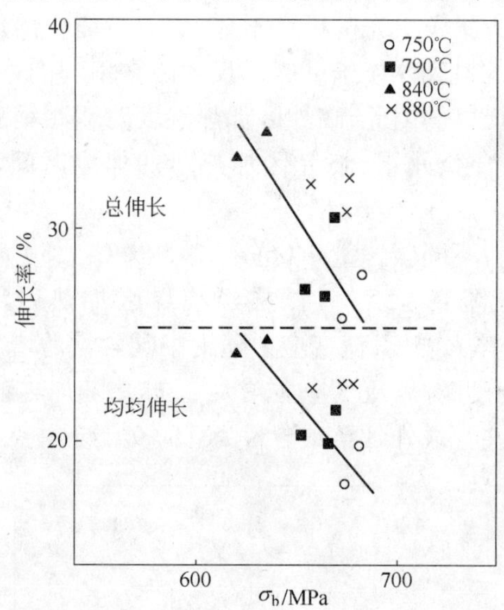

图 4 - 56　临界区加热温度对含钒双相钢的总伸长率与抗拉强度的影响
（钢的成分为：0.11% C-0.60% Si-1.43% Mn-0.058% V-0.023% Ce）

临界区加热温度对含钒双相钢性能的影响有时和组织中的取向附生铁素体量的变化有关。例如 0.12% C-1.42% Mn-0.29% Si-0.035% Al-0.045% V 钢，经临界区加热后，以 23℃/s 冷却，其组织和性能的关系列于表 4 - 14。由表中数据可以看出，临界区加热温度升高，取向附生铁素体量增多。钢的强度略有下降，而延性显著提高。临界区加热温度对含钒双相钢显微组织的影响的示意图见图4 - 57。

表 4 - 14　临界区加热温度对双相钢组织和性能的影响

（加热温度下保温 4 min，以 23℃/s 的冷速冷却）

临界区加热温度/℃	铁素体量/%			马氏体量/%	力学性能			
	总　量	取向附生铁素体	残留铁素体		$\sigma_{0.2}$/MPa	σ_b/MPa	e_u/%	e_t/%
830	81	74	7	12 ~ 14	287	610	21.4	31.0
810	82	47	35	12 ~ 14	288	618	19.9	29.3
745	79	4	75	13 ~ 15	328	672	17.6	25.4

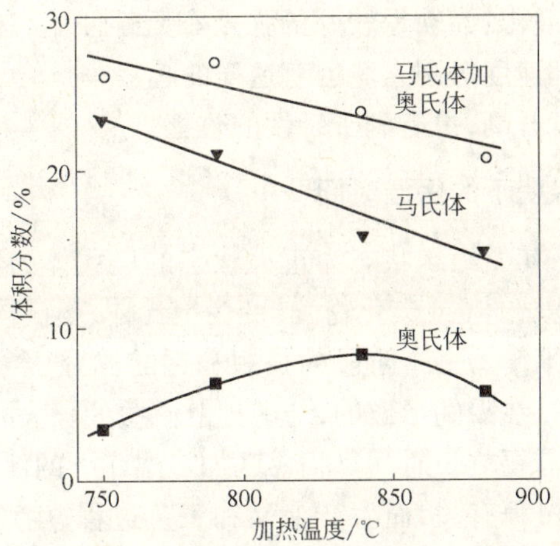

图 4-57 临界区加热温度对含钒双相钢组织的影响示意图
（冷却速度 23℃/s）

临界区加热温度对双相钢中马氏体体积分数的影响还和钢中碳含量有关。例如采用化学成分为（0.037% ~0.20%）C-15% Mn-1.15% Si-0.04% Al 的钢，于不同临界区温度加热后水冷，其马氏体体积分数与碳含量的关系见图 4-58。临界区加热温度升高，马氏体体积分数、直线斜率与碳含量关系的变化趋势和图 4-55 中流变应力的变化相对应。当碳含量趋近于 0 时，三条曲线大体汇聚于一点。

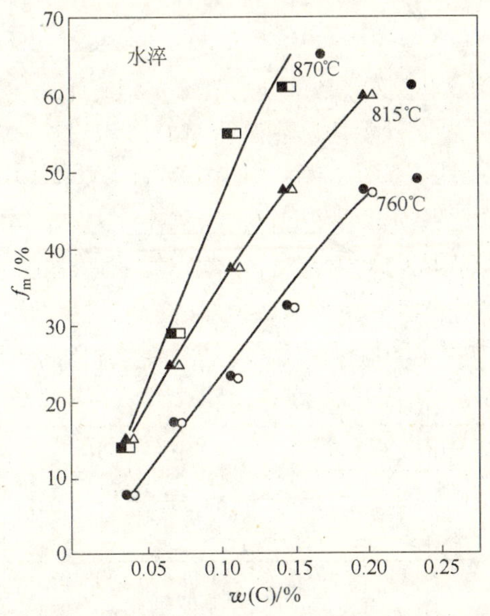

图 4-58 临界区加热温度和碳含量对水淬后双相钢中马氏体体积分数的影响

从以上结果可以看出：为获得较好的强度和延性匹配，选取退火温度时，应综合考虑钢的成分、冷却速度等因素。但有这样的趋势，对马氏体体积分数相当的双相钢，临界区退火温度升高，更有利于延性的改善。

4.5.8 临界区加热温度下的保温时间

在临界区加热时，初始组织状态为正火状态的奥氏体的形成一般分为三个阶段（详见第2章），即珠光体（或碳化物）转变为奥氏体，奥氏体向铁素体长大，及奥氏体与铁素体的最终平衡。三个阶段的长短和钢的成分、合金元素及原始组织状态有关。一般奥氏体是在瞬间形成的，与碳扩散有关的长大阶段也进行得较快，但达到最终平衡则往往需要较长时间。临界区加热温度下的保温时间对双相钢性能的影响与奥氏体形成过程有关，而生产上又和工艺过程、生产率密切相关。因此，在保证双相钢良好性能的前提下，应尽可能采用短的保温时间。

保温时间对790℃和880℃加热温度下0.11%C-0.60%Si-1.43%Mn-0.058%V-0.023%Ce双相钢强度和延性的影响见图4－59[136]（加热后吹风冷却）。由

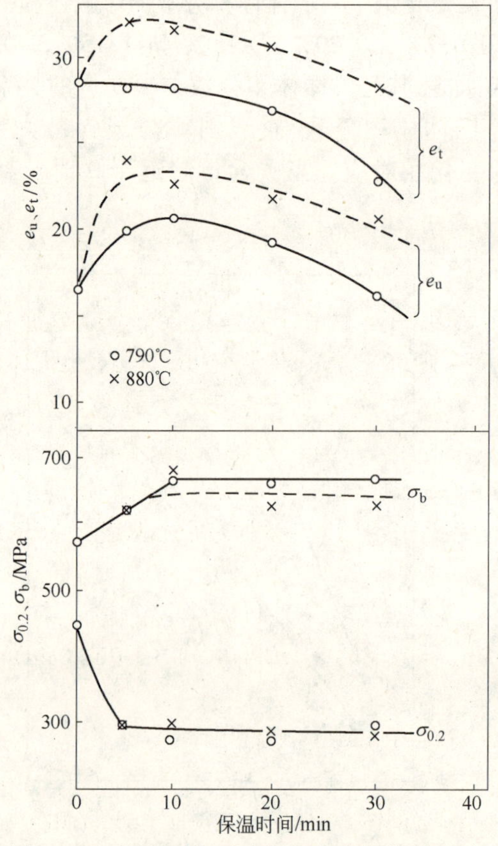

图4－59 保温时间对含钒双相钢性能的影响

图可以看出,保温时间小于10 min时,抗拉强度随保温时间增加而增加,而屈服强度随保温时间增加而降低,进一步增加保温时间,二者基本趋于恒定。在保温5~10 min后,均匀伸长率和总伸长率达到最大值,进一步增加保温时间,延性略有降低。

保温时间的影响往往和加热后的冷却速率相联系。因此,确定一个严格合理的保温时间亦较困难。一般来说保温时间的影响和其他工艺参数相比(如加热温度和冷却速率)处于次要地位。为提高钢板的表面质量,减少形状变化,应尽可能缩短保温时间。但保温时间过短,随后的冷却速率较高,会使铁素体中的固溶碳升高,从而使铁素体的延性下降,屈服强度升高。有时采用补充回火,以消除这种影响。

4.5.9 临界区加热后的冷却速率

临界区加热后的冷却速率对马氏体体积分数、马氏体岛的形态、铁素体的组织和性能都有重要影响,而这些正是决定双相钢性能的基本要素。

4.5.9.1 合金元素和冷却速率

Hashiguchi等[126]详细研究了合金元素和加热后的冷却速率对双相钢强度和延性的影响,并根据钢的化学成分、冷却速率对连续冷却转变曲线的影响,在下列假定和试验条件下,计算了获得双相钢组织所需的临界冷却速率和合金元素含量的关系。

临界区加热温度选定为770℃,奥氏体的体积分数大约为25%,冷却速率的变化范围为0.1~1000℃/s,奥氏体的晶粒大小为9 μm,奥氏体中碳含量约0.5%,钢中锰含量的变化范围为0.3%~3.0%。当其他合金元素变化时(0.1%~0.5% Cr,0.15%~0.3% Mo),碳和锰分别保持在0.05%和1.2%;定义在1.2% Mn-0.5% Cr钢中,冷却速率为5℃/s下所产生的马氏体体积分数为双相钢所必须包含的最小体积分数,即临界体积分数。在其他合金系中,为了获得这一临界值的马氏体体积分数所要求的冷却速率定义为临界冷却速率。临界冷却速率和合金元素的影响见图4-60。合金元素的影响可以转化为锰当量表示。计算分析结果如下:

$$\lg C_R = -1.11\text{Mn}_{eq} + 2.75$$

$$\text{Mn}_{eq} = w(\text{Mn}) + 1.29w(\text{Cr}) + 3.28w(\text{Mo})$$

实验数值的回归结果为:

$$\lg C_R = -1.73\text{Mn}_{eq} + 3.95 \tag{4-49}$$

$$\text{Mn}_{eq} = 1.3w(\text{Cr}) + w(\text{Mn}) + 2.67w(\text{Mo})$$

或

$$\text{Mn}_{eq} = w(\text{Mn}) + 1.29w(\text{Cr}) + 3.28w(\text{Mo}) + 0.46w(\text{Cu}) + 0.37w(\text{Ni}) + 0.07w(\text{Si}) \tag{4-50}$$

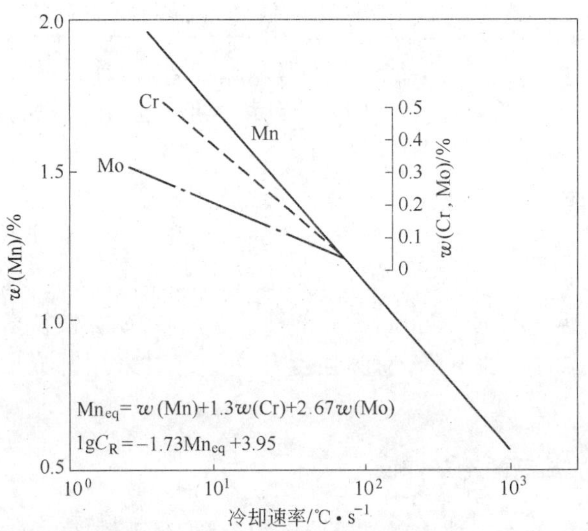

图 4－60　临界冷却速率和合金元素含量的关系

式中　C_R——临界冷却速率，℃/s；

Mn_{eq}——合金元素的锰当量。

计算值和实验值的变化趋势是一致的。二者绝对值的差别，可能是计算时未考虑到临界区加热时形成的奥氏体与完全奥氏体化后的奥氏体转变特性不同所造成。根据钢中合金元素的含量和临界区加热温度下的奥氏体的成分，可用式4－49 估算临界区加热后得到双相钢组织所必需的冷却速率。当钢中含有强烈碳化物形成元素时(如 V、Nb、Ti 等)应考虑到这些元素对临界区加热时奥氏体淬透性的影响。

4.5.9.2　冷却速率对铁素体性能的影响

临界区加热后的冷却速率对铁素体的影响有三个方面：首先是影响铁素体的形态，如含铌的低碳 Si-Mn 钢，经 820℃临界区加热后水冷不生成取向附生铁素体，而油冷则生成大量取向附生铁素体[48]；其次影响沉淀相的形态和分布，从而影响铁素体沉淀强化水平，如 0.10% C-1.32% Mn-0.54% Si-0.11% V-0.097% Al-0.016% N 钢，790℃加热水冷后，铁素体中有 10～20 nm 的细小沉淀相，使铁素体产生沉淀强化，显微硬度 220HV，此时双相钢的总伸长率为 17%。如果将同样的钢，于 790℃加热 10 min 吹风冷却，则铁素体中沉淀相粒子少，尺寸大(可达 55 nm)，铁素体的显微硬度约为 165HV，双相钢的总伸长率达 28%[115]。冷却速率对 0.037% C-1.15% Mn-1.16% Si-0.021% Al-0.0067% N 钢铁素体显微硬度的影响列于表 4－15[104]；第三是冷却速率影响铁素体中的固溶碳，钢经 760℃临界区加热 1 min，然后以不同的冷却速率冷却。由表中结果可以看出，快冷引起铁素体固溶碳升高，从而引起铁素体显微硬度的升高，强度升高，延性下降，因此引起双相钢延性下降。如补充适当的时效处理，降低铁素体中的间隙固溶碳，则可提高延性。

表4-15 铁素体的显微硬度和冷却速率的关系

冷却方式	冷却速率/℃·s^{-1}	铁素体的显微硬度(5g负荷)
空 冷	5	144
喷气冷	12	160
油 冷	122	163
水 冷	833	171

为了得到较低的屈服强度和较高的延性,在保证得到双相组织的前提下,尽可能降低冷却速率,以使铁素体中的碳有足够的时间向奥氏体中扩散。如果钢中合金元素含量不足,临界冷却速率较大,则需补充回火。冷却速率和合金元素含量对双相钢的屈服强度和组织组成的影响示于图4-61。

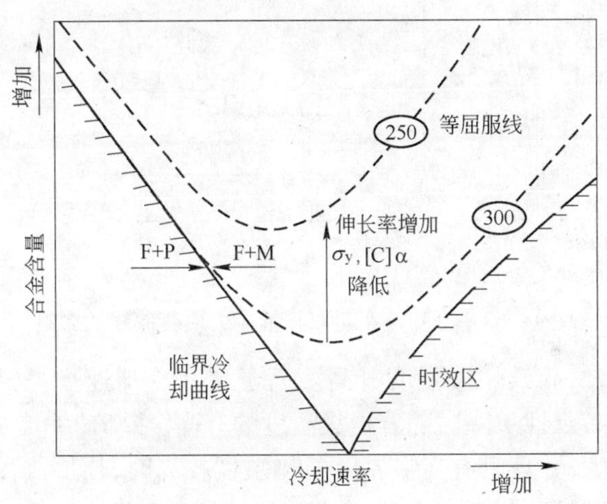

图4-61 冷却速率和合金元素含量对双相钢组织与性能的影响

4.5.9.3 冷却速率对双相钢性能的影响

冷却速率对双相钢工程应力应变曲线的影响见图4-62[104],图中还列出了初始屈服区的放大图。成分为0.11% C-1.50% Mn-1.17% Si-0.035% Al-0.0069% N的钢经815℃加热后,以图中所示的冷却速率冷却。由图可以看出,随着冷却速率的增加,延性下降,强度上升。在12℃/s的冷却速率下,由于钢从非连续屈服变为连续屈服,因此屈服强度下降,这一冷却速率是该钢种的临界冷却速率。在这一冷却速率下,均匀伸长率最高,高于或低于这一冷却速率,均匀伸长率都下降。这与Matlock的[138]实验结果是一致的。

冷却速率对不同临界区加热温度下含钼双相钢(0.098% C-1.57% Mn-0.51% Si-0.058% V)的强度和延性影响的研究结果表明[85],当冷却速率为12℃/s时,双相钢的屈服强度出现最低值。高于和低于这一冷却速率,双相钢的屈服强度均会升高。当冷却速率低于12℃/s时,由于转变的马氏体量不足,拉伸变形时会出现

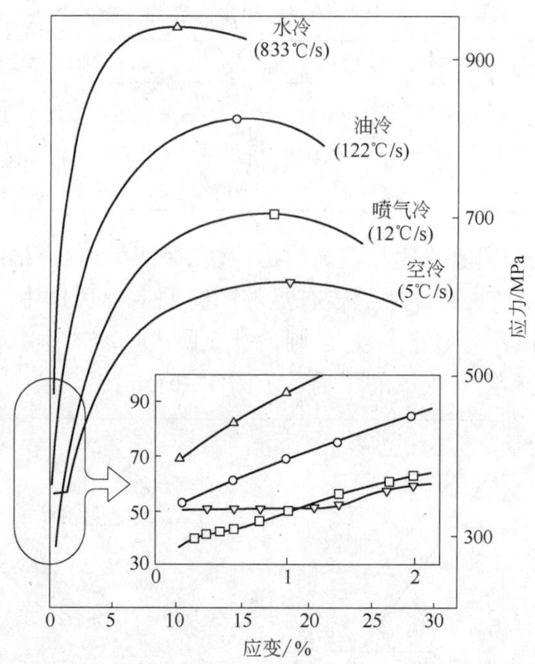

图 4－62　冷却速率对双相钢应力应变曲线的影响

锯齿状的屈服平台，导致屈服强度升高。高于这一冷却速率，马氏体体积分数增加，因此强度增加，延性下降。随着退火温度的升高，冷却速率增加时，对强度和延性的影响明显增大，并且只有当临界区加热温度较高时，屈服强度的凹谷才显著。当临界区加热温度低于 780℃时，这一凹谷基本消失，即在较低的冷却速度下，屈服强度不再升高，这可能与较低的临界区加热温度下形成的奥氏体中碳含量较高，淬透性较好，在较低的冷却速度下也可以转变为马氏体有关。

冷却速率对双相钢强度和总伸长率的影响见图 4－63[104]。由图可以看出，对

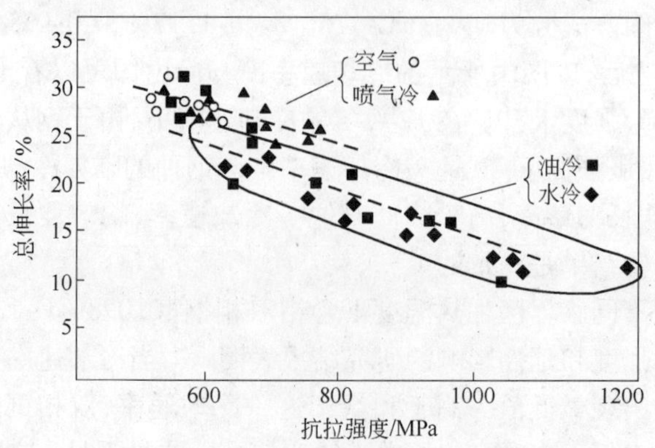

图 4－63　不同冷却方法的 C-Mn-Si 双相钢的总伸长率与抗拉强度的关系

于C-Mn-Si双相钢,空冷和吹风冷却可以在同样强度水平下,获得更高的总伸长率。

Messien等[139]研究了化学成分(C、Mn、Si等)对临界冷却速率(定义为在试验钢中获得5%马氏体加细小铁素体组织所需的冷却速率)的影响及临界冷却速率、合金成分、晶粒度对双相钢强度的影响。实验数据的回归分析结果为:

$$\sigma_b = 71.6\lg C_R + 955w(C) + 69.5w(Mn) + 131w(Si) + 9.4d^{-1/2} + 70.8 \tag{4-51}$$

其方差为$\sigma = 8.4$,相关系数为$r = 0.980$。

$$\lg C_R^{5\%M} = 4.93 - 1.70w(Mn) - 1.34w(Si) - 5.68w(C) \tag{4-52}$$

其方差为$\sigma = 0.11$,相关系数为$r = 0.972$。

式4-51和式4-52的适用范围为:板厚0.8 mm、1.05 mm、1.4 mm;化学成分范围为:0.05% ~0.1% C、1.0% ~1.7% Mn、0.2% ~0.7% Si、0.01% ~0.13% P、0.005% ~0.025% N;临界区加热温度为700~850℃,加热时间2~10 min,在500~800℃的冷却速率为3.5~750℃/s。

实验结果还指出,当冷却速率小于100℃/s时,增加冷却速率将同时增加σ_b和$\sigma_b \times e_t$,如冷却速率大于100℃/s,进一步增加冷却速率虽然可以使σ_b增加,但会严重损失延性。在试验钢的化学成分范围内增加碳、硅、锰的含量可使σ_b增加而不损失延性。

冷却速率对含钒(0.11% C-0.60% Si-1.43% Mn-0.058% V)双相钢和不含钒(0.12% C-0.64% Si-1.53% Mn)双相钢的组织的影响见图4-64[136]。由图可以看出,

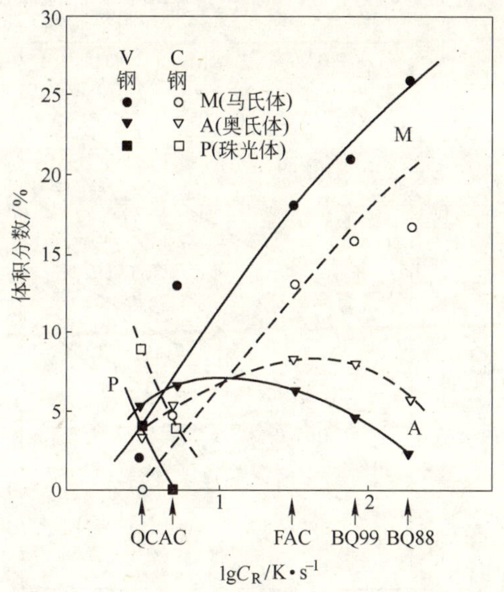

图4-64 冷却速率对含钒钢和不含钒钢组织的影响

(790℃加热10 min)

BQ88—88℃盐水淬火;BQ99—99℃盐水淬火;FAC—吹风冷;AC—空冷;QC—试管冷却

冷却速率增加马氏体的体积分数增加,而珠光体的体积分数迅速下降到零。残留奥氏体量随着冷却速率增加先增后减,在一定的冷却速率下有一个峰值。试验钢的力学性能测定表明,抗拉强度随冷却速率增加而增加,这与冷却速率增加,马氏体体积分数增加是一致的。屈服强度首先随冷却速率增加而降低,这与珠光体量下降和消失以及由此引起的不连续屈服消失是一致的。但进一步增加冷却速率,则由于马氏体体积分数增加,使屈服强度上升。总伸长率通常随冷却速率增加而下降,但均匀伸长率随冷却速率增加时发生的变化则与残余奥氏体的变化相类似。

4.5.10　晶粒大小

晶粒细化的强化效果可以用 Hall—Petch 方程表示:

$$\sigma_y = \sigma_0 + Kd^{-1/2} \tag{4-53}$$

式中　σ_y——屈服应力;

σ_0——晶格摩擦力;

K——常数;

d——晶粒直径。

晶粒细化可以减少位错塞积端的应力集中,有利于晶粒间的变形协调,故晶粒细化不但可以提高屈服强度,而且还可以提高材料的塑性和韧性。用铌细化晶粒对双相钢性能的影响见图 4-65[4]。图中合金 17、20 具有相同的晶粒大小,其流变应力也大体相同,而合金 18、19 比合金 17、20 晶粒大些,在相同的马氏体含量下,

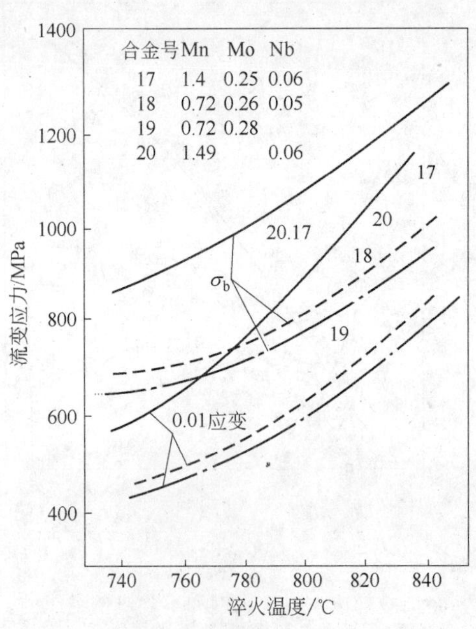

图 4-65　晶粒大小对不同临界区温度加热后水冷的双相钢流变应力的影响

其流变应力要低得多。对 VAN QN-80 双相钢（0.15% C-1.5% Mn-0.50% Si-0.12% V），抗拉强度与晶粒大小的关系为 $7.72/d^{-1/2}$[140]。Davies[4] 指出，当马氏体体积分数大于 50% 时，其抗拉强度似乎与晶粒大小无关，这可能是受马氏体的连续性和马氏体内萌生的显微裂纹的影响。

根据对低碳钢的试验结果，晶粒细化会使加工硬化指数 n 降低，其关系为[141]

$$n = \frac{5}{10 + d^{-1/2}} \tag{4-54}$$

这对双相钢均匀伸长率的提高有不利影响。但是铁素体的晶粒细化，可以提高铁素体的强度，可以使强度相同的双相钢中马氏体体积分数减少，根据双相钢中马氏体体积分数与延性的关系，则可使双相钢的均匀伸长率升高。因此晶粒细化仍然是提高双相钢强度和延性的重要措施。

4.5.11　预变形

双相钢主要用于冲压构件，因此了解和研究预应变对双相钢变形特性的影响在实际应用中也十分重要。

预应变对含钒双相钢（0.11% C-0.55% Si-1.34% Mn-0.085% V）早期屈服的影响见图 4-66[52]。试样经 760℃ 加热淬火，得到双相组织后被预应变到给定的水平，然后去载 95%，在重新加荷前，于 5% 的预应变负荷下放置 10 min，以减少由于滞弹性松弛不同而产生的影响。由图可以看出，初始 2% 的预应变，可使各种应变水平下的流变应力有效地增加。例如，1% 的预应变可使应变为 10^{-5} 的流变应力增加 4 倍，10^{-3} 应变的流变应力增加 2 倍。但预应变增加，则对流变应力的影响降低。例如，10% 的预应变，仅使 10^{-3} 和 10^{-5} 应变下的流变应力继续增加 1.7 倍。

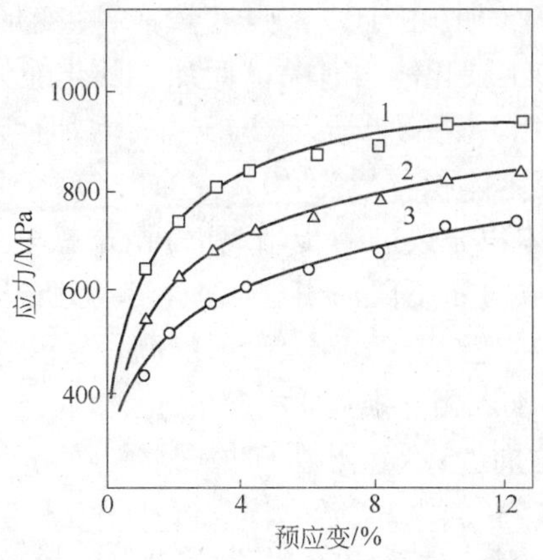

图 4-66　预应变对含钒双相钢流变应力的影响

1—$\varepsilon = 10^{-3}$；2—$\varepsilon = 10^{-4}$；3—$\varepsilon = 10^{-5}$

对工业生产的成分为0.10%C-1.40%Mn-0.49%Si-0.075%V-0.06%Al的双相钢(沿平行于轧向的性能为：$\sigma_{0.2}=283$ MPa，$\sigma_b=645$ MPa，$e_u=21\%$，$e_t=27.4\%$，$n=0.224$，$r=0.78$)分别进行应变量为0.01、0.025、0.05、0.075和0.10的拉伸预应变和用辊径为ϕ200 mm的轧机进行平均应变量为0.02、0.05、0.10的轧制预应变。预应变量对0.002应变下的流变应力和加工硬化增量的试验结果见图4-67[143]。从图可以看出，冷加工对流变应力增量有很大的贡献，5%左右的预应变，可产生的流变应力增量大约为250 MPa。当预应变量小于10%时，轧制和拉伸变形产生类似的加工硬化效应。

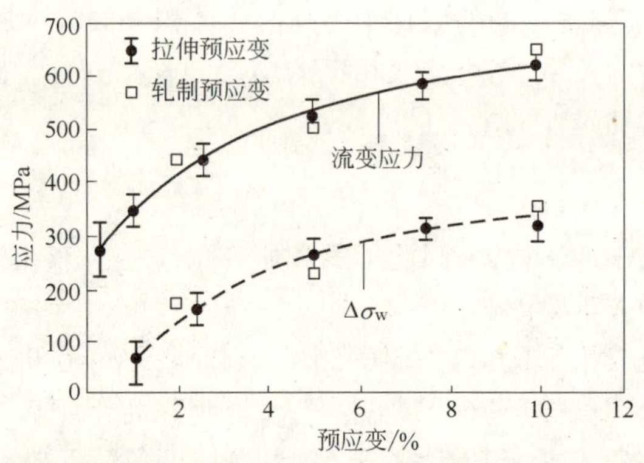

图4-67 拉伸和轧制预应变对流变应力和加工硬化增量的影响

冷轧变形对双相20钢强化影响的研究得出[146]：马氏体体积分数为30%～50%，初始屈服强度为480～570 MPa，伸长率为20%～25%的双相钢试样，经10%的冷轧变形后，可使屈服强度提高到900～1000 MPa，伸长率降至10%。但马氏体体积分数高于50%时，由于原始强度较高，冷变形强化效果下降。冷轧变形效果与双相钢的加工硬化能力有关。而加工硬化能力除与双相钢中两相本身的性能(如两相硬度比)有关外，还随变形量的增加而减弱，并随马氏体含量增加先增后减。在马氏体体积分数为40%左右时(对于双相20钢)，其加工硬化能力最强，当马氏体体积分数进一步增高时，由于铁素体强度增加，马氏体强度下降(由于马氏体中碳含量下降而引起)，其冷变形强化效果下降。

在临界区加热前的冷变形有助于临界区处理后呈纤维状的马氏体和铁素体组织的发展[144]，产生类似于双相纤维强化材料的组织[145]，这类材料的强度较高，延性较低，并具有明显的方向性，不适合用于冲压构件。

在临界区加热温度下进行变形，随之淬火以获得双相钢的处理工艺，虽然也可以使双相钢获得较高的强度，但总伸长率下降。例如，双相15钢在临界区加热温度下变形(800℃变形50%)后，淬入5%的盐水中，其抗拉强度可较未变形的工艺提高约150 MPa，达到930 MPa，但总伸长率则下降5%(由23%降至18%)，这种处理工艺未改善合金的综合性能，因此，它在工业上应用的前途有待论证。

4.5.12 时效或回火

由于双相钢特殊的组织特征，如马氏体和铁素体共存，铁素体中具有高密度的分布不均匀的位错为间隙原子扩散提供了一些特殊的“环境”和“条件”。由于两相之间的残留应力存在，双相钢的回火或时效过程具有一些特点，因此对双相钢时效、应变时效及回火过程中组织和性能变化的研究，可对双相钢组织特征的认识和了解深化。

认识双相钢回火和时效过程的特点的重要意义不只有利于双相钢制造过程中的质量控制，而且也有助于冲压构件制造工艺的制定。例如，为了改善用水淬连续退火生产线生产的双相钢的延性并提高其回火稳定性，常常需用时效或回火工序。有时为了改善用于汽车油箱等构件的双相钢的耐蚀性，常采用热滴镀锌的方法(420℃几秒钟)，这类似于快速回火过程。经冲压成形的零件，通常要经过油漆烘烤工序，这一工序则类似于一个时效过程。为使构件在使用中具有较高的压痕抗力或较高的帽形结构压溃吸能，希望在油漆烘烤工序中获得较高的硬化增量，即双相钢应具有高的烘烤硬化性。而另一些情况，如钢板的运输、储存过程中，则不希望出现时效或应变时效，以避免随后冲压时出现起皱等缺陷。可以看出在一些情况下，希望应变时效过程得到充分发展，以获得必要的强化增量；而在另一些情况下，则需抑制其时效或应变时效过程，以保证板材良好的冲压工艺性能。因此，就需对回火或应变时效过程中组织性能的变化及其有关影响因素进行了解和研究。

4.5.12.1 时效和烘烤硬化性

为了评价双相钢的时效性能，引入下面两个参量：烘烤硬化性和室温时效稳定性。前者定义为170℃20 min时效处理后的屈服强度增量；后者用38℃时效30天后屈服点伸长重新出现与否来评定，无屈服点伸长出现者具有室温抗时效稳定性，否则，材料不具有室温时效稳定性。

回火温度对800℃加热水淬的低碳铝镇静钢烘烤硬化性的影响示于图4-68[87]。图中数字为用内耗法测定的固溶碳含量。该钢在200℃烘烤硬化性很高。回火温度升高，烘烤硬化性下降，至400℃时，烘烤硬化性下降到零。回火温度低于200℃，尽管固溶碳增加，但烘烤硬化性也下降。有趣的是，如在烘烤硬化前进行低温回火(150℃)，则在随后烘烤处理时发现烘烤硬化性下降。

烘烤硬化性和双相钢中固溶碳的关系见图4-69。为了获得100 MPa的烘烤硬化量，至少应含有$20\times10^{-4}\%$的固溶碳。从固溶碳含量与烘烤硬化性的关系可以得出，烘烤硬化机制属于应变时效。

实验指出[154]，双相钢的烘烤硬化性和时效行为受马氏体相的体积分数(f_m)和间隙固溶原子类型(碳还是氮)的影响。在固溶碳的情况下，当$f_m=30\%\sim40\%$时，烘烤硬化性明显下降。但一般工业上应用的双相钢，为保证得到良好的$e_t\times\sigma_b$值，

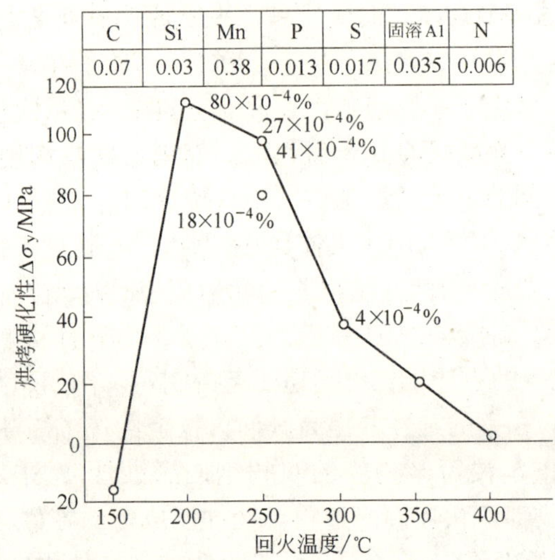

C	Si	Mn	P	S	固溶Al	N
0.07	0.03	0.38	0.013	0.017	0.035	0.006

图 4 - 68　回火温度对双相钢烘烤硬化性的影响

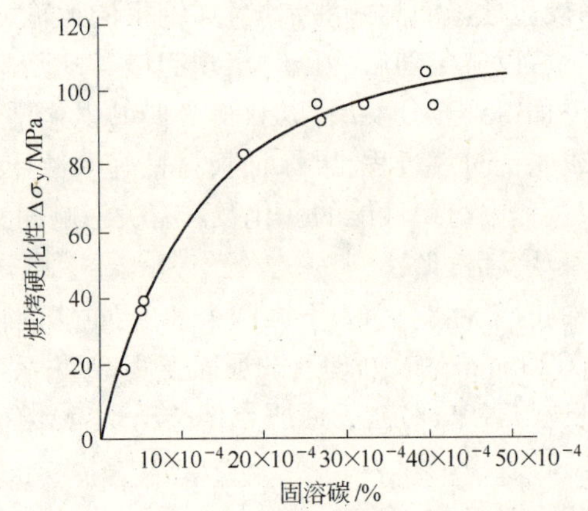

图 4 - 69　双相钢中的固溶碳和烘烤硬化性的关系

f_m 大多在20%左右，在这一体积分数下，双相钢的烘烤硬化性不受f_m 的影响，亦不受临界区加热温度的影响，但在$f_m > 4\%$ 的情况下，室温下长时间停留未发现屈服点伸长，即钢具有时效稳定性。

在固溶氮的情况下，当f_m 超过10%时，烘烤硬化性开始下降，并随f_m 增加而继续下降，在f_m 达到15%时，在室温放置时屈服点伸长仍然会出现。在这种情况下，如要使双相钢保持高的时效稳定性和烘烤硬化性，马氏体体积分数应控制在很窄的范围。

4.5.12.2　双相钢时效过程的激活能

对双相钢烘烤硬化过程的激活能测定表明[87]，固溶碳和固溶氮试样中，其激活能均在 104.5 ~ 125.4 kJ/mol。而碳或氮原子在铁素体中扩散激活能为 75.2 ~ 83.6 kJ/mol,因此可以看出,烘烤硬化过程除了碳、氮原子在铁素体中的扩散外还包括其他过程。采用多次回火轧制和烘烤硬化处理表明,每次烘烤硬化处理后的屈服应力增量均与第一次的烘烤硬化量相当。而第一次烘烤硬化处理时,间隙固溶元素量为 $30 \times 10^{-4}\%$,而第二次、第三次的间隙固溶元素量分别为 $3 \times 10^{-4}\%$ 和 $2 \times 10^{-4}\%$。第二次和第三次精整轧制后的试样的烘烤硬化性可能与精整轧制中所诱发的位错捕捉间隙原子有关;被捕捉的间隙原子可能会在新产生的位错附近重排,并封锁这些位错,导致屈服应力增加。同样在双相钢中,铁素体内有马氏体相变诱发的可动位错,随后烘烤处理时,除碳扩散到位错附近形成柯垂尔气团外,还可能在位错附近发生 C、N 原子重排。也就是说,烘烤硬化既包括 C、N 原子向位错的扩散,也包括间隙原子被位错捕捉之后的重排。因此,烘烤硬化激活能应为碳、氮原子的扩散激活能和位错与间隙原子的交互作用能之和,所以实测的烘烤硬化激活能较高。

对 0.06% C-1.5% Mn 双相钢的内耗测定结果见图 4-70。与 40℃ 相对应的斯诺克峰(1 周/s),与铁素体中的固溶碳有关(马氏体中的碳,由于弹性能的影响,以有序排列对斯诺克峰无影响),但是由于钢中含有 0.007% N,而氮与锰的交互作用对斯诺克峰有影响,故据此估算固溶碳的量还有困难。200℃ 出现的柯斯特峰与位错和碳原子的交互作用有关。当位错密度较高时,由于碳向位错发生明显聚集,使柯斯特峰升高,在临界区处理后,双相钢中铁素体的固溶碳和位错密度都较高,因此斯诺克和柯斯特峰都较高。回火使铁素体中固溶碳下降,位错密度下降,使斯诺克和柯斯特峰都下降。这两个峰的高低与双相钢的屈服特性有一定的关系。通常在 50 ~ 100℃ 时效时,测得的双相钢时效过程的激活能为 75.2 ~ 83.6 kJ/mol,与图 4-70 中第一个内耗峰(斯诺克峰)相对应,时效过程与碳、氮原子在铁素体中

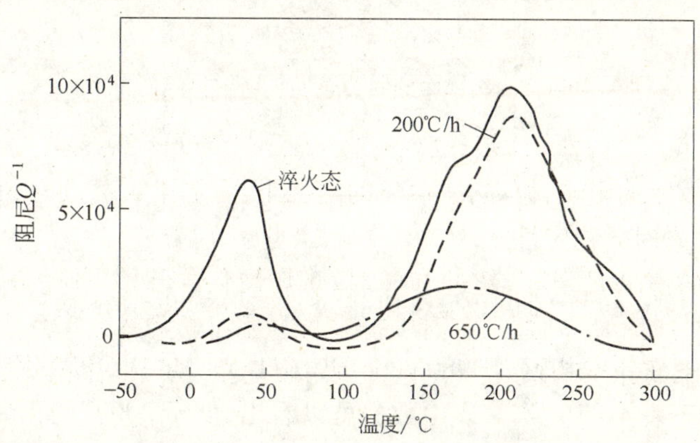

图 4-70 0.06% C-1.5% Mn 双相钢的内耗峰及回火的影响

扩散有关。在150～200℃时效时,时效过程的激活能较高(104.5～125.4 kJ/mol),与图4－70中第二个内耗峰(柯斯特峰)相对应,时效过程与碳、氮原子的扩散及碳、氮原子与位错的交互作用有关。时效过程激活能为两种过程作用能的和。Davies[52]测定了含钒双相钢时效过程的激活能为138 kJ/mol,并且认为,在含钒双相钢中存在钒原子的聚集区或沉淀区,而碳原子在这些析聚区周围扩散较为困难,这是含钒双相钢时效过程激活能较高的原因之一。

4.5.12.3　时效和回火时的力学性能变化

锰钒双相钢(0.11% C-0.55% Si-1.34% Mn-0.085% V,750℃加热水冷)经100～400℃时效后的流变应力和时效温度的关系见图4－71[52]。由图可以看出,10^{-3}～10^{-5}应变下的流变应力随回火温度升高而升高,而10^{-2}应变下的流变应力随回火温度升高略有下降。回火温度高于200℃,则会出现屈服点伸长。初始流变应力(这里系指应变为10^{-3}～10^{-5}下的流变应力)随回火温度升高而增长的幅度十分大,在400℃回火时,10^{-5}应变下的流变应力增长4倍,150～175℃回火时(典型的油漆烘烤硬化温度),使10^{-5}和10^{-4}应变下的流变应力增加一倍。初始流变应力的增长是位错被间隙原子碳、氮钉扎的结果。流变应力的增加,对受初始屈服应力控制的高周疲劳性能有好处。

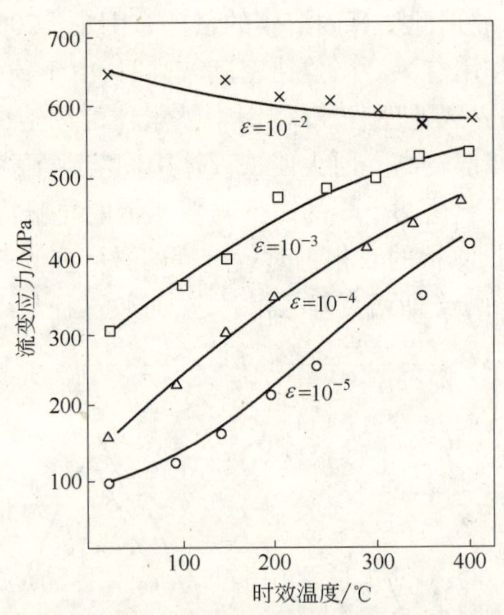

图4－71　时效温度对不同应变量下的流变应力的影响

回火温度对含钒双相钢GM980X(0.10% C-1.5% Mn-0.50% Si-0.10% V)各种性能的影响列于表4－16[153]。表中数据可以看出,低于200℃回火时屈服强度略微增加,抗拉强度稍有下降,总伸长率和均匀伸长率基本不变。当加热温度超过200℃时,屈服强度随加热温度增加而增加,在400℃左右时达到最大值,抗拉强度随回火温度升高而降低。当回火温度高于450℃时，抗拉强度不再随温度升高而下降。

表4-16 回火温度对GM980X双相钢力学性能的影响

回火温度/℃	力学性能					YPE[①] /%	力学性能的平均变化值					
	$\sigma_{0.2}$或σ_y /MPa	σ_b /MPa	e_t /%	e_u /%	e_t-e_u /%		$\Delta\sigma_y$ /MPa	$\Delta\sigma_b$ /MPa	Δe_t /%	Δe_u /%	$\Delta(e_t-e_u)$ /%	ΔYPE /%
AR	390 386	699 707	28.1 28.3	19.9 19.9	8.2 8.4	0.0 0.0						
200	400 409	683 685	28.5 27.1	20.0 19.8	8.5 7.3	0.5 0.7	+16	-19	-0.4	0	-0.4	+0.4
300	474 462	660 647	28.9 27.0	19.5 18.5	9.9 8.5	1.5 1.3	+80	-50	-0.2	-0.9	+0.7	+1.2
400	521 512	637 629	22.8 24.6	14.8 15.0	8.0 9.6	2.2 2.3	+128	-70	-4.5	-5.0	+0.5	+2.1
500	499 508	612 622	24.8 24.0	15.8 14.8	9.0 9.2	2.5 2.3	+115	-86	-3.8	-4.6	+0.8	+2.2

① YPE表示屈服点伸长。

当200～300℃回火时，均匀伸长率和总伸长率基本不随回火温度而变化，当高于300℃进行回火时，均匀伸长率迅速下降，σ_b与e_t的乘积下降，这表明钢的韧性下降，但钢的缩颈伸长略有增长。

回火温度高于200℃时，屈服点伸长出现，回火温度升高，屈服点伸长增加，300℃时达到1.4%，400℃时达到最大值(2.4%)，这表明屈服点伸长的回复是速率过程。进一步升高温度，屈服点伸长不再变化。

在300℃以下的温度回火时屈服强度略微上升，抗拉强度略微下降，这表明双相钢的加工硬化速率降低。力学性能与回火温度的关系分析表明，在300～500℃回火时，对双相钢的抗拉强度和延性没有什么好处。

200℃和650℃回火对不同碳含量的碳－锰双相钢力学性能的影响列于表4－17。试样经760℃临界区加热水冷，由于钢中碳含量不同，因此具有不同的马氏体体积分数。200℃和650℃回火后双相钢的屈服强度、抗拉强度的变化($\Delta\sigma_b$)与马氏体体积分数的关系见图4－72*a*、*b*。从图可以看出，在200℃回火时，屈服强度的变化值$\Delta\sigma_y$与马氏体体积分数的关系较复杂，出现两个峰值。而抗拉强度的变化值则随马氏体体积分数的增加而减少。650℃回火后，屈服强度和抗拉强度的变化值都随马氏体体积分数的增加而下降。200℃回火后，强度变化值($\Delta\sigma$)与马氏体体积分数的复杂关系可用200℃回火后不同马氏体体积分数的双相钢的应力应变曲线的变化来说明(见图4－73)。在0.06%C-1.50%Mn钢中(f_m=24.8%)，

表 4-17　C-Mn 双相钢的力学性能和处理工艺的关系

钢　种	处理工艺	f_m /%	σ_y① /MPa	σ_b /MPa	e_u /%	e_t /%	ψ /%
0.005% C-1.5% Mn	760℃水冷	0.3	257C	401	21.1	37.5	81.8
0.06% C-1.5% Mn	760℃水冷	24.8	329C	643	15.2	25.0	54.8
0.12% C-1.5% Mn	760℃水冷	35.5	400C	824	10.5	17.0	33.2
0.16% C-1.5% Mn	760℃水冷	41.1	448C	924	9.2	14.5	27.8
0.20% C-1.5% Mn	760℃水冷	48.9	569C	1159	7.2	10.0	17.9
0.29% C-1.5% Mn	760℃水冷	60.6	769C	—	—	4.0	2.6
0.40% C-1.5% Mn	760℃水冷	89.7	954C	—	—	1.0	0.3
0.005% C-1.5% Mn	200℃空冷		266D	388	21.5	38.0	83.5
0.06% C-1.5% Mn	200℃空冷		392D	613	14.9	27.0	65.9
0.12% C-1.5% Mn	200℃空冷		446D	786	9.9	18.0	41.5
0.16% C-1.5% Mn	200℃空冷		490C	990	9.3	17.0	39.6
0.20% C-1.5% Mn	200℃空冷		594C	1095	8.5	13.0	27.9
0.29% C-1.5% Mn	200℃空冷		767C	1385	—	5.0	18.8
0.40% C-1.5% Mn	200℃空冷		1126C	—	—	4.0	6.2
0.005% C-1.5% Mn	650℃空冷		272D	367	27.8	44.0	84.2
0.06% C-1.5% Mn	650℃空冷		302D	424	20.9	39.0	80.1
0.12% C-1.5% Mn	650℃空冷		366D	482	17.7	35.0	74.2
0.16% C-1.5% Mn	650℃空冷		389D	512	16.5	34.0	69.9
0.20% C-1.5% Mn	650℃空冷		437D	562	14.8	29.0	69.0
0.29% C-1.5% Mn	650℃空冷		514D	638	13.3	26.0	62.5
0.40% C-1.5% Mn	650℃空冷		623D	722	10.9	24.0	57.0

① C—连续屈服，$\sigma_y = \sigma_{0.2}$；

D—非连续屈服，σ_y 表示下屈服点。

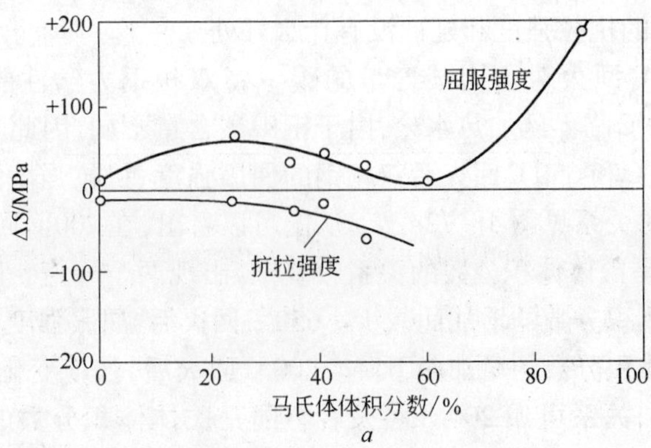

a

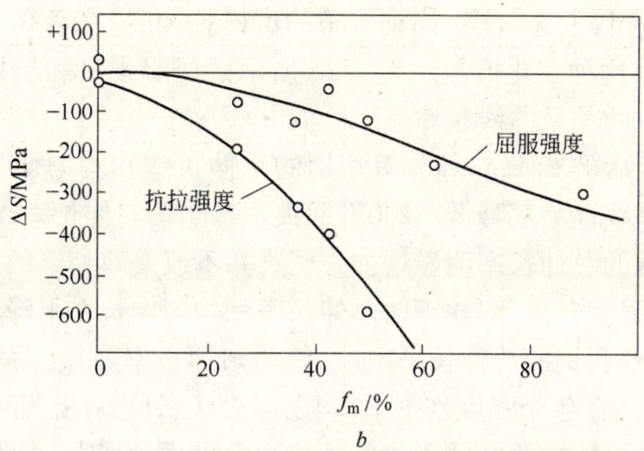

图 4－72　屈服强度、抗拉强度的变化值与马氏体体积分数的关系

a—200℃回火；*b*—650℃回火

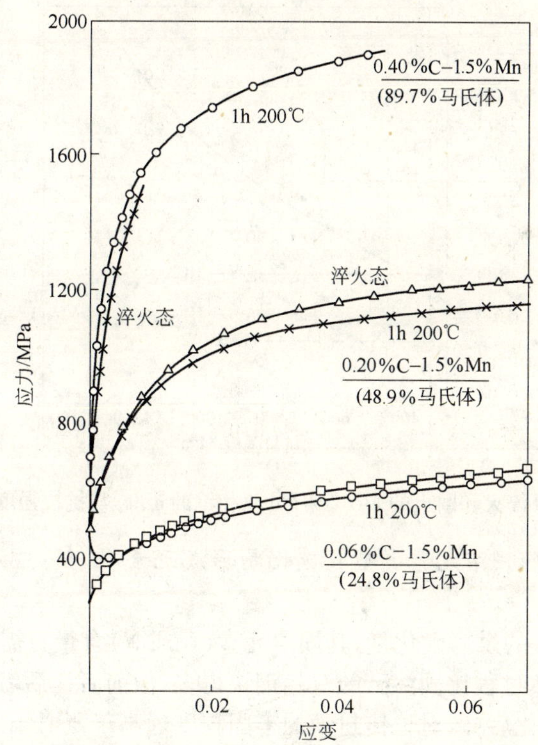

图 4－73　淬火和 200℃回火后的 C-Mn 双相钢的应力应变曲线的对比

200℃回火出现不连续屈服，使屈服点升高；但在 0.8% 应变后，应力下降并低于淬火态。在 0.20% C-1.5% Mn 钢中（f_m = 48.9%），200℃回火并不出现非连续屈服，应变小于 1.5% 时，流变应力并不发生变化，但应变大于 1.5% 后，流变应力下降，低于淬火态。对于 0.40% C-1.5% Mn 钢（f_m = 89.7%），回火并不改变连续屈服行

为，但使流变应力较淬火态升高（淬火状态的试样拉伸时，在略高于屈服强度的应变下即发生脆断），这种变化恰与图 4 – 72*a* 所示的屈服强度和抗拉强度的变化值与马氏体体积分数的关系曲线相对应。

不同温度回火后的 C-1.5% Mn 双相钢的总伸长率和均匀伸长率随马氏体体积分数增加近似呈线性关系降低。200℃回火不影响均匀伸长率，但使给定马氏体体积分数的双相钢的总伸长率明显增加。回火并不改变双相钢的抗拉强度与伸长率的关系，即抗拉强度升高，双相钢的总伸长率和均匀伸长率下降。但在同样的抗拉强度下，回火使双相钢的总伸长率增加，使均匀伸长率降低；而均匀伸长率与总伸长率之比（e_u/e_t），在各个强度水平下，均以淬火状态最高（见图 4 – 74）。回火对均匀伸长率的影响可能主要与铁素体的性能变化有关，而对总伸长率的影响主要与马氏体的延性提高有关。断面收缩率的变化与总伸长率的变化一致。

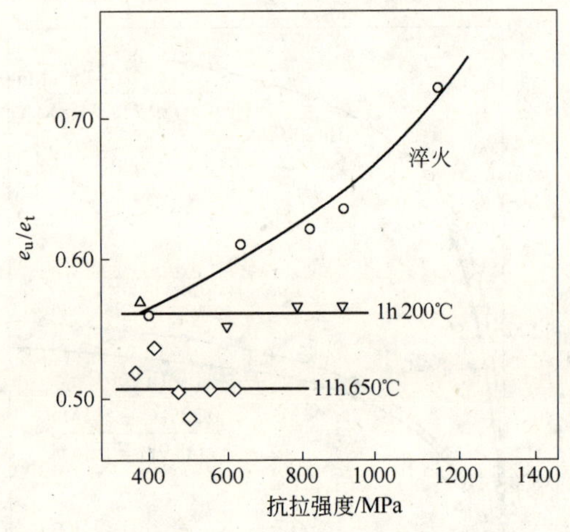

图 4 – 74　淬火和回火的 C-1.5% Mn 双相钢的 e_u/e_t 与抗拉强度的关系

4.5.12.4　间隙固溶元素类型及碳化物形成元素 Cr、Mo、V 对双相钢时效与回火过程的影响

为获得 98 MPa 的烘烤硬化量，其固溶元素（C 或 N）含量只需 $20 \times 10^{-4}\%$。含氮的双相钢，其时效过程比固溶碳的双相钢快得多，但前者比后者的室温时效稳定性差。而在时效强化后，碳对位错封锁的牢固程度远高于氮[87]。

C-Mn 双相钢和含有 Cr、Mo、V 等微量合金元素双相钢回火过程的对比表明[156]，微合金化的双相钢具有较高的室温时效稳定性。例如，临界区加热后水淬的微合金化双相钢需 150℃回火才可使延性增加，而同样工艺的低碳双相钢只要略高于室温放置 2 h，就足以使总伸长率从 15% 增加到 22%；在较高温度下回火时，微量的碳化物形成元素 Cr、Mo、V 可以有效地阻止碳化物的聚集和长大，从而使双相钢具有更高的回火稳定性。

4.5.13 预应变加时效

4.5.13.1 力学性能变化

将 Mn-V 双相钢在 760℃加热淬入盐水中,经 5% 拉伸预应变并于 100 ~ 400℃时效后,测定不同应变时流变应力的变化,结果见图 4 - 75。由图可以看出,在 150 ~ 200℃之间,各个应变量下的流变应力均出现峰值。而微应变下的流变应力在低温回火时增长更为明显,高于 200℃,流变应力随回火温度升高而下降。

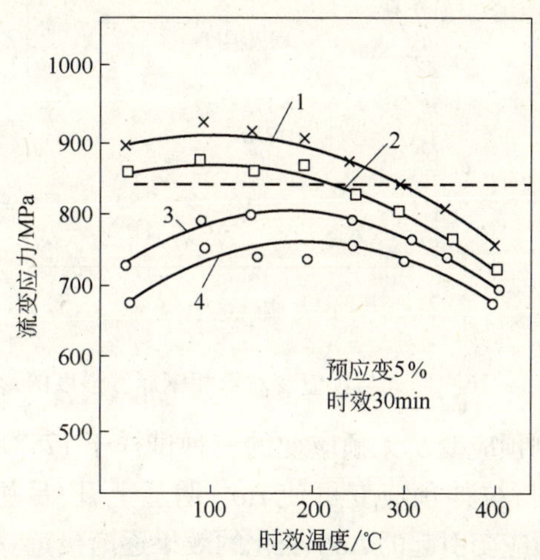

图 4 - 75 时效温度对双相钢预应变试样流变应力的影响

(试样从 760℃水淬预应变 5%,虚线为预应变结束时的流变应力水平)

1—$\varepsilon = 10^{-2}$, 2—$\varepsilon = 10^{-3}$, 3—$\varepsilon = 10^{-4}$, 4—$\varepsilon = 10^{-5}$

低碳双相钢(0.08% C-0.64% Mn-0.25% Si,于 760℃加热,淬入盐水中)试样经 100℃、175℃、250℃回火 5 min,然后进行不同的预应变,屈服应力、回火温度和预应变的关系见图 4 - 76。初始回火温度越低,则预应变使屈服应力增加的现象越显著。

预应变和时效对含钒双相钢(MAIX-phase80)性能影响的研究得出:当预应变为 1% 时,回火温度越高,则达到屈服强度增量最大值所需的时效时间越短,达到 Lüders 应变最大值的时间也越短。与 $\Delta\sigma_y$ 相比,抗拉强度和伸长率的变化并不大。可以看出,双相钢的应变时效是热激活的,温度越高,时效过程进行得越快。

当预应变较高时,由于位错密度较高,为使 $\Delta\sigma_y$ 达到与较低预应变下(具有较低的位错密度)相当的水平,必须使更多的位错被钉扎,那么就需要更长的时效时间或更高的时效温度。同样预应变较高的材料要发展同样的屈服点伸长,所需的时效时间比预应变较低的材料也更长些。

预应变的方法(拉伸或轧制)对经预应变的双相钢的时效过程和性能的变化也有明显的影响。

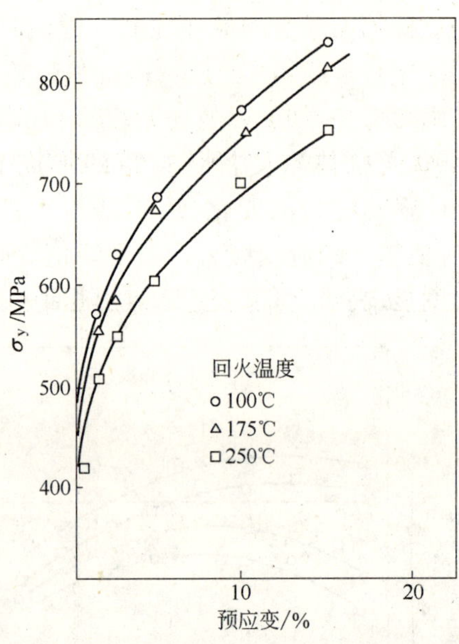

图 4－76　回火与预应变对双相钢屈服强度的影响

拉伸预应变、轧制预应变及无预应变的三种试样于 175℃时效效果的比较见图 4－77。在时效开始时，拉伸预应变可使 $\Delta\sigma_y$ 明显上升，吕德斯应变值明显增加。15 min 时效后，两种预应变引起的 $\Delta\sigma_y$ 变化的效果逐渐接近。不过轧制预应变对吕德斯伸长有明显的抑制作用。当时效时间进一步增加时，轧制预应变时效引起的 $\Delta\sigma_y$ 增加的效果降低。未经预应变的试样，其时效进行的过程要缓慢得多。

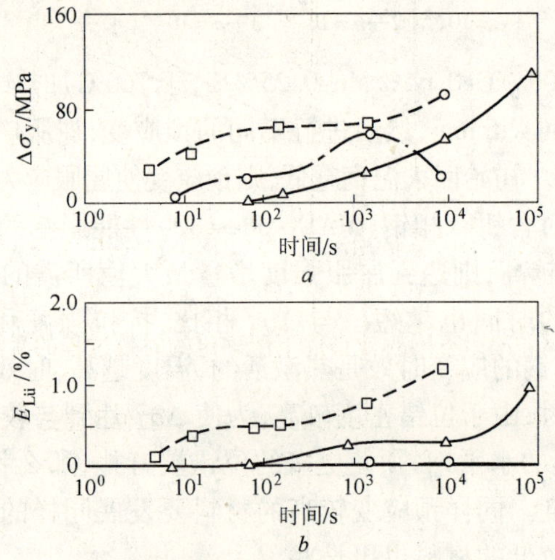

图 4－77　预应变的方法对屈服应力增量 a 和吕德斯应变 b 的影响

△—1% 的拉伸预应变；□—2% 的轧制预应变；○—无预应变

当预应变的方向与试样初始承受的应变在同一方向时，则预应变试样的时效过程比未预应变试样的时效过程快得多。预应变加速时效的作用可能与间隙原子向位错的平均扩散距离缩短有关，如试样的初始变形和试样的预应变不在同一方向时（如横向预应变和纵向拉伸），则吕德斯带的形成受阻，预应变时效效果变弱[150,151]。

4.5.13.2 预应变时效时的激活能

某一温度范围内激活能的测定可以表达时效过程动力学的特征。假定双相钢的应变时效过程符合阿尔纽斯方程：

$$t = A\exp Q/RT \tag{4-55}$$

或

$$\ln t = \ln A + Q/RT \tag{4-56}$$

式中 A——常数；

t——达到给定的 $\Delta\sigma_y$ 或吕德斯应变量所需的时效时间；

Q——时效过程的激活能；

T——绝对温度；

R——气体常数。

以 $\ln t - \dfrac{1}{T}$ 作图，可求出时效过程的激活能。对不同的时效条件和过程的判据所求得的激活能为 67～138 kJ/mol，见图 4－78。用这种方法确定的碳在铁素体中扩散的激活能为 75～84 kJ/mol。

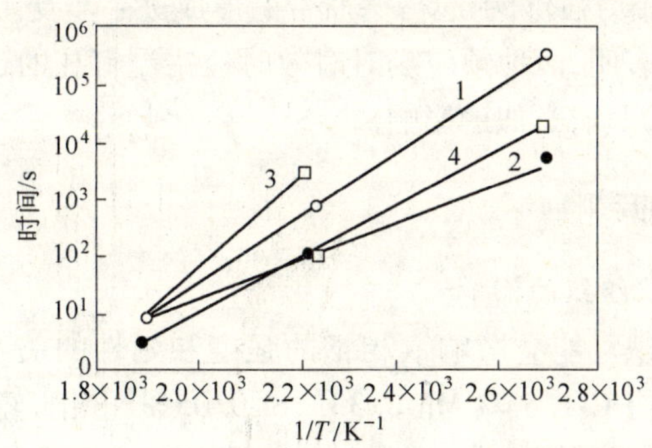

图 4－78 不同时效条件下所确定的时效过程的激活能

	$\Delta\sigma_y$/MPa	吕德斯应变/%	拉伸预应变/%	Q/kJ·mol^{-1}
1	14	—	0	110
2	55	—	1	65.7
3	—	0.2	0	137.0
4	—	0.2	1	90.8

对工业生产的含钒双相钢(相当于 VAN-QN80),拉伸预应变2%后,所测定的激活能 Q 值为[157]:

50～100℃下时效	屈服平台恢复	Q＝80 kJ/mol
50～100℃下时效	Lüders 应变0.2%	Q＝75 kJ/mol
150～200℃下时效	Lüders 应变2.5%	Q＝125 kJ/mol

同时 Himmel[157]指出,在低温时效(50～110℃)后,屈服平台迅速出现的原因是由于碳和氮原子在铁素体中的扩散,相应的激活能为75～80 kJ/mol。这种情况没有明显的屈服降,屈服点伸长很小。在拉伸伸长中,吕德斯带是非常均匀分布的,但在高温(150～200℃)时效之后,则有明显的屈服降和吕德斯带(吕德斯应变达3%),这与碳和位错的交互作用有关。相应的激活能为125 kJ/mol。

4.5.13.3　残留应力在应变时效中的作用

残留应力对低碳钢应变时效的影响和预应变对双相钢时效的影响是很相似的。在双相钢中许多特点类似于回火轧制钢,例如吕德斯带的回复在双相钢中被阻滞,甚至在260℃温度下时效时,吕德斯带的发展也十分缓慢。又如双相钢中由于轧制变形所产生的对吕德斯带回复的阻滞效应,可用拉伸应变来减轻或消除。

众所周知,由于临界区加热后冷却过程中马氏体相变所引起的体积膨胀,使双相钢中产生微观残留应力。拉伸预应变或者使残留应力降低或者改变残留应力的分布,使得在回火过程中吕德斯带的恢复变得容易。而双相钢的轧制预应变,将使已存在的微观残留应力强化,引起吕德斯带的形成进一步受阻。但轧制和拉伸预应变后 $\Delta\sigma_y$ 的增加表明,两种预应变对时效时位错受钉扎的过程(控制时效早期阶段的 $\Delta\sigma_y$ 的因素)具有类似的影响。

4.5.14　其他因素的影响

4.5.14.1　带状组织的影响

严重的带状组织可能会影响双相钢的强度和延性的关系[4,77],例如具有严重带状组织的0.10%C-1.53%Mn-0.33%Si-0.05%Nb 钢,经临界区处理后组织中包含有连续分布的马氏体条带。拉伸试样剖面表明,在马氏体条带内部,发生许多裂纹,而在无带状组织的双相钢中,在马氏体内部很少出现裂纹。有带状组织和无带状组织的双相钢拉伸试验结果见图4－79。有带状组织的双相钢的力学性能($e_u \times \sigma_b$)与马氏体体积分数的关系曲线处于下部,而消除带状组织后,$e_u \times \sigma_b$ 与马氏体体积分数的关系曲线则处于上部。也就是说,由于消除了带状组织,双相钢的综合性能得到改善,即由铁素体作为连续相包围马氏体岛时,可使双相钢中扩展的裂纹钝化,提高双相钢的 $e_u \times \sigma_b$。相反,如马氏体呈连续的带状分布,则裂纹可以通过延性较低的马氏体相而连续扩展。同时呈带状分布的马氏体可能使铁素体的变形受到拘束,也会使双相钢的拉伸变形特性恶化。

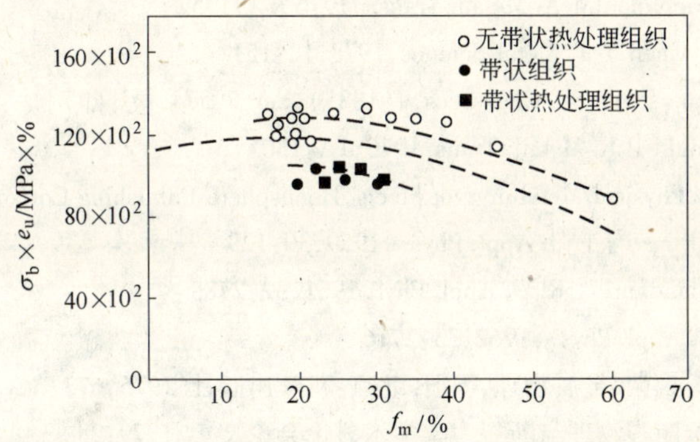

图4-79 有带状组织和无带状组织的双相钢的($e_u \times \sigma_b$)与f_m的关系

4.5.14.2 其他因素的影响

影响双相钢变形特性的因素还有终轧温度、终轧压下量、盘卷温度以及冷轧前的盘卷温度等,这些因素与生产工艺有关,将在第11章中讨论。

参考文献

1 Hayami S, Furukawa T. Proceedings of Microalloying 75, 2A, Washinyton D. C., 1975, 78.

2 Rashid M S. SAE paper 760006, 1976 Feb

3 Davies R G. Metall. Trans., 1978, 9A: 41

4 Davies R G. Metall. Trans., 1978, 9A: 671

5 Kelly A, Davies G J. Metall. Reviews, 1965, 10: 1

6 Mileiko S T. J. Mater. Science. 1969, 4: 974

7 Dieter G E. Mechanical Metallurgy, Second Edition. McGraw-Hill, 1976, 329

8 西安、上海交通大学金相热处理教研组. 金属机械性能. 北京:机械工业出版社, 1965, 15

9 马鸣图, 汪德根, 吴宝榕. 钢铁, 1982, 17: 10, 49

10 Bridgman P W. Trans. Am. Soc., 1944, 32: 553

11 陈篪. 金属断裂研究文集. 北京:冶金工业出版社, 1978, 169

12 冯端, 王业宁, 丘第荣. 金属物理, 下册. 北京:科学出版社, 1975, 623

13 Hardening of Metals, Ed. P. Felthan, TTP. Fraund 1980. 56

14 Ashby M F. Philosophical Magazine, 1966, 14: 1157

15 Pickering F B. Physical Metallurgy and the Design of steels, Applied Science Publishers LTD, 1978, 48

16 Hollomon J H. Trans. AIME, 1945, 162: 268

17 Pickering F B. 鋼の强韧性. Kyoto International Conference, Hall, 1971, 9

18 Ludwigson D C. Metall. Trans., 1971, 2: 2825

19　Kleemola H J. Nieminen M A. Metall. Trans. , 1974,5A: 1863
20　Kleemola H J. Nieminen M A. Metall. Trans. ,1976,7A:1752
21　Gerberich W W. Chen Y T. Metal Science,1978,12:151
22　Considére A. Ann. Ponts et, Chaussées,9(1885),Ser. 6,574. [引自7]
23　Stickels C A. Mould P R. Metall. Trans. 1970,1A:1303
24　Leslie W C. The Physical Metallurgy of Steels, Hemisphere Publishing Corporation,1981,155
25　Johnston W G,Gilman J J. J. Appl. Phys. ,1959,30:129
26　Pateland J R. Chaudhuri A R. J. Appl. Phys. 1963,32:2788
27　Johnston W G. J. Appl. Phys. ,1962,33:2716
28　冯端,王业宁,丘第荣.金属物理,下册.北京:科学出版社,1975,673
29　周如松,徐约黄.断裂物理与断裂力学学术讨论会论文集.1979,28
30　刘勤.机械工程材料,1979,1:52
31　李守新,黄毅,师昌绪.中国金属学会第三届断裂科学学术会议文集(一),1982
32　Hart E W. Acta Metall. ,1970,18:599
33　Sellars C M,Mcategart W J. Mem. Sci. Rev. Metall. ,1966,63:731
34　Rashid M S. SAE preprint,760206,1976,Feb
35　马鸣图,吴宝榕.国外金属材料,1981,6:1
36　沈显璞,雷廷权.金属热处理学报,1981,2:62
37　Hsun Hu(胡旬). Metall. Trans. ,1982,13A:1257
38　Owen W S. Metals Technology,1980,7:1
39　Waddington E,Hobbs R M,Duncan J L. J. Applied Metal-working,1980,1:35
40　Alloy Digest,1980,5,SA 373.
41　古川敬等.日本金属学会会报,1980,19:439
42　Johnston W G,Gilman J J. J. Appl. Phys. ,1959,30:19
43　Hahn G T. Acta Metall. ,1962,10:727
44　Davies R G. Metall. Trans. ,1978,9A:451
45　Ramos L F. Matlock D K,Krauss G. Metall. Trans. ,1979,10A:259
46　Bailey D J,Stevenson R. Metall. Trans. ,1979,10A:47
47　Koo J Y,Thomas G. Metal Prog. ,1979,116:66
48　Geib M,Matlock D K,Krauss G. Metall. Trans. 1980,11A:1683
49　Huppi G S. Matlock D K,Krauss G. Scripta Metallurgica. 1980,14:1239
50　Alvin Nakagawa,Koo J Y,Thomas G. Metall. Trans. ,1981,12A:1965
51　Martin J W. Pricipitation Hardening,Cambridge University,1980,20
52　Davies R G. Metall. Trans. ,1979,10A:1549
53　Henri Mathy,Jacques Gouzou,Tony Gréday. Fundamentals of Dual phase Steels. ed. by Kot R A, Bramfitt B L,TMS/AIME,1981,413
54　Davies R G,Magee C L. J. of Metals,1979,30,17
55　Gerbase J,Embury J D,Hobbs R M. Structures and Properties of Dual Phase Steels. ed. by Kot R

A, Morris J W,TMS/AIME,1979,118

56 Cornford A E. Hiam J R,Hobbs R M. SAE paper 790007,1979,Feb.

57 Rapas P E. SAE Paper 790008,1979,Feb.

58 高橋政司.鉄と鋼,1978,64:S737

59 Wan C M,Yie S N,Jahn M T,Kuo S M. J of Materials Sci. ,1981,16:2682

60 Oström P,Holmström A,Lagneborg R. Scaclinavia Journal of Metallurgy,1981 10:163

61 马鸣图,汪德根,吴宝榕,金属热处理学报,1981,2:1

62 Demeri M Y. Metall. Trans. , 1981,12A:1187

63 Stevenson R. Formable HSLA and Dual Phase Steels. ed. by Davenport A T, TMS/AIME, 1977,99

64 Rashid M S. ibid,1

65 Davies R G. ibid,25

66 Aichbhaumik D,Goodhart R R. SAE Paper 790010,1979,Feb.

67 Bucher J H,Hamburg E G. Formable HSLA and Dual Phase Steels. ed. by Davenport A T,TMS/AIME,1977,144

68 Lawson R D,Matlock L K. Krauss G. Fundamentals of Dual Phase Steels. ed. by Kot R A, Bramfitt B L,ASM/AIMF,1981,347

69 Cribb W R,Rigbee J M. Structure and Properties of Dlual Phase Steels. ed. by Kot R A, Morris J W. TMS/AIME,New York,1979. 91

70 武智弘.塑性と加工,1980,21:229,105

71 Hayami S,Furukawa T,Gondoh H,Takechi H. Formable HSLA and Dual Phase Steels. ed. by Davenport A T, TMS/AIME,1979,167

72 Rois P R. Guimaras J R C,Chawla K K. Scripta Metallurgical,1981,15:899

73 Sudo M. ohki T. Shibata T. Trans. ISIJ,1981,21:B276

74 Irie T et al. Trans. ISIJ. 1981,21:793

75 荒木健治等,鉄と鋼,1976,62:S170

76 Backofen W A. 引自[64]

77 Mardev A R. Metall. Trans. ,1982,13A:85

78 Sherman A M,Davies R G. Int. J. Fatigue,1981,3:195

79 马鸣图,汪德根,吴宝榕.北京钢铁研究总院学报,1982,2:187

80 Koo J Y,Young M J,Thomas G. Metall. Trans. 1980,11A:852

81 Lei Ting Quan(雷廷权),Shen Xian Pu(沈显璞),First China U. S. A. Bileteral Metallurgical Confernece,Preprint,1981,473

82 Koo J Y,Thomas G. Mater. Sci. Eng. 1976,24:187

83 Magee C L. Paxton H W. Trans. TMS-AIME,1968,242:174

84 马鸣图,汪德根,吴宝榕.理化检验A物理. 1982,13(5):2

85 Marder A R. Metall. Trans. ,1981,12:1569

86 Speich G R. Miller R L. Structure and Properties of Dual Phase Steels. ed. by Kot R A,Morris J

W,TMS/AIME,New York,1979,145

87　Nakoaka K,Aracki K,Kurihara K. Formable HSLA and Dual Phase Steels. ed. by Davenport A T, TMS/AIME,New York,1979,126

88　Araki K,Takada Y,Nakoaka K. Trans. ISIJ. ,1977,17:710

89　Tamura I,Tomata Y,Akao A,Yamaoha Y. M. Ozawa,S. Kanotoni,Trans. ISIJ. ,1973,13:283

90　Davies R G. Formable HSLA and Dual Phase Steels. ed. by Davenport A T,TMS/AIME. New York,Ny,1979,1

91　Kunio T,Shimizu M. Yamada K,Suzuki H. Engineering Fracture Mechanics,1975,7:411

92　Kunlo T. SuZuki H. Fracture ICF4,1977,2:23

93　Kim N J,Thomas G. Metall. Trans. ,1981,12A:483

94　Karlsson B,Sundstrom B O. Materials Science and Engineering,1974,16:161

95　马鸣图. 汽车资料,1983,1:1

96　Becker J,Hornbogen E,Stratmann P,Z Metall Kunde,71 1980,71:27

97　Becker J,Hornbogen E,Wendl F. Z. Metallkunde 1981,72:89

98　Coldren A P,Eldis G T,Buck R M,Tither G,Boussel P,Chihara T. Journal of Molybdenum Technology,1980,14:3

99　Speich G R,Demarest V A,Miller R L. Metall. Tran S. ,1981,12A:1419

100　Garcia C I,Deardo A J. Metall. Trans. ,1981,12A:521

101　Takayama T et al. Trans. ISIJ. ,1981,21:230

102　Thomas G,Koo J Y. Structure and Properties of Dual Phase Steels. ed. by Kot R A,Morris J W, TMS/AIME,New York,Ny,1979,183

103　Bhadeshia H K D H,Edmonds D V. Metal Science,1980,14:41

104　Hansen S S,Pradhan R R. Fundamentls of Dual Phase Steels. ed. by Kot R A,Bramfitt B L, TMS/AIME,New York. Ny,1981,113

105　Sherman A M,Davies R G,Donlon W T,ibid,85

106　Hoel R H,Thomas G. Scripta Metallurgical,1981,15:867

107　Kelly P M,lnt. Met. Rew. ,1973,18:31

108　Fullman R L,Trans. AIME. ,1953,197:447

109　友田陽,黒木剛司郎,田村今男. 鉄と鋼,1975,61:107

110　马鸣图,吴国发,吴宝榕. 钢铁研究总院学报,1984,3:80

111　Lawson R D,Matlock D K,Krauss G. Metallography,1980,13:71

112　入江敏夫等. 鉄と鋼,1980,66:85

113　Rashid M S,Rao V N. Metall. Trans. ,1982,13A:1679

114　Lanzillotto C A N,Pickcring F B. Metal Science,1982,16:371

115　Marder A R. Formable HSLA and Dual Phase Steels. ed. by Davenport A T,TMS/AIME,New York,1979,87

116　Rigsbee J M,Vander Arend P L. Formable HSLA and Dual Phase Steels. ed. by Davenport A T, TMS/AIME,New York,1979,56

117 Furukawa T, Tanio M. Fundamentals of Dual Phase Steels. ed. by Kot R A, Bramfitt B L, TMS/AIME, New York, 1981, 221

118 Furukawa T et al, Trans. ISIJ, 1981, 21:811

119 Davies R G. Metall. Trans., 1979, 10A:113

120 Koo J Y, Thomas G. Metall. Trans., 1977, 8A:929

121 平山秀男. 鉄と鋼, 1979, 65:346

122 高橋政司等. 鉄と鋼, 1979, 65:5314

123 Koo J Y, Thomas G. Metall. Trans., 1977, 8A:525

124 Plichta M R, Aaronson H I. Metall. Trans., 1974, 5A:2611

125 Marder A R. Fundamentals of Dual Phase Steels. ed. by Kot R A, Bramfitt B L, TMS/AIME, New York, 1981, 145

126 Hashiguchi K, Nishida M, Kata T, Tanaka T, Kawasaki Steel Technical Report, 1980, 1:70

127 高橋政司, 國重和俊, 长尾典昭, 杉沢精一, 浜松茂喜. 鉄と鋼, 1979, 65:347

128 Specich G S, Demarest V A, Miller R L. Metall. Trans., 1981, 12A:1419

129 Magee C L, Davies R G. Alloys for the Eithis. ed. by Barr R Q, Climax Molybdenum Cop., 1980, 25

130 Coldren A P, Tither G. J. of Metals, 1978, 4:68

131 Morrow J, Tither G. J. of Metals, 1978, 3:16

132 Morrow J, Tither G, Buck R M. Formable HSLA and Dual Phase Steels ed. by Davenport A T, TMS/AIME, New York, 1979, 151

133 Rashid M S. SAE Preprint, 770211, 1977, Feb.

134 Trent E M, Smart E F. Metals Technology, 1982, 9:338

135 Östrom P, Lönuberg B, Lindgren I. Metals Technology, 1981, 8:81

136 Liu Yu Gio, 1980 年 8 月在第二汽车厂讲演稿

137 Eldis G T. Structure and Properties of Dual Phase Steels. ed. by Kot R A, Morris J W, TMS/AIME, New York, 1979, 202

138 Matlock D K, Krauss G, Lamos L F, Huppi G S. Structure and Properties of Dual Phase Steels. ed. by Kot R A, Morris J W, TMS/AIME, New York, 1979, 62

139 Messien P, Herman J C, Greday T. Fundamentals of Dual Phase Steels. ed. by Kot R A, Morris J W, TMS/AIME, New York, 1979. 161

140 Bucher J H, Homburg E G. SAE preprint 770164, 1977, Feb.

141 Morrison W B, Trans. ASM, 1966, 59:824

142 杨德庄, 雷廷权, 林振庭. 机械工程材料, 1981, 5:4, 44

143 Krupitzer R P. Fundamentals of Dual Phase Steels. ed. by Kot R A, Bramfitt B L, TMS/AIME, New York, 1981, 315

144 杨德庄, 雷廷权, 林振庭. 金属热处理学报, 1981, 2:2, 19

145 Cairns R L, Charles J A. J. of the Iron and Steel Institute, 1967, 10:1051

146 雷廷权, 沈显璞. 哈尔滨工业大学学报, 1981, 增刊, 42

147 Baird J D. Iron and Steel, Part I(1963), 186, 326

148 Rashid M S. Metall. Trans. 1975, 6A: 1265

149 Rashid M S. Metall. Trans., 1976, 7A: 497

150 Tardif H P, Ball S C. JISI, 1956, 182: 9

151 Hundy B B. JISI, 1954, 178: 127

152 Hundy B B. JISI, 1955, 181: 313

153 Rashid M S, Rao B V N. Fundamentals of Dual Phase Steels. ed. by Kot R A, Bramfitt B L, TMS/AIME, New York, 1981, 249

154 Nakaoka K, Araki K, Kurihara K, Fukunaka S. Tetsu-to-Hagane, 1975, 61: 5571

155 Speich G R, miler R L. Fundamentals of Dual Phase Steels. ed. by Kot R A, Bramfitt B L, TMS/AIME, New York, 279

156 Davies R G, ibid, 265

157 Himmel L, Goodman K, Haworth W L, ibid, 305

5　描述双相钢变形特性的模型

5.1　概述

研究双相钢变形理论的目的不仅在于说明双相钢的一些变形特性(如屈服强度、抗拉强度、加工硬化、均匀延伸等)和它的显微组织及各组分相性能之间的关系,更重要的是可以指导双相钢的合金成分和生产工艺设计,从而得到优良性能的双相钢。

有关双相钢变形特性的各种理论处理,一般都假定:双相钢的显微组织可以类比为由硬质相马氏体和基体铁素体构成的复合材料,各个理论处理的主要不同点在于如何假定两相中间的应变和应力分配,以及一相的存在如何影响另一相的流变特性。

根据固体力学观点,描述双相钢变形特性的理论模型可以分为以下几大类:连续力学模型(包括混合物定律[1~11,17])、等应变模型[5,6,12,13]、应变分配模型[14~16,25]、应力分配模型[18]、微观力学模型[19,20,69]、综合变形模型[9,21,24,96]等。这些模型多描述均匀变形阶段中,双相钢的延性、流变应力和显微组织参数的关系。由于双相钢显微组织的复杂性,它的变形特性也很复杂,尚无统一的变形理论。但是,随着实验技术的进展,对双相钢变形过程中各组分相的作用与其之间相互影响的认识,以及双相钢变形理论亦必然逐步发展和完善。

本章所用的力学参数及显微组织参数的符号和含义大部分列于表5-1。个别符号在文中说明。

表5-1　力学参数及显微组织参数符号

符号	含义
d	纤维相(或硬相)的直径
r	纤维相(或硬相)的半径
e^{d}	双相钢的工程应变
e^{c}	复合材料的工程应变
e^{α}	铁素体的工程应变
e^{m}	马氏体的工程应变
ε^{d}	双相钢的真应变

续表 5 - 1

ε^{c}	复合物的真应变
ε^{m}	马氏体的真应变
ε^{M}	基体的真应变
ε^{α}	铁素体的真应变
ε^{f}	纤维相的真应变
E	双相钢的弹性模量
E^{f}	纤维相的弹性模量
G	双相钢的剪切弹性模量
P	负荷
A	试样的瞬时面积
A_0	试样的初始面积
L	纤维相的长度
l_c	纤维相的临界长度
τ	剪切屈服强度
τ^{M}	基体的剪切屈服强度
σ^{f}	纤维相的断裂应力
σ_b^{d}	双相钢的抗拉强度
σ_y^{d}	双相钢的屈服强度
σ_b^{α}	铁素体的抗拉强度
σ_b^{m}	马氏体的抗拉强度
σ_b^{c}	复合物的抗拉强度
σ_y^{α}	铁素体的屈服强度
σ_y^{m}	马氏体的屈服强度
σ_T^{d}	双相钢的真实抗拉强度
σ_T^{α}	铁素体的真实抗拉强度
σ_T^{m}	马氏体的真实抗拉强度
σ_T^{c}	复合物的真实抗拉强度
f_m	马氏体的体积分数
f_α	铁素体的体积分数
V_f	纤维相的体积分数
V_M	基体的体积分数
V_c	纤维相的临界体积分数。只有超过这一体积分数时，复合物的强度才大于基体的抗拉强度

续表 5-1

ν	泊松比
l	试样拉伸时的瞬时伸长
l_0	拉伸试样的初始标距长度
n_u^d	双相钢的均匀应变硬化指数
n_u^α	铁素体的均匀应变硬化指数
n_n^m	马氏体的均匀应变硬化指数
U	体系的内能
ε_u	均匀真应变
Q	体系变形时向周围的散热
k	霍洛曼方程中的强化系数
$\varepsilon_p^{\mathrm{I}}$	软相的塑性真应变
$\varepsilon_p^{\mathrm{II}}$	硬相的真塑性应变
$\varepsilon_p^{\mathrm{I}}(\mathrm{ii})$	硬相开始屈服时软相中的临界真塑性应变
$\overline{\varepsilon_p}(\mathrm{ii})$	硬相开始屈服时平均临界真塑性应变
$\sigma(\mathrm{i})$	软相流变开始时的平均真应力
$\sigma(\mathrm{ii})$	硬相流变开始时的平均真应力
σ_{33}^{A}	外加真应力
$\delta\varepsilon_p^{\mathrm{I}}$	软相中的应变增量
$\delta\varepsilon_p^{\mathrm{II}}$	硬相中的应变增量
σ_f^α	α 相中的真流变应力
σ_f^m	马氏体相中的真流变应力
a	常数 $a=E(7-5\nu)/10(1-\nu^2)$
ε_t	总的真塑性应变

5.2 混合物定律

5.2.1 纤维复合材料的混合物定律

5.2.1.1 脆性纤维

由金属基体和连续的脆性纤维构成的复合材料，其抗拉强度 σ^c 可由下列关系表示[25]：

$$\sigma^c=(1-V_f)\sigma_M, 0\leqslant V_f\leqslant V_c \tag{5-1}$$

$$\sigma^c=\sigma_f V_f+\sigma'_M(1-V_f), V_c\leqslant V_f\leqslant 1 \tag{5-2}$$

其中，$V_f>V_c$ 是纤维增强金属基体的必要条件。$V_f>V_{min}$ 是复合物强度超过纤维相破断时基体中平均应力 σ'_m 的必要条件。如基体的屈服强度与抗拉强度区别不大，纤维的断裂应变小于基体的断裂应变，加入少量的纤维就可使基体增强，即 V_c 值不大。

通常纤维之间的间隙较大，因此纤维的存在不影响基体的加工硬化性质。如果由于纤维相的存在而影响了基体的加工硬化特性，那么应以 σ_M^* 代替式 5－2 中的 σ'_M。σ_M^* 表示纤维相存在时基体的加工硬化性能的改变。

5.2.1.2　延性纤维

一个均匀延性材料，其抗拉强度可由塑性失稳条件确定[26]。承受拉伸变形的试样，工程应力 $\sigma = P/A_0$，当试样变形达到失稳应变时（即缩颈开始时），σ 达到最大值 σ_b。如应力应变曲线以真应力真应变坐标表示，$\sigma_T = P/A$，$\varepsilon = \ln L/L_0$，并假定真应力真应变的关系可用幂函数来近似，即

$$\varepsilon = (\sigma_T/\sigma_T^c)^h \tag{5-3}$$

式中　σ_T^c，h——常数。

假定材料是不可压缩的，那么材料的工程应力 σ 和真应变之间的关系可表示为

$$\sigma = \sigma_T^c \varepsilon^{1/h} e^{-\varepsilon} \tag{5-4}$$

当塑性失稳时，$\frac{d\sigma}{d\varepsilon} = 0$，$\varepsilon = \varepsilon_u$，工程应力达到最大值 σ_b。对方程 5－4 进行微分，$\frac{d\sigma}{d\varepsilon} = \sigma_T^c \frac{1}{h}\varepsilon^{1/h}\varepsilon^{-1}e^{-\varepsilon} - \sigma_T^c\varepsilon^{1/h}e^{-\varepsilon} = 0$，则可得 $\varepsilon_u = \frac{1}{h}$。这样方程 5－4 中的所有常数均可由拉伸试验所获得数据给定，那么

$$\sigma_T^c = \sigma_b \varepsilon_u^{-\varepsilon_u} e^{\varepsilon_u} \tag{5-5}$$

将式 5－5 代入 5－4，则

$$\sigma = \sigma_b \varepsilon_u^{-\varepsilon_u} \varepsilon^{\varepsilon_u} e^{\varepsilon_u} e^{-\varepsilon} = \sigma_b (\varepsilon/\varepsilon_u)^{\varepsilon_u} \exp(\varepsilon_u - \varepsilon) \tag{5-6}$$

假定在纤维复合材料中，纤维相和基体之间的区域是一个理想的区域，在复合物整体缩颈出现之前，组分相不会出现缩颈，即两相之间交界面保持完整的力学连续。在超出最大均匀真应变 ε_u 之后的一定应变范围，方程 5－4 依然是适用的，基体、纤维相的应力应变曲线均可由方程 5－6 表示。材料弹、塑性各向同性，并且在问题所及的应变下，其性能是可定义的。复合物的组分相之间的应力分配按混合物定律，复合物与各组分相之间的应变符合等应变条件，即

$$\begin{aligned}\sigma = V_f\sigma_f + (1-V_f)\sigma_M = {} & V_f\sigma_b^f(\varepsilon/\varepsilon_u^f)^{\varepsilon_u^f} \times \\ & \exp(\varepsilon_u^f - \varepsilon) + (1-V_f)\sigma_b^M(\varepsilon/\varepsilon_u^M)^{\varepsilon_u^M} \times \\ & \exp(\varepsilon_u^M - \varepsilon)\end{aligned} \tag{5-7}$$

$$\varepsilon = \varepsilon_f = \varepsilon_M \tag{5-8}$$

当复合物整体塑性失稳时，即 $\varepsilon = \varepsilon_u$，$\sigma = \sigma_c$，则复合物的抗拉强度（即延性纤

维、金属基体所构成的复合材料强度的混合物定律)为

$$\sigma_c = V\sigma_b^f(\varepsilon_u/\varepsilon_u^f)^{\varepsilon_u^f}\exp(\varepsilon_u^f - \varepsilon_u) + (1 - V_f) \times$$
$$\sigma_b^M(\varepsilon_u/\varepsilon_u^M)^{\varepsilon_u^M}\exp(\varepsilon_u^M - \varepsilon_u)$$

或

$$\sigma_c = \lambda_f V_f \sigma_b^f + \lambda_M (1 - V_f)\sigma_b^M \tag{5-9}$$

$$\lambda_f = (\varepsilon_u/\varepsilon_u^f)^{\varepsilon_u^f}\exp(\varepsilon_u^f - \varepsilon_u) \tag{5-9a}$$

$$\lambda_M = (\varepsilon_u/\varepsilon_u^M)^{\varepsilon_u^M}\exp(\varepsilon_u^M - \varepsilon_u) \tag{5-9b}$$

5.2.1.3 不连续纤维

当含有沿轴向排列的非连续纤维复合物受平行于纤维方向的外力时,由于纤维相和基体的变形抗力不同,两相发生相对位移,因而纤维相与基体交界面会出现剪应力,这一剪应力施加于纤维相上的应力是 z 和 r 的函数(见图 5-1)并可表示为

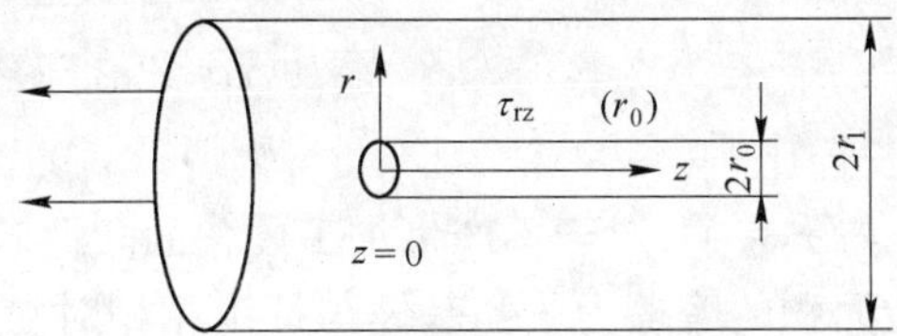

图 5-1 短纤维上的受力示意图

$$\left.\frac{dP}{dz}\right|_{r=r_0} = 2\pi r_0 \tau_{rz} \tag{5-10}$$

式中 P——半径为 r_0 的纤维中的拉伸载荷;

τ_{rz}——半径为 r_0 的纤维表面的剪应力。

在塑性基体、弹性纤维构成的复合物受力并产生应变 e 时(e 大于基体的屈服应变),则可令 $\tau_{rZ}|_{r=r_0} = \tau$,如果加工硬化效应很小,那么可假定 $\tau_{rz}|_{r=r_0}$ 与 z 无关。积分方程 5-10 可得

$$P = 2\pi r_0 z\tau \tag{5-11}$$

该式表明,作用于纤维相上的载荷从端部开始以线性形式变化(图 5-2)。如忽略通过纤维端部的应力传递,则

$$P = \pi r_0^2 \sigma_{zz} \tag{5-12}$$

式中 σ_{zz}——距纤维端部为 z 处的纤维中的应力。

比较式 5-11 和式 5-12,则可得

$$\sigma_{zz} = \frac{2\tau z}{r_0} \tag{5-13}$$

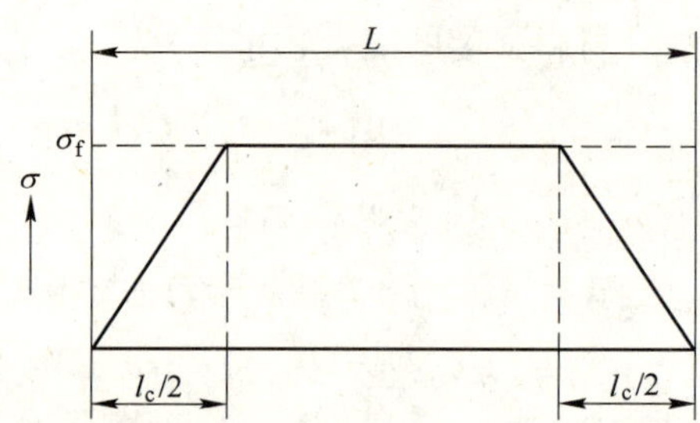

图 5－2　非连续纤维复合物受力时沿纤维相的应力变化

假定纤维相足够长，则纤维相的应变将达到或接近复合物的应变 e，因此 σ_{zz} 达到 eE_f 值。由于纤维相是从两端受载，显然只要 $L \geqslant r_0 E_f e/\tau$，则纤维相的长度 L 就达到足以承受复合物应变 e 的长度。当纤维相中的应力达到其断裂应力时，即 $\sigma_{zz}=\sigma_f$，那么由于母相的塑性流变而可能使纤维破断。令 l_c 为复合物产生这种破断方式时纤维的临界长度，则

$$l_c=\frac{r_0\sigma_f}{\tau} \quad 或 \quad \frac{l_c}{d}=\frac{\sigma_f}{2\tau} \tag{5-14}$$

式中　l_c/d——临界长径比。

式 5－14 表明 l_c 与 τ 有关，对于不产生加工硬化的塑性基体，τ 为常数。如果交界面脱聚，τ 为单位面积的摩擦力。当基体与纤维相相对滑动时，基体将该力加于纤维相上。对于加工硬化材料，τ 与基体中的应变 e 有关。对于短纤维复合物，纤维端部基体中非均匀流变会产生明显的加工硬化。而且纤维中的平均应力比破断应力 σ_f 要小，按图 5－2，其平均应力为：$\frac{1}{L}\int_0^L \sigma_{zz}\mathrm{d}z$。当纤维相延伸到几乎使它破断的应变时，纤维相中的平均应力 $\overline{\sigma}_f$ 为

$$\overline{\sigma}_f=\sigma_f\left(1-\frac{l_c}{2L}\right)^* \tag{5-15}$$

如果 τ 不是常数，则

$$\overline{\sigma}_f=\sigma_f\left[1-(1-\beta)\frac{l_c}{L}\right] \tag{5-16}$$

式中　β——常数。

$\beta\sigma_f$ 为从纤维的每个端部到 $l_c/2$ 长度内纤维相中的平均应力。据方程 5－2，不连续纤维复合物的抗拉强度 σ_c 为

$$\sigma_c=\overline{\sigma}_f V_f+\sigma'_M(1-V_f)=\sigma_f V_f\left(1-\frac{1-\beta}{\alpha_L}\right)+\sigma'_M(1-V_f) \tag{5-17}$$

$$\begin{aligned}\overline{\sigma_f} &= \frac{1}{L}\int_0^L \sigma_{zz}\mathrm{d}z = \frac{1}{L}\left[\int_0^{\frac{l_c}{2}} \sigma_f \mathrm{d}z + (L-l_c)\sigma_f\right]\\ &=\sigma_f\left(1-\frac{l_c}{2L}\right)\end{aligned}$$

式中,$\alpha_L = \frac{l_c}{L}$。该式表明,非连续纤维的复合材料强度总小于连续纤维的复合物的强度,尤其是在 $\alpha_L < 5$ 时,两种复合物的强度差别特别明显。当 $\alpha_L \geqslant 5$ 时,在一级近似下,两种复合物的强度基本相等。如果 $\alpha_L = 1$,即 $l_c = L$,则复合物的失效将由基体的塑性流变引起。这时,如果纤维对基体具有增强作用,则应满足 $\beta\sigma_f > \sigma_M$,假定从纤维端部建立线性应力关系,即 $\beta = \frac{1}{2}$,那么纤维相的强度 σ_f 必须大于基体抗拉强度的2倍。由方程5-17可以得出,复合物的抗拉强度为

$$\sigma_c = \sigma_M(1 - V_f) + \frac{\sigma_f}{2}V_f, L = l_c \tag{5-18}$$

当纤维相的长度 L 小于其临界长度 l_c 时,复合物的失效必然是由基体塑性流变引起,则复合物的强度为

$$\sigma_c = \sigma_M(1 - V_f) + \frac{\tau L}{2r_0}V_f, L < l_c \tag{5-19}$$

从方程5-19看,似乎非连续纤维复合材料的强度只由基体的强度性能确定。但其中隐含了 σ_f 的作用,如将 $\tau = \frac{r_0}{L_c}\sigma_f$ 代入式5-19,则:

$$\sigma_c = \sigma_M(1 - V_f) + \frac{L}{2l_c}\sigma_f V_f \tag{5-20}$$

纤维相的临界长度 l_c 可由 $l_c = \frac{\sigma_f r_0}{\tau}$ 计算,亦可由实验确定[75]。通常在金属纤维、金属基体复合材料中,纤维相与基体交界面的强度比较高,因此,基体的剪切屈服强度是纤维相临界长度的重要控制因素,例如金属基体的剪切屈服强度 τ = 6.9 MPa,$\sigma_f = 6.9 \times 10^3$ MPa,为使所构成的复合材料有效地增强,则 $L_c/d = 500$。如 τ 为345 MPa,σ_f 不变,则 $l_c/d = 10$ 即可使复合材料有效地增强。后者是一般纤维容易达到的数值。

5.2.2 双相钢的混合物定律

5.2.2.1 延性纤维的混合物定律

一些实验得出[5,6],双相钢的屈服强度、抗拉强度以及不同应变水平下的流变应力符合混合物定律,即双相钢的抗拉强度或流变应力与马氏体体积分数的关系呈线性关系。例如,以0.01%C-3.0%Ni-3.0%Mo-0.7%Mn-0.3%Si-0.05%V钢进行试验[6],该钢在完全马氏体状态或完全铁素体状态的真应力应变曲线符合霍洛曼方程。实测的 $n_u^\alpha = 0.24$,$\sigma_b^\alpha = 510$ MPa,$n_u^m = 0.06$,$\sigma_b^m = 940$ MPa。根据这些数据采用式5-9计算了不同马氏体体积分数的双相钢的强度,理论计算值和实测值的对比如图5-3所示,二者较为一致,说明延性纤维的混合物定律式5-9可以描述

这一双相钢的抗拉强度与马氏体体积分数的关系。另外对于这一双相钢来说，采用式 5-9 与采用式 5-2 计算结果出入不大。例如，当马氏体体积分数为 40%，采用式 5-9 计算时，$\lambda_\alpha = 0.982$，$\lambda_m = 0.9547$，$\sigma_b^d = \lambda_\alpha(1-f_m)\sigma_b^\alpha + \lambda_m\sigma_b^m f_m =$ 660 MPa，采用式 5-2 计算时，$\sigma_b^d = 680$ MPa，实测值 $\sigma_b^d = 670$ MPa，三者均较一致。

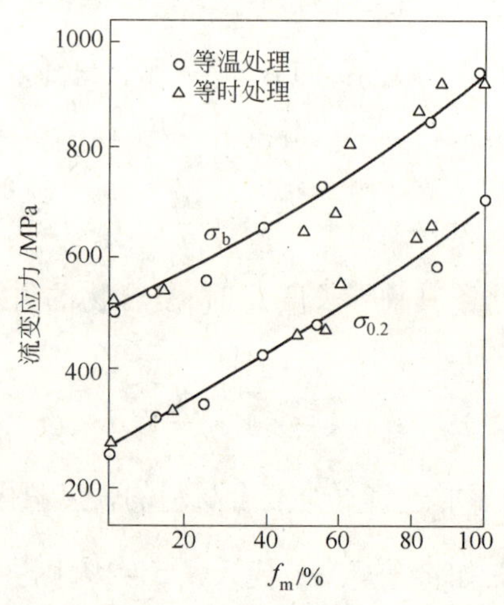

图 5-3　双相钢的屈服强度和抗拉强度与马氏体体积分数的关系

5.2.2.2　马氏体中碳含量的影响

钢中不同的初始碳含量，不同的临界区处理温度，将得到不同碳含量的马氏体加铁素体双相钢。马氏体碳含量的变化或者导致双相钢的强度与马氏体体积分数呈线性关系的直线斜率的改变[4]，或者导致按混合物定律计算的双相钢的强度值与实测值的偏离[7]，因此，在双相钢的混合物定律表达式中应考虑马氏体碳含量的影响。为了说明这一影响，可以 1010 钢和 1020 钢的实验结果为例[7]。将 1010 钢和 1020 钢（成分分别为 0.10% C-0.5% Mn 和 0.19% C-0.50% Mn）试样经预先淬火，然后重新加热到 $\alpha+\gamma$ 两相区淬火，测定的双相钢的抗拉强度列于表 5-1。

为了利用混合物定律计算双相钢的强度，需求出双相钢中马氏体的强度和铁素体的强度。为此，测定了双相钢中马氏体的显微硬度与碳含量的关系如图 5-4 所示。图中同时示出了 100% 马氏体时的硬度，以作对比。双相钢（1010）中马氏体的强度（由硬度换算值）与马氏体中碳含量的关系示于图 5-5。由图可以看出，马氏体的硬度（或强度）与马氏体的碳含量（%）呈线性关系，即 $\sigma_m = \sigma_0 + K_c\omega$（C）；$\sigma_0$ 为零碳时的截距，K_c 为斜率，ω（C）为马氏体中的碳含量；这与一般淬火钢中所获得的马氏体强度与碳含量的关系类同[35,36]。回归分析结果为

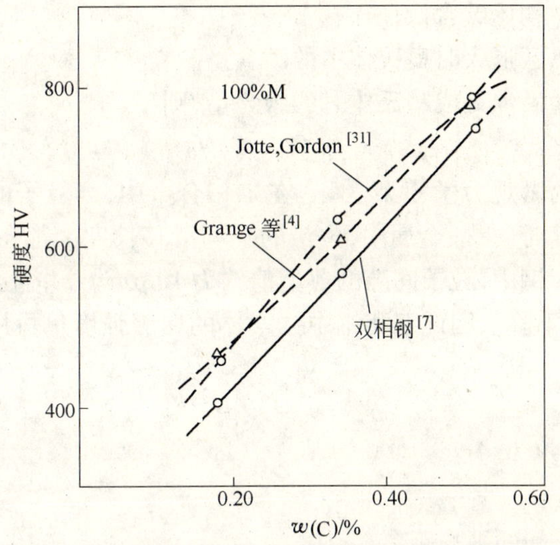

图 5-4 双相钢(1010)中马氏体的硬度和碳含量的关系

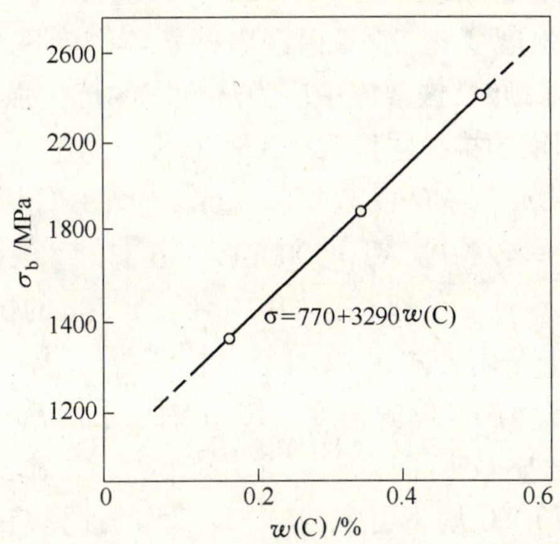

图 5-5 双相钢(1010)中马氏体的抗拉强度与碳含量的关系

$$\sigma_{\mathrm{m}} = 759 + 3243\, w(\mathrm{C}) \tag{5-21}$$

对于给定碳含量的钢,当进行临界区退火时,随着临界区退火温度升高,马氏体的体积分数增加,马氏体中碳含量下降。而马氏体的碳含量可以根据钢中碳含量和质量平衡定律以及相应的马氏体的体积分数计算,即

$$f_{\mathrm{m}} = \frac{C_0 - C_\alpha}{C_\gamma - C_\alpha} \times 100\% \tag{5-22}$$

如果忽略 α 相中的碳含量,则

$$f_{\mathrm{m}} \approx \frac{C_0}{C_\gamma} \times 100\% \tag{5-22a}$$

式中　C_0——钢中初始碳含量；

C_γ——临界区退火时奥氏体中的碳含量。

假定它等于随后淬火成马氏体时的碳含量，则

$$C_\gamma = C_m \approx C_0/f_m \tag{5-23}$$

根据阿什拜的微观力学模型[19,33]，在二相合金中，当粒子的空间距离少于位错的平均滑移长度时（一般金属中，位错的平均滑移长度大都在 1 ~ 50 μm），母相就会强化。在双相钢中，粒子间隙的典型值约为 10 μm[7]，并且当马氏体体积分数增加时，粒子间隙下降。因此双相钢中铁素体的屈服强度仍可用霍尔 - 佩奇关系来计算，即

$$\sigma_y^\alpha = \sigma_i + K_y d_g^{-1/2} \tag{5-24}$$

式中　σ_i——晶格摩擦力；

K_y——常数；

d_g——粒子间的平均距离。

一般低碳钢的抗拉强度比屈服强度约高 69 MPa[34]，如忽略铁素体中碳含量的变化引起的铁素体的强度变化，则双相钢中铁素体的强度为 $\sigma_b^\alpha = \sigma_i + K_y d^{-1/2} + 69$。假定双相钢出现缩颈时，铁素体中应力达到它的抗拉强度，那么由以上分析和式 5 - 2 则可导出双相钢的抗拉强度为

$$\sigma_b^d = \sigma_i + K_y d_g^{-1/2} + 69 + 3243C_0 + (\sigma_0 - \sigma_i + K_y d^{-1/2} - 69) f_m \tag{5-25}$$

根据下列数据：$\sigma_i = 49$ MPa，$K_y = 500$ MPa · $\mu m^{-1/2}$[37]，$C_0 = 0.1$（或 0.2）及实测的 d 值，用公式 5 - 25 计算的双相钢（1010）和（1020）的抗拉强度列于表 5 - 2。表中 1010 的计算值 σ_b^d 系用公式 5 - 2 计算，计算时马氏体和铁素体的强度分别采用 $f_m = 30\%$ 时的马氏体和铁素体的强度。1020 钢系采用 $f_m = 25\%$ 时的马氏体和铁素体的抗拉强度。从表中数据可以看出，采用公式 5 - 2 和公式 5 - 25 计算值比实测值都偏高，对双相钢 1020 偏高更多，公式 5 - 25 的计算结果虽然比公式 5 - 2 有改善，但也仍然偏高。这说明，在计算双相钢抗拉强度时仅考虑马氏体中碳含量的影响以及 d_g 变化引起的铁素体强度的变化还不能充分反映双相钢中强度的本质及其各因素的相互影响。

表 5 - 2　1010 和 1020 双相钢的抗拉强度

钢　号	处理温度 /℃	f_m/%	σ_b^d（实测） /MPa	$\sigma_b^{d①}$（计算） /MPa	$\sigma_b^{d②}$（计算） /MPa	$\sigma_b^{d③}$（计算） /MPa
1010	775	30	683	716	716	603
	795	35	718	797	752	629
	815	45	780	957	815	680

续表 5-2

钢 号	处理温度/℃	f_m/%	σ_b^d(实测)/MPa	$\sigma_b^{d①}$(计算)/MPa	$\sigma_b^{d②}$(计算)/MPa	$\sigma_b^{d③}$(计算)/MPa
	725	25	662	823	1014	835
1020	740	40	842	1178	1120	914
	755	50	876	1414	1165	967

① 公式 5-2 计算值。
② 公式 5-25 计算值。
③ 公式 5-31 计算值。

5.2.2.3 两相屈服强度比及应变分配

研究指出[39],双相钢的屈服强度与马氏体体积分数的关系较为复杂,并和马氏体和铁素体的屈服强度比有关。令 $K=\sigma_y^m/\sigma_y^\alpha$,$\sigma_y^m$ 和 σ_y^α 分别为100%马氏体和100%铁素体时的屈服强度。只有当两相的屈服强度比大约相等时(如经过高温充分回火的马氏体和铁素体组织,$K\approx1$),双相钢的屈服应力与马氏体体积分数、马氏体和铁素体的屈服强度的关系才符合混合物定律。显然在这种条件下,两相之间无应变分配,双相钢、马氏体和铁素体之间符合等应变条件。当 $K<3$,并且双相钢中马氏体体积分数不太高(例如小于50%)时,混合物定律基本成立。如 $K\geqslant3$,则双相钢的屈服强度 σ_y^d 首先随 f_m 增加而线性地增加,并且直线的斜率与 $K=3$ 时相同,然后随着 f_m 值增加,线性关系出现明显偏离。K 值越高,则开始出现偏离的体积分数越低。如图 5-6 所示,马氏体中碳含量越高,其屈服强度越高,从而 K 值越高,对双相钢中混合物定律的适用范围影响越大。

含锰(1.5% Mn)双相钢的屈服强度、抗拉强度与马氏体体积分数以及两相硬度比的关系,示于图 5-7[93]。图中列出了相应的 K 值(其相应的马氏体碳含量分别为0.3%和0.5%)。这与图 5-6 的结果大体相同,即抗拉强度、屈服强度与马氏体体积分数的关系仅在一个有限的范围内保持线性。

根据以上实验结果和分析可以得出,在考虑双相钢的强度与马氏体的体积分数关系时,不仅应考虑马氏体中碳含量变化的影响,而且还应考虑两相之间应变分配,例如,双相钢的屈服主要是铁素体中发生的行为,马氏体主要通过静强化作用,来提高双相钢的屈服强度。考虑到马氏体的屈服强度较高,可以假定当双相钢整体缩颈出现时,铁素体达到它的抗拉强度,而马氏体承受的应变很小,只达到它的屈服应力。由此提出双相钢的屈服强度和抗拉强度与马氏体体积分数的关系可用下列方程来近似[40]:

$$\sigma_y^d=\sigma_y^\alpha+\left(\frac{1}{3}\sigma_y^m-\sigma_y^\alpha\right)f_m \tag{5-26}$$

$$\sigma_b^d=\sigma_b^\alpha+(\sigma_y^m-\sigma_b^\alpha)f_m \tag{5-27}$$

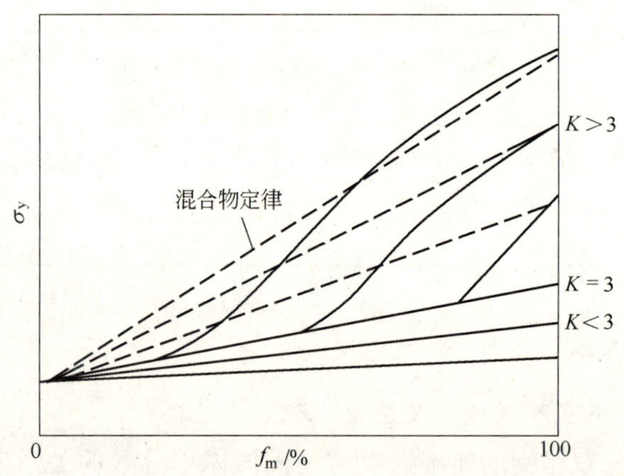

图 5 - 6　K 值对双相钢的屈服强度随马氏体体积分数变化的影响

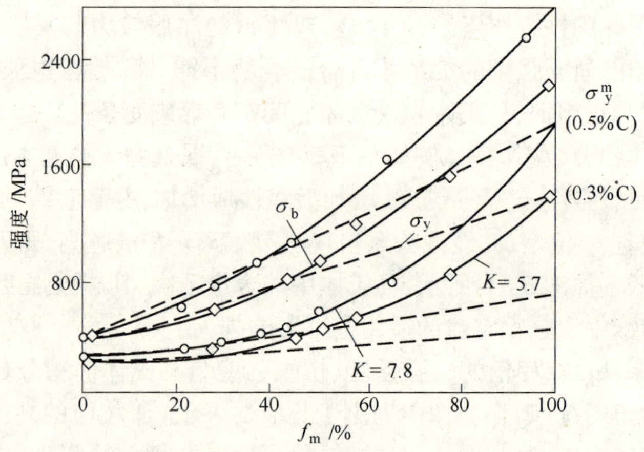

图 5 - 7　含锰双相钢的抗拉强度、屈服强度与马氏体体积分数以及马氏体中碳含量的关系

这两个方程表明，马氏体对屈服强度的影响比对抗拉强度的影响要小些，这可能是因为屈服强度在低的塑性应变下与马氏体相内的残留应力的消耗有关，而抗拉强度与较高的塑性应变相对应，此时残留应力已基本消除，马氏体承受的应变增加，并接近马氏体屈服应变的水平。

根据 Leslie 和 Sober[38] 的工作，马氏体的屈服强度和碳含量的关系可以表示为

$$\sigma_y^m = 620 + 2585C_m \qquad (5-28)$$

式中　C_m——马氏体中的碳含量，%。

假定铁素体和马氏体的密度相同，并忽略铁素体中的碳含量，则 $C_m \approx C_0/f_m$，

那么由式 5－25～式 5－27 可以得出：

$$\sigma_y^d = \sigma_y^\alpha (1 - f_m) + 207 f_m + 862 C_0 \quad (5-29)$$

$$\sigma_b^d = \sigma_b^\alpha (1 - f_m) + 620 f_m + 2585 C_0 \quad (5-30)$$

用这两个公式计算的结果在图 5－7 以虚线示出。可以看出，当马氏体的体积分数小于 50% 时，计算值与实测值吻合较好。当马氏体的体积分数大于 50% 时，马氏体成为基体并是载荷和应变的主要承受者。而被马氏体包围的铁素体相，很难变形或几乎不变形，因此随着马氏体体积分数增加，双相钢的强度剧烈上升，这可能是计算值与实测值偏离的主要原因。

考虑到双相钢变形时两相中的应变分配，用式 5－29 表示的 σ_y^m 代替式 5－25 中的 σ_b^m，则可导出

$$\sigma_b^d = \sigma_i + K_y d_g^{-1/2} + 69 + 2585 C_0 + (641 - \sigma_i - K_y d_g^{-1/2}) f_m \quad (5-31)$$

该方程中的有关常数与式 5－25 中相同，用该方程计算的双相 1010 钢和 1020 钢的抗拉强度列于表 5－2 中。计算值与实验值比较得出，用式5－31计算的双相 1020 钢的强度值与实测值的偏差较用式 5－25 减小，但计算值仍有偏高。但用式 5－31 计算的双相钢(1010)的强度值与实测值的偏差反较用式 5－25 增加。造成这种不同偏差的原因可能与 1010 和 1020 双相钢中马氏体的碳含量不同，因而其相应的屈服强度和抗拉强度不同有关，双相钢(1010)中，在表 5－2 所列的处理温度下，马氏体中碳含量为 0.22%～0.31%。而在 1020 双相钢中，马氏体碳含量达 0.40%～0.80%，显然后者马氏体的硬度比前者高得多。在双相钢的缩颈应变下，1010 双相钢中由于马氏体强度较低，马氏体的应变量可能远超过屈服应变。因此在混合物定律中，以马氏体的屈服强度代替其抗拉强度，就会导致双相钢强度的计算值较实测值偏低。而在 1020 双相钢中，由于马氏体的强度较高，马氏体的应变量可能接近或低于屈服应变，因此，以马氏体的屈服强度代替其抗拉强度，使双相钢强度的计算值与实测值的偏差降低，但仍高于实测值。

5.2.2.4 不连续纤维复合材料的混合物定律

上述分析表明，双相钢中的混合物定律虽然经过一系列修正，使用混合物定律计算的双相钢的强度值与实测值的偏差降低，应用范围有一定扩大，但由于混合物定律中并未考虑和计入两相的分布特征，因此混合物定律的应用在不少场合仍有较大偏离。

考虑到在双相钢中，马氏体一般呈均匀分布及不连续的特点与不连续纤维复合材料更接近些。基于不连续纤维复合物的强化模型，考虑到马氏体强度随临界区加热温度变化（即随马氏体碳含量的变化）而改变以及铁素体的强度受马氏体体积分数的影响而变化的实验结果，导出了双相钢的混合物定律表达式[2,3]。

将方程 5－19 和方程 5－20 用于双相钢可写为

$$\sigma_b^d = \sigma_b^\alpha(1 - f_m) + \frac{L\tau_\alpha}{2r_0}f_m \tag{5-32}$$

$$\sigma_b^d = \sigma_b^\alpha(1 - f_m) + \lambda\sigma_b^m f_m \tag{5-33a}$$

$$\lambda = \frac{L}{2l_c} \tag{5-33b}$$

考虑到 l_c 与 σ_b^m 和 τ_α 及 d 的关系由式 5-33b 可得 $l_c = \dfrac{\sigma_b^m}{2\tau_\alpha}d$，用冯·米赛斯屈服准则（$\sigma_y^\alpha = \sqrt{3}\tau_\alpha$）可得

$$l_c = \frac{\sqrt{3}}{2}\frac{\sigma_b^m}{\sigma_y^\alpha}d \quad 或 \quad \frac{l_c}{d} = \frac{\sqrt{3}}{2}\frac{\sigma_b^m}{\sigma_y^\alpha} \tag{5-34}$$

式中　λ——为考虑到马氏体相的长度小于其临界长度而引入混合物定律中的修正系数，$\lambda < 1$；

l_c——马氏体相的临界长度；当 $L > l_c$ 时，双相钢的失效是由于基体塑性流变引起马氏体相破裂的结果。当 $L < l_c$ 时，则双相钢的失效是由于基体塑性流变使交界面萌生孔洞，最终导致基体破裂。

后者已为拉伸断口扫描电镜观察证实[3,9]。l_c/d 为临界纵横比[10]，由式5-34可以看出，双相钢中的 l_c/d 远大于1。

同一钢种不同临界区温度处理后，得出[1]

$$\sigma_b^m = \sigma_m^o + K_2 C_m \tag{5-35}$$

根据铁素体的强度与马氏体体积分数关系[2,9]，假定

$$\sigma_b^\alpha = \sigma_\alpha^o + K_1\ f_m \tag{5-36}$$

式中　K_1, K_2——回归常数；

σ_m^o——碳含量趋于零时马氏体的强度，它受钢中或马氏体中合金元素的影响；

σ_α^o——马氏体体积分数为零时钢的强度，它受铁素体的晶粒大小、固溶强化元素、沉淀相及珠光体量等因素的影响；

C_m——马氏体中碳含量，假定它等于临界区加热时奥氏体中的碳含量。

将式 5-35 和式 5-36 代入式 5-33a，则有

$$\sigma_b^d = \sigma_\alpha^o + [K_1 - \sigma_\alpha^o - K_1\ f_m + \lambda(\sigma_m^o + K_2 C_m)]f_m \tag{5-37a}$$

$$\lambda = \frac{\sqrt{3}(\sigma_\alpha^o + K_1 f_m)L}{5(\sigma_m^o + K_2 C_m)d} \tag{5-37b}$$

据文献[2,3]的实验结果：$\sigma_\alpha^o = 482$，$K_1 = 634$，$\sigma_m^o = 788$，$K_2 = 2970$，将其代入式 5-37a，则有

$$\sigma_b^d = 482 + 2970C_0\lambda + (152 + 788\lambda - 634f_m)f_m \tag{5-38a}$$

$$\lambda = \frac{\sqrt{3}}{5} f_m \frac{L}{d} \frac{(482 + 634 f_m)}{(788 f_m + 2970 C_0)} \tag{5-38b}$$

已知钢中碳含量和马氏体的体积分数,可用式5－38a计算双相钢的强度。根据Fe-C相图中f_m与温度的关系,c_γ与温度的关系,利用钢中碳含量、临界区加热温度和方程5－38a亦可求出各临界区温度下双相钢的强度。用方程5－38a计算的几个双相钢抗拉强度及和原文献测定和计算值的比较见表5－3[3],λ值求法可参照文献[3]附录。

表5－3 双相钢强度计算值与实测值的比较

钢 种	处理温度/℃	f_m/%	C_m/%	λ值	实测的σ_b^d/MPa	式5－37计算的σ_b^d/MPa	原文献计算的σ_b^d/MPa	文献
10 MnV	730	13	0.6	0.500	685	669	669①	[2]
	750	19	0.5	0.603	761	759	704①	
10 MnV	780	21	0.4	0.708	778	779	699①	
	800	28	0.3	0.895	901	895	709①	
1010	775	30	0.31	0.400	683	676	716	[7]
	795	35	0.27	0.446	718	709	752	
	815	45	0.21	0.573	780	786	815	
1020	725	25	0.74	0.250	662	667	1014	[7]
	740	40	0.49	0.385	842	788	1120	
	755	50	0.39	0.475	876	870	1165	
20钢	740	30	—	0.400	680	678	1020	[9]
	770	40	—	0.471	740	758	1120	
	800	48	—	0.531	800	817	1310	
	830	80	—	6.720	970	966	1410	
0.12%C-1.5%Mn	740	28	0.42	0.520	771	775	786	[11]
0.16%C-1.5%Mn	740	38	0.43	0.568	872	879	912	
0.20%C-1.5%Mn	740	44	0.46	0.577	1040	989	1031	

① λ=0.5时计算值。

从表 5 – 3 所列结果可以看出，公式 5 – 38a 的计算值与实测值均较接近，而原文献的计算结果则较实测值偏高。这表明，公式 5 – 38a 中通过 λ 值修正了混合物定律中马氏体强度对双相钢强度的贡献，而 λ 值的变化又包括了马氏体中的碳含量、马氏体转变诱发的铁素体的强化以及双相钢中马氏体处于亚临界大小等因素对双相钢强度的影响。因此方程 5 – 37a 可以较好地反映双相钢强化的本质及各因素的相互作用，用它推算双相钢的强度时有较宽的适用范围。表中数据表明：当临界区加热温度升高时，马氏体强度下降，铁素体强度升高，马氏体体积分数升高，λ 值升高，马氏体对双相钢强度的贡献增加；当马氏体与铁素体强度相等时，λ 值趋近于 1，这时双相钢的强度可用混合物定律来描述。此外，双相钢的强度与马氏体体积分数呈线性关系显然是许多因素综合作用的结果。

在双相钢中，马氏体通常呈岛状分布于铁素体中，因此假定 $L/d\approx1$ 是一个合理的近似，根据表 5 – 3 所列数据，利用公式 5 – 37b 可估算 λ 值，如 10 MnV 双相钢，730℃加热水冷后，λ 值约为 0. 08；800℃处理后，λ 值为 0. 136，但这些值均比表 5 – 3 中计算 σ_b^d 时所采用的 λ 值低。出现这种矛盾的主要原因是这里计算 λ 值时，并未考虑到硬相的变形和基体的加工硬化，而双相钢拉伸变形时，铁素体明显出现加工硬化，在塑性失稳时，马氏体相亦发生变形[3,7,9,10]，这两个因素都会使 λ 值升高。在马氏体强度较低时，λ 值则更高。由于在双相钢塑性失稳时，铁素体中的应力已经达到了它的抗拉强度，而马氏体的应力仅处在它的抗拉强度和屈服强度之间（其数值视马氏体碳含量而定）。正如前述，马氏体强度对双相钢强度的贡献与许多因素有关，也就是说马氏体对双相钢强度的贡献不能用一个不变的系数来修正，即对不同的临界区处理温度，λ 值应是变化的。如 λ 值恒定，则会使双相钢强度的计算值与实测值产生偏离[3]。

对于硬相的纵横比（L/d）小于临界纵横比的双相钢，如确系不连续纤维强化，则当它变形时，由于两相的相对位移，会使二相交界面承受较大的剪应力，而界面的强度不足以传递载荷达到马氏体的极限抗拉强度时，就会有许多孔洞在二相界面上萌生。这点已为拉伸断口和拉延变形后的试样剖面中孔洞萌生位置的扫描电镜观察证实[3,10]。

当马氏体中碳含量相同时（即马氏体强度相同时），双相钢的强度与马氏体体积分数的关系同样可由式 5 – 37 计算，如马氏体中碳含量为 0. 5% 时，计算结果与实验结果的比较如图 5 – 8 所示，计算值与实测值亦较一致。

此外，晶粒大小，固溶强化、沉淀强化等强化因素都会影响双相钢的混合物定律，有时甚至破坏混合物定律的应用。但在一般情况下，混合物定律仍是双相钢强度变化的基本规律。

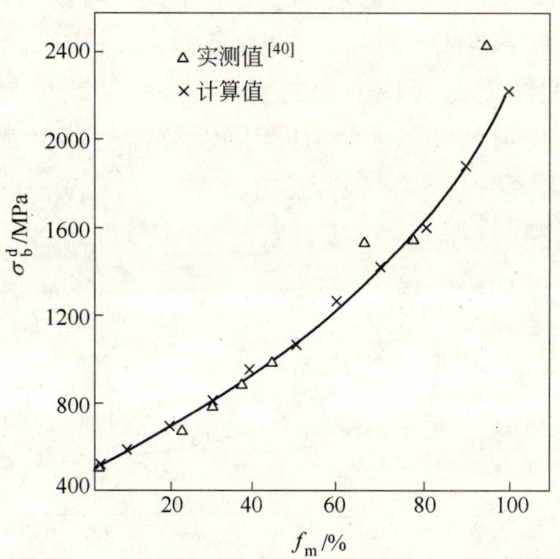

图 5－8 双相钢的强度与马氏体体积分数的关系
（马氏体碳含量 0.5%）

5.3 连续力学模型

5.3.1 等应变模型

5.3.1.1 延性纤维复合材料的等应变模型

利用 5.2.1 节中的有关假定，Mileiko[12] 导出了描述延性纤维金属基体复合材料塑性失稳时临界应变 ε_u^c 的表达式：

$$V_f\sigma_b^f(\varepsilon_u/\varepsilon_u^f)^{\varepsilon_u^f}e^{\varepsilon_u^f}(\varepsilon_u^f/\varepsilon_u-1)+(1-V_f)\sigma_b^M\times(\varepsilon_u/\varepsilon_u^M)e^{\varepsilon_u^M}(\varepsilon_u^M/\varepsilon_u-1)=0 \tag{5-39}$$

该式对 ε_u 来说是非线性的，但对 V_f 来说则是线性的，因此对 V_f 可以更明确地表示为

$$V_f=\frac{1}{1+\beta\dfrac{\varepsilon_u-\varepsilon_u^f}{\varepsilon_u^M-\varepsilon_u}\varepsilon_u^{\ \varepsilon_u^f-\varepsilon_u^M}} \tag{5-40a}$$

$$\beta=\frac{\sigma_b^f}{\sigma_b^M}\times\frac{\varepsilon_u^{f\varepsilon^f_u}e^{\varepsilon_u^f}}{\varepsilon_u^{M\varepsilon_u^M}e^{\varepsilon_u^M}} \tag{5-40b}$$

用镍基钨丝复合材料的性能对式 5－40a 进行了检验，在 400℃时该材料塑性失稳时的临界应变 ε_u 与钨丝体积分数的实验和理论计算的对比如图 5－9 所示，

二者较为一致。铜基钨丝纤维复合材料室温下的 ε_u 与钨丝体积分数的实验结果与式 5－40a 的预测也十分吻合[25]。

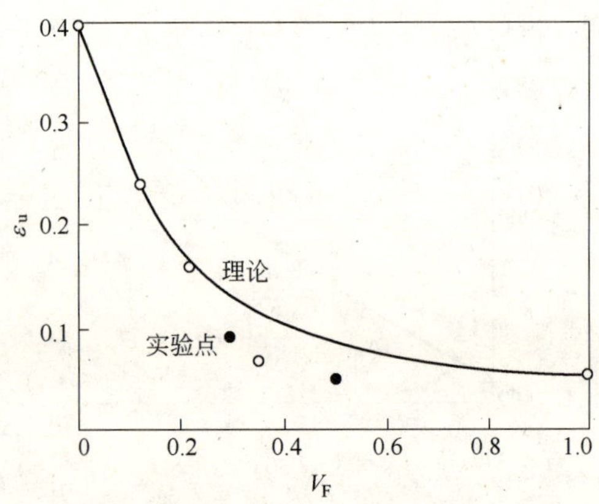

图 5－9　镍基钨丝纤维复合材料 400℃时的失稳应变与钨丝体积分数的关系

Garmong 和 Thompson[43] 根据塑性失稳的康西德判据 $\left(\frac{d\sigma}{d\varepsilon}=\sigma\right)$，并假定：(1) 组分相也是符合康西德判据的延性材料；(2) 组分相的应力应变方程符合路德维柯方程（$\sigma_{fM}=\sigma_{0fM}+k_{fM}\varepsilon^n$）；(3) 当复合材料失效时，其纤维相的伸长与基体的缩颈应变相当。他们导出的复合物失稳应变的表达式为

$$\varepsilon_u^c=\frac{V_f n_f(\sigma_f^c-\sigma_{0f})+V_M n_M(\sigma_M^c-\sigma_{0M})}{V_f\sigma_f^c+V_M\sigma_M^c} \tag{5-41}$$

式中　σ_f^c,σ_M^c——分别为复合物塑性失稳时纤维相和基体的真实抗拉强度；

n_f,n_M——分别为纤维相和基体的加工硬化系数；

σ_{0f},σ_{0M}——常数。

假定 $\sigma_{0f}=\sigma_{0M}=0$，并用复合物的横截面积乘式 5－41 的分子和分母，则可得到

$$\varepsilon_u^c=\frac{P_f n_f+P_M n_M}{P_c} \tag{5-42}$$

设 $n_f=\varepsilon_u^f,n_M=\varepsilon_u^M$，则式 5－42 可写为

$$\varepsilon_u^c=\frac{P_f\varepsilon_u^f+P_M\varepsilon_u^M}{P_c} \tag{5-43}$$

式中　P_c,P_f,P_M——分别为复合物缩颈应变下，复合物、纤维相和基体承受的负荷；

$\varepsilon_u^f,\varepsilon_u^M$——分别为纤维相和基体的均匀真应变。

式5-43表明,复合物的缩颈应变是组分相缩颈应变下相应的负荷的权重平均值。既然负荷是由每相的面积和硬化参数确定的,那么复合物的缩颈应变一般是组分相缩颈应变的非线性函数。式5-41并不是ε^c的最终形式的解,将路德维柯方程代入,则会导出更复杂的表示式,但用计算机容易获得该方程的数字解。以上分析可以看出,加蒙和汤普森理论与米列科模型基本一致,主要不同是二者采用的拟合组分相应力应变曲线的方程及公式的最终表现形式不同。米列科理论应用于工程更方便些。

5.3.1.2 等应变模型对双相钢的应用

将等应变模型中的米列科理论用于双相钢[5,6,8,29],则双相钢的均匀真应变(或均匀应变硬化指数)与组分相的性能和马氏体体积分数之间的关系为

$$f_m=\cfrac{1}{1+\cfrac{\sigma_b^m}{\sigma_b^\alpha}\times\cfrac{\varepsilon_\alpha^{\varepsilon_\alpha}}{\varepsilon_m^{\varepsilon_m}}\times\cfrac{e^{\varepsilon_m}}{e^{\varepsilon_\alpha}}\times\cfrac{\varepsilon_d-\varepsilon_m}{\varepsilon_\alpha-\varepsilon_d}\varepsilon_d^{\varepsilon_m-\varepsilon_\alpha}}$$

$$=\cfrac{1}{1+\beta\cfrac{\varepsilon_d-\varepsilon_m}{\varepsilon_\alpha-\varepsilon_d}\varepsilon_d^{\varepsilon_m-\varepsilon_\alpha}} \tag{5-44a}$$

$$\beta=\frac{\sigma_b^m}{\sigma_b^\alpha}\times\frac{\varepsilon_m^{\varepsilon_m}}{\varepsilon_\alpha^{\varepsilon_\alpha}}\times\frac{e^{\varepsilon_m}}{e^{\varepsilon_\alpha}} \tag{5-44b}$$

该式表明,双相钢的最大均匀真应变ε_d大于ε_m,而小于ε_α。由于$\varepsilon_m<\varepsilon_\alpha$,当$0<f_m<1$时,$\varepsilon_d>\varepsilon_m$表明塑性失稳抗力较高的铁素体对塑性失稳抗力较低的马氏体的失稳流变有一定的限制作用。

为了检验米列科理论在双相钢中的适用性,Davies[6]先以无碳的Fe-3%Ni-3%Mo-0.05%V的双相合金进行试验,测定了双相合金的均匀真应变ε_d与马氏体体积分数的关系,实验结果和理论值的比较如图5-10所示。在马氏体体积分数小于60%时,理论值和实验值较为一致,但在马氏体的体积分数大于60%后,实验值较理论值偏低,这可能与马氏体的连续性有关。Fe-Mn-C、Van-QN80、Fe-Mn-Mo-C双相钢的均匀应变硬化指数n_u与双相钢抗拉强度的实验结果与米列科理论预测的趋势也基本一致。当马氏体的抗拉强度和均匀伸长率及铁素体的均匀伸长率保持不变时,改变铁素体的强度(275~620 MPa)对双相钢均匀真应变的影响示于图5-11,图中虚线为实验值。

根据理论计算和实验结果Davies得出[5,29],对于给定强度的双相钢,提高其均匀延伸的途径是:在保持二相均匀延伸不变的前提下,尽可能提高铁素体和马氏体

的强度,而提高前者比后者更为有效。如果这一结论是正确的,即提高铁素体的强度比提高马氏体的强度对提高双相钢的均匀延伸更重要,那么在不能同时提高马氏体和铁素体的性能,而需要在二者之间作出抉择时,这一理论预测具有重要的实际意义。

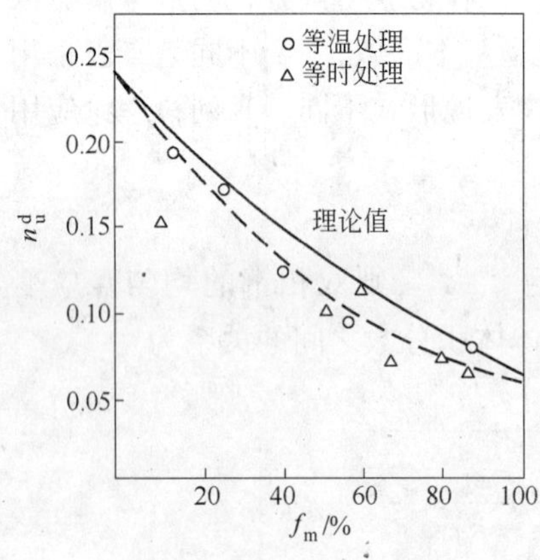

图 5－10　双相钢的均匀真应变与马氏体体积分数的关系

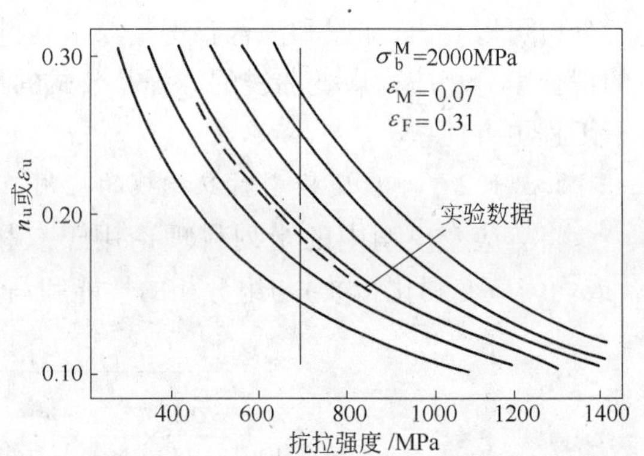

图 5－11　双相钢的均匀应变硬化指数 n_u 与抗拉强度的关系

为了进一步检验上述结论,文献[13]基于米列科理论,考虑到马氏体的强度、均匀伸长率、铁素体的强度以及马氏体体积分数对双相钢的强度和均匀应变硬化指数的影响,用计算机仿真进行了一系列的计算。根据计算结果和分析得出,在一定的马氏体体积分数下(工业生产双相钢控制质量的标准之一),改善双相钢均匀真应变的途径是:在保持铁素体较高的均匀应变硬化指数的前提下,尽可能提高铁素体的强度,降低马氏体的强度,提高马氏体的均匀伸长率(见图 5－12)。铁素体、马氏体的强度越接近,则双相钢的最大均匀真应变越高。

对于给定强度的双相钢(例如 σ_b^d = 750 MPa),在马氏体和铁素体的最大均匀真应变不变的情况下(图 5－13),提高铁素体或马氏体的强度均可以提高双相钢的最大均匀真应变。如提高铁素体的强度同时提高马氏体的最大均匀真应变,则可以更有效地提高双相钢的最大均匀真应变,尤其在双相钢的强度高于某一值后,提高马氏体的均匀真应变比提高铁素体的强度对提高双相钢的均匀真应变更有效。对比图 5－13 中的曲线 3、5、6 可以看出,提高铁素体的强度比提高马氏体的强度对改善双相钢的均匀真应变更有效。

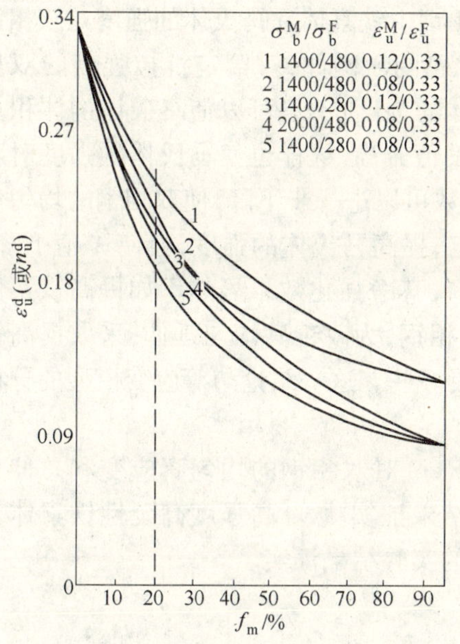

图 5-12 双相钢的 ε_u^d 与 f_m 的关系

（5 种不同钢种的计算仿真结果）

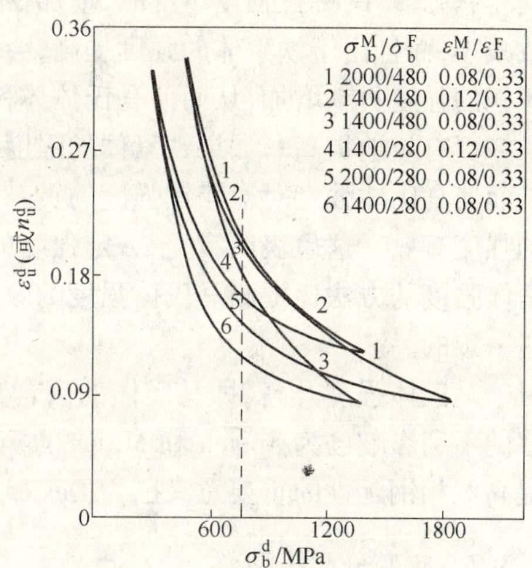

图 5-13 双相钢的均匀真应变与双相钢抗拉强度的关系

（6 种不同钢种的计算机仿真结果）

众所周知，对于给定强度的双相钢，马氏体或铁素体强度的升高都会使马氏体的体积分数减小，而马氏体体积分数的减小，尤其是在 f_m 小于 40% 时，都会使双相钢的均匀真应变明显上升。如马氏体和铁素体强度同时提高，则可使马氏体体积分数有效地下降，因此，对提高双相钢的均匀真应变更有效。

在双相钢中，马氏体和铁素体的强度越接近，则二相塑性应变不相容性就越小，在两相界面萌生孔洞以及孔洞聚集均较困难，即推迟缩颈发生，使双相钢的均匀真应变升高。

对给定强度的双相钢，提高马氏体的强度一方面可以使马氏体的体积分数下降，从而使双相钢的均匀真应变提高；另一方面会使二相塑性应变不相容性增加，使二相界面萌生孔洞和脱聚的几率增加，对提高双相钢的均匀真应变不利。提高铁素体的强度，既可使马氏体的体积分数有效地下降，同时又有利于降低二相塑性应变不相容性，这两种作用都有利于双相钢均匀真应变的升高。

分析指出[13]，双相钢的均匀真应变对马氏体体积分数作图，可以更合理地反映出铁素体和马氏体的性能变化对双相钢均匀真应变的影响，所得的结论与工业生产双相钢中的质量控制指标也一致。如以双相钢的均匀真应变对双相钢的抗拉强度作图，则不能表明马氏体强度的提高所隐含的对双相钢均匀伸长率的不利影响。

从不连续纤维强化的观点分析一下双相钢中铁素体和马氏体的强度对双相钢均匀延伸(或均匀真应变)的影响是很有意思的。例如,对给定抗拉强度的双相钢,当马氏体的抗拉强度不变时,增加铁素体的强度,不只可以使马氏体的体积分数减小,而且由于铁素体的强度提高,会使 λ 值升高,这样也使马氏体的强度对双相钢的强度贡献增加,从而使马氏体体积分数可以进一步下降,使双相钢的均匀伸长率更有效地提高。如果铁素体的强度一定,提高马氏体的强度,会使 λ 值下降,从而使马氏体强度对双相钢强度的贡献下降,其净强化效果显然不如提高铁素体的强度有效。这也表明,对于一定强度的双相钢,为改善其均匀延伸,采取提高铁素体强度的方法比提高马氏体强度的效果更好些。这一结论与等应变模型的分析是一致的。

马氏体强度升高(即马氏体的碳含量升高)对双相钢的均匀真应变和总伸长率的不利影响已为 Speich 和 Miller 的实验结果证实[23]。高强度高延性铁素体对提高双相钢延性的重要意义已为 Davies[24]的实验结果证实。

5.3.2　应变分配模型

当两相的屈服强度相差不大时,在一定的体积分数范围内等应变模型对双相钢性能的预测值与实测值基本一致。但当两相性能相差较大时,尤其是两相屈服强度的比值 K 较高时,则在双相钢拉伸变形中,两相之间存在着明显的应变分配。特别是在初始变形阶段,变形主要发生在铁素体中,马氏体基本上不发生变形,因此等应变模型不能描述这种情况下双相钢的初始变形特性。为了对这种情况下的双相钢的变形特性进行描述,Tomota 等人[16]和 Araki 等人[14]采用固体力学的连续体模型和处理方式,分别从应力平衡和能量平衡导出了两个延性相构成的复合物和双相钢的应力应变方程。

5.3.2.1　两个延性相构成的复合物的应力应变曲线方程

基于复合物中两个组分相所承受的塑性应变不同,因而在两相中诱发内应力,而对内应力的处理采用 Hutchinson[46]导出的多晶材料应力应变时所用的方法,但对公式的含义和解释与 Hutchinson 略有不同,并对所确定的数字因子给予了附加说明,Tomota 等人[16]导出了两个延性相所构成的复相合金的应力应变曲线方程。

在这一模型中,拉伸变形可分为下列三个阶段:第一阶段两组分相均系弹性变形;第二阶段较软相开始塑性变形,而较硬相仍是弹性变形;第三阶段两相同时发生塑性变形。

为了简化计算在理论处理中假定,两组分相的弹性常数相等,并且是各向同性(如弹性常数相差小于10%,则对内应力也没有明显影响),这样第一阶段的变形就成为简单的两相均匀弹性变形。

第二阶段变形。当外加的单轴张应力 σ_{33}^{A} 达到软相的屈服应力 σ_{y}^{I} 时,它就开始塑性变形,这时二相合金的宏观屈服应力 $y(\mathrm{i})$ 等于 $\sigma_{\mathrm{y}}^{\mathrm{I}}$。随着塑性变形在较软相中的进展和累积,由于两相塑性应变不相容,在二相界面上的塑性应变不连续性增加,导致内应力增加。这一内应力阻止较软相进一步塑性变形,而帮助较硬相在应力 σ_{33}^{A} 的作用下(σ_{33}^{A} 小于较硬相的屈服应力 $\sigma_{\mathrm{y}}^{\mathrm{II}}$)开始塑性变形。设沿着拉伸方向的软相的塑性应变为 $e_{33}^{\mathrm{I}}=\varepsilon_{\mathrm{P}}^{\mathrm{I}}$,沿横向的软相的塑性应变为 $e_{11}^{\mathrm{I}}=e_{22}^{\mathrm{I}}=-\dfrac{\varepsilon_{\mathrm{P}}^{\mathrm{I}}}{2}$,假定硬相为椭球形,呈混乱分布,则平均内应力可写为[48]

$$\sigma_{\mathrm{ij}}^{\mathrm{I}}=-f\sigma_{\mathrm{ij}}^{\infty} \quad 和 \quad \sigma_{\mathrm{ij}}^{\mathrm{II}}=(1-f)\sigma^{\infty} \tag{5-45}$$

式中 $\sigma_{\mathrm{ij}}^{\mathrm{I}},\sigma_{\mathrm{ij}}^{\mathrm{II}}$——分别为软相和硬相的平均内应力;

f——硬质相的体积分数;

$\sigma_{\mathrm{ij}}^{\infty}$——当软相(或硬相)单独嵌入到无限大的另一组分中时,硬相(或软相)椭圆粒子内部的内应力。

$\sigma_{\mathrm{ij}}^{\infty}$ 与 e_{ij} 可借助于埃什尔拜张量通过下列关系相联系:

$$\sigma_{\mathrm{ij}}^{\infty}=c_{\mathrm{ijkl}}(-s_{\mathrm{klmn}}e_{\mathrm{mn}}^{\mathrm{I}}+e_{\mathrm{kl}}^{\mathrm{I}}) \tag{5-46}$$

式中 c_{ijkl}——弹性常数❶,并用求和约定(重复角标1、2、3求和)。

由于软相或硬相不可能是单一的理想的椭球。然而,如果一个任意粒子的形状可以用一个椭球来近似,二相合金的组态可用不同取向的椭球形颗粒的混乱分布来描述时,s_{ijkl} 的平均值等于一个球形颗粒的 s_{ijkl}[47],那么由式5-45和式5-46可以得出

$$\left.\begin{aligned}\sigma_{33}^{\mathrm{I}}&=-2\sigma_{11}^{\mathrm{I}}=-2\sigma_{22}^{\mathrm{I}}=-f\frac{E(7-5\nu)}{15(1-\nu^2)}\varepsilon_{\mathrm{p}}^{\mathrm{I}}\\ \sigma_{33}^{\mathrm{II}}&=-2\sigma_{11}^{\mathrm{II}}=-2\sigma_{22}^{\mathrm{II}}=(1-f)\frac{E(7-5\nu)}{15(1-\nu^2)}\varepsilon_{\mathrm{p}}^{\mathrm{I}}\end{aligned}\right\} \tag{5-47}$$

内应力的其他分量是0,E 和 ν 分别为杨氏模量和泊松比。

当软相的塑性应变在外加应力下($\sigma_{33}^{\mathrm{A}}>\sigma_{\mathrm{y}}^{\mathrm{I}}$),产生一个塑性应变增量 $\delta e_{\mathrm{ij}}^{\mathrm{I}}$ 时($\delta e_{33}^{\mathrm{I}}=-2\delta e_{11}^{\mathrm{I}}=-2\delta e_{22}^{\mathrm{I}}=\delta e_{\mathrm{p}}$),则外力对软相单位体积所做的塑性功为$(\sigma_{\mathrm{ij}}^{\mathrm{A}}+\sigma_{\mathrm{ij}})\delta e_{\mathrm{ij}}^{\mathrm{I}}=\left[(\sigma_{33}^{\mathrm{A}}+\sigma_{33}^{\mathrm{I}})-\dfrac{1}{2}(\sigma_{11}^{\mathrm{I}}+\sigma_{22}^{\mathrm{I}})\right]\delta\varepsilon_{\mathrm{p}}$,而这一值必然等于 $\sigma_{\mathrm{f}}^{\mathrm{I}}(\varepsilon_{\mathrm{p}}^{\mathrm{I}})\mathrm{d}\varepsilon_{\mathrm{p}}$,$\sigma_{\mathrm{f}}^{\mathrm{I}}(\varepsilon_{\mathrm{p}}^{\mathrm{I}})$ 为在单轴拉伸到 $\varepsilon_{\mathrm{p}}^{\mathrm{I}}$ 时软相的流变应力。由式5-47可以得出,当软相中塑性应变为 ε_{p} 时,二相合金的流变应力 σ_{33}^{A} 由下式给定:

$$\sigma_{33}^{\mathrm{A}}=\sigma_{\mathrm{f}}^{\mathrm{I}}(\varepsilon_{\mathrm{p}}^{\mathrm{I}})+fA\varepsilon_{\mathrm{p}}^{\mathrm{I}},\sigma_{33}^{\mathrm{A}}>\sigma_{\mathrm{y}}^{\mathrm{I}} \tag{5-48}$$

---

❶ 包括9个分量的应力和应变均为二阶张量,两个二阶张量相联系的张量是四阶张量,以 c_{ijkl} 代表各分量(如虎克定律可写为:$\sigma_{\mathrm{ij}}=c_{\mathrm{ijkl}}\varepsilon_{\mathrm{kl}}$,$\varepsilon_{\mathrm{ij}}=s_{\mathrm{ijkl}}\sigma_{\mathrm{kl}}$)。

$$A = \frac{E(7-5\nu)}{10(1-\nu^2)}$$

如果 σ_f^{I} 取作为常数，从能量最小的稳定条件和式 5－48 就可导出包含有硬的夹杂物材料的线性加工硬化表示式。以总的平均塑性应变 $\overline{\varepsilon}_p$ 代替 $\varepsilon_p^{\mathrm{I}}$，式 5－48 可重写为

$$\sigma_{33}^{A} = \sigma_f^{\mathrm{I}}\left(\frac{\overline{\varepsilon}_p}{1-f}\right) + \frac{f}{(1-f)}A\,\overline{\varepsilon}_p \tag{5-49a}$$

$$\overline{\varepsilon}_p = (1-f)\varepsilon_p^{\mathrm{I}} \tag{5-49b}$$

较硬相塑性流变的开始，在某一外加应力 $Y(\text{ii})$ 作用下，内应力与外加应力的叠加，使得硬相开始塑性流变。硬相塑性流变开始的条件可用虚功原理给出：$\sigma_y^{\mathrm{II}}\delta\varepsilon_p^{\mathrm{II}} = \left[\sigma_{33}^{A} + \sigma_{33}^{\mathrm{II}} - \frac{1}{2}(\sigma_{11}^{\mathrm{II}} + \sigma_{22}^{\mathrm{II}})\right]\delta\varepsilon_p^{\mathrm{II}}$。$\delta\varepsilon_p^{\mathrm{II}}$ 为硬相中沿拉伸方向的一个虚的塑性拉应变，右边是外加应力和内应力所做的功。在满足式 5－48 和式5－49的条件下，就可得出定义硬相塑性变形开始的联合方程：

$$Y(\text{ii}) = \sigma_y^{\mathrm{II}} - (1-f)A\varepsilon_p^{\mathrm{I}}(\text{ii}) = \sigma_y^{\mathrm{II}} - A\,\overline{\varepsilon_p}(\text{ii}) \tag{5-50a}$$

$$\begin{aligned} Y(\text{ii}) &= \sigma_f^{\mathrm{I}}[\varepsilon_p^{\mathrm{I}}(\text{ii})] + fA\varepsilon_p^{\mathrm{I}}(\text{ii}) \\ &= \sigma_f^{\mathrm{I}}\left(\frac{\overline{\varepsilon_p}(\text{ii})}{1-f}\right) + \frac{f}{1-f}A\,\overline{\varepsilon_p}(\text{ii}) \end{aligned} \tag{5-50b}$$

式中　$\varepsilon_p^{\mathrm{I}}(\text{ii})$ 和 $\overline{\varepsilon_p}(\text{ii})$——分别为使硬相开始塑性流变时较软相和合金中的临界塑性应变。

在这一点的内应力可用式 5－50a 和式 5－50b 所给出的 $\varepsilon_p(\text{ii})$ 代替方程 5－47中的 $\varepsilon_p^{\mathrm{I}}$ 求得，并可分别表示为 $\sigma_{ij}^{\mathrm{I}}(\text{ii})$ 和 $\sigma_{ij}^{\mathrm{II}}(\text{ii})$。

第三阶段变形。假定外加应力超出 $\sigma_{33}^{A} = Y(\text{ii})$ 时，软相和硬相分别进一步发生塑性变形：$\delta e_{33}^{\mathrm{I}} = -2\delta e_{11}^{\mathrm{I}} = -2\delta e_{22}^{\mathrm{I}} = 2\delta\varepsilon_p^{\mathrm{I}}$ 和 $\delta e_{33}^{\mathrm{II}} = -2\delta e_{11}^{\mathrm{II}} = -2\delta e_{22}^{\mathrm{II}} = \delta\varepsilon_p^{\mathrm{II}}$，那么，采用分析第二阶段变形时所用的类似方法，就可计算 $\sigma_{ij}^{\mathrm{I}}(\text{ii})$ 和 $\sigma_{ij}^{\mathrm{II}}(\text{ii})$ 应力下的内应力增量，因此，软相和硬相中的总的内应力是

$$\sigma_{33}^{\mathrm{I}} = -2\sigma_{11}^{\mathrm{I}} = -2\sigma_{22}^{\mathrm{I}} = -f\frac{E(7-5\nu)}{15(1-\nu^2)}[\varepsilon_P^{\mathrm{I}}(\text{ii}) + (\delta\varepsilon_P^{\mathrm{I}} - \delta\varepsilon_P^{\mathrm{II}})] \tag{5-51}$$

$$\sigma_{33}^{\mathrm{II}} = -2\sigma_{11}^{\mathrm{II}} = -2\sigma_{22}^{\mathrm{II}} = (1-f)\frac{E(7-5\nu)}{15(1-\nu^2)}[\varepsilon_P^{\mathrm{I}}(\text{ii}) + (\delta\varepsilon_P^{\mathrm{I}} - \delta\varepsilon_P^{\mathrm{II}})] \tag{5-52}$$

这些内应力加上外加应力必须满足在软相中塑性应变 $\varepsilon_P^{\mathrm{I}}(\text{ii}) + \delta\varepsilon_P^{\mathrm{I}}$ 和较硬相中塑性应变 $\delta\varepsilon_P^{\mathrm{II}}$ 的塑性流变条件，流变条件可用虚功原理表示，并可导出以下两个公式：

$$\left.\begin{aligned} \sigma_f^{\mathrm{I}}[\varepsilon_P^{\mathrm{I}}(\text{ii}) + \delta\varepsilon_P^{\mathrm{I}}] &= \sigma_{33}^{A} - fA[\varepsilon_P^{\mathrm{I}}(\text{ii}) + (\delta\varepsilon_P^{\mathrm{I}} - \delta\varepsilon_P^{\mathrm{II}})] \\ \sigma_f^{\mathrm{II}}(\delta\varepsilon_P^{\mathrm{II}}) &= \sigma_{33}^{A} + (1-f)A[\varepsilon_P^{\mathrm{I}}(\text{ii}) + (\delta\varepsilon_P^{\mathrm{I}} - \delta\varepsilon_P^{\mathrm{II}})] \end{aligned}\right\} \tag{5-53}$$

只要任何一个相的塑性应变增量 $\delta\varepsilon_{P}^{I}$ 或 $\delta\varepsilon_{P}^{II}$ 给定后，当外加应力超出 Y(ii)时，则另一组分的塑性应变增量和继续塑性流变所需的外加应力 σ_{33}^{A} 就可由联立式5－53求出。合金的平均塑性应变增量可由下式给定：

$$\delta\bar{\varepsilon}_{P}=\delta\varepsilon_{P}^{I}(1-f)+f\ \delta\varepsilon_{P}^{II} \qquad (5-54)$$

重复上述过程，就可绘制出完整的双相合金的应力应变曲线。

从第二阶段变形开始以后的计算中，并未考虑由外加应力所产生的弹性变形，只是单纯考虑塑性应变引起的流变应力。如考虑到由外加应力引起的弹性变形时，则沿拉伸方向的总的应变 $\varepsilon_{t}=\bar{\varepsilon}_{P}+\sigma_{33}^{A}/E$，那么在上述的方程中，用 $\bar{\varepsilon}_{P}=\varepsilon_{t}-\sigma_{33}^{A}/E$ 代替 $\bar{\varepsilon}_{P}$，则可获得应力－总应变的各种关系。

上述各方程中的常数 A 值适合于球形、混乱分布的二相合金。当一个组分相具有方向性时（如纤维复合材料），则 A 值应改变。硬相为平行于拉伸方向的纤维或垂直于拉伸方向的圆盘时，A 值分别为：$(5-4\nu)E/[4(1-\nu^{2})]$ 和 $E/[2(1-\nu)]$。显然，A 值和 E 值具有同数量级。

通常在紧靠硬相周围的局部内应力比平均内应力要大，在较硬相体积分数较小时尤为如此，当较软相承受塑性应变 ε_{P} 时，两相界面上的局部内应力为 $E\varepsilon_{P}$。随着离开界面距离的增加，内应力减小，如果在局部内应力达到临界值时，会出现塑性松弛，那么第二阶段的实际流变应力将比计算值低。当硬相体积分数较小时，这一影响尤为明显，在二个延性相所构成的复相合金中，出现塑性松弛的应变比弥散强化合金中低得多。在弥散强化合金中，局部内应力影响的范围是粒子直径数量级。而在二个延性相构成的合金中，硬相粒子的直径比弥散相大得多，局部内应力影响的范围约为晶粒大小的数量级。因此在较软相塑性变形很小时，就会发生塑性松弛，所以第二阶段的流变应力的计算值比实测值要高。

用这一理论对零碳 Fe-3% Ni-3% Mo 的铁素体、马氏体双相钢的变形特性进行了分析和计算[15]，所用的变形数据为：$\sigma_{y}^{m}=705\times10^{2}$ MPa，$n_{u}^{m}=0.06$，$K_{m}=1113\times10^{2}$ MPa，$n_{u}^{f}=0.24$，$K_{f}=369\times10^{2}$ MPa。双相钢的均匀应变硬化指数和马氏体体积分数的关系如图5－14所示。米列科的等应变模型和 Tomota 等人的应变分配模型基本一致，这一双相钢中两相的应变分配情况示于图5－15。二组分相之间的塑性应变差是很小的，即两相之间基本处于等应变状态，因此等应变模型适用于这类双相合金。

含钒双相钢有类似的趋势。对高硅双相钢，则等应变模型与应变分配模型预测的性能值具有明显不同，并且硬相和软相之间有明显的应变分配。等应变模型所预测的应变硬化系数比应变分配模型的预测值高30%～40%。软相比硬相中的塑性应变约高1倍。

5.3.2.2 双相钢的应力应变曲线的方程

Araki 等人[14]根据双相钢中马氏体和铁素体都是可以变形的，但两相的变形程度不同。采用连续力学模型和能量平衡的处理方法，导出了描述双相钢应力应变曲线的方程，并对组分相的性能参数及其对双相钢性能的影响进行了讨论。

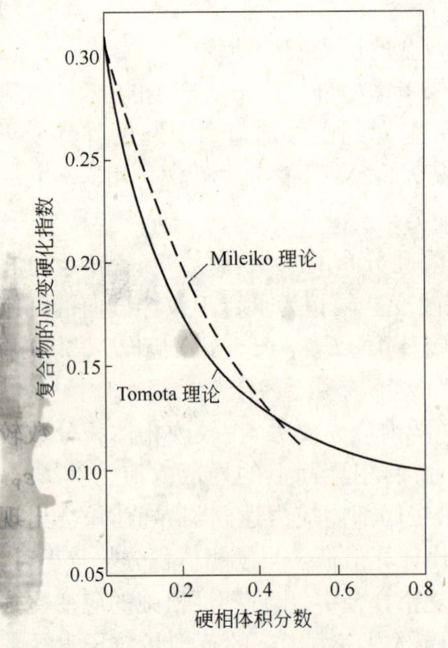

图 5 – 14　双相钢的均匀应变硬化指数与硬质相体积分数的关系

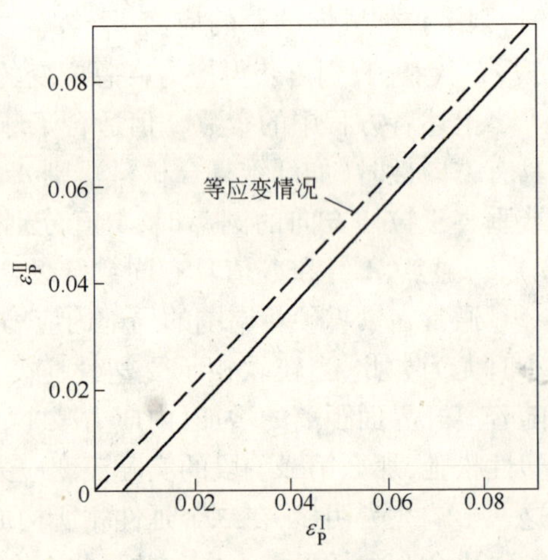

图 5 – 15　硬相中计算的累积塑性应变 ε_P^{II} 和软相中的 ε_P^{I} 的关系

为使方程的导出方便，采用单轴拉伸变形，并假定双相钢中两组分相也完全是单轴变形，组分相的弹性常数相等且各向同性。两组分相变形时的示意图见图 5 – 16。当体系从 ε 变形到 $\varepsilon+\mathrm{d}\varepsilon$ 时，其内能增加为 $\mathrm{d}u$。

$$\mathrm{d}u=\sigma\mathrm{d}\varepsilon-\mathrm{d}Q \tag{5-55}$$

式中　$\sigma\mathrm{d}\varepsilon$——外加应力对体系所做的功；

$\mathrm{d}Q$——体系变形时散发于周围环境中的热。

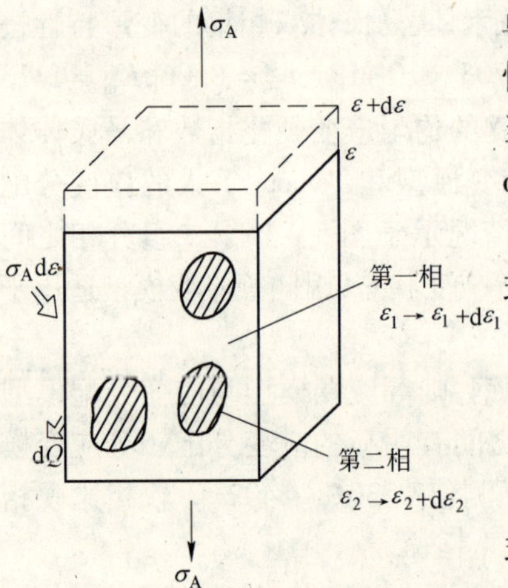

图 5 – 16　两相合金变形特性示意图

体系的内能可由下式给定：

$$U=(1-f)U_1+fU_2+U_{\mathrm{int}} \tag{5-56}$$

式中　f——第二相的体积分数；

U_1——无第二相时第一相中的储能；

U_2——无第一相时第二相中的储能；

U_{int}——第一相和第二相之间的交互作用能。

当第二相不变形时，根据 Mori 等人[48]的结果，U_{int}可以表示为

$$U_{int} = -\frac{f(1-f)}{2}C_{ijk1}(S_{klmn}\varepsilon_{mn}^{T} - \varepsilon_{K1}^{T})\varepsilon_{ij}^{T} \quad (5-57)$$

式中 S_{klmn}——埃什尔拜无应力转变应变，重复足标 1、2、3 求和。

假定第二相的形状为球形，则对单轴拉伸变形 U_{int}可以表示为

$$U_{int} = \frac{1}{2}Af(1-f)\varepsilon^{T2} \quad (5-58)$$

$$A = \frac{E(7-5\nu)}{10(1-\nu^2)} \quad (5-59)$$

如第二相为椭圆形，呈混乱分布，可以得到同样的结果。

为将方程 5-56 应用于第二相发生变形的情况，须定义以下各量：

$$\varepsilon^{T} = \varepsilon_1 - \varepsilon_2 \quad (5-60)$$

$$Q = (1-f)Q_1 + fQ_2 \quad (5-61)$$

$$\varepsilon = (1-f)\varepsilon_1 + f\varepsilon_2 \quad (5-62)$$

式中 Q_1, Q_2——分别为第一相、第二相散发于周围环境中的热；

$\varepsilon_1, \varepsilon_2$——分别为第一相和第二相的变形。

将式 5-56、式 5-58、式 5-60 ~ 式 5-62 代入式 5-55 并化简可得

$$(1-f)\left[\frac{\partial(U_1+Q_1)}{\partial\varepsilon_1} + Af(\varepsilon_1-\varepsilon_2) - \sigma\right]d\varepsilon_1 + f\left[\frac{\partial(U_1+Q_1)}{\partial\varepsilon_2} - A(1-f)(\varepsilon_1-\varepsilon_2) - \sigma\right]d\varepsilon_2 = 0 \quad (5-63)$$

由于 $d\varepsilon_1$ 和 $d\varepsilon_2$ 不等于零，故满足方程 5-63 必须以下二式等于零，即

$$\frac{\partial(U_1+Q_1)}{\partial\varepsilon_1} + Af(\varepsilon_1-\varepsilon_2) - \sigma = 0 \quad (5-64)$$

$$\frac{\partial(U_2+Q_2)}{\partial\varepsilon_2} - A(1-f)(\varepsilon_1-\varepsilon_2) - \sigma = 0 \quad (5-65)$$

式中 U_1+Q_1——第一相的储能和向周围环境散热的和；

U_2+Q_2——第二相储能和向周围环境散热的和。

它们应分别等于外力对该相所做的功。假定第一相和第二相的单轴拉伸时的应力应变曲线的表达式为 $\sigma_1 = \sigma_1(\varepsilon)$，$\sigma_2 = \sigma_2(\varepsilon_2)$，则

$$U_1 + Q_1 = \int_0^{\varepsilon_1}\sigma_1(\varepsilon_1)d\varepsilon_1 \quad (5-66)$$

$$U_2 + Q_2 = \int_0^{\varepsilon_2} \sigma_2(\varepsilon_2)\mathrm{d}\varepsilon_2 \quad (5-67)$$

将式 5 - 66、式 5 - 67 分别代入式 5 - 64 和式 5 - 65,就得到

$$\sigma_1(\varepsilon_1) + Af(\varepsilon_1 - \varepsilon_2) - \sigma = 0 \quad (5-68)$$

$$\sigma_2(\varepsilon_2) + A(f-1)(\varepsilon_1 - \varepsilon_2) - \sigma = 0 \quad (5-69)$$

这两个公式与 Tomota[16] 从应力平衡出发导出的式 5 - 53 形式类同。如用 $\varepsilon_P^{\mathrm{II}} + \delta\varepsilon_P^{\mathrm{I}}$ 和 $\delta\varepsilon_P^{\mathrm{II}}$ 分别代替 ε_1 和 ε_2,则两组公式的一致性更加明显。

由式 5 - 68 和式 5 - 69 求得 ε_1 和 ε_2,代入式 5 - 62 中便可得到 $\varepsilon - \sigma$ 的一般形式。由于从实际观点来看,高应变范围的加工硬化行为是十分重要的,而在这一高应变范围内,由于第二相周围的内应力发生松弛,变形应力的增加不再遵守式 5 - 68和式 5 - 69 中的第二项的规定,因此 Araki 等建议在二相之间引入一个有效应变差 $(\varepsilon_1 - \varepsilon_2)_{\mathrm{eff}}$ 以代替 $(\varepsilon_1 - \varepsilon_2)$。基于对连续退火双相钢所进行的强度与马氏体体积分数的观察,采用 $(\varepsilon_1 - \varepsilon_2)_{\mathrm{eff}} = 0.004$,同时假定两组分相的流变曲线均符合霍洛曼方程,即 $\sigma_1 = K_1\varepsilon_1^{n_1}$,$\sigma_2 = K_2\varepsilon_2^{n_2}$,那么由式 5 - 68、式 5 - 69 及式 5 - 62 就可给出双相合金的流变曲线的方程:

$$\varepsilon = (1 - f_{\mathrm{m}})[(\sigma - 100f_{\mathrm{m}})/K_1]^{\frac{1}{n_1}} + f\{[\sigma + 100(1 - f_{\mathrm{m}})]/K_2\}^{\frac{1}{n_2}} \quad (5-70)$$

式中在强度单位采用 kgf/mm^2 时,其式中常数为 100。

根据式 5 - 70 还可计算抗拉强度 $\sigma_{\mathrm{b}} = \sigma_{\mathrm{u}}/e^{\varepsilon_{\mathrm{u}}}$、$n$ 值($n_{\mathrm{u}} = \varepsilon_{\mathrm{u}}$)、伸长率 $e = \exp(2n_{\mathrm{u}}) - 1$、抗拉强度与伸长率的乘积 $\sigma_{\mathrm{b}} \cdot e = \sigma_{\mathrm{u}}[\exp n_{\mathrm{u}} - \exp(-n_{\mathrm{u}})]$ 以及两相塑性应变比 $R = \varepsilon_2/\varepsilon_1 = \dfrac{[(\sigma - 100f_{\mathrm{m}})/K_2]^{\frac{1}{n_2}}}{\{[\sigma + 100(1 - f_{\mathrm{m}})]/K_1\}^{1/n_1}}$。

在导出式 5 - 70 时,假定 $\Delta\varepsilon_{\mathrm{eff}} = (\varepsilon_1 - \varepsilon_2)_{\mathrm{eff}}$,实际上它受 f_{m} 和 ε 的影响,f_{m} 和 ε 越高,则 $\Delta\varepsilon_{\mathrm{eff}}$ 越高。在含有刚性球形第二相的材料中,临界松弛应变 ε_{c} 可用 $\varepsilon_{\mathrm{c}} = 9(\tau_0/\mu)$ 进行估算[49],τ_0 为基体的晶格摩擦力,μ 为剪切弹性模量,ε_{c} 与 $\Delta\varepsilon_{\mathrm{eff}}$ 相对应。已知 $\tau_0 = 49 \sim 79$ MPa[50],则 $\varepsilon_{\mathrm{c}} = 0.002 \sim 0.003$,这与 Araki 计算中采用的值 $\Delta\varepsilon_{\mathrm{eff}} = 0.004$ 是相近的。

为了检验式 5 - 70 对双相钢的适用性,Araki 等曾对一系列不同性能的双相钢进行了试验[14]。首先测定了组分相的霍洛曼参数 K 和 n,结果列于表 5 - 4,表中 n 值系在伸长率 6% ~12% 之间测定的。应用计算机和方程 5 - 70 计算双相钢的应力应变曲线及其和实测的曲线对比示于图 5 - 17。组分相的霍洛曼参量对双相钢性能的影响见图 5 - 18。理论计算和实测的各种实际中应用的参量对比列于表 5 - 5。

从表 5 - 4 所列数据可以看出,加入合金元素一般使铁素体的 K 值和 n 值上升,对马氏体的 K 值和 n 值基本没有影响,但同时加入硅和磷,可使马氏体的 K 值升高。

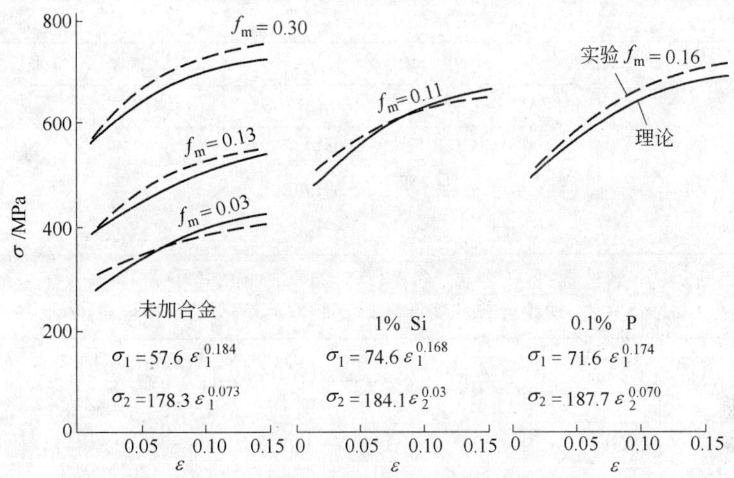

图 5－17 由式 5－70 计算的双相钢的应力应变曲线和实测值的对比

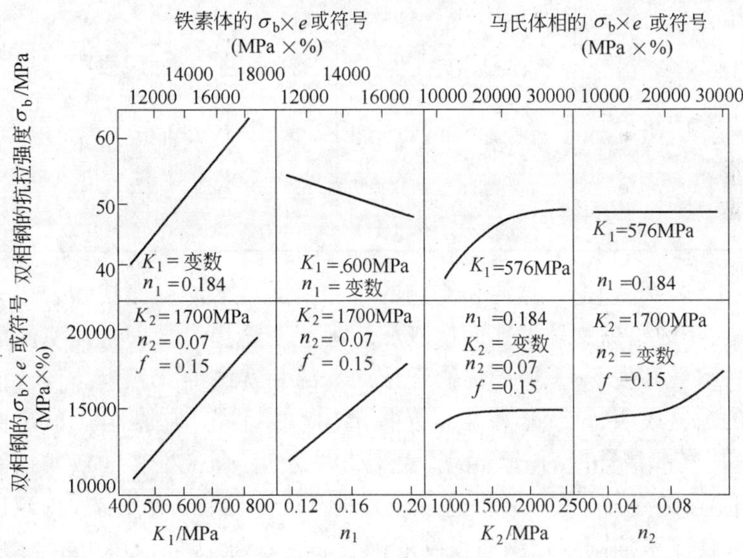

图 5－18 组分相的霍洛曼参量对双相钢的 σ_b 与 $e \times \sigma_b$ 的影响

表 5－4 拉伸试验确定的双相钢中组分相的霍洛曼参量

合金元素加入量/%	铁 素 体		含碳 0.2% 的马氏体	
	K_1/MPa	n_1	K_2/MPa	n_2
未加入合金	576	0.184	1738	0.073
1% Si	746	0.168	1841	0.063

续表 5 -4

合金元素加入量/%	铁素体		含碳 0.2% 的马氏体	
	K_1/MPa	n_1	K_2/MPa	n_2
0.1% P	716	0.174	1787	0.070
1.5% Mn	613	0.179	1787	0.055
1% Si +0.1% P	778	0.168	2306	0.059

表 5 -5　理论计算和实验所确定的双相钢的实际参数对比

合金元素加入量	f_m/%	实验(1)或理论计算(2)	双相钢的拉伸性能				
			n	σ_b/MPa	e_t/%	$\sigma_b \times e_t$/MPa × %	$R(\varepsilon_1/\varepsilon_2)$
未加合金	9.0	(1)	0.172	404	35.7	14440	—
		(2)	0.151	422	34.8	15200	0.49
1% Si	11	(1)	0.167	541	30.7	16600	—
		(2)	0.143	549	35.0	19200	0.42
0.1% P	16	(1)	0.133	614	25.0	15350	—
		(2)	0.135	583	32.6	18900	0.60
1.5% Mn	29	(1)	0.115	599	26.0	15570	—
		(2)	0.106	650	23.7	15400	0.13
1% Si +0.1% P	16	(1)	0.179	633	29.7	18800	—
		(2)	0.131	641	29.8	19100	0.009

图 5 -17 表明,理论计算的和实测的双相钢的应力应变曲线吻合得较好。加入硅和磷,由于改善铁素体性能而使双相钢性能明显提高。理论与实测的应力应变曲线的一致性和表 5 -5 所列出的理论计算的和实测的双相钢拉伸性能的一致性是统一的。这表明,该变形模型以及模型中有关假定(包括引入恒定松弛应变的简化处理)基本是合理的。但在 f_m 大于 20% 之后,理论推算的双相钢的伸长率和 $\sigma_b \times e_t$ 值与实验值有些偏差。这可能是当马氏体体积分数较高时,延性断裂而不是塑性失稳成了控制双相钢伸长率的因素。在这种情况下,很可能在塑性失稳出现之前,由于在第二相附近有大量的微孔洞形成和聚合而使试样断裂。对于 f_m 大于 20% 的双相钢,应该考虑到这种断裂机制对延性的影响,也就是说,在较高的马氏体体积分数下,微孔洞的形成和聚合可能会在低于均匀伸长的应变下出现,这不仅使抗拉强度而且也使 n 值降低。

分析图 5 -18 的结果可以得出,增加铁素体的 K_1 和 n_1,即改善铁素体相的 $\sigma_b \times e_t$值,可以显著地改善双相钢的综合性能 $\sigma_b \times e_0$ 相反,改善马氏体的性能,对提高双相钢 $\sigma_b \times e$ 值的效果远小于铁素体性能的改善,这与等应变模型的预测[29]

及计算机仿真[13]的结果是一致的。但是，当 $K_2 < 1700$ MPa 时，增加 K_2 可以增加双相钢的抗拉强度。

为了与 Tomota 等人的实验结果进行对比，Araki 等人计算了 $C_K = K_2/K_1$（该值与 Tomota 实验中的二相硬度比相对应）对 R 值（$R = \varepsilon_2/\varepsilon_1$）的影响如图 5 - 19 所示。当 $C_K < 2.5$ 时，R 值 ≈ 1，即两相之间无应变分配。当 C_K 值超过 2.5 以后，则 R 值随 C_K 值增加而迅速下降，即两相中应变分配随 C_K 值增加而明显增加。理论计算值与 Tomota 的实验值[51,52]较一致。使双相钢强度提高较为有效的马氏体的强化系数 K_2 值的上限——1700 MPa 相对应的 R 值为 0.3，此时 C_K 值等于 2.95。

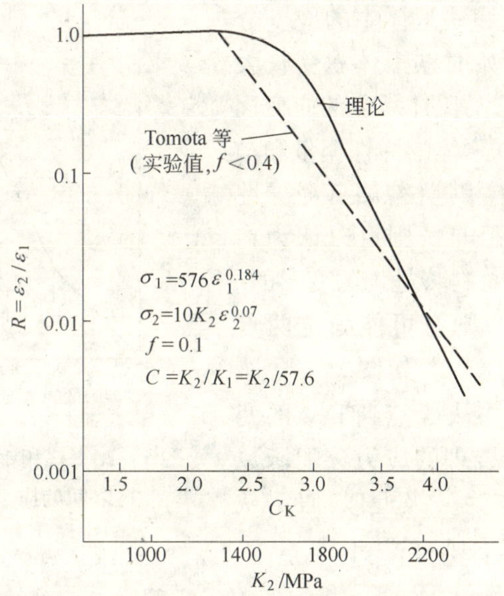

图 5 - 19 双相钢中的 C_K 值对 R 值的影响

从以上分析和实验结果可以得出改善双相钢性能的途径[13]是改善双相钢的延性，应该提高铁素体的强度和延性，这可加入固溶强化元素硅和磷。例如，采用连续退火生产的高强度双相钢多选用硅和磷作为合金元素。马氏体的强度主要影响双相钢的抗拉强度，并且 K_2 值应在 1700 MPa 以下这一值与低碳板条马氏体的 K 值相当。为使双相钢具有高的延性，f_m 应小于 20%，但 $f_m < 10\%$ 时，其强化效果不足。工业上用于冲压构件的双相钢，可根据对板材的强度与延性的要求，选取适当的 f_m。

5.3.3 应力分配模型

基于对双相钢变形时两相之间有应变分配的观察及两相的变形可能处在等应变与等应力状态的某一值处的认识[7,10,11,40,56]。Rois 等[18]提出了双相钢变形时两相应力分配模型，并导出了模拟双相钢应力应变曲线的解析方程。假定双相钢为只由马氏体和铁素体构成的复合物，那么两相之间的工程应力和工程应变的分配，可用下面方程组表示[51]：

$$\left.\begin{aligned}\sigma &= \sigma^{\alpha} f_{\alpha} + \sigma^{m} f_{m} \\ e &= e_{\alpha} f_{\alpha} + e_{m} f_{m}\end{aligned}\right\} \tag{5-71}$$

根据 Speich 和 Miller 对 C-Mn 双相钢的实验和建议[40]，当铁素体达到它的极限抗拉强度时，马氏体才开始总体屈服。因此双相钢的抗拉强度可以表示为

$$\sigma_{b}^{\alpha} = \sigma_{y}^{m} f_{m} + \sigma_{b}^{\alpha} f_{\alpha} \tag{5-72}$$

临界区处理之后，铁素体的抗拉强度一般比中碳马氏体要低得多。因此，作为双相钢的一种典型情况，在整个变形过程中，马氏体中的应变和铁素体中的应变分配是变化的，变形开始时铁素体承受较大应变，随着变形增加，马氏体承受的应变逐步增加。但是由于铁素体的弹性模量和马氏体的弹性模量基本相等（忽略各向异性和马氏体正方度的影响），则可以认为在铁素体塑性变形前，材料将是均匀变形的。如以 σ^{m} 对 σ^{α} 做图，则有可能固定两点 $(\sigma_{y}^{m}, \sigma_{b}^{\alpha})$ 和 $(\sigma_{x}^{m}, \sigma_{y}^{\alpha})$[40]。如图 5－20 所示，显然 $\sigma_{x}^{m} = \sigma_{y}^{\alpha}$，图中从 A 点到 B 点的变化较复杂，提出一个合理的应力分配函数尚需作大量工作，作为一级近似，假定从 A→B呈线性变化，那么则有：

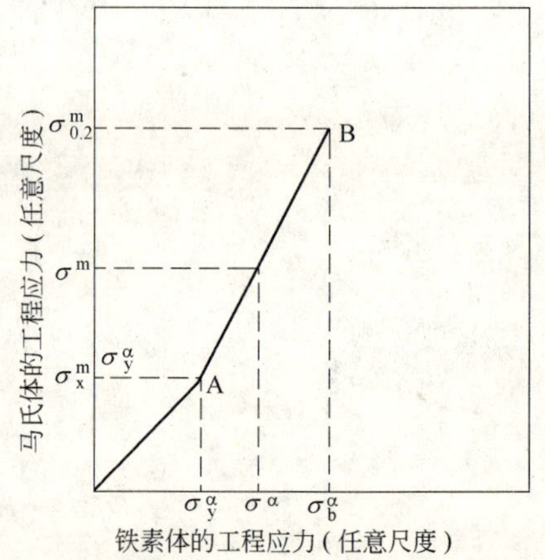

图 5－20　双相钢中铁素体和马氏体之间的应力分配示意图

$$\frac{\sigma^{m} - \sigma_{y}^{\alpha}}{\sigma_{b}^{\alpha} - \sigma_{y}^{\alpha}} = \frac{\sigma_{y}^{m} - \sigma_{y}^{\alpha}}{\sigma_{b}^{\alpha} - \sigma_{y}^{\alpha}}$$

或写为

$$\sigma_{m} = \sigma_{y}^{\alpha} \frac{\sigma_{b}^{\alpha} - \sigma_{y}^{m}}{\sigma_{b}^{\alpha} - \sigma_{y}^{\alpha}} + \sigma_{b}^{\alpha} \frac{\sigma_{y}^{m} - \sigma_{y}^{\alpha}}{\sigma_{b}^{\alpha} - \sigma_{y}^{\alpha}} \tag{5-73}$$

假定马氏体、铁素体的应力应变曲线方程是已知的，则利用方程 5－71 ~ 5－73，就可推算出双相钢的应力应变曲线。

为了对上述假定和应力分配的设想进行检验，将 0.14% C-1.59% Mn-0.41% Si-0.041% Nb 钢，经临界区温度 740℃处理后，得到含有 $f_{m} = 32\%$ 的马氏体加铁素体双相钢，其中铁素体晶粒大小为 5 μm，测定其应力应变曲线。同时假定铁素体和马氏体的应力应变曲线可用霍洛曼方程描述，根据文献[72]，则

$$\sigma^{\alpha} = 698 \frac{[\ln(1 + e^{\alpha})]^{0.17}}{1 + e^{\alpha}} \tag{5-74}$$

若马氏体中的碳含量为0.44%❶,在$\sigma^{m}<\sigma_{y}^{m}$的条件下,则[75]

$$\sigma^{m}=13186\frac{[\ln(1+e^{m})]^{0.446}}{1+e^{m}} \tag{5-75}$$

在较小的应变下,假定马氏体和铁素体的变形符合虎克定律,并且两相的杨氏模量相等,均为210 GPa。铁素体的屈服应力与马氏体的屈服应力分别由方程$\sigma=210e$和式5-74与式5-75所表示的应力应变曲线的交点所给定,则理想化的应力应变曲线示于图5-21。

如给出方程5-74中的σ^{α}值,由式5-75、式5-74及式5-71就可计算出双相钢的工程应力应变曲线。计算结果与实测值的对比见图5-22。虽然在低应变下($e<5\%$),计算值与实测值尚有出入,但就整体来看,计算的应力应变曲线可以较好地描述实验结果。

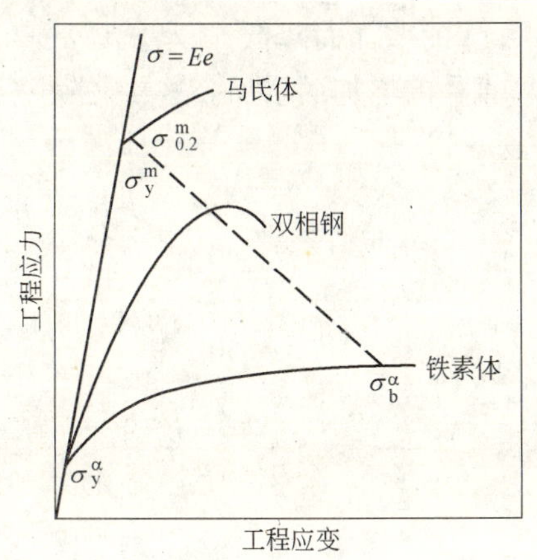

图5-21 理想化的应力应变曲线示意图

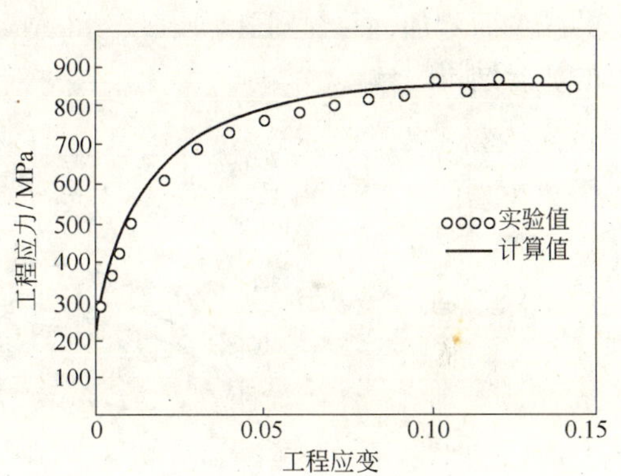

图5-22 双相钢应力应变曲线的计算结果(应力分配模型)与实验值的比较

5.3.4 其他模型

虽然上述一些连续力学模型已对双相钢应力应变过程的描述进行了不同的处理,并导出了有关应力应变曲线的表达式,然而,迄今为止,由于缺乏确定双相钢中各相之间应力应变分配的工具和方法,所以这一问题的彻底解决仍有相当困难。因此,仍有一些研究者从不同角度对这一问题进行了探讨。

(1) Sudo等人[73]将双相钢中铁素体依其变形情况分为两部分,一部分的变形符合霍洛曼方程,另一部分(围绕马氏体岛的部分)的变形虽然符合霍洛曼方程,但应变同马氏体的应变相同,假定马氏体应力应变的方程为:$\sigma_{T}^{m}=A\ln\varepsilon_{m}-B\varepsilon_{m}+C$,

❶ 按式$c_{m}=c_{0}+\rho_{\alpha}/\rho_{m}(100/f-1)(c_{0}-c_{\alpha})$估算。

同时采用混合物定律进行应力分配，那么双相钢的应力应变曲线可表示为：

$$\sigma_{\mathrm{T}}^{\alpha} = f_{\mathrm{m}}(A\ln\varepsilon_{\mathrm{m}} - B\varepsilon_{\mathrm{m}} + C) + f_{\alpha_1}K\varepsilon_{\alpha}^{\mathrm{n}} + f_{\alpha_2}K\varepsilon_{\mathrm{m}}^{\mathrm{n}} \tag{5-76}$$

式中，ε_{m} 和 ε_{α} 分别为马氏体和铁素体的真应变，$f_{\alpha_1} + f_{\alpha_2} = f_{\alpha} = (1 - f_{\mathrm{m}})$，$f_{\alpha_2}$ 为围绕着半径为 r 的马氏体岛的体积分数，这部分与马氏体岛具有相同的应变。假定两相应变比（$\varepsilon_{\alpha}/\varepsilon_{\mathrm{m}}$）与两相硬度比成反比，并且两相应变比与马氏体的体积分数有关，那么由方程 5－76 就可计算双相钢的应力应变曲线。低碳 Mn-Cr 双相钢（0.05% C-0.01% Si-1.2% Mn-0.94% Cr-0.044% P-0.02% Al）的应力应变曲线的计算值与实测值的比较如图 5－23 所示。在 $f_{\mathrm{m}} < 0.30$ 并且应变值较低时，计算值与实验值较吻合。当 $f_{\mathrm{m}} > 0.3$ 和高应变下，计算值与实验值有较大偏差。这可能是当 f_{m} 较高时，$\varepsilon_{\alpha}/\varepsilon_{\mathrm{m}}$ 小于由硬度的估算值，而且 $\varepsilon_{\alpha}/\varepsilon_{\mathrm{m}}$ 还随应变的增加而变化，而后一因素，在计算中并未考虑。这一模型的另一不足是确定 f_{α_1} 与 f_{α_2} 有一定困难。此外，该模型计算表明，双相钢的均匀伸长率随 f_{m} 的增加而降低，随马氏体岛直径的减少而增加，而抗拉强度则随 f_{m} 和马氏体岛直径的增加而增加。这与文献[74]的实验结果一致。

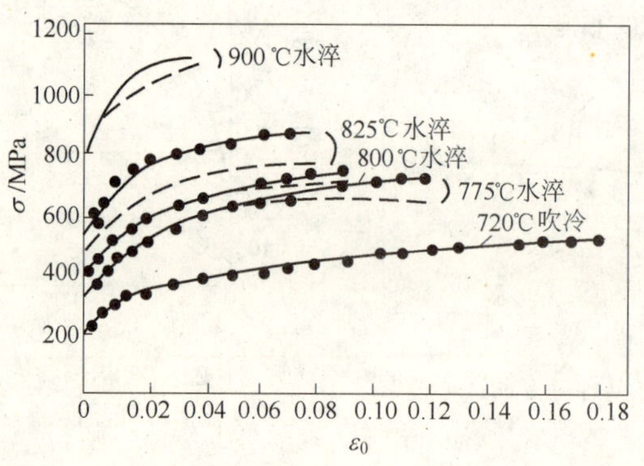

图 5－23 Mn-Cr 双相钢应力应变曲线的计算值与实测值的比较

（2）Wan 等人[76]认为，双相钢的应力应变关系可用路德维克方程来拟合，即 $\sigma = \sigma_0 + K\varepsilon^n$，$n$ 取决于临界区加热的温度、马氏体的体积分数和碳含量，及铁素体母相中溶质的浓度。

由于双相钢的初始塑性变形总是在铁素体中首先开始，因此，在低应变下的流变应力应是铁素体中发生塑性变形的应力、马氏体中发生弹性变形的应力以及铁素体和马氏体之间的静的交互作用对流变应力影响的加和，并可表示为

$$\sigma_{\mathrm{y}}^{\alpha} = (\sigma_0^{\alpha} + K_{\alpha}\varepsilon^{\mathrm{n}_{\alpha}})f_{\alpha} + f_{\mathrm{m}}c_{\mathrm{m}} + f_{\mathrm{m}}E_{\mathrm{m}}(\varepsilon - \varepsilon_0) \tag{5-77}$$

式中 E_{m}——马氏体的弹性常数；

ε_0——铁素体的屈服应力作用下马氏体中的弹性应变。

在塑性应变的初始阶段，式 5-77 中的最后一项比其他各项要小得多，将该项与 $f_m c_m$ 项合并得 $f_m c'_m$，$c'_m = c_m + E_m(\varepsilon - \varepsilon_0)$，则式 5-77 可写为

$$\sigma_y^\alpha = \sigma_{0\alpha} + (c'_m - \sigma_{0\alpha}) f_m + (1 - f_m) K\varepsilon^{n\alpha} \tag{5-78}$$

式中 $\sigma_{0\alpha}$——铁素体的初始屈服强度；

c'_m——马氏体的静强化系数。

式 5-78 的计算值与 Davies[24] 的实验结果一致。但 c'_m 的确定和它是否随应变而改变有待进一步研究。此外，他们导出的中等应变水平下的应力应变关系表达式，尚有待实验证实。

5.3.5 几种变形模型的图示

早期曾山[24] 提出了适用于 $f_m \leqslant 40\%$ 的双相钢的变型模型，后经友田阳等[52] 通过对 Fe-C、Fe-Ni-C 及 Fe-Cr-Ni 系合金的 F + M、M + A（奥氏体）和 F + A 三种双相合金的研究，提出了如图 5-24 所示的四种变形模型。其中图 5-24*a* 为并联方式的等应变模型，图 5-24*b* 为串联方式的等应力模型，两种模型分别表示了二相合金变形的极端情况。例如，由延性纤维构成的复合材料当拉伸轴平行于纤维拉伸时的变形方式类似于等应变模型，而拉伸轴垂直于层状复合材料时的拉伸变形则类似于等应力模型。图 5-24*c* 为曾山模型，该模型为图 5-24*a*、*b* 的中间情况，它适合于 $f_m \leqslant 40\%$ 的双相合金。在该模型中的 F 区和单相铁素体合金一样，是铁素体可以自由变形的部分，F′区是变形受马氏体约束的部分。图 5-24*d* 为四元混合模型，该模型代表了较一般的情况，当 f_m 较小时则与模型 *c* 一致。图中 F、F′、M、M′区域的大小决定了变形过程中双相钢内两相组织应变的分布与分配情况，影响应变分配的因素是两相的硬度比、相对量、形状及分布特征，而且这些因素在变形过程中也发生变化。此外，文献[9]根据上述模型和双相钢轧制变形过程中组织的观察和性能变化，提出了双相钢轧制变形时由等应力模型向等应变模型转化的变形模型。

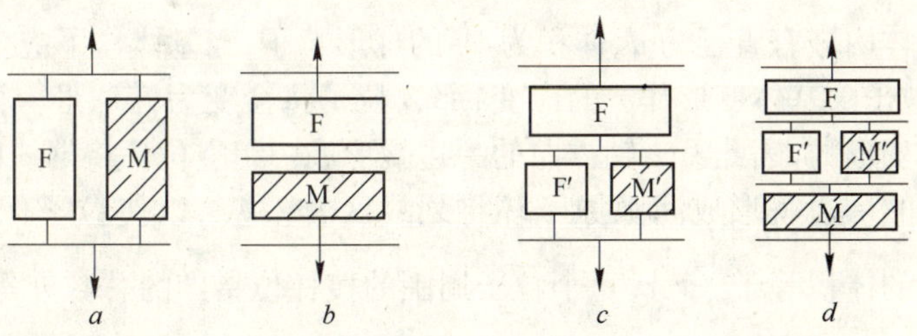

图 5-24 双相钢变形模型图示

5.4　微观力学模型

晶体强化的微观力学模型[33,55]用于说明散强化合金中的加工硬化，这一加工硬化理论（又称次级滑移加工硬化理论）是基于弥散强化合金中位错密度随应变增加而迅速增加的观察结果而提出的。假定对加工硬化的主要贡献是初级滑移位错与交割滑移面的次级位错环的交互作用，并且在变形过程中，第二相粒子不发生开裂和变形。按照阿什拜在导出这一理论时的设想：当合金受力发生变形时，位错将按照奥罗万机制绕过第二相粒子，同时留下一个位错环；随着应变的增加，围绕粒子的位错圈的数目也迅速增加，这些位错圈将在粒子周围产生较大的切应力；因此当变形超过一定限度之后（应变量约1%），这些位错环就不稳定了，它可以在粒子周围的基体内引起广泛的范性变形，产生许多棱柱位错圈，以松弛硬质粒子周围的弹性畸变。这些棱柱位错（又称几何上必须的位错，次级滑移位错）可以在应力作用下在基体与硬质粒子界面上成核，也可以由滑移面上的位错圈通过交滑移过程转变而形成。次级位错环可以是间隙环，也可以是“空位”环。由于棱柱位错圈几乎没有长程应力场，因而是比较稳定的组态。只是随着应变的增加，棱柱位错的密度 ρ 相应地增加，而 ρ 可以根据应变协调条件来估算。次级位错环形成示意于图5-25。

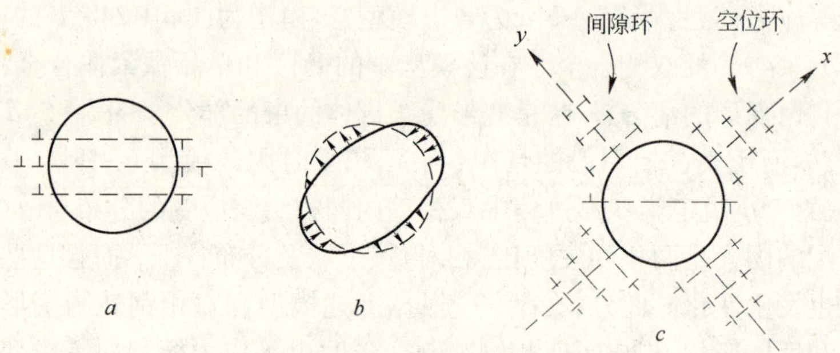

图5-25　次级位错环形成示意图

如果晶体内嵌有直径为 d、体积为 V_p 的球形粒子，当基体作了应变为 r 的范性变形时，如粒子随基体变形作 r 的应变，那么粒子将会变为椭球形。但是，实际上粒子是不能变形的，因此沿 x 轴方向的一边就形成一组空位环将划线区填补起来，沿 y 轴方向的一边就形成间隙原子环将划线区“吃掉”，以使粒子保持原来的球形。划线区的体积等于 $\frac{1}{2}V_p r$，每个粒子周围的棱柱位错圈的总数 n 等于 $\frac{2dr}{3b}$，单位体积的粒子数目为 Z，则

$$Z = f \Big/ \frac{1}{6}\pi d^3$$

位错环的平均长度 L 等于 πd。因此,协调变形所产生的次级位错环的密度 ρ_A 为

$$\rho_A = nZL = \frac{4fr}{db} \tag{5-79}$$

根据位错密度与流变应力的关系,则有

$$\tau = \tau_0 + cGb\rho^{1/2} = \tau_0 + cG\left(\frac{4br}{d}\right)^{1/2} \tag{5-80}$$

如以单轴拉伸下的真应力、真应变的关系可表示为:[20]

$$\sigma = \sigma_0 + KG\sqrt{\frac{bf\varepsilon}{0.41d}} \tag{5-81}$$

式中 σ_0——与基体初始流变应力有关的常数;

G——基体的剪切模量,对于铁素体 $G = 82400\ \mathrm{MN \cdot m^{-2}}$;

b——基体中位错的布氏矢量,对钢铁材料 $b \approx 0.247\ \mathrm{nm}$;

f——硬质相的体积分数;

d——粒子的平均直径;

K——常数,数量级为 1。

如果满足模型导出时的假定条件,则可用式 5-81 计算合金的流变和加工硬化特性。将式 5-81 对应变微分,则可求出任一给定应变下的合金的加工硬化速率:

$$\frac{\mathrm{d}\sigma}{\mathrm{d}\varepsilon} \doteq 0.78K\frac{Gb^{1/2}}{\varepsilon^{1/2}}\sqrt{\frac{f}{d}} \tag{5-82}$$

Balliger 和 Gladman 对含 Ti、V 及 Mo-Cr 双相钢变形后组织观察得出:双相钢中残留奥氏体在非常低的应变下就转变为马氏体,贝氏体可像马氏体一样作为硬相,珠光体可以作为铁素体看待,并且认为双相钢中的硬相在均匀变形阶段并不发生变形。因此式 5-82 可以用于描述双相钢的加工硬化速率和组织组成之间的关系。他们所测定的含钛双相钢的加工硬化速率$\left.\frac{\mathrm{d}\sigma}{\mathrm{d}\varepsilon}\right|_{\varepsilon=0.2}$与$\sqrt{\frac{f_m}{d}}$之间的关系示于图 5-26。$\frac{\mathrm{d}\sigma}{\mathrm{d}\varepsilon}$与$\sqrt{\frac{f_m}{d}}$大体呈线性关系。由此得出一个重要的结论是:双相钢的加工硬化速率随马氏体体积分数 f_m 增加而增加,亦随马氏体岛的直径减少而增加。根据这一结论可以得出改善双相钢性能的途径是在给定的抗拉强度水平下尽可能提高加工硬化速率,以增加均匀延伸。如马氏体的大小给定,提高 f_m,虽然可以提高加工硬化速率,但使抗拉强度也增加,其最大均匀伸长率下降。如 f_m 恒定,降低马氏体岛的平均直径 d,对抗拉强度没有明显影响,但可使加工硬化速率提高,从而提高双相钢的均匀延伸。

Lanzillotto 和 Pickering[69] 采用了和上述类似的处理方法,应用弥散强化合金

的加工硬化模型，描述双相钢的加工硬化特性。但他们依据的是由 Brown 和 Stobbs[113] 所发展的只考虑由于森林位错和内应力引起的硬化的流变应力方程（该方程系借助于 Taylor 取向因子 M，由原始的剪切流变应力方程转化而来[114]），该方程用于双相钢可以写为

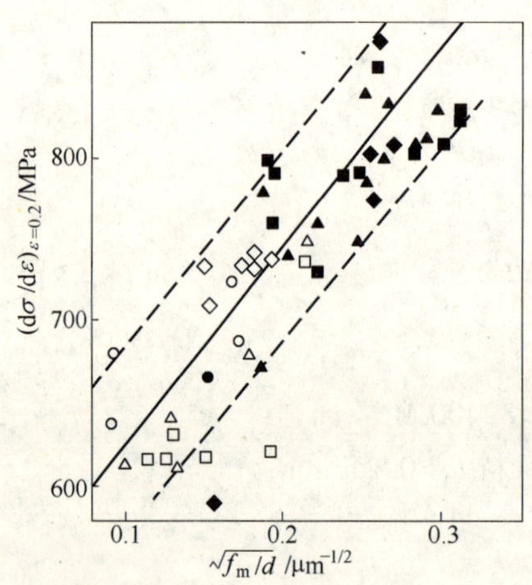

图 5－26　在均匀真应变 $\varepsilon=0.2$ 时的双相钢的加工硬化速率与 $\sqrt{\dfrac{f_m}{d}}$ 的关系

$$\sigma-\sigma_0=M^{3/2}\left[\alpha G\sqrt{\frac{48bf_m\varepsilon_p}{\pi d}}+\left(\frac{16\pi b}{\alpha^2\varepsilon_p d}\right)^{1/8}\times\alpha Gf_m\sqrt{\frac{16b\varepsilon_p}{\pi d}}\right] \tag{5-83}$$

式中　σ_0——与屈服应力有关的常数；
　　ε_p——塑性真应变；
　　b——滑移位错的布氏矢量；
　　d——马氏体岛的平均直径，或 M-A 相粒子的平均自由程；
　　f_m——M-A 相的体积分数；
　　α——常数；
　　M——泰劳因子，对于体心立方相 M 为 2.733。

式 5－83 中括号内的第一项来自于森林位错的贡献，这方面阿什拜和布朗模型是等价的，因此两个方程中的常数均取 0.09，系数 $(16\pi b/\alpha^2\varepsilon_p d)^{1/8}$ 通常等于单位 1[69,113]，随 d 和 ε_p 变化甚微，所以式 5－83 可以写成

$$\sigma-\sigma_0=A\sqrt{\frac{\varepsilon f_m}{d}}+Bf_m\sqrt{\frac{\varepsilon}{d}} \tag{5-84}$$

式中

$$A=M^{3/2}\alpha G\sqrt{\frac{48b}{\pi}}=63.9\ \text{N}\cdot\text{mm}^{-3/2}$$

$$B=M^{3/2}\alpha G\sqrt{\frac{16b}{\pi}}=36.8\ \text{N}\cdot\text{mm}^{-3/2}$$

将 A 和 B 代入式 5－84，则有

$$\sigma-\sigma_0=63.9\sqrt{\frac{\varepsilon f_m}{d}}+36.8f_m\sqrt{\frac{\varepsilon}{d}} \tag{5-85}$$

微分式 5－85 就可求得加工硬化速率

$$\frac{d\sigma}{d\varepsilon}=\frac{63.9}{2\sqrt{\varepsilon}}\sqrt{\frac{f_m}{d}}+\frac{36.8}{2\sqrt{\varepsilon}}f_m\sqrt{\frac{1}{d}} \tag{5-86}$$

通常双相钢的最大均匀真应变 $\varepsilon=0.20$，代入式 5－86 可得：

$$\left.\frac{d\sigma}{d\varepsilon}\right|_{\varepsilon=0.2}=(71.4\sqrt{f_m}+41.1f_m)\sqrt{\frac{1}{d}} \tag{5-87}$$

当马氏体相的体积分数分别为0.20、0.25、0.30时，由式5-87所表示的加工硬化速率与马氏体粒子直径之间的关系示于图5-27。三种体积分数下的加工硬化速率的实测值也标在图上。可以看出，实验值与模型的预测值较为一致。很显然，加工硬化速率不只取决于M-A相的体积分数，而且也取决于M-A相粒子的大小，即随f_m的增加和d的减小加工硬化速率增加。Lanzillotto和Pickering进一步理论分析和实验证明，流变应力和加工硬化速率均随马氏体的直径降低而升高，但加工硬化速率的增加，大于流变应力，因此降低马氏体粒子的大小可以有效地提高双相钢的均匀伸长率，改善双相钢的延展成形性。

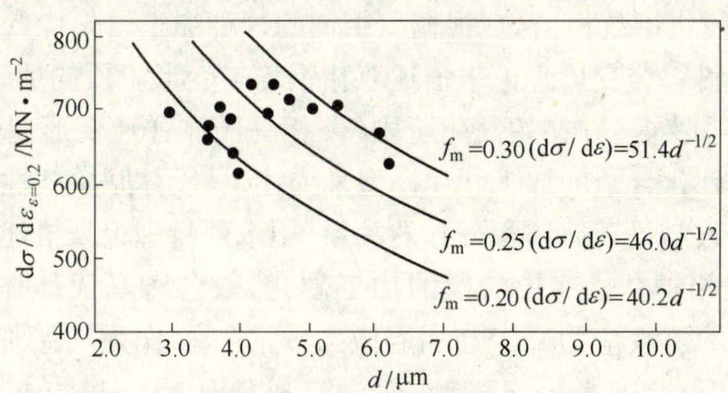

图5-27　马氏体（或M-A相）的大小和体积分数对双相钢加工硬化速率的影响（应变为0.20）

一些作者认为[10,40,55,56]，只是在低应变下（$\varepsilon_p<2\%\sim3\%$），马氏体相才不发生变形和开裂，弥散合金的加工硬化理论仅适用于描述双相钢的初始加工硬化，而不宜在高应变下应用。因此，这一加工硬化模型在双相钢中的适用范围及其与两相硬度、精细结构的关系仍需进一步研究。

5.5　综合变形模型

许多工作表明[4,55~57,71]，在双相钢的均匀变形阶段，以双对数坐标绘制的流变曲线上有拐点存在，即双相钢均匀变形阶段具有两阶段硬化特性。例如含钒双相钢VAN-QN-80[57]、Mn-V双相钢[56]、低碳1010双相钢[4]等均发现有两阶段的硬化特性。一些工作[4,56,71]用C-J[58,59]分析法进一步证明双相钢流变曲线上的拐点存在。本书作者及其合作者对Mn-V双相钢的流变特性与显微组织的关系进行了观察和分析[56]，结果表明，双对数坐标上流变曲线的拐点的位置与马氏体体积分数和马氏体岛内马氏体的精细结构有关。马氏体的体积分数增高，尤其是板条马氏体量升高，拐点位置向着低应变值方向移动。马氏体体积分数减小，尤其是岛内孪晶马氏体量增多,则拐点的位置向着高应变位置移动。拐点的位置和硬相的体积分数、精细结构或变形特性有密切关系。对双相钢和正火状态组织的钢中相的应变分配的分析表明,在组成相为铁素体和珠光体的钢中,两相之间无应变分配,单轴拉伸试样的均匀变形阶段只有一个 n 值,如组成相为孪晶马氏体加铁素体,或板条马氏体加铁素体,则两相之间有明显的应变分配,孪晶马氏体与铁素体的应变分配较大,板条马氏体与铁素体之间的应变分配程度介于孪晶马氏体与铁素体和珠光体与铁素体之间。与这种组分相之间应变分配相对应的是双对数坐标绘制的流变曲线上有拐点存在,即存在两阶段硬化特性。例如 Mn-V 双相钢的初始 n 值较高,与铁素体变形,马氏体尚未开始变形相对应。第二阶段的 n 值较低,与马氏体开始变形,两相塑性应变不相容性下降,加工硬化速率下降相对应(即第二阶段的 n 值与均匀应变硬化指数相当)。根据双相钢的这种加工硬化特点,文献[56]提出用阿什拜–米列科综合变形理论来描述双相钢均匀变形阶段的加工硬化与变形特性。这个理论的含义是:在初始硬化阶段(硬相马氏体弹性变形,基体塑性变形),用 Ashby 的弥散硬化合金的加工硬化模型来描述,马氏体开始塑性变形后,合金的均匀应变硬化指数与马氏体体积分数的关系,用米列科理论来描述。

为了表征双相钢初始变形阶段的加工硬化,取各种马氏体体积分数下的塑性应变为 3% 时的流变应力 $\sigma_3$❶与屈服应力 σ_0 之差,作为初始加工硬化的度量(初始流变应力 σ_0 并不是一个常数,它随马氏体体积分数而变[2,5,6,9,11])Mn-V 双相钢的 $\sigma_3-\sigma_0$ 与 $\sqrt{\frac{f_m}{d}}$的关系示于图 5–28。该图表明,$\sigma_3-\sigma_0$ 与 $\sqrt{\frac{f_m}{d}}$具有线性关系,这与阿什拜的加工硬化模型一致。同时这一结果与文献[20]用阿什拜模型处理双相钢加工硬化的特性的方法不同,其主要区别在于是否把 σ_0 作为常数看待。

在试样均匀变形的后一阶段,硬相开始变形,这使硬相周围铁素体的加工硬化产生松弛,阿什拜理论的适用条件已不再满足,这时双相钢的变形机制采用米列科的复合材料强化理论来描述。根据下列数据 $n_m=0.07$,$\sigma_b^m=2000$ MPa,$n_F=0.31$,$\sigma_b^F=415$ MPa,采用式 5–44 计算的双相钢的均匀应变硬化指数 n_u 与马氏体体积分数的关系和 Mn-V 双相钢的实验结果对比如图 5–29 所示。理论计算和实验结果较一致。这种一致性是与试样均匀变形的后一阶段,马氏体开始变形,而铁素体由于加工硬化,承受的应变量逐渐减少,两相承受的应变逐渐接近于 Mileiko 理论的应变条件是一致的。但是,如果两相硬度相差较大,即马氏体的碳含量较高,硬

❶ σ_3 为在 $\varepsilon_1=3\%$ 时的流变应力,不少冲压构件的应变均在 3% 左右,文献[61]就列出了 3% 应变时的流变应力作为冲压用钢的技术标准。

度较高,变形困难或早期失效,则难于达到等应变条件,实验值与米列科理论计算值就会发生偏离。

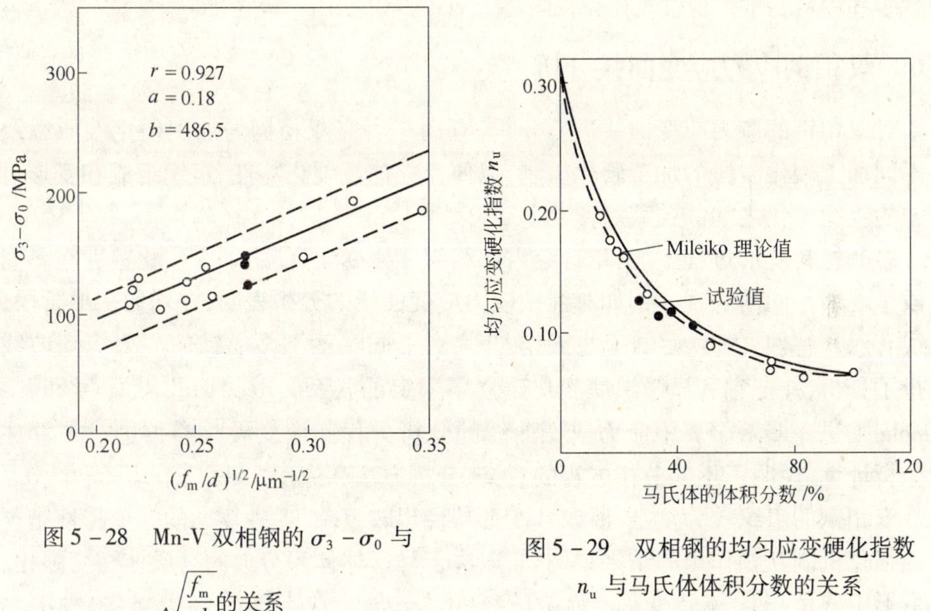

图 5-28 Mn-V 双相钢的 $\sigma_3-\sigma_0$ 与 $\sqrt{\frac{f_m}{d}}$ 的关系

图 5-29 双相钢的均匀应变硬化指数 n_u 与马氏体体积分数的关系

从这一综合变形理论出发可以得出,为了在一定的冲压变形量之后得到较高强度的冲压构件,应提高双相钢的初始加工硬化速率。按照阿什拜理论,应提高马氏体岛的体积分数或降低马氏体岛的尺寸。但是马氏体体积分数的提高,会使均匀伸长率下降,冲压性能变坏(正如 Araki[14] 所指出的作为冲压用的双相钢,马氏体体积分数应在 20% 以下)。为了提高双相钢的均匀伸长率,按照米列科理论,应使铁素体强度升高。例如,在其他条件不变的情况下,铁素体强度从 276 MPa 增加到 552 MPa 时,双相钢的均匀应变硬化指数 n_u 从 0.14 提高到 0.25[29],而马氏体强度变化,则对 n_u 值影响不明显。

为了使铁素体的强度提高,同时不明显降低其均匀伸长率,可使铁素体晶粒尺寸降低,减小马氏体岛的直径并使其分布均匀。后者不仅是减少了铁素体的平均自由程,并且由马氏体相变诱发的铁素体的硬化变得均匀和有效,即可使铁素体的强度进一步提高。而马氏体岛直径的减小,正和阿什拜理论 $\left(\text{在一定的应变下 } \sigma-\sigma_0 \propto \sqrt{\frac{f_m}{d}}\right)$ 提高初始加工硬化速率所要求的 d 值下降是一致的。

由上述分析可以看出,用提高马氏体体积分数的方法提高双相钢的初始加工硬化速率会受到均匀伸长率降低的制约。按照综合变形理论,提高双相钢的初始加工硬化和均匀伸长率应采取的措施是:在一定的马氏体体积分数下,尽可能降低马氏体岛的直径和铁素体的晶粒尺寸,增加马氏体岛中的板条马氏体量,使马氏体岛分布均匀。

5.6　双相钢应力应变曲线分析

对双相钢的应力应变曲线进行分析,有助于研究双相钢的加工硬化性质以及各不同加工硬化阶段的加工硬化机制,以便建立加工硬化特性、组织组成和变形过程中的组织变化之间的关系。

多晶材料变形过程中,由于合金内部组织发生变化,使之加工硬化特性在不同阶段呈现了不同的表现。例如对纯铁应力应变曲线的分析表明,在均匀变形阶段,曲线有双 n 特性[62],以后的一些工作[63~65]对不同温度下多晶钛的应力应变曲线进行了分析,并把它和显微组织变化建立了一定的联系。Reed-Hill 等人[66]和 Kleemola[67]进一步对金属中应力应变曲线的分析方程和应变硬化参数进行了评述和分析计算,说明了不同分析方程的意义、分析方法和应用。

双相钢的组织较为复杂,所以其变形特性也较复杂,这种复杂的变形特性是复杂的强化机制互相作用的结果。例如,取决于马氏体体积分数的马氏体相变强化,在变形中残留奥氏体转变而产生的相变诱发塑性、铁素体的位错强化、固溶和(或)沉淀强化、晶粒细化强化等。这些强化机制及其交互作用,不只影响双相钢的初始屈服,而且也影响加工硬化速率。研究和识别不同变形阶段不同强化机制的方法之一是对双相钢的应力应变曲线进行分析。

用于双相钢应力应变分析的方程、分析方法列于表 5－6。

表 5－6　用于双相钢应力应变分析的基本方程和分析方程

方程名称	基本方程	分析方程	分析方法
霍洛曼	$\sigma = K\varepsilon_p^n$	$\lg\sigma = \lg K + n\lg\varepsilon_p$	霍洛曼分析
路德维克	$\sigma = \sigma_0 + K_1\varepsilon_p^{n_1}$	$\lg\frac{d\sigma}{d\varepsilon} = \lg(K_1 n_1) + (n_1 - 1)\lg\varepsilon_p$	C-J 分析
沃　斯	$\sigma = \sigma'_0 - \exp[-K'(\varepsilon_p - \varepsilon_0)]$	$\lg\frac{d\sigma}{d\varepsilon} = (\lg K' + 0.43K'\varepsilon_0) - 0.43K\varepsilon_p$	
斯维夫特	$\sigma = K'_1(\varepsilon_p + \varepsilon_0)^m$	$\lg\sigma = \lg K'_1 + m\lg(\varepsilon_p + \varepsilon_0)$	
修正的斯维夫特	$\varepsilon_p = \varepsilon_0 + c\sigma^{m_1}$	$\lg\frac{d\sigma}{d\varepsilon_r} = (1 - m_1)\lg\sigma - \lg^{(cm_1)}$	

对合金材料的应力应变曲线分析的常用方程是霍洛曼方程。但对于钢,一般说来,只是在它的屈服强度很低时,霍洛曼分析才可给出较为有用的结果。已经表

明[4,56]，反映变形机制的一个加工硬化参量 n 并不能描述整个应变水平下的双相钢的变形特性。区分应变硬化区域不同机制的分析方程是路德维克方程[64]，即用 Crussard[68]-Jaoult 的分析方法（以下简称 C-J 分析）对应力应变曲线进行分析。这种分析方法可以明显地区分双相钢变形中的几个不同的应变硬化阶段，以及这些硬化阶段随马氏体中的碳含量和马氏体体积分数的变化情况[4]。C-J 可以灵敏地反映出低应变下的应变硬化机制的变化，因此，对于评价由成分和热处理、显微组织参数对双相钢变形特性的影响是一种有用的技术。类似的分析技术和方法是采用修正的斯维夫特方程[70]，采用这一方程分析时，可以将均匀伸长和缩颈出现的变形参数进行联系，即 $\varepsilon_u = \dfrac{1}{m_1} + \varepsilon_0$；$\varepsilon_u$ 为由康西德判据定义的均匀真应变。在 C-J 分析中并没有这一简单关系。

用霍洛曼、路德维克、修正的斯维夫特和沃斯方程分析双相钢应力应变曲线的方法见文献[22,55,71]。这里只简单讨论双相钢应力应变曲线的霍洛曼分析和 C-J 分析。

经 810℃加热后以不同冷却速率冷却至室温的 HT-9 钢（成分为 0.15% C-1.37% Mn-0.27% Si-0.0048% N）的工程应力应变曲线、霍洛曼分析曲线及 C-J 分析曲线分别列于图 5－30*a*、*b*、*c*[55]。可以看出，霍洛曼分析曲线并非是一条简单地直线，即表现出二个或三个 n 值特性。而在 C-J 分析曲线上，则表现出几个明显的拐点，即加工硬化速率以几个不同的速率下降，冷却速率为 20℃/s 时，C-J 分析曲线上还出现最小值。这些曲线表明，经临界区处理后，其应变硬化行为尤其是低塑性应变区的应变硬化行为强烈地受工艺参数和冷却速率的影响。

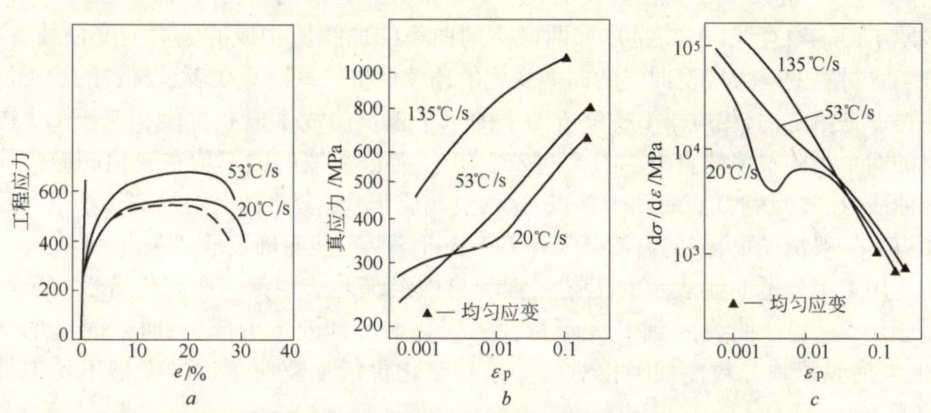

图 5－30　HT-9 钢从 810℃不同冷却速率冷却后的工程应力应变曲线 *a*、霍洛曼分析曲线 *b* 和 C-J 分析曲线 *c*

为了进一步表明工艺历史对双相钢初始加工硬化特性的影响，对不同时效时间处理的双相钢的应力应变曲线进行了分析，工程应力应变曲线和 C-J 分析曲线分别示于图 5－31*a*、*b*。由图可以看出，C-J 曲线比工程应力应变曲线更敏感地反映出时效时间对双相钢低应变下的应变硬化特性的影响。

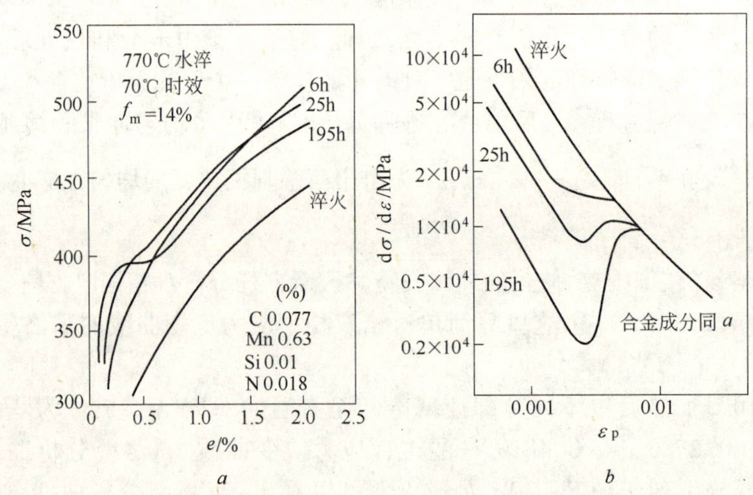

图 5－31　不同时效时间处理的双相钢工程应力应变曲线(*a*)和 C-J 分析曲线(*b*)

为对双相钢的 C-J 分析曲线进行解释，需要了解 C-J 图上各区的特征与应力应变曲线的形状的对应关系。应力应变曲线和相应的 C-J 分析曲线示于图 5－32*a*、*b*、*c*，其中图 5－32*a* 为抛物线形状的应力应变曲线，相应的 C-J 分析曲线是一条直线，这类变形特征曲线代表了材料的理想化的均匀变形方式。图 5－32*b* 表示了由一段直线(AB 之间)和两段不同曲率的曲线所构成的应力应变曲线，一般工程材料的应力应变曲线的曲率变化的连续性更好些。直线表示材料的加工硬化速率是恒定的，相应于 C-J 分析图上的水平段。曲线 Ⅰ 段和 Ⅲ 段相应于 C-J 图上的两个不同斜率的直线。图 5－32*c* 示出了各段曲线的曲率均在变化的应力应变曲线，在 A 点和 B 点有两个拐点，这两点相应于 C-J 分析图上的局部最小点和最大点。一般情况下，钢的吕德斯带在 C-J 分析图上不能明确表示。

用 C-J 分析曲线表示的工艺过程和显微组织对双相钢应变硬化特性的影响示于图 5－33。曲线 A 到 D 变形特性的变化与冷却速率的降低，时效时间的增加，或者铁素体晶粒度加大相对应。这种变化灵敏地反应了试样变形不均匀性的增加。

对双相钢 C-J 分析的各个阶段与显微组织关系的进一步研究得出：C-J 分析曲线的第一阶段与马氏体粒子周围的可动位错，使铁素体母相产生均匀变形有关[71]，

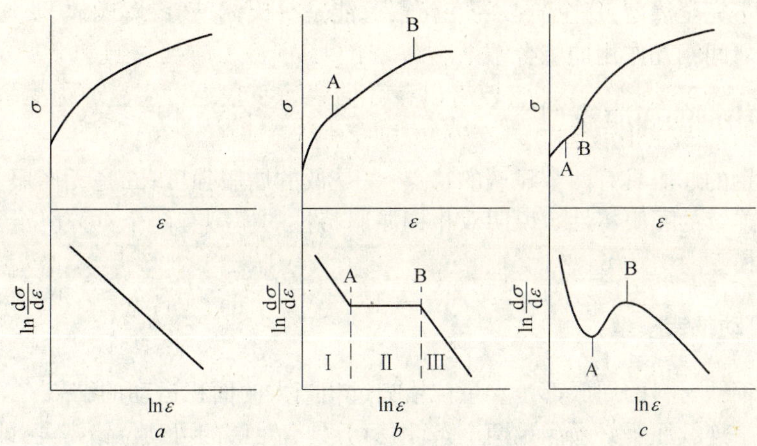

图 5-32 应力应变曲线的形状和 C-J 分析的对照示意图

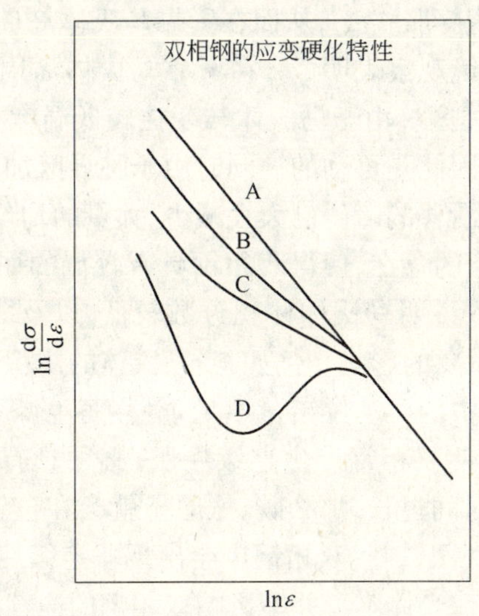

图 5-33 不同工艺历史和显微组织的双相钢 C-J 分析曲线示意图

通常当冷却速率较高时,马氏体岛周围的位错密度较高,则这一阶段的加工硬化速率也越高[55]。第二阶段是应变硬化速率缓慢降低区,主要与强韧的马氏体粒子的存在,使铁素体的变形受到拘束有关,同时也与残留奥氏体发生马氏体转变有关[71]。第二阶段斜率的降低,直接与铁素体中位错密度下降和不均匀分布有关[55],亦与应变硬化的不均匀程度有关。第三阶段为加工硬化速率迅速下降阶段。可能与铁素体中胞状组织的形成及铁素体进一步变形受到铁素体中交滑移、动力学回复、马氏体岛的屈服等因素的影响有关[55]。双相钢C-J分析图上各阶段的机制还不完全清楚，每个阶段的变化很可能是马氏体、残留奥氏体、非均匀变形的铁素体之间相互作用的综合结果。

5.7　双相钢的屈服模型

双相钢的屈服具有两个显著的特点：一是低的屈服强度；二是无屈服点伸长，即表现为连续的屈服特性。说明双相钢屈服特性的模型有两个：可动位错模型和残留应力模型。

5.7.1　可动位错模型

任何钢铁材料的屈服都是大量位错扫过相当大的面积运动的结果[84]。因此，双相钢产生连续屈服必须满足两个条件：(1) 具有足够的可动位错密度，即可动位错密度必须超过一个临界值(约 $10^6 \sim 10^8/cm$)[90]；(2) 奥氏体→马氏体转变在铁素体中诱发的位错是可动的。正如在本书第 3 章中所述的，由于奥氏体→马氏体转变时产生的切变和体积膨胀[77,78]，从而在紧靠马氏体岛周围的铁素体中产生高密度位错[79~82]。透射电镜观察表明[83]，在紧靠马氏体岛周围的铁素体中有严重位错化的“预屈服”铁素体区。由于马氏体转变在较低温度下发生，铁素体中位错就不会被碳氮原子钉扎，因此是可动的。同时由于临界区加热时，细小的碳化物粒子大部分已经溶解，位错滑移的障碍已大大减少，大量的均匀分布的在较低应力水平下就可运动的可动位错的存在，使得双相钢具有较低的屈服强度和连续的屈服特性。运用这一概念可以说明马氏体体积分数较低，以及 M_s 点至室温的热历史对双相钢连续屈服具有重要的影响。例如，当马氏体的体积分数较低时，马氏体岛之间的间隙较大，铁素体中的可动位错量不足，滑移萌生源不足，那么材料就会出现非连续屈服。因此，为使双相钢产生连续屈服，必须具有一定的马氏体量。又如，从 M_s 点到室温停留时间过长，那么碳、氮原子就会在位错线上聚集，可动位错就会被 C-N 原子形成的气团钉扎，双相钢也会出现非连续屈服。如果双相钢中含有较高的珠光体量，虽然珠光体本身并不影响双相钢的连续屈服，但它代替马氏体时，会消除可动位错源，从而会导致双相钢出现非连续屈服。同样在 200℃ 回火时，也会引起 C-N 原子向位错析聚，降低可动位错密度，导致双相钢流变应力增长，非连续屈服重新出现[87,88]。虽然目前实验技术区分可动与不可动位错是有困难的(这可能是妨碍这一模型定量处理的主要问题)，但从 HanSon[90] 的实验结果可以看出，铁素体中的位错密度随马氏体体积分数的增加而增加，要达到一定的位错密度(或可动位错密度)，必须使双相钢中马氏体的体积分数高于某一临界值。以上表明，可动位错模型可以说明双相钢的某些屈服特性，但在说明双相钢的室温抗时效稳定性时，遇到了困难。众所周知，经精整轧制或少量塑性变形引入可动位错的低碳钢，在室温下长期放置之后，可动位错会被碳、氮原子钉扎，即出现自然时效,使低碳钢出现屈服点伸长[84]。然而,一般情况下双相钢在室温下并不出现时效现象,具有抗时效稳定性[54],因此,对双相钢的屈服特性具有重要影响的必然还有其他因素。

5.7.2 残留应力模型

当奥氏体发生马氏体转变时,由于体积膨胀,使周围基体受力,马氏体岛周围铁素体中的高密度位错正是这一内应力作用的部分结果。假定马氏体呈球形或椭球形并呈混乱分布,并且不考虑马氏体岛之间应力场的相互作用,则这一问题就简化为在一个无限大的基体中,有一个球形的孔,孔内受一个均匀的内压向外膨胀,而使基体受力。这一模型的应力分析表明,在紧靠马氏体岛周围的一些区域内,其内应力超过铁素体的屈服应力,因此围绕着每个马氏体粒子的铁素体中就产生了一层塑性层。离开这一塑性层,内应力便处在基体的弹性范围,并随离开马氏体岛的距离增加而迅速衰减。当外力施于双相钢试样时,外加应力与这一残留的弹性内应力叠加,使得双相钢在外加应力小于其原屈服应力(无残留应力存在时)的情况下产生屈服。假如残留应力呈简单的正弦分布[89],承受残留应力的铁素体的体积分数随应变增加而指数地下降,而流变应力就取决于残留应力的大小和承受应力的铁素体的体积分数,这样由于残留应力的存在,而导致双相钢的初始流变应力较低。但随着外加应力增加,残留应力迅速消除,流变应力迅速升高。同样用残留应力的存在也可解释马氏体体积分数和低温回火对双相钢屈服的影响。回火时,伴随着马氏体相中的碳化物沉淀而产生的体积收缩,将会使残留应力下降,使双相钢的屈服强度升高[40,84]。

在低温(<200℃)回火时,双相钢的屈服强度随马氏体体积分数的复杂变化,也可借助于不同马氏体体积分数的双相钢中,铁素体、马氏体中残留应力的高低和变化来解释。当马氏体的体积分数较低时,铁素体中的残留应力是低的,并且由于回火而消除,因此,回火使不连续屈服重现,屈服强度增加较大。在中等的马氏体体积分数下,铁素体中的残留应力较高,回火只是使一部分残留应力消除,因此双相钢还保持连续屈服行为,屈服强度增加也较少。在更高的马氏体体积分数下,马氏体成了双相钢中的基体相,马氏体相中的残留应力变得重要,而马氏体相中的残留应力比铁素体相中的残留应力更容易被回火消除,因此双相钢由于回火引起的屈服强度增量再次变大。

通常在室温下时效对双相钢中的残留应力的大小和分布并无明显影响,因此也不改变双相钢的屈服特性,即双相钢具有室温抗时效稳定性。

同可动位错模型一样,为使残留应力达到某一值(即使双相钢具有连续屈服特性的残留应力的最小值),亦必须使马氏体体积分数高于某一值。

目前关于残留应力的定量计算和实验测定均有一定困难,因此,这一模型的定量处理还有待今后进一步发展。

5.8　双相钢中的包辛格(Bauschinger)效应

5.8.1　包辛格效应的定义及描述参量

包辛格效应于1880年由包辛格发现。通常它是指金属、合金的流变应力常和应变历史有关,即正向加载后(如拉伸或压缩)再反向加载时(压缩或拉伸),初始流变应力(如屈服强度)下降,反向加载后的加工硬化速率常有短暂地升高[91,92,115]。

包辛格效应不只在多晶材料中而且也在单晶材料中存在。例如,α 黄铜[93]、铜[64]、铝[93]、锌[95]等多晶和单晶材中均有包辛格效应,在单晶铝中,其包辛格效应可与多晶铝相比。包辛格效应不只存在于单相金属材料(如Nb)[96],而且也存在于许多双相合金中,如共析碳钢[97]、铝-铜合金[98]、二个延性相构成的合金[99,100]及双相钢中[89,100,101]。

包辛格效应的定义方法目前尚不统一。用正向拉伸与反向压缩测定包辛格效应时,表征包辛格(见图5-34)效应的参量有以下几种:

$\Delta\sigma$——永久软化参数,它是正向与反向流变曲线的平行部分的应力差。$\Delta\sigma$ 表征了基体中背应力 σ_B(又称基体中平均残留应力,该力阻碍正向变形,但帮助反向变形)的大小。

β——包辛格应变,它是与正向流变应力 σ_F 相等的反向流变应力所发展的应变。

ABS——平均包辛格应变。$ABS = E_s/\sigma_F$,E_s 为阴影线所占的面积,σ_F 为正向预应变时的流变应力。

BEP——包辛格效应参数。$BEP = \dfrac{\sigma_F - \sigma_R}{\sigma_F - \sigma_0} = \dfrac{2\sigma_B}{\sigma_F - \sigma_0}$,$\sigma_F$ 为给定应变下的流变应力,σ_R 为相同应变下的反向流变应力,σ_0 为材料的初始流变应力。

β_F——包辛格应变因子,$\beta_F = \dfrac{\beta}{\varepsilon_P}$,$\varepsilon_P$ 为预应变。

BEF——包辛格效应因子。$BEF = \dfrac{\sigma_0^R}{\sigma_F}$,$\sigma_0^R$ 为反向屈服应力。

BEP_E——包辛格能量参数。$BEP_E = E_s/E_P$;E_P 为预应变时消耗的能量,E_s 为反向加载时节约的能量,有时也叫包辛格能。

以上可以看出,描述和表征包辛格效应的参量有多个,不同研究者,对于不同材料,为了不同的研究目的,选定的参量亦不相同。目前作出一种或两种统一的表征包辛格效应的参量尚有困难。但是应用较方便并和材料的加工硬化特性有一定联系的包辛格效应的参数是 β、σ_B、BEP 等。

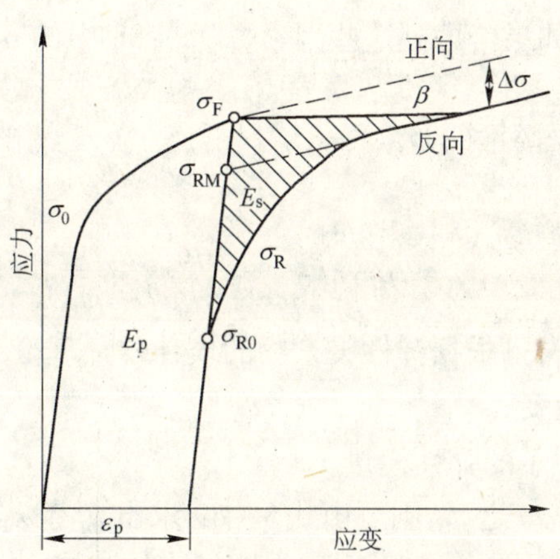

图 5-34 包辛格效应示意图

5.8.2 描述包辛格效应的模型

描述包辛格效应的理论模型可分为两大类:宏观模型和微观模型。

宏观模型通常是基于连续力学的原理。依其基本假设不同这类模型可分为残留应力模型[42,104],弹塑性无硬化模型[105](又称 Masing 模型),各向同性硬化模型,动力学硬化模型,动力学和各向同性硬化的结合模型[106,107],初始屈服面的转化、膨胀、扭曲的加工硬化模型[108,109]等。详细讨论这些模型已超出本书范围,有兴趣的读者可参考有关文献。

微观力学模型[101~111]是基于对弥散硬化合金加工硬化的研究。这类材料在初始屈服后,材料的加工硬化有两个机制:一为林位错硬化,这种硬化主要起因于作为位错运动障碍的硬质点附近局部位错密度增加,不管变形的性质如何,均使流变应力增加。二为由于粒子的存在,使之在母相中产生非松弛内应力 σ_{Mi},材料的正向流变应力可由各项应力加和给定。林位错硬化(σ_{for})和 σ_{Mi} 均正比于塑性应变的平方根,而反比于粒子半径的平方根,同时 σ_{Mi} 正比于粒子的体积分数 f,而 σ_{for} 正比于 $f^{1/2}$。因此,材料的流变应力可由下式给出:

$$\sigma_f = \sigma_0 + \sigma_{for} + \sigma_{Mi} = \sigma_0 + A\mu f^{1/2}\left(\frac{b\varepsilon_P}{r}\right)^{1/2} + B\mu f\left(\frac{b\varepsilon_P}{r}\right)^{1/2} \tag{5-88}$$

式中 b——布氏矢量;

μ——剪切弹性模量;

A、B——与粒子形状有关的系数。

在该式中没有考虑其他硬化机制,例如,当粒子不存在时母相的硬化以及由于粒子周围奥罗万环的形成使粒子的有效间隙下降而产生的源短程硬化(Short—Source hardning)等。如果考虑到这些因素,式5-88中的σ_{for}和σ_{Mi}应进行小的修正。

对Cu-Si合金的试验证明:$2\sigma_M = \Delta\sigma_P$,$\Delta\sigma_P$为永久软化。根据文献[112],则有

$$\sigma_M = 2\mu f\gamma\varepsilon_P^* \frac{\mu^*}{\mu^* - \gamma(\mu^* - \mu)} \tag{5-89}$$

式中 γ——伴随因子,可根据弹性夹杂物的埃什尔拜理论[60]求出;

ε_P^*——非松弛应变;

μ^*——非变形粒子的弹性模量。

因此,在测定了$\Delta\sigma_P$之后,则可由式5-89求出ε_P^*。ε_P^*与材料的尺寸稳定性有关,如施加于工件上的工艺过程可以使构件中的应变发生松弛或分布,那么就可能使构件的尺寸发生变化,ε_P^*与塑性应变ε_P具有抛物线关系,即$\varepsilon_P^* = \alpha\varepsilon_P^{1/2}$。

将式5-88改变形式,则有

$$\frac{\sigma_f - \sigma_0}{2\sigma_{Mi}} = 0.5 + Cf^{-\frac{1}{2}} \tag{5-90}$$

式中,$C = \frac{A}{B}$,为与粒子形状有关的常数,显然$\frac{\sigma_f - \sigma_0}{2\sigma_M}$与正向应变$\varepsilon_P$无关。文献[112]表明,反向流变曲线的初始圆化的特征是抛物线形的,并且与σ_M有关,同时提出,对于一个小的反向塑性应变ε_r,则有

$$\sigma_r/\sigma_f = \beta_M\varepsilon_r^{1/2} \tag{5-91}$$

式中 β_M——与σ_{Mi}有关的系数。

该式表明反向与正向流变应力之比与反向塑性应变具有抛物线关系。

5.8.3 双相钢中的包辛格效应

双相钢中的包辛格效应较复杂,并随临界区处理温度和马氏体岛的形态与分布而变化。对不同临界区处理后的双相钢(0.10% C-1.55% Mn-0.27% Si-0.040% Nb-0.035% V,730～860℃加热、水冷)的包辛格效应测定得出[101],所有这种处理后的双相钢均未发现永久软化参数,而同样的钢在正火状态下,则有永久软化参数,并且双相钢的初始硬化和塑性变形受动力学硬化控制。应变增加,则动力学硬化出现偏离。当临界区加热温度较低,马氏体体积分数较低时,偏离更明显。平均包辛格应变(ABS)与预应变的关系见图5-35。除730℃处理的双相钢外,其余各临界区处理后的双相钢的平均包辛格应变均处在一个分散带中。分析指出,当临界区处理温度较高(马氏体体积分数较高,马氏体中的碳含量较低)时,则反向应力应变曲线与用等应变模型所描述的动力学硬化曲线十分接近。当临界区加热温

度较低(马氏体体积分数较低,马氏体中碳含量较高)时,反向加载时的应变硬化非常迅速,这种情况与弥散硬化合金的流变特性类似。

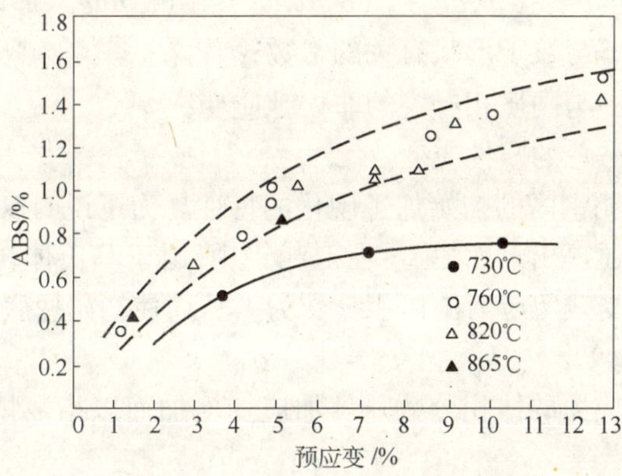

图 5-35 双相钢的平均包辛格应变与预应变的关系

为了研究不同马氏体的形态和分布对双相钢包辛格效应的影响。Tomota 和 Kuroki[100] 将低碳钢试样经不同热处理,产生了两种马氏体分布形态的双相钢:一种为马氏体相呈球形(或接近球形)孤立存在于铁素体基体中;另一种为马氏体相呈连续分布,包围铁素体晶粒。而铁素体的晶粒度在两种情况中基本相同。马氏体体积分数为 30%,两种情况下马氏体与铁素体相的硬度比为 4.5 或 7.6。取包辛格应力,$\sigma_{BE}=\sigma_F-|\sigma_R|$($\sigma_R$ 为应变量与正向应变相同时的反向流变应力)和 $\beta_{0.5}$($\beta_{0.5}$ 为流变应力等于 $0.5\sigma_F$ 时的反向流变曲线所对应的塑性应变)作为描述包辛格效应的参数。测定结果列于表 5-7,从表中数据可以看出,当马氏体呈连续状包围铁素体晶粒时,则 σ_{BE} 和 $\beta_{0.5}$ 大些,尤其是两相硬度比较高时,马氏体分布形态对包辛格效应的影响增大。但马氏体形态和分布对永久软化参数影响甚小。

表 5-7 马氏体相的分布和二相硬度比对双相钢中包辛格效应的影响

组织形态	两相硬度比	σ_{BE}/MPa	$\beta_{0.5}$/%
球形马氏体+铁素体	4.5	202	0.15
		235	0.17
	7.6	297	0.23
		480	0.52
连续分布的马氏体+铁素体	4.5	205	0.18
		253	0.22
	7.6	402	0.32
		540	0.50

Gerbase 等[61]根据式 5－88 和有关试验结果，同时考虑到双相钢的一些特点提出双相钢的流变应力表达式为

$$\sigma_f = \sigma_0 + \alpha_1 \mu f \varepsilon_P^* + [(\alpha_2 \mu b \varepsilon_P^{1/2})^2 + (\alpha_3 \mu b \varepsilon_P^{1/2})^2]^{1/2} \tag{5-92}$$

式中　$\alpha_1, \alpha_2, \alpha_3$——与粒子形状有关的常数；

ε_P^*——与硬质相有关的非松弛应变；

ε_P——总的塑性应变。

此式说明了双相钢高的初始加工硬化的特性。为了说明双相钢流变曲线的初始圆化，Gerbase 等还提出下面模型：在双相钢中，由于马氏体转变，使组织中存在残留应力 σ_R，如承受残留应力的体积分数为 f，从而使初始屈服应力从 σ_y 变为 σ_f

$$\sigma_f = \sigma_y - \sigma_R f \tag{5-93}$$

假定承受残留应力的体积分数随外加应变增加而以指数规律减小，并符合以下关系：

$$f = f_0 \exp(-A\varepsilon) \tag{5-94}$$

式中　f_0——承受残留应力的初始体积分数；

A——常数；

ε——应变。

将式 5－94 代入式 5－93，就可得到流变应力与残留应力，外加应变的关系式

$$\sigma_f = \sigma_y - \sigma_R f_0 \exp(-A\varepsilon) \tag{5-95}$$

假定 $\sigma_y = 400$ MPa，$f_0 = 30\%$，$A = 100$。当 $\sigma_R = 200$ MPa 和 400 MPa 时，流变应力随外加应变的计算结果示于图 5－36。容易看出，残留应力的存在，使双相钢的初始屈服应力下降，流变曲线圆化；外加应变增加时，残留应力很快消失，流变应力迅速上升。

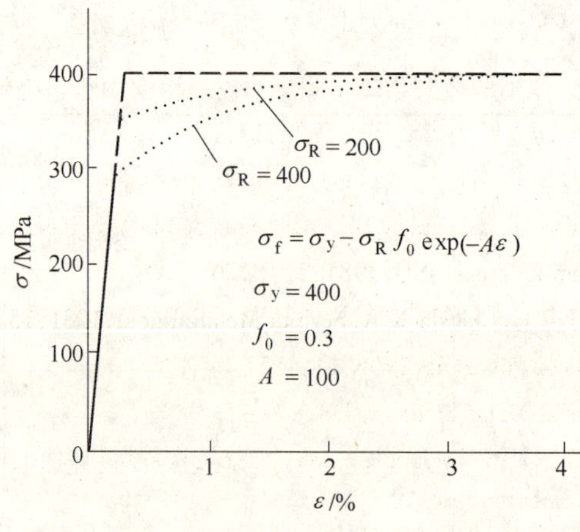

图 5－36　在不同残留应力下流变应力与外加应变关系的计算结果

最近,文献[115]在研究双相钢的包辛格效应和矫顽力变化的关系时发现,矫顽力随应变历史的变化有类似于流变应力随应变历史变化的特性,即正向拉伸后矫顽力上升(磁硬化),正向拉伸后再反向压缩时矫顽力下降(磁软化)。这一结果不仅在力学性能和磁性之间建立了联系,而且有助于对包辛格效应本质的探讨。

总之,包辛格效应是金属材料中普遍存在的一种重要的物理力学现象。对双相钢包辛格效应的研究,不仅有利于探明双相钢的加工硬化特征和强化机理,充分发挥双相钢成形性好的优越性,而且也有助于消除由包辛格效应引起的强度损失和不利影响。

参考文献

1 Kelly A, Davies G J. Metallurgical Reviews, 1965, 10:1

2 马鸣图,汪德根,吴宝榕. 钢铁研究总院学报,1983,3:89

3 马鸣图,汪德根,吴宝榕. 钢铁研究总院学报,1983,3:181

4 Ramos L F, Matalock D K, Krauss G. Metall. Trans., 1979, 10A:259

5 Davies R G. Metall. Trans. 1978, 9A:41

6 Davies R G. Metall. Trans. 1978, 9A:451

7 Koo J Y, Young M J, Thomas G. Metall. Trans., 1980, 11A:852

8 Davies R G. Formable HSLA and Dual Phase Steels. ed. by A. T. Davenport, TMS/AIME, New York, 1979, 25

9 雷廷权,沈显璞. 金属学报,1982,18:75

10 Korlckwa D A, Lawson R D, Matlock D K, Krauss G, Scripta Metallurgical, 1980, 14:1023

11 Speich G R. Fundamentals of Dual Phase Steels. ed. by Kot R A Bramfitt B L, TMS/AIME. NY., 1981, 3

12 Mileiko S J. J. Mater. Science, 1969, 4:974

13 马鸣图,吴国发,吴宝榕. 钢铁研究总院学报,1984,4:231

14 Araki K, Tukadu Y. Nakoka K. Trans. ISIJ. 1977, 17:710

15 Bhadeshia H K D H, Edmonds D V. Metal Science, 1980, 14:41

16 Tomota Y, Kuroki K, Mori T, Tamura I. Materials Science and Engineering, 1976, 24:85

17 Sudo M, Ohki T, shibata Z. Trans. ISIJ. 1981, 21:B276

18 Rois P R, Guimardes J R C, Chawla K K. Scripta Metallurgical, 1981, 15:899

19 Ashby M F, Philosophical Magazine, 1966, 14:1157

20 Balliger N K, Gladman T. Metal Science, 1981, 15:95

21 Ma M T, Wang D G, Wu B R. Mechanical Behavior of Materials-IV. ed. by Carlsson J, Ohlson N G, pergamon press, 1067

22 Lawson R D, Matlock L K, Krauss G. Fundamentals of Dual Phase Steels. ed. by Kot R A, Bramfitt B L, TMS/AIME, NY., 1981, 347

23　Speich G R, Miller R L. Structure and Properties of Dual Phase Steels. , ed. by Kot R A. Morris J W, Jr. , TMS/AIME, NY. 1979, 145
24　曾山. 材料, 1965, 15:17
25　Kelly A, Tyson W R. J. Mech. Phys. Solids, 1965, 13:329
26　Dieter G E. Mechanical Metallurgy, Second Edition, 1976, New York, 329
27　Pie Hler H R. Trans. Met. Soc. AZME, 1965, 233:12
28　Marder. A R. Metall. Trans. 1982, 13A:85
29　Davies R G. Metall, Trans. , 1978, 9A:671
30　Grange R A, Hribal C R, Porter L F. Metall. Trans. , 8A:1977. , 8A:1775
31　Jaffe L D, Gordon E. Trans. ASM, 1957, 49:359
32　Ansell G S, Lenel F V. Act Metallurgical, 1960, 8:612
33　Ashby M F. Strengthening Methods in Crystals. ed. by Kelly A, Nicholson R B . Elsevier Publishing CO. , 1971, 137
34　Metal Progress, Data book, ASM Metals OH. , 1977, 31
35　Fleisher R L. Acta Metallurgical, 1962, 10:835
36　Krauss G. Hardenability Concepts With Applications to Steel. ed. by Doane D V, Kirkaldy J S, AIME Warrendale, 1978, 229
37　Hutchson M M. Phil. Mag. , 1963, 8:121
38　Leslie W C, Svber R J. Trans. ASM. , 1962, 60:459
39　Tamura I, Tomata Y, Akao A, Yamaoha Y, Ozawa M, Kanotanis, Trans. ISIJ. , 1973, 13:283
40　Davies R G, Magee C L. Structure and Properties of Dual Phase Steels. ed. by Kot R A, Morris J W, Jr. , TMS/AIME. NY, 1979
41　Eldis G T. ibid, 202
42　Marder A R, Bramfitt B L. ibid, 242
43　Garmong G, Thompson R B. Metall, Trans. , 1973, 4:863
44　友田陽, 田村今男. 鉄と鋼, 1982, 68:21
45　Öström P. Metall. Trans. , 1981, 12A:355
46　Hutchinson J W. J. Mech. Phys. Solids, 1964, 12:11
47　Tanaka K, Wakashima K, Mori T. J. Mech. Phys. Solids, 1973, 21:207
48　Mori T, Tanaka K. Acta Metallurgical, 1973, 21:571
49　Tanaka K, Mori T, Nakamura T. 鉄と鋼, 1973, 59:152
50　Gou Zou J. Acta Metallurgical, 1964, 12:785
51　Tamura I, et al. 鉄と鋼, 1973, 59:454
52　Tomota Y, Kuroni K, Tamura I. 鉄と鋼, 1975, 61:107
53　Davies R G. Metall, Trans, 1979, 10A:113
54　Araki K Fukunaka S, Uchida K. Trans, ISIJ. , 1977, 17:101
55　Matlock D K, Krauss G, Rcmos L F, Huppi G S. Structure and Properties of Dual Phase Steels, ed, by Kot R A, Morris J W, Jr. , TMS/AIME, NY, 1979, 62

56 马鸣图,汪德根,吴宝榕. 钢铁,1982,17(10):49
57 Alloy Digest,1980,5,SA-373
58 Crussard C,Jaoul B. Rev,Metall,1950,8:589
59 Jaoul B,Mech J. phas,solids,1957,5:95
60 Eshelby J D. Proc,Roy,Soc,(Landon),1957,A241:376
61 Gerbase J,Embury J D,Hobbs R M. Structure and Properties of Dual Phase Steels. ed. by Kot R A,Morris J W,TMS/AZME,New York,1979,118
62 Monteiro S N,Reed-Hill R E,Metall,Trans. ,1971,2:2947
63 Arunachalam V S,Pattanaik S,Monteiro S N,Reed-Hill R E. Metall,Trans. ,1973,3:1009
64 Monteiro S N,Reed-Hill R E. Metall. Trans. ,1973,4:1011
65 Garde A M,Algeltinger E. Reed-Hill,Metall. Trans. ,1973,4:2461
66 Reed-Hill R E,Cribb W R,Monteiro S N. Metall. Trans. ,1973,4:2665
67 Kleemola H J,Nieminen M A. Metall,Trans. ,1975,6
68 Crussard C. Rev. Metall. 1953,10:697
69 Lanzillotto C A N,Pickering F B. Metal Science,1982,16:371
70 Swift H W. J. Mech. Phys. Solids,1952,1:1
71 Cribb W R,Rigsbee J M. Structure and Properties of Dual Phase Steels. ed. by Kot R A, Morris J W, Jr. ,TMS/ALME,New York,1979,91
72 Morrison W B. Trans. ASM. ,1966,59:824
73 Sudo M,Ohki T,Shibata Z. Trans. ISIJ. ,1981,21:276
74 Kim N J,Thomas G. Metall. Trans. ,1981,12A:483
75 Leslie W C,Sober R J. Trans. ASM. ,1967,60:459
76 Wan C M,Yie S N,Jahn M T,Kuo S M. J. of Material Science,1981,16:2582
77 Mayee C L,Davies R G. Acta Metallurgical,1972,20:1031
78 Moyer J M,Ansell G S. Metall. Trans. ,1975,4A:1785
79 Hayami S,Furukawa T. Proceedings of the Symposim Micro-Alloying 75,II,Washington,D. C. , 1975,310
80 Rashid M S,SAE Preprint 770211,1977
81 Tither G,Levite M. J. of Metals,1975,27:15
82 Koo J Y,Thomas G. Materials Science and Engineering,1976,24:187
83 Rigsbee J M,Vanderarent P J. Formable HSLA and Dualphase Steels. ed. by A. T. Davcnport, TMS/AIME,New York,1979,59
84 Ansell G S,The Strengthing of Alloys,1979 年 8 月在北京钢铁学院讲演稿
85 Marder A R. Metall. Trans. 1981,12:1569
86 Karlsson B,Sundstrom B O. Material Sciencc and Engineering 1974,16:161
87 Tanaka T,Nishida M,Hasiguchi K,Kato T. Structure and Properties of Dual Phase Steels. ed. by Kot R A,Morris J W,Jr. ,TMS/AIME,NY,1979,221
88 Nakaoka K,Araki K,Kurihara K,Formable HSL. A and Dual Phase Steels. ed. . by Davenport A

T, TMS/AIME. NY, 1979, 128

89 Wilson D V. Metals Technology, 1975, 2:8

90 Hanson S S, Pradhan R R. Fundamentals of Dual Phase Steels. ed. by Kot R A., Bramfitt B L, TMS/AIME, NY, 1981. 113

91 冯端, 王业宁, 丘弟荣. 金属物理, 下册. 北京: 科学出版社, 1978. 702

92 Sowerby R, UKo D K, Tomita Y. Materials Science and Engineering. 1979, 41:43

93 Paterson M S. Acta Metallurgica, 1955, 3:491

94 Buckley S N, Entwistle K M. Act Metallurgica, 1956, 4:325

95 Edward E N, et al. Trans. AIME, 1958, 197:1525

96 Ibranim I, Embury J D. Material Science and Engineering, 1975, 19:147

97 Shinoda M, Sawada A, Mori T. Material Science and Engineering 1979, 41:103

98 Moan G D, Embury J D. Acta Metallurgica, 1979, 27:903

99 Saleh Y, Margolin H. Acta Metallurgica, 1979, 27:535

100 Tomota Y, Kuroki K. Scripta Metallurgica, 1980, 14:1037

101 Tseng D, Vitovec F H. Fundamentals of Dual Phase Steels. ed. by Kot R A, Bramfitt B L, TMS/AIME, New York, 1981, 399

102 Li C C, Flasck J D, Yaker J A, Leslie W C. Metall. Trans., 1978, 9A:85

103 Abel A, Muir H. Phil. Mag. 1972, 26:489

104 Asaro R J. Int. J. Eng. Sci., 1975, 13:271

105 Asaro R J. Acta Metallurgica, 1975, 23:1255

106 Mroz Z. J. Mech. Phys., 1969, 7:199

107 Mroz Z. J. Mech. Phys. Solids, 1967, 15:163

108 Ivey H J. J. Mech. Eng. Sci., 1961, 3:289

109 Brown L M. Clarke D R. Acta Metallurgica, 1975, 23:821

110 Brown L M, stobbs W M. Phil. Mag. 1971, 23:1201

111 Phillips A, Weng G J. J. Appl. Mech., 1975, 97:375

112 Atkinson J D, Brow L M, Stobbs W M. Phil. Mag., 1974, 30:1247

113 Brow L M. M. M. Stobbs, Phil. Mag., 1971, 23:1185

114 Kocks U F. Metall. Trans., 1970, 1:1121

115 马鸣图, 陈笃行. 物理学报 1984, 6:681

6 双相钢中的包辛格效应和矫顽力

6.1 概述

如前所述,双相钢具有屈服点低、初始加工硬化率高、强度高、延性好等特点,已成为一类新型的容易成形的高强度冲压用钢。这类钢应用在汽车工业中,制造部分汽车零件,在减轻构件自重、节约能源、保证车辆安全行驶等方面都已取得显著效果[1~4]。

双相钢的变形特性和加工硬化特性与双相钢的应用有直接关系,例如冲压构件的回弹正比于材料的加工硬化速率,而冲压构件的压痕抗力与冲压应变量下的流变应力有关[5]。因此,对双相钢变形特性和加工硬化特性的研究一直是对双相钢研究的重要课题。而通过对双相钢中的包辛格效应(Bauschinger Effect,简写为BE)的研究,有助于对双相钢加工硬化机理的探讨。此外,由于双相钢从生产到构件的制造和使用,通常要经过复杂的应变和处理过程,因此,研究材料的 BE 对预测构件的使用性能也具有重要的意义。

过去对 BE 的研究大多局限于简单组织的金属合金,其方法多用力学性能测定,对组织结构复杂的双相钢的 BE 研究的报告见文献[6~19]。实验结果表明[20]:结构敏感参量矫顽力可以较好地反映由硬磁相马氏体和软磁相铁素体组成的双相钢组成的变化,因此预测,拉压变形时双相钢内部结构的变化可能会在物理性能——矫顽力上有所反映。众所周知,矫顽力能够比力学性能更敏感地反映组织结构的变化,同时矫顽力的测试结果可靠,又系无损检验。因此,通过应变和处理历史对力学性能和矫顽力的影响进行对比研究,不只有利于求得新的表征应变和处理历史对双相钢性能影响的物理参量,而且通过力学性能变化的分析与对比,有助于探讨 BE 的机理。正是基于上述考虑,马鸣图[21,22]对双相钢中的 BE 和矫顽力的变化关系进行了系统研究,开拓了用矫顽力和力学相结合研究钢铁材料 BE 的新方法。本章较详细地介绍和论述了关于 BE 和矫顽力的研究成果和方法,从而可以加深对 BE、内应力以及内应力方向性等问题的物理本质的理解。

6.2　双相钢中的 BE

三个热轧高强度双相钢的永久软化（$\Delta\sigma_p$）、马氏体体积分数（f_m）、预应变（ε_p）和预流变应力（σ_f）的实验值列于表 6-1[6]。表中数据表明：三个双相钢在不同的预应变下均存在永久软化，其永久软化量随预应变的增加而增加；其变化趋势（示于图 6-1）和一般两相合金（如球化碳钢）的变化趋势雷同。同一预应变下的永久软化与马氏体体积分数有关，并且在给定的预应变下的永久软化随马氏体体积分数的增加呈线性增加（见图 6-2）。Gerbase 等人[8]对 Hi-Form-80d 等双相钢的研究也表明，在这类热轧双相钢中也存在有永久软化。一般认为，这些双相钢的永久软化来源于铁素体与马氏体的塑性应变不相容。

表 6-1　三个热轧双相钢的 f_m、ε_p、σ_f、$\sigma_{0.2}$ 和 $\Delta\sigma_p$ 的对比

钢　号	f_m/%	$\sigma_{0.2}$/MPa	ε_p/%	σ_f/MPa	$\Delta\sigma_p$/MPa
A′	8.0	489	2.9	612	53
			4.9	639	84
			7.7	712	94
			9.9	743	111
B′	4.5	469	2.9	567	35
			5.0	622	50
			7.7	684	58
			9.6	703	61
C′	13.2	528	2.9	518	84
			4.9	567	104
			7.7	633	129
			9.6	667	143

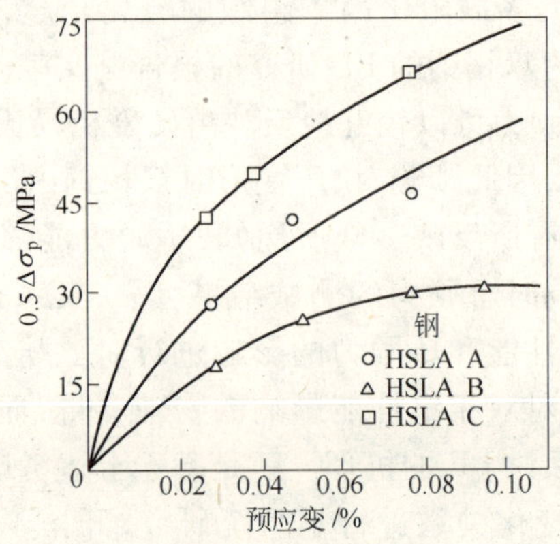

图 6-1　热轧双相钢的永久软化与预应变的关系

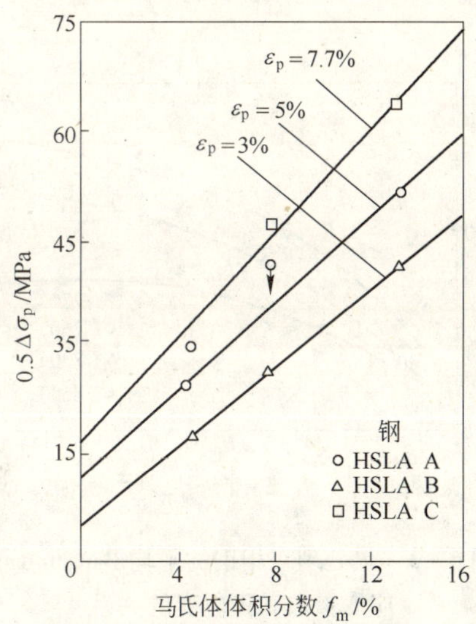

图 6-2 不同预应变下的热轧双相钢的永久软化与马氏体体积分数的关系

对热处理双相钢（成分为 0.10% C-1.55% Mn-0.27% Si-0.04% Nb-0.03% V-0.034% Al）的 BE 和永久软化的测定表明[7]：经各种处理温度（730℃、760℃、820℃、865℃）加热，然后水冷，得到各种马氏体体积分数（20% ~100%）、预应变量为 4% ~6%，其试样均未表现出永久软化，但存在广泛的瞬时软化，这与上述的热轧双相钢的实验结果不同。这类钢的平均 Bauschinger 应变 ABS 与预应变的关系和热轧双相钢的永久软化与预应变的关系类似，除 730℃加热水淬的试样外，其余各处理温度的数据均散落在一个分散带内（见图 6-3），即这类钢在应变后，随之反向变形，经 730℃临界区处理的试样表现有更快的残留应力松弛，或者说有更快的反向硬化特性。

马鸣图等人[16]曾对成分为 0.13% C-0.28% Si-1.31% Mn-0.04% V-0.005% P-0.009% S 的钢进行临界区热处理，观察到该钢中存在两种典型的马氏体形态：大的马氏体团块，其直径约 13 μm，和小的马氏体岛，直径约 1.5 μm，后者分布于铁素体晶界。前者的体积分数为 20%，后者大约为 5%，总的马氏体的体积分数为 25%。对该钢进行 BE 测定，其结果表明：钢中有明显的瞬时软化和一定量的永久软化。钢的拉伸和反向流变曲线示于图 6-4。图中同时示出了不同预应变的正反流变曲线，以表明预应变量对正反流变曲线和该钢 BE 的影响。

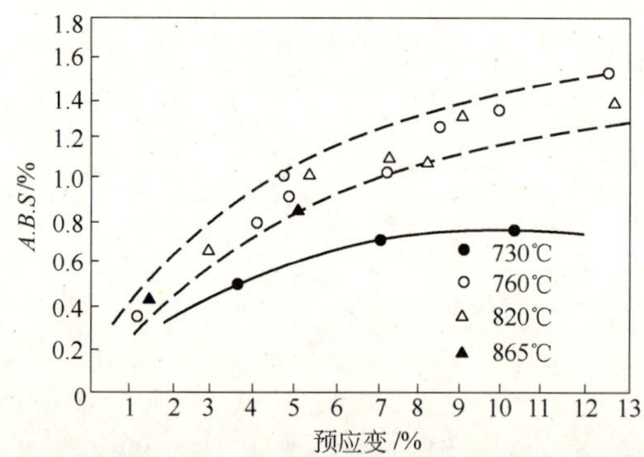

图 6－3　热处理双相钢的平均 Bauschinger 应变参数和预应变的关系

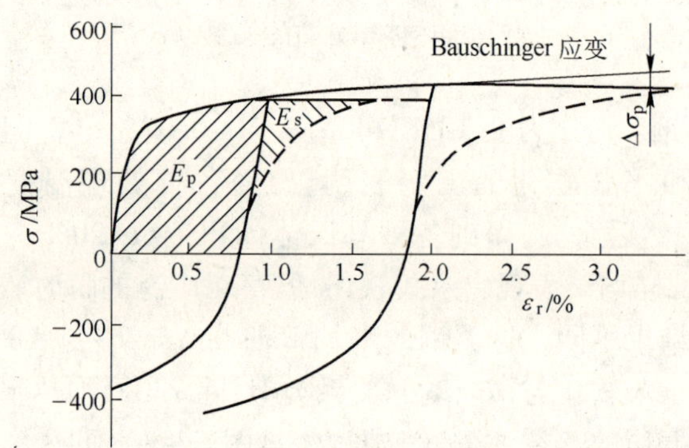

图 6－4　预应变对双相钢 BE 的影响（以拉、压流变曲线表示）

应变时效对双相钢 BE 的影响示于图 6－5[17]，图中曲线①为初始流变曲线，曲线②和③分别为在 O_1 和 O_2 时效后的拉伸曲线，而曲线④和⑤是时效后的压缩曲线，虚线④和⑤为作为累积塑性应变函数的曲线④和⑤在拉伸空间的重画。曲线⑥和⑦为参照图 6－5 非时效情况的重画。而曲线②和③则表明了普通的应变时效情况，比较曲线②和④是很有趣的，两个曲线不仅表现了非连续屈服，而且变得几乎平行，同时整个两曲线流变应力差与非时效情况下的 $\Delta\sigma_p$ 基本一致，这种结果意味着：瞬时软化（或者说：反向变形开始时的压缩流变曲线的圆化），在时效之后消失，而永久软化即使在时效之后也仍能存在。

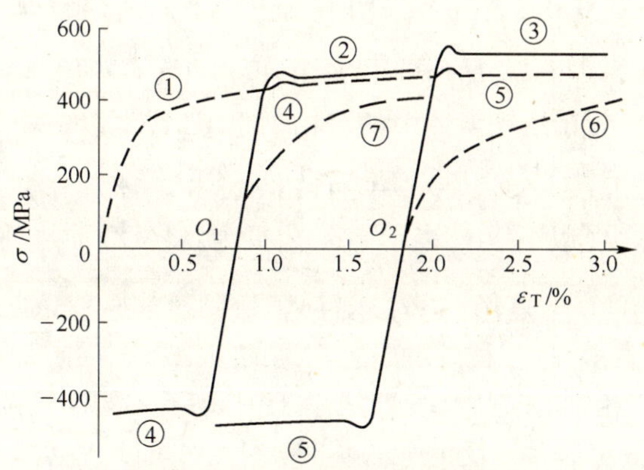

图 6－5 448 K 应变时效对 BE 的影响

（反向流变曲线在拉伸空间上的重画）

马氏体的分布形态和两相屈服比对双相钢的 BE 有明显的影响，例如，在恒定的马氏体体积分数下（$f_m=30\%$），两种分布形态（Ⅰ和Ⅱ）、两相屈服比（C^*）对双相钢的 Bauschinger 应变 $\beta_{0.5}$（即反向流变应力为 $0.5\sigma_f$ 时反向流变曲线所发展的应变）和 $\sigma_{0.5}^B$（当应变等于 0.5% 时的正向流变应力与反向流变应力之差）的影响列于表 6－2[9]，其中形态 I 为马氏体接近球形均匀分布于铁素体的基体中，形态Ⅱ为马氏体呈连续状包围铁素体晶粒，两种马氏体分布形态的铁素体晶粒大小相同。从表中数据可以看出：两相的硬度比越高，BE 越大。当马氏体呈连续状包围铁素体晶粒时，BE 有些提高，但马氏体形态的影响低于两相硬度比的影响。

表 6－2 硬质相的形态对双相钢中 BE 的影响

形 态	C^* 值	预应变/%	$\sigma_{0.5}^B$/MPa	$\beta_{0.5}$/%
Ⅰ	4.5	1.0	202	0.15
		2.1	235	0.17
	7.6	0.9	297	0.23
		3.0	480	0.57
Ⅱ	4.5	0.9	205	0.18
		2.1	253	0.22
	7.6	0.8	402	0.32
		3.1	540	0.50

Tomota 在文献[17]中进一步研究了马氏体的强度和形态对双相钢中 BE 的影响，研究用合金成分为 0.035% C，0.035% Si，1.26% Mn，0.015% P，0.008% S，

0.50% Cr,0.023% Ni,0.013% Cu。采用下列三种不同的热处理工艺,以得到三种不同的显微组织。工艺Ⅰ为:加热到 1373 K,保温 2 h $\xrightarrow{\text{炉冷}}$ 1073 K,3 h ⟶冰水淬火,得到马氏体孤立分布于铁素体中的双相钢组织(以下以Ⅰ表示);工艺Ⅱ为:将钢加热到 1373 K,2 h $\xrightarrow{\text{炉冷}}$ 室温 $\xrightarrow{\text{快速加热}}$ 1113 K,3 h →冰水淬火,得到马氏体呈连续状分布于铁素体中(以下以 C 表示);工艺Ⅲ为:将试样加热到 1373 K,2 h ⟶冰水淬火 $\xrightarrow{\text{快速加热}}$ 1113 K,3 h ⟶冰水淬火,得到呈片状或条状分布的马氏体 + 铁素体(以下以 L 表示)。三种处理工艺得到的组织形态不同,但马氏体体积分数均为 30%。三种双相钢的拉压流变曲线示于图 6-6。从这些拉压流变曲线可以看出,这类双相钢具有非常广泛的大的瞬时软化和小的几乎可以忽略的永久软化。三种组织的拉压流变曲线的这种特征,可以用游散硬化合金或纤维增强材料的加工硬化的连续体模型并考虑塑性松弛予以说明。在这一模型中,由于两相塑性应变的不相容而引入的长程内应力导致合金产生加工硬化[23,24],长程内应力的大小可以用 BE 的拉压试验进行测定[25,26];变形初期,材料内的平均内应力迅速增加,

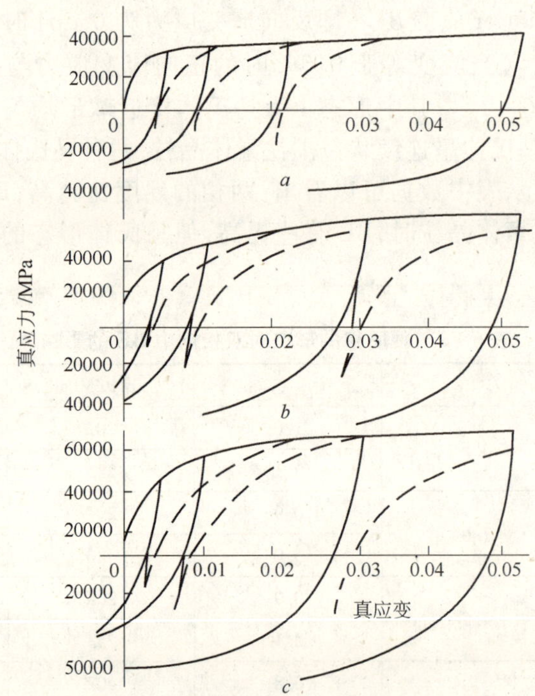

图 6-6　三种不同组织形态的双相钢的拉压流变曲线

a—组织Ⅰ;*b*—组织 C;*c*—组织 L

然后，随应变增加而逐渐增加。显然，平均内应力增加速率的降低与塑性松弛出现有关，在两相交界面上应变的相容性借助于在软的基体中伴随的附加塑性流变和其他因素来维持。由于塑性应变不相容而建立起来的平均内应力将促进较硬相的屈服，如果较硬相发生塑性变形，在变形初始阶段高的加工硬化将会降低。利用连续体模型，假定每一组成相都表现为各向同性的加工硬化特点，那么只要较硬相在反向流变中发生塑性变形，永久软化就可以忽略，也就是说表现出如图 6－6 所示的广泛的瞬时软化和小的永久软化流变特性。作为双相钢，在外加应力下进行变形时，由于内应力降低与塑性松弛的机制能动的开动，以及相关两相 α'-α 之间塑性应变的不均匀分布，使在较高应变下，双相钢的流变应力增长率明显下降。此外，当从临界区加热后淬火时，由于 $\gamma\rightarrow\alpha'$转变的不均匀性和马氏体相变对基体铁素体的影响，塑性流变开始时，在软的基体中的塑性流变并不是均匀地发生和进行，许多长入（growing in）的位错存在于两相交界面附近，这些位错容易开动而导致塑性松弛，同时由于这一双相钢中马氏体的硬度（HV 只有 330）较低，可以发生塑性变形。正是存在着这些与弥散硬化合金的不同之处，使较软相的反向塑性流变不能充分进行，从而使双相钢的永久软化表现得很不明显。

三种热处理方法得到的双相钢的 Bauschinger 应力 σ_{Bs}（$\sigma_{Bs}=\sigma_F-\sigma_f$）、Bauschinger 应变 β 和平均 Bauschinger 应变 ABS 与预应变的关系示于图 6－7。由图可以看出：随着拉伸预应变的增加，BE 的 σ_{Bs}、β、ABS 等参数增加。在马氏体呈连续状包围铁素体或马氏体呈片状的双相钢组织中，其 BE 比马氏体呈岛状分布于铁素体中时大，同时，BE 随 α'的硬度增加而增加。

Ibrahim 和 Embliry 等[27]认为在双相钢中，尤其在预应变较小的情况下，测定永久软化将会存在很大困难。为了参照反向流变曲线的初始阶段而比较 BE 的大小，引入了 Bauschinger 效应参数 BEP 作为比较参量

$$\mathrm{BEP}=\frac{\sigma_F-\sigma_r}{\sigma_F-\sigma_0}$$

这一参量提供了比较材料 BE 的经验方法，由从 BEP 方法推出永久软化和内应力，BEP 与初始屈服有关，也与 σ_r 相应的应变值有关；两个热轧双相钢 HSLA-A（成分为：0.06% C、0.27% Si、1.88% Mn、0.24% Mo、0.25% Ni、0.07% Nb、f_m = 8.0%）和 HSLA-B（成分为：0.06% C，0.27% Si、1.76% Mn，0.44% Mo、0.056% Nb、f_m = 4.5%）的 BEP 和预应变的关系见图 6－8。由图可以看出：当预应变值较小时，随预应变增加 BEP 迅速下降，然后缓慢下降。对于同一预应变值，随反向应变值的增加 BEP 明显下降。

Li 和 Gu[18]研究了预应变对马氏体组织、铁素体组织及马氏体＋铁素体双相组织的拉压流变曲线的影响。研究用钢的化学成分、热处理和显微组织列于表 6－3。不同显微组织材料的正、反流变曲线示于图 6－9。由图 6－9 可以看出：双

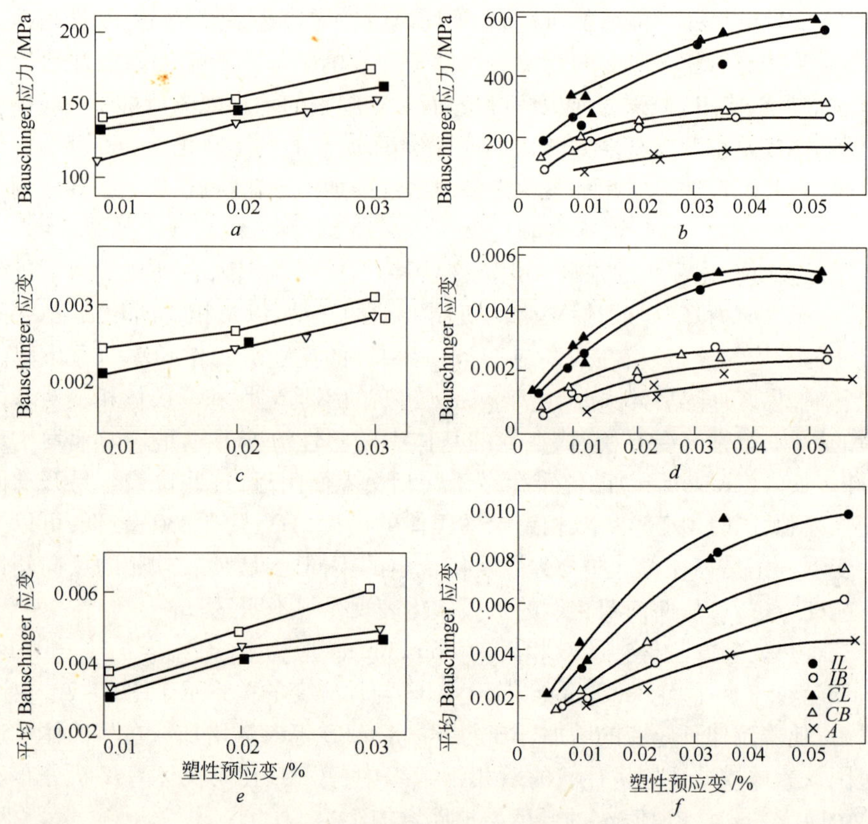

图 6－7　双相钢的 σ_{Bs}、β、ABS 和预应变的关系

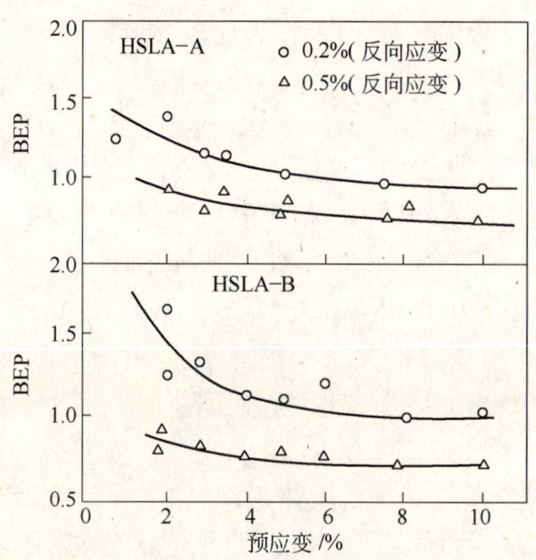

图 6－8　双相钢 HSLA-A 和 HSLA-B 的 BEP 与预应变的关系

相钢中的 BE 一般比单相组织中大得多，在铁素体钢和全马氏体钢中，一定应变量之下，基本不存在永久软化。对全马氏体钢，在低应变下反向应变时，表现有一定的硬化(图 6－9*d*)，但在大应变下表现为永久软化；而两个双相钢都表现有明显的永久软化，即正反流变曲线在一定的应变下趋近平行。

表 6－3　研究用钢的化学成分、热处理和显微组织

合金号	化学成分/%				热 处 理	显微组织
	C	Si	P	S		
1	0.020	0.14	0.007	0.005	920℃正火	100F
2	0.096	0.24	0.040	0.036	750℃水淬，110℃回火	F＋16%M
3	0.250	0.26	0.029	0.039	750℃水淬，110℃，2 h 回火	F＋40%M
4	0.430	0.37	0.016	0.037	870℃正火，750℃油淬，170℃回火 2 h	100%M

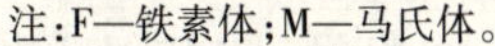
注：F—铁素体；M—马氏体。

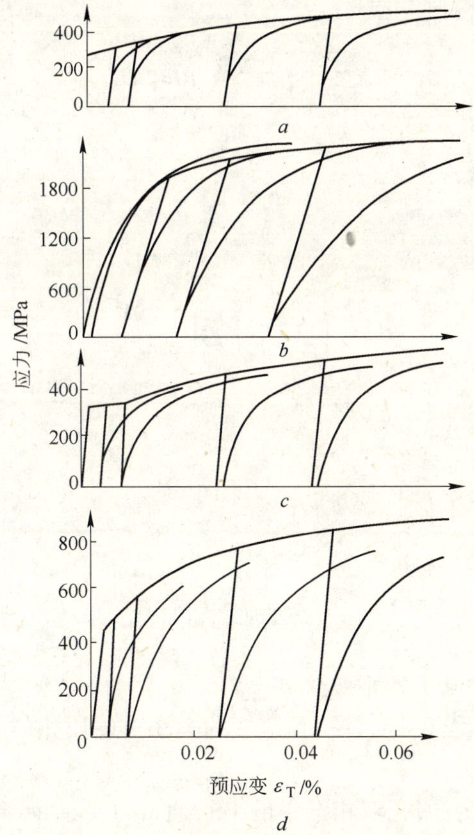

图 6－9　具有不同显微组织材料的正反流变曲线
a—合金 1；*b*—合金 2；*c*—合金 3；*d*—合金 4

弥散硬化合金中背应力硬化模型常用于描述双相钢的加工硬化和流变特性。基于和弥散硬化合金类似的考虑，双相钢的流变应力 σ 可以由以下几个硬化分量构成。初始屈服应力 σ_0 作为强化相的马氏体对流变应力的贡献，包括背应力硬化项 σ_B 和森林硬化项 σ_{for}，那么双相钢的正向流变应力可以写为：

$$\sigma = \sigma_0 + \sigma_{for} + \sigma_B \tag{6-1}$$

根据背应力与非松弛塑性应变、马氏体体积分数 f_m 的关系，以及森林硬化与塑性应变和硬质相的关系，方程可重写为：

$$\sigma = \sigma_0 + \alpha_1 \mu f_m \varepsilon_p^* + \alpha_2 \mu \left(\frac{b f_m \varepsilon_p}{r_0} \right)^{\frac{1}{2}} \tag{6-2}$$

背应力硬化是重要的，当马氏体相发生屈服变形或断裂时，σ_B 便不再增加，因此，一般双相钢中 ε_p^* 的最大值并不高。初始加工硬化速率的变化则反映了硬质相体积分数的变化以及背应力对流变应力贡献的极限值受硬质相强度的限制。

在双相钢中，硬质粒子为马氏体相，它的弹性常数与基体相同。假定马氏体岛呈球形，那么背应力就可写出[28]：

$$\sigma_B = \frac{7 - 5\nu}{5(1 - \nu)} \mu f \varepsilon_p^* \tag{6-3}$$

式中　ν——泊松比；

μ——剪切模量；

ε_p^*——非松弛应变。

基于文献[29]；

$$\varepsilon_p^* = \left(\frac{\delta \pi b}{a^2 \varepsilon_p r_0} \right)^{\frac{1}{8}} \alpha \left(\frac{8 \varepsilon_p b}{\pi r_0} \right)^{\frac{1}{2}} \tag{6-4}$$

式中　a——常数；

ε_p——塑性预应变；

b——布氏矢量的模；

r_0——硬质粒子半径。

由文献[6]求得：

$$\varepsilon_p^* = K \left(\frac{\varepsilon_p b}{r_0} \right)^{\frac{1}{2}} \tag{6-5}$$

式中　K——数量级为 0.7 的常数。

由方程 6－5 和方程 6－3，并据预应变的大小及硬质相的大小，即可求出双相钢中的背应力。

综上所述可以看出：研究双相钢中的 BE，通常也是借助于力学性能的测定和显微组织的观察方法，这对于建立组织、性能之间的关系是具有重要意义的。由于 BE 本身的复杂性，尤其是对组织结构较复杂的双相钢，只是在作了许多简化并且只是考虑马氏体和铁素体两相组织的情况下，借用描述弥散硬化合金的加工硬化模型或连续介质模型对双相钢的变形特性进行描述。在文献[18]中曾用水静应力的概念描述其硬化区和软化区，但对马氏体形态复杂的双相钢，有关模型的计算亦有困难，尤其是对背应力或其他方向性的内应力的产生、发展或相反的降低消失过程也难以或无法进行测定。双相钢中的马氏体和铁素体的晶体结构相近，所以用X射线衍射的方法测定双相钢中两相之间的内应力亦有困难。这些情况表明：必须寻求一种新的测试手段和研究手段对双相钢的BE进行研究。在材料的其他物理性能中，测试简单、可靠的结构敏感参量是磁性（如矫顽力）参量。磁性参量作为物理冶金的研究手段和方法已有论述[28]，矫顽力和材料的力学性能之间已建立了一些联系（如磁性硬度计），并且在塑性变形中，矫顽力、力学性能二者和塑性变形的关系有一定类似之处，介绍和论述用组织敏感参量研究BE和主要研究进展是以下各节的主要内容。

6.3 塑性变形对材料的矫顽力的影响

早在20世纪50年代，人们就对晶体中的位错和矫顽力的关系进行了研究。一般认为[29,30]，矫顽力随位错密度增加而增加，例如Vicena得出[30]：

$$H_c = \frac{1}{2I_s L} R\delta\left(\ln\frac{L}{\delta}\right)\rho^{\frac{1}{2}} \tag{6-6}$$

式中 H_c——矫顽力；

I_s——饱和磁性强度；

R——Bloch畴壁通过位错必须克服的势垒值；

δ——Block畴壁的宽度；

L——磁畴的平均大小；

ρ——位错密度。

随后，对塑性变形与矫顽力的关系曾有一系列的研究工作，一般得出矫顽力随塑性变形的增加而增加。例如：对晶粒取向硅钢施加拉力然后卸载，曾发现当塑性变形量为0.1%时，其工频损耗（$B_{max}=1.55$ T）比原始状态提高一倍[31,32]，显然这相当于材料矫顽力的提高。但如再施加弹性变形，又可使这一工频损耗消除，如图6-10所示塑性变形引起材料位错密度的增加，从而引起磁畴运动图像的改变，导致工频损耗增加或矫顽力增加；随后的外加弹性应力，可以帮助磁畴克服塑性变形引入的位错障碍，只要外加的弹性应力合适，就可使工频损耗消除。对磁畴的观察表明：在一定的高的弹性拉伸应力下，即在工频损失消除的弹性外加应力作用下，磁畴的形态和未经塑性变形的材料相同，而不加弹性外加应力下，则塑性变形后的试样的磁畴形态和未变形试样的磁畴形态明显不同。

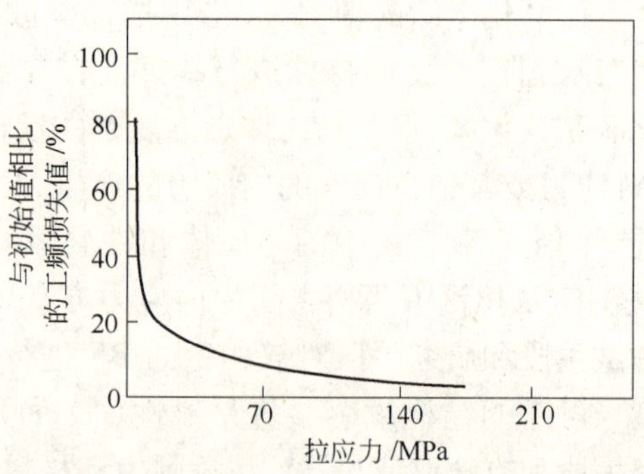

图 6－10　弹性变形的外加应力对塑性变形试样工频损失的影响（3% Si 取向晶粒钢）

Malek[34,35]曾研究了塑性变形对一系列合金矫顽力的影响，研究的合金成分列于表 6－4。将试样轧制成板状，选定合适温度进行均匀化退火，并消除应力，然后测定不同拉伸应变下的矫顽力，其结果列于表 6－5，其中 Fe-1 ~ Fe-5 的矫顽力 H_c 和伸长率 $\Delta L/L$ 的关系曲线示于图 6－11，而 PY48 和 PY50 相应的曲线示于图 6－12。

表 6－4　合金成分

合金号	合金成分/%									
	Ni	Fe	C	Mn	Si	S	P	Cr	Mo	Cu
Fe-1			0.022	0.08	0.025	0.028	0.005			
Fe-3					0.006		0.028			
Fe-4			0.028	0.15	0.008	0.032		0.16		
Fe-5			0.038	0.28		0.021				
PY30	29.21	70.52	0.029	0.23	0.025	0.081				
PY36	37.63	62.20	0.028	0.37	0.046	0.003	0.017			
PY48	47.25	52.71	0.049	0.28	0.085	0.008	0.027			
PY50	48.61	51.25	0.036	0.30	0.029	0.021				
PY65	63.87	34.30	0.026	1.91	0.194	0.036	0.018			0.011
PY78	78.01	21.35	0.049	0.73	0.170	0.004	0.075			0.031
Ni		0.06			0.014					2.16
PY76Cu	72.53	21.30	0.025	1.20	0.188	0.015	0.008	0.91		
PY78Mo	78.35	16.69	0.025	0.36	0.081	0.009	0.132		4.78	

表 6-5　各合金的矫顽力和拉伸变形的关系

合金号	H_c/Oe													
$\Delta L/L$/%	0	1	2	3	4	5	7.5	12.5	15	17.5	20	25	30	35
Fe-1	0.434	0.82	0.95	1.07	1.16	1.23	1.39	1.60	1.67	1.70				
Fe-3	0.563				(1.88)	2.03	2.32	2.66	2.79	2.89	2.97	3.12		
Fe-4	0.913	1.71	1.97	2.17	2.32	2.46	2.70	2.96	3.06	3.11	3.16			
Fe-5	0.872	2.03	2.32	2.52	2.67	2.73	2.98	3.30	3.42	3.52	3.62	3.80	3.91	4.06
RY30	0.102	0.48	0.67	0.82	0.96	1.18	1.63	2.27	2.52	2.72	2.90	3.20	3.45	
PY36	0.321	2.13	2.81	3.23	3.51	3.72	4.08	4.42	4.45	4.54	4.55			
PY48	0.219	2.29	3.04	3.52	3.84	4.07	4.47	4.78	4.79	4.72	4.63	4.30		
PY50	0.184	1.90	2.66	3.19	3.55	3.82	4.27	4.75	4.85	4.89	4.90	4.82	4.63	
PZ65	0.258	2.20	2.87	3.30	3.59	3.81	4.15	4.33	4.29	4.21	4.12	3.95	3.75	3.50
PY78	0.086	0.67	0.83	0.93	1.01	1.06	1.17	1.33	1.39	1.46	1.53	1.67	1.81	
Ni	0.291	4.35	6.88	9.05	10.91	12.49	15.96	21.16	23.22	24.96	26.39	28.58		
PY76Cu	0.127	0.91	1.09	1.19	1.27	1.32	1.38	1.43	1.45	1.48	1.52	1.61	1.71	
PY78Mo	0.084	0.55	0.67	0.74	0.80	0.85	0.95	1.12	1.19	1.26	1.33	1.45	1.56	1.64

注：1Oe≈7.96×10 A/m。

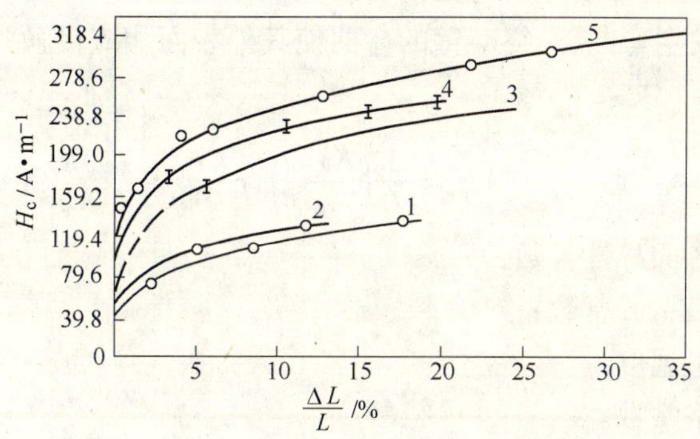

图 6-11　铁基合金的矫顽力和伸长率的关系
（图中曲线 1~5 相应于合金 Fe-1~Fe-5）

从表中数据和图 6-11 及图 6-12 可以看出：随着塑性变形的增加，矫顽力增加，对铁基合金是呈抛物线关系，而 PY48 和 PY50 合金，随塑性变形的增加，矫顽力首先迅速增加，并达到最大值。随着进一步增加应变量，矫顽力开始缓慢下降。塑性变形导致材料矫顽力增加是一个较普遍的现象，在文献[34]中，Malek 又进一步提出，对于铁基合金，矫顽力和塑性应变的关系可用下式描述：

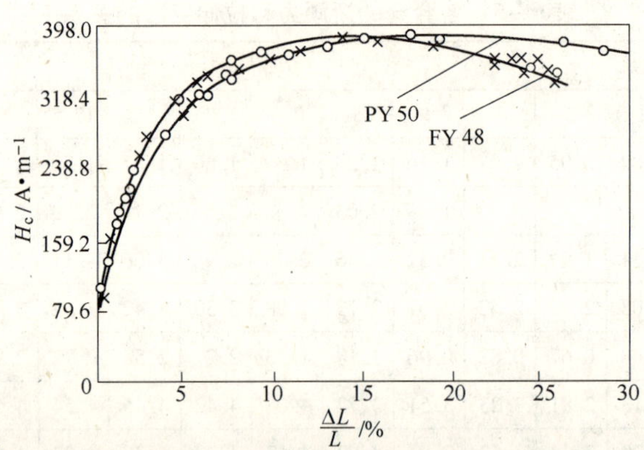

图 6-12　Fe-Ni 合金钢矫顽力和拉伸伸长率的关系

$$H_c = 0.87\sqrt[4]{\frac{\Delta L}{L}} \tag{6-7}$$

塑性变形对单晶铁[35]和铁铬与铁铝合金[36]矫顽力影响的研究也得到上述类似的结果，即随拉伸塑性变形的增加 H_c 值上升，大体符合 $H_c \propto \rho^{\frac{1}{4}}$ 的规律（$H_c \propto \rho^{\frac{1}{2}}$，$\rho \propto \varepsilon_p^{\frac{1}{2}}$，因此 $H_c \propto \rho^{\frac{1}{4}}$）。

不少研究也探讨了矫顽力与位错密度的关系，Kersten[37]曾假定 Bloch 畴壁与位错线相交，并发生弯曲，最终畴壁的弯曲使其外表面相应接触并结合一起，据此，Kersten 导出了以下关系

$$H_c = \frac{1}{I_s}\left(\frac{KkT_c}{c}\right)^{\frac{1}{2}}\rho^{\frac{1}{2}} \tag{6-8}$$

式中　K——磁各向异性常数；

k——BoltZman 常数；

T_c——居里温度；

c——晶格常数。

Vicena 曾将式 6-6 的结果与退火材料及强烈变形的材料进行比较，Kersten 曾将式 6-8 计算的结果与退火状态的材料矫顽力的实测值进行比较，二者在数量级的大小上都是一致的。此外，式 6-6 和式 6-8 计算结果与文献[30]的实验结果，以及文献[33]的实验结果都是一致的。

参照 Vicena 和 Kersten 的工作，Dietrich 和 Kneller[31]导出了下列关系：

$$H_c = 1.5\frac{\lambda}{I_s}bG\rho^{\frac{1}{2}} \tag{6-9}$$

式中　λ——各向同性磁致伸缩常数；

b——布氏矢量；

G——材料的剪切弹性模量。

这一方程导出的特点使它的计算值与200℃的、镍的实验结果很一致，但它给出的 H_c 比实验值高。

如果考虑到在式 6－6 中的参数 R，对韧型位错有以下表示形式，即

$$R = \frac{3}{2}\lambda bG\frac{1+\nu}{1-\nu} \tag{6-10}$$

式中 ν——泊松比。

式 6－6 和式 6－9 具有类同的关系，即 H_c 都是 ρ、λ、I_s、b、G 等参量的函数，两个方程的区别仅在于数量级为 δ/L 数字因子的不同。基于实验结果，Dietrich 等[50]得出了与 Vicena[30]类似的结果。

Malek[39,40]将式 6－6 的计算值与铁基合金的实验值进行了比较，结果表明，二者不仅变化趋势一致，其绝对值也较一致，但式 6－8 的计算值比实测值高两个数量级；正如 Kersten 在文献[41]中表明的，式 6－8 主要适合于退火状态的 H_c 的计算。

对于纯镍或纯铁材料，式 6－6 较好地描述了材料的矫顽力和塑性流变的关系或者和位错密度的关系（从退火状态到拉伸变形 30%，位错密度从 10^8 增加到 $10^{11}\ \text{cm}^{-2}$）。

Malek[42]为了解释坡姆合金（PY48、PY65、PY78）在塑性变形中的矫顽力和塑性变形量的关系曲线上有最大值，基于 Vicena 理论（矫顽力主要由内应力确定）导出了如下关系：

$$H_c = \frac{3}{8I_sL}|\lambda|bG\frac{1+\nu}{1-\nu}\left[(d+\delta)\delta\ln\left(\frac{2L}{d+\delta}\right)\right]^{\frac{1}{2}}\rho^{\frac{1}{2}} \tag{6-11}$$

式中 d——应力区的平均大小，其他参数同上述等式，且 $d\neq 0$。

如我们假定 d 采取通常的表示，即

$$d = r^{-\frac{1}{2}} \tag{6-12}$$

那么式 6－11 和式 6－6 只是在小的位错密度下，才有明显区别，同时式6－11 所表示的 H_c 与 ρ 的关系比式 6－6 要平缓得多。在式 6－6 中，Vicena 假定除 ρ 外，其他各参量都在塑性变形中保持不变。而实际上，式 6－11 中不少量都是 ρ 的函数，即在塑性变形中是不断发生变化的量，尤其在低合金的情况下，应变诱导磁各向异性就有 Block 畴壁大小的变化[43,44]，因为 Block 畴壁的厚度取决于各向异性常数，并有下列近似关系：

$$\delta \approx 2\sqrt{\frac{A}{K}} \tag{6-13}$$

式中 A——磁交换能。

随塑性变形的增加，各向异性常数 K 增加，而 δ 将随变形的增加而降低，那么

在式 6 – 11 中方括号内的表示式将随 ρ 增加而降低，因此，即使其他量保持不变，式 6 – 11 也是 ρ 的非单调函数，即随塑性变形增加，H_c 与 ε 的关系可能先增后减，并出现极大值。Malek 进一步又将式 6 – 11 的计算值与实测值进行了比较。为了用式 6 – 11 计算 H_c 与 ε_p 的关系，必须了解位错密度与相对变形度的关系，Köster 和 Bangert[45] 导出了以下数学关系：

$$\rho = 5.4 \times 10^{10} \times \frac{1}{a^2}\varepsilon^{\frac{1}{2}} (a = 1) \tag{6-14}$$

式中　a——晶格常数。

小应变下，$\varepsilon = 0$ 附近的应变，式 6 – 14 不适用。式 6 – 14 与文献[46,47,48]的实验结果，均较一致，也与 Seeger 等[49] 实验结果和文献[50]所列举的情况相一致，也就是说，除了很小的变形外，对于单相退火状态的材料，在一级近似下，位错密度和应变之间的关系大体都适合于二分之一次方幂的关系。

方程中的常数 a 不一定等于 1，它可以用某一点（例如 $\varepsilon = 10\%$）H_c 的理论值等于其测定值来求得。将式 6 – 14 代入式 6 – 11，可求出：

$$H_c = \frac{Q}{L}\frac{|\lambda|}{I_s}\left[(d+\delta)\delta\ln\left(\frac{2L}{d+\delta}\right)\right]^{\frac{1}{2}}\varepsilon^{\frac{1}{4}} \tag{6-15}$$

$$Q = \delta \times 7 \times 10^4 \frac{b}{a}G\frac{1+\nu}{1-\nu} \tag{6-16}$$

式中，$d = \frac{1}{\rho^{\frac{1}{2}}}$，$\delta = 2\sqrt{\frac{A}{K}}$。不同合金取不同的常数，如 PY48 合金：$\lambda = 2.5 \times 10^{-5}$，$I_s = 1250$ egs，$Q/L = 8.2 \times 10^7$ N/cm³；PY65 合金：$\lambda = 2.1 \times 10^{-5}$，$I_s = 1050$ egs，$Q/L = 6.0 \times 10^{12}$ N/cm³；PY78 合金：$\lambda = 8.3 \times 10^{-6}$，$I_s = 885$ egs，$Q/L = 4.5 \times 10^7$ N/cm³。利用式 6 – 15 和式 6 – 16 可以计算 H_c 与 ε 的关系，计算值与实际值的比较见图 6 – 13。由图可以看出：理论值和实际值具有较好的一致性，只是在曲线的初始阶段，理论计算值比实测值随塑性应变的增加，H_c 上升要陡得多。

以上的论述表明：基于磁性的应用和矫顽力理论方面的考虑，大部分关于磁性的研究工作都取经充分退火的单相试样，除文献[35]为循环塑性应变试样外，所研究的都是拉伸变形对纵向矫顽力的影响，其共同的结论是塑性变形使矫顽力上升。

马鸣图等[51,52] 于 1984 年首次报道了拉伸变形后加压缩变形使双相钢的矫顽力下降，即承受拉伸，拉伸加压缩后的矫顽力变化类似于 BE 中流变应力的变化，这一现象的发现，进一步表明：用拉压变形时矫顽力的变化可以作为研究 BE 的一种新的手段和方法。

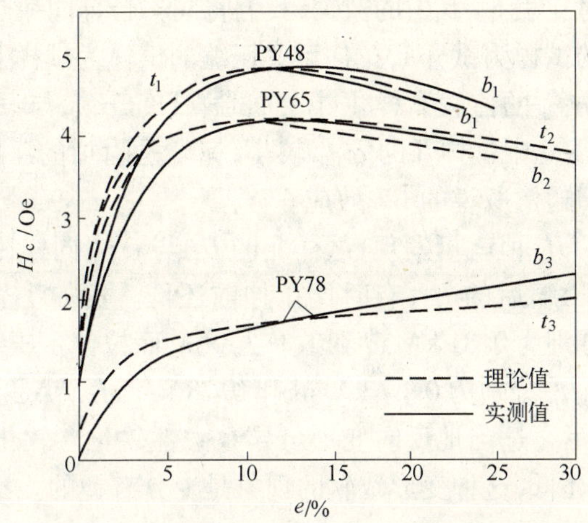

图 6-13 三种坡姆合金 PY48、PY65 和 PY78 的 $H_c(e)$ 曲线的理论值和实测值的比较

6.4 小变形量下的拉压变形对双相钢矫顽力的影响——磁软化效应的初步研究

在研究双相钢中 BE 和拉压变形时矫顽力变化时，马鸣图等[51,52]曾发现拉压变形时矫顽力的变化与双相钢 BE（拉压变形时的流变应力的变化）有许多类同之处，即拉伸变形，使双相钢矫顽力上升，拉伸变形后，随之压缩，矫顽力下降，并将这一现象叫做磁软化效应（MSE-Magnitic Softning Effect）。这一发现的早期试验结果和处理工艺列于表 6-6，表中列出了两种合金四种工艺八个试样的力学性能和矫顽力的测量值。

表 6-6 双相钢的力学性能和矫顽力

合金号	处理温度/℃	ε_p/%	σ_f/MPa	ε_p^*/%	σ_f^*/MPa	HV	H_c/kA·m^{-1}	$\sigma_{0.05}^f$/MPa	$\sigma_{0.05}^r$/MPa
Ⅰ	770	0.085	325			265	1.02	285	
		0.090	332	0.050	252	263	0.67	282	252
	801	0.150	416			308	1.33	321	
		0.135	385	0.100	347	310	0.78	325	279
Ⅱ	770	0.140	259			176	0.61	217	
		0.140	260	0.135	228	177	0.46	220	164
	800	0.130	345			206	0.88	279	
		0.130	340	0.110	301	205	0.60	280	243

注：ε_p、σ_f—拉伸时的塑性应变和流变应力；ε_p^*、σ_f^*—压缩时的塑性应变和流变应力；HV—维氏硬度；H_c—矫顽力。

为了方便分析对比表 6－6 中的数据，我们将同一合金同一热处理的两个试样作为一组。仅拉伸的试样为试样Ⅰ，拉伸后又压缩的试样为试样Ⅱ，由表 6－6 可以看出：四组中试样Ⅱ$\sigma_{0.05}$的值较试样Ⅰ小，而试样Ⅰ的 $\sigma_{0.05}$ 与试样Ⅱ在拉伸时的 $\sigma_{0.05}$ 基本相同。表 6－6 中试样Ⅱ的 $\sigma_{0.05}$ 较小，完全是附加的反向变形的结果，反向流变应力的降低即通常所说的 BE 效应。

比较四组试样的 H_c 值就可发现，试样Ⅱ的 H_c 与 $\sigma_{0.05}$ 同样比试样Ⅰ的小。令人惊奇的是：拉伸加压缩后的 H_c，有时比拉伸前还低。例如Ⅰ号试样经 770℃和 800℃水冷后的 H_c 分别为 0.81 kA/m 和 1.17 kA/m，而拉伸＋压缩变形后（表 6－6 中所列应变历史）的 H_c 分别为 0.67 kA/m 和 0.78 kA/m。就是说：正向变形造成磁硬化，而正向变形后再适当地反向变形可导致磁性软化。软化使双相钢矫顽力降低，有时比未变前还低，这种变形致软的现象是十分有趣的。我们称这一效应为磁软化效应。

表 6－7 中的每组两个试样的 ε_p 和 σ_f 近于相同。试样Ⅱ的 $\sigma_{0.05}$ 和 H_c 低于试样Ⅰ，是由于有附加的压缩，从四组试样由于附加压缩产生的 $\sigma_{0.05}$ 和 H_c 的相对减小量可以看出，$\sigma_{0.05}$ 的减少量比 H_c 小。而表 6－7 中所列出的与 H_c 相对应的流变应变相对减少量（尽管其拉伸和压缩的塑性应变是不同的）也比 H_c 小。

表 6－7　预拉伸应变后随之压缩的 $\sigma_{0.05}$ 和 H_c 的相对减少量

合金号	处理温度/℃	$\frac{\sigma_{0.05}^{\mathrm{I}}-\sigma_{0.05}^{\mathrm{II}}}{\sigma_{0.05}^{\mathrm{I}}}$/%	$\frac{H_c^{\mathrm{I}}-H_c^{\mathrm{II}}}{H_c^{\mathrm{I}}}$/%
Ⅰ	770	12	34
	800	13	41
Ⅱ	770	24	25
	820	13	32

与 $\sigma_{0.05}$ 和 H_c 的情况相反，试样Ⅰ和试样Ⅱ的 HV 之间没有超过测试误差的差别，这说明，应变历史不同引起伪初始流变应力的变化不能以 HV 值反映。

H_c 和 $\sigma_{0.05}$ 相似的变化规律，隐含着其机制的相似性。BE 的机制相当复杂，尤其是组织形态复杂的双相钢，采用简单的力学模型对其研究较困难。研究不同应变历史后的 H_c，将有助于对 BE 机制的理解，可以较好地反映合金在大塑性变形下流变应力（如抗拉强度）的 HV，但对 $\sigma_{0.05}$ 和 H_c 的变化毫无反应，这进一步显示了用 H_c 研究 BE 的优越性，以及 H_c 变化对应变历史的敏感性。

6.5　拉伸变形对双相钢矫顽力的影响[21,22]

为了研究拉伸变形对双相钢矫顽力的影响，采用下列两个成分的低碳锰钒钢。该钢采用 100 kg 的电炉熔炼，浇成 50 kg 钢锭，热轧成 14 mm × 76 mm × 600 mm 板材,并经1100℃,3 h 均匀化处理,其化学成分列于表6－8。将板切成14 mm × 14 mm × 70 mm 的方条后,于930℃加热1 h 空冷,再加工成 Φ6 mm × 12 mm(标距部分)的拉压试样,热处理在通有氮气保护的管式炉中进行。采用 JWT-700 控制和指示温度,其临界区热处理工艺列于表6－9。

表6－8 双相钢的化学成分

钢编号	化学成分/%						
	C	Si	Mn	P	S	V	N
1	0.13	0.28	1.11	0.005	0.009	0.04	0.005
2	0.05	0.32	1.32	0.032	0.008	0.04	0.005

表6－9 双相钢的热处理工艺

钢编号	工艺号	处理工艺
1	A	730℃,20min 水淬
1	B	930℃,1h 空冷
2	C	920℃,20 min 水淬 800℃ 200 min 水淬
2	D	930℃,1h 空冷

表中采用二次加热淬火的目的是为了得到马氏体相呈纤维状的双相组织;用临界区加热时的质量平衡定律,采用730℃加热水淬后,马氏体中碳含量约为0.5%,马氏体岛的精细结构为孪晶;800℃加热水淬,马氏体岛中的碳含量约为0.18%,马氏体相的精细结构为板条。工艺B、D为正火状态的组织,其马氏体相的形态和精细结构照片见图6－14*a*、*b*、*c*、*d*。

钢号1经工艺A处理后试样的显微组织为:在铁素体基体的晶界上有5%(体积分数,下同)的马氏体小岛,直径约为1.5 μm,在几个晶粒的交界处有15%的马氏体团块,直径约为13 μm;钢号2经工艺C处理后试样的显微组织为铁素体基体上成串分布的马氏体条,马氏体形态还保留原先淬火时板条束的痕迹,估计马氏体的体积分数约为35%。经工艺B、D处理后的显微组织与一般低碳钢正火后的组织类同,主要由珠光体和铁素体组成。

热处理后的试样在MTS810电液伺服试验机上测取载荷应变曲线。试验时采用应变控制,小应变量下($\varepsilon_p < 1\%$),应变放大2500倍;中度应变量下(1%～3%);应变放大1250倍;当总应变大于3%时,应变放大625倍。拉伸变形时,十字夹头移动速度为1 mm/min。用钼丝切割机切取12 mm长的圆柱(拉伸变形的或未变形的)作为磁性测量试样,以冲击样品指零法测定不同处理工艺和应变历史

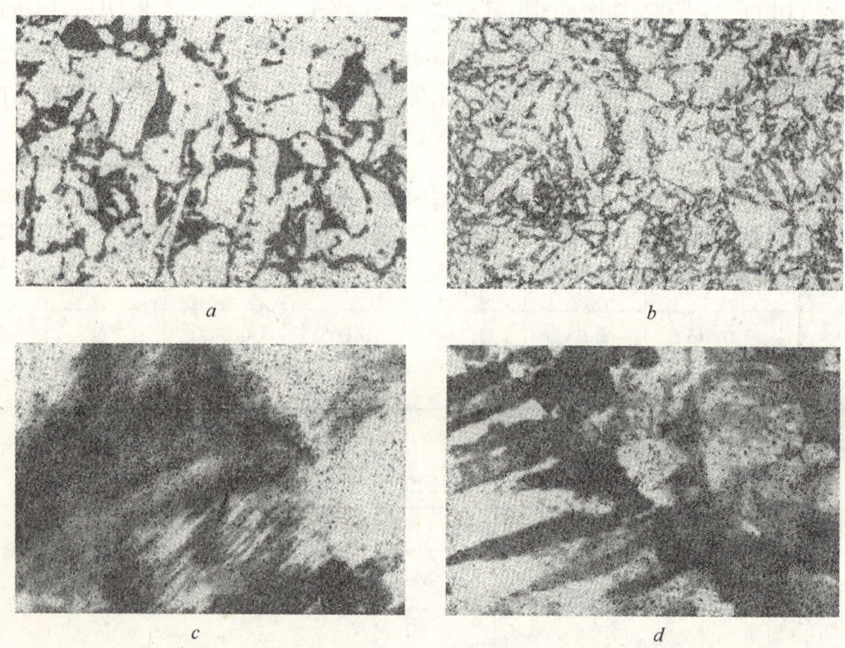

图 6 - 14　双相钢的显微组织

a—工艺 A, ×500; *b*—工艺 C, ×500; *c*—工艺 A, ×80000; *d*—工艺 C, ×60000

后的试样的矫顽力,测量方法及误差分析见文献[53,54]。为了显示试样组织状态和性能的各向异性,测量了样品轴向磁性和径向磁性参量矫顽力(H_c^a 和 H_c^r),考虑到杂散场(包括地磁场)的影响,每个试样的 H_c 值为两次相反方向的 H_c 测量值的平均值。H_c^a 和 H_c^r 测量的偶然误差分别为 8 A/m 和 20 A/m。

钢号 1 经工艺 A 试样处理后的流变曲线示于图 6 - 15,其中曲线 1 为拉伸流变曲线,曲线 2 为压缩流变曲线,曲线 2′为拉伸空间的压缩流变曲线。可以看出:这一双相钢存在明显的瞬时软化和小量的永久软化。拉伸变形与矫顽力之间的关系列于表 6 - 10。表 6 - 11 中列出了拉伸预应变后再反向变形时的矫顽力与反向变形之间的关系。表中数据表明,随着拉伸变形量的增加,轴向矫顽力明显增加,而径向矫顽力则只稍微增加。在任何预应变后(拉伸),再反向变形(压缩),都会导致轴向矫顽力明显下降。也就是说:在塑性变形中,依靠轴向矫顽力 H_c^a 的升高产生矫顽力各向异性,并且在初始应变下矫顽力各向异性迅速增加,这种情况与双相钢初始的高的加工硬化速率相对应。H_c^a 随拉伸变形时的变化与铁基合金的矫顽力随拉伸变形时的变化规律是一致的[35,36]。

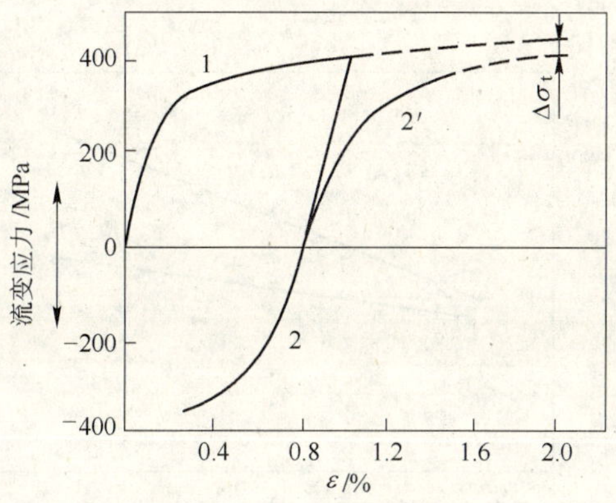

图 6-15　工艺 A 试样的流变曲线(钢号 1)

表 6-10　拉伸变形对钢号 1 经工艺 A 处理的试样矫顽力的影响

塑性应变 ε_p/%		0	0.05	0.08	1.00	1.50	1.80	4.0	15.0
矫顽力 /A·m^{-1}	H_c^a	420	420	450	590	660	670	730	870
	H_c^r	400	395	410	430	440	430	455	525

表 6-11　拉压变形对经工艺 A 处理的试样轴向矫顽力的影响

拉伸变形 ε_p^T/%		0.2	0.4	0.85	1.85	5.0	7.0	12.0
矫顽力 /A·m^{-1}	H_c^a	490	530	570	670	735	765	830
	H_c^r	410	425	430	440	460	475	515
$\varepsilon_p^T+\varepsilon_p^c$/%		0.2+0.06	0.4+0.16	0.85+0.37	1.85+0.90	5.0+3.0	7.0+3.60	12.0+4.2
$\varepsilon_p^T/\varepsilon_p^c$		3.25	2.50	2.25	2.10	1.67	1.94	2.85
矫顽力 /A·m^{-1}	H_c^a	480	470	500	500	500	505	560
	H_c^r	370	370	420	420	525	530	540

为了进一步分析 H_c 和 ε_p 之间的关系,图 6-16 示出了 H_c 与$(\varepsilon_p)^{\frac{1}{4}}$的关系,可以看出:$H_c^a$、$H_c^r$ 与$(\varepsilon_p)^{\frac{1}{4}}$均呈线性关系,这隐含了 H_c 与 $\rho^{\frac{1}{2}}$ 呈线性关系[31,36],即用工艺 A 处理所得到的双相钢在拉伸变形时,其矫顽力的变形也符合方程6-6、方程6-8或方程 6-9 的关系,或者说符合:$H_c=H_c^0+c\lambda\mu b\cdot\rho^{\frac{1}{2}}$或 $H_c=H_c^0+c\lambda\mu b(\varepsilon_p)^{\frac{1}{4}}$的关系。$H_c^0$ 为材料未变形时的初始矫顽力;c 为常数,并与位错的结构和排列有关;λ 为磁致伸缩常数;μ 为材料的剪切弹性模量,b 为基体布氏矢量的模。H_c^a 与$(\varepsilon_p)^{\frac{1}{4}}$的关系的直线斜率不同于 H_c^r 与$(\varepsilon_p)^{\frac{1}{4}}$的关系的直线斜率表明:对于这一双相钢,拉伸变形使与轴向矫顽力有关的 c 和 λ 值的升高远大于径向 c 和 λ 值的升高,拉伸变形造成的矫顽力的各向异性可能与径向和轴向的 c 和 λ 值对变形的不

同响应有关。

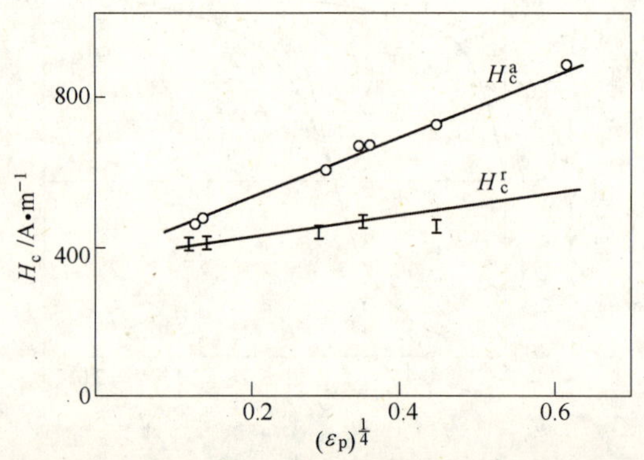

图 6－16　工艺 A 试样的 H_c^a、H_c^r 与 $(\varepsilon_p)^{\frac{1}{4}}$ 的关系

6.6　拉压变形对双相钢矫顽力各向异性的影响

图 6－17 示出了拉伸和压缩变形时工艺 C 试样的应力应变曲线[55]，图中曲线 1 为拉伸时的应力应变曲线，曲线 2 为压缩时的应力应变曲线，曲线 3 为拉伸预应变后反向压缩时的应力应变曲线，曲线 4 为压缩预应变后反向拉伸时的应力应变曲线。该工艺处理的试样矫顽力与拉压变形量的关系示于图 6－18*a*、*b*，图中曲线 1 和 1′与图 6－17 中的拉伸曲线 1 相对应，分别表示拉伸变形时的 H_c^a 和 H_c^r 的变化，曲线 2 和 2′与图 6－17 中的压缩流变曲线相对应，为清楚起见，图 6－18 省去了数据点，图 6－18*b* 画出了方框区的数据点。

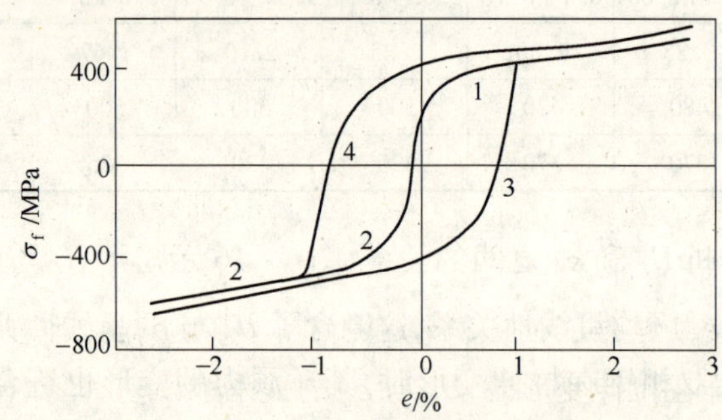

图 6－17　工艺 C 试样的流变曲线

虽然工艺 A 和 C 处理的双相钢试样的工程应力应变曲线大体相似，但从图 6－16、图 6－17 和图 6－18 可以看出，矫顽力随拉伸变形的变化有一些不同。在拉伸变形时，工艺 C 试样的轴向矫顽力首先随拉伸变形量的增加而迅速增加，然后随应变量增加平缓上升，但径向矫顽力则随拉伸变形量的增加首先迅速下降，然

后平缓下降(图 6-18)。而工艺 A 试样的 H_c^r 随拉伸变形量的增加一直平缓增加(见图 6-16)。工艺 A 试样在拉伸变形时产生的矫顽力各向异性较小,工艺 C 试样产生的矫顽力各向异性较大。

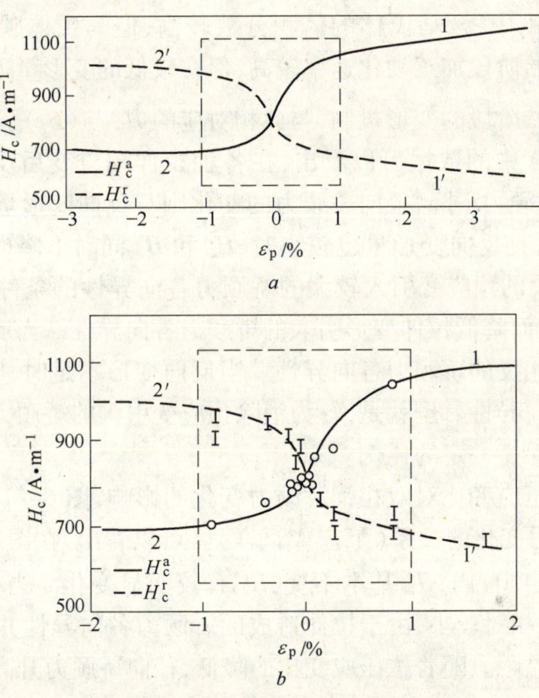

图 6-18 工艺 C 试样的矫顽力与拉压变形量的关系

a—完整变化曲线;*b*—局部数据点图

在压缩变形时,矫顽力的变化情况与拉伸时相反,H_c^a 下降,H_c^r 上升,产生与拉伸时相反的矫顽力各向异性,并且在同样的应变量下,压缩造成的矫顽力各向异性值也小于拉伸(见图 6-18 曲线 2 和 2′),这可能反映了两种变形方式对材料内部结构影响的差异。

工艺 C 试样实验结果的回归分析表明:H_c 与$(\varepsilon_p)^{\frac{1}{4}}$并不呈单一的线性关系,这表明工艺 C 试样在拉伸变形时,H_c 与 ε_p 的关系和工艺 A 试样不同,在 Fe-Al 合金冷加工变形时,H_c(A/m)与应变量 e 的关系为[57]:

$$H_c = 63.68 + 141.69e^{0.308}$$

即 H_c 与$(\varepsilon_p)^{\frac{1}{4}}$也不呈单一线性关系。

矫顽力的这种变化反映了两种组织形态双相钢的变形特性的不同和变化。按文献[58,59]提出的双相钢的综合变形理论,双相钢的初始加工硬化符合弥散硬化合金的变形机制,而这个阶段的应变量的高低与双相钢的组织和马氏体的硬度高低有关。在工艺 A 处理的试样中，马氏体的碳含量较高，硬度较高，但马氏体体积分数较低，因此，初始阶段的加工硬化机制可能延续到较高的应变量，与此相应的，在本书所试验的变形量下，H_c 与$(\varepsilon_p)^{\frac{1}{4}}$保持单一的线性关系(图 6－16)。而工艺 C 处理的双相钢中，含马氏体的体积分数较高，但马氏体碳含量较低，容易变形，因此，虽然初始阶段加工硬化速率较高，但在较低的变形量下，会由于马氏体开始变形而进行第二阶段的变形机制，与此相对应的 H_c 与$(\varepsilon_p)^{\frac{1}{4}}$不再呈单一线性关系。分析表 6－10 中的数据可以看出：在各种拉伸预应变后反向变形(即压缩)时，均出现轴向矫顽力下降，径向矫顽力的变化则与反向变形量和预应变量有关。当预应变量较小，且反向变形量也较小时，H_c^a 和 H_c^r 同时下降(如拉伸变形 0.2% 和 0.4%)，在较大的预应变引入较大的矫顽力各向异性的条件下，反向变形使轴向矫顽力下降，从而降低拉伸变形引入的矫顽力各向异性。当反向变形量较高时，会出现与预应变相反的矫顽力各向异性。当反向变形不足时，则难以消除预应变引入的矫顽力各向异性。也就是说：为消除预应变引入的矫顽力各向异性，反向应变与预应变量应保持一定的比例。

为了表明拉压应变比对双相钢矫顽力变化的影响，图 6－19 示出了拉压应变比 $\varepsilon_p^T/\varepsilon_p^c$ 与矫顽力变化的关系(工艺 A 试样)。可以看出，在图中所示的拉压应变比的范围(1.60～4.0)内，H_c^a 基本不变，H_c^r 有较明显变化。当拉压应变比大于 2 时，即反向应变量相对较小，由于拉伸造成的矫顽力各向异性并未消除，径向和轴向矫顽力有一定差距。随着拉压应变比的降低，径向矫顽力升高，矫顽力各向异性降低。当 $\varepsilon_p^T/\varepsilon_p^c=2$ 时，$H_c^a=H_c^r$，矫顽力各向异性消除。拉压应变比进一步降低，即当 $\varepsilon_p^T/\varepsilon_p^c<2$ 时，$H_c^r>H_c^a$，产生相反的矫顽力各向异性。图中有一点不在曲线上，该点的拉伸变形量为 12.0%，压缩变形量为 4.2%，在这样高的变形量下，可能部分硬质相已开始变形或者两相交界面发生脱聚，这将会降低非松弛应变，矫顽力各向异性降低。但由于位错密度升高，交界面上的小孔洞也可以看做外来掺杂，引起 H_c 上升，因此，$H_c^a=H_c^r$ 都在较高的值上。

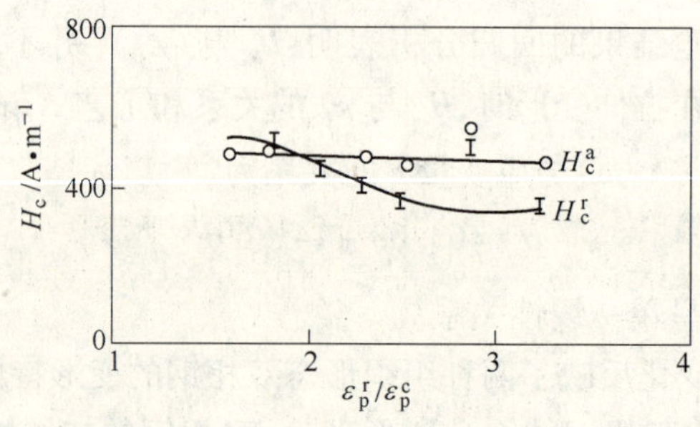

图 6－19　经工艺 A 处理的双相钢试样的矫顽力与拉压应变比的关系

众所周知，背应力的产生与消除和预应变量、粒子大小等因素有关。目前还没有关于双相钢中背应力产生与消除过程的测试方法。如果矫顽力的各向异性与背应力的产生有关，那么利用拉压时材料矫顽力各向异性的变化，就可作为反映背应力变化的一种物理参量。

6.7 反向流变时双相钢矫顽力和流变应力的变化

对于经工艺 C 处理的双相钢试样，当拉伸预应变后反向压缩时(或先压缩预应变，然后反向拉伸时)，矫顽力随反向应变的增加具有复杂的变化关系(见图 6-20)，图中曲线 3 和 3′分别为拉伸预应变后，反向变形时(压缩) H_c^a 和 H_c^r 的变化曲线，曲线 4 和 4′为压缩预应变后，反向变形时(拉伸) H_c^a 和 H_c^r 随反向应变增加时的变化曲线。为了比较，图 6-20 复制了图 6-18 的曲线，其中曲线 1 和 1′为拉伸时的 H_c^a 和 H_c^r 与拉伸变形量的关系曲线，曲线 2 和 2′为压缩变形时 H_c^a 和 H_c^r 与压缩变形量的关系曲线。1、2、3、4 各曲线对应的流变曲线见图 6-17。为了清楚起见，图6-20*a*各曲线省去了数据点，图 6-20*b* 示出了方框区的数据点。

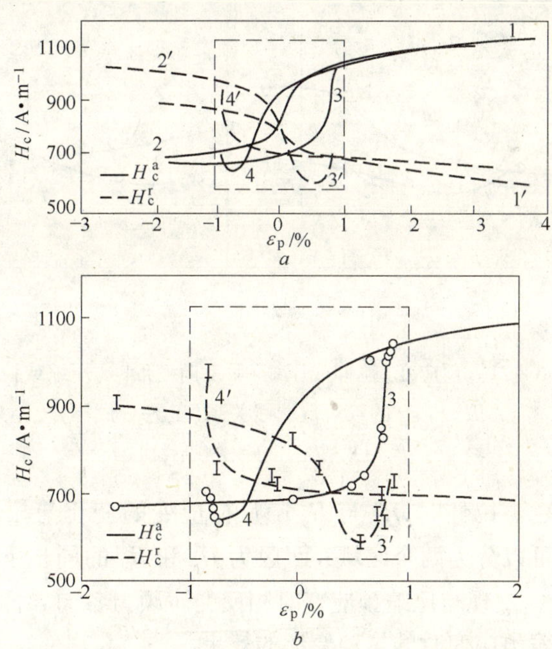

图 6-20 预应变(拉伸或压缩)后，反向变形时(压缩或拉伸) H_c^a、H_c^r 与反向应变的关系曲线

a—完整变化曲线；*b*—局部放大和数据点图

根据其反向压缩时 H_c^a 和 H_c^r 变化的特点，可将 H_c^a、H_c^r 随反向变形的变化曲线分为三个区域：从反向变形(压缩)时开始，到 H_c^r 降低到最低值时为止，称为 I 区，

在该区内 H_c^a 和 H_c^r 同步迅速下降；从 H_c^r 开始上升，到和 H_c^a 曲线相交，称为Ⅱ区，在该区内，压应变使 H_c^r 迅速上升，H_c^a 缓慢下降，至二曲线相交，该区为拉伸预应变造成的矫顽力各向异性逐步下降和消除区。交点以后的压缩应变区称为Ⅲ区，该区为反向应变造成与拉伸预应变相反的矫顽力各向异性区。为了准确地表达 H_c 与反向应变的关系，图 6－21 示出了双对数坐标中的 H_c 与 ε_p 的关系曲线。从图 6－21 求出与 H_c^r 的最低点相对应的反向应变为 $\varepsilon_p^r=0.32\%$，H_c^a 与 H_c^r 曲线交点（即 $H_c^a=H_c^r$）的应变为 $\varepsilon_c^r=0.55\%$，消除拉伸预应变造成的矫顽力各向异性的反向应变值小于拉伸预应变值。有趣的是，交点处的矫顽力值不只远小于拉伸预应变时的 H_c^a 值（在拉应变时 $\varepsilon_p^r=0.87\%$ 时，$H_c^a=1040$ A/m，$H_c^r=723$ A/m），而交点处 $\varepsilon_p^r=0.55\%$ 的 $H_c^a=H_c^r=700$ A/m，并且交点处的 H_c 值也小于初始末变形状态的双相钢的 H_c 值（$H_c^a=800$ A/m，$H_c^r=802$ A/m），同样表现出明显的磁软化效应。这再次证明，预应变后再反向变形时，产生磁软化效应是一种相当普遍的现象。在第Ⅲ区，拉伸后压缩造成的矫顽力各向异性小于无预应变时的压缩变形的效果。

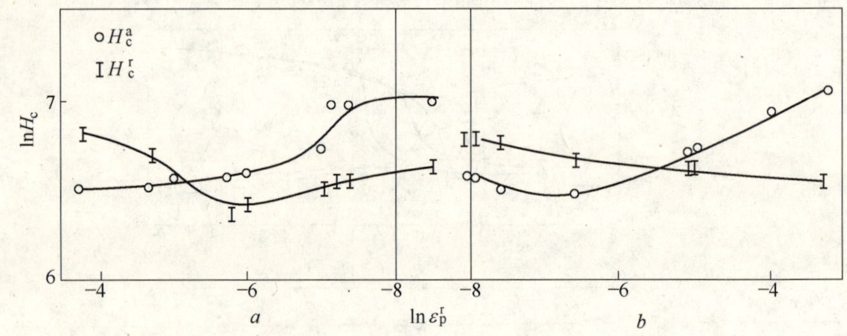

图 6－21 预应变（拉伸或压缩）后反向变形时（压缩或拉伸）H_c 与 ε_p^r 的双对数曲线关系（工艺 C 试样）

a—先拉后压；*b*—先压后拉

压缩预应变后再拉伸时，H_c^a 与 H_c^r 随反向应变的变化与拉伸预应变后类似。其变化情况同样可以分为两个区域；Ⅰ′区为 H_c^r 和 H_c^a 的同步下降区；Ⅱ′为 H_c^a 上升，H_c^a 缓慢下降区，出现与压缩预应变时相反的矫顽力各向异性，其矫顽力各向异性值也小于无压缩预应变时的拉伸变形的效果。

为了对比组织组成对拉压变形时 H_c 变化的影响，图 6－22 示出了工艺 D 试样的实验结果[60]。对于这一工艺处理的试样，预应变后再反向变形时，H_c^a 和 H_c^r 没有同步下降区；反向变形开始后，H_c^a 迅速下降或 H_c^r 迅速上升，在一定的反向应变下相交，然后和图 6－20 中Ⅱ或Ⅲ′区以相同的趋势随反向应变进行变化，产生与预应变相反的矫顽力各向异性。先拉后压时交点的 H_c 值与未变形时的 H_c 值相当,但小于预应变时的 H_c^a 值;而先压后拉时的交点处的 H_c 值小于未变形时的 H_c 值,更小于预应变时的 H_c^r 值,即同样表现出磁软化效应。

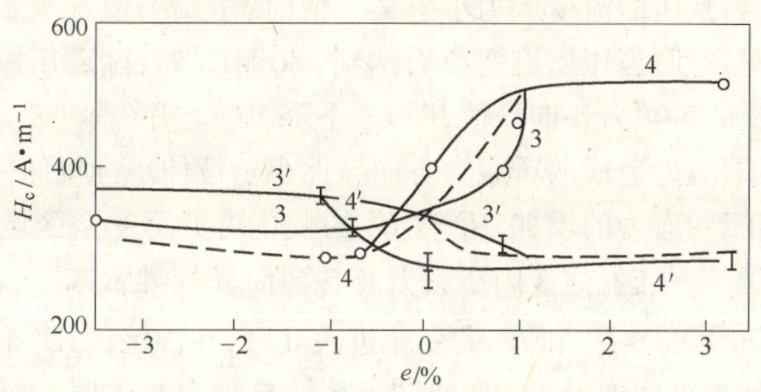

图 6-22 工艺 D 试样的 H_c 随应变历史的变化

拉压变形时矫顽力随应变而变化,而流变应力也随外加应变而变化,例如加工硬化和加工软化,因此直接对比一个流变应力与矫顽力变化的关系,可望有助于对 BE 机制与矫顽力变化机制的理解。

图 6-23 示出了拉压变形时的流变应力与矫顽力变化的关系(工艺 C 试样)[61]。曲线 3 和 3′为拉伸预应变后反向变形时(压缩),H_c^a、H_c^r 随反向流变应力变化的曲线,4 和 4′为压缩预应变后反向变形时(拉伸) H_c^a、H_c^r 与反向流变应力的关系曲线。虚线 1 和 1′为拉伸时的 H_c^a 和 H_c^r 与流变应力的关系曲线,曲线 2 和 2′为压缩时的 H_c^a 和 H_c^r 与流变应力的关系曲线。可以看出:矫顽力随流变应力的变化亦具有复杂关系。

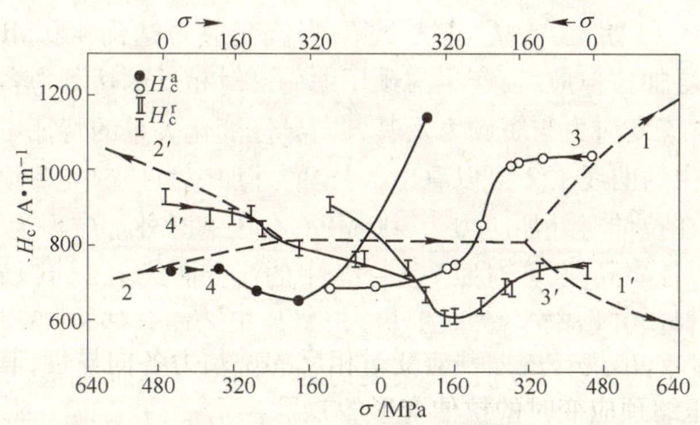

图 6-23 拉压变形时的流变应力与矫顽力变化的关系(工艺 C 试样)

从图 5-17 和图 5-18 中曲线 1 和 1′可以看出,当实验的双相钢拉伸变形时,在流变应力小于 320 MPa 的条件下,H_c^a 和 H_c^r 基本不发生变化,H_c 值也与初始未变形状态的矫顽力值相当($H_c^a = H_c^r = H_c = 800$ A/m),即矫顽力值并不升高,也不产生矫顽力各向异性。当流变应力大于 320 MPa 后,随着流变应力的升高,轴向矫顽力

H_c^a 升高，径向矫顽力 H_c^r 下降，产生矫顽力各向异性，并且随着流变应力的增加，矫顽力各向异性迅速增加。在压缩变形时，矫顽力变化情况与拉伸时的变化相似，即在压缩变化时，当其压缩流变应力小于某一值时，矫顽力值基本不发生变化，亦不产生矫顽力各向异性；当压缩流变应力达到 280 MPa 时，随着压缩流变应力增加，产生与拉伸相反的矫顽力各向异性，即 H_c^a 下降、H_c^r 上升（曲线 2 和 2′）；但在同样流变应力下，压缩应力造成的矫顽力各向异性小于拉伸。当拉伸预应变后，反向变形时，随着反向流变应力的增加，H_c^a 和 H_c^r 的变化可分为 4 个区域，其中 I 区为 H_c^a 和 H_c^r 的同步平行变化区，该区内矫顽力及其各向异性基本不变，在达到一定的流变应力后（如 170 MPa），H_c^a 和 H_c^r 的变化进入Ⅱ区，在该区内，H_c^a 和 H_c^r 同时较快地下降，其中 H_c^a 的下降速度大于 H_c^r，矫顽力各向异性逐步下降，至反向流变应力达到 290 MPa 时，H_c^r 的变化值达到最低点。进一步增加反向流变应力，至 H_c^a 和 H_c^r 的交点处，为 H_c^a 与 H_c^r 变化的Ⅲ区，在该区内，当反向流变应力升高时，H_c^a 平缓下降，H_c^r 迅速上升，至两曲线相交，矫顽力各向异性消除。从 H_c^a 和 H_c^r 两曲线交点开始，H_c^a 与 H_c^r 的变化进入Ⅲ区，在该区内随着反向流变应力的升高，H_c^r 迅速上升，H_c^a 平缓下降，产生与预应变相反的矫顽力各向异性。但在同样的流变应力下，反向压缩流变应力造成的矫顽力各向异性小于拉伸预变形。先压缩预变形，然后反向变形（拉伸）时，其矫顽力及其各向异性的变化情况与拉伸预变形后压缩时的情况类似，同样也可以分为 4 区（见图 6－23）曲线 4 和 4′，即反向拉伸时的流变应力小于 160 MPa 时，压缩预应变造成的矫顽力各向异性并不发生变化，然后拉伸流变应力增加，H_c^a 和 H_c^r 同步下降，流变应力达到 290 MPa 时，H_c^a 下降至最低点；流变应力进一步增加，H_c^a 开始上升，H_c^r 继续下降；当流变应力达到 400 MPa 时，H_c^a 与 H_c^r 曲线相交，继续增加拉伸应力，产生与预压缩变形时相反的矫顽力各向异性。

拉压变形时流变应力与矫顽力及其各向异性变化关系的特征可进一步分析如下：从图 6－23 中的曲线 1、2 可以看出，一定的外加应力是产生矫顽力各向异性的必要条件，例如在拉伸时外加应力为 300 MPa；在压缩时外加应力为 280 MPa 时，才开始产生矫顽力各向异性，如对照图 6－17 中的流变曲线 1、2 可以看出，在这样的流变应力下，材料已开始产生微量塑性变形。如果考虑到经 800℃临界区处理，则马氏体中的碳含量约为 0.3%，它的硬度约为 48HRC[54]，而相应的屈服强度约为 1395 MPa[62]。因此，可以认为，在相当高的流变应力下，其塑性变形也基本是发生在铁素体中的行为；由于两相塑性应变不协调，马氏体弹性变形，铁素体已发生塑性变形，导致在两相之间产生相间内应力[59,63]，使之产生矫顽力各向异性。因此，只有在一定的应力下，这种应力可以诱发铁素体中的塑性变形，才可产生矫顽力各向异性。在压缩时产生矫顽力各向异性的应力小于拉伸，这可能反映了拉压变形时双相钢内应力变化的差异。

另一个特征是：当反向变形时，小的外加应力即可使矫顽力各向异性发生变化。从图6－23中曲线3和3′可以看出，反向变形时，小的外加应力（160 MPa），即可使 H_c^a 和 H_c^r 发生变化（曲线4和4′亦如此）；虽然这一应力值较正向预应变时的值小得多，但也必须有一定的外加应力。低于这一应力 H_c^a 和 H_c^r 基本不变，经过预应变的材料，两相之间存在明显的内应力，即相间应力或背应力[63]，它阻碍正常流变，却以相反的意义帮助反向流变；小的外加应力与相间应力叠加，足以使变形铁素体发生变形，或者说使预变形引入的材料内部的位错组态发生变化，向与预应变相反的方向运动；内应力的变化就必然使 H_c^a 和 H_c^r 发生变化，这种小的外加应力引起预变形材料的 H_c^a 和 H_c^r 发生变化，表明了变形材料内部组织状态和应力状态对反向流变应力作用的不稳定性，从这个意义上说，矫顽力各向异性的大小又反映了预变形材料抵抗相反方向变形的稳定程度。

从反向流变时 H_c^r 的变化可以明显看出，反向变形时矫顽力的变化并非是预应变时的可逆过程。同 H_c^r 和反向流变时的变化情况一样，拉伸预应变后反向变形时，H_c^r 与反向流变应力的变化关系曲线上存在最低点。这一特征，从数学上表明了反向流变时应有两个矛盾因素使 H_c^r 发生变化。文献[21，55，56]提出，马氏体相周围变形的铁素体、阻碍马氏体弹性变形恢复所引起的相间内应力、结合内应力、易磁化方向的变化、剩余磁化强度与矫顽力的关系等是造成拉压变形时双相钢矫顽力各向异性的主要原因。在拉伸预应变后压缩时，一定的压缩应力下，铁素体开始反向塑性变形，马氏体中的张应力下降，但在一定的外加应力下，铁素体的压缩塑性变形并不能使马氏体中的张应力消失（当测量 H_c^r 时为卸载条件，这时马氏体仍受部分的压应力），这样在 H_c^r 的变化曲线达到最低点之前，由于随反向外加应力的增加，以马氏体中的张应力（卸载情况则为压应力）降低为主导因素，H_c^r 和 H_c^a 同时下降。另一个因素是，当反向变形时，铁素体中的位错将部分发生湮灭，这也可能是 H_c^r、H_c^a 同时下降的部分原因。但当 H_c^r 变化达到最低点时，反向压缩引起马氏体张应力降低与压缩引入的压应力渐趋平衡，在 H_c^r 的最低点下，继续增加反向应力，即继续压缩变形，压应力的增长将超过马氏体中张应力降低，因此，H_c^r 开始上升；当 H_c^a 与 H_c^r 相交时，预应变引入的马氏体中的张应力消失，矫顽力各向异性消除，继续增加反向流变应力，马氏体中的受力状态与预应变时完全相反，即开始产生与拉伸预应力相反的矫顽力各向异性。在这一实验条件下，H_c^r 最低点处对应的流变应力与反向流变时屈服强度相当，而交点处对应的反向流变应力与初始预应变时的屈服强度相当。显然 H_c^r 和 H_c^a 的曲线交点可以作为矫顽力各向异性的交点，如果 H_c^r 和 H_c^a 是由内应力引起的，那么 H_c^a 和 H_c^r 的交点就可以作为内应力消除的一个表征点。

压缩预应变后反向变形时，矫顽力及其各向异性的变化可作为上述类似的说明,只是矫顽力各向异性与拉伸预应变时相反而已。

6.8　拉压间时效对双相钢 BE、流变特性和矫顽力的影响

6.8.1　拉压间时效对双相钢 BE、流变特性和矫顽力影响的实验结果

拉压间时效(175℃、2 h)对工艺 A 和工艺 D 试样流变特性的影响示于图 6 - 24*a*、*b*[64,65]。图中曲线 1 为拉伸时的流变曲线,2 和 2′为拉伸后压缩时的流变曲线,3 和 3′为拉伸加时效后,压缩时的流变曲线。六条曲线中,三条有上、下屈服点,另三条为平滑的拱形曲线,其中图 6 - 24*a* 的曲线 1 为典型的双相钢的流变曲线,而图 6 - 24*b* 曲线为正火状态流变曲线,有明显上、下屈服点,显然这与两种处理工艺后,低碳钢的组织不同有关,其相应的流变特性列于表 6 - 12。

表 6 - 12　拉压间时效对工艺 A、D 试样流变特性和矫顽力的影响

工艺号	程序号	ε_P^T/%	σ_f^T/MPa	σ_y^T/MPa	ε_p^c/%	σ_p^c/MPa	σ_y^c/MPa	H_c^a/A · m^{-1}	H_c^r/A · m^{-1}
A	O							420	400
	T	1.79	458	400				660	400
	T + A	1.82	451	400				660	410
	T + C	1.83	431	390	1.07	402	280	480	470
	T + A + C	1.80	450	400	1.00	451	440	520	490
D	O							360	350
	T	1.85	367	340				550	330
	T + A	1.86	378	340				560	330
	T + C	1.85	394	340	0.86	383	290	350	350
	T + A + C	1.85	384	340	1.00	420	410	410	400

注:O—初始状态;T—拉伸;A + T—拉伸 + 时效;T + C—拉伸 + 压缩;T + A + C—拉伸后 175℃时效,然后再压缩。

图 6 - 24 曲线 2(或 2′)表明,两种工艺处理的试样,在拉伸后反向压缩时,流变曲线明显圆化,压缩时的屈服强度比拉伸时分别下降 34%(工艺 A 试样)和 27%(工艺 D 试验)。表现出程度不同的 BE(二者的 BE 参量见表 6 - 12)。在同样的预应变下(1.86%),两种试样的永久软化分别为 55 MPa(工艺 A)和 20 MPa(工艺 D),这显然与两种工艺处理的试样内所含的硬质相的体积分数和性质不同有关。

拉压间时效可使两种工艺试样压缩时初始流变应力升高,出现明显的上、下屈服点,使压缩时的屈服强度上升到原拉伸预应变时的流变应力水平。由于中间时效在压缩时引起的屈服强度增量分别为 56%(工艺 A)和 43%(工艺 D),两种试样的屈服强度增量不同与两种试样因组织不同,而 BE 不同有关。按规定的 BE 各参量的计算方法,分别采用流变曲线 1 和 3′作为计算依据,可以看出,拉压间时效基本消除了原先的 BE(β、β_c、ABS 等参量都趋于 0)。

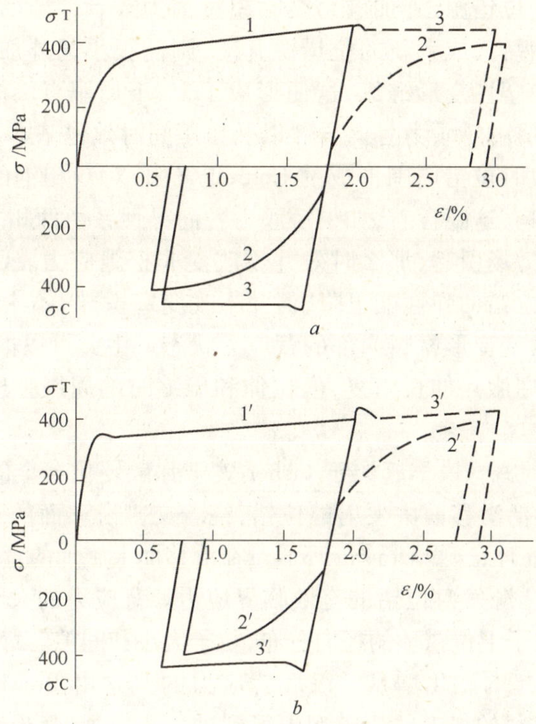

图 6－24　拉压间时效对工艺 A 试样(a)和工艺 D 试样(b)的流变特性的影响

拉压间时效对双相钢矫顽力影响的测量结果列于表 6－12。从表 6－12 中所列各结果可以看出，拉伸后时效，工艺 A 和工艺 D 试样的矫顽力及其各向异性完全没有变化(程序 T 和 T＋A 进行比较)，比较程序 T 和 T＋C 的矫顽力可以得出，在表中所列的反向变形量下，可使矫顽力各向异性消除。比较表中程序 T＋C 和 T＋A＋C 的矫顽力可以得出，拉压间时效，仅使压缩后的矫顽力略有升高，但对矫顽力各向异性并无影响。正如前面所分析的，矫顽力各向异性的产生与预应变造成的材料中的内应力有关，那么既然拉压间时效不能消除矫顽力各向异性，这与时效消除了原先的 BE 是否有矛盾？为了弄清这一问题，现进一步分析时效、流变应力及矫顽力变化的关系。

6.8.2　应变、拉压间时效对流变应力和矫顽力影响的综合分析

众所周知，应变后时效，使随后变形时低碳钢的上、下屈服点恢复，其主要原因是 C、N 等间隙原子与位错的交互作用，在位错线上析聚，形成 Cottrell 气团，位错被锚住[66]，在这种情况下，如要产生范性流变，必须把位错从它的气团中拉

开，或者开动新的位错源，外加应力必须超过锚力或者使新的位错源开动的力，一旦外力使位错脱钉，或者新的位错源开动，则需很小的外加应力，就可以使位错继续运动，而使塑性变形继续，这便形成了上、下屈服点。但是从时效完全不改变初始拉伸造成的矫顽力各向异性以及拉压间时效也基本不改变矫顽力的变化情况表明，时效时位错周围形成的 Cottrell 气团，对双相钢的矫顽力及其各向异性基本没有影响，这隐含着，如果矫顽力各向异性系由两相之间的非松弛应力或位错塞积的应力场引起，那么时效并不改变非松弛应力。Cottrell 气团的形成虽然可以使每个位错的弹性能下降，但并不改变塞积群中位错排列和分布，也就是说，时效并不改变变形材料内部的背应力状态。由此可以推测，时效虽然可以使拉伸和压缩时屈服点伸长恢复，但拉伸和压缩时的屈服强度还会存在背应力的影响。

关于背应力的概念最早起源于 Fisher 关于弥散硬化合金的研究[63]。在弥散硬化合金中，从激活滑移面中发射的位错，绕着交割滑移面的不可切变的粒子弯曲，而留下 Orowan 环，这些 Orowan 环通过在滑移面上施加的背应力增加了在该滑移面上的 F-R 位错源发射位错的有效临界应力。背应力的大小取决于稳定态的位错环数，每个粒子上位错环的径向分布、粒子大小和间隙。背应力本身就定义了由于沉淀粒子引起的硬化增量。以后背应力的概念由 Brown 和 Stobbs[67~69] 及 Asaro[70] 在两种材料的加工硬化模型中得到进一步发展，从连续塑性理论或位错理论导出了背应力与非松弛应变之间的关系。Wilson[71,72] 通过两相材料变形时的 X 射线衍射的研究，测定了非松弛晶格应变，进一步证明并建立了永久软化、背应力和非松弛晶格应变之间的关系。

为了进一步论证上边的推测，现基于式 6－17 对流变应力的各构成分量进行分析。在双相钢（或低碳钢）中，流变应力各构成分量为：晶格摩擦力（σ_0）、森林位错引起的硬化分量（σ_{for}）、应变时效引起的流变应力增量（σ_A），这三项对正向和反向流变应力的贡献是相同的。背应力硬化相（σ_B），阻碍正向流变，但对反向流变有利。因此拉伸和压缩时的流变应力可分别表示为：

$$\sigma_f^T = \sigma_0 + \sigma_{for} + \sigma_B + \sigma_A \tag{6-17}$$

$$\sigma_f^c = \sigma_0 + \sigma_{for} - \sigma_B + \sigma_A \tag{6-18}$$

式中　σ_f^T——给定应变下时效后重新拉伸时的流变应力；

σ_f^c——同样应变下时效后压缩时的流变应力。

式 6－17 和式 6－18 利用了流变应力各分量可以加和的假定。式中与矫顽力各向异性有关的流变应力分量只有 σ_B 在拉压间时效时不影响矫顽力的各向异性，这意味着时效不改变 σ_B。

如果时效后重新拉伸或重新压缩，按式 6－17 和式 6－18 二者流变应力之差

为:

$$\sigma_f^T - \sigma_f^C = 2\sigma_B = \Delta\sigma_p \tag{6-19}$$

式中 $\Delta\sigma_p$——永久软化。

由于时效后拉压时均有明显屈服点,流变曲线的初始部分相当于一个流变曲线的平行部分,取初始屈服强度之差,即可作为给定预应变下的永久软化。

6.8.3 时效不能消除背应力的力学实验证明

为了证明上述的分析和根据矫顽力的测定所作的拉压间时效不改变背应力大小的预测,采用工艺 B 处理的试样,进行如下试验:拉伸 2%($e_t^T=2\%$)加压缩 1%($e_t^c=1\%$)(图 6-25 中的曲线 2),拉伸 2% +175℃时效 2 h +1% 压缩(图 6-25 曲线 3),拉伸 2% +175℃时效 2 h +1% 拉伸(图 6-25 曲线 4)。文献[21,73]的试验结果表明,时效或正火状态的低碳钢,当试样中没有背应力存在时,拉伸和压缩时的屈服强度相等,并且都有上、下屈服点和 Luders 带伸长(见图 6-26*b*)。可以看出,预应变后拉压间时效可使随后拉压变形时上、下屈服点恢复,产生一定的 Luders 伸长,但拉伸和压缩时的屈服强度仍有一定差值。在文献[21]实验条件下,时效使拉伸屈服强度增高到高于预应力的水平(图 6-25 中曲线 4),使压缩时的屈服强度增至与预流变应力相当的水平(图 6-25 中曲线 3′),时效消除了预应变后反向流变曲线的圆化。基于式 6-19 的分析,拉伸和压缩的屈服强度之差,即为永久软化。这一实验结果与拉压间时效不改变预应变引入基体中的非松弛应力的分析是一致的,也与拉压间时效不改变矫顽力各向异性的实验结果和预测一致。

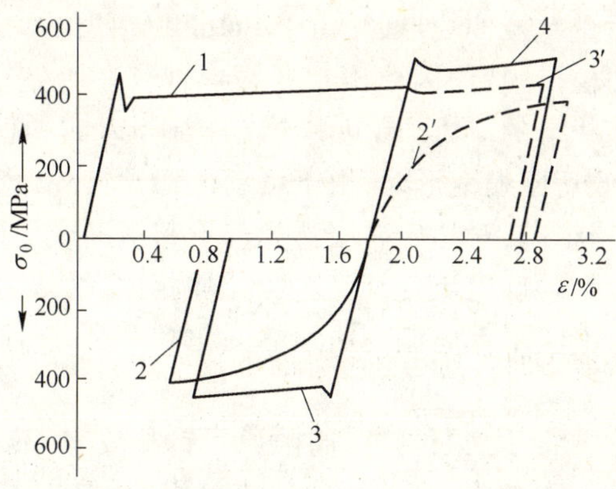

图 6-25 预应变和拉压间时效对工艺 B 试样流变特性的影响

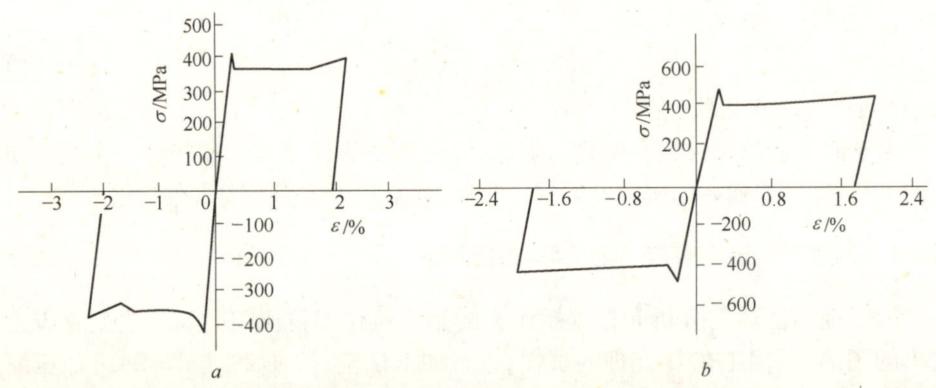

图 6－26 低碳钢拉伸和压缩时的流变曲线

6.8.4 拉压间时效对双相钢 BE 影响的位错理论说明

基于位错理论可以初步解释时效对 BE 的影响，双相钢拉伸塑性变形时，基体中位错密度增高，引起流变应力和矫顽力升高；由于预应变引入的位错组态的特点，如位错塞积、Orowan 环等，使得这些位错运动的阻力具有方向性；由两相塑性应变不相容产生的背应力在反向流变时，对可动位错的反向运动具有推动作用，这些都是反向流变时屈服点下降、流变曲线圆化和产生 BE 的原因。拉伸预应变后时效，由于位错和间隙原子的交互作用，并形成 Cottrell 气团，塞积群中的位错被碳－氮原子封锁，消除了位错的可动性。位错排列和位错组态，以及背应力未改变，时效后重新拉伸变形时，由于 Cottrell 气团的形成，为使材料产生屈服变形，必须首先使位错脱钉，因此出现屈服点伸长。为使塑性变形继续，必须克服背应力、位错塞积端的应力，才可使位错继续运动，因此拉伸时的流变应力在较高水平上。时效后压缩变形时，由于可动位错被钉扎，背应力对位错运动阻力具有方向性的位错组态，对初始屈服行为都不起帮助或促进作用，只有当位错脱钉后，背应力才可帮助反向流变，因此，和拉伸相比，时效后压缩时的初始屈服强度有更大的增加，消除了反向流变曲线的圆化和 BE。上述过程的位错模型示于图 6－27。

在时效后拉压变形时，如果位错受间隙原子钉扎较牢，不易脱锚，也可能在某些应力集中源开动新的位错源，产生新的位错塞积，而受力更高的被 C、N 原子封锁的位错塞积群，再行脱钉，以上述类似的方式使塑性变形继续。

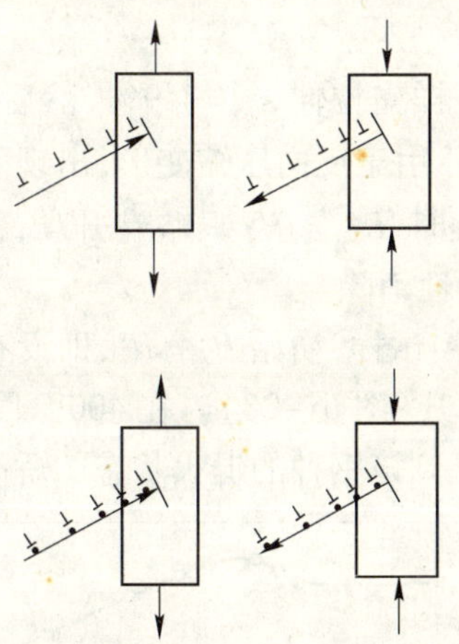

图 6-27 拉压间时效对双相钢 BE 影响的位错模型

6.9 不同处理和应变过程试样的回火——矫顽力各向异性随回火温度的变化[74]

回火温度对各种处理和不同应变过程试样矫顽力(H_c^a,H_c^r)的影响示于图 6-28~图 6-30,图中各矫顽力为回火保温后空冷至室温的测定值,各试样的应变过程见表 6-13。

表 6-13 回火试样的处理工艺和应变过程

钢编号	工艺号	应变历史					
		ε_t^T/%	ε_p^T/%	σ_f^T/MPa	ε_t^c/%	ε_p^c/%	σ_f^c/MPa
153-1	A	2.06	1.82	450			
		5.15	4.90	537	3.27	3.05	526
153-2	C	1.10	0.85	426	0.135	0.065	150
		1.03	0.79	440	0.40	0.25	301
153-2	D	2.06	1.82	378			
		1.08	0.95	261			
		1.16	1.08	279	0.048	0.018	57
		1.09	0.95	283	0.95	0.79	274
		0.05	0.02	84	1.10	0.93	290

图 6-28 为经工艺 A 处理的试样在 2% 拉伸变形后,H_c^a、H_c^r 与回火温度的关系。回火温度开始升高时,H_c^a 与 H_c^r 有同步上升的趋势,在 250~300℃之间出现峰值,低于 200℃回火时,H_c^a 与 H_c^r 基本不变。回火温度进一步升高,H_c^a 迅速下降,H_c^r 轻微平缓下降,至 680℃,三种应变过程的工艺 A 试样的矫顽力均下降到大体相同

的值（$H_c^a = H_c^r = 380$ A/m）。

图 6－28*b* 为工艺 A 试样先拉伸 $\varepsilon_p = 4.9\%$，然后压缩 $\varepsilon_p = 3.05\%$，于不同温度回火后 H_c^a 与 H_c^r 的变化。由于反向压缩变形，出现了与拉伸时相反的矫顽力各向异性，在 200～300℃回火时，H_c^a 与 H_c^r 只略有升高，在 480℃回火后，H_c^a 与 H_c^r 均迅速下降，使矫顽力各向异性消除。

回火前未变形的工艺 A 试样，初始 $H_c^a = H_c^r$，即没有矫顽力各向异性，在 200～300℃回火后，H_c 有轻微上升（图 6－28）。在 400℃回火时，H_c 才开始缓慢下降。在 680℃回火后矫顽力恢复到该钢种的退火状态的矫顽力值。

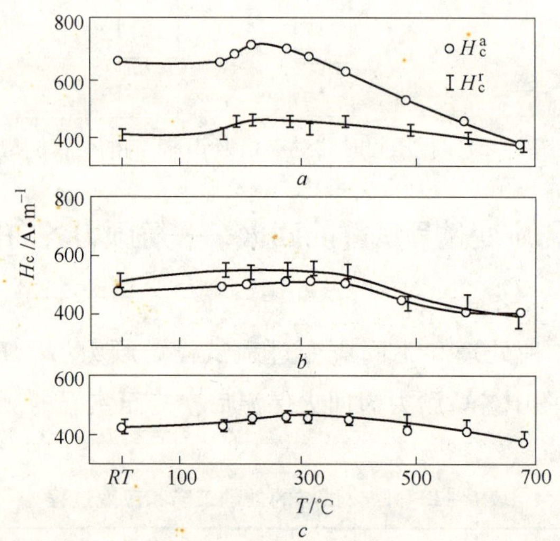

图 6－28　工艺 A 试样的矫顽力与回火温度的关系

a—拉伸 $\varepsilon_p^T 1.8\%$；*b*—拉伸 $\varepsilon_p^T 4.9\%$ ＋压缩 $\varepsilon_p^c 3.05\%$；*c*—未变形

图 6－29*a* 为工艺 C 试样经拉伸变形 0.85% 加轻微压缩后的 H_c^a 和 H_c^r 随回火温度的变化，由于反向压缩时的变形量小，因此未回火状态保持较高的矫顽力各向异性，低于 200℃回火时，并不改变矫顽力各向异性，而且 H_c^a 与 H_c^r 值也基本没有变化。回火温度上升，H_c^a 与 H_c^r 同时迅速下降，但在 380℃回火后，H_c^a 的下降速率大于 H_c^r，至 680℃回火时，两曲线重合，矫顽力各向异性消除。

图 6－29*b* 的 H_c^a、H_c^r 的变化与图 6－29*a* 类似，由于初始状态的矫顽力各向异性较小（反向应变使矫顽力各向异性消除），回火后，H_c^a 与 H_c^r 值相等，矫顽力各向异性消除。

图 6－30 示出了工艺 D 试样经不同应变历史回火后的 H_c 的变化。拉伸变形造成的矫顽力各向异性为主的三个试样回火时（图 6－30*a* 拉伸变形 2%，矫顽力各向异性最大，图 6－30*b* 次之，图 6－30*c* 最小），H_c^r 在整个回火温度范围内基本不变，回火温度低于 380℃时，H_c^a 基本不变，然后随回火温度升高，H_c^a 逐渐下降。

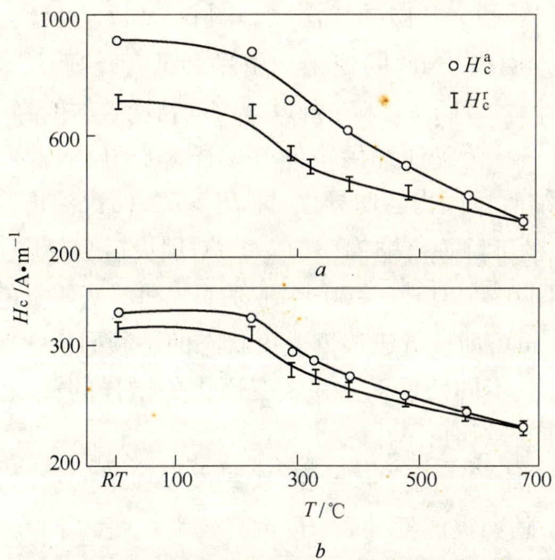

图 6-29 工艺 C 试样的矫顽力与回火温度的关系

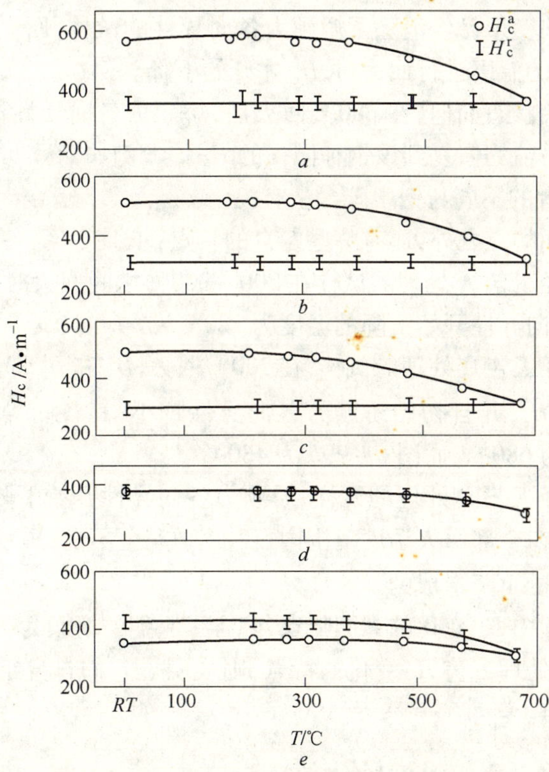

图 6-30 工艺 D 试样的矫顽力与回火温度的关系

至 680℃时，$H_c^a = H_c^r$，矫顽力各向异性消除。图 6－30*d* 为反向变形使矫顽力各向异性完全消失的试样回火时 H_c 的变化。随回火温度升高，H_c^a 与 H_c^r 同步变化，回火温度高于 400℃时，二者同步下降，680℃回火后，H_c^a、H_c^r 值降至与图 6－30*a*、*b*、*c* 相同的水平。图 6－30*e* 为先压缩后拉伸的试样，由于反向变形量较小，因此未回火状态试样保留压缩时矫顽力各向异性，即 $H_c^r > H_c^a$；回火温度高于 480℃后，H_c^a 与 H_c^r 同步下降，但 H_c^r 的下降速度略高于 H_c^a；680℃回火后，矫顽力各向异性消除。

680℃回火后，图 6－29、图 6－30 各处理工艺和应变历史的试样的 H_c 大致相等（$H_c^a = H_c^r = 300$ A/m），即接近于该钢退火状态的矫顽力值。

从以上可以看出，不同处理工艺和应变历史的试样的矫顽力及其各向异性随回火温度变化的共同特点有：

（1）由拉伸造成的矫顽力各向异性，在回火过程中的消除，主要是由于 H_c^a 的下降。工艺 C 试样，随回火温度升高，H_c^r 也有较大幅度的下降。

（2）由压缩变形造成的矫顽力各向异性，在回火过程中的消除，主要依靠 H_c^r 值随回火温度的升高而下降，但同时伴有 H_c^a 的缓慢下降。

（3）由于反向变形已经消除了矫顽力各向异性的试样，回火时 H_c^a 与 H_c^r 同步变化，只是在较高的温度进行回火时，H_c 才开始下降。

（4）不管初始状态如何，在 680℃回火后，矫顽力各向异性消除，并且各应变历史试样的矫顽力值均恢复到该钢种同一的 H_c 值。例如钢号 1 为 380 A/m，钢号 2 为 300 A/m，二者的不同与钢中碳含量有关。

除上述的共同特点之外，还有一些各自的特点：

（1）钢号 1 经工艺 A 处理的试样在 200～300℃之间回火时，H_c^a 与 H_c^r 有小的上升区，矫顽力各向异性开始下降的温度为 320℃；

（2）钢号 2 经工艺 C 处理的试样，在 200℃回火，H_c^a 和 H_c^r 即开始同时下降，但 H_c^a 下降速度大于 H_c^r，并且初始矫顽力各向异性越小，其各向异性消除的温度越低，如图 6－29*a* 为 680℃，而图 6－29*b* 为 480℃。

（3）钢号 1 经工艺 D 处理的试样，矫顽力各向异性开始下降的温度为 400℃（图 6－30），而且在全部回火温度范围内，H_c^r 几乎完全不变，矫顽力各向异性的消除完全是由于 H_c^a 的下降造成的。

上述回火过程中 H_c 变化的共同特点，隐含了它们的矫顽力各向异性消除机制的共同性，而每个处理工艺 H_c 变化的特点，则表明了它们自身组织结构及其随回火温度变化的特点。

6.10　双相钢的 BE 和磁性软化效应

BE 是金属合金承受外加应力变形时，其内部结构发生变化的力学性能的表现,而这种变化是否可用其他结构敏感参量进行反应,迄今为止尚未见文献报道。由于力学性能测试方法的限制,对其组织结构变化细节及其性能的各向异性也难以进行研究。马鸣图等人的实验结果[52,56]表明:拉伸变形使双相钢的矫顽力上升,拉伸后随之压缩矫顽力下降,表现出磁软化效应。这种现象十分类似于BE。

为了进一步证实和深化认识双相钢的磁软化效应,在文献[55,60,61,64,74]中介绍了对几种不同工艺处理后的双相钢进行的一系列拉伸和拉压实验,测定了其BE与矫顽力的变化,进一步表明了双相钢的BE与矫顽力变化的类似性。以表6-12中数据为例,比较程序O、T和T+C的H_c^a可得出,拉伸变形2%,可使工艺A和工艺D试样的H_c^a分别提高57%和41%;拉伸后压缩变形1%,则可使H_c^a分别下降26%和36%,这种矫顽力随拉压变形时的升降与文献[51,52]中的结果是一致的。文献中所施加的塑性应变为0.1%,而表6-10中的应变量为1%,并且所用试样的热处理工艺也不同于文献[51]。又如对工艺C试样,拉伸变形ε_p = 0.82%,可使H_c^a升高30%,而随之压缩ε_p = 0.30%,则使H_c^a降低44%,并且比未变形状态降低了11%;此外,图6-18、图6-20、图6-22都表明了这种变形致软的磁软化效应。可见不管初始显微组织如何,变形量的高低,拉伸变形使H_c^a升高,随之压缩使H_c^a下降是一种相当普遍的现象。BE和H_c均系结构敏感参量,拉压变形时两种参量变化的类似性,隐含着机制的相似性。将两种现象进行对比研究,将有助于弄清BE机制。同时,由于矫顽力测定的数据可靠,为这一现象的发现提供了研究BE机制的一个新的手段。

在文献[21]中,曾用Xray衍射法进行应力测定,测量时沿纵向通过试样轴心剖开,经仔细磨制和电解抛光后,进行各晶向衍射线强度的测定,以确定内应力引起的变化。用近似函数法、Vogi函数法、高氏分析法(单线法和双线法)进行显微畸变和嵌镶块大小的计算。实验结果表明:拉伸变形时,随变形量增加,晶格应变增加较大,而嵌镶块大小变化不明显;压缩变形时,则情况相反,嵌镶块细化明显,晶格畸变量变化不大。拉伸变形时(110)结构系数随变形量增加而降低,压缩变形时正相反。但从所得数据可以明显看出,Xray测量结果并没有矫顽力敏感,且设备价格也较高,实验结果计算也较复杂,这进一步表明了用矫顽力来研究双相钢中的BE或内应力的优越性。

6.11 拉压变形时双相钢中背应力的变化与矫顽力各向异性

6.11.1 双相钢中的BE和背应力

任何具有加工硬化能力的金属合金都具有BE。一般在Oroman型硬障碍强化的合金变形时才表现有永久软化,即背应力。从变形能的角度看,由于BE的存在会引起反向流变时能量节约(见图6-4)。按Abel等人的分析[75],出现这一能量节约的原因是:在拉伸变形中累积的弹性能以可逆的方式储存在变形试样中,在压缩变形时,由试样内放出,从而导致外力对系统做功下降。在系统中的弹性储能是导致反向流变时屈服点降低、反向流变曲线圆化的重要原因。同时 BE 能量参数 BEEP $=E_s/E_p$ 也表征了预应变循环中所建立的弹性应力的高低。BEEP 越小,表示预应变时所做功的不可逆的部分越高;BEEP 越大,表示预应变所做的功中弹性可逆部分越高,即预应变状态的材料越不稳定。

BE 的重要表现是反向流变曲线的初始圆化。但迄今为止,关于反向流变曲线的圆化特征还没有任何定量处理,对背应力在反向流变中的作用的认识也不一致。一般认为[6,76]:背应力有助于反向流变,使反向流变曲线圆化,反向流变曲线的性质是抛物线,对两相合金而言可表示为[76]:

$$\sigma_r/\sigma_f=k\varepsilon_r^{\frac{1}{2}}$$

式中 σ_r——反向流变应力;

σ_f——正向流变应力;

ε_r——反向应变;

k——与 σ_B 有关的系数,k 与 σ_B 还未有定量关系。

另外一些文献是用位错理论对反向流变曲线的初始圆化进行定性描述。例如长程背应力的存在,在反向变形时帮助位错运动,预应变造成的一些可动位错结构上的特征,如位错塞积、Orowan 环等,使得这些位错反向运动时阻力下降,在一些位错偶极子为主的结构中,非成对位错的反向运动,在回扫的道路上通过剪切有序沉淀时,其阻力较低。在反向流变中位错发生湮灭[77],例如在螺位错上的位错割阶反向运动时使位错片恢复。

拉压间时效对双相钢 BE 影响的试验结果表明[21,55,64,91]:拉后时效可以消除随后压缩变形时流变曲线的初始圆化和 BE,即消除了 E_s,但并未消除永久软化,文献[73]也得出动态应变时效不能消除永久软化。这意味着反向流变曲线的初始圆化主要与位错的可动性有关,在位错是可动的前提下,背应力的存在有利于推动位错反向运动,如位错已被间隙原子气团钉扎,则背应力就不再对反向流变时位错运动起推动作用。由此看来,造成双相钢中 BE 的内在原因是预应变引入的可动位错及其特殊的对运动阻力具有方向性的位错组态,预应变引入的背应力对这一钢中的 BE 具有进一步的促进作用。

从拉压间时效消除了 BE,但不改变背应力和矫顽力各向异性的实验结果似可推断:矫顽力各向异性主要与背应力有关。背应力是两相合金 BE 研究的重要内容,并且背应力还和材料的各种使用性能有一定的关系,如构件的尺寸稳定性、氢脆以及反向流变强度等都受背应力的影响。因此寻找背应力的测试方法对探讨 BE 机制和实际应用都十分重要。

6.11.2 双相钢拉压变形时矫顽力各向异性

一般对塑性变形与矫顽力关系的研究多采用拉延(细丝样品)或轧制变形(板材)的方法[32,33,36,42,79],可能由于所用试样的限制,对拉伸变形后径向矫顽力的测定还未见报道,因此无法了解拉伸变形后材料内部的各向异性。

陈笃行和马鸣图首先研究和开发了短圆柱试样径向和轴向矫顽力的测试方法[53,54],并测定了双相钢拉压变形后的径向和轴向矫顽力,提供了矫顽力各向异性的信息,也就是说提供了反映材料在拉压变形时内部结构各向异性的磁性参量。迄今为止,关于拉压变形时材料内部结构的各向异性变化尚没有很好的测试方法,可见这一磁性参量在反映变形材料的结构和性能的各向异性变化时的重要意义。

表6-10、图6-18,图6-20的实验结果都表明,双相钢在拉伸变形时,轴向矫顽力 H_c^a 随拉伸变形量增加而升高,而径向矫顽力 H_c^r 随拉伸变形量升高或平缓上升或下降,从而产生矫顽力各向异性。与相应的双相钢流变曲线对比表明,这种矫顽力各向异性的产生和增加与双相钢的加工硬化相对应,而拉伸后反向压缩变形时,H_c^a 开始下降,H_c^r 或上升或与 H_c^a 同时下降后再开始上升(图6-20),在达到一定的反向变形之后,$H_c^a = H_c^r$ 矫顽力各向异性消除,这一过程与压缩变形时加工软化相对应。进一步压缩变形时,H_c^r 上升,H_c^a 继续下降,产生与拉伸相反的矫顽力各向异性,并与压缩时的加工硬化相对应。这些相对应的实验结果表明:拉伸变形时的磁硬化(对应于力学性能的加工硬化)伴随着矫顽力各向异性的产生和增加,而随之压缩时的磁软化(对应于力学性能的加工软化),则伴有矫顽力各向异性的降低或消除。

6.11.3 双相钢中背应力变化与矫顽力各向异性变化的原因分析

前面分析表明,双相钢中矫顽力的各向异性主要来源于马氏体和铁素体塑性应变不相容而产生的背应力。为了检查矫顽力各向异性值 ΔH_c(采用拉伸时各应变量的 H_c^a 与初始未变形状态的 H_c^a 或 H_c^r 之差)与背应力的关系,图6-31示出了工艺A试样的 ΔH_c 与永久软化 $0.5<\Delta\sigma_p>$ 之间的关系。由于两种物理现象的复杂性,尤其是磁性变化的复杂性,建立两者之间的定量关系尚有困难,但该图表明矫顽力各向异性是和背应力有关的,并随背应力增加而增加。

进一步分析背应力对BE和矫顽力各向异性的影响就会发现,双相钢中的BE主要来自于铁素体中的背应力,而矫顽力各向异性主要来自于马氏体中的背应力,这正是一个问题两个不同的表现方面。

在一般低中度应变水平下,双相钢的塑性变形主要是发生在铁素体中的行为,拉伸变形后卸载,铁素体受到马氏体弹性回复的压应力。当反向变形时,塑性变形也是首先发生在铁素体中,已经受压应力的铁素体便在较小的外加应力下产生屈

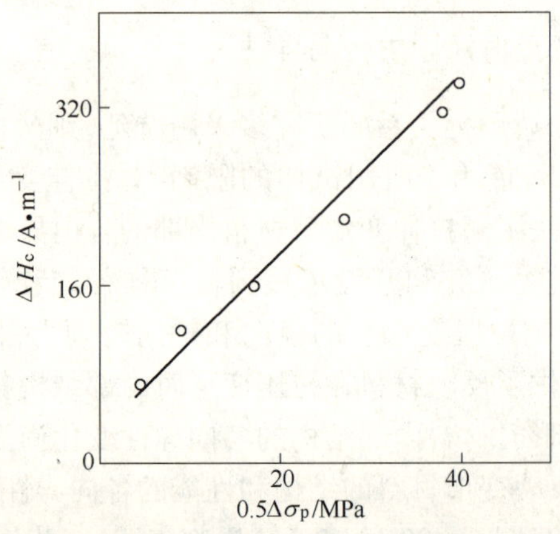

图 6－31　经工艺 A 处理的双相钢试样矫顽力各向异性与永久软化之间的关系

服，或者说，铁素体中的可动位错在外加应力和这一弹性应力作用下，容易向相反方向运动，使反向流变曲线圆化，表现出 BE。根据铁素体中这一应力状态，如果铁素体[100]方向的磁致伸缩常数为正值，那么拉伸后应力各向异性将使铁素体的易磁化轴在横向，即双相钢的 H_c^r 上升，H_c^a 下降，这与实验所测得的矫顽力各向异性正好相反，因此必须考虑马氏体的背应力对双相钢矫顽力各向异性的影响。按文献[20]的实验结果，少量马氏体即可使双相钢的矫顽力有较大的上升，因此马氏体中的背应力可能是双相钢矫顽力各向异性变化的原因。

现以工艺 C 处理的试样在拉压变形时矫顽力各向异性变化为例，进一步分析矫顽力各向异性变化的原因。

在这一工艺处理的试样中，主要由板条马氏体岛和铁素体组成，在铁素体内具有高密度的位错，在较低的外加应力下，就会使铁素体内的位错沿一定的晶体学面按一定的滑移方向进行运动，并在马氏体－铁素体交界面上塞积。随着铁素体变形量的增加，使马氏体岛发生转动，其长轴渐趋拉伸方向，同时由于马氏体的碳含量较低，因此它的强度较低，在一定的塑性变形量下，位错塞积端的应力集中和外加应力的联合作用，也会促使马氏体发生变形，使马氏体长轴沿拉伸方向排列，并进一步被拉长，随着塑性变形量增加，铁素体硬化严重，最后和马氏体一起发生变形。根据这些组织变化的特点，对拉、压变形中矫顽力的变化进行分析。

塑性变形造成变形材料矫顽力各向异性的原因尚不完全清楚，已经提出的机制有下列 4 种[79]：(1) 磁晶各向异性；(2) 应力各向异性；(3) 形状各向异性；(4) 表面各向异性。

磁晶各向异性是指各单晶体的不同晶体学方向磁化的难易不同，并可用各向异性常数表示[80]。根据文献[21]X射线的实验结果,即使在16%的拉伸变形量下,不同结晶学平面的织构系数变化的幅值也不大,看来这不是造成工艺C试样矫顽力各向异性变化的原因。在文献[21]实验条件下,试样的大小、形状、组织及表面状态基本一致,因此表面各向异性对矫顽力各向异性的影响也可忽略。

形状各向异性,文献[79]用伸长的单畴铁粒子可以获得高的矫顽力,证明形状各向异性对矫顽力的影响。例如长径比为1.3的单畴铁粒子,按下式:

$$H_c = 0.479(N_d - N_L)I_s \tag{6-20}$$

计算的H_c可达7.96×10^4 A/m;而长径比为10时,则H_c可达3.82×10^5 A/m。式中N_d是径向退磁因子;N_L为纵向退磁因子;I_s饱和磁化强度。双相钢中马氏体岛并非等轴形(尤其工艺C试样),基体的塑性流变将使马氏体岛的长轴趋向于纵向,在压缩时则相反,长轴趋向于横向,这就形成形状各向异性。在大的变形量下,这种各向异性显示出更重要的作用。

文献[81]报道了冷轧变形导致Fe-Ni合金板材沿轧向和垂直于轧向的矫顽力的不同,并用形变感生各向异性解释这一现象,而形变感生各向异性来源于滑移感生方向有序(即反相畴界形成)。

双相钢不同于单相的Fe-Ni合金,不会产生滑移感生方向有序,双相钢中由于两相硬度差较大,因此在变形中会产生两相塑性应变不相容。在一定的拉伸变形后卸载,处于弹性应变状态的马氏体沿纵向缩短,铁素体基体将对它施加弹性张应力,而压缩后相反,铁素体基体对它施加弹性压应力。如果马氏体的磁致伸缩常数为正值,则应力各向异性在拉伸后的易磁化轴在纵向,而压缩后的难磁化轴在纵向,这种应力各向异性的效果与马氏体的应力各向异性和形状各向异性的效果相反。

下面分析马氏体的应力各向异性对矫顽力各向异性的影响。为简化讨论,假定马氏体相呈等轴形,当未受外力时,在退磁状态,其磁矩应在磁晶各向异性的易磁化方向;当受到单轴应力时,依其易磁化方向的磁致伸缩常数的正负,磁矩将向张应力或压应力方向偏转。在文献[21]实验工艺C条件下,马氏体也基本属于立方结构,推测它的磁晶各向异性和磁致伸缩常数与体心立方的铁相近,这里借后者的数据进行讨论。

铁的磁晶各向异性常数$K_1 = 4.8\times10^4$ J/m³,易磁化方向分别在<100>和<111>轴向,相应的磁致伸缩常数为$\lambda_{100} = 20.7\times10^{-6}$,$\lambda_{111} = -21.2\times10^{-6}$[82]。在单轴弹性应力$\sigma_e$作用下,马氏体磁矩的初始应力各向异性常数应为:

$$K_\sigma = \frac{3}{2}\lambda_{100}\sigma_e \tag{6-21}$$

式中,取λ_{100}的原因是当σ_e较小时,磁矩在<100>方向;假定$\sigma_e = 500$ MPa,则由式6-21可得:$K_\sigma = 1.6\times10^4$ J/m³,与K_1同数量级。可见当马氏体岛受到稍大于

材料的屈服强度的弹性应力时，K_{σ} 与 K_1 就可相比。因此磁矩将显著地偏离 <100> 方向而趋近于张应力方向，但是无论应力多么大，都不可能使全部马氏体岛的磁矩都转向张应力方向，这是因为 $\lambda_{111}<0$。如果马氏体岛的 <111> 方向在张应力方向，其磁矩转近张应力方向时，应力各向异性常数就会改变符号，而迫使它转向最接近张应力方向的某个 <110> 方向（$\lambda_{100}\approx 0$）。

当测量 H_c 时，正向饱和磁化后，去掉外场，马氏体岛的磁矩要转到最接近正向的易磁化方向。当基体反磁化到总磁化强度为零的时候，这些磁矩尚未反磁化，因而仍对基体施加一个正向平均偶极场，从而使 H_c 增大。H_c 的增大应与马氏体岛磁矩的矢量和（正向）成正比，因而也应与最接近正向的易磁化方向对正向的角分布直接相关。易磁化方向对正向的平均偏角愈小，H_c 增大愈多。

未变形前，当马氏体相的晶体取向混乱分布时，可借用文献[82]中计算晶体混乱取向，而 $K_1>0$ 的立方晶系为晶体剩磁的计算结果：$M_r=0.832I_s$（M_r 为剩余磁化强度），得出易磁化方向对正向的平均偏角：$\theta=\arccos 0.832=33.7°$。这个角度 θ 相应于各向同性的 H_c 拉伸卸载后，马氏体受纵向张应力，磁晶和应力之总各向异性能的易磁化方向转趋纵向。测 H_c^a 时，θ 角将减小，因而 $H_c^a>H_c^r$；测 H_c^r 时相反，θ 角增大，因而 $H_c^a<H_c^r$，因为纵向张应力使易磁化方向向纵向汇聚，而纵向的压应力并不使易磁化方向向某一指定的横向汇聚；同时拉伸时的变化情况使马氏体容易向纵向转动，而压缩时马氏体转动相对要困难些，这些就使拉伸后的 H_c^a 比压缩后的 H_c^r 更高，即拉伸后的矫顽力各向异性大于压缩。

拉伸、压缩卸载后，铁素体的受力情况与马氏体相反，但在一般双相钢中，它对矫顽力各向异性的影响小于马氏体。

对于工艺 C 试样，当拉伸后压缩时（在图 6 - 20 所示的拉伸或压缩预应变下，马氏体基本系弹性变形），在小的外加应力下，铁素体的位错向相反方向运动，马氏体和铁素体中的内应力同时下降，这些因素可能是导致图 6 - 20 中 I 区 H_c^a 与 H_c^r 同时下降的原因。随着反向变形的增加，马氏体中的背应力继续下降，同时铁素体中的位错和应力也进一步下降，这导致 H_c^r 上升，H_c^a 下降；在一定的反向变形后，$H_c^a=H_c^r$，矫顽力各向异性消除，预应变引入材料中的背应力消除。为了表示反向应变对双相钢 BE 和背应力的影响，图 6 - 32 示出了反向应变量对工艺 C 试样 BE 和背应力的影响。曲线 1 为拉伸变形后反向压缩时的流变曲线，曲线 2 为拉伸变形后反向压缩变形 $\varepsilon_p^r=0.1\%$，卸载，再重新压缩时的流变曲线；曲线 3、4、5 的变形过程同曲线 2，但 ε_p 分别为 0.2%、0.32%、0.55%，其中应变 $\varepsilon_p^r=0.32\%$，与图 6 - 20中 H_c^r 的最低点的反向应变量相当。$\varepsilon_p^r=0.55\%$ 与图 6 - 20 中的 $H_c^a=H_c^r$ 时的反向应变量相当。曲线 6 为拉伸时的流变曲线。图 6 - 32 表明，反向应变可以同时降低 BE 和永久软化；$\varepsilon_p^r=0.32\%$ 可使 E_s 消除 70%，永久软化消除 60%；$\varepsilon_p^r=$

0.55%(曲线5),使E_s消除93%,永久软化全部消除,这与矫顽力各向异性消除是一致的。这再次证明,矫顽力各向异性是与背应力有关的。

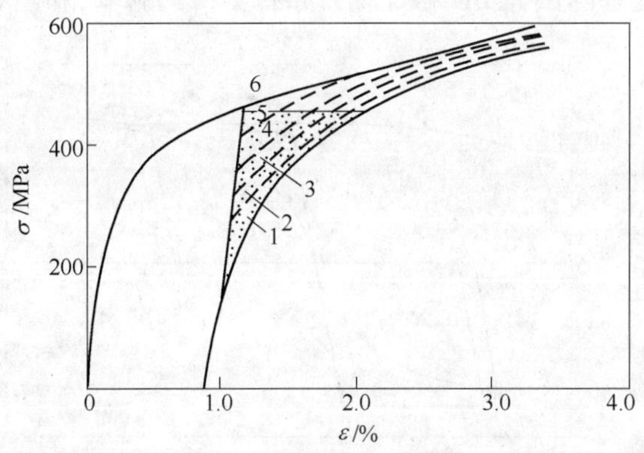

图6－32 反向应变量对工艺C试样BE和背应力的影响

此外,拉伸预应变后压缩,也可能使马氏体相诱发的内应力和混乱分布的高密度位错消除,这可能是拉压变形(如拉伸预应变0.86%,反向变形0.35%～0.55%)使工艺C处理的双相钢产生磁软化的原因。

反向变形量为0.55%时,E_s消除93%,永久软化全部消除;而这一反向流变量恰恰是矫顽力各向异性消除的点,即H_c^r和H_c^a的曲线相交点,这再次表明,矫顽力各向异性是与背应力直接相关,而H_c^r和H_c^a的曲线相交点,则恰是矫顽力各向异性消除点,也是背应力消除点。

详细说明矫顽力随拉压变形变化的原因尚需进一步的工作,但H_c随拉压变形的变化则提供了双相钢中背应力和各向异性变化的信息。

目前双相钢中的背应力在尚没有适当方法进行测定的情况下,矫顽力及其各向异性似可作为测定和反映双相钢拉压变形时背应力和各向异性变化的一种手段。

6.12 双相钢中的背应力热稳定性和机械不稳定性

6.12.1 时效和反向流变对双相钢BE和背应力的影响

图6－33示出了预应变后,时效和反向流变对双相钢(工艺A试样)BE和背应力的影响对比,曲线1为拉伸流变曲线,曲线2和2′为拉伸后压缩时的流变曲线,曲线3和3′为拉伸后+175℃时效2h+压缩的流变曲线,曲线5为拉伸后反向压缩0.5%,卸载,再重新压缩时的流变曲线,曲线6为拉伸预应变后先压缩1.0%,卸载,再压缩时的流变曲线。可以看出,时效可以消除BE,尤其可以消除表

征 BE 的 E_s 参量，但不改变永久软化。而反向应变，则可使 BE 和背应力同时下降，并且在一定的反向流变后，可使 BE 和背应力同时消除。图 6－32 所示的反向流变对经工艺 C 处理的试样 BE 和背应力亦有类似的影响，和图 6－33 结果类似。

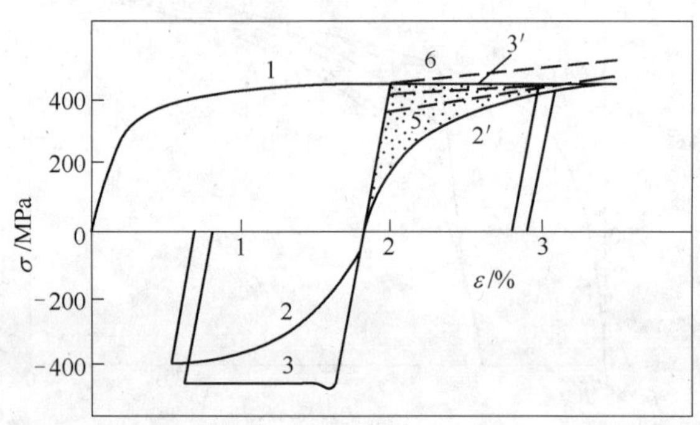

图 6－33　时效和反向流变对（工艺 A）双相钢的 BE 和背应力影响的对比

6.12.2　回火过程中组织变化和矫顽力的关系

回火过程中组织变化和矫顽力各向异性的变化有密切关系，或者说回火过程中组织变化和背应力的变化有密切关系，已有一系列的工作对双相钢回火过程中力学性能和组织变化的关系进行了研究[83~87]。175℃回火，组织状态并未发生明显变化，只是铁素体中位错被间隙原子封锁。有关时效的研究结果已经表明，间隙原子封锁位错并不引起矫顽力各向异性的变化[87]。175℃回火时，马氏体的正方度基本不变，马氏体岛的体积和背应力也不发生变化。在 175～200℃回火时，孪晶马氏体的孪晶界上会有薄片或薄膜形式的渗碳体析出，这可能是引起图 6－28a 的 H_c^a 与 H_c^r 同步轻微上升的原因。在 300℃回火时，铁素体中的 C、N 原子在位错线上的析聚，会以碳化物沉淀形式析出，两相交界面应力下降，同时由于马氏体中碳化物析出，引起马氏体中内应力松弛，使矫顽力各向异性下降。回火温度进一步升高，马氏体中碳化物进一步长大，铁素体进一步发生回复，两相中的非松弛内应力均下降，这将引起矫顽力各向异性进一步下降，至 680℃回火时，马氏体组织已充分回火，非松弛内应力消除，矫顽力各向异性消除，并且矫顽力值降至较低的接近平衡态的水平。

图 6－30 中矫顽力各向异性的变化情况与图 6－28 相似，由于这一工艺处理的试样主要由珠光体和铁素体组成，回火时珠光体的球化比马氏体的分解温度更高，因此矫顽力各向异性开始下降的温度也较高，但各向异性消除的温度仍是 680℃。

经工艺 C 处理的试样，一方面马氏体含量较高，另一方面由于采用二次淬火，铁素体中位错密度也较高。在200℃回火时,矫顽力各向异性下降,并伴有 H_c^a、H_c^r 的同时下降,这可能与马氏体、铁素体中内应力同时下降有关。在随后回火过程中,马氏体中碳化物的析出,位错密度降低,内应力的消除以及伴随的背应力下降,导致 H_c^a 下降速率大于 H_c^r。至680℃回火,两相组织基本达到平衡,矫顽力各向异性消除,H_c 降至接近平衡态的 H_c,这与一般钢淬火后矫顽力达到平衡态的(接近于球化态)回火温度相当[80,81]。预应变增加了矫顽力各向异性的因素,但达到最终平衡态的回火温度仍然不变。

6.12.3 背应力的热稳定性和机械不稳定性

从前述的检验背应力的热稳定性和机械不稳定性的4种处理工艺、10种应变历史试样的时效和回火过程中矫顽力各向异性的变化表明:背应力对回火是稳定的,马氏体含量越少,回火前背应力越低,则背应力越稳定,即背应力开始消除的温度越高,但背应力完全消除的温度则较初始背应力较高的试样低。用机械的方法较容易使背应力消除,少量反向应变即可使背应力下降(见图6-32和图6-33)。这些实验结果提供了实际应用中消除背应力影响时应采取的方法。

6.12.4 关于背应力测试方法的讨论和建议

背应力是BE研究中的重要参量,对背应力的测试方法及其显微组织的关系已进行了一些研究[6,8,28,88,89]。目前通常的方法是借助于测定永久软化来测定背应力,而永久软化是通过正向和反向流变曲线外延,取其二者近似平行部分的流变应力之差(见图6-15)来测定。另一种方法是将 $\sigma_f-|\sigma_r|$ 对反向流变作图,当其曲线与反向应变轴基本平行时,其对应的 $\sigma_f-|\sigma_r|$ 值即为所求的永久软化量(见图6-34)[28]。这两种方法的主要问题是测取的数据误差较大,人为因素影响较大,这可能是造成文献中数据可比性较差的原因。另一个问题是,背应力所表征的是材料预应变结束时的结构状态特征,而用上述两种方法测定时,假定在预应变结束时的状态并不被反向流变干扰,这样才有 $\sigma_f-\sigma_r=2\sigma_B$ 的关系。目前这一假定是否成立,尚无直接的显微组织特征的证据,另外不少材料由于反向流变曲线的圆化,用上述方法测定背应力也很困难。

基于拉压间时效并不改变矫顽力及其各向异性的实验结果[21],从而推测时效并不改变背应力的大小,根据6.8节的实验验证和分析,马鸣图等提出如下的背应力测定方法(适合于具有应变时效性能的材料):

(1) 将两个被测材料的拉压试样拉伸到给定的预应变量,然后卸载进行时效处理,对于双相钢可选用175~200℃,1~2 h;

(2) 时效后一个试样进行拉伸至屈服,另一个试样压缩至屈服,则拉压的屈服强度之差,就是所求的给定预应变下的永久软化量(参看图6-25)。

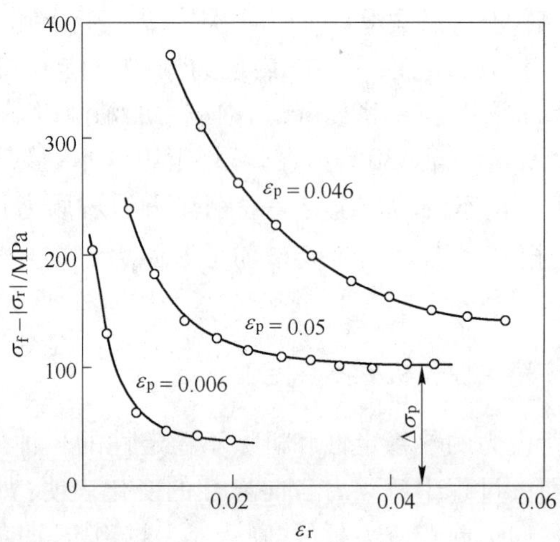

图 6－34　永久软化测定方法示意图

这种测定背应力的方法，由于时效后材料出现了上、下屈服点，屈服强度的测定值较可靠，人为因素较少，测试结果亦较可信，更重要的是用这种方法测定的背应力较接近材料预应变结束的结构状态。

如果进一步的研究可以建立预应变引入材料中的背应力和矫顽力各向异性的关系，那么通过对给定预应变下的材料矫顽力各向异性的测定，就可以预测材料中的背应力，这对经历了复杂应变历史的构件中背应力的测试无疑具有重要意义。但就目前而论，依据矫顽力各向异性的大小，预测背应力存在与否和大小比较，仍然是较为方便和有效的手段。

6.13　双相钢的 BE 与显微组织的关系——双相钢初始加工硬化机制的探讨

6.13.1　Mn-V 热处理双相钢中的 BE 特征

由工艺 A 处理的 1 号钢双相钢试样拉压流变曲线的例子示于图 6－4，可以看出：这类钢有大的明显的瞬时软化和一定的永久软化，一些工作得出[6,87]：在双相钢中，有相当数量的永久软化，但另一些工作[7,17]还未观察到双相钢中存在永久软化。这一矛盾的结果，可能来自于不同作者实验的双相钢中硬质的（或硬质相团块）体积分数、强度和形态的不同。在拉压实验中，如果马氏体不发生塑性变形，双相钢将会出现明显的永久软化，如在拉压实验中，双相钢中马氏体相发生塑性变形时，则永久软化就微乎其微。从图 6－14 可以看出：在这一实验双相钢中，有一些小的高硬度的孤立的马氏体小岛，分布于软的铁素体基体中（按实测的马氏体

体积分数与钢中的碳含量,用质量平衡定律估算马氏体的碳含量约为 0.51%,据 $\sigma_y^m = 620 + 2585C_m$,$C_m$ 为马氏体中碳含量,以此式估算马氏体的屈服强度,则 $\sigma_y^m = 1938$ MPa,可见马氏体与铁素体具有高的屈服比),这种情况与文献[7]中的情况类同。同时,在双相钢的 BE 效应研究中,可观察到明显的瞬时软化。由于反向流变曲线的明显圆化,UKO 等曾指出[6]:与包含有硬的碳化物粒子的钢相比,确定双相钢中的永久软化有一定困难。据惯用方法,永久软化是正,反流变曲线平行部分的流变应力之差,而为了测量方便,永久软化量亦可用 BE 应变下的正反流变曲线的流变应力之差来确定[10](见图 6-4)。测定的其他 BE 参数是:BE 应力 B. S. $=\sigma_f$(预流变应力) $-|\sigma_{0.1}|$,BE 的能量参数,BEEP $=E_s/E_p$;这些 BE 的参量与预应变的关系示于图 6-35[91]。B. S. 和 $\Delta\sigma_p$ 初始随预应变的增加而迅速增加,然后逐步趋向饱和,相反,BEEP 随预应变的增加而迅速下降。

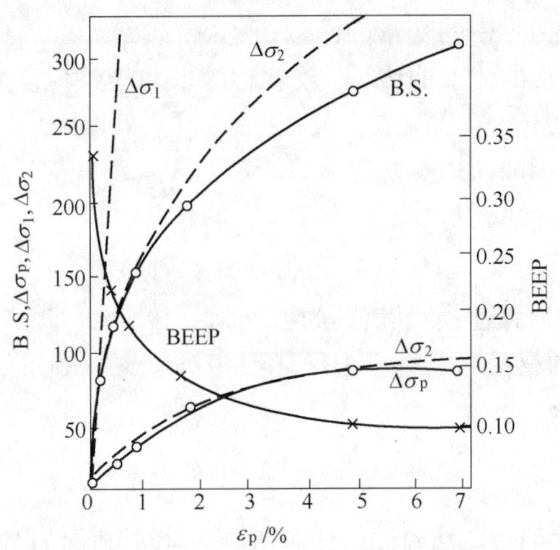

图 6-35 BE 参量 B. S. 、$\Delta\sigma_p$、BEEP 与预应变的关系

6.13.2 双相钢的加工硬化机制探讨和背应力计算[91,92]

既然在图 6-35 所示的试验应变范围内,马氏体相基本上是不发生塑性变形的,那么这一双相钢的 BE 特征与弥散硬化合金必然有某些相似之处。已经得出:在预应变(ε_p^*)之后的流变应力(σ_F)通常可用方程 6-1 表示,而反向流变应力则可表示为:

$$\sigma_F = \sigma_0 + \sigma'_{for} + \sigma'_B \tag{6-22}$$

式中 σ_0——初始屈服强度;

σ'_{for}——反向流变时的森林硬化量;

σ'_{B}——反向流变时的背应力硬化量(长程内应力)。

在剪切变形的情况下,加工硬化可以直接与长程内应力联系(τ_{int}),即背应力 $\tau_B = \tau_{int}$。但在拉伸变形时,平均非匹配应变为:$-2\varepsilon_{11} = -2\varepsilon_{22} = \varepsilon_{33} = \varepsilon_p$,平均内应力可表示为:$-2\sigma_{11} = -2\sigma_{22} = \sigma_{33} = \sigma_{int}$,方程6-1和方程6-24中的背应力 σ_B(即加工硬化量)为 $\frac{3}{2}\sigma_{int}$,除了 σ_0 之外,这些硬化量都是 ε_p 应变后继续应变(ε)的不同的状态函数。但是,只要在应变 ε_p 之后,σ_f 和 σ'_f 及 σ_b 和 σ'_b 随应变而变化的差异可以忽略,那么在恰当的应变 ε_p^* 下的两个流变曲线(拉伸和压缩)之差就等于二倍的背应力,即 $\sigma_F - \sigma_R = 2\sigma_B$。按照连续介质模型[12,24,29],在延性两相合金变形的第二阶段(只在软相中发生塑性变形),外加应力 σ_{33}^A 沿 x_3 轴向加载时,则有:

$$\sigma_{33}^{A}(\varepsilon_p) = \sigma_{flow}^{I}(\varepsilon_p^{I}) + fA\varepsilon_p^{I} \tag{6-23}$$

式中　( )——表示括号中的变量的函数;

$\sigma_{flow}^{I}(\varepsilon_p^{I})$——较软相的流变曲线;$\varepsilon_p^{I}$ 较软相的平均塑性应变,整个试样的塑性应变为 $\varepsilon_p = (1-f)\varepsilon_p^{I}$;

f——较硬相的体积分数。

当第二相呈球形时,常数 A 为

$$A = E(7-5\nu)/10(1-\nu^2) \tag{6-24}$$

式中　E、ν——分别为弹性模量和泊松比。

方程6-23中的第二项与背应力硬化项相对应,在一定的预应变(ε_p^*)之后的永久软化即可表示为:

$$\Delta\sigma_1 = \frac{2f}{1-f}A\varepsilon_p^* \tag{6-25}$$

将 $f = 0.25$,$\nu = 0.3$,$E = 206$ GPa 代入方程6-24,则可计算得到 $\Delta\sigma_1$ 与 ε_p^* 的关系(见图6-35),显然计算的 $\Delta\sigma_1$ 比实测的 $\Delta\sigma_p$ 值大得多。

众所周知,由大尺寸的较硬相和基体构成的两相合金中,塑性松弛是容易出现的,这一现象的出现将会导致平均长程内应力下降,考虑到这一塑性松弛并注意到它对加工硬化的影响,双相钢的流变特性可以用下式表示:

$$\sigma_{33}^{A} < \varepsilon_p > = \sigma_{flow}^{I} < \frac{\varepsilon_p}{1-f} > + \Delta\sigma_t\left(\frac{\varepsilon_p}{1-f} - \varepsilon_{p,eff}\right) + fA\varepsilon_{p,eff} \tag{6-26}$$

式中　$\varepsilon_{p,eff}$——非松弛不匹配应变(或有效不匹配应变)。

Brown 和 Stobbs 已经得出弥散硬化合金 $\varepsilon_{p,eff}$ 可表示为[24,29]:

$$\varepsilon_{p,eff} = K(\varepsilon_p, b/r)^{\frac{1}{2}} \tag{6-27}$$

式中　ε_p——塑性应变;

b——布氏矢量的模;

r——粒子的平均直径；

K——常数。

当f非常小和ε_p较小时，$\varepsilon_{p,eff} \approx \varepsilon_p$。假定方程6－26中的第一项和第二项并不因应变途径而改变，并将方程6－27用于双相钢[6]，则永久软化就可表示为：

$$\Delta\sigma_p = \frac{E(7-5\nu)}{5(1-\nu^2)}\varepsilon_{p,eff}f \tag{6-28}$$

按图6－14的显微组织特征，即以工艺A处理的1号钢试样有两种类型的马氏体形态（直径为13 μm的马氏体团块和直径为1.5 μm的马氏体岛）计算时，按文献[6]，K取值为0.7，则以式6－27和式6－28计算的背应力和永久软化具有较好的一致性（图6－36）。在预应变为$\varepsilon_p^* = 0.01 \sim 0.05$范围内，则$\varepsilon_{p,eff}$约为0.001，这一值比Araki[13]和有限元计算法（FEM）[12,17]的预测值要小，在文献[12，13，17]中估算的这一值约为0.004。如取$\varepsilon_{p,eff}=0.001$，则可能得到$\Delta\sigma_2$和$\Delta\sigma_p$之间有很好的一致性，但不能解释另外的某些性能，如流变应力。如果取K值为2.8（即$\varepsilon_{p,eff} \approx 0.004$），代入式6－28中，计算的结果$\Delta\sigma'_2$将接近于BE应力（B.S.）（见图6－35），因此，为能够用拉压BE效应实验测定其背应力，理论上当需进一步探讨。但是上述的分析和计算表明：(1)双相钢的初始加工硬化机制和弥散硬化合金类同；(2)双相钢中的背应力主要来自于马氏体和铁素体的塑性应变不相容而产生的非松弛应变；(3)计算工艺A试样中的背应力时应考虑到大的马氏体团块和小的马氏体岛的影响，且二者的影响可以加和，同时亦必须考虑到大的马氏体团块要产生塑性松弛，即用有效塑性应变来代替塑性预应变，也可能是由于马氏体团块和马氏体岛的大小不同，才导致有效非松弛塑性应变值和Araki等人的预测不一致。

6.14 综述

同拉伸和拉伸加压缩时双相钢流变应力的变化表示BE一样，轴向矫顽力在拉伸时增加，拉伸加压缩时降低，这一现象叫做磁软化效应。BE是材料受外力时内部结构变化的力学性能反映，而磁软化效应则系双相钢承受外力时内部结构变化的一种物理性能表现。

双相钢在拉伸和压缩变形时会出现矫顽力各向异性，拉伸变形时的磁硬化与矫顽力各向异性的出现和增加有关，而拉伸加压缩时的磁软化效应，则伴有矫顽力各向异性的降低和消除。

双相钢变形时的矫顽力各向异性主要起源于背应力，借助于矫顽力各向异性的变化，可以较好地反映双相钢拉压变形或其他热过程中内部结构和背应力的变化，因此，矫顽力各向异性提供了研究复杂组织的双相钢中背应力变化的信息和手段。

当双相钢由硬质相马氏体岛（或硬质相马氏体团块）和软的基体铁素体组成时，这类双相钢的 BE 特点是：明显的瞬时软化和少量的永久软化，其初始加工硬化机制可用弥散硬化合金所导出的背应力硬化模型来描述。但由于存在大的马氏体团块，因此存在应变松弛。大的马氏体团块和小的马氏体岛并存，可能是有效非松弛应变比 Araki 和有限元的预测值小的原因。

双相钢中的 BE 起源于预应变引入铁素体基体中的可动位错和对运动阻力具有方向性的位错阻态，两相塑性应变不相容而产生的背应力，在位错是可动的前提下，它可帮助位错反向运动，使反向流变曲线圆化，产生 BE。

175℃时效可以消除时效前预应变造成的 BE，但并未消除预应变引入的背应力。

一个新的背应力测定方法是：将给定预应变的试样进行时效，测定时效后拉压时的屈服应力差即等于 $2\sigma_B$，这样可以避免反向流变时所产生的预应变状态的改变。

变形双相钢中的磁各向异性（背应力大小的表现）对回火过程是稳定的，但反向变形则容易使它消除，这一结果提供了消除双相钢中背应力应采取的手段和方法。

参考文献

1　Formable HSLA and Dual Phase Steels. ed. by Davenport A T. TMS/AIME, NY, 1979

2　Structure and Properties Of Dual Phase Steels. ed. by Kot R A, Morris J W. Jr. , TMS/AIME, NY, 1979

3　Fundamentals Of Dual Phase Steels. ed. by Kot R A and Bramfitt B L. TMS/AIME, NY, 1981

4　马鸣图. 先进的汽车用钢. 北京：化学工业出版社，1989. 1 ~ 51

5　马鸣图，汽车用高强度钢板. 汽车资料，1984，(1)：1 ~ 25

6　UKO D, Sowerby R, Embury J D. Metal Technology, 1980, 7：359

7　Tseng D, Vitovec F H. Fundamentals Of Dual Phase Steels. ed. by Kot R A, Bramfitt B L. TMS/AIME, NY, 1981, 399

8　Gerbase J, Embury J D, Hobbs R M. Structure and Properties of Dual Phase Steels. ed. by Kot R A, Morris J R. Jr. , TMS/AIME, NY. 1979, 118

9　Tomota Y, Kuroki K. Scripta Metall. , 1981, 15：241

10　Coel A, Murty G S, Kay R K. Scripta Metall. , 1983, 17：375

11　马鸣图. 机械工程材料，1986，10(2)：15

12　Tomota Y et al. Mater. Sci. Eng. , 1976, 24, 85

13　Araki K. Takada Y, Nakaoka K. Trans. ISIJ. , 1977, 17：710

14　Tomota Y, Nakamura S, Kufoki K. et al. Mater Sci. Eng. , 1980, 46：69

15 M T,Ma B Z Sun,Y Tomota. Inter. SIJ,1989,29:74

16 马鸣图.力学进展,1991,21:190

17 Tomota Y. Mater. Sci. and Tech. ,1987,3:415

18 Li Zhongha,Gu Haicheng. Metall. Trans. , 1990,21A:717

19 Li Zhongha,Gu Haicheng,ibid,725

20 马鸣图,陈笃行,吴宝榕.金属学报,1983,19;456

21 马鸣图.双相钢中的 Bauschinger 效应和矫顽力.钢铁研究总院博士论文,1985

22 Ma Mingtu. Bauschinger Effct and Coercivity in the Dual Phase Steels. The thesis Dr. degree Of CISRI,Beijing,1985

23 Taliaka K,Mori T. Acta Metall. ,1970,18:937

24 Brown L M, Stobbs W M. Phil. Mag. ,1971,23:1185

25 Atkinson J D,Blown L M,Stobbs W M. Phil. Mag. ,1974,26:1247

26 Lilholt H. Acta Metall. ,1977,25:587

27 Ibrahim N, Embliry J D. Mater. Sci. Eng. ,1975,19

28 Chang Y W, Asaro R J. Metal Science,1978,12:277

29 Browll L M, Stobbs W M. Phil. Mag. ,1971,27:1201

30 Vicena F. Czech,J. Phys. ,1955,5:480

31 Dietrich H, Kneller E. Zs. Metall. ,1956,47:716

32 Newrach P W,Waite R E. Trahs. AIME. 1955,203:480

33 Newrach P W. Trans. AIME,1956,206:1319

34 Malek Z. Czech,J. Phys. ,1957,7:152

35 Malek Z. Czech,J. Phys. ,1957,7:335

36 Mughrabi H,Kutter R,Lubitz K,Kromuller HPhys. Stat. Sol. ,1976,38:261

37 Дехтяр И R,Девена Д A. ФММ,1961,12:30

38 Kersten M. Zsailgew. Phys. ,1956,8:496

39 Malek Z. Czeeh, J. Phys. ,1957,7:335

40 Malek Z. Zsamgew Phys. ,1957,9:279

41 Kersten M. Zsangew Phys. ,1957,9:280

42 Malek Z. Czechosl. J. Phys. ,1959,9:613

43 Bunge H J,Muller H G. Zs. Metall. ,1957

44 Mek Z. Czechosl,J. Phys. ,1959,9:627

45 Köster V, Bangert L. Acta Metall,1955

46 Harper S. Phys. Rev. ,1951,83:709

47 Gay P,Hirsc P B, Kelly A. Acta Metall, 1953,1:315

48 Hirsch P B, Horne W R, Whelan M I, Phil. Mag. 1956,1: 677

49 Seeger A et al. Phil. Mag. , 1957, 2:323

50 Dietrich H,Koeller E. Zs. Metall. ,1956,47:672

51 马鸣图,陈笃行.物理学报,1984,33:887

52 Ma Mingtu, Chen Duxing, Chinese Phys. Letters,1984,1:35
53 陈笃行,马鸣图,吴宝榕. 冶金物理测试,1984,(1);27
54 陈笃行,马鸣图. 钢铁研究总院学报,1984,4:341
55 马鸣图,陈笃行. 科学通报,1986,31:1428
56 Ma M T, Chen D X. Proc. Of ICCM,86. ed. Yagawa G. , Atluri S N. Springer-Verlag,Tokyo, 1986,86
57 Andrews K W. Physical Metallurgy-Techniques and Applications. Halsed A. Press book, John Wilyand Sons,NY,1973,Ⅱ:133
58 Ma M T,Wans D G, Wu B R. ASM Metal/Mate,Technology, Series, 1983,8306~077
59 马鸣图,汪德根,吴宝榕. 钢铁,1982,17(10):49
60 陈笃行,马鸣图. 钢铁研究总院学报,1986,6:45
61 马鸣图,孙珍宝. 物理测试,1986,(4):1
62 Leslie W C et al. Tralls. ASM, 1967,60:459
63 Fisher J C, Mart E W, Pry R H. Acta Metallurgy, 1953,1:336
64 马鸣图,陈笃行. 科学通报,1985,30:1113
65 Ma Mingtu, Chen Duxing. Colloque Technique Of Inter. Eguip' AutO,Paris,1985,231
66 Cottfell A H. 晶体中的位错和范性流变. 葛庭燧译. 北京:科学出版社,1960
67 Brown L M, Stobbs W M. Phil. Mag. ,1971,27:1201
68 Brown L M, Stobbs W M. ibid,1185
69 Brown L M, Stobbs W M. Phil. Mag. ,1976,34:351
70 Asaro R J. Acta Metall. ,1975,23:1255
71 Wilson D V, Konnan Y A. Acta Metall. ,1964,12:617
72 Wilson D V. Acta Metall. ,1965,13:807
73 Li C C et al. Metall. Trans. 1978,9A:85
74 马鸣图,陈笃行,孙珍宝. 物理测试,1988,(3):1
75 Abel A, Muk H. Phil. Mag. ,1972,26:489
76 Sowerby R,Uko D K, Tamita Y. Mater. Science and Eng. ,1979,741:43
77 Stolz R E, Pelloux R M. Metall. Trans. ,1971,7A:1201
78 Cullity B D. Trans. of The Metall. Soc. of AIME, 1963,227(4):356
79 Paine T O, Mendelson L I, Luborsky F E. Phys. Rev. ,1985. 100(4):1055
80 郭贻诚. 铁磁学. 北京:高等教育出版社,1965,168
81 Chin G Y. Advance in Materials Research ed. Herman H. Wiley, Inter Science, NY, 1971,5: 217
82 Chikazumi S. Physics Of Magnetizm. Johnwily and Sons, New York, 1964,173
83 Raschid M S, Rao B V N. Fuadamentaxs of Dual Phase Steels. ed. by Kot R A, Bramfitt B L. TMS/AIME, 1981,249
84 Dayies R G. ibid,265
85 Speich G R, Mille R L. ibid,. 279

86 Krupitzer R P. ibid, 315

87 马鸣图,陈笃行.金属学报,1986,22A:243

88 Atkinson J D, Brow L M, Stobbs W M. The Microstructure and Design of Alloys. Sponsored by the institute of Metals and the Iron and Steel institute,1973,1:36

89 Embury J D, Evensen J D, Filipovic A. Fundamental Aspects of Structural Alloy Design, ed. by Jaffee R I. and Wilcox B A. Plenum Press, New York and London 1977,67

90 马鸣图,孙珍宝.河南科学,1991,9(2):71

91 Ma M T, Sun B Z, Tomota Y. ISIJ. Inter 1989,29(1):74

92 马鸣图等.金属合金中的包辛格效应及其在工业生产中的应用.北京:机械工业出版社,1994.177

7 双相钢的成形性

7.1 概述

钢板的成形性是指为生产一个满意的最终产品，在冲压过程中，钢板承受形状变化的能力。它是冲压用钢的重要的工艺性能。

钢板的成形性可以通过成形性试验进行评定。一般成形性试验可以分为两种类型：一类为无几何拘束的成形试验（或成形操作），例如，单轴拉伸、剪边延展、延展弯曲和杯突试验等。在这类试验中，变形材料的各组元并不受相邻组元的拘束，材料失效的模式是断裂。钢的纯洁度、夹杂物的形态、剪边损伤、试样的取向都会影响失效前材料可承受的应变。然而，许多比较典型的冲压件的生产工艺是在几何约束下的变形过程。第二类成形试验是有几何约束的成形试验。在这类试验中，板材各组元的变形受相邻组元的约束，变形材料的失效模式是局部减薄或缩颈（塑性失稳）。例如，半圆冲头延展试验、液压鼓胀试验等，极限应变可用成形极限图（FLD）、极限冲头高度（LDH）来表征。而极限应变值受板材厚度、材料的 n 值、钢的纯洁度、夹杂物形态和取样方向等因素的影响。

成形性试验不仅用于评价材料在复杂的成形工艺下的变形能力，而且对设计和改进零件的成形工艺也有重要的意义。同时，成形性试验的结果也为使用者预测构件在使用状态下的行为，设计者正确选材提供依据。

金属板材的成形性一直是人们感兴趣的研究课题。高强度钢板的应用、成形性试验的发展和成形性机理的探讨，促进了材料的成形技术的进步，而成形技术的发展又促进了高强度钢的应用。双相钢作为一类新型的冲压成形用低合金高强度钢，以其独特的力学性能及其成形性引起人们的注意。

详细讨论金属板材的成形性问题，需要较多的弹塑性力学知识[1~3]。本章只对有关成形性试验与计算时用到的力学概念加以简单说明，将重点放在双相钢与其他成形钢类成形性的比较上。最后对成形构件的性能要求与板材性能的关系进行讨论。

7.2 有几何约束的成形试验

7.2.1 圆顶冲头延展试验和成形极限图（FLD）

所谓圆顶冲头延展试验是将圆顶冲头去延展周边固定的、不同宽度的板状试样。它是一种比较典型的有几何约束的成形试验。这一试验所测定的失效判据是成形极限图。

7.2.1.1 成形极限图的产生和发展

成形极限图(又称成形极限曲线,以下简称 FLD)是指当板材基本处于平面应力条件下,塑性失稳开始时的最大主应变 e_1(工程应变)与次主应变 e_2 的函数关系曲线。绘制这一曲线的实验技术是刚性圆顶冲头延展试验。

Gensemer[4] 于 1946 年首先提出,板材成形时,其断裂点的变形量随主应变比而变化。因此,借助于测定表面的主应变 e_1 和次主应变 e_2 就可以评价金属板材的成形性。基于这一概念,Keeler[5] 和 Goodwin[6] 提出并发展了成形极限图。最初,用于绘制成形极限图的数据是直接从冲压构件上测取的。FLD 和圆形网络系统[7] 是冲压车间的质量控制手段和工具。基于许多实验室的实验结果,Keeler[8] 和 Goodwin[6] 得出,全部低碳钢的 FLD 都具有相同的形状,并且这些成形极限曲线都落在一个窄带内(称基勒—古德温带),见图 7-1。以后,在实验室内,利用直径为 101.6 mm 的圆顶冲头。延展不同宽度、周边固定的钢板(不同宽度以产生不同的应变状态),采用直径为 2.54 mm 的圆形网格测定应变。这种实验方法使绘制 FLD 的技术得到很大改进[9,10],但是关于成形极限应变的测量方法和标准,至今尚未统一[11~13]。

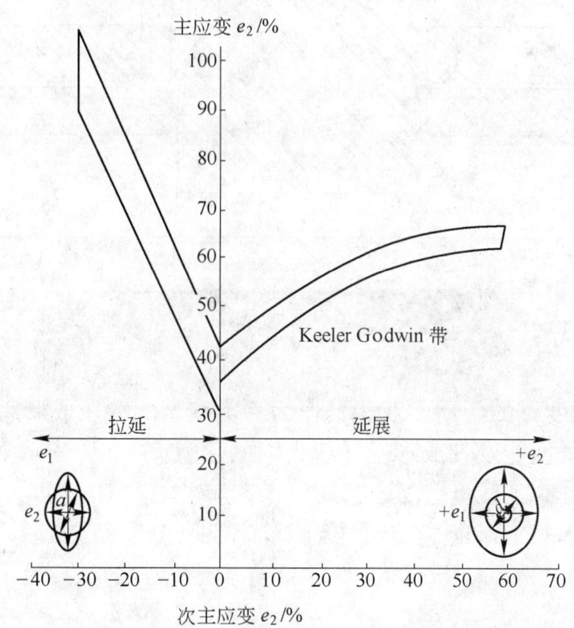

图 7-1 低碳钢的 FLD 及基勒—古德温带

既然 FLD 描绘和表征了材料的重要性能,即材料的局部变形能力[11],那么不同的材料必然有不同的 FLD 的形状和高度[14]。已经表明,FLD 不仅取决于应变速率[15],而且还受应变途径和历史[16]、极限应变判据和测量方法[12,13,18]、板材厚度[12]和冲头曲率[19,20]等因素的影响。尽管如此,如果实验条件可比,FLD 仍可用于比较材料的成形性。

目前,双相钢及其他一些钢种的 FLD 已由实验方法测定[12,13,23~28]。同时,一些工作[15,17,21,36~38,42,47]试图利用单轴拉伸试验和其他简单的试验结果,根据弹塑性力学原理绘制 FLD,以减少测定 FLD 的工作量。

7.2.1.2　FLD 的测定方法

为使试验方法简单,测定结果可靠,许多研究者探讨了 FLD 的测定方法,目前较为通用的方法是圆顶冲头延展试验。

这一试验一般在油压机上进行。油压机上安装有成形模具,板材牢牢地被上、下模板夹紧,在油压机上安装直径为 101.6 mm 的冲头,冲头上升速率和承受的负荷可以控制和记录,板材延展时的模具及冲头示于图 7 - 2*a*。测定应变的网格系统见图 7 - 2*b*。

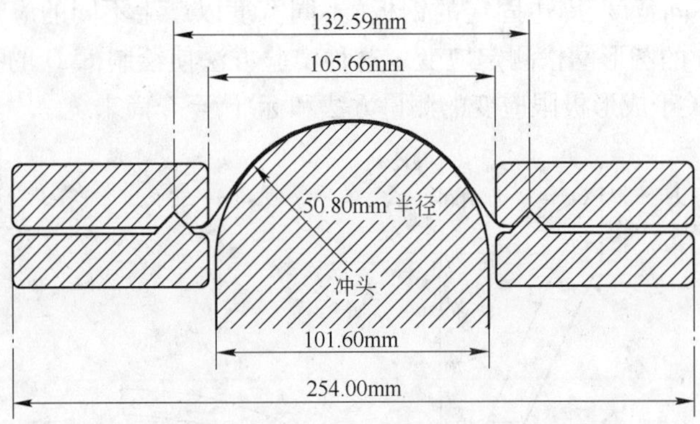

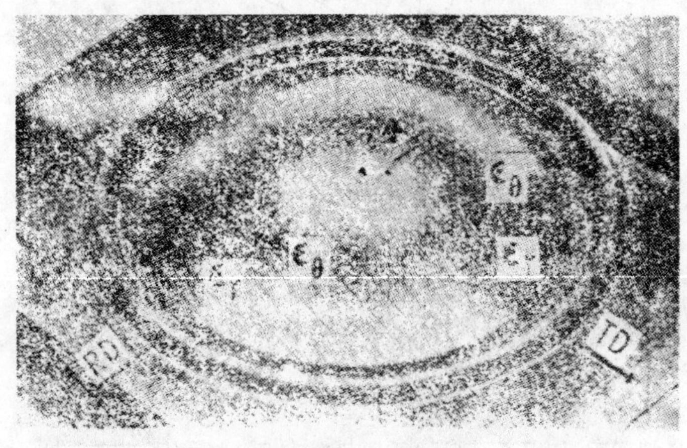

a

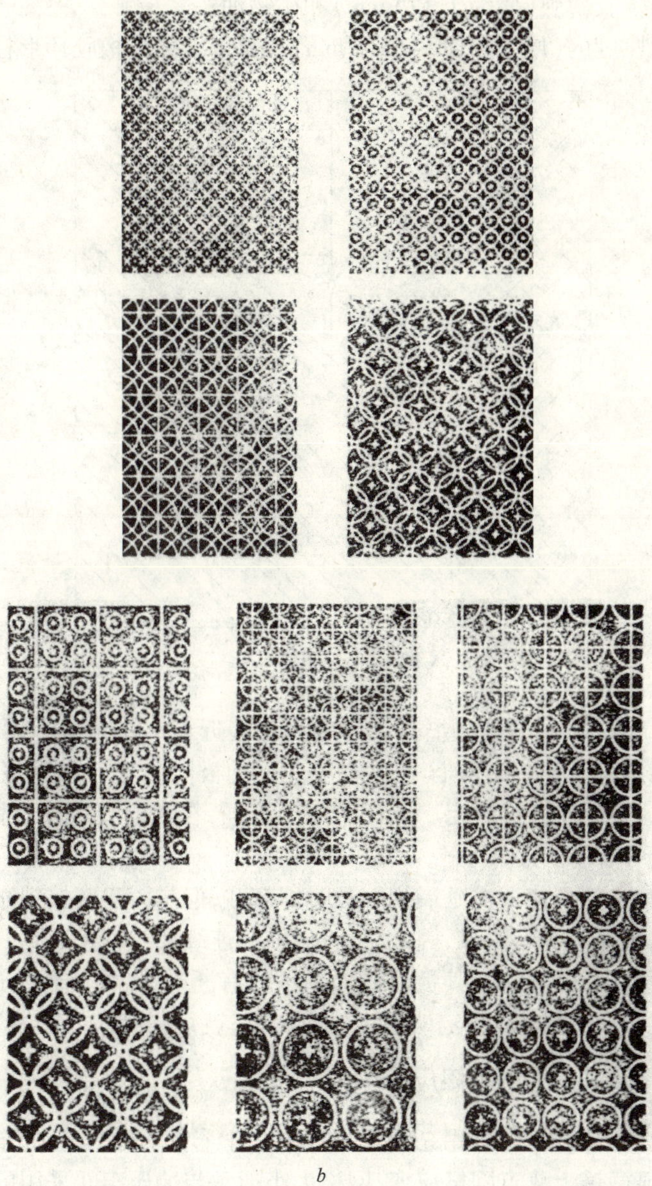

b

图 7－2　测定 FLD 用的模具及冲头示意图(a)及测量应变的网格系统(b)

确定 FLD 的合理的应变范围(以工程应变表示)示于图 7－3。图中 A 点的失效应变可用全尺寸大的试样(203.2 mm × 203.2 mm)无润滑延展测得，从 A 点到 B 点(等双轴或平衡的双轴拉伸)的曲线上各点，可以通过下列方法增加冲头和试样之间的润滑而得。

(1) 聚乙烯薄膜(厚为 0.076 mm)和矿物油；

（2）氯丁橡胶薄膜（厚为 1. 575 mm）和矿物油；

（3）不同厚度的（厚为 6. 35 ~63. 5 mm）聚氨基甲酸酯橡胶环形柱片。

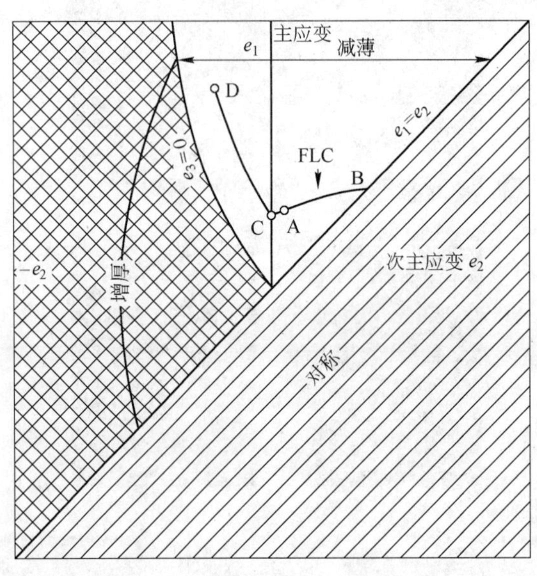

图 7 – 3　FLD 的合理的应变范围示意图

采用 63. 5 mm 厚的橡胶衬垫提供的应变比接近于 1，这和全尺寸圆板试样液压鼓胀的结果是等价的。ACD 区的次主应变下的极限应变可采用宽度为 25. 4 ~ 203. 2 mm 的试样延展进行测定。试样的宽度不同，在横向会造成不同的拉延量，在 D 点相当于单轴拉伸。

在试验时，最好是使试样延展到缩颈时即卸载，但是由于直接观察试样在试验过程中是否出现缩颈尚有困难，因此，可将试样在连续加载下延展到开裂出现时再卸载。在出现开裂的试样上，其板顶的周围不只有断裂区，而且还会出现缩颈区。利用一定的方法（见下节），测定缩颈区的应变量，就可得到应变比从 1（等双轴拉伸）到 $-\frac{1}{2}$ 的各点相对应的极限应变。

用于测定应变的网格，可用光敏照相或电化学彩印方法印到试样上。延展变形后，在工具显微镜上测定网格应变，网格大小通常与冲压车间采用的网格尺寸一致，一些网格的花样见图 7 – 2*b*。

7. 2. 1. 3　极限应变的测定方法和 FLD 的绘制

“成形极限”（或称极限应变）目前有三个标准：（1）断裂位置上的成形应变；（2）断裂位置附近的成形应变；（3）局部缩颈位置上的成形应变。当选用的成形极限标准或判据不同时，一个给定材料的 FLD 会发生明显变化。但是从生产上考虑，由于局部缩颈是产生断裂的先导，构件成形过程中，不应出现局部缩颈，因此，把局部缩颈出现时,板材可以承受的最大成形应变作为“成形极限”的判据比其他两个判据更具有实际意义。在一般 n 值较高的材料中,局部缩颈开始后,塑性变形仍可继续进行,所以在绘制 FLD 时均采用局部缩颈或局部减薄开始时的成形应变作为极限应变。然而,由于局部缩颈开始的确定方法和解释尚不统一,在绘制 FLD 时,确定和测试极限应变的方法也不相同,下面简单介绍几种极限应变的测定方法。

Ghosh[10] 采用的测定 FLD 的极限应变的方法是:(1)将印有直径为 2.54 mm 的圆形网格的板状试样,在刚性冲头下延展到失效;(2)测定断裂或局部缩颈的圆形网格的主应变和次主应变,同时测定和无可见缩颈的圆形网格相毗邻的圆形网格的主应变和次主应变;(3)将所测数据画在 e_2 为横坐标,e_1 为纵坐标的坐标系中,其成功应变与失效应变的分界线,即为极限应变线。这一测试方法并未明确指出确定局部缩颈的圆形网格位置的方法,因此,成功应变的测定带有一定的主观性。

Ghosh 还提出一种简单 FLD 的表示方法。试验时采用一组不同宽度的条带试样(其宽度分别为:127 mm,114 mm,102 mm,76 mm,长均为 152.4 mm),周边固定,用直径 101.6 mm 的刚性冲头进行延展,冲头和试样之间不加润滑剂,并且试样的宽度应使断裂点的位置全发生在冲头与试样接触区的内部,测定每个试样开裂时,半圆冲头落下的高度(h),缩颈或断裂区的次主应变(e_2),然后以冲头半径归一化处理的冲头落下高度为纵坐标,次主应变为横坐标作图,即为简单 FLD。考虑到不同材料同样的板宽产生的次主应变 e_2 也不相同,为了表明这一效应,采用以夹持圆环直径(132 mm)归一化处理的试样宽度,对次主应变 e_2 作图与上述简单 FLD 一起显示出横向拘束的影响。这种简单 FLD 容易绘制,LDH/冲头半径值易于确定,影响测试值的主观因素较少,可以作为比较材料成形性的一种方法。但图中并未标出材料的极限应变水平,从而限制了这种图的应用。

Hecker[11] 和 Keeler[29] 建议的极限应变测量方法是将延展到开裂的失效试样表面的变形网格分为三种类型:Ⅰ型为断裂型(裂纹通过椭圆)椭圆;Ⅱ型为缩颈型或断裂影响区的椭圆;Ⅲ型为允许的或可接受的变形椭圆,即处于缩颈区或断裂影响区之外的变形椭圆。将上述三种类型椭圆的变形测定结果,画在同一个 e_2—e_1 坐标系中,并标出可接受的与缩颈型椭圆应变分界线,即为所求的 FLD 的极限应变线。同时画出这三种类型椭圆的优点是可以减少或避免只取表示缩颈区的椭圆的应变时所产生的误差和主观性因素。但是,这种方法所确定的三种类型椭圆中除断裂型外,其他两种类型的椭圆的确定仍有一定的人为因素。Keeler 虽然用“指尖”法可以较准确地确定缩颈区的位置,但各人的感觉和不同时间的感觉不同,也会给测试带来误差,并使 FLD 的 e_1 的应变幅度加宽(有时高达 6%)。借助于显微表面测平仪,可以测定由于缩颈发展而造成的表面不连续性,但由于圆顶冲头冲压后的试样曲率会产生法线方向的背底干扰,引起测试误差,同时,这种方法所测试的表面不连续性的深度是 0.025 mm,这种数量级深度的局部缩颈是可以感觉的,或者视觉也可以发现。

为了减少和避免鉴别局部缩颈区椭圆的主观性和人为因素,Woodthorpe 和 Pearce[30] 提出了等量点技术,即测量处在试样上断裂点同一直径,但位于断裂点的对边上的变形椭圆。如测量位置上出现缩颈,则这种测量方法所测定的极限应变值偏高。如测量位置上未出现缩颈,则这种测量方法所测定的极限应变值就偏低。

为了消除判断和解释缩颈椭圆的某些主观因素,Veerman[31] 提出了图解法或内插法。所用的内插公式为

$$e_1 = \frac{3}{4}(e_{vL} + e_{vR}) - \frac{3}{10}(e_{uL} + e_{uR}) + \frac{1}{20}(e_{tL} + e_{tR}) \quad (7-1)$$

式中 e_1——缩颈椭圆的主应变;

v——表示与断裂椭圆邻接的椭圆;

u——与 v 椭圆邻接的椭圆;

t——与 u 椭圆邻接的椭圆;

L——断裂椭圆的左邻椭圆;

R——断裂椭圆的右邻椭圆。

当应变梯度较小时,采用式 7-1 的测试与计算结果和 Hecker 方法相当,但应用这一公式的测量过程较为复杂。

最近 Liu[12] 提出了油石法,该方法是用一个人工磨制的石头(12.7 mm × 12.7 mm × 100 mm 的细密条石)磨削试样表面,根据表面刮伤情况测量由于局部缩颈引起的表面不连续性。在局部缩颈处,油石刮伤出现不连续性,而在局部缩颈的初始部分(例如缩颈区的边缘)试样局部减薄较轻。Liu 假定在连续刮伤大约 50% 的变形椭圆上所测定的应变值作为“极限应变”值,故所获得的数据是局部缩颈早期阶段的失效应变;显然,这一应变与“安全”应变没有明显的区别。根据所测定的这些数据,就可画出 FLD 的极限应变线。这一方法的优点是简化了最大成功应变(可接受的最大应变即极限应变)测量,只需测定少数几个局部缩颈区的椭圆,就可确定极限应变,从而减少了测量没有发生缩颈的椭圆变形的时间消耗。这一方法的另一个优点是消除了确定初始缩颈区的困难和某些主观因素,并且方法本身有合理的一致性。在试验时只要略加注意,由油石引起的刮伤就不会妨碍应变的测定,从而简化了 FLD 的测定与绘制过程。这一方法的不足之处是把刮伤量为 50% 作为缩颈区判据并没有充分的根据。此外,在这一方法中,一个可能的误差来源是所测取的数据点的位置全部局限于试样缩颈区的边部,而在这些位置上,可能会有复杂的应变状态。因此,在这些位置上所测定的极限应变和缩颈区中心处所测定的极限应变可能不同。

用油石法测定的 SAE1010 钢的 FLD 与 Keeler 测定的 FLD 的比较见图 7-4。

如果忽略了板厚和 n 值对 $FLD_0$❶的影响，油石法所测定的结果与 Keeler 的标准的 FLD 十分一致。对增磷钢的测试结果也有同样的趋势。

Demeri[13] 在测定双相钢的 FLD 时，采用下界极限应变法，这一方法的原理是，局部缩颈的开始可用具有最小应变梯度的变形椭圆来近似。在缩颈区内，具有最小应变值的椭圆即为缩颈应变的开始，在应力应变状态变化的条件下（由于板宽变化而引起横向拘束的变化），所有最小应变值的轨迹给出了材料极限应变的下界曲线。这一方法的优点是：(1) 消除了选择极限应变椭圆时的猜测；(2) 试验结果稳定并可重视；(3) 极限应变线所表示的是局部缩颈的初始阶段，一旦局部缩颈形成并且可见，就可进行应变测定和评价。如果将 Hecker 方法中定义的成功的应变点排除，则所得的结果与 Demeri 的下界极限应变基本一致。但是，如果局部缩颈的发展远超出其初始阶段，那么初始缩颈下产生的应变模式就会消失，准确确定材料的极限应变就变得困难，此外，测试工作量大，也是这一方法的不足。

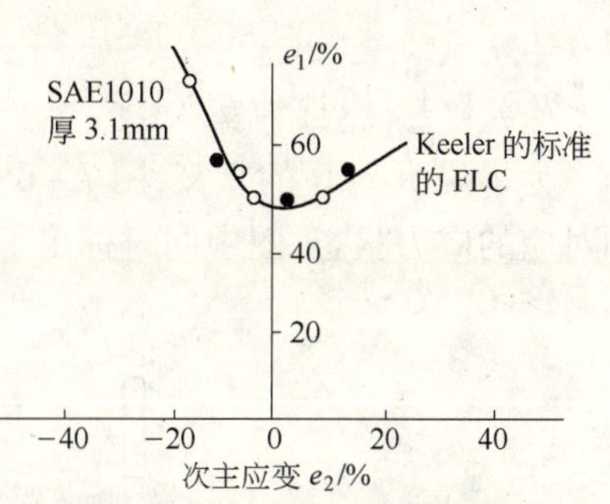

图 7－4 油石法测定的 SAE1010 钢的 FLD 与 Keeler 的标准的 FLD 对比

○—刮伤为 50% 时的缩颈判据点；●—成功应变点

Conrad 等[22] 测定极限应变的方法与 Hecker 方法类似，但采用的冲头直径为 50 mm，测定断裂型、缩颈影响区型和无缩颈型三种椭圆，FLD 的极限应变取"缩颈影响的变形椭圆的应变数据点的下界和无缩颈椭圆应变数据点的上界之间的平均值，"以这种方法定义的上、下二个边界线的主应变 e_1 相差 7% ~15%，用直径为 50 mm 和 101.6 mm 冲头所测得的 FLD 对比见图 7－5。

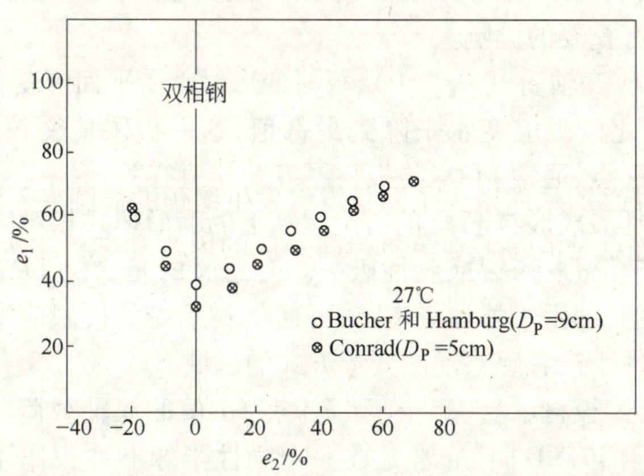

图 7－5 50 mm 与 101.6 mm 冲头所测定的 FLD 对比

❶ FLD_0 是指成形极限曲线（FLC）与纵坐标轴 e_1 的交点的纵坐标值，它是 FLD 上的重要特征点。

可以看出,测试 FLD 的极限应变的方法仍在发展中,简单、方便和可靠的测试方法仍待进一步研究。因此,在比较材料的成形性时,应采用同一的测试极限应变的方法。

7.2.1.4　FLD 的意义[33~35]

为了说明 FLD 的意义,图 7 - 6[35] 示出了常用的应变范围内 FLD 曲线的形状和对应的应力状态,图中同时标出了主要区域的变形模式、安全区及失效区。

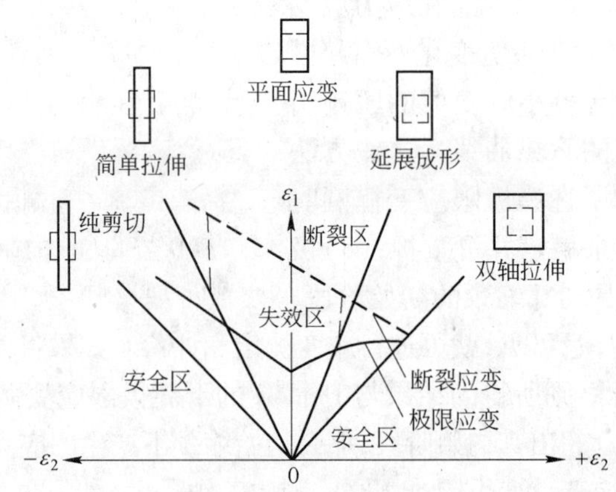

图 7 - 6　FLD 及相应的变形模式示意图(主应变空间)

深冲操作工艺施加于板材上的应力状态与 FLD 上的左边区域对应($e_1 > 0$, $e_2 < 0$),失效方式是起皱、翘曲,即由局部缩颈引起失效。这种应力状态和失效方式的特点,决定了该区域内的极限应变水平较高。与局部缩颈抗力有关的材料参数,如加工硬化指数 n、塑性应变各向异性比$\bar{r}$、应变速率敏感指数 m 等对这一区域的极限应变水平有重要的影响。

在 FLD 的主应变轴 e_1 上($e_2 = 0$),板材变形时承受平面应变状态,应力拘束较大,变形困难,因此极限应变水平降到最低值,这一极限应变值称为 FLD_0,它是 FLD 上的重要特征点,通常 FLD_0 与板材厚度及 n 值有关。

冲压构件的延展成形与 FLD 的右边区域上的变形模式相对应($e_2 > 0$, $e_1 > 0$),失效的模式是扩散缩颈、撕裂或延性破裂。有意义的是,在 FLD 上这部分的极限应变线是向上翘的,即由于外加应变 e_2,可使材料承受的极限应变增加,而这部分区域正是冲压构件生产者感兴趣的变形方式的区域。

从理论上讲,当板材承受一个 e_1 和 e_2 均为正值的双轴载荷时,是不可能产生缩颈的。但是在测定 FLD 时,通常是在一个刚性半球形冲头作用下,使被测板材延展,因而局部减薄(不完全确切地称为"缩颈")也经常出现。Ghosh 和 Hecke[46,47] 已经表明,虽然在这一情况中,"失效"似乎是由缩颈下减薄来确定,但最终失效则系由孔洞形成和聚合而导致延性断裂[48]。在低碳钢或 HSLA 钢中,延性断裂发生之前通常会出现缩颈下的延展减薄,因此可以认为,在测试 FLD 时,仍可以延性断裂的先导“缩颈”作为极限应变的判据。但双相钢,由于具有较高的应变硬化指数和应变速率敏感性,保证了当局部减薄或缩颈出现时,减薄是均匀和浅的,缩颈是扩散的。因此,可以假定在这种情况下,其失效方式是断裂而不是缩颈[46,47]。这种失效方式和硫化物夹杂量很高且夹杂物形状未进行控制的低碳钢延展时[49],或双相钢单轴拉伸试样的缩颈区中[50]观察到的失效方式相似。由这些分析可以得出,对低碳钢和 HSLA 钢来说,在 FLD 上,$e_2>0$,$e_1>0$ 的区域中的极限应变表征了在缩颈的根部上一个减薄的横截面的剪切断裂使缩颈变形终止,导致材料失效时的极限应变值。对双相钢来说,则表示了在均匀的扩散缩颈下产生延性断裂时材料承受的极限应变值。因此,从这个意义上说,均匀伸长率是表征低碳钢和 HSLA 钢延展成形性的一个参量。但对双相钢来说,似乎可以认为,总伸长率是表征延展成形性的合适参量。这种失效方式的不同,可能是双相钢的 FLD_0 比低碳钢的 FLD_0 略低的原因。

7.2.1.5 FLD 的应用

(1) FLD 给出了板材在各种双轴应力组合下变形时可以承受的极限应变量。根据板材成形操作中的变形过程和相应的 FLD,可以方便地定出板材成形的安全操作区。

(2) FLD 为冲压成形工艺的制定和改进提供依据。例如通过润滑、板材厚度及冲模形状的改变,最大次主应变的控制等方法,使得在双轴应力下成形构件的主应变组合限定在安全区中。

(3) 作为材料质量控制的标准和工具,对于一个给定的冲压构件用的板料,通过圆形网格分析,确定每种零件的临界变形值(e_1 和 e_2),然后与 FLD 的极限应变值进行对比,确定材料是否可以满足零件成形性的要求,是否可以投产,这样可以大大缩短冲压车间的停工期。

(4) 失效分析。例如,一种给定材料的 FLD 已经确定,则根据成形零件上用圆形网格所测定的应变,定出零件失效时的极限应变 e_2 和 e_1,然后与这种材料的 FLD 对照,确定冲压成形构件接近失效的程度。如果 e_1 超过 FLD 的极限应变值,则可预测零件在冲压时将会发生失效或开裂,如 e_1 值小于 FLD 的极限应变值,则冲压时就是安全的。如 e_1 值接近 FLD 的极限应变值,则冲压零件时就有失效的危险。根据这些分析,人们可以提出相应的改进措施。

(5) 对生产过程进行监视。在工业生产过程中,冲模及冲压工艺条件(润滑、模具磨损和冲制压力等)是经常改变的。最佳的冲模工作状态有时可能消失,使冲压件上的峰值应变接近于临界应变值,材料有发生开裂的危险。如定期进行检查,使冲压构件上的峰值应变总是处于远离临界应变状态,可确保冲压构件不会开裂,使零件生产过程中安全系数增加。

(6) 进行材料性能比较。任何一种工业上冲压用的板材，只用单轴拉伸条件下所获得的性能进行评价是不够的。在单轴拉伸试验中，材料所经历的应变历史非常有限。在 FLD 上，包括了材料经历的更复杂的应变历史和更大的应变量（例如，单轴拉伸、纯剪切、平面应变、延展成形和等双轴拉伸等）。因此，用 FLD 作为比较材料成形性的一种判据，显然比单轴拉伸更全面，更接近于实际情况。

7.2.2　FLD 的理论计算

从关于 FLD 的测试方法的讨论中可知，FLD 的测试方法虽然在不断完善，但总的来说还是有费工、费时和费料等缺点。因此，近年来已有一些研究工作试图根据塑性力学理论，和变形过程中出现塑性失稳的原因分析，对 FLD 进行理论计算以减少 FLD 的测试工作量。

目前关于 FLD 绘制的理论处理有三个：第一个理论是基于在板材成形过程中缩颈出现的数学处理和计算[14,29,68]。第二个理论是基于成形加工的板材中，存在一些较薄的区域，即板材的厚度是不均匀的。这些较薄的区域常首先出现缩颈，最终导致板材失效[15]，这种情况和拉伸试验时，尺寸因素的不均匀性引起缩颈和失效的情况类似[36,37,38]。第三个理论是基于板材中存在夹杂物，当板材成形变形时，在这些夹杂物的周围，形成微孔洞，当塑性变形达到一定程度时，微孔洞便连接在一起形成裂纹，导致板材失效[47]。Hasek[39]已对这三个理论进行了评价，并将理论计算和实验结果进行了对比。这三个理论所给出的 FLD 的极限应变线均低于实验测定值。初始厚度不均匀性理论（又称 M-K 理论）和夹杂物引起失效的理论，在(e_1, e_2)区间内，其极限应变线与实验值的偏差比缩颈理论更大些，但在$(e_1, -e_2)$区间内，夹杂物引起失效的理论计算值与实验值偏差最小。鉴于缩颈理论的方程易解，在工业生产上感兴趣的整个变形范围内，理论计算的 FLD 与实验值也较一致，因此，这里将重点介绍以缩颈理论为基础的 FLD 的绘制方法[21]，以及用单轴拉伸所求的成形性参数 n、m 值和无润滑杯突实验值绘制 FLD 的理论分析和方法[40]。上述三个理论处理及其与实验值对比参见附录 2。

7.2.2.1　板材成形性参数与 FLD 关系的理论分析

假定在所考虑的条件下，金属材料的流变应力可以近似地表示为[42]

$$\bar{\sigma} = \bar{\sigma}(\bar{\varepsilon}, \dot{\bar{\varepsilon}}, \rho, T) \tag{7-2}$$

即有效流变应力$\bar{\sigma}$取决于变形历史、瞬时的有效应变$\bar{\varepsilon}$、应变速率$\dot{\bar{\varepsilon}}$、应变比 $\rho = \varepsilon_2/\varepsilon_1$ 和温度 T（假定板材各向同性，$r = 1$）。

根据单轴拉伸时塑性失稳的康西德判据，$\dfrac{d\sigma}{d\varepsilon} = \sigma\left(\text{或}\dfrac{1}{\sigma} \times \dfrac{d\sigma}{d\varepsilon} = 1\right)$，当板材在平面应力$\left(\text{应力比 } x = \dfrac{1}{K} = \sigma_2/\sigma_1\right)$条件下，均匀受载时（见图 7－7），由 Keeler 的分

析[29]，塑性失稳条件可写为

$$\frac{d\bar{\sigma}}{d\bar{\varepsilon}}=\frac{\bar{\sigma}}{Z}\left(\text{或}\frac{1}{\bar{\sigma}}\frac{d\bar{\sigma}}{d\bar{\varepsilon}}=\frac{1}{Z}\right) \tag{7-3}$$

式中 $\bar{\sigma}$——有效应力；

$\bar{\varepsilon}$——有效应变；

Z——临界次切距，它是主应力比 σ_2/σ_1 的函数。

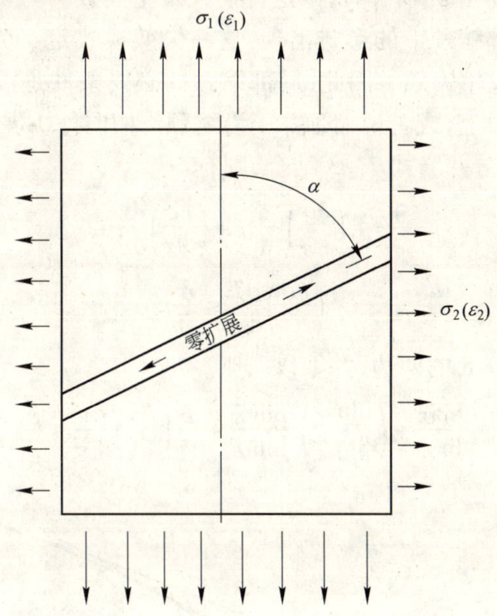

图 7－7 板材在平面应力条件下变形时，局部缩颈与主应力轴的关系

（对于各向同性薄板，在单轴拉伸下，$\alpha=54°44'$，$\frac{\sigma_2}{\sigma_1}=\frac{1}{2}$时，$\alpha$ 达到 90°）

单轴拉伸时 $x=0$，$\bar{\sigma}=\sigma_1$，$\bar{\varepsilon}=\varepsilon_1$；对于各向同性材料，在平面应力状态下，根据其等效应力方程：

$$\left.\begin{aligned}\bar{\sigma}^2&=\sigma_1^2+a\sigma_1\sigma_2+b\sigma_2^2\\ \sigma_3&=0\end{aligned}\right\} \tag{7-4}$$

式中 a,b——与板材各向异性有关的常数。

对于各向同性材料 a 和 b 均为 1，那么由方程 7－4 可得等效应力的表达式为

$$\bar{\sigma}=\sigma_1(1-x+x^2)^{1/2} \tag{7-5}$$

根据利维—米塞斯流变准则$\left(d\lambda=\frac{3}{2}\frac{d\bar{\varepsilon}}{\bar{\sigma}}\right)$，容易导出等效应变的表达式为

$$\bar{\varepsilon} = \varepsilon_1\left[\frac{2(1-x+x^2)^{1/2}}{2-x}\right] \tag{7-6}$$

或

$$\bar{\varepsilon} = \varepsilon_2\left[\frac{2(1-x+x^2)^{1/2}}{2x-1}\right] \tag{7-7}$$

对于不同的 Z 值,方程 7－3 的图解表示见图 7－8,该图示出了两个失稳流变的模式。第一个失稳模式是失稳流变对载荷方向是对称的和均匀分布的,这一模式定义为扩散缩颈。当 $\varepsilon=\varepsilon_{\mathrm{d}}^*$ 时,以这种模式发生失效。另一个失效模式是失稳流变在试样中以局部缩颈带的形式出现,这一失效模式定义为局部缩颈。当 $\varepsilon=\varepsilon_1^*$ 时,以这种模式发生失效。因此,局部缩颈的必要条件是没有应变加于与流变区相邻的非变形材料上,或者说缩颈并不沿缩颈沟槽向外扩展。

对式 7－2 全微分并与式 7－3 结合,则有

$$\frac{\partial\bar{\sigma}}{\partial\bar{\varepsilon}}+\left(\frac{\partial\bar{\sigma}}{\partial\dot{\varepsilon}}\right)\frac{\mathrm{d}\dot{\varepsilon}}{\mathrm{d}\,\bar{\varepsilon}}+\left(\frac{\partial\bar{\sigma}}{\partial x}\right)\frac{\mathrm{d}x}{\mathrm{d}\bar{\varepsilon}}+\left(\frac{\partial\bar{\sigma}}{\partial T}\right)\frac{\mathrm{d}T}{\mathrm{d}\,\bar{\varepsilon}}\leqslant\frac{\bar{\sigma}}{Z} \tag{7-8}$$

以$\bar{\sigma}$同除方程 7－8 的两边,并乘以$\bar{\varepsilon}$,则

$$\frac{\partial\ln\bar{\sigma}}{\partial\ln\bar{\varepsilon}}+\left(\frac{\partial\ln\bar{\sigma}}{\partial\ln\dot{\bar{\varepsilon}}}\right)\frac{\mathrm{bln}\,\dot{\bar{\varepsilon}}}{\mathrm{bln}\,\bar{\varepsilon}}+\frac{\bar{\varepsilon}}{\bar{\sigma}}\left(\frac{\partial\bar{\sigma}}{\partial x}\right)\frac{\mathrm{d}x}{\mathrm{d}\,\bar{\varepsilon}}\leqslant\frac{\bar{\varepsilon}}{Z} \tag{7-9}$$

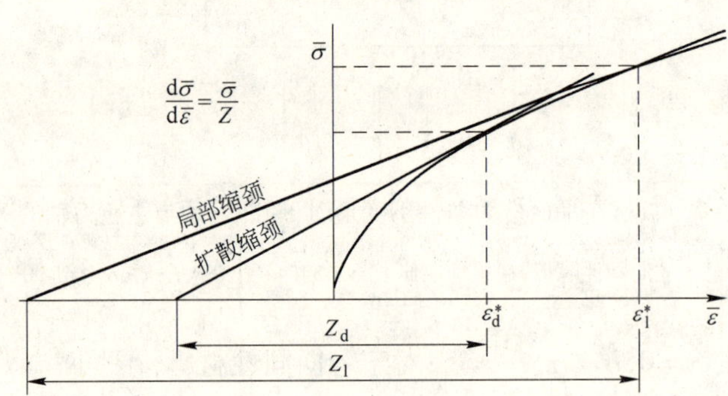

图 7－8　板材平面均匀受载时,失稳应变的图解表示法

(图中 Z 为应力比的函数,Z_{d} 与扩散缩颈开始有关,Z_1 与局部缩颈开始有关,对于单轴拉伸 $\bar{\sigma}=\sigma_1$,$\bar{\varepsilon}=\varepsilon_1$,$Z_{\mathrm{d}}=1$,$Z_1=2$)

已知 $n'=\partial\ln\bar{\sigma}/\partial\ln\bar{\varepsilon}$,$m=\partial\ln\varepsilon/\partial\ln\dot{\bar{\varepsilon}}$。根据实验结果[41]可知式 7－9 的左边第三项数值很小,可以忽略不计,那么方程 7－9 可改写为

$$n'+m\frac{\mathrm{dln}\,\dot{\bar{\varepsilon}}}{\mathrm{dln}\,\bar{\varepsilon}}\leqslant\frac{\bar{\varepsilon}}{Z} \tag{7-10}$$

在恒定十字夹头移动速率的单轴拉伸试验中,n'为

$$n' = n_u + m\,\bar{\varepsilon}_u \tag{7-11}$$

将式7-11代入式7-10中则有

$$n_u + m\left(\frac{\mathrm{dln}\,\dot{\bar{\varepsilon}}}{\mathrm{dln}\,\bar{\varepsilon}} + \bar{\varepsilon}_u\right) \leqslant \frac{\bar{\varepsilon}}{Z} \tag{7-12}$$

或写为

$$n_u + m_u(\alpha^* + \bar{\varepsilon}_u) \leqslant \frac{\bar{\varepsilon}^*}{Z} \tag{7-13}$$

以上各式中，$\alpha^* = \dfrac{\mathrm{dln}\,\dot{\bar{\varepsilon}}}{\mathrm{dln}\,\bar{\varepsilon}}$，* 表示失效应变时的值，u 表示最大载荷下的值（或称均匀应变值）。

对大量金属材料的 FLD 的分析得出[42]，$\bar{\varepsilon}^*/Z$ 随应变比 $Y=\varepsilon_2^*/\varepsilon_1^*$ 的增加而略有增加，对于通常由 FLD 所表示的应变状态，可用下边方程很好地近似：

$$\bar{\varepsilon}^*/Z = (\varepsilon^*/Z)_{\varepsilon_2^*=0} + \beta(\varepsilon_2^*/\varepsilon_1^*) \tag{7-14}$$

式中 $\bar{\varepsilon}^*$——有效临界应变；

Z——临界次切距；

β——数量级为0.1的常数，它反映了应变状态的影响。

对于单轴拉伸，由方程7-13和7-14可得

$$\begin{aligned}(\bar{\varepsilon}^*/Z)^{\circ} &= (\bar{\varepsilon}^*/Z)_{\varepsilon^*=0} + \beta(\varepsilon_2^*/\varepsilon_1^*)^{\circ}\\ &= [n_u + m_u(\alpha^* + \varepsilon_u)]^{\circ}\end{aligned} \tag{7-15}$$

或写为

$$(\bar{\varepsilon}^*/Z)_{\varepsilon_2^*=0} = [n_u + m_u(\alpha^* + \varepsilon_u)]^{\circ} - \beta(\varepsilon_2^*/\varepsilon_1^*)^{\circ} \tag{7-16}$$

式中，角标“°”表示单轴拉伸；式7-16右边各项除 β 之外，所有各参数均可以由单轴拉伸试验测定。将该式代入式7-14可得

$$\bar{\varepsilon}^*/Z = \{[n_u + m_u(\alpha^* + \varepsilon_u)]^{\circ} - \beta(\varepsilon_2^*/\varepsilon_1^*)^{\circ}\} + \beta(\varepsilon_2^*/\varepsilon_1^*) \tag{7-17}$$

式7-17即为 FLD 的分析表达式。根据这一表达式，只需借助于两种试验，由单轴拉伸所测定的成形性参数 $n_u = \dfrac{\mathrm{dln}\sigma}{\mathrm{dln}\varepsilon}\Big|_{\varepsilon=\varepsilon_u} = \dfrac{\varepsilon_u}{\sigma_u}\left(\dfrac{\mathrm{d}\sigma}{\mathrm{d}\varepsilon}\right)_{\varepsilon=\varepsilon_u}$，$m_u = \dfrac{\partial\ln\sigma}{\partial\ln\dot{\varepsilon}}\Big|_{\varepsilon=\varepsilon_u} = \dfrac{1}{\sigma_u}\left(\dfrac{\partial\sigma}{\partial\ln\dot{\varepsilon}}\right)_{\varepsilon=\varepsilon_u}$ 及 α^* 值。由单轴拉伸和无润滑杯突试验所确定的 β 值，就可计算 FLD。采用这种方法绘制的双相钢 VAN-QN80 的 FLD 和用圆顶冲头延展试验实测的 FLD 对比见图7-9。详细的测试与计算方法见文献[22]。由图7-9可以看出，计算值与实测值较一致，只是在次主应变较高时，才略有偏离，产生这种偏离的原因有待进一步分析。

7.2.2.2 简单 FLD 的绘制方法

Chen 和 Fogg[21] 建议了一种简单 FLD 的绘制方法，这种简单的 FLD 可以用两条直线表示。这两条直线连接了 FLD 上的三个特征点，这三个特征点可分别用单轴拉伸试验、平面应变试验和液压鼓胀试验来确定。

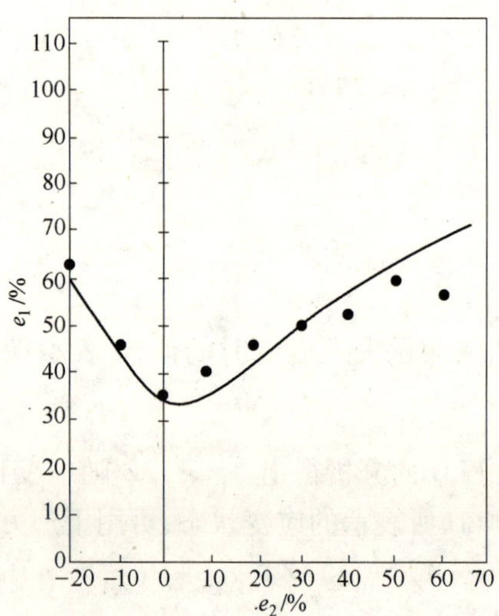

图 7－9　双相钢 VAN-QN80 的 FLD 计算值和实测值的比较

（27℃，板厚 1.04 mm，冲头直径 5 cm，冲压速度 5 m/s）

当等效应力与等效应变满足霍洛曼方程时，基于各向异性材料的失稳判据的分析，扩散缩颈和局部缩颈的临界次切距 Z_d 和 Z_1 可表示为[43]

$$Z_d = \frac{\left[\frac{2}{3}(F+G+H)\right]^{1/2}\left[(F+H)x^2-2Hx+(G+H)\right]^{3/2}}{\left[(F+H)x-H\right]^2+\left[(G+H)-Hx\right]^2} \tag{7-18}$$

$$Z_1 = \frac{\left[\frac{2}{3}(F+G+H)\right]^{1/2}\left[(F+H)x^2+(G+H)\right]^{1/2}}{(Fx+G)} \tag{7-19}$$

式中　F,G,H——主轴中的各向异性参数；

x——应力比。

假定板材有一个关于 Z 轴的旋转对称系，则 $r=\frac{H}{G}=\frac{H}{F}$，那么式 7－18 和式 7－19就可写为

$$Z_d = \left\{\frac{2}{3}\ \frac{(2+r)}{(1+r)}\right\}^{1/2}\left\{\frac{(1+x^2)-2rx/(1+r)^{3/2}(1+r)^2}{(1+x^2)(1+2r+2r^2)-4r(1+r)x}\right\} \tag{7-20}$$

$$Z_1 = \left\{\frac{2(2+r)}{3(1+r)}\right\}^{1/2}\left\{\frac{(1+r)\left[1-2rx/(1+r)-x^2\right]^{1/2}}{1+x}\right\} \tag{7-21}$$

利用各向异性材料的 Levy-Mises 关系和等效应力的定义[44]，主应变 ε_1 和 ε_2 可由下列方程计算

$$\varepsilon_1 = \frac{\left[1+r(1-x)\right]\overline{\varepsilon}}{\left[\frac{2}{3}(2+r)\right]^{1/2}\left[(1+r)x^2-2rx+(1+r)\right]^{1/2}} \tag{7-22}$$

$$\varepsilon_2 = \frac{[x - r(1-x)]\bar{\varepsilon}}{\left[\frac{2}{3}(2+r)\right]^{1/2}[(1+r)x^2 - 2rx + (1+r)]^{1/2}} \tag{7-23}$$

式中 $\bar{\varepsilon} = nZ$。 (7-24)

在 FLD 的伸展-收缩区($e_1 > 0, e_2 < 0$),局部缩颈确定成形极限应变,将式 7-21、式 7-24 代入式 7-22、式 7-23,则该区内的极限应变表达式为

$$\varepsilon_1 = \frac{1 + r(1-x)}{1+x}n \tag{7-25}$$

$$\varepsilon_2 = \frac{x - r(1-x)}{1+x}n \tag{7-26}$$

根据 Hill 的塑性失稳理论,由于几何上的原因,在特殊的应力比下,不允许(也不会)发生失稳流变[29]。而这里所考虑的条件,应力比 x 满足 $x < \frac{r}{1+r}$,该式表示在板材平面中的平面应变条件。因此,在 FLD 的伸展—伸展区($e_1 > 0, e_2 > 0$),扩散缩颈确定极限应变,那么把式 7-20 和式 7-24 代入式 7-22 和式 7-23,可得出该区的极限应变表达式为

$$\varepsilon_1 = \frac{[(1+x^2)(1+r) - 2rx][1 + r(1-x)]}{(1+x^2)(1+2r+2r^2) - 4r(1+r)x}n \tag{7-27}$$

$$\varepsilon_2 = \frac{[(1+x^2)(1+r) - 2rx][x - r(1-x)]}{(1+x^2)(1+2r+2r^2) - 4r(1+r)x}n \tag{7-28}$$

如以 ε_1/n 和 ε_2/n 为坐标,则可得到理论计算的 FLD,如图 7-10 所示。不同的 n 值和不同的 r 值将得到不同的 FLD。图中曲线亦表明,r 值对 FLD 的影响不如 n 值明显。该图与实验值比较得出,在 FLD 的伸展—收缩区中,理论和实验结果较为一致,这说明前边所作的有关理论分析,可以作为绘制简单 FLD 这一区域的理论极限应变线的基础。

为了应用上的方便,Chen 和 Fogg[21] 使用了两种简化处理:(1)假定所研究的材料均具有抛物线硬化规律($\sigma = k\varepsilon^n$),这样就容易将拉伸试验结果外延到局部缩颈的范围。对于一些有色金属材料,这样做可能会引入一些误差,然而由于只使用特征点(局部缩颈点),即

$$\varepsilon_1 = (1+r)n \tag{7-29}$$

$$\varepsilon_2 = -rn \tag{7-30}$$

因此,所引入的误差并不重要;(2)用工程应变 e 代替真应变 ε,并仍以直线连接两个特征点(局部缩颈点和平面应变点)。这样处理,所绘制的简单 FLD 的成形极限线的中间部分比理论值略偏高。然而,由于摩擦和应变梯度的影响,冲压件的实际应变极限比理论值高些,所以它并不影响判断成形时的可靠性。同时完全可以用

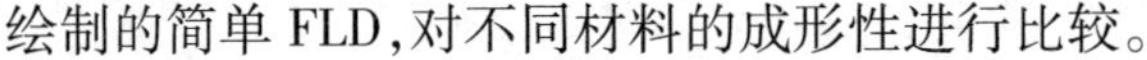
绘制的简单 FLD,对不同材料的成形性进行比较。

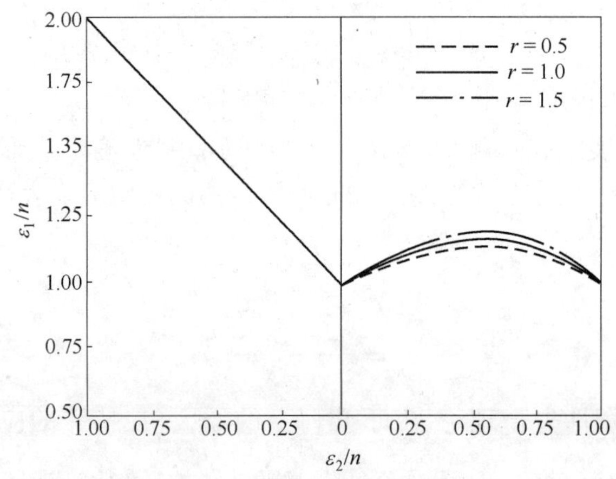

图 7－10 理论计算的 FLD

在图 7－10 的右边部分($e_2>0$,$e_1>0$),理论值与实验值偏差较大,次主应变 e_2 的范围和主应变 e_1 的大小均比实验结果小得多。很明显,基于用平面应力状态的斯维夫特判据所作出的理论的 FLD 不能包括材料在双轴延展条件下,缩颈发生前可以承受的全部有用的变形。这种情况下,材料的断裂似乎仍由局部缩颈引起。Marciniak 等[45]用初始材料或结构的不均匀性来解释这种应力条件下的局部缩颈的发展,但用于计算的初始不均匀性因子(t_B/t_A)目前还无法用实验确定。因此,这一区域的极限应变线的绘制只能依据一些特征点并参照特殊的 FLD 来完成。

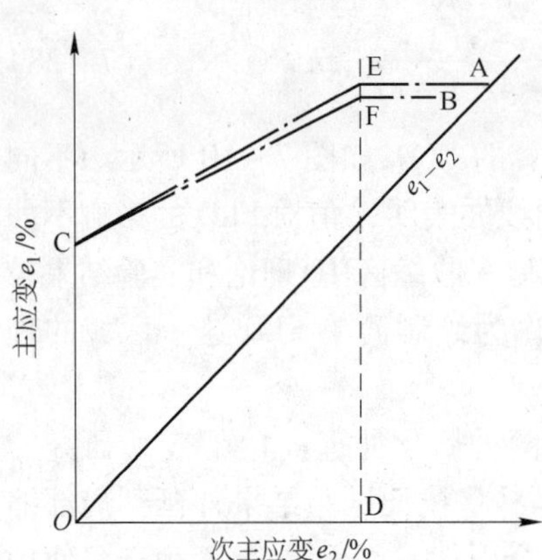

图 7－11 简单 FLD 的右边区域的成形极限线绘制方法

除中心的平面应变点外,用液压鼓胀试验测定另一特征点(在液压鼓胀试验中,交界面之间无摩擦,实验结果更稳定可靠)。Chen 和 Fogg 根据液压鼓胀试验所获得的特征点的位置和对 Keeler-Godwin 的 FLD[6]的形状特点分析,最后确定这两个特征点(中心的平面应变点和液压鼓胀所确定的特征点)采取下列方法连接。由液压鼓胀特征点,引平行于 e_2 轴的直线,和由 $e_2=50\%$ 所引的垂直于 e_2 的直线相交,连接交点和平面应变点,则折线 ACE(见图 7－11)即为所求的理论成形极限线。

用上述方法绘制了一些材料(包括超深冲钢－EDDQ 钢、沸腾钢、304 不锈钢、退火状态的 70/30 黄铜和铝铜锰镁合金 BSSZL77 等,板厚约 1 mm)的 FLD,实验值与理论值均较一致。其中实验测定的及由公式 7－29 和 7－30 计算的 EDDQ 钢的各特征点列于表 7－1。所绘制的简单 FLD 见图 7－12。图中同时给出了 Keeler 和 Goodwin 测定的 FLD 以作比较。可以看出,简单 FLD 与实测值吻合较好。

表 7－1 绘制 EDDQ 钢的简单 FLD 时,实验测定和计算的特征点值(板厚 1.04 mm)

单轴拉伸试验		平面应变试验所测得的表面极限应变		计算的伸展—收缩区 ($e_1>0, e_2<0$) 的特征点值		平衡的液压鼓胀试验测得的特征点值	
n	0.24	e_1	0.45	$\varepsilon_1=(1+r)n$	0.67	e_1	0.70
r_0	1.52	e_2	0	$\varepsilon_2=-rn$	−0.43	e_2	0.65
r_{45}	1.44			$e_1=e^{\varepsilon 1}-1$	0.95		
r_{90}	2.08			$e_2=e^{\varepsilon 2}-1$	0.35		
$\bar{r}$	1.78						

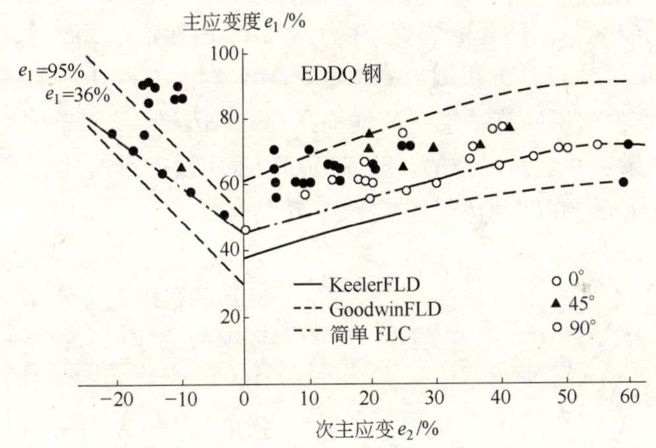

图 7－12 EDDQ 钢的简单 FLD 与实测的 FLD 的比较

7.2.3 影响 FLD 极限应变的因素

7.2.3.1 材料的性质

材料的加工硬化指数 n、应变速率敏感指数 m、平均塑性应变各向异性比 $\bar{r}$ 和显微组织中的夹杂物及其分布情况等都会影响 FLD 的极限应变水平。

通常 FLD 的极限应变值随材料 n 值的增加而增加[22,51]。对各种低碳钢,包括屈服强度 550 MPa 以下的 HSLA 钢,如果板材厚度相同,则 FLD_0 是 n 值的线性函数(见图 7－13)[49]。但是,双相钢并不严格遵守这一实验规律,如 GM980X,虽然它和 EDDQ 钢有大体相同的 n 值,但双相钢的 FLD_0 低于后者。分析指出,这种矛盾和 n 值的取法有关,如果 n 值取自缩颈附近(即 n_u),则 GM980X 的 n_u 为 0.18 左右,它低于 EDDQ 钢的 n 值,与此相对应,它的 FLD_0 处于 EDDQ 钢之下,即符合 Keeler 的经验规律。

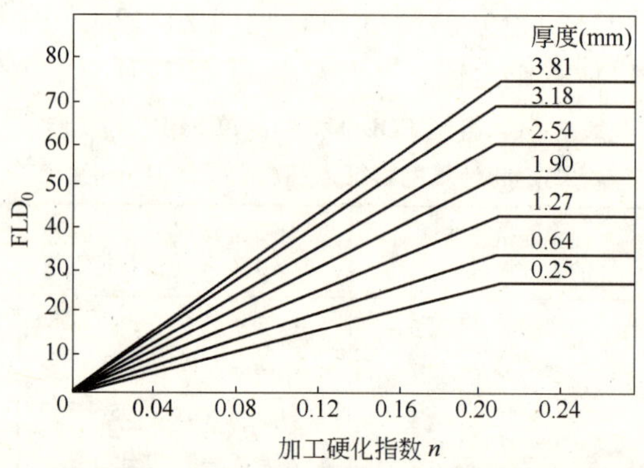

图 7 - 13　n 值和板厚对 FLD_0 的影响

理论计算指出[51]，当 ε_f(断裂真应变)从 0.19 增加到 0.365 时，极限应变水平仅略有增加，即 ε_f 对 FLD 的极限应变水平影响不大。在 FLD 的伸展—伸展区，按 Sawerby 等人[51]的理论计算结果，$\bar{r}$ 值增加，引起极限应变水平下降，这与 Harta 等人[52]的实验结果定性上是一致的。$\bar{r}$值对 FLD_0 基本没有影响，但在 FLD 的伸展—收缩区，$\bar{r}$ 值增加可使 FLD 的极限应变水平升高[53]。

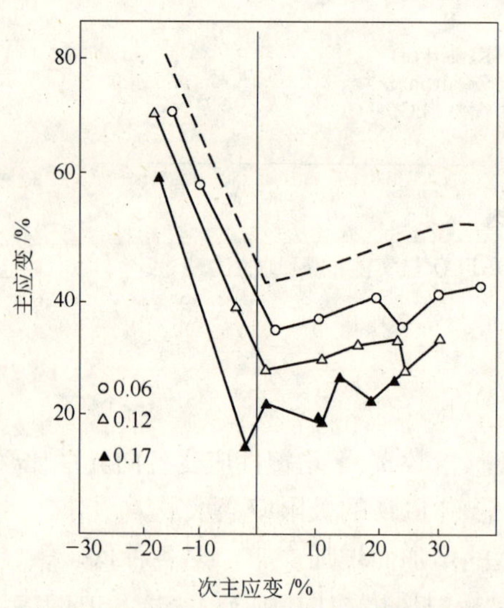

图 7 - 14　钢中夹杂物对 EDDQ 钢 FLD 极限应变水平的影响(图中数字为夹杂物厚度与板材厚度比，虚线表示无夹杂物时板材的 FLD)

应变速率敏感指数 m 增加，则 FLD 的极限应变水平升高[22,40]。双相钢的 m 值一般高于同样强度的 HSLA 钢，这也可能是双相钢比同样强度的 HSLA 钢的 FLD 极限应变水平更高的原因之一。

钢中夹杂物对 FLD 极限应变水平的影响见图 7 - 14[54,55]。由图可以看出，当夹杂物的厚度与板材厚度比达到一定值时，它明显降低 FLD 的极限应变水平。

用稀土改变硫化物夹杂的形状，可以使含铌 HSLA 钢 FLD 的极限应变水平明显提高，但对靠近平面应变处的极限应变水平影响不大(见图 7 - 15)。对某些 HSLA 钢，经稀土处理改变硫化物夹杂物的形状后，可使 HSLA 钢整个 FLD 的极限应变水平(包括平面应变 ε)提高(见图 7 - 16)。

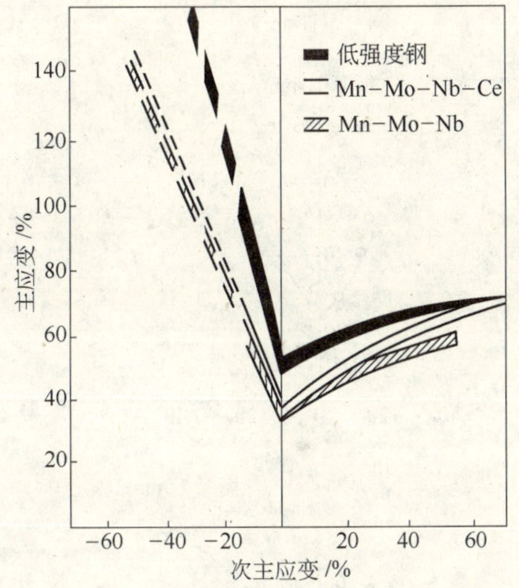

图 7-15 稀土处理对 Mn-Mo-Nb HSLA 钢 FLD 的影响

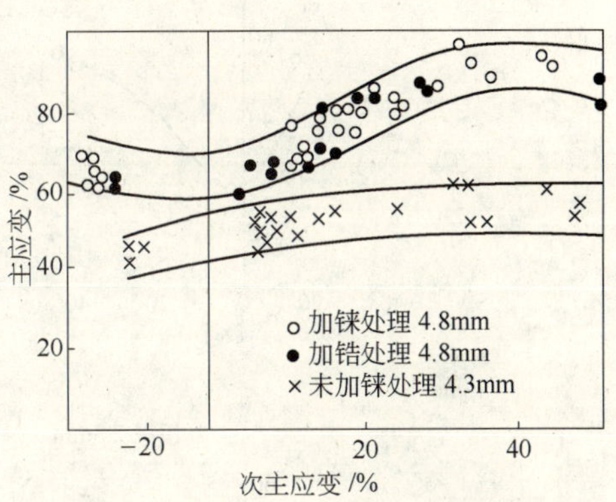

图 7-16 用稀土改变硫化物夹杂的形态对 HSLA 钢 FLD 的极限应变水平的影响

7.2.3.2 测试条件

(1) 板材厚度的影响。实验指出[12,34,54],板板厚度增加,FLD 的极限应变水平下降。板材厚度对双相钢 980XDP 的 FLD 影响见图 7-17[12]。板厚对 980XDP 的 FLD_0 的影响见图 7-18。图中给出了不同作者的实验结果。尽管不同作者采用的失效判据不完全一致,但一般来说,板厚每增加 1 mm,FLD_0 下降 6.7%(低碳钢板厚每增加 1 mm,FLD_0 下降 12.5%)。板厚的影响主要与成形过程中板材中存在应变梯度有关。较低的应变区总是使近邻较高应变区的应变强烈下降,这种现象叫应变分散效应。应变梯度越大,应变分散效应越强。板厚增加,成形板材表面和厚度方向的应变梯度增加,应变分散效应增强,因而使 FLD_0 升高。

(2) 失效判据的影响。采用的失效判据、失效椭圆的测定部位及各失效点的连接方法都影响 FLD 的极限应变水平。

(3) 冲头曲率半径。实验得出,冲头曲率半径增加,成形板材中的应变梯度增加,而应变梯度的存在,改变了平板延展变形中的失稳条件,阻止了局部缩颈的形成。冲头曲率半径的影响与板厚的影响类似,同时冲头曲率半径的改变对应力状态改变也有影响,因此,冲头曲率半径改变时 FLD 的影响大于板厚的影响。

考虑到以上情况,从实用角度来看,选取适当的板材厚度和适当的曲率半径的冲头,对绘制与实际情况更接近的 FLD 可能更重要。但是,在比较材料的成形性时,则应采取更通用的实验条件。

此外,冲压速率和润滑条件等因素也影响 FLD;但和上述各因素相比,则处于次要地位,并且这些因素通常也容易控制。

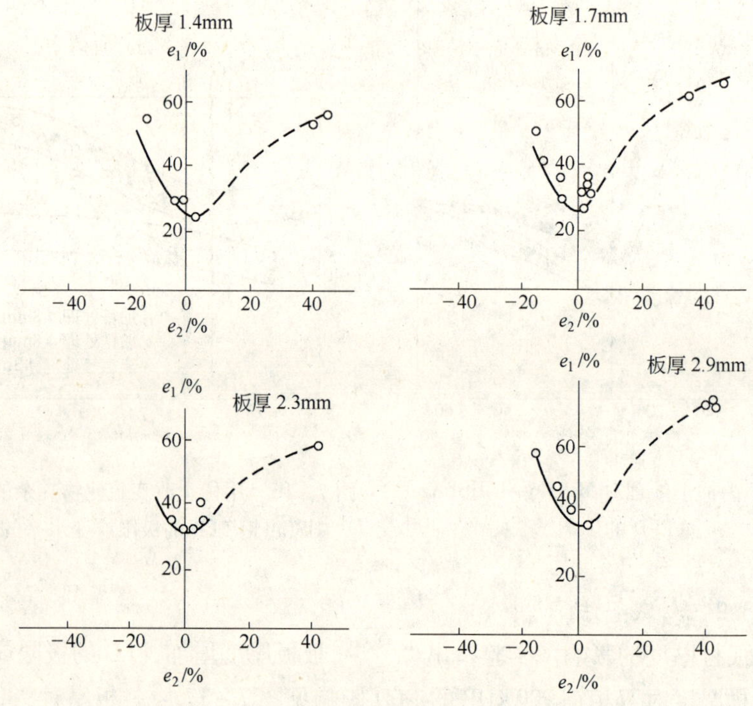

图 7-17　板厚对双相钢 980XDP 的 FLD 的影响

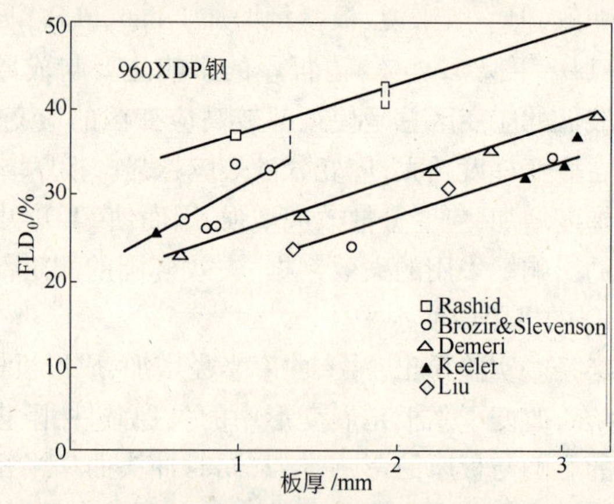

图 7-18　板厚对双相钢 980XDP 的 FLD_0 的影响

7.2.4　液压鼓胀试验

液压鼓胀试验是另一类有几何约束的成形试验,这种试验类似于初始的杯突试验。杯突试验是用钢球延展周边固定的板材，板材的直径约三倍于下模直径，以使板材的极顶可以受到平衡的双轴拉伸应力，并在这一应力作用下使板材延展到失效。测定板材开裂时冲头落下的高度 H，把 H 值作为材料成形性的一个指标（有时以板厚对钢球半径之比对 H 作图）。但这一试验受冲头与试样之间摩擦力的影响，试验结果的可靠性差。

作为杯突试验方法的进一步发展是液压鼓胀试验。在这种试验中，用液压代替刚性冲头，消除了试样与冲头摩擦的影响。但板材受力状态与刚性冲头略有出入。试验板材的一边印有圆形网格，以便测量失效时的应变。试验时试样的周边固定，在其一边施加均匀压力，使板材在平衡的双轴应力下延展变形直到失效。根据外加压力的读数与极顶的曲率半径，就可确定试样上的应力和应变。利用这些数据就可求出在平衡的双轴应力下延展时，材料在大应变下的加工硬化特性，以及平衡的双轴应力条件下的极限应变。由于板材成形中的失效均系在高于均匀应变（ε_u）的应变下出现的，而这一区域内的应变硬化指数不能以单轴拉伸来确定，因此，用液压鼓胀试验所得出的大应变下的应力应变曲线就更有意义。同时用这种试验得出的双轴延展条件下的极限应变也是绘制简单 FLD 时的一个特征点。

有关自动液压鼓胀试验机的原理、应用和试验方法可参考文献[63]。

7.3　无几何约束的成形试验

7.3.1　单轴拉伸试验

单轴拉伸试验是一种基本的无几何约束的成形试验。它可以用于测定材料的屈服特性、加工硬化特性、均匀伸长率、总伸长率、塑性应变各向异性比等参量。用阶梯变速试验可以测定材料的应变速率敏感性（如 m 值）。这些特性与板材的成形性，成形构件的性能有直接关系，可以作为对材料与材料成形性的初步评价。由于试验方法简单，数据可靠，它是比较和评价材料成形性的一种基本试验。

7.3.2　延展弯曲试验

许多成形操作并不是自由弯曲，而是在拉伸条件下进行弯曲成形，这种成形条件可用延展弯曲试验来模拟。同时用这种试验还可以测定平行于轧向和垂直于轧向的板材延性的变化。试验装置示意于图 7－19。

试验采用条状试样，两端夹紧，在不同半径冲头的压力下，使板材延展弯曲到失效。条带试样的尺寸目前尚不统一，如 Waddington[23] 采用 63.5 mm 宽、152 mm 长的条带试样，而 Hansen[56] 采用 51 mm 宽、203 mm 长的条带试样。试验时，试样所承受的应力是由冲头产生的弯曲应力和由夹持端部所产生的拉伸应力的组合。当冲头半径与厚度之比增加时，则弯曲度下降，拉伸上升，缩颈可能在冲头和试样

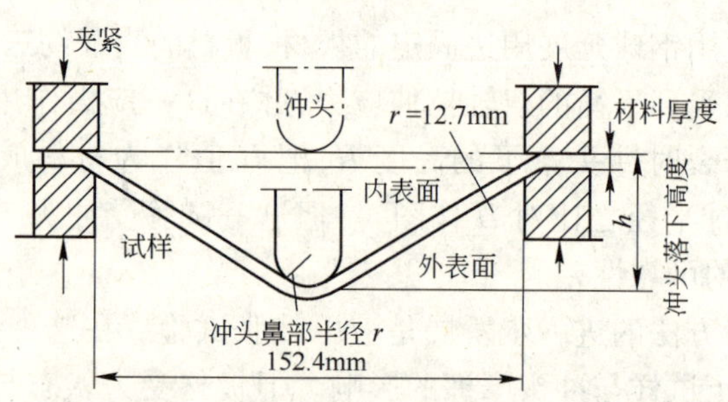

图 7－19　延展弯曲试验装置示意图

的夹持端部之间出现。试验中如果出现了这种现象，剪边效应就不再是延展弯曲失效的限定因素，那么试验就不能提供有用的数据。按照 Fine[58] 等人的建议，弯曲试验时的最佳条件（即对剪边效应有较好的鉴别能力）是在避免缩颈出现的条件下，尽量采用大半径的冲头。例如，板厚 2.54 mm、屈服强度为 490～560 MPa 的微合金化的高强度钢板，允许使用的最大冲头半径为 32 mm[59]。试样分别沿垂直和平行轧向切取，其边沿或经加工或保持剪边状态。以冲头下落位移对冲头半径与板厚之比进行作图，并观察不同的试样断裂萌生的位置。

7.3.3　胀孔试验

胀孔试验用于评价板材的剪边延性或卷边操作中板材的成形性。试验时用一个圆形冲头，使周边固定、中间有孔的平板试样延展。试验装置示于图 7－20。胀孔试验有时也可采用一个锥形冲头进行[67]。冲头的锥形顶角为 20°。试样的剪切毛边放于冲头前进方向的对边。

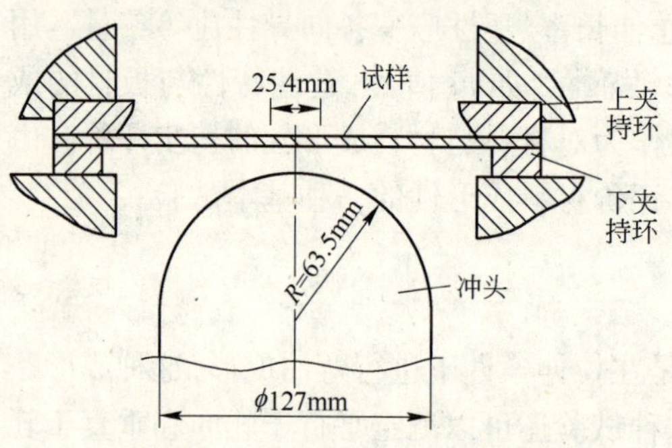

图 7－20　胀孔试验装置示意图

试验进行时，冲头逐步向上，在第一次观察到试样中出现穿透厚度的裂纹时，冲头终止前进。剪边断裂的极限应变可用胀孔的百分比表示，其定义为

$$\lambda = \frac{D_f - D_i}{D_i} 100\% \qquad (7-31)$$

式中　D_i——试样中心孔的初始直径；

D_f——试验终止时试样中心孔的直径。

此外，板材的局部应变还可通过厚度减薄和电蚀到试样表面的直径为 2.54 mm 的圆形网格的变形来表示[23]，即把径向应变 ε_r、圆周应变 ε_θ 及厚度方向应变 ε_t 作为材料胀孔试验时的剪边延性的指标。

7.4 双相钢的成形性

7.4.1 双相钢有几何约束的成形性

7.4.1.1 双相钢的 FLD 分析

双相钢 GM980X、热轧低碳钢和低合金高强度钢 SAE980X、950X 的 FLD 的对比见图 7-21[50]。由图可以看出，在各种应力状态下，双相钢 GM980X 的成形性均优于 HSLA 钢，而略逊于热轧低碳钢。但是当次主应变 e_2 较高时，其极限应变线可与热轧低碳钢相比，而这一范围的次主应变值正是工程上感兴趣的范围。如果考虑到双相钢的强度较高，那么根据图 7-21 所得出的双相钢的成形性是令人满意的。尤其是在工业上，冲压构件的变形方式是以延展为主（如汽车冲压件），双相钢可以较好地承受其变形过程，而加工同样强度的 SAE980X 则要困难得多。有意思的是，在 FLD 的伸展—收缩区，SAE980X 和 SAE950X，其极限应变基本相等。但在伸展—伸展区，强度较低而延性较好的 SAE950X 的极限应变值则高得多，但仍低于双相钢 GM980X。

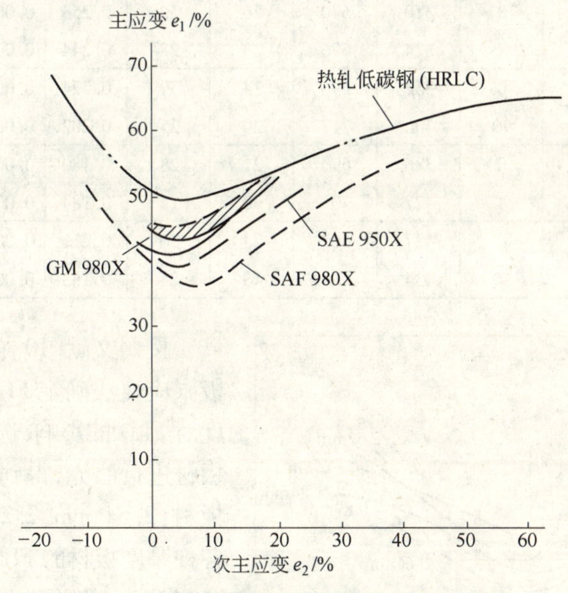

图 7-21 双相钢和其他钢类的 FLD 的比较

在深冲拉延操作中（即 FLD 的伸展—收缩区），双相钢的成形性逊于 r 值较高的低碳钢。但和同样强度的 HSLA 钢相比，深冲拉延性能还相当好，这可能与双相钢具有较高的 n 值，因而具有较高的缩颈抗力有关。

7.4.1.2 板厚对双相钢成形性的影响

Demeri[13] 测定了不同厚度的双相钢 DP-90T 钢板的 FLD。钢的化学成分列于

表7－2。不同厚度的双相钢板的力学性能列于表7－3,其中 n 和 K 是用霍洛曼方程拟合应力应变曲线的计算值。

表7－2　DP-90T 钢的化学成分(%)

钢　锭	C	Mn	P	S	Si	V	Al	Re
2F2132	0.07	1.53	0.010	0.004	0.63	0.068	0.041	无
F36341	0.11	1.46	0.008	0.014	0.68	0.042	0.064	有
T46990	0.10	1.64	0.008	0.012	0.61	0.05	0.07	有

表7－3　供货状态的 DP-90 钢的力学性能

钢　锭	板厚 /mm	取向	$\sigma_{0.2}$ /MPa	σ_b /MPa	e_u /%	e_t /%	n	m	r	K
2F2132	0.66	0	365	600	24	31	0.255	0.0060	0.84	1103
		90	293	614	24	30	0.244	0.0060	1.13	1103
未分析	0.89	0	276	662	25	30	0.244	0.0064	0.83	1241
		90	303	662	22	27	0.252	0.0060	0.87	1241
F36341	1.42	0	310	690	26	32	0.253	0.0069	0.77	1269
		90	324	696	23	28	0.244	0.0059	0.93	1241
T46990	2.18	0	352	696	24	30	0.224	0.0058	0.73	1241
		90	400	717	20	25	0.202	0.0062	0.76	1241
T46990	2.64	0	386	690	21	28	0.180	0.0059	0.78	1117
		90	427	703	20	25	0.184	0.0055	0.90	1145
T46990	3.25	0	427	662	23	30	0.211	0.0063	0.80	1089
		90	434	669	18	24	0.183	0.0060	0.95	1061

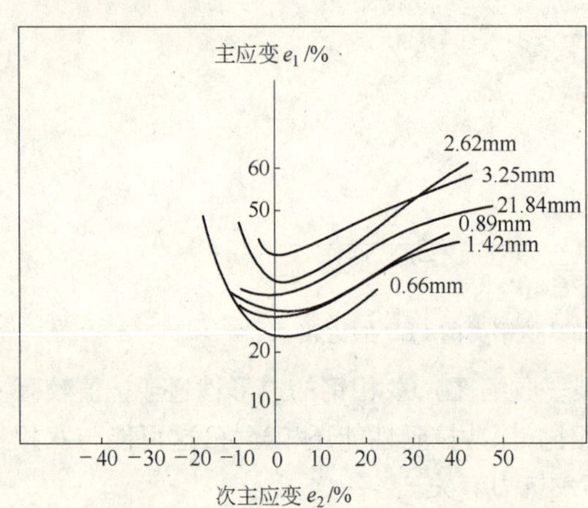

图7－22　不同板厚的 DP-90T 的 FLD

按照文献[10]的方法,采用下界极限应变法确定 FLD_0 为准确比较厚度对 FLD 的影响,选定3.25 mm 厚的板材进行磨光,得到三种不同厚度的板材:2.54 mm,2.23 mm,1.52 mm。各种厚度板材的 FLD 见图7－22。板厚与 FLD_0 的关系见图7－23。为便于比较,在图7－23 中还给出了 Keeler 的数据和 LDH_0 的测定结果。在所测定的板材厚度范围内,FLD_0 和 LHD_0 均随板厚增加而线性增加,但各直线的斜率略有不同。

图 7－22 和 7－23 的结果表明，双相钢 DP-90T 的 FLD 及 FLD_0 随板厚的变化与其他钢类相似，即极限应变水平均随板厚增加而增加。从表 7－3 所列的数据可以看出，板厚不同力学性能也不相同，随板厚增加双相钢的强度上升，均匀伸长率和加工硬化指数 n 值下降，显然这些性能变化对 FLD 的影响小于板厚的影响。平行于轧向和垂直于轧向所测定的 FLD 基本相同。

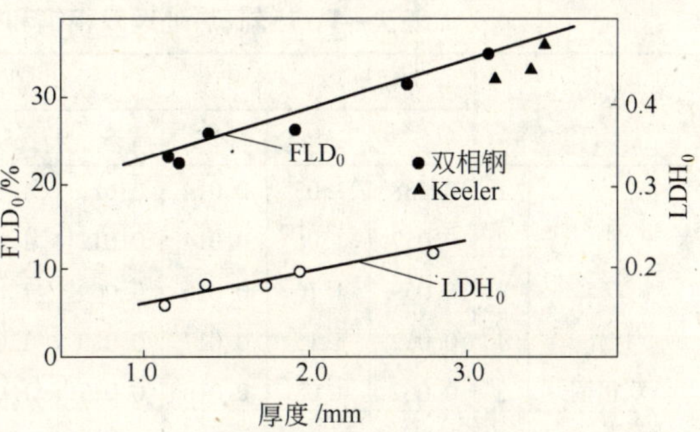

图 7－23　双相钢 DP-90T 的 FLD_0 和 LDH_0 与板厚的关系

7.4.1.3　热轧和热处理双相钢的 FLD 比较

热轧、热处理双相钢和 HSLA 钢成形性的比较结果[56]表明，如果强度等级相同，则热轧双相钢和热处理双相钢的 FLD 相同，其 FLD 的极限应变线均高于同样强度等级的 HSLA 钢的极限应变线。热轧双相钢与热处理双相钢的 FLD 的比较见图 7－24。试验用钢的化学成分和力学性能分别列于表 7－4 和表 7－5。图 7－24 的数据点的散布较宽，可能与试样取自不同的盘卷有关。

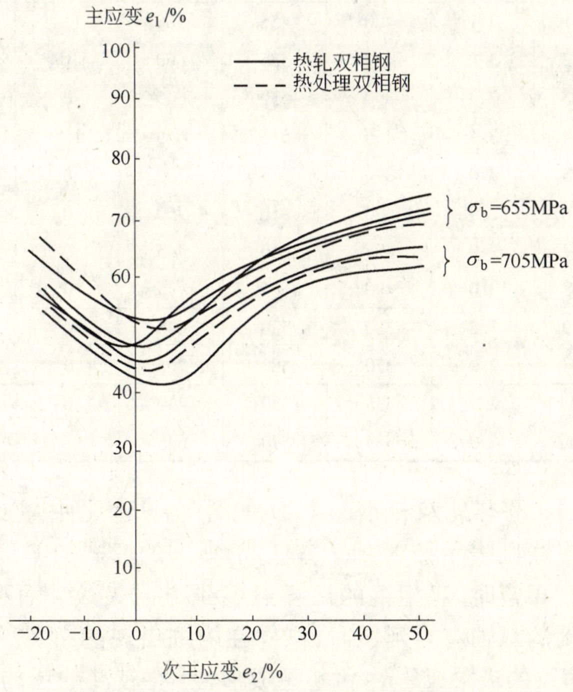

图 7－24　热轧和热处理双相钢的 FLD 比较

表 7-4　热轧、热处理双相钢和微合金化钢的化学成分

编号		化学成分/%									
		C	Mn	P	S	Si	Cr	Mo	Ti	Al	Ce
热轧双相钢	1	0.038	1.03	0.014	0.010	1.18	0.30	0.27	0.004	0.039	0.017
	2	0.057	1.06	0.014	0.012	1.07	0.46	0.28	0.004	0.043	0.015
	3	0.059	1.16	0.016	0.009	1.06	0.30	0.30	0.003	0.041	0.015
	4	0.062	1.15	0.017	0.010	1.07	0.29	0.31	0.003	0.040	0.013
	5	0.062	1.08	0.016	0.013	1.08	0.37	0.51	0.004	0.042	0.015
	6	0.076	1.13	0.020	0.007	1.13	0.34	0.52	0.003	0.063	0.020
	7	0.080	1.27	0.016	0.009	1.06	0.30	0.30	0.004	0.043	0.017
	8	0.10	1.21	0.015	0.004	1.09	0.32	0.30	0.004	0.056	0.042
热处理双相钢	9	0.081	1.44	0.013	0.005	0.73	0.04	0.20	0.003	0.058	0.028
	10	0.11	1.49	0.013	0.005	0.75	0.04	0.22	0.004	0.058	0.028
微合金化钢	11	0.065	0.34	0.009	0.020	0.02	0.03	0.02	0.11	0.052	
	12	0.087	0.31	0.008	0.014	0.06	0.04	0.02	0.21	0.014	

表 7-5　热轧、热处理双相钢和微合金化钢的力学性能

编号		板厚/mm	σ_Y/MPa	σ_3/MPa	σ_b/MPa	ype/%	e_u/%	e_t/%
热轧双相钢	1	3.1	420	455	560	1.8	19.0	31.0
	2	3.0	410	535	660	微量	16.5	28.0
	3	2.9	390	530	645	0	16.8	27.8
	4	3.1	450	515	645	1.5	17.7	27.0
	5	3.0	390	575	700	0	16.0	24.2
	6	2.9	490	650	760	0	14.2	22.5
	7	2.9	455	640	745	0	13.8	22.0
	8	3.0	490	665	775	0	12.8	19.0
热处理双相钢	9	3.2	330	520	645	0	16.7	27.2
	10	2.9	370	580	705	0	15.7	24.7
微合金化钢	11	2.9	335	380	430	0	16.5	30.5
	12	2.9	535	570	635	1.7	12.8	19.0

表7-4中的4号热轧双相钢的FLD见图7-25。图中实线为实测的FLD的极限应变线，虚线则表示按Keeler方法[49]画出的标准的FLD。可以看出，当次主应变 e_2 小于40%时，双相钢的试样以缩颈方式失效。而在大的次主应变下，即接近于平衡的双轴应力延展时，试样在缩颈出现前断裂。这就意味着，双相钢的FLD是缩颈的极限成形性和断裂成形性（在较高的正的次主应变下）的结合。

7.4.1.4 双相钢的抗拉强度对 FLD 的影响

提高双相钢板的抗拉强度对双相钢的 FLD 的成形极限线有不良的影响，即随着双相钢抗拉强度升高，双相钢的 FLD 的极限应变水平下降。热轧双相钢的试验结果示于图 7-26。显然，不同的热轧双相钢板卷中抗拉强度的变化和不同，将会导致双相钢成形性的变化。成分的不同和变化也会引起抗拉强度的变化，从而影响双相钢的成形性。因此，为使双相钢的成形性变化较小(同一个牌号的双相钢)，双相钢的化学成分范围应严格控制。

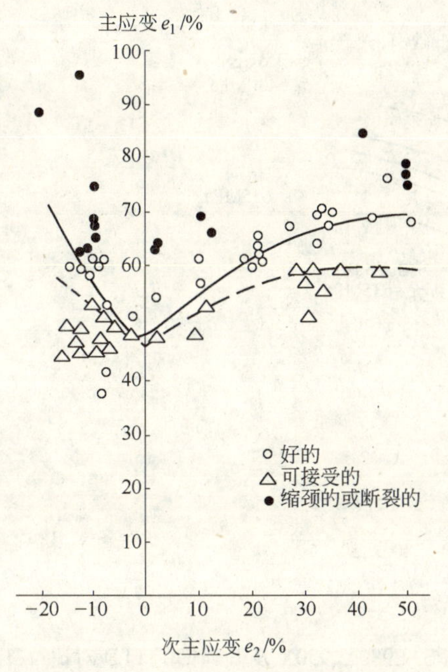

图 7-25 4 号热轧双相钢的 FLD

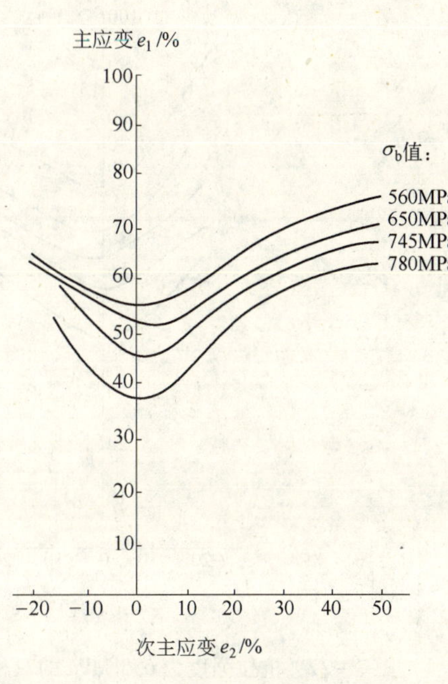

图 7-26 抗拉强度对热轧双相钢的 FLD 的影响

抗拉强度为 655 MPa 的双相钢的 FLD 与低碳钢及含钛的 HSLA 钢的 FLD 的比较见图 7-27[56]。可以看出，双相钢的成形性优于同等抗拉强度的 HSLA 钢，但逊于抗拉强度为 428 MPa 的 SAE950X。这与 Cornford 等人做出的结果[57]类似，但与 Rashid 的结果(见图 7-21)有明显出入。Hensen 认为[56]，造成实验结果差异的主要原因并不是不同作者实验用的双相钢料和实验技术上的差异，因为不同作者所测得的双相钢的 FLD 基本相同，主要原因是 SAE950X 和 SAE980X 的 FLD 的测试结果有差异。Rashid 测定的 SAE980X 和 SAE950X 的 FLD 是相近的，而 Hensen 测定的这两个钢的 FLD 是分开的，因此，就使得抗拉强度为 655 MPa 的双相钢 GM980X 的 FLD 处在 SAE950X 和 SAE980X 的 FLD 的成形极限线之间。从而得出，双相钢的延展成形性比抗拉强度相当的 SAE980X 优越，而次于强度较低的 SAE950X。此外，由于双相钢的抗拉强度对其成分较为敏感，如双相钢的碳含量处于该钢号成分范围的上限（如 GM980X，碳含量为 0.14%）可使双相钢 GM980X 的抗拉强度达 793 MPa，其成形性可能与 SAE980X 相当，如碳含量处于该钢号成分范围的下限，则 GM980X 的抗拉强度小于等于 656 MPa，那么成形性将优于 SAE980X，而与 SAE950X 相当。

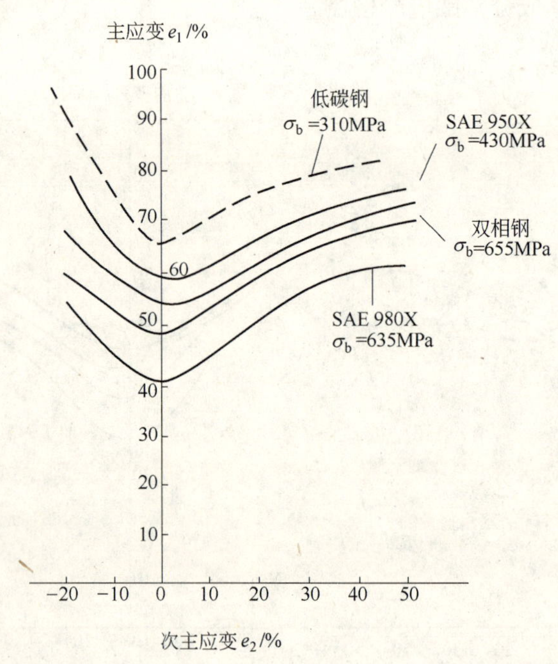

图 7 – 27　抗拉强度为 655 MPa 的双相钢与 SAE980X、950X 及低碳钢的 FLD 对比

进一步分析 Hensen 和 Rashid 的数据发现，他们试验所用的钢 SAE950X 和 SAE980X 的抗拉强度不同（见表 7 – 6），这很可能是二者成形性试验结果发生矛盾的重要原因。根据表 7 – 6 的数据，按 Hensen 的抗拉强度与 FLD 的实验结果，抗拉强度为 451 MPa 的 SAE950X 的 FLD 成形极限线应低于图 7 – 27 的相应的曲线，而抗拉强度为 616 MPa 的 SAE980X 的 FLD 的成形极限线应高于图 7 – 27 的相应曲线。同时考虑到 Rashid[50] 试验时所用的 GM980X 的抗拉强度为 616 MPa，这也会使图 7 – 27 中双相钢的 FLD 的极限应变水平升高，从而使双相钢的 FLD 与 SAE950X 的 FLD 重合。由此看来，Hensen 和 Rashid 的实验结果和结论在各自的实验条件下都合理，并无矛盾。这些分析和结果进一步说明，双相钢和其他成形钢类一样，其成形性都受其强度水平的影响。但双相钢的成形性优于抗拉强度相当的 HSLA 钢。双相钢的 FLD 的极限应变水平较高与它的加工硬化速率 n_u

值和 m_u❶值都较高(从而使应变分布均匀)有关。

表 7-6 用于成形性试验的双相钢与 HSLA 钢的抗拉强度

钢 号	抗拉强度/MPa	试验者
SAE950X	430	Hensen[56]
SAE950X	451	Rashid[26]
SAE980X	635	Hensen[56]
SAE980X	616	Rashid[26]
GM980X	614	Rashid[26]
热轧或热处理双相钢	635	Hensen[56]

7.4.1.5 双相钢液压鼓胀成形性

采用液压鼓胀试验可以给出比单轴拉伸试验的应变量大得多的应变下的加工硬化数据,并可给出 FLD 上等双轴应力下变形时的极限应变点。用液压鼓胀试验测定的双相钢、IF 钢❷和 HSLA80 钢的真应力真应变曲线见图 7-28。图中同时列出了单轴拉伸下的真应力真应变的测定结果。由于单轴拉伸试验在某一应变下受到形成扩散缩颈的限制,因此,拉伸试验所测量的是板材平面的性能,而液压鼓胀试验所测量的是板材整个厚度的性能。两种试验所得到的应力应变曲线的不同,正是材料法向各向异性的一个度量。图中结果表明,HSLA80 和 IF 钢在厚度方向的强度水平比在板材平面方向要高得多,而双相钢则在厚度方向和板材平面方向的强度水平基本相当。

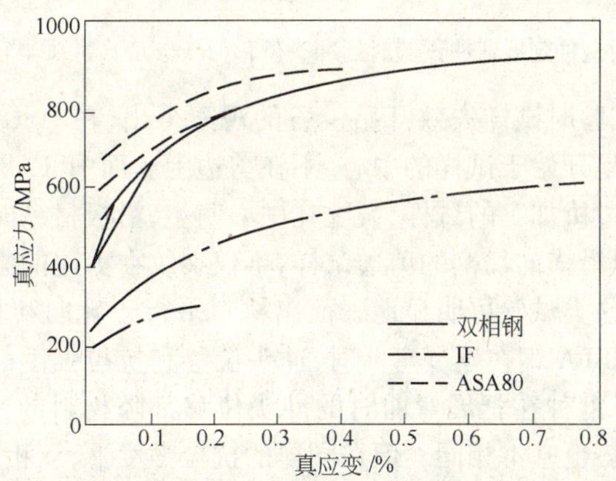

图 7-28 用液压鼓胀试验所测得的真应力应变曲线

❶ m_u 系材料塑性失稳时的 m 值。

❷ IF 钢为无间隙固溶强化钢。

7.4.2 双相钢无几何约束的成形性

7.4.2.1 双相钢的延展弯曲成形性

对双相钢延展弯曲成形性的研究与测定得出[93,23,56]，抗拉强度水平与 HSLA80 钢相当的双相钢，其延展弯曲成形性与 HSLA50 钢相当，并且横向和纵向没有明显差别，而远优于 HSLA80 钢（见图 7－29）。

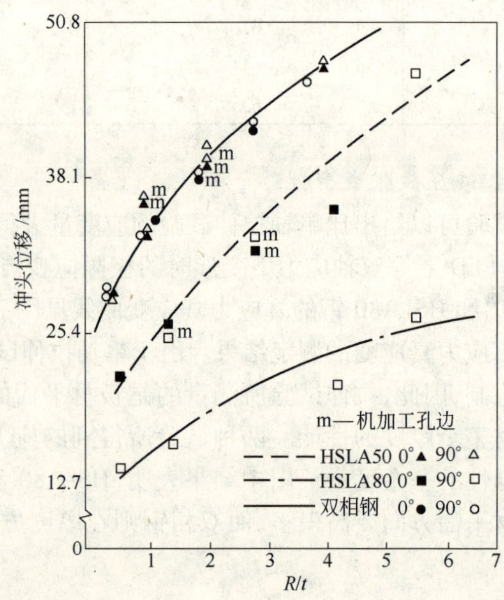

图 7－29 不同钢种延展弯曲试验时的冲头位移（H）与 R/t（冲头半径/板厚）的关系

对延展弯曲试验时试样失效开始位置的观察得出，在 HSLA50 钢和双相钢试样中，裂纹萌生总是开始于试样的中心，不在剪边上。而 HSLA80 钢试样失效时的冲头位移较低，经过机加工的试样，裂纹在中心萌生，沿板材纵向剪切的试样，则裂纹沿剪边萌生。但沿横向切割的剪边试样，不仅裂纹在剪边的边部萌生，而且冲头位移也显著下降，这类试验可明显地表征出材料平行于轧向和垂直于轧向的性能变化。双相钢和 HSLA 钢在延展弯曲时，冲头位移和抗拉强度的关系见图 7－30。图中曲线表明所有钢种在延展弯曲时的冲头位移都随材料的抗拉强度升高而下降，而且其变化趋势也基本相同。但在同样的抗拉强度下，双相钢有较高的冲压延展弯曲度，尤其在较高的强度水平下，双相钢在延展弯曲时冲头位移高度远较 HSLA 钢高。这表明，在较高的强度水平下，双相钢仍然具有良好的延展弯曲成形性。

用不同厚度的板材和冲头曲率半径（不同的 R/t）测定双相钢 DP-90T 在延展弯曲试验时剪边失效的极限冲头位移[13]，试验结果分别列于图 7－31 和图 7－32，其中图7－31强调了双相钢的延展特性，图7－32则强调了双相钢的弯曲特性。从这两个图可以看出，双相钢的延展弯曲成形性随冲头曲率半径和板材厚度的增加而增加。双相钢DP-90T的延展弯曲成形性逊于铝镇静钢（即AK钢）。板材厚度对这类试验时的弯曲特性影响较大，而冲头半径对板材的延展特性影响较明显。

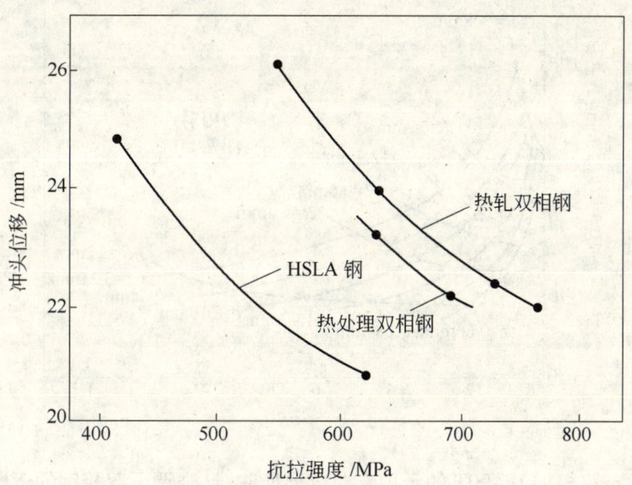

图7－30 双相钢和HSLA钢在延展弯曲试验时冲头位移与抗拉强度的关系

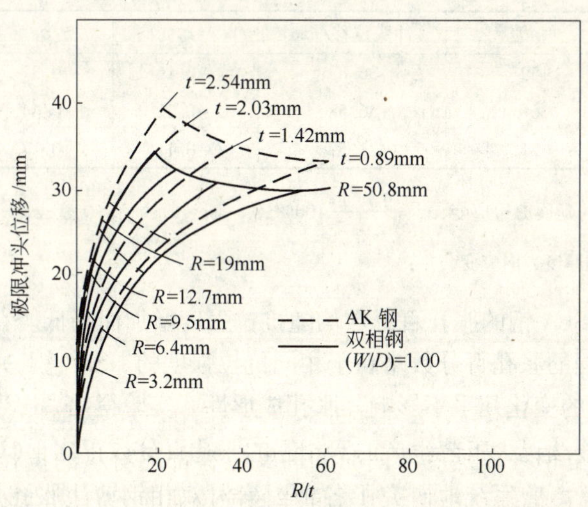

图7－31 双相钢DP-90T和AK钢的延展弯曲成形性曲线（强调了双相钢的延展性）

7.4.2.2 双相钢的胀孔成形性

双相钢与HSLA50和HSLA80钢的胀孔试验结果列于表7－7[23]。从表中数据可以看出，双相钢的剪边延性指标与HSLA50钢相当，优于HSLA80钢。对两个 HSLA 钢延展断裂后的试样断口观察得出，裂纹总是平行于轧制方向出现，这可能与非金属夹杂物沿轧制方向排列有关。而双相钢的裂纹总是沿各个方向出现的。

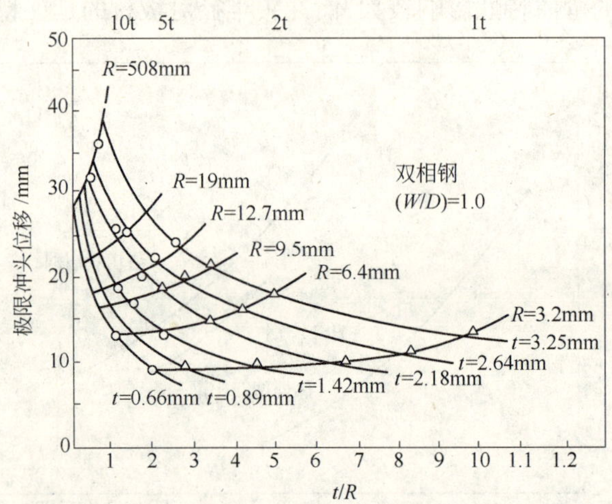

图 7－32　双相钢 DP-90T 的延展弯曲成形性曲线（强调了双相钢的弯曲特性）

表 7－7　双相钢与 HSLA 钢的胀孔试验结果对比

材　料	e_{av}/%	冲头位移/mm	ε_r	ε_θ	ε_t
GM980X	59	36.83	－0.16	0.37	－0.26
HSLA50	64	36.58	－0.22	0.44	－0.30
HSLA80	21	21.59	－0.11	0.17	－0.12

注：e_{av}—至断裂的延展剪边应变，$e_{av}=\frac{d_{av}-d_0}{d_0}100\%$；$\varepsilon_r$—断裂时的径向应变；$\varepsilon_\theta$—断裂时的周向应变；$\varepsilon_t$—断裂时的厚度方向应变。

双相钢与 HSLA 钢的胀孔百分数均随抗拉强度增加而降低。在相同的抗拉强度水平下，双相钢的胀孔百分数略高于相同抗拉强度的 HSLA 钢，并且在热轧双相钢中硫化物形状的变化几乎不影响其胀孔成形性。实验得出[64]，当采用锥形冲头胀孔试验时，用连续退火工艺生产的双相钢的胀孔百分数正比于$(1+r_{min})n$。

Nishimoto 等[28]曾系统地研究了各种因素对双相钢剪边胀孔成形性的影响。胀孔试验用直径 100 mm 的半圆冲头，延展周边固定并带有 30 mm 圆孔的板材，当孔边观察到长度为 2 mm 的裂纹时，冲头停止运动，仍采用胀孔百分数表示其胀孔成形性。由于冲孔剪边而引起的孔损伤的程度定义为

$$D_\lambda=\frac{\lambda_m-\lambda_p}{\lambda_m}\times 100\% \qquad (7-32)$$

式中 λ_m,λ_p——分别为磨孔和冲孔的试样的胀孔百分比。

λ 通常随总伸长率增加而增加，因此，冲孔损伤程度 D_λ 基本和总伸长率无关。

λ_p 一般随马氏体体积分数增加而降低，D_λ 则随马氏体体积分数增加而增加（图 7－33）。在同样的马氏体体积分数下，D_λ 随硫含量增加而增加，在某一马氏体体积分数范围内，高锰和高硫含量的钢，其 λ_p 值较低，D_λ 值较高。双相钢中硫含量越低，则马氏体体积分数的影响越明显（图 7－34）。硫化物还可作为第二相，使双相钢的 λ_p 下降，D_λ 值升高。

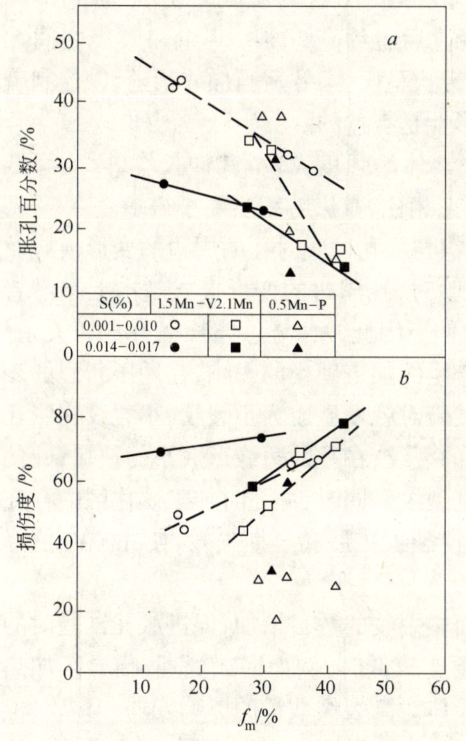

图 7－33 双相钢的 $\lambda_p(a)$ 和 $D_\lambda(b)$ 与马氏体体积分数的关系

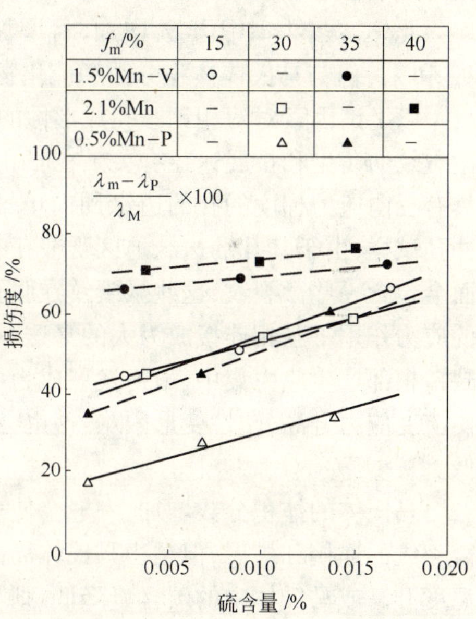

图 7－34 冲孔损伤度 D_λ 和硫含量的关系

对于某些临界区加热后水冷的双相钢，随着马氏体体积分数的增加，其 D_λ 值增加，在某一马氏体体积分数下达到最大值，进一步增加马氏体的体积分数，其 D_λ 值反而下降。这种情况表明，当马氏体体积分数增加时，有两个相互矛盾的因素在起作用。临界区加热温度升高，马氏体体积分数增加，使 D_λ 值升高，但随着临界区加热温度升高，马氏体中碳含量降低（即马氏体形态由片状马氏体转化为板条状马氏体），而后者有利于改善 D_λ 值。

双相钢的 λ_m 和 λ_p 值一般随回火温度升高而增加，D_λ 则随回火温度升高而降低，这种变化与回火过程中双相钢中马氏体岛的软化有关。

1% ~7% 的残留奥氏体量仅使 λ_p 值略有升高，对 D_λ 基本没有影响。

马氏体岛的大小和间隙对 λ_m、λ_p 及 D_λ 值影响很小，但是呈带状分布的马氏体组织，使 λ_m、λ_p 明显下降，D_λ 值上升，即带状组织使剪边延性下降。沿轧制方向压延伸长了的磁化物夹杂也使双相钢胀孔成形性下降。例如，将三组不同带状组织和磁化物夹杂形态的双相钢进行胀孔试验，其中 A 组既无带状马氏体也无伸长的硫化物夹杂。B 组有带状马氏体或者有伸长的硫化物夹杂。C 组既有带状马氏体又有伸长的硫化物夹杂。胀孔试验结果指出，A 组的胀孔百分比为 30% ~55%，B 组和 C 组一般为 10% ~30%，前者比后者约高 20%。B 组和 C 组之间无明显区别。因此，在双相钢中，尽可能避免带状马氏体，并适当加些稀土，以控制硫化物夹杂的形态，对改善双相钢的胀孔成形性是有益的。

此外，铁素体中固溶碳增加，将增加铁素体的强度，减少其伸长率，因此降低 λ_m 和 λ_p，但与马氏体体积分数和硫化物形态相比，其影响程度要小得多。

以上诸因素对双相钢胀孔成形性的影响与胀孔试验时孔的周边的变形模式及微裂纹的萌生和扩展途径有关。在胀孔试验时，孔周边的变形模式基本上是沿着具有径向应力梯度的孔的边缘周向单轴拉伸。因此，λ_m 与总伸长率有密切关系。冲孔试样，由于其孔的边缘地区受冲孔时产生的加工硬化的影响，在冲压断裂的表面会包含一些微裂纹，这些微裂纹在胀孔试验时就发展成为小裂纹，小裂纹在胀孔的应力作用下互相连接成为大的穿透厚度的裂纹，在孔的边缘形成小的缺口，并使缺口根部产生应力集中，最终发展成为可见裂纹。同时，冲孔时加工硬化区的存在使流变应力升高，塑性变形困难，这也会促使裂纹扩展和早期失效，使 λ_m、λ_p 值降低。

马氏体的体积分数增加，一般会使表面微裂纹的数目增加，促进胀孔试验时的微裂纹的连接和扩展，但是当马氏体岛的硬度较低时，例如回火处理，临界区加热温度升高或马氏体中的碳含量降低，则马氏体对微裂纹数量的影响变弱。

平行于板材表面的冲孔剪边的显微组织和微裂纹的观察表明，经 800℃ 加热后空冷试样中，在剪边的加工硬化区内铁素体 - 马氏体交界面上有一些显微裂纹（图 7 - 35*a*）。但另一材料，经 250℃ 回火后，在冲孔剪边的加工硬化区内便无显微裂纹出现（图 7 - 35*b*）。对胀孔后的试样裂纹尖端扫描电镜观察表明，未经回火的试验裂纹传播的方式是交界面脱聚，而在回火的试样上裂纹通过马氏体传播，未发生交界面脱聚现象。裂纹扩展途径的不同与两相硬度比有关，回火使两相硬度比降低，因此裂纹扩展途径不再通过交界面脱聚。对不同成分的双相钢胀孔试验后的裂纹扩展途径的观察有类似的情况。例如 1.5% Mn-V 双相钢中，两相硬度比（$HV_m/HV_F = 5.5$）较高，裂纹扩展和传播以交界面脱聚形式进行，而

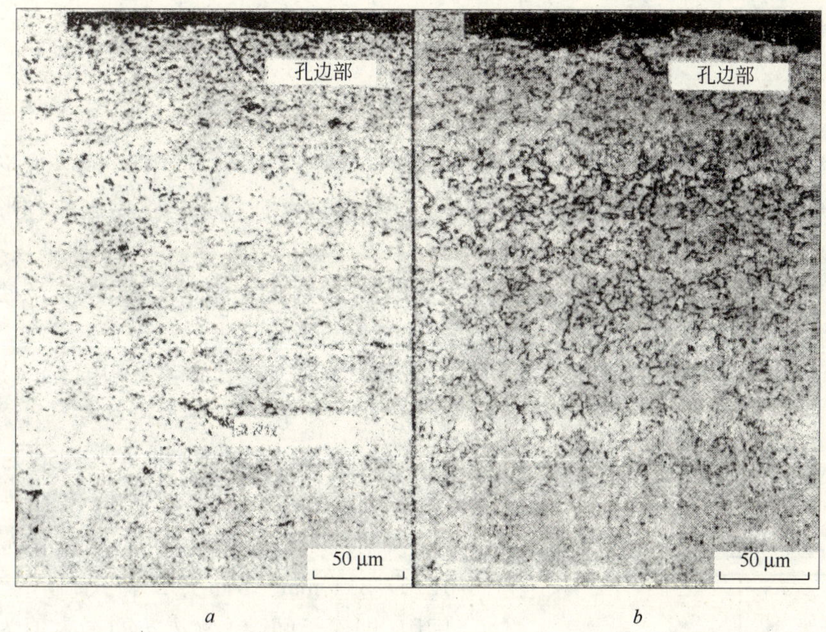

a　　*b*

图 7－35　冲孔剪边试样的光学显微组织照片

a—0.07% C-2.1% Mn 钢，800℃空冷；*b*—0.07% C-0.5% Mn-0.08% P，800℃空冷；250℃回火

0.5% Mn-P 双相钢，$HV_m/HV_F = 2.1$，则裂纹扩展以通过马氏体的方式进行，未发现交界面脱聚。因此，采用适当的方法，降低两相硬度比，对改善双相钢的胀孔成形性是有益的。

7.4.2.3　延展弯曲成形性和胀孔成形性的关系

延展弯曲试验和胀孔试验均属几何上无约束的试验，因此，其试验结果有一定的联系。胀孔百分比与延展弯曲时的冲头位移的关系见图 7－36[56]。由图可见，不论 HSLA 钢或双相钢，冲头位移均随胀孔百分数的增加而增加，而且两类钢的直线的斜率也基本相同。但是，对于一个给定的胀孔百分数，双相钢具有更高的冲头位移。这种差别，反映了延展弯曲试验中包含有某种程度的拉伸变形，而双相钢的拉伸延性优于 HSLA 钢。

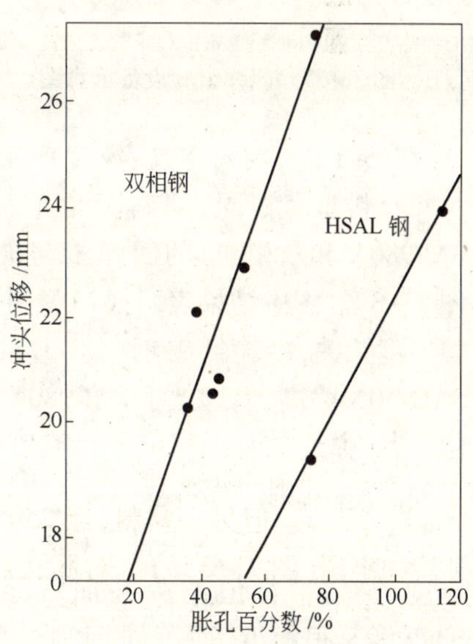

图 7－36　双相钢、HSLA 钢的胀孔百分数与冲头位移的关系

7.5　双相钢成形构件的其他特性

7.5.1　回弹

采用 HSLA 钢制造冲压构件，除成形性问题外，另一个重要的问题是成形构件的回弹。所谓回弹是指当冲压构件从模子中取出后（或模子去除后），构件形状发生的变化。回弹是一个十分复杂的现象，除了与材料的性能（例如屈服强度、初始加工硬化速率、抗拉强度等）有关外，还受模子参数（例如模子间隙、弯曲半径）、成形构件的形状和材料成形前的应变历史等因素的影响。

Davies[60] 研究了低碳钢、HSLA 钢和双相钢的回弹及其有关影响因素。实验设备如图 7－37 所示。全部设备安装在 Instron 试验机上，将不同厚度的 t，长 150 mm，宽 25 mm的条带试样，牢牢地固定在铁砧 A 上，铁砧圆角的半径为 R（R 的变化范围从 12.5～3.1 mm）。冲头 B 和铁砧 A 之间的间隙（即模子间隙）为 d，d 的最大值为材料厚度的 2.5 倍。实验表明，冲头圆角 B 的半径从 1.6 mm 到 12.5 mm 变化时，对回弹的测定结果没有影响。试样经弯曲变形后，测定卸载后试样两臂之间的夹角减去 90°，作为试样的回弹量。测量精度为 ±0.25°。

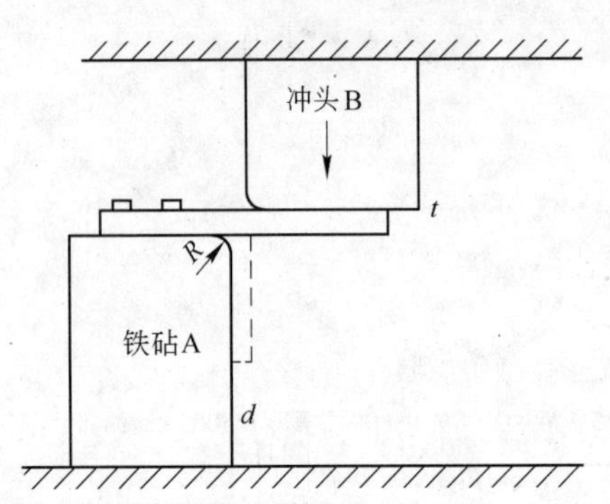

图 7－37　回弹试验设备示意图

7.5.1.1　材料厚度、铁砧圆角半径和模子间隙

材料厚度相同，铁砧圆角半径不同时，四种材料（冷轧低碳钢、SAE950X、SAE980X 和双相钢）的回弹量与模子间隙/板材厚度值的关系示于图 7－38 和图 7－39。图中结果表明：(1)材料回弹量的排列次序与铁砧半径、模子间隙或材料厚度无关，冷轧低碳钢（CRLC）的回弹最小，SAE980X 最大，双相钢的回弹比 SAE950X 略高，但远低于 SAE980X；(2)如材料厚度和模子间隙恒定，则铁砧半径越大，回弹量越大；(3)模子间隙和铁砧半径恒定时，材料越薄，回弹量越大；(4)模子间隙越小，则回弹量越小。

在 $d/t = 1.05$ 的条件下（设计上常采用的数据），上述四种钢的回弹与材料厚度/铁砧半径值的关系曲线示于图 7－40。可以看出，双相钢的回弹与 SAE950X 很相近，而不同钢种的回弹量是 t/R 的函数。例如在 $t/R = 0.5$ 时，SAE980X 的回弹是 CRLC 的 3 倍，而在 $t/R = 0.1$ 时，SAE980X 的回弹仅是 CRLC 钢的 2 倍。

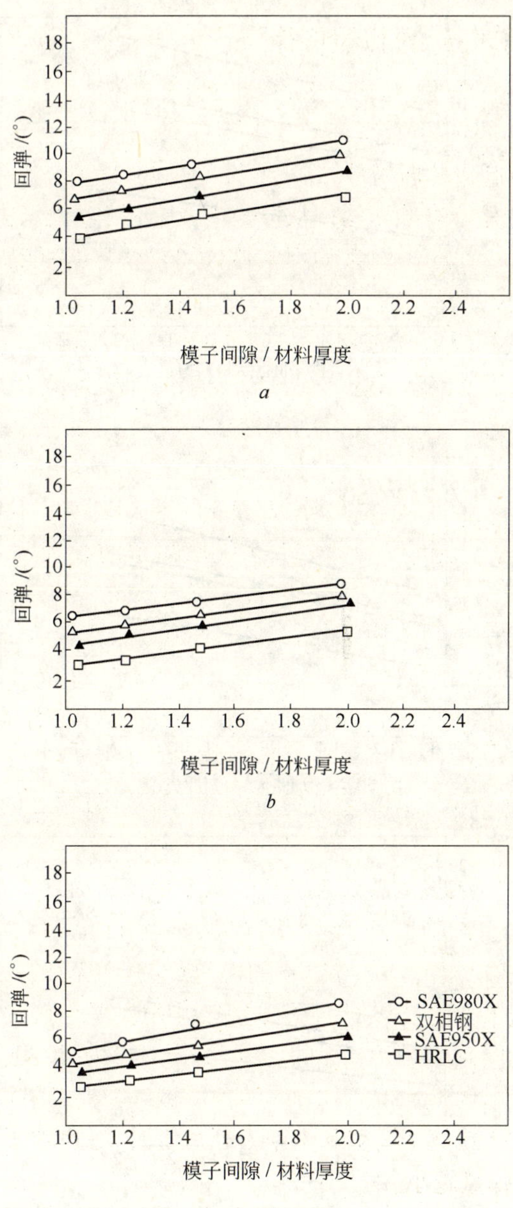

图 7－38　铁砧圆角半径不同时，回弹与模子间隙/材料厚度值的关系（板厚 2.37 mm）

a—模子半径 12.5 mm，材料厚度 2.37 mm；*b*—模子半径 6.2 mm，材料厚度 2.37 mm；*c*—模子半径 3.1 mm，材料厚度 2.37 mm

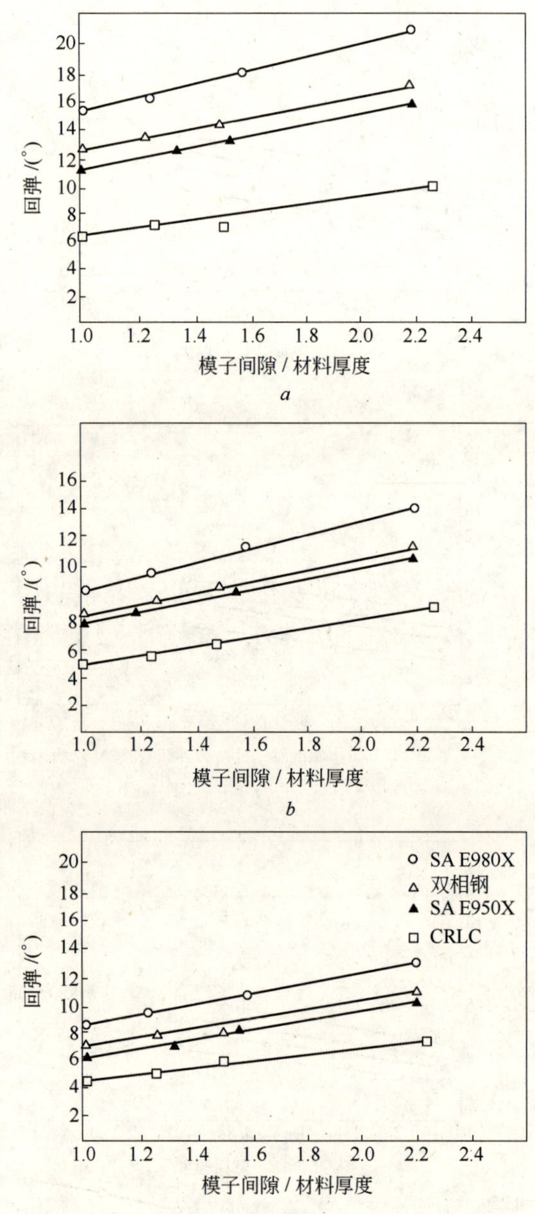

图 7 – 39　铁砧圆角半径不同时，回弹与模子间隙/材料厚度值的关系（板厚为 0.84 mm）

a—模子半径 12.5 mm，材料厚度 0.84 mm；*b*—模子半径 6.2 mm，材料厚度 0.84 mm；*c*—模子半径 3.1 mm，材料厚度 0.84 mm

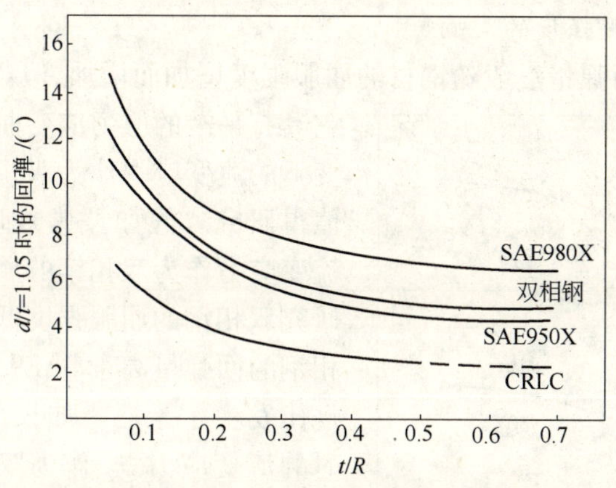

图 7-40 $d/t=1.05$ 时,不同钢种的回弹与材料厚度/铁砧半径值的关系

7.5.1.2 初始冷加工的影响

初始冷加工使材料的流变应力升高,从而使回弹量增大。以冷轧变形为例,随着轧制变形量增加,四种钢的回弹量都增加,而以双相钢的增长速率最高(见图7-41)。在未变形状态,双相钢的回弹量与 SAE950X 相当,而在轧制变形 20% 以后,则回弹量超过 SAE980X。其他三个钢种的回弹与轧制变形量的关系和变化趋势大体相同。上述回弹量随轧制变形量的变化与屈服应力随轧制压下量的变化趋势是相同的(见图 7-42)。双相钢的初始加工硬化速率较高,因此流变应力随轧制变形量的增加迅速增加,未经冷加工的双相钢的屈服强度低于 SAE950X,但经15% 的轧制变形后,其屈服强度高于 SAE980X。与此相对应,其回弹量也迅速增加。

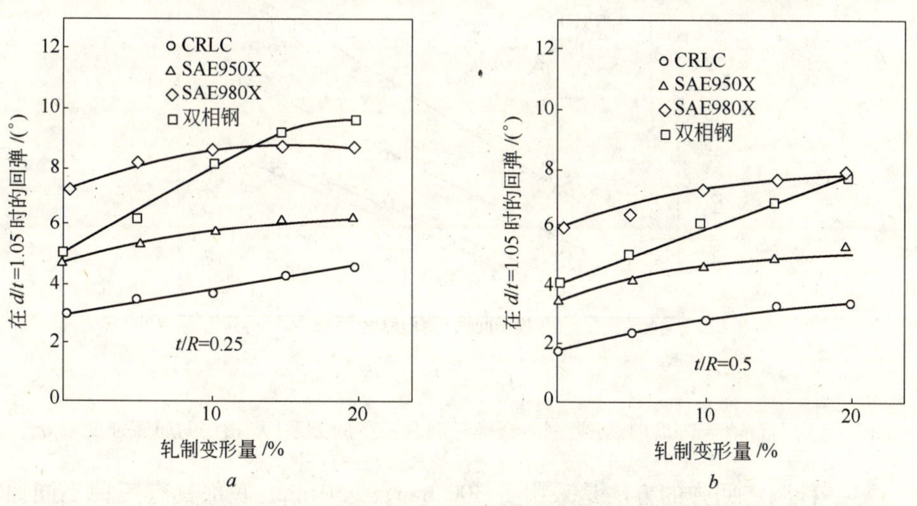

图 7-41 $d/t=1.05$ 时,回弹量与轧制变形量的关系

a—$t/R=0.25$;b—$t/R=0.5$

7.5.1.3　屈服强度的影响

冲压构件的回弹量一般随钢材的屈服强度增加而增加，但对双相钢来说，由于它具有平滑的应力应变曲线，取多大塑性应变下的流变应力作为双相钢的屈服强度，尚值得研究。假如按常规取 0.2% 应变时的流变应力作为双相钢的屈服强度，则上述所研究双相钢的屈服强度低于 SAE950X，但双相钢的回弹量高于 SAE950X，这和一般实验规律发生了矛盾。如果取残留变形为 2% 时的流变应力 σ_2 作为双相钢的屈服强度，那么各类钢的回弹和屈服强度之间就保持较好的线性关系（图 7－43）。同时由图可见，回弹和屈服强度的线性关系的斜率取决于 t/R 的值，当 $t/R=0.1$ 时直线的斜率比 $t/R=0.5$ 时大 50%，但在 $t/R\geqslant0.4$ 以后，直线的斜率基本不变。

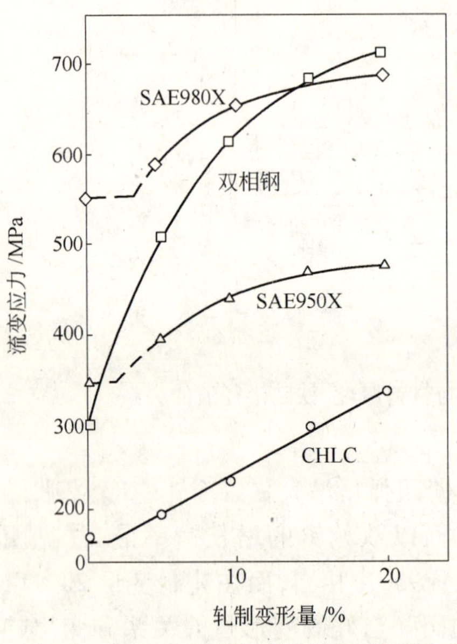

图 7－42　流变应力与轧制压下量的关系

在 $d/t=1.05$ 时的各类钢的回弹量与冷变形后流变应力的关系与图 7－43 类似，即回弹量随流变应力增加而直线地增加。

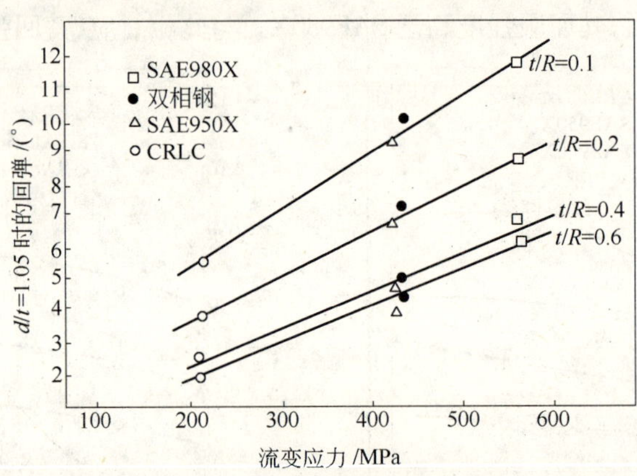

图 7－43　当 $d/t=1.05$ 时，各类钢的回弹与屈服强度的关系（双相钢的屈服强度取 σ_2）

另一种测定回弹的方法是采用宽 300 mm，深 50 mm，底部具有三种不同曲率半径 ρ 的方形柱体。在冲压成形后，测量方形柱体底部曲率半径的变化量，定义 $\Delta\rho/\rho$ 作为回弹量的指标，并以下式进行计算：

$$\Delta\rho/\rho = [(1/\rho_0) - (1/\rho)]/(1/\rho_0) \quad (7-33)$$

式中 ρ_0——冲头底部的曲率半径；

ρ——冲制的方形柱体的曲率半径；

$$\Delta\rho = \rho - \rho_0$$

用这种方法测定的连续退火方法生产的双相钢的回弹与屈服强度的关系示于图 7-44[64]。可以看出，ρ_0 越大，屈服强度越高，回弹也越大，这与 Davies[60] 的结果是一致的。

实验得出[27]，冲压时构件的回弹量正比于 $\frac{d\sigma}{d\varepsilon}/E$，这说明双相钢的回弹比 CRLC 钢❶大，双相钢的回弹量与屈服应力的关系应采用 σ_2，而不像 CRLC 钢那样采用 $\sigma_{0.2}$。

对大曲率平面应变深拉延成形构件的回弹量计算得出[69]，材料的初始加工硬化指数越高，则构件的回弹越高。不同钢种的冲压构件的形状保持因子（R/R_s，R 为冲头曲率半径，R_s 为构件的曲率半径）与冲压构件承受的侧壁载荷 L^w 和理论侧壁失稳载荷 L^w_{max} 之间的关系示于图 7-45。在这种冲压变形条件下，铝镇静钢（AK 钢）具有优良的形状保持性，尤其是在低的 L^w/L^w_{max} 值下，其形状保持性较好，其次是双相钢。为使构件的回弹量降到适当水平，侧壁的拉伸载荷必须超过材料的屈服强度。当 L^w/L^w_{max} 较小时，K 值（$K = t/R$，t 为板厚，R 为模子半径）越高，则回弹越小。

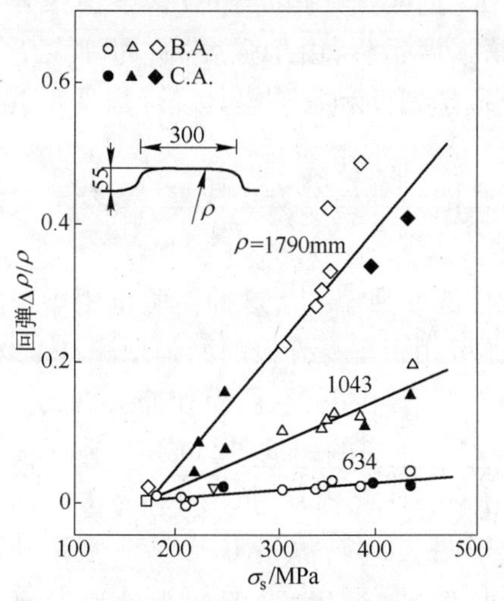

图 7-44 采用连续退火法生产的双相钢的回弹与屈服强度的关系

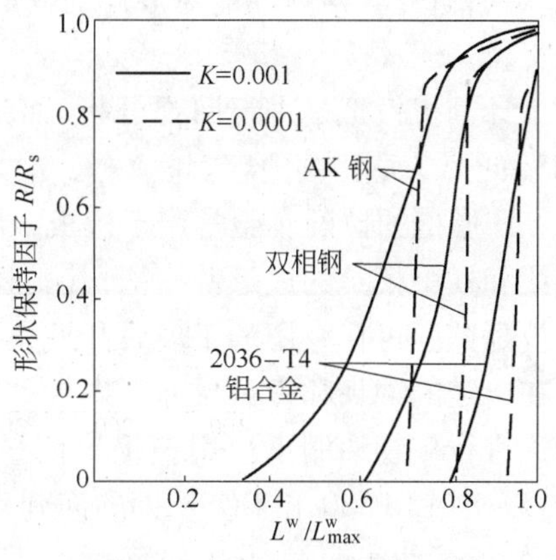

图 7-45 平面应变深拉延成形中的 R/R_s 与 L^w/L^w_{max} 的关系（摩擦系数 0.3，侧壁角 90°）

❶ CRLC 钢表示冷轧低碳钢。

通常由铝合金和 HSLA 钢制成的汽车构件，其回弹量较大，并非完全是由于这类材料固有的回弹量大，而是使这些材料侧壁拉延到足够高的应变量有一定困难。

拉伸预应变导致的回弹比同样大小的轧制预应变要小得多，两种变形方法导致的回弹量不同，可能与两种冷加工方法施加于板材上的应力状态不同有关。轧制时的应力状态非常接近平面应变状态，而拉伸时接近单向拉延变形条件。

对于给定的钢板，为使冲压后构件回弹量下降，模子之间的间隙应该在工艺允许的条件下尽可能减小。下模的半径应小于材料厚度的 2.5 倍（$t/R \geqslant 0.4$）。

对于同一种钢，流变应力的变化（如材料标准中所规定的上、下限），将引起回弹的变化。将不同回弹量的零件装配在一起，可能会发生困难。因此，使冲压用钢的力学性能的变化范围保持最小，对使冲压构件回弹量一致也是十分重要的。

应当注意，当采用高强度钢代替 CRLC 钢时（冲压构件的模具仍保持不变），如果不产生撕裂和起皱等缺陷的话，往往会产生较高的回弹。产生回弹的原因不仅是高强度钢的强度高，而且规格减薄，模子间隙增加，t/R 的降低等因素也有重要的影响。总的回弹量是强度、d/t 及 t/R 值三者变化所产生的影响的综合结果。

回弹是指冲压构件脱模后，偏离原模具中形状的一种变形量。回弹的另一种表征方法和定义见图 7－46，表征参量为 WOA（宽度张开角）与 FOA（表面张开角度）。测量这两个参量，可确定其回弹量。高强度钢板，由于强度高，回弹大于一般软钢；研究其回弹性能对零件的成形、提高制造精度和改进模具设计都具有重要意义。

计算机模拟是进行回弹分析，回弹预测和回弹补偿的有力工具，请参考文献[83]的第 7 章相关内容。

U 形槽的拉延实验常用于检板金属冲压件的回弹[70～72]，这种实验也用于车身纵梁和横梁模具的成形性模拟，其实验结果还可用于车身外板的回弹预测；U 形槽的拉延试验可在专用的工模具和夹具下进行；该装置由上模、下模和冲头组成。实验在给定的冲头和模具尺寸下进行。冲头以 85 mm/s 的速度进行成形，毛坯板材两边进行矿物油润滑。用扫描仪测量 U 形槽的 2D 几何尺寸，并和 CAD 数据比较，双相钢 DP500 和 DQSK 钢的回弹对比示于图 7－47；测量 U 形槽两侧张开角度，侧壁卷曲半径作为比较回弹性能的指标；侧壁卷曲半径的冲头鼻部上三点（25.4 mm，50.8 mm 和 76.2 mm）为坐标进行计算。各点位置示于图 7－47，测量结果列于表 7－8，当压紧凸缘全渗入，冲压时采用较大的限制力，则软钢回弹可明显减少，类似的效果也在双相钢中表现出来，但工具参数对 DP500 和 DQSK 钢的影响明显不同。

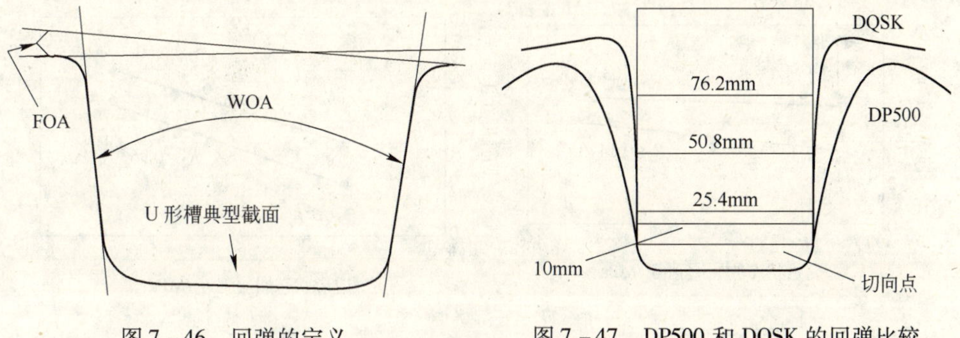

图 7－46　回弹的定义　　　图 7－47　DP500 和 DQSK 的回弹比较

表 7－8　DP500 和 DQSK 钢的回弹比较

钢　种	工模具半径 /mm	凸缘渗入量（压紧）	侧壁卷内半径 /mm	侧壁张开角度 /(°)
DP500	10.2 10.0	全部渗入 半渗入	165.4 147.4	7.9 8.7
	3.3 3.0	全渗入 半渗入	151.1 107.4	5.3 6.3
DQSK	10.1 10.0	全渗入 半渗入	820.9 698.1	1.6 2.4
	3.3 3.0	半渗入 全渗入	1042.4 439.1	0.7 2.0

文献[10,11]报道了 HSLA 钢和 4 个不同强度级别的双相钢有锁紧和无锁紧时的回弹，其结果列于图 7－48。从总体趋势上看，有锁紧的 FOA 和 WOA 的值都较无锁紧的值偏低些，对翻边的回弹角及侧壁的回弹角与屈服强度、成形后的屈服强度及抗拉强度之间的关系测量结果见图 7－49，可以看出：回弹角与高强度钢和先进高强度钢（DP）的屈服强度并不具有良好的线性关系，而和抗拉强度和成形后屈服强度具有较好的线性相关性。

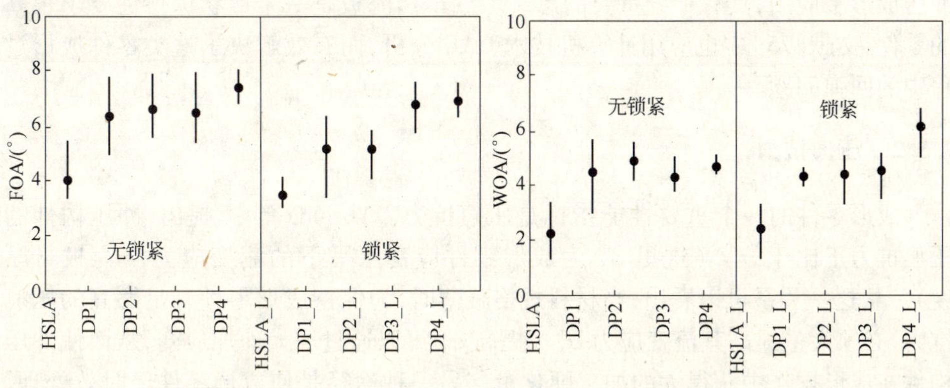

图 7－48　HSLA 钢和双相钢的 FOA 和 WOA 的比较

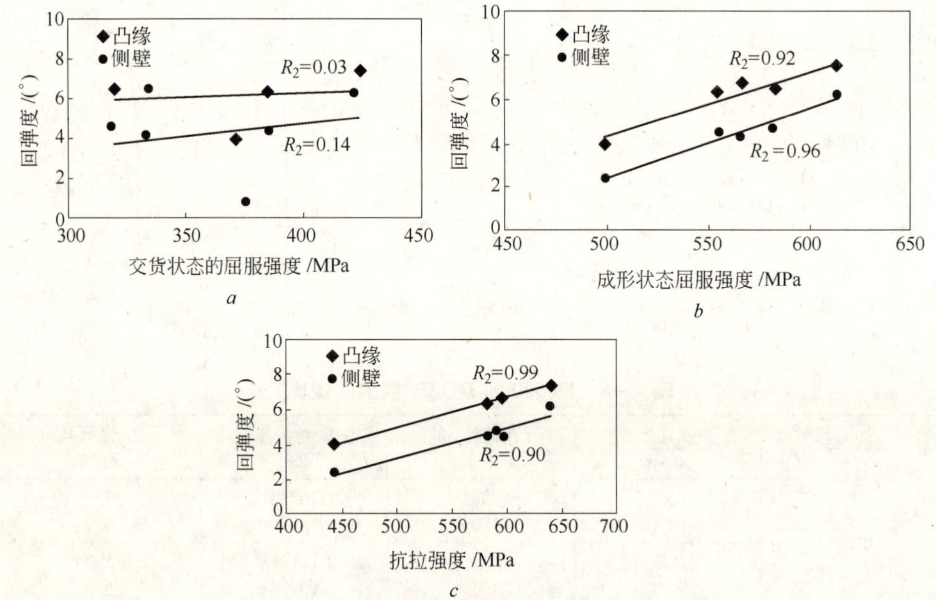

图 7－49　回弹角与强度性能的关系

a—回弹角与交货时板材屈服的关系；*b*—回弹角与成形后屈服强度的关系；
c—回弹角与材料抗拉强度的关系

文献[74]用有限元分析（采用 LS-Dyna 软件）模拟了屈服强度大于 900 MPa 的超高强度钢的成形时回弹的补偿，这一钢种用来制作汽车背梁加强件，以减轻重量，同时保证高的载荷承受能力，以使汽车翻滚时，保证汽车安全。这类钢是超高强度钢，其成形性很差，而回弹十分明显。当没有回弹补偿技术时，其应用十分有限，采用回弹补偿技术可以使超高强度钢用于更多结构件或增强件，而这种应用将使汽车结构件更轻更强；进行回弹补偿技术研究和在高强度与超高强度汽车零件冲压成形中应用，具有十分重要的意义。汽车挡泥板是一个形状保持性要求很高的零件，文献[75]中也应用计算机技术 CAE 分析，而有效解决了这类零件成形过程中的回弹问题。

7.5.2　压痕抗力

成形零件的一个重要性能指标是压痕抗力。Yoshida 等[61]提出，冲压构件的压痕抗力正比于 $\sigma_f^p t^2$（这里 σ_f^p 为成形零件应变水平下的流变应力，t 为板材厚度）。从这一关系可以看出，当材料规格减薄时，为保持成形零件有足够高的压痕抗力，必须大量提高其流变应力 σ_f^p。提高 σ_f^p 可以通过增大外加应变，从而使冲压构件在成形操作中获得大的加工硬化量。另一种途径是使成形零件经时效处理。双相钢的初始屈服应力较低，这对成形操作是有利的。但未经变形的双相钢板，其压痕抗力低。由于双相钢的初始加工硬化速率较高，经过一定变形后，流变应力就会迅速增加，再经时效处理，双相钢的流变应力就可达到 HSLA 钢的水平。Wonner[69]理论计算和实验结果指出，影响平面应变深拉延条件下加工硬化的最重要的参量是屈强比、应变速率敏感性和 r 值。双相钢的屈强比较低，m 值也较 HSLA 钢高，r 值则和 HSLA 钢相当，因此双相钢具有较高的加工硬化量。这些特性正是双相钢具有良好成形性，同时成形构件又具有高的压痕抗力的原因。将图7－51所示的圆盘形构件从底部中心压缩到 5 mm 的挠度，测定卸载后的挠度的大小，用以检验其压痕抗力，其结果见图7－50。由图可见，材料的屈服应力升高，表面曲率下降，则残留挠度下降，压痕抗力升高。170℃时效，也可使试样的屈服应力升高，残留挠度下降，压痕抗力上升。

图 7－50　双相钢的残留挠度和屈服应力的关系

为了比较不同材料的抗凹陷性或压痕抗力，现已提出了一些通用方法[71,76~82]，试样照片和尺寸示于图 7－51。试样由 304.8 mm×304.8 mm 的方板，经表面半径为 939.8 mm 的冲头冲压延展成形，全部试样的顶部表面均经 2% 的等双轴应变，然后于 170℃30 min 的模拟油漆烘烤。在文献[71]中冲头半径分别为 940 mm、1905 mm 和 10160 mm，用以模拟典型汽车面板的不同的冲压成形的曲率半径。试样制备时，调整每次冲压成形高度，以产生平衡的值为 0.5% 等双轴表面应变，选择这样低的延展应变，以展示汽车面板中心的变形条件，成形后，进行 175℃20 min 烘烤时效硬化。

a

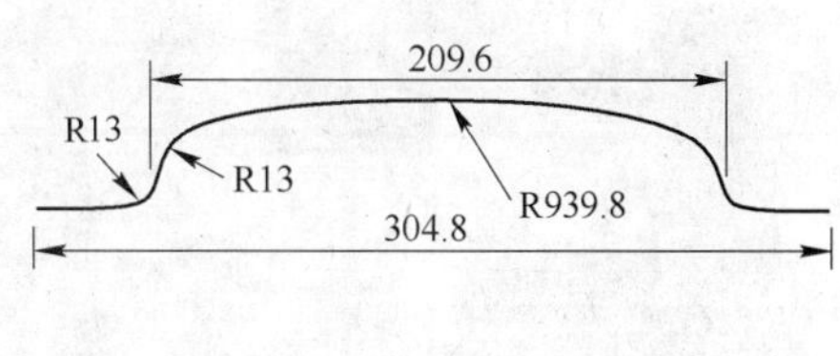

b

图 7－51　压痕抗力试样照片（*a*）和尺寸（*b*）

准静态的压痕试验用一个直径为 25.4 mm 的专用压头（A/SP—Auto/steel partnership 规定）进行压痕试验，面板的压痕抗力用产生深度为 0.1 mm 的压痕所用载荷来表示，这一载荷又称可见压痕载荷。图 7－52 示出了两个钢 DP500 和 BH210 准静态压痕抗力的比较，可以看出 DP500 的平均压痕抗力明显高于

BH210。面板曲率越小(冲头半径越大),压痕抗力的改进越高,这为车门外板应用钢 DP500,改进性能和轻量化提供了依据和实验结果。

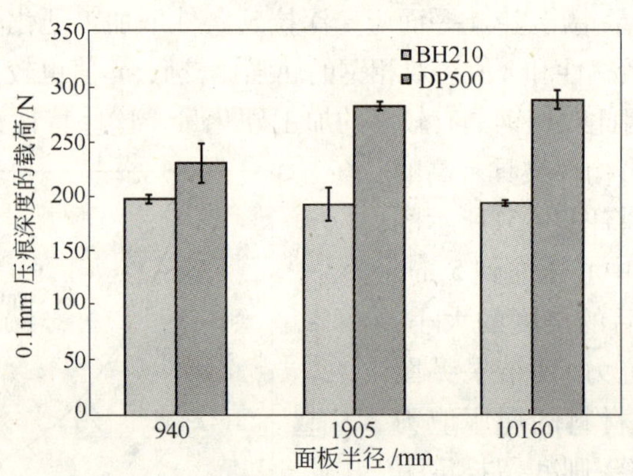

图 7－52 DP500 的压痕抗力与 BH210 的比较

在文献[81]中用冲头半径为 940 mm,等双轴应变为 2% ,170℃30 min 测量了两种钢的动态压痕抗力,经冲压时效后的力学性能列于表 7－9。

表 7－9 烘烤后的从圆顶平板试样上测量的力学性能

材 料	状 态	规格/mm	屈服强度/MPa	抗拉强度/MPa	总伸长率/%	n 值
DP600	交货态	0.65	371	600	24.9	0.167
	变形时效态	0.64	510	607	19.1	0.064
DQSK	交货态	0.75	172	310	43.0	0.214
	变形时效态	0.73	252	313	40.0	0.162

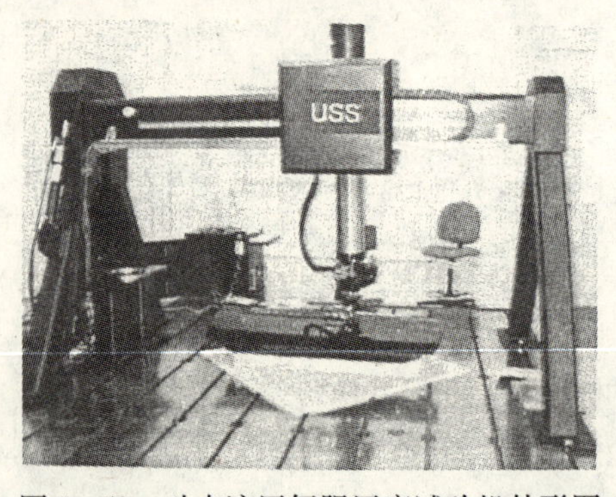

图 7－53 动态液压伺服压痕试验机外形图

动态压痕试验在液压伺服的动态压痕试验机上进行,记录试样的载荷挠度曲线,压痕压头速度可以控制,试验机的外形图示于图 7－53,有关动态压痕的实验过程可参考文献[81]。作为动态压痕性能的表征参量为外加能量和载荷,其实验结果列于表 7－10。

表中数据可以看出,随着动态加载速度的提高,两个钢达到同一压痕深度的外加能量增加,DP600 的各种情况下的外加吸能均高于 AKDQ 钢,但外加载荷,在动态下比静态下有提高。随动态冲头速度的提高,两钢的外加载荷基本不变,和外加能量的反应完全不同。

表 7-10　两种钢由静态和动态压痕试验所得出的在 0.1 mm 压痕深度下外加能量和载荷比较

性能指标	材料	静态	1.6/km·h^{-1}	3.2/km·h^{-1}	4.8/km·h^{-1}
外加能量/N·mm	AKDQ	77	478	790	1392
	DP600	692	1550	1750	2565
载荷/N	AKDQ	133	175	174	173
	DP600	209	240	238	243

DP 钢动态和静态下的同样压痕深度的外加能和载荷都远高于 AKDQ 钢，动态响应特性和动态压痕试验过程的示意图示于图 7-54*a*，其压痕头动态的特性示于图 7-54*b*。

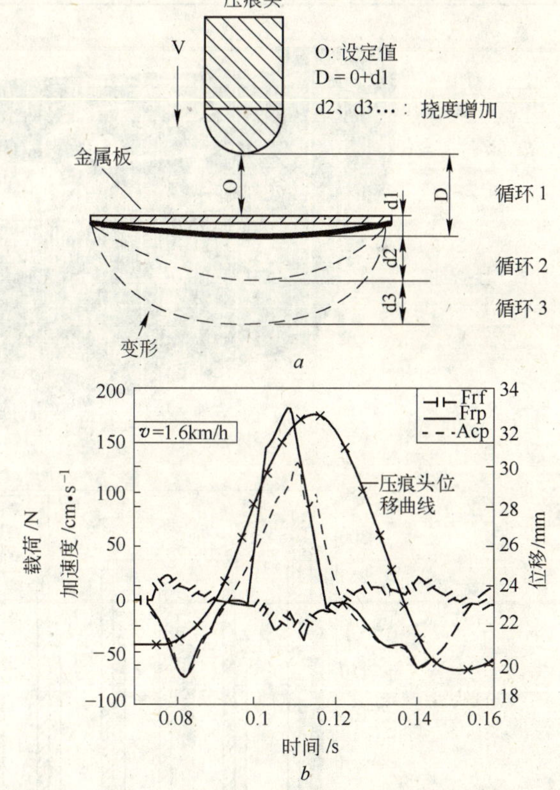

图 7-54　动态压痕试验过程(*a*)和在速度为 1.6 km/h 情况下的压痕头的动态响应特性(*b*)

文献[83]曾研究了车门外板不同位置的抗凹陷性，结果表明，产生 0.1 mm 压痕深度所需要的载荷，DP500 远大于 BH210，且车门外板的压痕深度和载荷呈线性关系；用有限元分析对车门外板某位置的压痕抗力进行了预测，实测值和预测值十分相近，这也再次表明，双相钢有明显的高于低碳钢的凹痕抗力。根据板材厚度和0.1 mm深度的压痕载荷之间关系，确定了 DP500 作为车门材料的最佳厚度为0.65 mm，而此时 BH210 的厚度为0.8 mm，二者具有同样的产生0.1 mm 压痕所需的压痕载荷，两个钢种的实测性能对比列于表 7－11，在满足图 7－55 中所标识的抗凹陷性能要求的前提下，确定 DP500 替代 BH210 钢的最佳厚度，优化确定值见图 7－56。作为这一车门外板，DP500 的减重潜力为 18.75%，显然实际减重值可能会低于这一数字，因为车门还必须满足其他性能，如刚度、阻力、NVH 性能、疲劳等各种性能。

表 7－11　汽车车门面板的材料性能

材　料	厚　度	σ_s/MPa	σ_b/MPa	δ_t/%	n 值
BH210	0.81	223	331	36	0.18
DP500	0.80	318	547	29	0.19

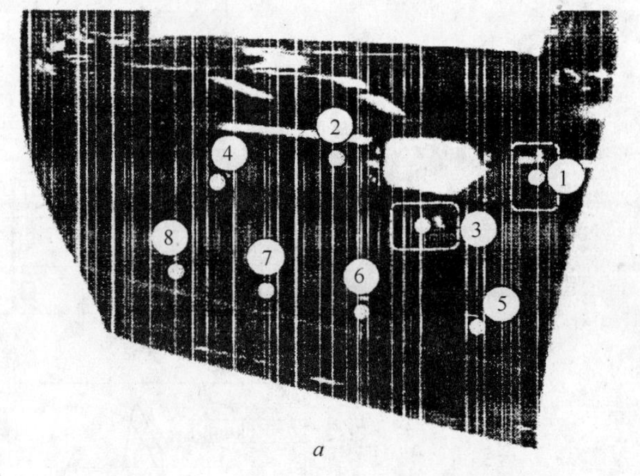

a

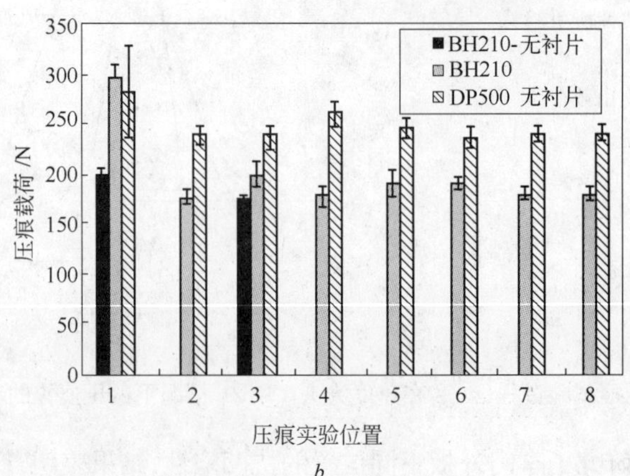

b

图 7－55　车门外板压痕抗力测定点（*a*）和相对应的各点的压痕抗力载荷值（*b*）

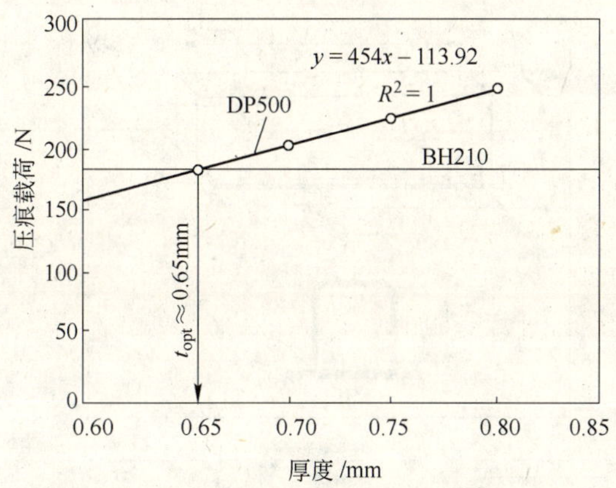

图 7－56　车门外板用 DP500 最佳厚度确定图

7.5.3　帽形结构静压溃抗力和撞击吸能

采用冲压工艺制成帽形结构，在其底部边缘焊上一块底板，形成一个盒形结构（见图 7－57），以模拟汽车增强构件的结构。钢材皱缩时的载荷 P_B 和压溃吸能 Q 作为这类构件的压溃抗力指标，压缩时的载荷－挠度曲线示于图 7－57。经验指出，由双相钢制成的帽形结构压溃时的皱缩载荷 P_B 和压溃吸能 Q 均随其屈服应力增加而直线上升。时效处理，可使 P_B 和 Q 值明显升高。

撞击吸能类似于帽形结构的压溃吸能，通常它可以用应力应变曲线下所包围的面积来评价。由于双相钢具有与 HSLA 钢相当的抗拉强度而同时具有较高的总延伸，因此，双相钢具有较高的撞击吸能。

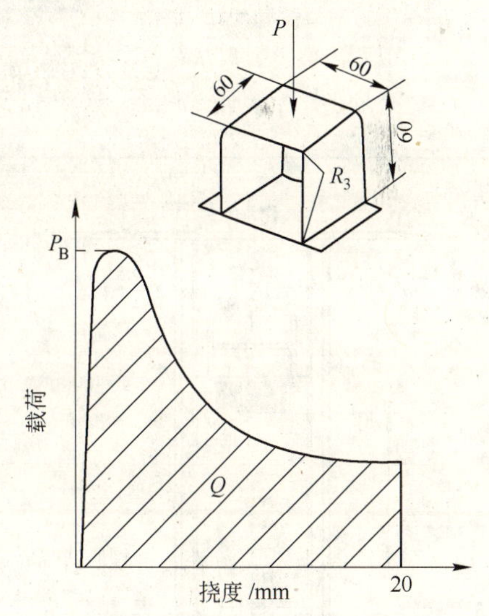

图 7－57　帽形结构压溃时的 P_B 和 Q 示意图

作为高强度钢和先进高强度钢，多用于汽车轻量化构件和车身结构件，因此，其压溃吸能或撞击吸能性能也是零件的重要的使用性能，这一特性常用帽形结构试件，在一定装置下，一定速度、一定重量下冲击，测量位移值；还有一种方法是采用落锤试验，帽形槽形结构试样的尺寸示于图 7－58，试验装置示于图 7－59。

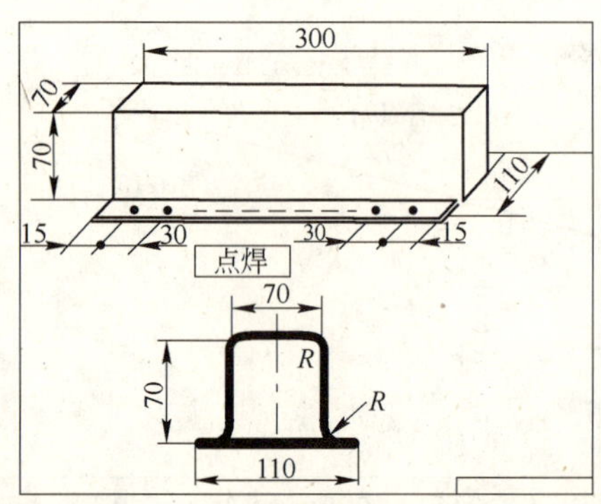

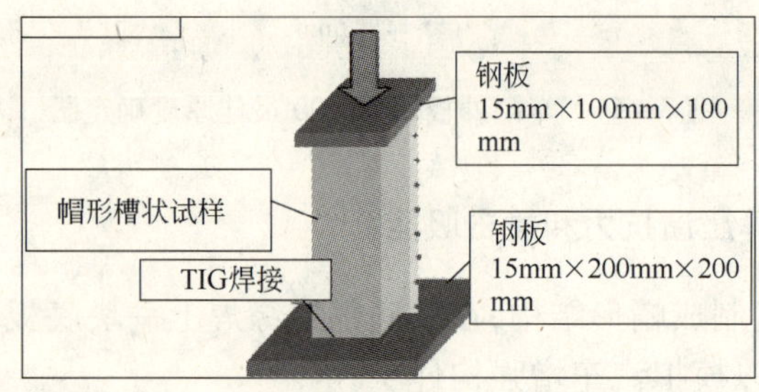

图 7－58　帽形结构试样的尺寸和安装图示

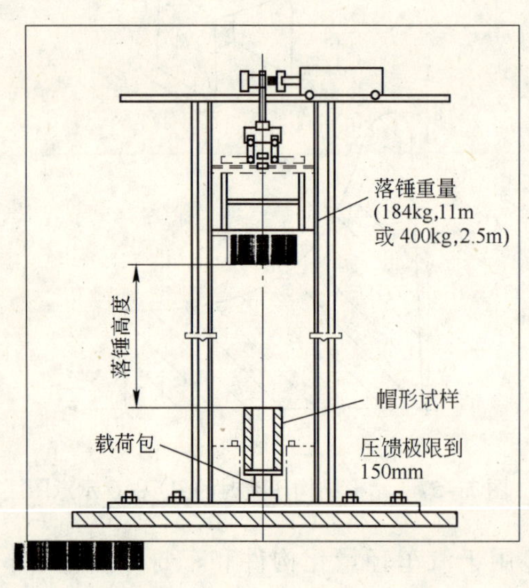

图 7－59　落锤试验装置

不同钢种经不同工艺试制成不同的试样，在不同的速度下进行冲击，其能量吸能值示于图 7－60，图中 B25 表示用简单弯曲形成槽形试样，在 25 km · h下冲击；B25 用拉延成形制成槽形试样，在 25 km · h 下冲击；B50 以简单弯曲制成槽形试样在 50 km · h 下冲击；D50 用拉延成形制成槽形结构样品，在 50 km · h 下冲击。在所对比的钢中 DP590Y 具有良好的冲击吸能特性，几乎为 270E 的 2 倍，其吸能值与抗拉强度呈线性关系，吸能值随强度升高而上升，而和屈服强度的关系，则线性相关性较差。

此外，作为运动构件，如汽车的车轮（轮盘、轮辐等）还应具有较高的疲劳抗力，有关这方面性能可参阅第 9 章和第 10 章的相关内容。

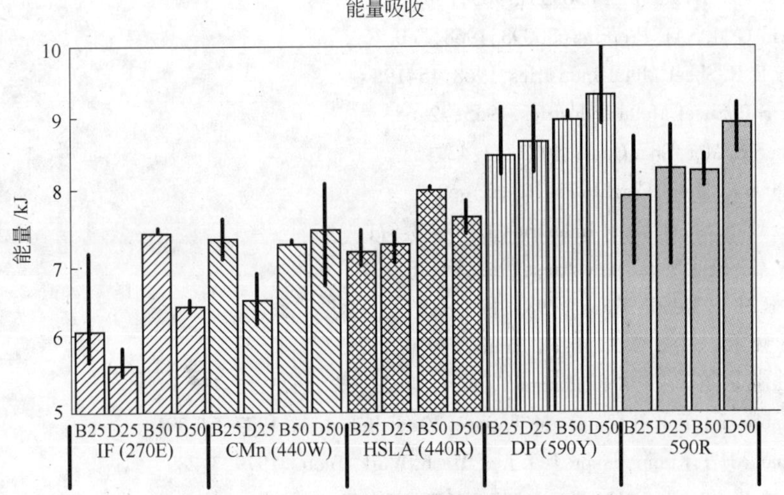

图 7－60 不同钢种的帽形结构的压溃吸能值

7.6 结语

目前世界各国都十分重视板材的成形性试验和评价。美国一些杂志辟有成形冶金、成形力学专栏。世界性的学术刊物有《国际加工》、《机械加工》、《板材工业》等。日本成立有金属板材成形研究会，有十三个汽车公司、七个钢铁公司、一个大学参加，在解决板材成形和高强度钢的推广应用的问题（如表面擦伤、表面歪斜、波形皱纹等）和冲压成形技术的改进方面已作了大量工作。到1978年，国际深冲研究会已举行过10届学术会议，出版了会议文集。

我国对金属板材冲压成形的研究和实验工作开展的还不多。随着高强度钢板用量的增加，许多板材冲压成形问题有待解决，因此，在开展双相钢研究的同时，建立相应的板材成形试验方法和设备，为双相钢和其他 HSLA 钢的成形性作出正确评价，为高强度钢板的应用提供成形性资料，为正确制定冲压工艺提供参考数据，为采用高强度钢板后零件结构的变化提供依据，这是有实际意义的并且是当前十分重要的科研工作。

参 考 文 献

1 Dleter G E. Mechanical Metallurgy, McGraw-Hill, Second Edition, 176, 672

2 卡恰诺夫. 塑性理论基础. 北京：人民教育出版社，1964. 237

3 赵志业. 金属塑性变形与轧制理论. 北京：冶金工业出版社，1980

4 Gensemer M. Campbell Memorial Lecture，引自[12]

5 Keeler S P. SAE Preprint 650535, 1965, Feb.

6 Goodwin G M. SAE Preprint 680093, 1968, Feb.

7 Palmer D R. Sheet Metal Industries, 1968, 45: 198

8 Keeler S P. Sheet Metal Industries, 1965, 42: 683

9 Hecker S S. Met, Eng. Quat., 1973, 13: 42

10 Ghosh A K. Metal Prog. 1975, 107(5): 52

11 Hecker S S. Sheet Metal Industries, 1975, 52: 671

12 Liu Y C. Sheet Metal Industries, 1981, 58: 284

13 Demeri M Y. Metall. Trans., 1981, 12A: 1187

14 Azrin M, Backofen W A. Metall. Trans., 1970, 1: 2857

15 Marcinak Z, Kuczynski K, Pokora T. Int. J. Mech, Sci., 1973, 15: 789

16 Kleemola H J, Pelkki Kangas M T. Sheet Metal Industries, 1977, 54: 591

17 Kleemola H J, Kumpulainen J O. J. of Mech. Work. Tech., 1979, 3: 289

18 Hiam J, Lee A. Sheet Metal Industries, 1978, 55: 631

19 Ghosh A K, Hecker S S. Metall. Trans., 1974, 5: 261

20 Charpentier P L. Metall. Trans., 1975, 6A: 1665

21 He Zheng Chen B. Fogg, Sheet Metal Industrics, 1982, 59: 512

22 Conrad H, Datta K P, Wongwimat K. Fundamentals of Dual Phase Steels. ed. by Kot R A, Bramfitt J L, TMS/AIME, 1981, 465

23 Waddington E, Mobbs R M, Duncan J L. J. Applid Metal Workiny, 1980, 1: 2, 35

24 Tenechi H, Usuda M, Sheet Metal Forming and Formabillty, IDDRG, 10th, Biennial, 1978, 17

25 Butler J F, Bucher J H. Sheet Metal Industries, 1980, 57: 726

26 Rashid M S. SAE paper, 760206, 1976, Feb.

27 Embury J D, Duncan J L. J. of Metals

28 Nishimoto A, Hosoya Y, Nakaoka K, Fundamentals of Dual Phase Steels. ed. by Kot R A, Bramfitt B L, TMS/ATME, 1981, 448

29 Keeler S P, Backfen W A. Trans, ASM

30 Woodthorpe J, Pearce R, Sheet Metal Industries, 1969, 46: 1061

31 Veerman C C. Sheet Metal Industries, 1972, 49: 421

32 Swift H W. J. Mech, Phys. Solids, 1952, 1: 1

33 Chatfield D A, Keeler S P. Metal Prog., 1971, 60: 60

34 Hecker S S. Metals Eng. Quart., 1973, 13: 42

35 Embury J D, LeRoy G M. Fracture Vol. 1, ICF4, Waterloo, Canada, June, 1977, 15

36 Hart F W. Acta. Metallurgica, 1967, 15: 351

37 Hutchinson J W, Healc K W. Acta Metallurgica, 1977, 25: 839

38 Ghosh A K. Acta. Metallurgica, 1977, 25: 1413

39 Hasek V V. Fracture, Vol. 2, ICF4, Waterloo, Canada, June, 1977, 475

40 Conrad H. J. of Mech. Work. Tech., 1978, 2: 67

41 Ghosh A K. Metall. Trans. 1974,15:1607

42 Conrad H, Yin C. Mechanial Behavior of Materials, Vol. 2, ICM3, 1979, Pergamon Press, New York. 595

43 Venter R D, de Malherbe M C. Sheet Metal Industrie, 1971, 48:656

44 Hill R. Mathematlcal, Theory of Plasticity, Oxford, 1967

45 Marciniak Z, Kuczynski K. Int. J. Mech. Sci., 1967, 9:609

46 Ghosh A K, Hecker S. Metall. Trans., 1975, 6A:1065

47 Ghosh A K. ibid, 1976, 7A:523

48 Mcliteck F A, J. Appl. Mech., 1968, 35:363

49 Keeler S P, Braxicr W O. Micro Alloying 75, New York, 1977, Union Carbide, Corp. 517

50 Rashid M S. Formable HSLA and Dual Phase Steels. ed. by Davenport A T, TMS/AIME, New York, 1979, 1

51 Sawerby R, Duncan J R. Int. J. Mech. Sci., 1971, 13:217

52 SB. Harta R M, Roberts W T, Wilson D V. Int. J. Mech. Sci., 1970, 12:231

53 Owen W S. Metals Technology, 1980, 1:1

54 Abrlild A B M, Boyles W W. The Metallurgist, 1975, 7:453

55 Ronde-Oustau F, Baudelet B, Acta Metallurgica, 1977, 25:1523

56 Hansen S S. J. Appl, Mctalwork., 1982, 2:107

57 Cornford A E, Hlam J R, Hobbs R M, SAE Paper 790007, 1979. Feb

58 Fine T E, Levy B S, Hilesen R R. Mechanical Working and Steel Processing XV. The Iron and Steel Socicty of AIME, New York, NY 1977, 313

59 Pradhan R R. Mechanical Workiny and Steel Processing XVII, The Iron and Steel Society of AIME, Warrendale, PA, 1979, 1

60 Davies R G. J. Appl. Metalwork., 1981, 1:45

61 Yoshida K. Trans, ISIJ., 1979, 19:257

62 Klein A J, Hitchler E W, Metals Eng. Quat., 1973, 13(4):25

63 Young R F, Bird J E, Duncan J L. J. Appl. Metal Work., 1981, 2:11

64 Ohashi N, Takahashi I, Hashiguchi K. Trans, ISIJ., 1978, 12:321

65 Davieson R M, Morrow J W. Metal Eng. Quat., 1976, 16:10

66 Lee A P, Hiam J R. ASM-AIME, Metal Congress, 1973, Chicago, 20

67 Park Y J, Coldren A P, Morrow J W. Fundamentals of Dual Phase Steels. ed. by Kot R A, Brimfitt B L, TMS/AIME, New York, 1981, 485

68 Moore G, Wallace J. Inst. Metals, 1964, 93:33

69 Wenner M L. J. Appl. Metal Work. 1983, 3:277

70 Ming F. Shi, China-America Automotive Materials Semina, Detroit, MI, March, 8, 2003

71 Yan B, Laurin K, et al. SAE Inter., Advances in Forming and Modeling of Sheet Metals, 2003, SP-1767, 11 ~ 14

72 Liu Y C. of Applied Metalworking, 1984, 3(2):21 ~ 24

73　马鸣图. Ming F. Shi,钢铁,2004,(7):68 ~ 72

74　GengLuming, Chung-Yehsa, et al. Advaces in Forming and Modeling of Sheet Metals, SP-1764, SAE Inter, 2003, 41 ~ 47

75　Yang Hu, ibid, 33 ~ 40

76　Johnson T E, Jr. W. O. Schaffnit, SAE Paper, 730525, 1973, Feb.

77　Dicello J A, George R A. Design, SAE Paper, P700512

78　Yutori Y, Momura S, Kokubo I. H. ProC of 11th IDDRG, Les Momoiries Scientifiques Revue Metallurgie. April, 1980, 561 ~ 569

79　Ming F Shi, David J. Meuleman et al. SAE Paper 910287, 1991, Feb.

80　Ming F Shi, David J. Meuleman et al. SAE Paper, 910288, 1991 Feb.

81　Hua Chu Shih, Ming F. Shi, SAE Inter, Advances in Forming and Modeling of Sheet Metals, 2003 SP-1767, 23 ~ 32

82　Sriram S, Chintamani J S, et al., Innovations in Steel Sheet & Bar Products, SP-1764, SAE Inter 2003. 21 ~ 26

83　马鸣图. 先进汽车用钢. 北京:化学工业出版社,2008

8　双相钢的断裂特性

8.1　概述

设计师关心的失效方式主要有弹性失稳、整体塑性变形、塑性失稳及脆性断裂等[1]。弹性失稳主要与材料的弹性模量、构件截面形状或刚度有关。整体塑性变形或塑性失稳与构件受力高于材料的屈服强度甚至抗拉强度极限有关，构件失效前常伴有大量的塑性变形，即有失效的先兆，易引起人们注意。但脆性断裂则受各种复杂因素（如低温、应力状态、腐蚀介质等）的影响，常常没有宏观的变形，不易引起人们注意，造成灾难性事故[2]。

脆性断裂常以解理断裂的形式出现。材料抵抗解理断裂的能力称为解理断裂应力（σ_f）。当采用V形钝缺口四点弯曲试样测定解理断裂应力时，σ_f 表征了使缺口试样缺口顶端裂纹核心扩展所需的临界拉应力。在宏观上，解理断裂应力可以基于缺口试样受力时的弹塑性力学分析及其应力应变的有限元解进行测定。同时，它又可以通过位错理论、显微组织分析、起裂源、断裂单元的观察、确定和材料的微观结构建立联系。因此，解理断裂应力 σ_f 不只可以作为材料抵抗脆性断裂能力的一个重要指标，而且通过解理断裂应力与显微组织关系的分析，找出提高材料解理断裂应力的途径。本章首先介绍解理断裂应力的测试方法，然后论述双相钢的断裂特性。

8.2　解理断裂应力的测试方法

8.2.1　V形钝缺口试样慢弯曲试验法

8.2.1.1　*试样尺寸*

缺口试样慢弯曲试验时试样的尺寸和加载时支点的位置示于图8－1。根据文献[1]的实验结果，这种尺寸的试样，在 T_{GY} 温度下（T_{GY} 系指既韧带屈服而又解理断裂的温度），可以保证平面应变要求，应力提升系数趋于稳定。缺口深度比 $W/(W-a)$ 为1.5（W 为试样厚度、a 为缺口深度、$W/(W-a)$ 应大于1.4），保证了缺口顶端的拘束度，并可应用应力应变的有限元分析结果。

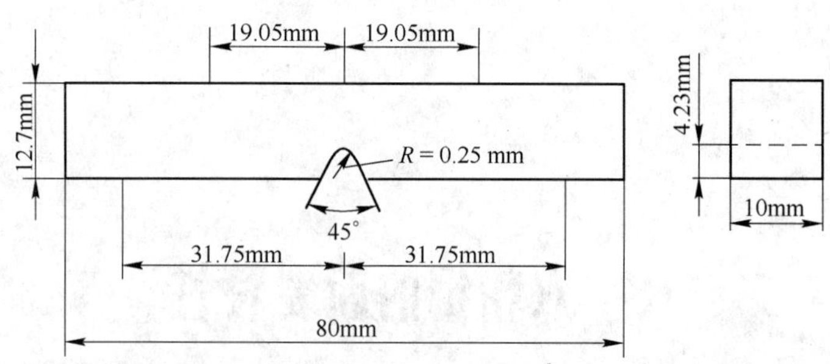

图 8－1　四点弯曲试验时的缺口试样尺寸及加载支点位置示意图

8.2.1.2　缺口试样慢弯曲时的力学分析

A　滑移线场解

由塑性力学原理[3,4]可知，对于四点弯曲 V 形钝缺口（$\alpha' \geqslant 6.4°$）试样，其缺口顶端的滑移线场可以用对数螺旋场来描述。如图 8－2 所示，其滑移线方程为

$$\left.\begin{aligned} &\alpha\text{线} \qquad \theta - \theta_0 = \ln\frac{r}{\rho} \\ &\beta\text{线} \qquad \theta - \theta_0 = -\ln\frac{r}{\rho} \end{aligned}\right\} \tag{8-1}$$

根据滑移线场的性质（Hencky 定律）和圆缺口的边界条件，在平面应变条件和韧带屈服载荷下，可以得出塑性区内距缺口顶端 x 处的最大主应力为

$$\left.\begin{aligned} \sigma_{yy} &= 2K\left[1 + \ln\left(1 + \frac{x}{\rho}\right)\right] \\ \sigma_{yx} &= 2K\ln\left(1 + \frac{x}{\rho}\right) \end{aligned}\right\} \tag{8-2}$$

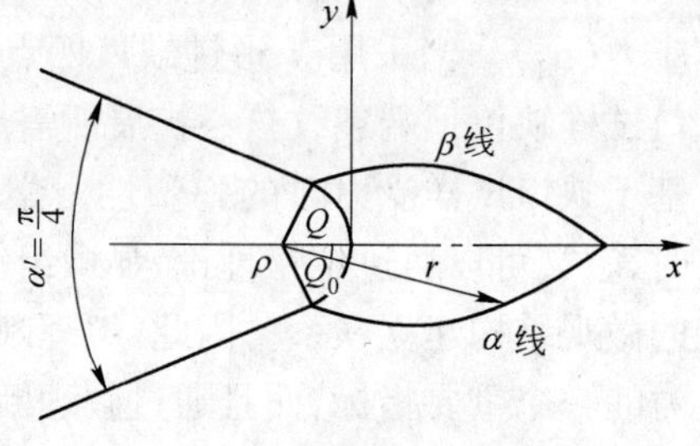

图 8－2　V 形钝缺口试样缺口顶端滑移线场示意图

式中，K 为屈服应力，ρ 为缺口顶端半径。沿 x 方向（$\theta = 0$），在 $x = \rho(e^{-\theta_0} - 1)$ 处应力有最大值。将 $x = \rho(e^{-\theta_0} - 1)$ 和 $-\theta_0 = \frac{\pi}{2} - \frac{\alpha'}{2}$ 一并代入式 8－2，则有

$$\left.\begin{aligned} \sigma_{yy}^{max} &= 2K\left[1 + \frac{\pi}{2} - \frac{\alpha'}{2}\right] \\ \sigma_{yx}^{max} &= 2K\left[\frac{\pi}{2} - \frac{\alpha'}{2}\right] \end{aligned}\right\} \tag{8-3}$$

如采用屈雷斯卡准则，即 $K = \tau = \sigma_Y/2$，则

$$\sigma_{yy}^{max} = \sigma_y\left(1 + \frac{\pi}{2} - \frac{\alpha'}{2}\right)$$

$$\sigma_{yx}^{\max}=\sigma_y\left(\frac{\pi}{2}-\frac{\alpha'}{2}\right) \tag{8-4}$$

如采用冯·米赛斯准则,即 $K=\tau=\sigma_Y/\sqrt{3}$,则

$$\sigma_{yy}^{\max}=\frac{2}{\sqrt{3}}\sigma_y\left(1+\frac{\pi}{2}-\frac{\alpha'}{2}\right)$$

$$\sigma_{yy}^{\max}=\frac{2}{\sqrt{3}}\sigma_y\left(\frac{\pi}{2}-\frac{\alpha'}{2}\right) \tag{8-5}$$

定义应力提升系数 $Q=\sigma_{yy}^{\max}/\sigma_y$,由式8-4和式8-5可得

$$\left.\begin{aligned} Q=\sigma_{yy}^{\max}/\sigma_y=\left(1+\frac{\pi}{2}-\frac{\alpha'}{2}\right) \quad &\text{屈雷斯卡准则}\\ Q=\sigma_{yy}^{\max}/\sigma_y=\frac{2}{\sqrt{3}}\left(1+\frac{\pi}{2}-\frac{\alpha'}{2}\right) \quad &\text{冯·米赛斯准则}\end{aligned}\right\} \tag{8-6}$$

Q 与试样缺口所包围的角度 α' 有关,通常采用的四点弯曲试样 $\alpha'=\frac{\pi}{4}$,代入式8-6,则

$$\left.\begin{aligned} Q=2.18 \quad &\text{屈雷斯卡准则}\\ Q=2.51 \quad &\text{冯·米赛斯准则}\end{aligned}\right\} \tag{8-7}$$

式8-7表示的应力提升系数是其最大值。

在一般情况下,$\sigma_{yy}^{\max}$ 随着半径为 ρ 的半圆缺口顶端塑性区 d_y 的扩大而增加(见图8-3),并可由下式给定(滑移线为对数螺旋线):

$$\sigma_{yy}^{\max}=\sigma_y\left[1+\ln\left(1+\frac{d_r}{\rho}\right)\right] \tag{8-8}$$

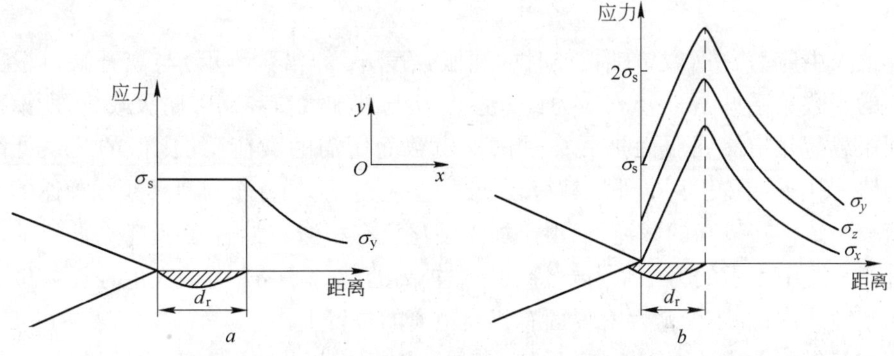

图8-3 缺口附近的弹塑性应力分布图

a—平面应力;*b*—平面应变

对于V形尖缺口试样,还未得出描述局部屈服区的简单的滑移线场。对于V形45°钝缺口(缺口顶端半径为0.25 mm),例如Charpy冲击试样,其塑性区可用从

缺口根部半径开始的对数螺旋场来描述(见图 8 - 4a)。随着外加载荷增加,其末端滑移线在缺口的正对边相交。当载荷进一步增加时,塑性区进一步扩大,但滑移线所包围的角度仍然不变,因此最大主应力并不继续增加[5],应力提升系数 Q 并不随外加载荷增加而连续增加(见图 8 - 4b)。

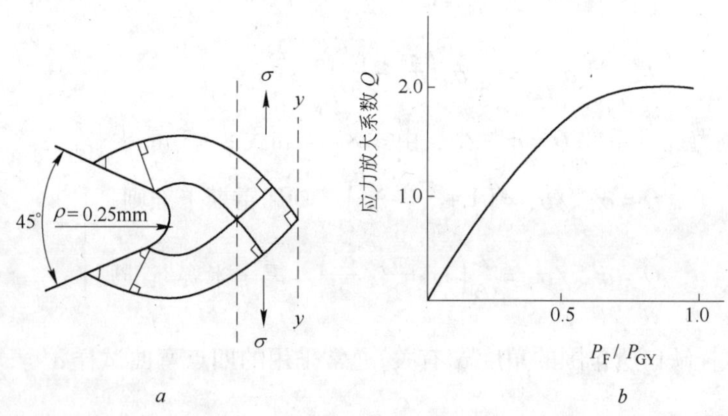

图 8 - 4　V 形 45°钝缺口试样缺口顶端的滑移线场(a)和 Q 随外加载荷的变化(b)

B　有限元解

Griffiths 和 Owen[6] 采用有限元方法分析和计算了缺口试样在平面应变条件下,承受纯弯应力时的弹 - 塑性应力分布。计算中假定材料在塑性区内具有线性加工硬化的特点,材料常数为 $E = 2 \times 10^5$ MPa, $\sigma_y = E/500$, $\nu = 0.28$, $\frac{d\sigma}{d\varepsilon} = E/120$。靠近缺口根部的有限元的网格细小,因此可对缺口根部的应力分布进行更详细的检验。

最大主应力 σ_{11}(以单轴拉伸时的屈服强度 σ_y 的倍数表示)与离开缺口根部距离的函数关系见图 8 - 5a,应力提升系数 Q 与外加载荷和韧带屈服载荷(所谓韧带屈服载荷是指使屈服面扩展穿过试样横截面所需的载荷)的比值的关系见图 8 - 5b。图中结果表明,当外加载荷较低时,主应力 σ_{11} 的分布与滑移线场理论的预测值较一致。在较高的载荷下,由于加工硬化已有相当的影响,因此整个曲线的水平升高。图中表示的另一个重要特点是在较高的载荷下,σ_{11} 的最大值处在缺口顶端的塑性区内,并距弹塑性交界面有相当距离的位置上。

用有限元方法计算了缺口根部应变与外加载荷的关系。对于这种材料,当外加载荷为韧带屈服载荷的二分之一时,缺口根部的应变大约为 1.5%;在 3/4 的韧带屈服载荷的外加载荷下,缺口根部应变大约为 2.5%;当外加载荷等于韧带屈服载荷时,缺口根部应变大约为 7%。

在平面应变条件下,尖缺口试样裂纹尖端周围的局部屈服区中的应力分布,须结合表征裂纹尖端应力应变场的一些物理模型，进行更仔细的计算。有兴趣的读者可参考文献[7,8]。

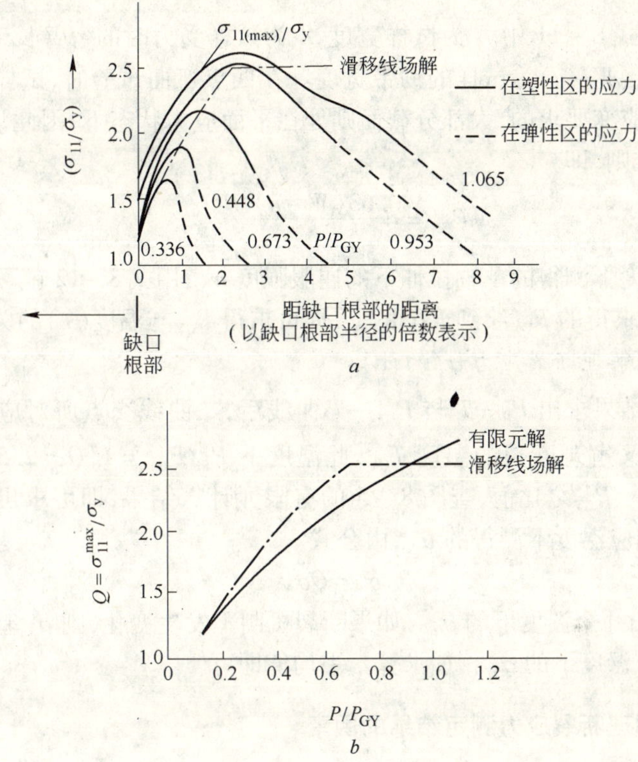

图8-5 缺口棒受力时的应力分布的有限元计算结果

a—不同外加载荷下，主应力与距缺口距离的关系；b—应力提升系数 Q 与外加载荷的关系

8.2.1.3 断裂载荷 P_F 和韧带屈服载荷 P_{GY} 的测定与计算

为了测定解理断裂应力 σ_f，须测定和计算 P_F 和 P_{GY}，并需求出 P_F-T 及 $P_{GY}-T$ 曲线。P_F 可用四点弯曲试样在不同温度下直接进行测定，为了消除试样尺寸对 P_F 值的影响，应将不同温度下测定的 P_F 值，除以标准尺寸试样的有效截面（见图8-1），再乘以试样的实际有效截面，将所得到的 P_F 值对温度作图，即求得 P_F-T 曲线。

根据 Green[9,10] 所求的缺口试样弯曲的拘束因子 L 值和弯矩表达式，缺口试样韧带屈服条件下的弯矩可表示为

$$M_{GY}=0.63\tau_Y B(W-a)^2 \tag{8-9}$$

而韧带屈服条件下的弯矩 M_{GY} 与韧带屈服载荷 P_{GY} 的关系为

$$M_{GY}=\frac{1}{2}P_{GY}A \tag{8-10}$$

由式 8 - 9 和式 8 - 10 可得

$$P_{GY}=\frac{1.26(W-a)^2B}{A}\tau_Y \tag{8-11}$$

式 8 - 9 ~ 式 8 - 11 中 B 为试样宽度,A 为试样受力时的弯臂长,τ_Y 为材料的剪切屈服应力,$(W-a)$为试样的韧带宽度。在四点弯曲试验时,试样的一部分截面是满足平面应变要求的,大部分截面则处在平面应力状态下,因此计算 P_{GY}时宜采用 Treasca 准则,即

$$P_{GY}=\frac{0.63(W-a)^2B}{A}\sigma_Y \tag{8-12}$$

据不同温度下测得的单轴拉伸下的屈服强度 σ_Y,用式 8 - 12 就可求得相应温度下的 P_{GY},将求得的 P_{GY}绘到 P-T 图上,即可求得 P_{GY}与温度(T)的关系曲线。

8.2.1.4　解理断裂应力 σ_f 的计算

根据实验结果求出 P_F—T 与 P_{GY}—T 曲线后,二曲线交点所对应的温度就是既韧带屈服而又解理断裂的温度 T_{GY},此温度下 $P_F/P_{GY}=1$,$Q=2.57$,再由低于 T_{GY}温度下的 P_F/P_{GY}之比值,查图 8 - 5 的有限元计算结果,即可求出应力提升系数 Q,再根据相应温度下测得的 σ_Y,由公式

$$\sigma_f=Q\sigma_Y \tag{8-13}$$

计算出 σ_f,求出几个温度下的 σ_f。如果断裂机制不发生变化,则 σ_f 基本不随温度而变化,将几个温度下的 σ_f 相加求算术平均值即可。

8.2.2　影响解理断裂应力测定结果的因素

8.2.2.1　试样厚度

试样厚度不仅影响断裂模式的转变,而且还影响 T_{GY}的高低。试样厚度对低碳钢 T_{GY}和 Q 值的影响列于表 8 - 1。表中数据表明,T_{GY}和 Q 随试样厚度降低而降低。试样厚度对断裂特性的影响见图 8 - 6。如果选定一个特定的温度(如 T_x)进行试验,则试样厚度对低碳钢断裂负荷的影响非常大(见图 8 - 6b)。因为薄试样的断裂是由高应变的延性断裂机制诱发,而厚度较高的试样则完全系解理断裂。

表 8 - 1　试样厚度对 T_{GY}和 Q 值的影响

试样厚度 /mm	12.5	10	7.5	5	2.5
T_{GY}/℃	-102	-108	-114	-120	-126
$Q=\sigma_f/\sigma_y$	2.51	2.48	2.36	2.22	2.15

试样厚度对韧带屈服温度下(T_{GY})的应力提升系数 Q(不同试样厚度的应力提升系数以 $Q_{(B)GY}$表示)的影响示于图 8 - 7。可以看出当试样厚度小于 5.0 mm 时,Q 随试样厚度增加迅速增加。但在试样厚度大于 5.0 mm 以后,当试样厚度增

加时，Q 值仅缓慢增加。一般说，在薄的试样中，由于沿试样厚度方向将发生应力松弛，因此，Q 值并不能达到较高的值。也就是说，外加载荷必须达到相当高的值，才可使试样发生断裂。

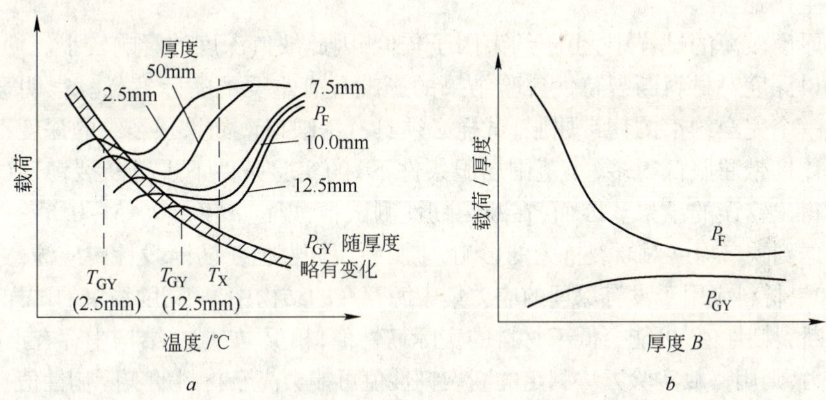

图 8-6 缺口试样慢弯曲试验时的断裂特性与试样厚度的关系（a）及在 T_x 温度下的断裂特性（b）

8.2.2.2 缺口深度

缺口深度影响试样四点弯曲试验时缺口顶端三轴应力状态的发展。浅缺口厚试样中，在韧带屈服条件下，其三轴应力状态会发生某些松弛，也就是说，在一个完整的滑移线“铰形图”形成之前，塑性翼可能从上表面扩展使试样截面产生总体屈服。应力约束的下降，显然会导致 T_{GY} 下降。缺口深度和试样厚度对 T_{GY} 和 Q 值的影响列于表 8-2。

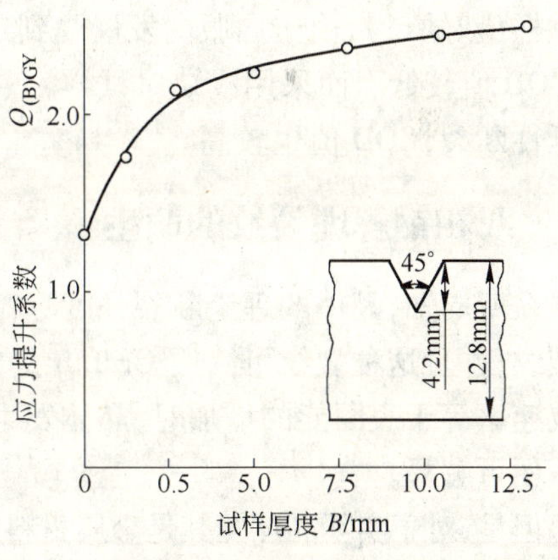

图 8-7 试样厚度对应力提升系数 Q 的影响

表 8-2 试样厚度、缺口深度对 T_{GY} 和 Q 值的影响

缺口深度/mm	3.75	2	1	3.75	2	1
试样厚度/mm	12.5	12.5	12.5	1.25	1.25	1.25
T_{GY}/℃	-75	-85	-107	-128	-133	-140
$Q=\sigma_f/\sigma_y$（实测值）	2.51	2.36	2.07	1.74	1.72	1.60
Q（理论值）	2.51	2.40	1.96	—	—	—

实验和分析表明，为在总体屈服之前产生一个约束的韧带屈服，所需的缺口深度与试样高度的比值（即 a/W）应不小于 0.3。从表 8－2 中数据可以看出，当 a/W 的值小于 0.3 时，应力提升系数 Q 的值较低，即此时会由于整体屈服而导致三轴应力发生松弛。

在厚度较薄的试样中，由于约束因子较低，因此缺口深度的影响较小。

缺口深度对材料断裂特性实验结果的影响具有重要的实际意义。很明显，为了产生一个完全约束的韧带屈服，试样必须具有深缺口。如果预裂纹的深度不足，即使在比韧带屈服低得多（小范围屈服条件下）的实验条件下进行断裂韧性试验，也可能得出错误的结果。因而，在断裂韧性测试中，规定 $a/W = 0.45 \sim 0.55$。

考虑到缺口深度对断裂抗力的影响，应用断裂韧性值于防断设计中应注意下述问题：如果材料应用于没有深埋的应力集中源存在的结构中，从高度约束的试样中所获得的断裂韧性值，可能会低于材料的实际韧性值；相反，如果在结构中存在严重的三轴应力，则用一般实验方法测定的断裂韧性值可能会高于材料的实际韧性值。

如果采用小试样，通过 COD 或 J 积分的方法测定材料的断裂韧性亦可能产生类似的问题。在这种情况下，在断裂之前会发生韧带屈服，也很可能产生整体屈服。以屈服强度为 950 MPa 的淬火、回火状态的合金钢试样为例，如采用深缺口圆柱试样（双缺口），由于屈服的发展受到约束，断裂方式为脆性的晶间断裂，所得到的 COD 值较低。而采用浅缺口试样，三轴应力状态会部分地得到松弛，断裂方式为延性断裂，COD 值也较高。

8.3　双相钢解理裂纹的萌生

众所周知，晶体的理论断裂强度远高于实际断裂强度。如果实际晶体中含有尖裂纹，并且这种裂纹可以用 Griffith 提出的方式进行扩展，即裂纹扩展时的势能释放速率等于表面能的增加时，晶体发生断裂，那么实际断裂强度与理论强度值的矛盾便可解释。

但是，对于实际晶体尤其是金属材料的断裂过程的观察与分析得出，材料变形和断裂的先导是微观屈服，然后在局部地方产生微裂纹，微裂纹在足够大的外加应力下扩展，导致材料断裂。例如，当缺口试样处于拉伸状态时，产生断裂所需的载荷与缺口试样处于压缩状态时产生滑移或孪生所需的载荷相当。这表明屈服是断裂的先导，解理裂纹产生的必要条件是屈服。以这一分析为基础，结合位错理论和不同钢种的显微组织特征，科学工作者提出了不同的解理裂纹萌生和解理断裂的物理模型。

8.3.1　解理裂纹萌生的模型

这部分内容这里仅作有限的介绍，有兴趣的读者可参考文献[1]第 7 章及文献[11]的评述。

8.3.1.1 位错塞积模型

Zener 认为[12]在外加应力作用下,晶体中的位错发生运动,在晶粒边界上位错运动受阻,引起位错塞积。当塞积端的应力集中达到材料的理论强度时,便萌生裂纹和发生解理断裂。Zener 导出:

$$\tau_{\mathrm{eff}} = \tau_{\mathrm{y}} - \tau_0 = \left(\frac{5G\gamma}{d}\right)^{\frac{1}{2}} \tag{8-14}$$

式中 τ_{eff}——有效切应力;

τ_{y}——剪切屈服应力;

τ_0——晶格摩擦力;

G——剪切模量;

γ——表面能;

d——晶粒直径。

Stroh[13]将位错塞积群看成与该群等长的"剪切裂纹",计算出这种长度的裂纹周围的剪应力并与 Griffith 脆性断裂理论相结合,得出解理裂纹的产生与扩展的条件为

$$\tau_{\mathrm{eff}} = \tau_{\mathrm{y}} - \tau_0 = \left[\frac{3\pi E\gamma}{8(1-\nu)d}\right]^{\frac{1}{2}} \tag{8-15}$$

式中 E——弹性模量;

ν——泊松比。

位错塞积模型还可以用下述模型进行概括和描述。假定一个拉伸试样,在外加拉应力 σ 作用下发生变形(见图 8-8)。该力产生的滑移切应力 $\tau = \frac{\sigma}{2}$,作用于直径为 d 的晶粒中的滑移带上。τ 引起的切变量受 τ_{i} 的影响,τ_{i} 与晶格摩擦力、沉淀相、溶质原子气团、点缺陷、位错密度等因素有关,但孪生变形则受 τ_{i} 影响很小。假定一个承受外加应力 τ 的滑移带,其周围的应力分布与长度等于晶粒直径的滑移萌生的裂纹在外加应力 $\tau - \tau_{\mathrm{i}}$ 作用下的应力分布相当,其变形模式为二型剪切变形[1],那么滑移带前沿的局部应力可表示为

$$\sigma_{12} = \frac{K_{\mathrm{II}}}{\sqrt{2\pi r}} f_{\mathrm{i}}(\theta) + \cdots \tag{8-16}$$

或

$$\sigma_{\theta\theta} = \frac{K_{\mathrm{II}}}{\sqrt{2\pi r}} f_2(\theta) + \cdots \tag{8-17}$$

$$K_{\mathrm{II}} = \tau - \tau_{\mathrm{i}}\sqrt{\frac{\pi d}{2}} \tag{8-18}$$

利用式 8-16~式 8-18 就可导出屈服的 Hall-Petch 方程,如和 Griffith 的断裂判据相结合,就可导出 Stroh 模型的方程 8-15。

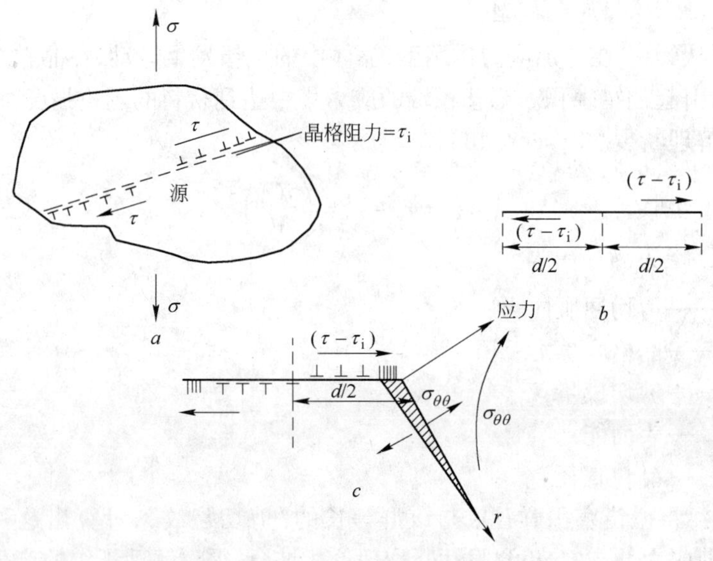

图 8-8　滑移和位错塞积在材料屈服和断裂中的作用

a—晶粒中的滑移带；*b*—剪切裂纹模型；*c*—解理断裂的 Stroh 模型

8.3.1.2　位错反应模型

Cottrell 认为[14]，在一般低碳钢中不可能造成那么大的位错塞积，他提出了一个消耗能量更小的形成微裂纹的可能方式，那就是两个滑移相交处位错聚合而形成的裂纹。如图 8-9 所示，在(001)解理面与$(1\,0\,\bar{1})$及$(1\,0\,1)$滑移面成 45°角，相交于$[0\,1\,0]$轴，沿$(1\,0\,1)$面有一个具有布氏矢量为 $a/2[\bar{1}\,\bar{1}\,1]$和沿$(1\,0\,\bar{1})$面布氏矢量为$\frac{a}{2}[1\,1\,1]$的两组位错相遇形成新的位错：$\frac{a}{2}[\bar{1}\,\bar{1}\,1]+\frac{a}{2}[1\,1\,1]\rightarrow a[0\,0\,1]$，因为合成新的位错后降低了弹性能，所以它是相吸的。对于低碳钢，可以得出产生裂缝所需的张应力为

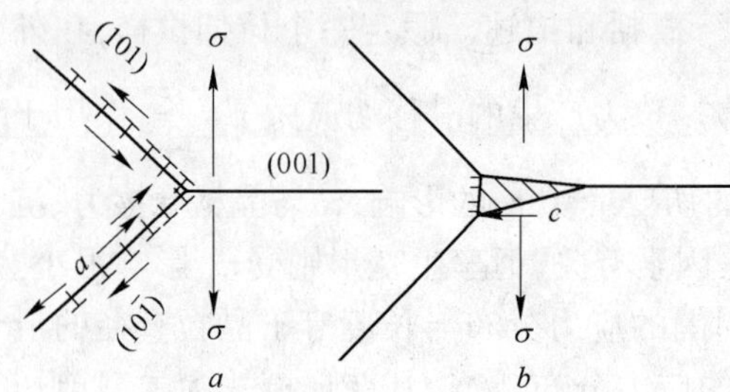

图 8-9　两滑移带上位错聚合(*a*)形成裂缝(*b*)

$$\sigma=2\left(\frac{2\beta G\gamma}{d}\right)^{\frac{1}{2}} \tag{8-19}$$

式中　β——$\beta\approx1$；

d——晶粒直径；

γ——表面能。

8.3.1.3 碳化物起裂模型

Smith 认为[15]，在具有晶界碳化物的低碳钢中，位错在碳化物前端塞积产生应力集中，并引起碳化物开裂，然后裂纹在铁素体中扩展引起材料解理断裂。位错塞积端的应力场使碳化物开裂的临界条件是：

$$\tau_{\text{eff}} = \tau_y - \tau_i \geqslant \left[\frac{8G\gamma_c}{\pi(1-\nu^2)d}\right]^{\frac{1}{2}} \tag{8-20}$$

式中 γ_c——碳化物的表面能；

τ_y——基体的屈服应力；

τ_i——基体的晶格摩擦力。

8.3.2 双相钢中解理裂纹的萌生

观察微裂纹萌生或开裂相的方法，可采用四点弯曲试样，在略高于 T_{GY} 的温度下，将试样加载到略低于韧带屈服的载荷下卸载，然后沿垂直于缺口方向将试样从中心截面处剖开，制成剖面金相，在光学显微镜或扫描电镜下进行观察[30]。Knott[1] 曾用这种方法观察了低碳钢解理裂纹的萌生，Mn-V 双相钢的裂纹萌生照片见图 8-10[16]。可以看出，对于缺口试样弯曲时，微裂纹在距缺口顶端一定距离处萌生，即微裂纹处在缺口顶端塑性区内的应力最大处。其裂纹萌生过程为，当试样受力时，双相钢中的铁素体便开始发生滑移，由于铁素体和马氏体两相塑性应变不相容，在两相界面上萌生裂纹核，它以解理方式向铁素体扩展，以准解理方式使马氏体开裂，形成微裂纹。

a

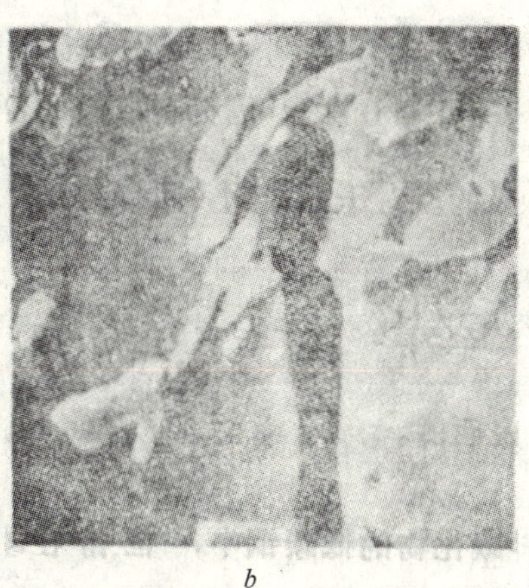

b

图 8-10 Mn-V 双相钢的微裂纹萌生照片（SEM）

a—缺口顶端的开裂相，×350；*b*—开裂相的细节，×3500

8.4 双相钢解理裂纹的扩展

8.4.1 解理断裂时的裂纹扩展准则

早在 1921 年,Griffith 就建立了脆性材料的断裂准则[17],即裂纹扩展所释放的能量,足以提供其扩展所需的全部能量时,裂纹就会扩展,并导出一个基本方程:

$$\sigma_c = \sqrt{\frac{2E\gamma}{\pi(1-\nu^2)a}} \qquad (8-21)$$

式中 γ——表面能;

$2a$——裂纹的长度;

E——杨氏模量;

ν——泊松比;

σ_c——解理断裂应力。

以后 Orowan[18] 考虑到,在金属中裂纹尖端附近会发生塑性变形,对表面能作了修正,引入了包含有塑性功的有效表面能 γ_p,使得式 8-21 适用于金属,并表示为

$$\sigma_f = \sqrt{\frac{2E\gamma_p}{\pi(1-\nu^2)a}} \qquad (8-22)$$

式中 σ_f——解理断裂应力;

γ_p——有效表面能,$\gamma_p = \gamma + U_p$,U_p 为塑性功。

1945 年,Orowan 基于实验观察进一步提出[19],在温度低于某一数值后,金属材料中有一个基本不随温度变化而变化的"脆断应力"——产生解理断裂所必须的临界拉应力 σ_f。他用缺口应力提升系数 Q 来说明缺口试样比光滑试样更脆的原因,并测定了缺口试样的脆断抗力随温度的变化规律,成功地解释了缺口对软钢解理断裂的影响。Orowan 模型和随后 Cottrell 关于解理断裂的位错模型[20],都肯定了拉应力在解理断裂中的重要意义。为了检验拉应力在确定解理断裂中裂纹扩展的重要作用,Knott 采用了不同缺口夹角的退火软钢试样进行试验[21],明确了局部屈服和韧带屈服条件下的解理断裂应力的意义的不同,并指出,对于某一给定的缺口角度均可确定一个断裂与韧带屈服相一致的温度,即所谓的韧带屈服温度 T_{GY}(见图 8-11)。图中还示出了低于 T_{GY} 和高于 T_{GY} 温度下试验时,试样的小范围屈服和整体屈服下的滑移线场及 P_F-T 与 P_{GY}-T 曲线。

利用每个 T_{GY} 温度下测得的单轴拉伸屈服应力和相应的缺口应力提升系数 Q,便可计算解理断裂应力 σ_f,这一应力基本与温度无关。因此,在 $T = T_{GY}$ 的温度下,缺口试样的断裂准则或解理断裂时的裂纹扩展准则,就可简单地陈述为 $\sigma_f = Q\sigma_y$。

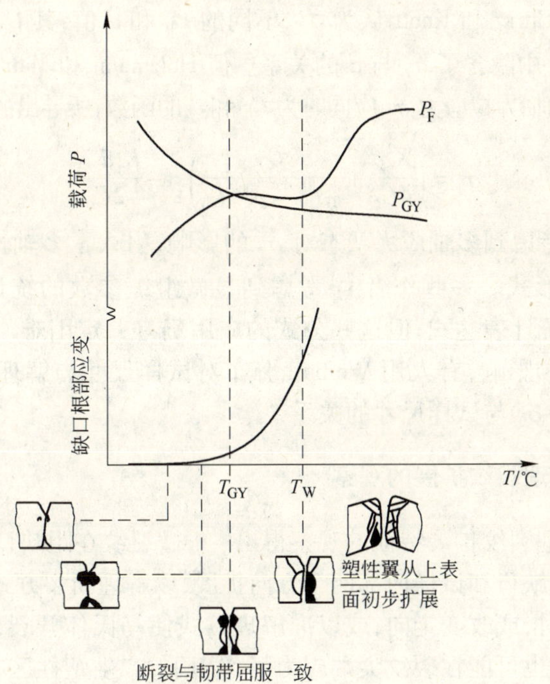

图 8-11 低碳钢缺口试样慢弯曲试验时的断裂特性

对于由晶界碳化物和铁素体组织构成的低碳钢，Smith[15] 得出，为使晶界碳化物裂纹在铁素体基体中扩展，应满足的临界条件是

$$\left(\frac{C_0}{d}\right)\sigma_f^2+\tau_{eff}\left[1+\frac{4}{\pi}\left(\frac{C_0}{d}\right)^{\frac{1}{2}}\frac{\tau_i}{\tau_{eff}}\right]^2\geqslant\left[\frac{8G\gamma_p}{\pi(1-\nu^2)d}\right] \tag{8-23}$$

式中 C_0——碳化物的厚度；

d——铁素体晶粒直径；

γ_p——铁素体的有效表面能；

σ_f——低碳钢的解理断裂应力；

τ_{eff}——铁素体的有效切应力；

τ_i——铁素体的晶格摩擦力。

如将 Hall-Petch 关系 $\tau_{eff}=\tau_y-\tau_i=K_y d^{-\frac{1}{2}}$ 代入式 8-23 中（τ_y 为铁素体的剪切屈服应力），则可得

$$\sigma_f^2+\frac{K_y^2}{C_0}\left(1+\frac{4}{\pi}C_0^{\frac{1}{2}}\frac{\tau_1}{K_y}\right)\geqslant\frac{4E\gamma_p}{\pi(1-\nu^2)d} \tag{8-24}$$

式中 K_y——常数。

该式表明，σ_f 只与 C_0 有关，与晶粒大小 d 无关，这不符合实验观察到的情况。

为解释这一矛盾，Curry 和 Knott 认为[22]，不同的 C_0 和 d 值，其 C_0/d 的比值基本不变，这样，式 7－24 中隐含了 σ_f 与 d 的关系。但 Holzmann 和 Man[23]认为，使碳钢中碳化物裂纹扩展的临界拉应力 σ_f 应同时为 C_0 和 d 的函数，所导出的相应的表达式为

$$\sigma_f = \left(\frac{K_y^2 d}{4C_0} + \frac{8G\gamma_p}{\pi(1-\nu^2)C_0}\right)^{\frac{1}{2}} - \frac{K_y d^{-\frac{1}{2}}}{2C_0} \tag{8-25}$$

Riedel[24]等考虑到多轴应力状态对 σ_f 的影响，引入了多轴性参数，得到了 σ_f 的更复杂的表示形式。一些作者[25]考虑到显微组织参数的统计效应对 σ_f 的影响，得出了 σ_f 的统计表达式，但这些公式的应用仍有一定困难。考虑到试样尺寸对解理断裂应力的影响，有人用 Weibull 分布对试样尺寸与解理断裂应力的关系进行分析，解释了 σ_f 与试样尺寸的关系[26]。

8.4.2 双相钢解理裂纹扩展的观察

对双相钢解理裂纹扩展特征的观察得出[16]，微裂纹在距缺口顶端一定距离处萌生，然后同时向缺口和试样内部两个方向扩展，以解理断裂方式通过铁素体。当裂纹遇到马氏体时，或改变走向，或以准解理方式使马氏体开裂，然后又以解理方式向铁素体扩展，也可能在裂纹尖端应力场作用下，产生塑性区，在塑性区内应力最大处萌生新的裂纹，再以上述方式扩展。只要裂纹尖端的应力场足够大，裂纹就会迅速扩展，导致构件或试样迅速断裂。Mn-V 双相钢中微裂纹的扩展情况见图 8－12，图中还示出了微裂纹的扩展与滑移线场的对应关系。

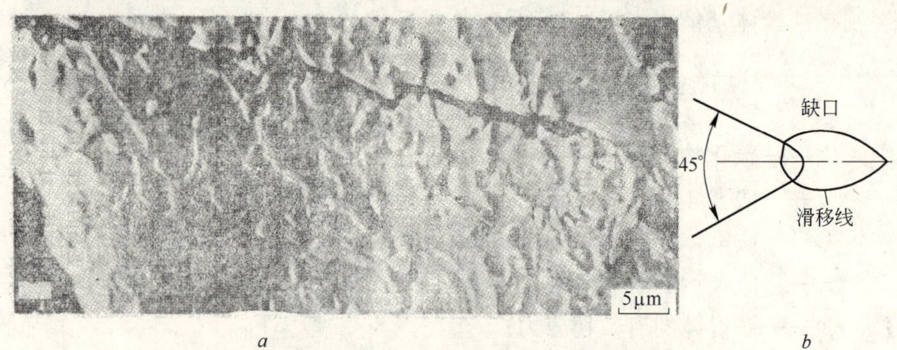

图 8－12 双相钢中解理裂纹的扩展情况与滑移线场的关系

a—解理裂纹扩展情况；*b*—缺口顶端滑移线场示意图

双相钢的解理断口形貌与显微组织的对应关系见图 8－13。可以看出，解理小平面与铁素体相对应，准解理或其他吸能较高的断裂部分与马氏体组织相对应，这是很有意思的。因为通常认为，淬火马氏体似乎具有更高的脆性，但在解理断裂条件下，马氏体比铁素体表现出更高的韧性。对不同组织组成的双相钢的拉伸断口观察得出[30]，马氏体与断口中的延性断裂部分相对应，而铁素体与解理小平面相对应。

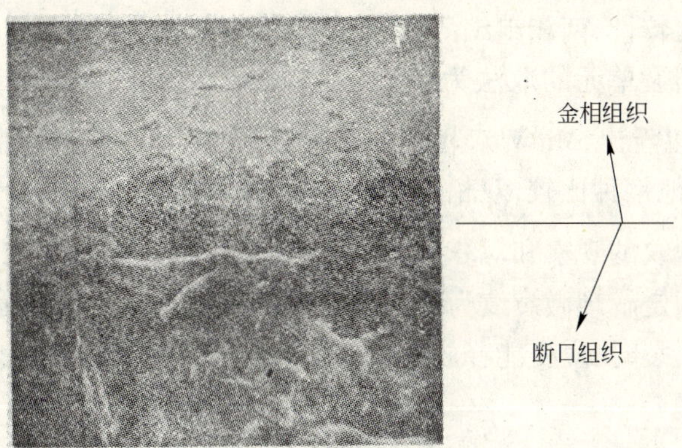

图 8-13 双相钢的解理断口形貌与显微组织的对应关系(SEM, ×700)

8.4.3 双相钢的解理断裂应力和有效表面能

Mn-V 双相钢的解理断裂应力 σ_f 与断裂单元的关系示于图 8-14。根据双相

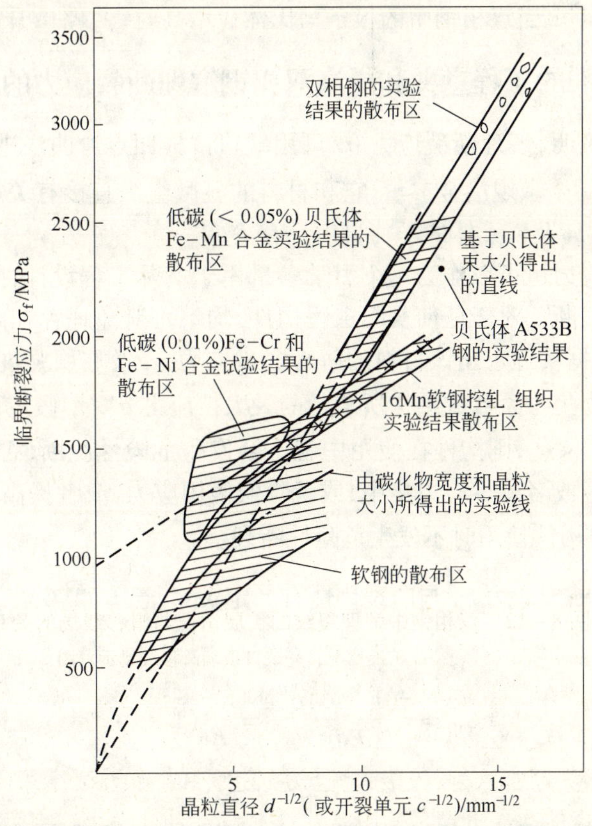

图 8-14 解理断裂应力与断裂单元关系的综合图(据文献[31]补充整理)

钢微裂纹的扩展特性，两相组织的特点，几种不同断裂单元取法的综合比较和计算结果确定图中断裂单元的取法为一个马氏体岛的直径加一个铁素体的平均自由程[27]。从图可以看出，Mn-V 双相钢的解理断裂应力与断裂单元 $c^{-\frac{1}{2}}$ 具有较好的线性关系，和其他钢种比较，双相钢具有较高的解理断裂应力。

基于对微裂纹的观察和对 σ_f 与 $c^{-\frac{1}{2}}$ 关系的分析可以得出，双相钢的解理断裂属扩展控制。假定解理微裂纹为一深埋的椭圆开裂面，根据 Irwin[28] 的分析，当双相钢发生解理断裂时，应变能释放速率的临界值 G_{IC} 可由下式给出：

$$G_{IC} = \frac{\pi(1-\nu^2)\sigma_f^2 c}{E\Phi^2} = 2\gamma_p \tag{8-26}$$

式中 c——断裂单元；

Φ——第二类椭圆积分。

为简化计算令 $b/a=1$，则 $\Phi=\frac{\pi}{2}$。用式 8－26 计算的双相钢的有效表面能 $\gamma_p = 73 \sim 81\ \mathrm{J/m^2}$。当双相钢中的板条马氏体量增高时，$\gamma_p$ 略微升高。

8.5 解理断裂的工程意义和提高双相钢解理断裂应力的途径

以上论述表明，解理断裂应力 σ_f 可用缺口试样四点弯曲法进行测定，而同时 σ_f 又是材料的一个微观冶金参量，它和材料的显微组织直接有关。对于双相钢而言，σ_f 与马氏体岛及铁素体的平均自由程有关。

解理断裂应力也可以作为一个力学参量用于实际工程设计，判断构件在使用中是否会发生脆断。对于任何实际工程构件，均不可避免地存在缺陷和应力集中源，这时可以根据实验求出该材料的解理断裂应力 σ_f 及屈服强度，然后根据设计和计算求出应力集中系数或结构所承受的最大拉应力 σ_T^{max}。假定设计时的安全系数为 K，如 $K\sigma_T^{max} < \sigma_f$，则构件在使用中就不会发生危险性脆断，否则，就有脆断的危险。这时就应或者减少应力集中，或者降低使用应力，或者提高材料的 σ_f，以使 $K\sigma_T^{max} < \sigma_f$，保证构件使用时不发生危险性断裂。

此外，解理断裂应力 σ_f 与断裂韧性有一定关系，已知[29] $G=\frac{K^2}{E}(1-\nu^2)$，由式 8－26 可得

$$G_{IC} = \frac{\pi(1-\nu^2)\sigma_f^2 c}{E\Phi^2} = \frac{K_{IC}^2}{E}(1-\nu^2)$$

或写为

$$K_{IC} = \sigma_f \Phi^{-1}(\pi c)^{\frac{1}{2}} \tag{8-27}$$

式中 K_{IC}——断裂韧性。如求出材料的 σ_f 及相应的 c 值，则可求出同样温度下的材料的断裂韧性 K_{IC} 值，从而进行安全设计。

当双相钢的有效表面能基本恒定时,则可采取降低断裂单元 c 值的方法。例如,使双相钢中的铁素体晶粒尽可能细化,马氏体岛的直径尽可能降低等措施。如双相钢的断裂单元大小基本不变(即显微组织恒定),那么增加有效表面能则可提高双相钢的解理断裂应力,例如降低钢中碳含量,提高临界区退火温度,增加马氏体岛中的板条马氏体量,以及回火处理等均可使双相钢的有效表面能适当地提高,改善双相钢的解理断裂应力。

参考文献

1 Knott J F. Fundamental of Fracture Mechanics, Butterworths, London, 1973

2 Broek D. Elementary Engineering Fracture Mechanics, Noordhoff International Publishing, London, 1974

3 Л. М. 卡恰诺夫. 塑性理论基础. 周承绸,唐照千译. 北京:人民教育出版社,1964

4 赵志业. 塑性变形和轧制理论. 北京:冶金工业出版社,1981

5 Wilshaw T R, Rau C A, Tetelman A S. Eng. Fracture. Mech. ,1968,1:191

6 Griffiths J R, Owen D R J J. Mech. Phys. Solids, 1971, 19:419

7 Rice J R, Johnson M A. Inelastic Behaviour of Solids, ed. by M. F. Kanninen et al, 1970, McGraw-Hill, New york, 641

8 Rice J R, Rosengren G F. J. Mech. Phys. Solids, 1968, 16:1

9 Green A P. Q. J. Mech. Appl. Maths, 1953, 6:223

10 Green A P. Hundy B B. J. Mech. Phys. Solids, 1956, 4:128

11 周如松,徐约黄. 断裂力学与断裂物理会议文集,1979,28

12 Zener C. Fracture of Metals, 1948, ASM Clereland, 3

13 Stroh A N. Proc. Roy. Soc, 1955, A223:404

14 Cottrell A H. Trans. AIME, 1958, 212:192

15 Smith E. proc. Conference Dhysical Basis of Yield and Fracture, Inst. Phys. Soc. , 1966, Oxford, 36

16 Ma Mingtu, Wang Degen, Wu Baorong. IcF Beijing, preprint, 1983, Science Publication, 963

17 Griffith A A. Phil. Trans. Roy. Soc. , 1920, A221:163

18 Orowan E. Welding Journal, 1955, 34:1574

19 Orowan E. Trans. Inst. Engrs. 1945, 89:165

20 Cottrell A H. Trans. Am Inst. Min. Metall. Petrol. Eng. 1958, 212:192

21 Knott J F. J. Iron and Steel Inst. 1966, 204:104

22 Curry D A. Knott J F. Metal Science, 1978, 12:511

23 Holzmann M. J. Man, J. Iron and Steel Inst. , 1971, 209:836

24 Riedel H, Kochendörfer A. Arch Eisenhüttenand, 1979, 50:173

25 邢修三. 断裂物理与断裂力学会议文集,1978,330

26 杜万泉,蔡其巩,罗力更. 金属学报,1983,19(A323)

27　马鸣图,汪德根,吴宝榕. 金属学报,1983,19(A332)

28　Lrwin G R. J. Appl. Mech. ,1962,29:651

29　陈篪,蔡其巩等. 工程断裂力学. 北京:国防工业出版社,1977

30　Kim N J,Koo J Y. Thomas G. Metall. Trans. 1981,12A:983

31　Knott J F. Fracture,1977,Vol. 1,ICF4,Waterloo,Canada,June 1977,62

9 双相钢的其他性能

9.1 双相钢的疲劳

金属在交变应力作用下发生的失效一般称为金属的疲劳。由双相钢制成的构件，如汽车的车轮（轮辐、轮辋和轮盘），在服役中承受交变载荷，其寿命取决于它的疲劳强度，服役的应变历史和设计因素（如应力集中等）。因此研究双相钢的疲劳强度、疲劳裂纹的萌生与扩展机制和影响疲劳寿命的因素等，对双相钢的应用有实际意义。

9.1.1 双相钢的疲劳强度

Sherman 和 Davies[1] 采用板状试样和应力集中系数为 2.5 的缺口试样在电液伺服试验机上测定了含钒双相钢（钢的成分为 0.11% C-1.40% Mn-0.48% Si-0.08% V-Fe）的疲劳强度，试样的显微组织为细晶粒铁素体和均匀分布的马氏体岛，马氏体的体积分数为 18%。其循环应力应变曲线和热轧低碳（HRLC）钢及 SAE950X，SAE980X 的对比见图 9－1。双相钢的循环应力应变曲线处于 SAE950X 和 SAE980X 之间，远超过 HRLC 钢。

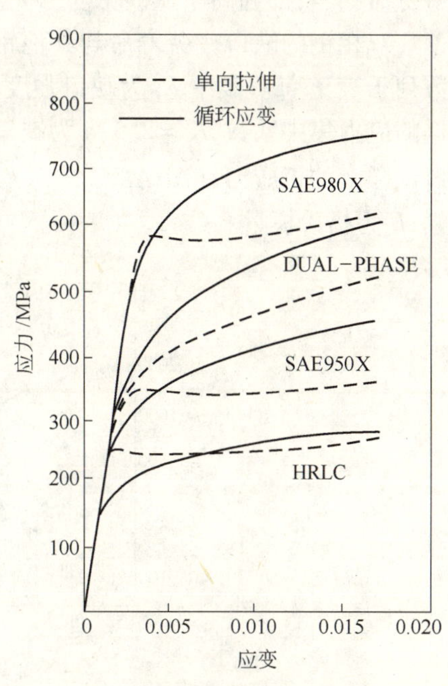

图 9－1 双相钢循环应力应变曲线和其他钢类的对比

应变疲劳试验结果表明，在低的应变振幅下，强度值是疲劳寿命的决定因素，因此 SAE980X 的疲劳寿命高于双相钢，而 SAE950X 与双相钢相当。在较高的应变振幅下，塑性成为控制疲劳寿命的重要因素，因此双相钢的疲劳寿命高于 SAE980X。与热轧低碳钢（HRLC）相比，由于双相钢的强度较高，它承受的与疲劳损伤有关的塑性应变要低于 HRLC 钢，因此，其疲劳寿命高于

HRLC 钢，如图 9-2 所示。虽然 SAE980X，SAE950X 承受的与疲劳损伤有关的塑性应变也低于 HRLC 钢，由于这两个钢的塑性较低，所以承受累积塑性变形的能力也低于双相钢，因而其疲劳寿命也略低于双相钢。

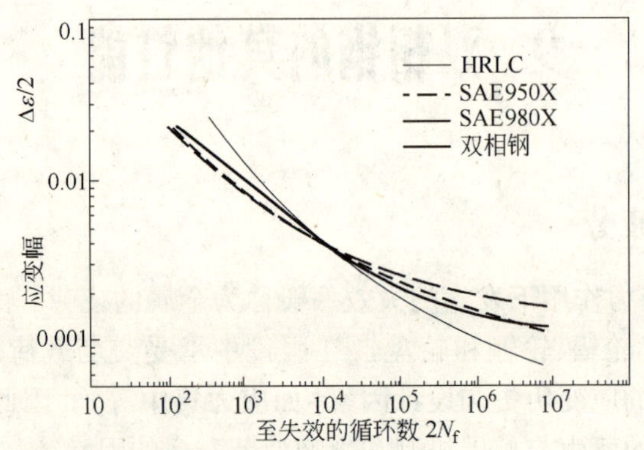

图 9-2　双相钢和其他钢类的应变疲劳寿命对比

抗拉强度为 520 MPa 的热轧双相钢的弯曲疲劳极限（345 MPa）高于抗拉强度为 460 MPa 的 HSLA 钢，后者的弯曲疲劳极限为 290 MPa，但在高应力区，二者疲劳寿命相当，都远高于低碳钢。

双相钢的缺口疲劳寿命与其他钢类的对比示于图 9-3。相应的缺口疲劳参数列于表 9-1。表中 K_f 为缺口强度降低系数，$K_f=(\Delta\sigma\Delta\varepsilon E)^{1/2}/\Delta S$；$K_t$ 为缺口试样的应力集中系数，$K_t=2.5$；q 为缺口敏感度，$q=K_f-1/(K_t-1)$；ΔS 为作用于缺口试样上的正应力；$(\Delta\sigma\Delta\varepsilon E)^{1/2}$ 为光滑试样的等量应力；$\Delta\sigma$ 为应力；$\Delta\varepsilon$ 为应变振幅；E 为杨氏模量。

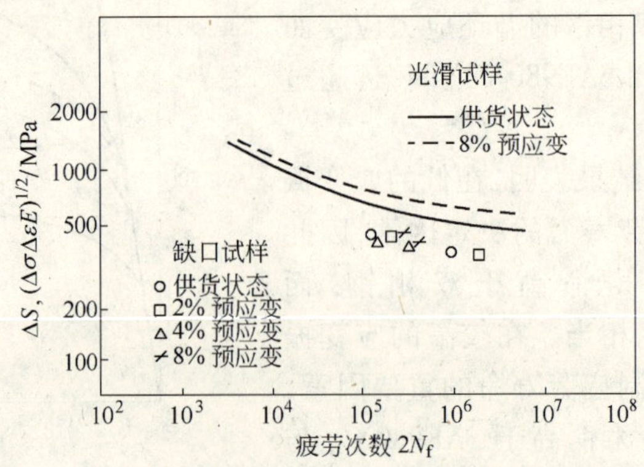

图 9-3　双相钢和其他钢种的缺口疲劳寿命比较

表 9-1 缺口疲劳试验参数

材料状态	K_f	K_t	q
双相钢			
供货状态	1.49	2.5	0.33
2%预应变	1.45	2.5	0.33
4%预应变	1.57	2.5	0.38
8%预应变	1.60	2.5	0.40
HRLC 钢供货状态	1.40	2.5	0.27
SAE980X 供货状态	1.70	2.5	0.47

在低的应变振幅下，虽然 SAE980X 钢的光滑试样具有较好的疲劳抗力，但它的缺口敏感性比双相钢高（见表 9-1），因此其缺口疲劳寿命与双相钢相当。在高应变振幅下，双相钢的光滑试样疲劳寿命较高。由于缺口附近应变集中的加强，双相钢的缺口疲劳寿命降低，但双相钢的缺口敏感性低于 SAE980X，这些因素的综合影响，使得两种材料的缺口疲劳寿命相同。虽然 HRLC 钢的缺口敏感性最低，但它的强度也较低，所以它的缺口疲劳强度仍然最低。

9.1.2 双相钢的疲劳裂纹萌生和扩展

通常认为，在高周疲劳试验时疲劳寿命主要取决于微裂纹的萌生和长大，而极小部分取决于裂纹的宏观扩展。因此微裂纹的萌生和长大具有重要的工程意义。

Kim 和 Fine 采用平板试样研究了含钒 SAE980X 和双相钢 GM980X 的疲劳裂纹的萌生与扩展[7]。试样尺寸为 3.2 mm × 20 mm × 90 mm 的板条；用直径为 0.38 mm的 Cu-Be 丝在试样上开一个长为 1.0 mm，曲率半径 ρ 为 0.22 mm 的单边缺口，并经机械抛光和电解抛光，用 30 Hz 的正弦应力波、拉—拉应力下进行循环加载，其应力比 $R(=S_{min}/S_{max})=0.05$，用放大 400 ~ 800 倍的金相显微镜进行裂纹观察，用 x-y 记录仪记录裂纹位置和长度。裂纹萌生的循环数 N 与 $\Delta K_{eff}/\sqrt{\rho}$的关系曲线见图 9-4。$\Delta K_{eff}\approx[\Delta S\sqrt{a}f(a,w)]$，其中 $f(a,w)$ 是几何修正因子，w 为试样宽度，ΔS 可据 $\Delta K/\sqrt{\rho}$值计算，N_{ii} 为形成大约 5 μm 长（约等于晶粒直径）的一个粗滑移带的循环数，大体与微裂纹萌生的循环数相当，N_{if} 为形成一个经过缺口表面的横向穿透性（3.2 mm）裂纹的循环数与工程上裂纹萌生的循环数相对应。从图 9-4 可见，在试验的全部应变范围内，SAE980X 的裂纹萌生抗力均高于 GM980X。当应力强度因子较高时，SAE980X 的疲劳裂纹萌生的循环次数比 GM980X 高 2 倍。N_{ii}/N_{if}的比值一般随 $\Delta K/\sqrt{\rho}$值的降低而降低，但在 ΔK 刚刚高于疲劳裂纹萌生的门坎值时，N_{ii}/N_{if}之比值迅速降低。

根据弹塑性理论，并假定材料的循环应力应变曲线符合幂指数硬化规律，

Kim[9]等人提出了疲劳裂纹萌生门坎值的计算公式：

$$\left.\frac{\Delta K}{\sqrt{\rho}}\right|_{\mathrm{th}}=2\sigma'_{\mathrm{y}}\sqrt{\frac{2}{1+n'}} \tag{9-1}$$

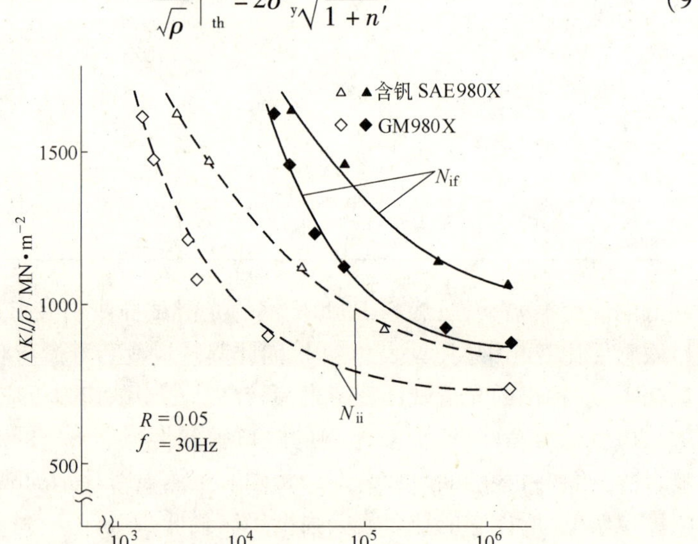

图 9－4　疲劳裂纹萌生的循环数 N 与 $\Delta K_{\mathrm{eff}}/\sqrt{\rho}$的关系

式中　σ'_{y}——与经 10^6 循环后失效的塑性应变振幅相对应的稳态最大循环应力；

n'——循环应变硬化指数，它可以根据循环应力应变曲线用下式进行计算：

$$\sigma'/\sigma'_{\mathrm{y}}=(\varepsilon'/\varepsilon'_{\mathrm{y}})^{n'} \tag{9-2}$$

式中　σ'——循环流变应力；

ε'——循环应变。

用式 9－1 计算的 SAE980X 和 GM980X 的 $\Delta K/\sqrt{\rho}\,|_{\mathrm{th}}$ 值与实测值的比较列于表 9－2。

表 9－2　不同钢种的 $\Delta K/\sqrt{\rho}\,|_{\mathrm{th}}$的计算值与实测值的比较

钢　种	σ'_{y}（应变 $\varepsilon=0.2\%$）/MPa	$\Delta K/\sqrt{\rho}\,|_{\mathrm{th}}$/MPa	
		测　定　值	计　算　值
SAE980X	618	840	838
GM980X	461	705	665

对经 N_{ii} 循环后的 SAE980X 和 GM980X 的缺口试样表面进行扫描电镜观察，当 $\Delta K/\sqrt{\rho}$值相同时，在 SAE980X 试样中沿着粗的挤出（或挤入）滑移带的微裂纹的密度比 GM980X 试样中要小得多。两种钢中疲劳裂纹都沿着粗糙的滑移带萌生，但后者的粗滑移带中的“高坡”和“谷地”比前者大得多。

Wan 等[3]用逐级切面法和横截面法研究了高硅双相钢(0.08% C-1.90% Mn-2.50% Si-Fe)的疲劳裂纹萌生和显微组织的关系。采用表面经电解抛光的板状试样做弯曲疲劳试验后，进行裂纹萌生的观察。在试样的自由表面上，每个出现的裂纹均与应力轴成45°角，但由小裂纹聚合形成的大裂纹，其扩展途径大体与应力轴垂直。试样表层下各个裂纹总是处在马氏体相的边界上，在一些区域可以看到由于马氏体相的开裂而使小裂纹连在一起。断裂后试样中残留的二次裂纹大体垂直于断裂表面(见图9-5)。

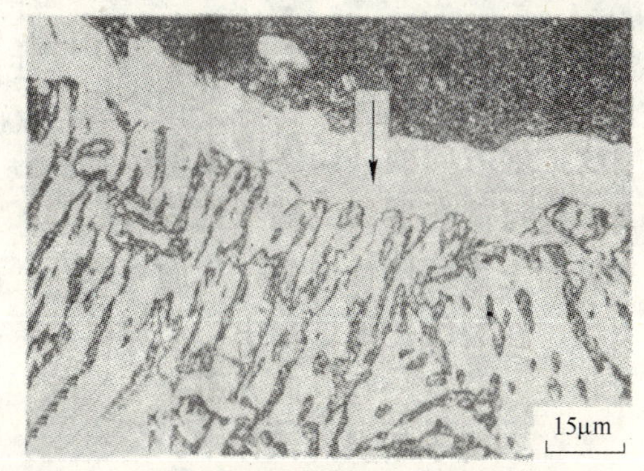

图9-5　双相钢疲劳断口的剖面组织，箭头指出二次裂纹沿垂直于断口表面扩展

观察得出[2,3]，当双相钢承受一个交变载荷时，首先两相开始弹性变形，然后铁素体开始塑性变形。由于马氏体相的存在，铁素体的均匀塑性变形受到限制。随着循环变形次数的增加，铁素体发生相硬化，这时可以观察到大量的胞状组织(见图9-6)。当铁素体达到饱和的硬化阶段之后，便以滑移带的形式发展非均匀塑性变形，并在马氏体-铁素体界面上产生塑性变形积累，随着循环次数增加，最终导致疲劳裂纹在两相界面上萌生。另外，当进行弯曲疲劳试验时，试样表面承受最大的应力，如硬质相马氏体垂直于或接近垂直于应力轴时，则在马氏体-铁素体界面上产生较高的循环拉伸和压缩应力，从而导致在二相界面上萌生裂纹核。裂纹萌生后，首先沿二相界面扩展，如裂纹的长度较短，则当裂纹扩展到马氏体相附近时，通常是围绕马氏体相的周围扩展。有时，由于有利的取向关系，裂纹会穿过马氏体相扩展。当裂纹长度足够大，或裂纹扩展方向的马氏体厚度很薄时，则裂纹也会穿过马氏体相扩展。也可能在裂纹尖端塑性区的应变场作用下，在铁素体和马氏体界面上累积塑性应变，从而导致在主裂纹前端萌生一些新的微裂纹，在裂纹扩展过程中，小裂纹连接在一起，形成一个大裂纹。此外，总有一些取向并不与主裂纹平行的微裂纹形成一些二次裂纹并残留于断裂的试样中。高硅双相钢中疲劳裂纹的扩展示于图9-7。

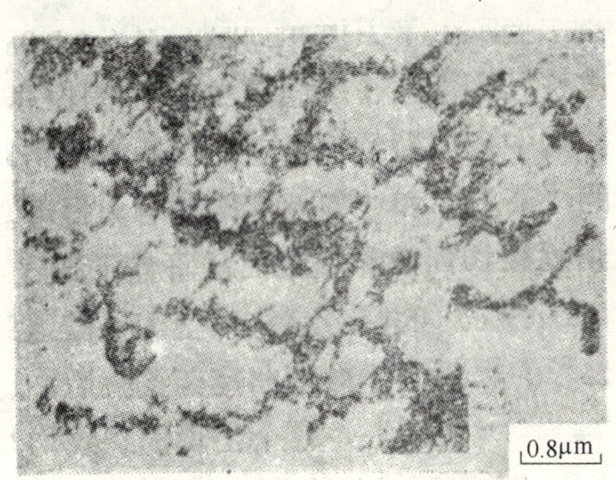

图9-6　疲劳试验后双相钢铁素体中的胞状组织

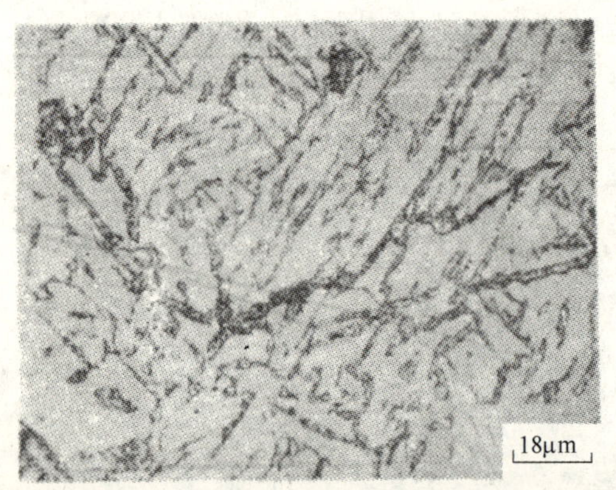

图 9 – 7　高硅双相钢中的疲劳裂纹扩展

在缺口试样中，第二阶段裂纹的扩展速率具有重要的意义。Tomota 等采用中心缺口的板状试样，测定了马氏体体积分数为 0.44%，并经 200℃和 600℃回火的双相钢拉压疲劳裂纹扩展速率，应力强度因子按下式计算：

$$K_a = \sigma_a(\pi L)^{1/2}[\sec\pi L/w]^{1/2} \quad (9-3)$$

式中　σ_a——应力幅；

w——试样宽度；

L——中心裂纹长度之半。

试验结果示于图 9 – 8[2]，由图可见双相钢的缺口试样的裂纹扩展速率与 K_a 的关系符合帕里斯公式[10]，即

$$d(2L)/dN = C(K_a)^m \quad (9-4)$$

式中　C,m——常数，并且裂纹扩展速率受回火的影响（即受两相硬度比的影响）。

同时图 9 – 8 中数据亦表明，当 K_a 较低时强度对双相钢裂纹扩展速率具有重要的影响。由于强度较高，200℃回火的双相钢裂纹扩展速率较 600℃回火的试样慢。但当 K_a 较高时，塑性对疲劳裂纹扩展速率具有更重要的影响，由于具有较高的塑性，600℃回火的双相钢试样裂纹扩展速率较 200℃回火的试样低些。

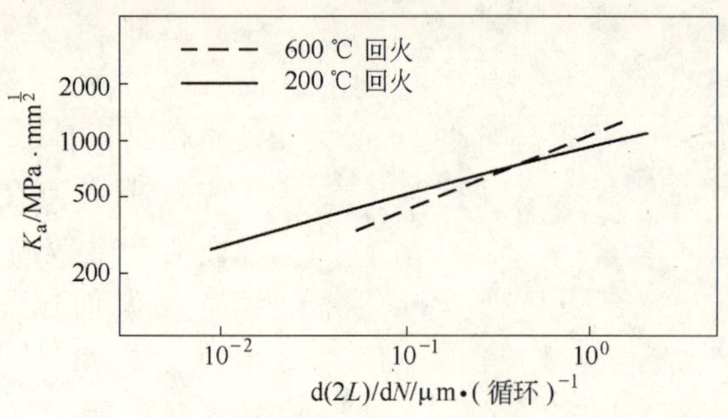

图 9 – 8　双相钢的疲劳裂纹扩展速率和 K_a 的关系

9.1.3　双相钢疲劳裂纹扩展的门坎值

Suzuki 等采用不同的热处理工艺，将 SAE1018 钢处理为不同显微组织和性能的双相钢（表 9 – 3）[5]，在频率 1 ~ 30 Hz，应力比 $R = 0.05(R = K_{min}/K_{max})$ 的条件下，用逐步降载法测定疲劳裂纹扩展的门坎值，经 10^7 循环裂纹没有明显扩展时的 ΔK 值定义为 ΔK_{th}。两种不同显微组织双相钢的 ΔK 与裂纹扩展速率的测定结果见图 9 – 9。工艺 A 的 ΔK_{th} 为 8 MPa · m$^{\frac{1}{2}}$，工艺 B 的 ΔK_{th} 为 19 MPa · m$^{\frac{1}{2}}$，后者

ΔK_{th}较高的原因是经工艺 B 处理的试样强度较高,马氏体呈连续分布,因而限制了裂纹尖端塑性区的发展。

表 9-3 双相钢的显微组织和力学性能

显微组织及力学性能		工艺 A	工艺 B
显微组织参数	铁素体晶粒大小/μm	3	40
	马氏体体积分数/%	36.4	39.2
	马氏体相的平均大小/μm	149	连续分布
	马氏体组织的连续度/%	34.7	95.4
	马氏体的显微硬度 HV	565	546
	铁素体的显微硬度 HV	148	149
力学性能参数	屈服强度 $\sigma_{0.2}$/MPa	293	452
	抗拉强度 σ_D/MPa	543	750
	总伸长率(标距 12.7 mm)e_t/%	—	9.9
	断面收缩率/%	32.6	—

上述两种处理工艺的试样疲劳裂纹尖端塑性区的尺寸与 ΔK 的关系见图 9-10。实验数据的线性回归分析结果表明,经工艺 A 处理的试样,裂纹尖端塑性区的大小 $\gamma_p \propto \Delta K^2$,这和连续力学理论的预测是一致的。但对于工艺 B 处理的试样,$\gamma_p \propto \Delta K^{6.67}$,即塑性区更大程度上依赖于 ΔK,这可能是由于在这一试样中,呈连续分布的马氏体组织,极大程度地抑制了裂纹尖端的塑性变形,使裂纹尖端的塑性区剧烈降低。

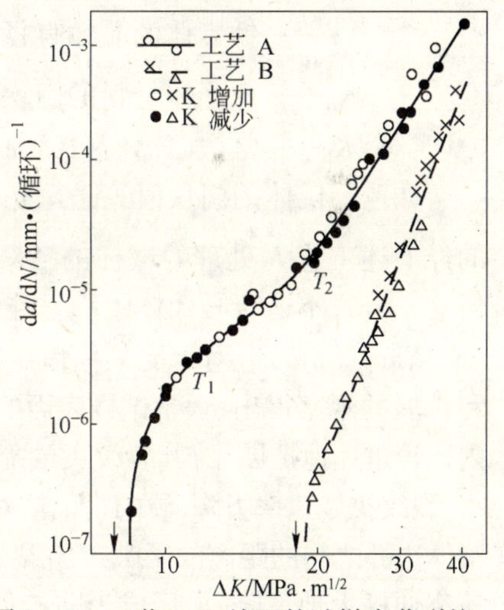

图 9-9 工艺 A、B 处理的试样疲劳裂纹扩展速率与 ΔK 的关系

按照 Hahn 等人的工作[12],在门坎值附近的 ΔK 值下,疲劳裂纹尖端反向塑性区的大小(RPZS)可用下面方程计算:

$$RPZS = 0.132(\Delta K/2\sigma_y)^2 \quad (9-5)$$

式中 σ_y——屈服强度,$\sigma_y \approx HV/3$[13],HV 为试样的维氏硬度。

利用公式 9-5 和表 9-3 中的有关数据,ΔK 取 ΔK_{th},计算了上述的工艺 A 和工艺 B 试样的 RPZS,其值分别为 8.67 μm 和 3.6 μm,此值说明呈连续分布的马氏体可以作为裂纹扩展的有力障碍,限制裂纹尖端塑性区的发展。但是,如果 ΔK 升高,裂纹尖端的塑性区就会扩大,当裂纹尖端塑性区的尺寸超过马氏体宽度时,则马氏体的障碍作用就会下降,裂纹就会迅速扩展。

对于由铁素体和珠光体构成的碳素钢,Masounave 和 Bailon[11]得出

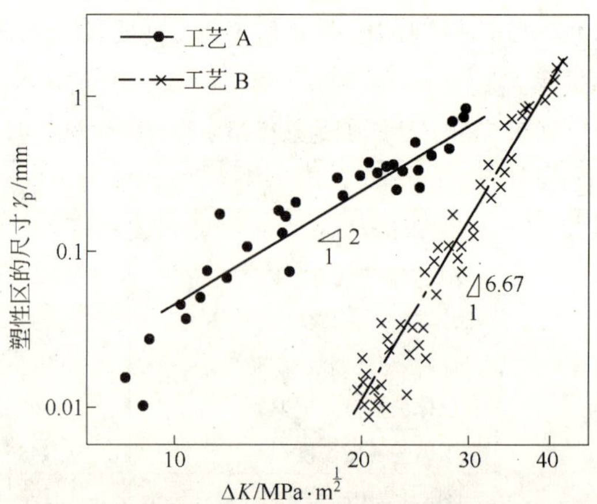

图 9－10　工艺 A、B 处理的试样的裂纹尖端塑性区与 ΔK 的关系

$$\Delta K_{th0} = f_a K_f d^{1/2} + (1 - f_a)\Delta K_p \tag{9-6}$$

式中　ΔK_{th0}——R = 0 时的门坎值；

f_a——铁素体的体积分数；

d——铁素体的晶粒直径；

ΔK_p——珠光体材料的门坎值，其值为 10.3 MPa · $m^{\frac{1}{2}}$；

K_f——常数（1.58×10^3 MPa）。

如取马氏体的门坎值等于珠光体的门坎值，根据表 9－4，利用方程 9－5 计算的经上述工艺 A 处理的试样的 ΔK_{th0} 大约为 10 MPa · $m^{\frac{1}{2}}$，这与实测值是相近的。但这一公式不适合马氏体组织呈连续分布的试样的 ΔK_{th0}。

Yang 和 Liu[4] 对承受某一恒定循环交变应力的双相钢试样中疲劳裂纹的萌生和扩展的观察得出，通常试样表面的铁素体首先萌生疲劳裂纹，然后，裂纹在铁素体内比较迅速地扩展，随着裂纹尖端靠近马氏体铁素体界面，裂纹尖端的塑性变形减小，裂纹扩展速率下降，硬的马氏体对裂纹扩展的减慢作用是裂纹尖端与马氏体－铁素体边界之间的距离的函数。当裂纹尖端靠近马氏体－铁素体边界时，裂纹扩展速率便极大地下降，最后成为非扩展裂纹，并终止于铁素体内。但此时，如果外力增加，裂纹就会进入马氏体，一旦裂纹进入马氏体，就非常快的扩展。以这一思路为基础，Liu 等提出了双相钢疲劳裂纹扩展的非拉开模型，并计算了裂纹扩展速率及门坎值和显微组织之间的关系。

9.1.4　影响双相钢疲劳性能的因素

9.1.4.1　马氏体体积分数和两相硬度比的影响

为了检验马氏体体积分数及两相硬度比对双相钢弯曲疲劳极限的影响，Tomota 等[2] 将普通碳钢经不同工艺处理分别得到 $f_m = 0.44$ 和 $f_m = 0.79$ 两种组织，再经

200℃或600℃回火处理分别得到马氏体和铁素体的硬度比 c 值为6.7 和4.5。其弯曲疲劳试验的 S-N 曲线见图 9－11。由图可见,对这类双相钢,在 f_m =0.44 的条件下,c 值变化对双相钢的疲劳极限影响并不明显,当 c 值 =4.5 时,马氏体体积分数增加(f_m 从0.44 增加到0.79),则可使双相钢的疲劳极限从200 MPa提高到240 MPa。疲劳极限的这种变化可能与 f_m 增加从而使双相钢屈服强度和抗拉强度升高有关。

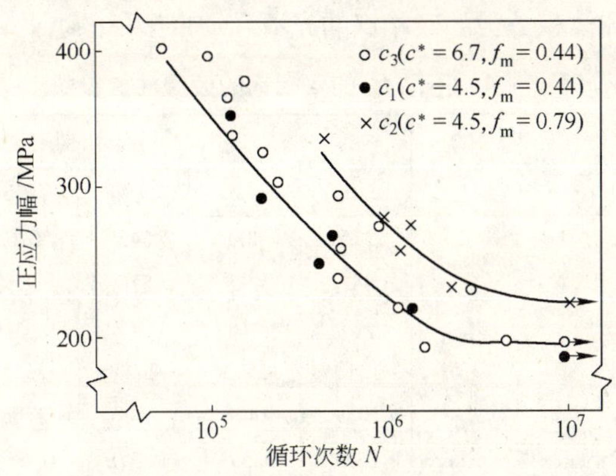

图 9－11 双相钢弯曲疲劳的 S-N 曲线

双相钢的马氏体体积分数与双相钢循环流变应力的关系如图 9－12[6] 所示。在不同的试验条件下进行试验时,双相钢的应变和循环寿命曲线可用下面方程拟合:

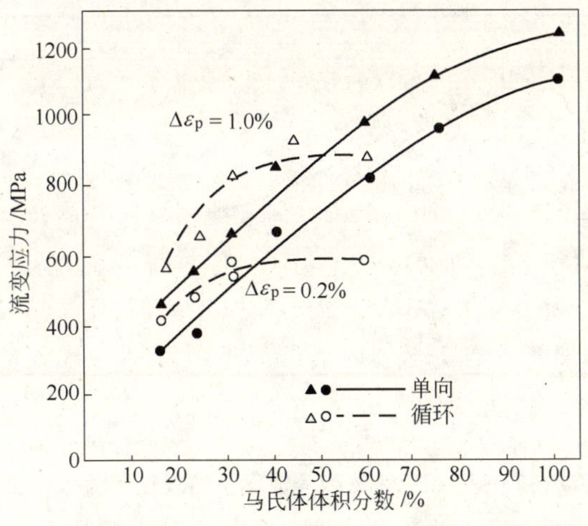

图 9－12 马氏体体积分数与双相钢流变应力(循环和单轴拉伸)的关系

$$\frac{\Delta\varepsilon}{2}=\frac{\Delta\varepsilon_p}{2}+\frac{\Delta\varepsilon_e}{2}=\frac{\sigma_f'}{E}(2N_f)^b+\varepsilon_f'(2N_f)^c \tag{9-7}$$

式中 $\Delta\varepsilon$——应变振幅;

$\Delta\varepsilon_p$——塑性应变振幅;

$\Delta\varepsilon_e$——弹性应变振幅;

σ'_f——疲劳强度系数；

ε'_f——疲劳应变系数；

b、c——疲劳强度指数；

N_f——循环次数。

用式 9－7 拟合试验结果求得的不同马氏体体积分数的双相钢疲劳性能参数列于表 9－4。不同马氏体体积分数的双相钢的光滑和缺口试样的 ΔS-N_f 曲线见图 9－13。

表 9－4　不同 f_m 的双相钢的疲劳性能参数

性 能 参 数	马氏体体积分数					
	16.5%	24%	31%	40%	60%	100%
单轴拉伸的 $\sigma_{0.2}$/MPa	345	400	545	676	827	1100
循环应变的 $\sigma_{0.2}$/MPa	441	493	576	586	596	1041
循环应变硬化指数 n'	0.177	0.189	0.232	0.241	0.260	0.199
循环应变强化系数 K'/MPa	1313	1593	2441	2655	2937	2179
疲劳强度系数 σ'_f/MPa	1089	1426	2400	2766	2482	2929
疲劳应变系数 ε'_f/%	1.64	0.591	0.375	0.454	1.932	0.223
疲劳强度指数 b	－0.102	－0.121	－0.157	－0.170	－0.158	－0.133
疲劳强度指数 c	－0.736	－0.599	－0.528	－0.567	－0.722	－0.588
在 $2N_f=5\times10^5$ 下的缺口强度降低系数 K_f	1.49	1.69	1.61	1.51	1.41	1.53
$q=K_{f-1}/K_{t-1}$	0.33	0.46	0.41	0.34	0.27	0.35

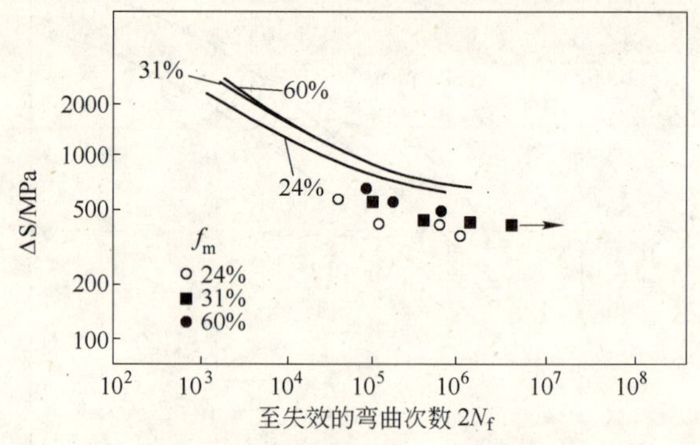

图 9－13　不同马氏体体积分数(f_m)的双相钢的 $\Delta S-N_f$ 图

（图中曲线表示光滑试样，实验点代表缺口试样）

由表 9－4 中的数据和图 9－12、图 9－13 可以看出：(1) 当双相钢中马氏体的体积分数小于 30% 时，双相钢的疲劳性能随马氏体体积分数增加而改善，但在 $f_m>30\%$ 以后，进一步增加马氏体的体积分数，对双相钢的疲劳性能改善影响不大。这可能是当 f_m 较低时，双相钢的疲劳性能主要取决于含有马氏体的细晶粒铁素体的性能；而当 f_m 较高时，则双相钢的疲劳性能受铁素体和马氏体之间的应变分配所控制,并受裂纹萌生和扩展特性的影响。(2)疲劳缺口敏感性随马氏体体积分数增加而降低。(3)双相钢的疲劳强度不符合混合物定律。

9.1.4.2 马氏体中碳含量的影响[8]

马氏体中碳含量对双相钢循环应力应变特性的影响列于表9-5。当f_m = 17%时,双相钢的疲劳与马氏体中碳含量的关系列于表9-6。试验采用不同碳含量(0.041% C、0.050% C、0.085% C、0.10% C、0.11% C)的Si-Mn钢(0.5% Si、1.45% Mn)经760~820℃不同临界区温度加热后水冷的板状试样做拉压疲劳。表中数据表明,在同样的马氏体体积分数下(例如f_m = 16.8%),马氏体中的碳含量从0.21%增加到0.48%,双相钢的循环屈服应力从407 MPa增加到452 MPa。在应变振幅为0.002和0.005时,其应变疲劳寿命约提高1.5~2.1倍。但在应变振幅为0.01时,其应变疲劳寿命略有下降。马氏体的碳含量对双相钢循环应力应变曲线的影响见图9-14。在图中所列的马氏体体积分数下,马氏体中碳含量增加,双相钢的循环流变应力增加,但马氏体中碳含量增加对双相钢循环流变应力的影响小于马氏体体积分数增加的影响。因此,根据双相钢的使用条件和合金成分,确定合理的马氏体体积分数和碳含量以提高双相钢的循环流变应力和应变疲劳强度。

表9-5 马氏体中碳含量和马氏体体积分数对双相钢循环应变特性的影响

钢中碳含量/%	临界区加热温度/℃	马氏体中的碳含量/%	马氏体体积分数/%	双相钢的循环应变特性			双相钢单轴拉伸特性		
				$\sigma_{0.2}$/MPa	n'	K'/MPa	$\sigma_{0.2}$/MPa	n	K/MPa
0.041	760	0.48	7.1	441	0.125	945	248	0.103	476
0.050	760	0.48	9.2	427	0.122	920	269	0.156	712
0.085	760	0.48	16.8	452	0.182	1398	331	0.160	914
0.10	760	0.48	20.1	476	0.200	1653	345	0.194	1156
0.11	760	0.48	22.3	476	0.237	2066	379	0.194	1270
0.041	820	0.21	16.7	407	0.144	978	276	0.134	646
0.050	820	0.21	21.1	438	0.174	1278	310	0.167	889
0.085	820	0.21	36.6	531	0.224	2109	434	0.194	1474
0.10	820	0.21	43.2	531	0.229	2219	448	0.243	2060
0.11	820	0.21	47.6	603	0.244	2772	517	0.226	2158

表9-6 双相钢的疲劳寿命与马氏体中碳含量的关系

应变振幅	至失效的循环数	
	马氏体碳含量为0.48%	马氏体碳含量为0.21%
0.01	1.6×10^3	2.3×10^3
0.005	1.7×10^4	1.03×10^4
0.002	2.2×10^5	1.01×10^5

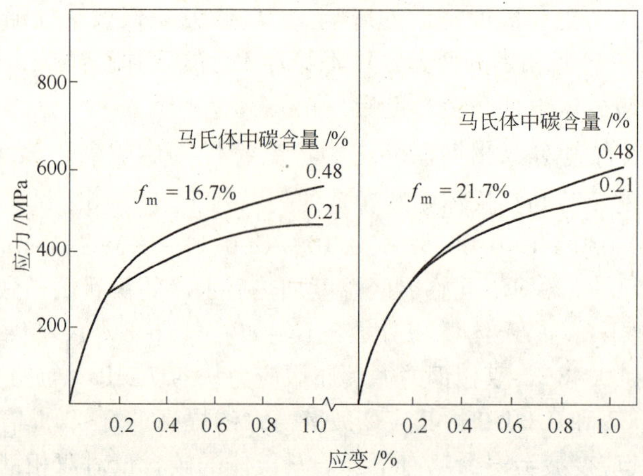

图 9－14　马氏体中的碳含量对双相钢循环应力应变曲线的影响

9.1.4.3　预应变和时效的影响

根据拉伸预应变对双相钢 VAN-QN80 的循环应力应变曲线影响的研究得出[1]，预应变可使双相钢单轴拉伸下的屈服应力迅速升高，但对恒定应变振幅下的循环流变应力几乎没有影响。例如对平行于轧制方向的试样，预应变为 2% 时，循环屈服强度为 428 MPa，预应变为 8% 时，循环屈服应力为 462 MPa，仅提高约 7%。也就是说，不同预应变的双相钢，其循环应力应变曲线相近。一般波形滑移材料具有均匀的循环应力应变曲线，预先变形对其影响很小[14]。所谓波形滑移材料是指滑移线为波形的材料。波形滑移是非晶体学滑移，例如在 α-Fe 中，随着应力轴和晶体轴的相对取向及滑移带中平面剪切强度的变化，其滑移平面在[111]晶带中出现的位置也相应地发生变化，并且发现，滑移平面和低指数平面{110}、{112}和{123}有一些偏差。VAN-QN80 双相钢的显微组织中，大约含有 85% 的铁素体，而铁素体系一种波形滑移材料，因此预应变对这类双相钢循环应力应变曲线的影响较小。预应变的某些影响主要与组织中含有 15% 的马氏体组织有关。

根据预应变对双相钢疲劳性能的实验结果，用式 9－7 拟合试验数据，回归处理求得的有关常数列于表 9－7。表中数据表明，不同的预应变量对双相钢的疲劳寿命影响不大，但预应变（2% ～8%）可使各种应变振幅下的疲劳寿命提高 50%，并且横向预应变 8% 会使低应变振幅下双相钢的疲劳寿命有更大的提高，即循环应变与预应变方向垂直时，有利于提高双相钢的疲劳寿命（见图 9－15）。

经 2% ～8% 的预应变并于 175℃ 时效 1.5 h 后，双相钢的屈服应力可提高 70 MPa，但这种处理对其疲劳寿命影响很小。只在低应变振幅下，双相钢的疲劳寿命受屈服强度的影响，预应变＋时效处理才使双相钢的疲劳寿命略有改进。

冷轧变形不仅可以使双相钢强化，而且可以造成疲劳试样表面压应力，因此，不仅可以提高双相钢高应变振幅下的疲劳寿命，而且还可提高双相钢的疲劳极限。冷轧变形对热轧双相钢弯曲疲劳性能的影响如图 9－16 所示。30% 的冷轧变形，可使双相钢的疲劳极限从未变形的 290 MPa 提高到 350 MPa。

表 9－7 预应变对双相钢 VAN-QN80 的疲劳性能的影响

性能参数	供货状态	下列预应变量(%)下的状态			
		2	4	8	8(横向)
疲劳强度系数 σ'_f/MPa	1089	1124	1263	1276	1076
疲劳应变系数 ε'_f/%	1.64	1.38	1.02	1.28	2.52
疲劳强度指数 b	-0.102	-0.101	-0.114	-0.109	-0.087
疲劳强度指数 c	-0.736	-0.684	-0.663	-0.693	-0.768

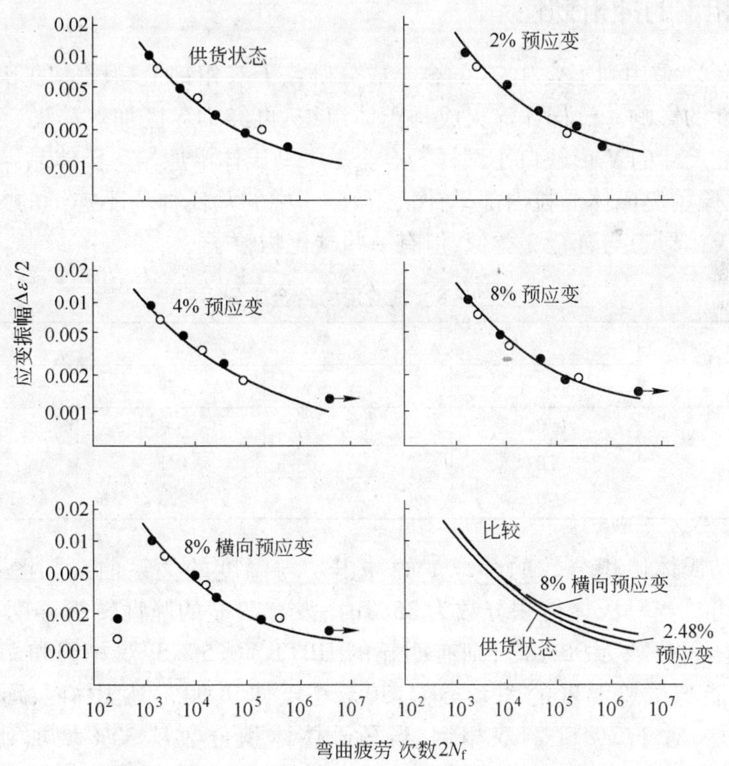

图 9－15 预应变对双相钢弯曲疲劳寿命的影响

预应变对双相钢的缺口疲劳寿命影响较小，虽然预应变的双相钢具有较高的疲劳缺口敏感性，但预应变双相钢的缺口疲劳寿命仍高于未预应变的状态。

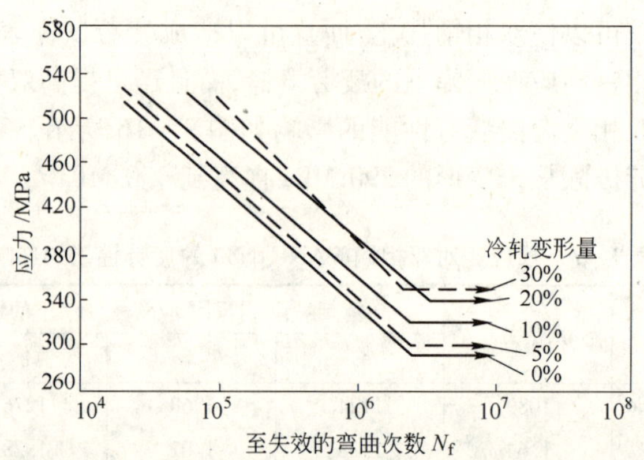

图 9－16　冷轧变形对热轧双相钢疲劳性能的影响

9.2　双相钢的冲击韧性

Koo 等[15]采用列于表 9－8 的合金成分研究了双相钢中马氏体的形态对双相钢冲击韧性的影响。试样先淬火成马氏体组织，再经临界区加热淬火。冲击试样为 3/4 标准尺寸的 V 形缺口小试样。合金 1 中马氏体沿原始奥氏体晶界呈连续粒状分布，在原始奥氏体晶粒内部呈针状，合金 3 中的马氏体为不连续的纤维状，合金 2 的马氏体形态与合金 3 类似，但有一些碳化物粒子。

表 9－8　试验用的合金成分

合 金 号	合金成分/%			
	C	Cr	Si	Fe
1	0.06	0.5	—	余量
2	0.07	—	0.5	余量
3	0.07	—	2.0	余量

不同马氏体体积分数的合金 1 的冲击功与温度的关系曲线如图 9－17 所示。由图可见当马氏体体积分数为 35% 时，没有明显的脆性转折温度（DBTT）。当马氏体体积分数为 90% 时，则有明显的 DBTT。0.5% Si 双相钢和 2% Si 双相钢的冲击能与试验温度的关系类似，30% 马氏体和 60% 马氏体时，均有明显的 DBTT。但是，对于 2% Si 的双相钢，当马氏体体积分数从 30% 增加到 60% 时，DBTT 基本没有变化。而 0.5% Si 的双相钢，则 DBTT 明显下降（见图 9－18）。当马氏体体积分数均为 35% 时，2% Si 双相钢和 0.5% Cr 双相钢的冲击能－温度关系曲线示于图 9－19。由于马氏体的形态不同，两种双相钢的冲击能随温度的变化明显不同。

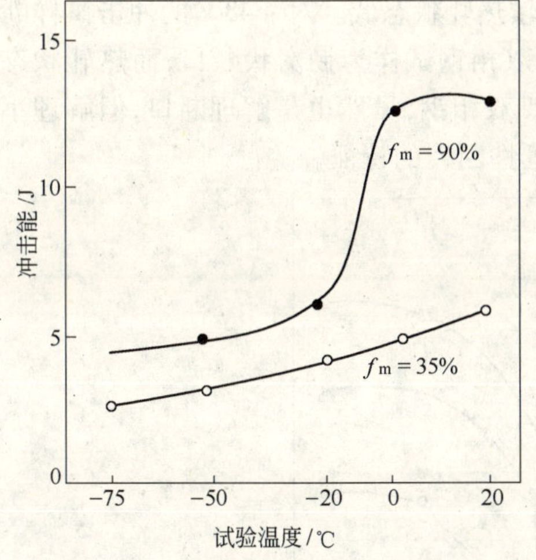

图 9-17 合金 1 的冲击能-温度关系曲线

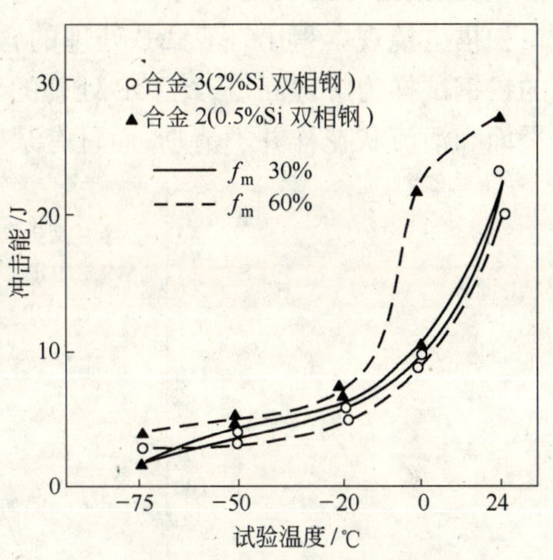

图 9-18 含硅为 0.5% 和 2% 的双相钢的冲击能与温度的关系

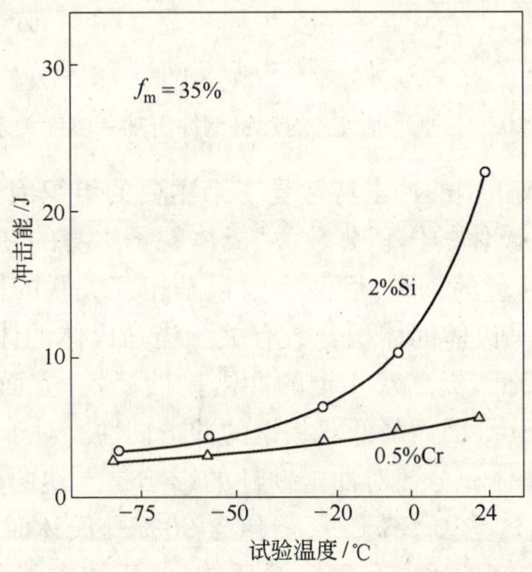

图 9-19 含硅和含铬双相钢的冲击能-温度关系曲线对比

马氏体体积分数和马氏体中的碳含量对含钒双相钢室温冲击韧性影响的研究得出[16]，当马氏体的体积分数相同时，该双相钢的冲击韧性随马氏体中碳含量升高而降低。马氏体中碳含量恒定时，双相钢的冲击韧性随马氏体的体积分数增加而降低。但在试验温度低于室温时情况较为复杂，有待进一步研究。

不同工艺处理(包括热轧。临界区处理——IDP、经奥氏体化处理后控制冷速以获得双相钢组织的处理——ADP)的含钒钢(0.11% C、1.48% Mn、0.50% Si、0.09% V)的冲击功-温度关系曲线见图 9-20[17]。由图可见，在同样的试验温度下，双相钢的冲击功较热轧态高，而 DBTT 较热轧状态低。对 -43℃的冲击试样断口扫描电镜观察得出，经 ADP 处理的含钒双相钢试样为韧窝状断口，而热轧状态的钒钢试样为解理断口，经 IDP 处理的含钒双相钢，虽然也是解理断口，但解理小平面和河流状花样并不清晰，而且有某些延性断裂的特征。

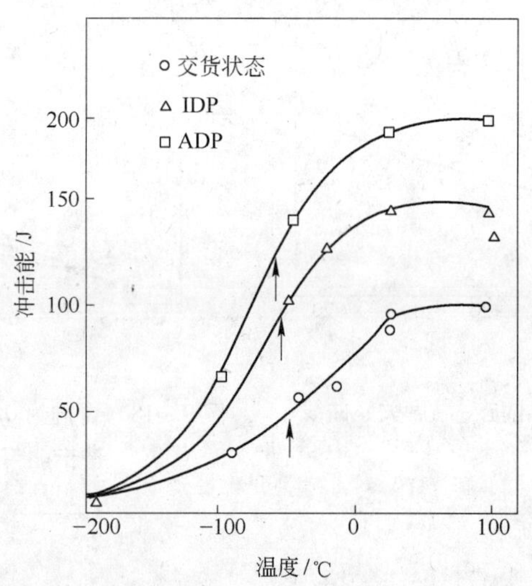

图 9-20　三种处理状态的含钒钢冲击功-温度关系曲线

以上分析表明，双相钢的冲击特性受三个主要的组织因素的影响即马氏体的形状、大小和分布，马氏体的体积分数，马氏体粒子本身的韧性（即马氏体中的碳含量）。对于同一碳含量的钢种，后两个因素是相互关联的，根据质量平衡定律，马氏体中的碳含量与马氏体的体积分数有关。当马氏体的体积分数降低时，一方面，马氏体的连续性降低，提高双相钢的冲击韧性；另一方面，马氏体中碳含量升高，使马氏体的韧性下降，因而降低双相钢的冲击韧性。对于一个给定的双相钢组织，所观察到的马氏体体积分数对冲击韧性的影响是上述两个因素综合作用的结果。例如对上述合金 1（含 0.5% Cr），当包含 90% 马氏体时（马氏体中碳含量约 0.07%）双相钢的冲击韧性比含有 35% 马氏体（马氏体中碳含量约 0.17%）时高，可能与马氏体的韧性对双相钢韧性有强烈影响有关。从上述合金 3（含 2% Si）来看，马氏体体积分数为 30% 和 60% 时冲击能与温度的关系曲线基本相同，这表明马氏体组织的连续度和马氏体的韧性对该双相钢冲击韧性的影响大体相当。通常高硅会降低钢的冲击韧性，然而，当马氏体体积分数为 35% 时，含 0.5% Si 和 2% Si 的双相钢的冲击韧性一样好，而两者的主要区别是马氏体的形态和分布，这表明马氏体的形态和分布对含硅双相钢的冲击韧性有重要的影响。此外，由于马氏体中的碳含量对双相钢的韧性有重要的影响，因此应控制钢中碳含量，以使马氏体体积分数一定时，马氏体中碳含量较低，以提高双相钢的冲击韧性。

9.3 双相钢的氢脆

钢中的氢常可导致脆性,造成强度和延性降低,这叫氢脆[19]。氢脆或者是不可逆的,即大量的氢进入钢中产生永久性裂纹或其他损伤;或者是可逆的,即进入钢中的氢通过加热而被去除,不出现永久性的氢损伤。可逆氢脆常导致晶间断裂。

屈服强度高达1035 MPa淬火钢对氢脆通常是敏感的[20]。双相钢的屈服强度约为360 MPa,抗拉强度约为655 MPa,从强度值看双相钢的氢脆是不敏感的。但双相钢含有15% ~20%的高碳马氏体(含碳0.5% ~0.6%),而马氏体的抗拉强度高达2000 MPa,它对氢脆是敏感的。同时由双相钢制成的构件焊接或钢板镀层时,氢可能进入钢板内,因此,探讨双相钢的氢脆问题有重要的实际意义。

Davies[21]研究了下述成分(表9-9)的双相钢的氢脆。钢A和钢B从临界区退火后分别空冷和水冷。试样为12.5 mm宽,标距长为50 mm的标准拉伸试样,延迟断裂试验采用双缺口(缺口夹角90°,缺口半径150 μm,缺口宽12.5 mm)板状拉伸试样。标准充氢条件(这种条件不会导致永久性的氢损伤)为在含少量AsO_3的4% H_2SO_4溶液中(电流密度为6 mA/cm^2)充氢10 min。充氢处理后引起双相钢的强度和延性明显下降(见表9-10)。两种钢未充氢试样的拉伸断口系延性剪切断裂,有明显缩颈,然而充氢后的两种钢,拉伸断口均系脆性断裂,断口与拉伸轴成一定角度,没有缩颈。断口表面有亮的小平面,由于钢的晶粒很细(约3 μm),使用扫描电镜也难以识别解理小平面。但是经1100℃加热退火后(铁素体晶粒20 μm),再经临界区加热水冷得到的双相钢试样,充氢与未充氢的试样拉伸断口对比更加明显(见图9-21*a*、*b*)。未充氢试样为延性韧窝断裂,在韧窝中存在夹杂物(图9-21*a*)。充氢试样为相当明显的解理断裂,解理平面的尺寸比马氏体岛的直径(1 μm)大得多。这可能是由于解理裂纹在高强度马氏体或者在铁素体-马氏体界面上萌生,然后通过铁素体扩展的结果。断口组织和力学性能的测定结果(表9-10)表明,双相钢对氢脆是敏感的。但双相钢的氢脆与马氏体钢的氢脆有明显不同,淬火马氏体钢中的氢脆常沿原始奥氏体晶界发生晶间断裂,而双相钢中,原始奥氏体晶粒并不明显,只存在明显的铁素体-铁素体界面和铁素体-马氏体界面,由于铁素体的强度较低,它本身对这一可逆氢脆并不敏感。因此,在双相钢的断裂表面上,含有马氏体的断裂和相邻的铁素体相的解理。

表9-9 研究双相钢氢脆用的合金成分

合金号	化学成分/%				
	C	Mn	Si	V	P
A	0.11	1.48	0.55	0.09	—
B	0.08	0.41	0.06	—	0.04

表 9 - 10　充氢和未充氢状态的双相钢力学性能对比

合金号	试验条件	$\sigma_{0.2}$/MPa	σ_b/MPa	e_u/%	e_t/%
A	热处理后	365	740	19.1	23.0
	充氢后	373	655	6.0	6.0
B	热处理后	478	690	16.1	21.0
	充氢后	471	647	4.75	4.75

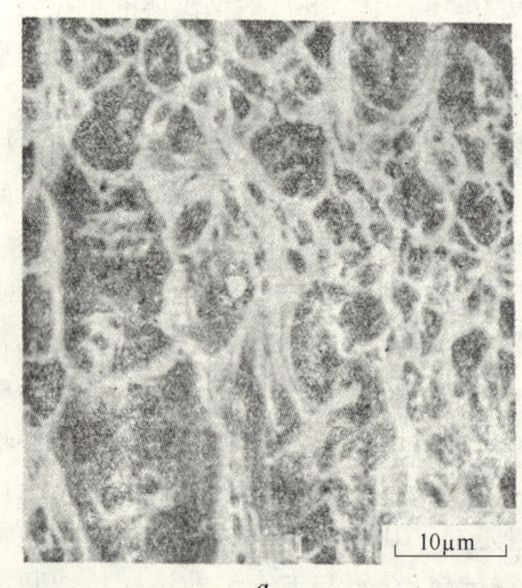

a

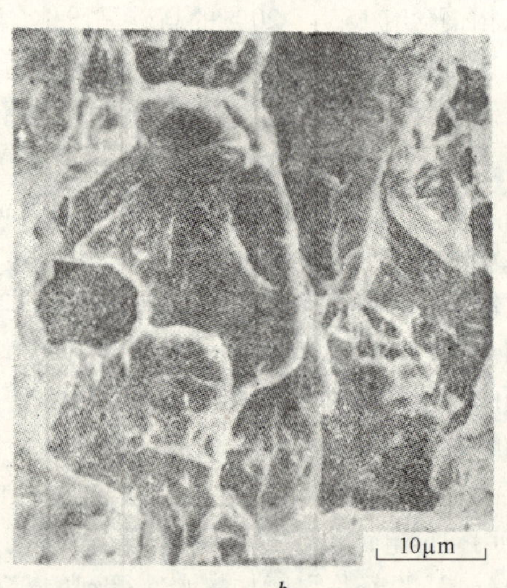

b

图 9 - 21　粗晶粒双相钢未充氢(*a*)和充氢(*b*)拉伸试样的断口组织

众所周知,当双相钢变形时,由于铁素体和马氏体相的塑性应变不相容,在两相界面产生应力集中,为裂纹萌生提供了一定的条件。而氢的存在或者导致晶格共聚能的降低,使之出现穿晶断裂,或者导致晶格滑移特征发生变化,增加位错塞积端前沿的应力集中,或者由于上述两种作用的综合而导致解理断裂发生。

9.3.1　回火对双相钢氢脆的影响

将上述合金 A,经临界区处理和 200 ~ 500℃ 回火后,部分试样保持原来状态,一部分试样进行充氢处理。回火温度对这两类试样的总伸长率和流变应力的影响分别示于图 9 - 22 和图 9 - 23。可以看出,两类试样总伸长率的差距随回火温度升高而缩小,500℃ 回火后两类试样的总伸长率相近。不同回火温度下的屈服强度基本不受充氢的影响。当回火温度较低时,充氢处理使试样的抗拉强度降低,但在回火温度高于 350℃ 时,抗拉强度基本不受充氢的影响。氢可导致低温回火试样拉伸试验时缩颈出现前断裂。对于高温回火试样,充氢与未充氢的试样拉伸时均在塑性失稳后发生断裂。在高于500℃回火后,氢对双相钢性能的有害影响消失,这可能与双相钢中马氏体充分回火有关。由此可以推断,如果双相钢的组织中包含的马氏体为低碳马氏体(马氏体中碳含量小于0.3%),则双相钢的氢脆倾向也较小。

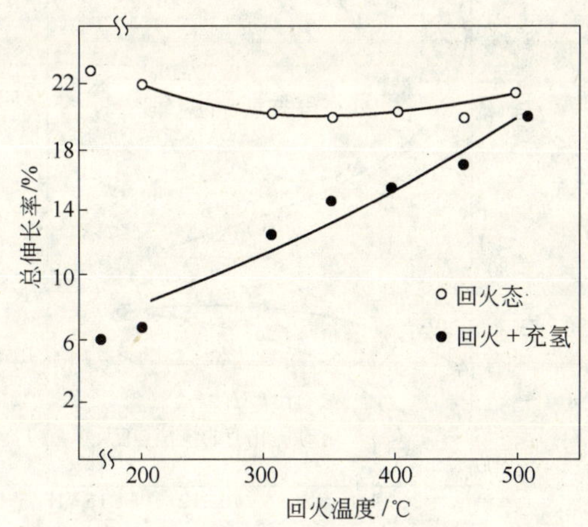

图9-22 合金A回火态与回火+充氢态试样的总伸长率与回火温度的关系

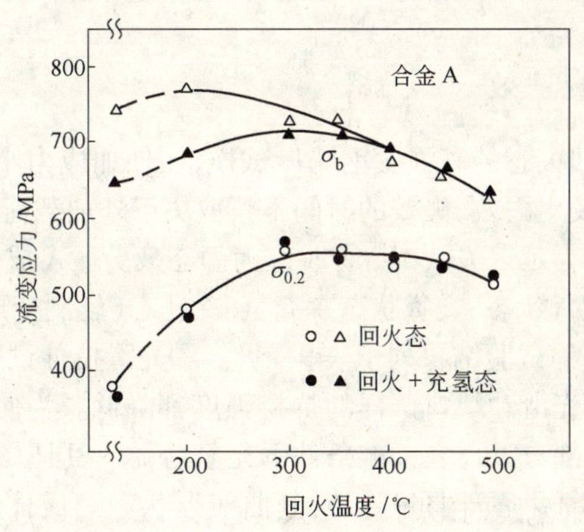

图9-23 合金A的回火态与回火+充氢态试样的屈服强度和抗拉强度与回火温度的关系

9.3.2 预应变对双相钢氢脆的影响

经拉伸预应变后充氢的合金A的拉伸试样,其抗拉强度、总伸长率与预应变的关系见图9-24。从图可以看出,在所有预应变量下、拉伸试样断裂前均有明显的宏观流变,即使预应变使流变应力超过 690 MPa,充氢处理也不会引起屈服前断裂。此外,当预应变量小于 8% 时,充氢试样的抗拉强度随预应变增加而增加。因此,虽然预应变导致双相钢氢脆倾向增加(例如总伸长率降低),但也使双相钢的承载能力增加。

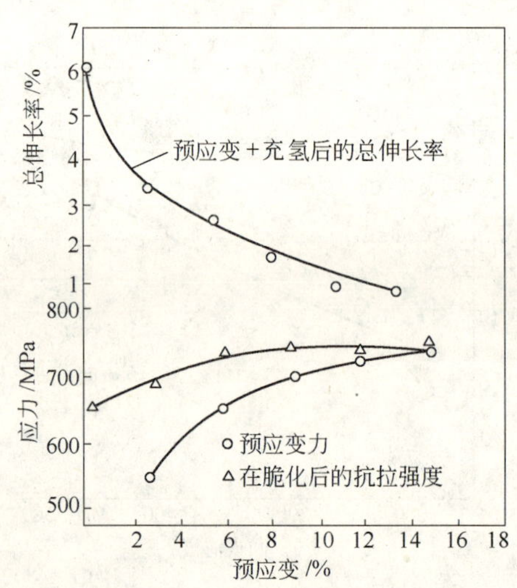

图 9 - 24　合金 A 预应变和充氢后试样的抗拉强度、总伸长率与预应变量的关系

9.3.3　双相钢的延迟失效

含氢的淬火和回火态的高强度钢缺口试样,在外加应力小于或等于三分之一的屈服应力下就会发生失效,失效的时间不只取决于外加载荷,还取决于缺口的尖锐程度,这种现象称为延迟失效[23],有时称为静态疲劳。A 成分(见表 9 - 9)双相钢在四种状态下(交货状态、交货状态 + 充氢、冷轧态(轧制变形 6%)、冷轧态 + 充氢)的光滑和缺口拉伸试验结果列于表 9 - 11。和光滑拉伸试样相比,缺口使抗拉强度下降,而充氢使光滑和缺口试样的抗拉强度都降低。为使氢能在充氢试样中保留较长时间,其中部分试样在标准条件下充氢后,涂一层厚约 10 μm 的锌,然后进行延迟断裂试验,结果示于图 9 - 25,其曲线形状和马氏体钢类似[23]。但双相钢的终止应力(所谓终止应力是指试样在小于或等于这一应力水平的外加应力作用下,保持 50 ~ 100 h 不会出现失效)不同于马氏体钢。交货状态的双相钢,其终止应力高于普通拉伸试样的屈服应力,而马氏体钢的终止应力仅为拉伸试样屈服应力的$\frac{1}{2} \sim \frac{1}{3}$[23]。对于冷轧状态的双相钢,虽然其终止应力小于该材料的屈服应力,但仍比交货状态的双相钢的终止应力高。和光滑试样相比,A 成分的双相钢缺口试样的终止应力约低 30%(见表 9 - 12)。

表 9-11 四种状态下合金 A 的光滑和缺口拉伸性能

试样	状态	$\sigma_{0.2}$/MPa	σ_b/MPa	e_u/%	e_t/%
光滑	交货状态	365	740	19.1	23.0
	交货状态+充 H_2	373	655	6.0	—
	冷轧态(变形 6%)	669	827	12.5	16.0
	冷轧态+充氢	665	793	4.5	—
缺口	交货状态	—	683	—	—
	交货状态+充 H_2	—	597	—	—
	冷轧态(变形 6%)	—	821	—	—
	冷轧态+充氢	—	730	—	—

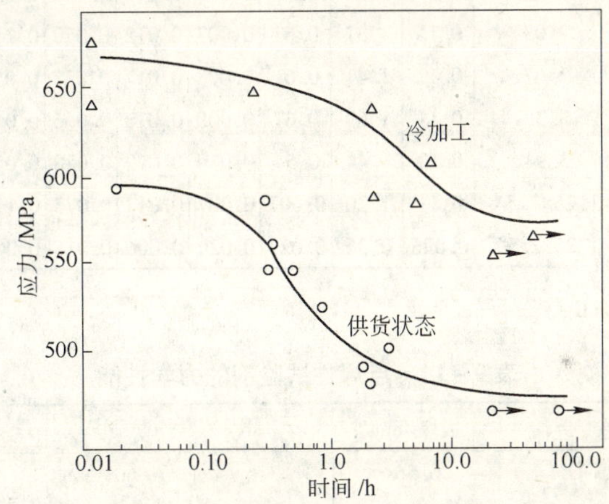

图 9-25 两种状态的缺口充氢试样的外加应力和至断裂时间的关系

表 9-12 A 成分的双相钢光滑、缺口试样的终止应力对比

试样	状态	终止应力/MPa
光滑试样	交货状态	669
	冷轧状态	785
缺口试样	交货状态	472
	冷轧状态	576

9.4 双相钢的点焊性

由于许多构件是板材冲压后再经点焊或闪光对焊焊接成形的，因此双相钢应具有良好的点焊性。汽车制造者感兴趣的电阻点焊性，可从下列三个方面进行评价：第一是在静、冲击和循环载荷下点焊件的强度和延性；第二是获得令人满意的可焊性的条件；第三是一种特定材料与其他材料的相容性，也就是说几个不同类型的材料可以利用共同焊接条件的能力。

Pollard 和 Goodenow[24] 对比了双相钢 VAN-QN(厚度从 0.56 ~ 3.94 mm)、V-NHSLA 钢和低碳钢 SAE1008 钢的点焊性。试验用钢的化学成分列于表 9 – 13,力学性能列于表 9 – 14,采用的焊接条件见表 9 – 15。每种材料的电流范围为:上限电流为不引起爆炸的最大电流,下限电流为使焊点的拉伸剪切强度等于最大值的 65% 的电流。冲击和疲劳试样在略低于起爆电流(约 500 A)的较佳焊接条件下焊接。

表 9 – 13 点焊试验钢的规格和化学成分

试样号	钢 号	厚度/mm	化学成分/%									
			C	Mn	Si	S	P	Al	V	N	Ce	C_{eq}①
A	VAN-QN	0.56	0.12	1.39	0.60	0.010	0.015	0.032	0.055	0.008	0.024	0.36
B	VAN-QN	1.37	0.12	1.40	0.58	0.007	0.010	0.055	0.052	0.007	0.019	0.36
C	VAN-QN	2.03	0.15	1.31	0.63	0.007	0.012	0.070	0.116	0.014	0.017	0.39
D	VAN-QN	2.67	0.11	1.41	0.61	0.008	0.017	0.027	0.053	0.007	0.020	0.36
E	VAN-QN	3.38	0.11	1.57	0.67	0.008	0.010	0.066	0.053	0.007	0.015	0.38
F	VAN-QN	3.94	0.12	1.44	0.54	0.010	0.012	0.070	0.059	0.008	0.022	0.37
G	V-NHSLA	1.25/2.54	0.11	1.20	0.007	0.007	0.012	0.073	0.117	0.016	0.020	0.33
H	SAE1008	1.25/2.54	0.096	0.36	0.029	0.029	0.006	0.015	0.003	0.003	—	0.16

①C_{eq}为碳当量,$C_{eq} = C + \frac{Mn}{6} + \frac{V}{5}$。

表 9 – 14 点焊性试验钢的力学性能

试样号	钢 号	板厚/mm	σ_y/MPa	σ_b/MPa	e_u/%	e_t/%
A	VAN-QN	0.56	316	609	20.8	24.0
B	VAN-QN	1.37	352	627	21.2	26.3
C	VAN-QN	2.03	405	671	20.7	27.0
D	VAN-QN	2.67	410	608	21.3	27.8
E	VAN-QN	3.38	324	639	24.8	30.3
F	VAN-QN	3.94	394	605	19.3	27.0
G	V-NHSLA	1.25/2.54	559	708	13.8	19.5
H	SAE1008	1.25/2.54	228	328	26.0	35.8

表 9 – 15 点焊性试验时的焊接条件

板厚/mm	电极直径/mm	电极力/N	焊接时间/s	焊接电流范围/A	保持时间/s
0.56	4.78	2002.14	7	4950 ~ 7000	25
1.37	6.35	3782.8	12	8650 ~ 11450	25
2.03	7.92	6007.4	16	12450 ~ 15550	25
2.67	9.53	7791	21	15750 ~ 19000	25
3.39	9.53	10233.16	30	17000 ~ 19550	25
3.94	10.41	13347.6	40	17350 ~ 20600	25

焊接硬度和板厚关系的实验结果表明，当板厚小于2.03 mm时，焊核硬度为410～420DPN，焊核显微组织为完全马氏体。板厚增加，硬度成比例下降，当板厚达到3.94 mm时，焊核硬度降至320DPN，其显微组织为贝氏体和先共析铁素体。

不同厚度的双相钢点焊热影响区的硬度分布见图9－26。可以看出，不管钢板厚度如何，热影响区的硬度均从焊核的硬度迅速地下降到板材的原始硬度水平，没有发现热影响区的软化现象。双相钢的这种特性与V-NHSLA钢及低碳钢类似。热影响区的显微组织由两个区域组成：(1)粗晶粒区，从熔合线开始，其组织与焊点显微组织基本相同，除等轴晶粒外，还有像铸造组织中的柱状晶；(2)窄的转变区，该区中的显微组织从粗晶粒区迅速转变到基体金属（即等轴铁素体＋20%左右的马氏体组织）。焊接电流对点焊双相钢VAN-QN80钢板的拉伸剪切强度的影响类同于HSLA钢和低碳钢，点焊时焊极压力相同。最大拉伸剪切负荷随板材厚度的增加以正弦曲线的形式变化（见图9－27）。厚度大于2.5 mm的板材点焊后拉伸剪切试验时，在焊接界面上失效；(3)当厚度小于等于2.5 mm时，则系由于焊珠拔出而失效。失效方式的这种变化主要与板厚增加时，焊点的硬度（因而强度）下降有关。和普通低碳钢SAE1008相比，双相钢的最大拉伸剪切负荷约提高50%到一倍，但略低于V-NHSLA钢。

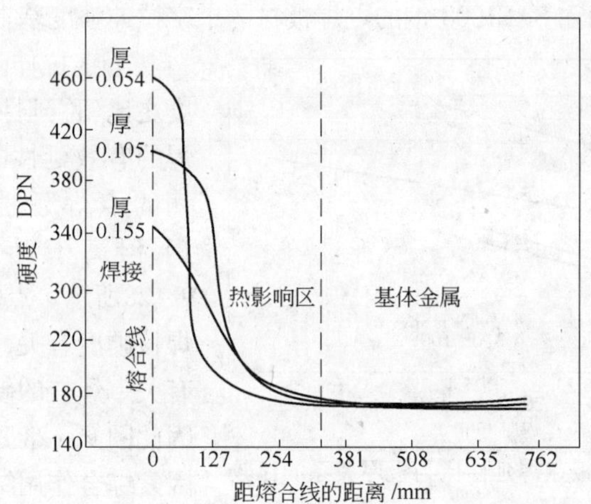

图9－26 双相钢VAN-QN点焊热影响区的硬度分布

如以$\Delta I/I_E$表示双相钢的可焊性，其中ΔI为拉伸剪切强度超过其最大值的65%时的点焊电流范围，I_E为起爆电流，则双相钢的可点焊性与SAE1008钢相当，并且$\Delta I/I_E$随板厚的增加而降低，这可能与焊核硬度随板厚增加而降低有关。当双相钢板的厚度小于2.03 mm时，其点焊性与V-NHSLA钢相当，但板材较厚时，双相钢的点焊性优于HSLA钢。

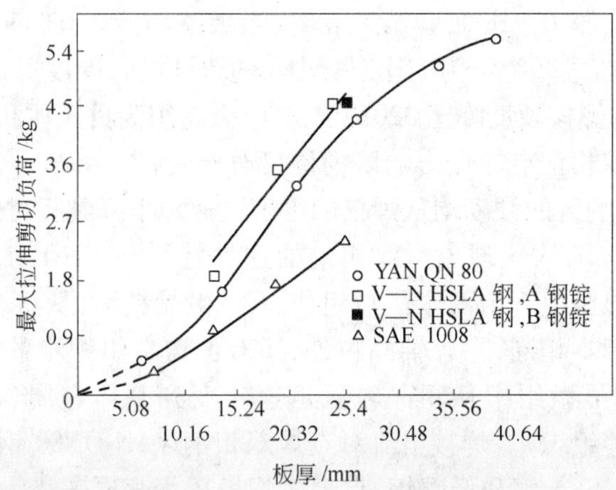

图 9－27　三种钢板点焊的最大拉伸剪切负荷与板厚关系的比较

双相钢点焊的十字拉伸强度(板厚小于 2.67 mm)首先随焊接电流增加而增加，然后缓慢增加，最后在适当的电流范围内，十字拉伸强度基本不变。在适当的焊接电流下，十字拉伸强度首先随板厚增加而增加，当板厚达到 3.94 mm 时，十字拉伸强度达到最大值，进一步增加板厚，则十字拉伸强度略有下降。当板厚为 3.94 mm 时，双相钢、V-N HSLA 钢和 SAE1008 钢的点焊板材的十字拉伸强度基本相同。

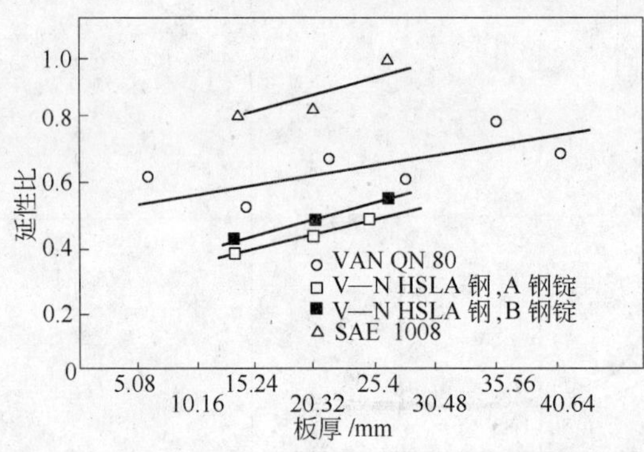

图 9－28　三种钢板点焊延性比与板厚关系的比较

十字拉伸强度与拉伸剪切强度之比(称延性比)常作为钢板点焊的有效延性的一种度量。双相钢的点焊延性比低于 SAE1008 钢，但高于 V-N HSLA 钢，如图 9－28所示。点焊的延性比不只与焊核硬度有关，而且与板材的强度有关。焊核的硬度又与板厚有关，因此图 9－28 所示的结果是多种因素综合作用结果。

剥落试验表明、双相钢的剥落负荷高于低碳钢[28]。

冲击剪切试验表明，双相钢板点焊试样在冲击剪切试验时的失效方式均系拔出型。从 +80 ~ －120℃ 冲击剪切强度均较高并随板厚增加而增加。室温下，双相钢的冲击剪切强度高于 V-N HSLA 钢和低碳钢。

双相钢板点焊的十字拉伸试样的冲击强度与温度的关系与钢板本身类似(见图 9－29)。钢板较薄时曲线具有一定的平台，随着板厚增加平台逐渐变为凸台，冲击功的峰值出现在室温以下。当板厚在 2.67 mm 以下时，峰值的温度随板厚增加而降低；当板厚超过 2.67 mm 时，峰值温度随材料厚度增加而增加。室温下双相钢板点焊的十字拉伸冲击强度与板厚的关系和拉伸剪切强度类似，为具有“S”形的曲线，这可能与试验时两种材料的失效机理和方式大体相同有关，即当板厚在2.67 mm以下时，十字拉伸冲击时失效方式几乎全是拔出型；当板厚为3.38 mm时，失效方式为拔出型和界面分离的混合型；当板厚达到3.94 mm时，失效方式完全为界面分离型。此外，室温下双相钢点焊的十字拉伸冲击强度等于或略高于V-NHSLA钢和低碳钢。

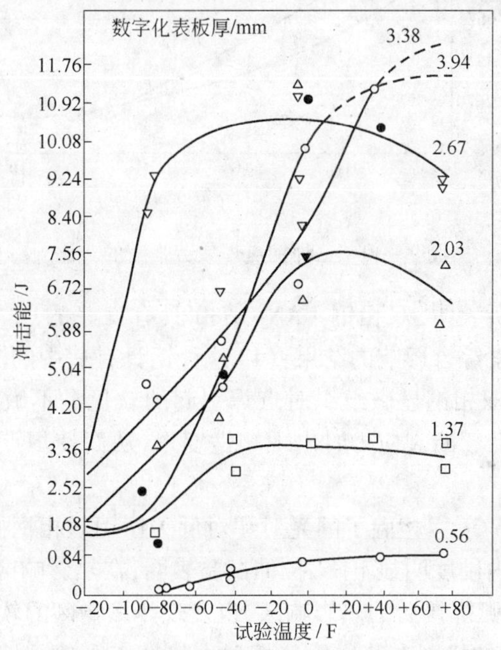

图9-29 双相钢VAN-QN点焊的十字拉伸冲击能与温度的关系
($t_c = (t_F - 32)/1.8$)

双相钢点焊的疲劳性能。双相钢VAN-QN(80)与V-NHSLA钢点焊后的疲劳强度基本相同(应力比$R = -1$，在循环次数从$10^3 \sim 10^7$时的交变应力值定义为相应的循环次数下的疲劳强度)。因为点焊的疲劳强度取决于其热影响区的硬度，而两类钢点焊热影响区的硬度基本一致，因此可以预料，点焊后两类钢的疲劳强度大体相同。在高应力下，点焊双相钢的疲劳寿命优于低碳钢，但两类钢疲劳寿命的差别随交变负荷降低而减小，两类钢的疲劳极限基本相同(见图9-30)，例如1.91 mm厚的板材，VAN-QN(80)、V-N HSLA钢和低碳钢的点焊疲劳极限分别为2.99 MPa、2.59 MPa和2.59 MPa。

三种钢的点焊疲劳失效方式类似，即：(1)在低的载荷下，疲劳失效是由于与外加载荷垂直的“耳”形金属珠的分离而造成；(2)当外加载荷高于最大点焊拉伸剪切载荷的20%～30%时,失效方式与拉伸剪切的失效方式相似;(3)在更高的外加载荷下,其疲劳失效由于点焊核与周围材料部分分离后母材产生皱缩而引起。

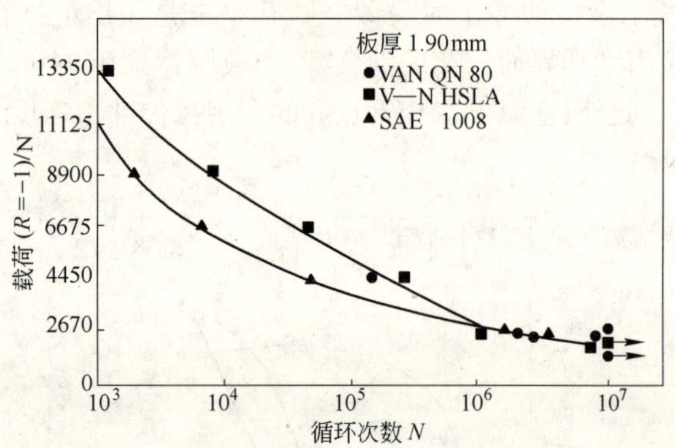

图9-30　三种钢点焊疲劳强度的对比

以上结果和分析表明,双相钢 VAN-QN80 具有良好的点焊性,而这种良好的点焊性是以下诸因素综合影响的结果:(1)这种钢具有适中的淬透性,保证了焊点强韧性配合好;(2)双相钢显微组织对点焊引起的软化是不敏感的;(3)低的屈强比可以保证材料在低于断裂应力时出现塑性变形,从而使焊点周围的应力集中影响最小。

此外,Hashimoto 等[25]检验了闪光对焊对低碳锰钼双相钢性能的影响,发现闪光对焊的热影响区内硬度明显下降,拉伸试验表明,在热影响区内发生断裂。山内信幸等[27]检验了电弧焊接后的热影响区,也发现热影响区的软化及在热影响区内拉伸断裂,但是软化的机制有待进一步探讨。篠崎正利等[26]得出,双相钢的焊接接头的剪切抗力受应变速率的影响,并且一般随应变速率增加而增加。

参考文献

1　Sherman A M, Davies R G. Metall. Trans. ,1979,10A:929

2　Yô Tomota, Nobuyoshi Tachibana, Koshiro Kuroki, Trans. ISIJ. ,1979,18:181

3　Wan C M, Chou K C, Jana M T, Kuo S M. J. of Materials Science,1981,16:2521

4　Yang C Y, Liu H W. Fatique of Engineering Materials and Structures,1979,1:483

5　Suzuki H, Mcevily A J. Metall. Trans. ,1974,10A:475

6　Sherman A M, Davies R G. Int. J. Fatigue,1981,3:36

7　Kim Y H, Fine M E. Metall. Trans. ,1982,13A:59

8　Sherman A M, Davies R G. Int. J. Fatigue,1981,3:195

9　Kim Y H, Fine M E, Mura T. Eng. Fract. Mech. ,1979,11:653

10 Paris P C et al. Trans. ASME, Ser. D, 1963, 85:528

11 Masounave J, Bailon J P. Proc. of the 2nd Int. Conf. on Mech. Behavior of Mater., ASM. Metals park, OH, 1976, 636

12 Hahn G T, Hoagland R G, Rosenfield A R. Metall. Trans., 1972, 13:1189

13 Mclintock F, Argon A. Mechanical Behavior of Materials, Addison Wesley, Reading, MA, 1966, 453

14 Felther C E. Acta Metallurgica, 1967, 15:1621

15 Koo J Y, Thomas G. Scripta Metallurgical, 1979, 13:1141

16 马鸣图，汪德根，吴宝榕. 双相钢的冲击特性，重庆市汽车工程学会首届年会论文集. 45 ~ 47

17 Davies R G. Metall. Trans., 1978, 9A:41

18 Preston R R. J. of Metals, 1977, 29:9

19 Bern Stein I M, Thompson A W. Int. Metall. Rev., 1976, 21:269

20 Bernstein I M. Metall. Trans., 1970, 11A:3143

21 Davies R G. Metall. Trans., 1981, 12A:1667

22 Banerji S K, Mcmahon C T, Feng H C. Metall. Trans., 1978, 9A:237

23 Troiano A R. Trans. Am. Soc. Met., 1960, 52:54

24 Pollard B, Goodenow R H. SAE Paper 790006, 1979, Feb.

25 Hashimoto S, Kanbe S, Sudo M. Trans. ISIJ, 1981, 21:B497

26 篠崎正利等. 鉄と鋼, 1980, 66:364

27 山内信幸，高隆夫，国重和俊，长尾典昭. 鉄と鋼, 1981, 67:81

28 Drewes E J, Daub D. Alloys for the Eighties. ed. by Barr R Q, Climax Molybdenum Company, 1981, 59

10 双相钢和其他高强度钢性能的对比

10.1 概述

汽车工业的发展，尤其是汽车轻量化和现代设计技术的发展，对各种类型的高强度钢的性能提出了不同的要求，以满足不同构件的需要。早期曾开发的低合金高强度钢，即HSLA钢，为满足其高强度和成形性的要求，于20世纪80年代开发了成形性和强度良好匹配的双相钢，而物理和力学冶金的进展，使C-Mn成分的普通钢通过一定的热处理，开发了具有相变诱发塑性效应的一类新钢，即更高成形性的TRIP钢；一些汽车构件对高强度的需求，可以通过微合金化和控轧工艺而容易实现的一类高强度钢，称为复相钢，即CP钢；在高锰钢中，M_s点的下降和钢中室温残留奥氏体的增多，在随后的变形中由于应变诱发$\gamma \to \varepsilon \to \alpha'$的转变而诱发塑性，称为HMS-TRIP钢；在类似的组织组成的钢中，室温下为全奥氏体和退火孪晶，变形后组织为应变诱发孪晶从而诱发高的塑性，称为孪生诱发塑性钢(HMS-TWIP)，后两类钢具有高强、高韧、高吸能等特点。这些高强度钢(HSS)、先进高强度钢(AHSS)以及高锰钢(HMS)的代号、含义以及组织组成和特性分别列于表10－1和表10－2，有关这些钢类的详细介绍，请参见文献[1]。

表10－1 HSS、AHSS和HMS的代号和含义

钢类	代 号	含 义	钢类	代 号	含 义
HSS	BH	Bake Hardening 烘烤硬化钢	AHSS	DP	Dual Phase Steel 双相钢
	IF-HS	High Strength IF 高强度IF钢		TRIP	Trasformation Induced Plasticit 相变诱发塑性钢
	P	Rephosphorised 增磷钢		CP	Complex Phase 复相钢
	IS	Isotropic Steel 各向同性钢		M	Martinsit 马氏体钢
	CMn	Carbon-Manganess 碳－锰钢	HMS	HMS-TRIP	High Mn Transformation Induced Plasticity 高锰诱发塑性钢
	HSLA	High Strength Low Alloy 高强度低合金钢		HMS-TWIP	High Mn Twinning Induced Plasticity 高锰孪生诱发塑性钢

表 10-2 汽车车身用各类钢板的组织和特征

钢 类	显微组织	组织特征
软钢	α	LC:非合金化的低碳铝镇静钢,超深冲级 EDD
		IF:微合金化的无间隙原子钢,特超深冲级 SEDD
HSS	$\alpha+P_r$	BH:烘烤硬化,通过控制碳时效使之在油漆烘烤中附加强化
		IF-HS 高强度 IF 钢,用 Mn 和 P 使之固溶强化 IF 钢
		P:以磷固溶强化的高强度钢
		IS:以 Ti 或 Nb 微合金化具有各向同性流变特性,中等屈服强度的钢
		CMn:增加 C、Mn、Si 通过固溶强化的高强度钢
		HSLA:用 Nb 或 Ti 或 V 微合金化的高强度低合金钢
AHSS	$\alpha+\alpha'$	DP:铁素体为基体具有 5% ~30% 马氏体的双相钢
	$\alpha+\alpha_B+\gamma_R$	TRIP:具有铁素体、贝氏体和残留奥氏体的相变诱发塑性钢
	$\alpha'+\alpha$	PM:部分或全部马氏体钢
	$\alpha+\alpha_B+\alpha'$	CP:具有强化的铁素体、贝氏体和马氏体的复相钢
HMS	γ	HMS-TRIP:在这类高锰合金化的钢中通过应变诱发 $\gamma\rightarrow\varepsilon\rightarrow\alpha'$ 转变而诱发塑性的钢
		HMS-TWIP:在这类高锰合金化的钢中通过应变诱发机械孪生而诱发塑性的钢

10.2 双相钢和其他高强度钢力学性能的对比[2,3]

双相钢和其他先进的高强度钢具有较低的屈强比、较好的应变分布能力和较高的应变硬化特性,其力学性能更加均匀,因而其回弹量的波动小,而且这类钢还具有更好的碰撞吸能和更高的疲劳寿命,因此采用这类钢具有更多的降低板厚、减薄规格的可能。一些双相钢板材和先进的汽车高强度板材的典型的力学性能列于表 10-3。

表 10-3 一些双相钢和先进的汽车高强度板材的典型的力学性能

钢 类	σ_s/MPa	σ_b/MPa	n 值（10% 的伸长率）	δ_T/ %（A80）	YPE（屈服点伸长）/%
IF	150	300	0.24	46	
DQSK	170	300	0.22	43	
BH210	220	345	0.19	37	
IF-rephos	220	345	0.22	38	
HSLA340	350	445	0.17	28	2.6
DP600	340	600	0.17	27	
DP800	450	840	0.11	17	
DP1000	720	1000	0.06	11	
TRIP600	380	631	0.23	34	
TRIP800	470	820	0.23	28	0.6

双相钢和其他类型钢的真应力真应变曲线示于图 10 - 1。由图可以看出：不同钢类，其屈服点形态和抗拉强度的值，尤其是初始屈服点和加工硬化速率，均大不相同；而以双相钢的初始屈服点低、初始加工硬化速率高、屈强比低的特点较为突出；而 HSLA350、T600 钢及 800 钢有明显屈服点和屈服平台，初始加工硬化速率较低的特点十分明显，这些不同钢种的真应力真应变曲线，是各钢种应用的重要依据之一。

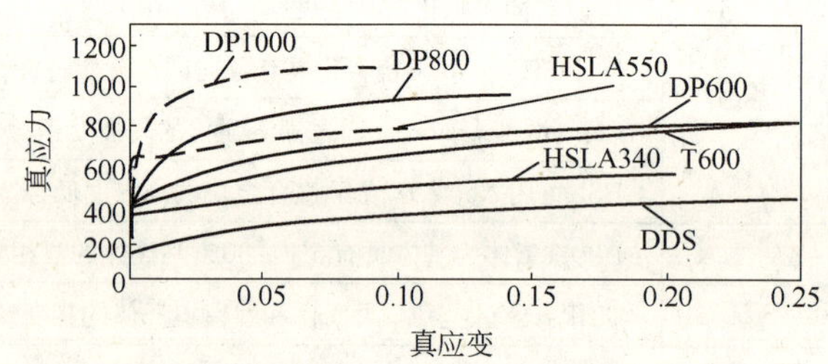

图 10 - 1　双相钢和其他类型钢的真应力真应变曲线的比较

双相钢和其他高强度钢的抗拉强度和伸长率的关系示于图 10 - 2，其屈服强度和伸长率的关系示于图 10 - 3[2,3,5]。

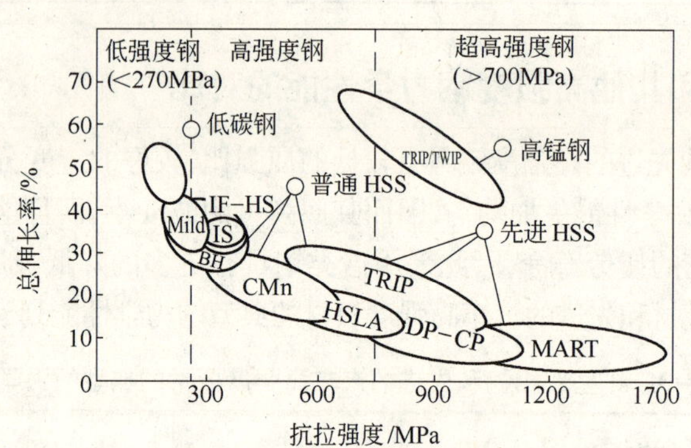

图 10 - 2　双相钢和低碳软钢、HSS、AHSS 和 HMS 钢的抗拉强度与总伸长率的关系
（图中同时标出了不同强度级别的抗拉强度范围）

为适合汽车车身面板的应用，最近 Ispat Inland 公司开发了低屈强比的抗拉强度为 500MPa 的双相钢，并命名为 D1-Form 500[4]；在 0.8mm 厚的板上沿纵向取样，测得力学性能列于表 10 - 4。

该双相钢的抗时效稳定性较好，抗时效稳定性的实验结果列于表 10 - 5，表中为三个试样平均值，其中 HJP 为 Holloman—Jaffe 参量，并可用下式表示：

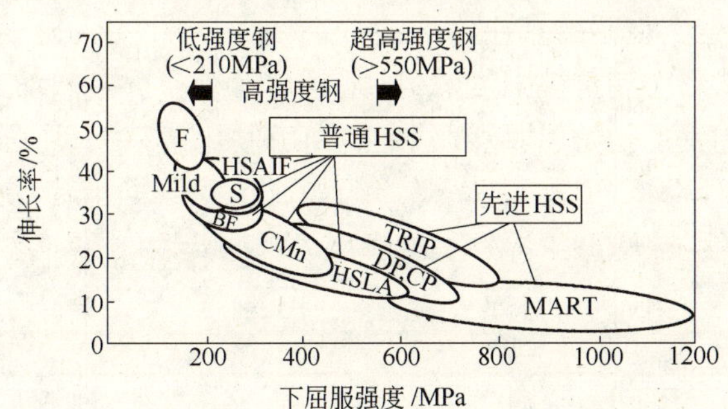

图 10－3 双相钢和其他高强度钢的屈服强度和伸长率的关系比较

表 10－4 D1-Form500 的拉伸性能和 BH 性能

σ_s /MPa	屈服点伸长 /%	σ_b /MPa	δ_t/%	δ_u/%	n 值 (6%～12%)	r 平均值	$BH_0$①/MPa	$BH_2$②/MPa
325	0	547	30	18	0.206	1.0	13	40

① 175℃ 20 min 时效；

② 拉伸变形 2%，175℃ 20 min 时效。

表 10－5 DP500 时效后的拉伸实验结果

HJP（储存期）	试样取向	$\sigma_{0.2}$/ MPa	σ_b/MPa	δ_u/%	δ_t/%	n 值
9.7（1 h）	L	325	547	0.18	0.30	0.206
	T	337	568	0.16	0.29	0.199
	D	344	574	0.16	0.26	0.199
11.33（2 个月）	L	328	557	0.16	0.26	0.181
	T	320	552	0.16	0.27	0.175
	D	340	559	0.16	0.26	0.178
11.49（4 个月）	L	332	547	0.18	0.29	0.183
	T	332	556	0.17	0.28	0.180
	D	341	558	0.17	0.25	0.182
12.10（50 个月）	L	232	548	—	0.27	0.183

$$HJP = 0.001(460 + T)(18 + \lg t) \quad (10-1)$$

式中 T——温度以华氏为温度单位；

t——时间，以小时为单位。

在生产之后，当储存时间为 1 h 时，HJP 的值为 9.7，在时效 50 个月后，其 HTP 为 12.1；时效对抗拉强度、均匀伸长率和总伸长率仅有非常小的影响；对三个取样方向的屈服强度，n 值有轻微影响，在 L 方向的屈服强度和 n 值对室温时间作图示于图 10－4，存储的前几个月，屈服强度几乎没有变化，n 值在储存的初始两个月从 0.206 降至 0.180 后，继续存放，则非常稳定，这一性能与目前生产的 BH 钢和 DQ 钢的时效性能一致，室温存放 4 个月，其工程应力应变曲线也未发现屈服点伸长（见图 10－5）。

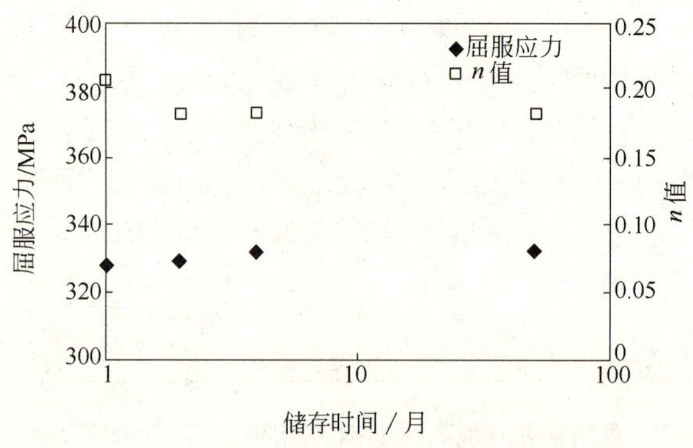

图 10-4 EG DP500 双相钢时效特性

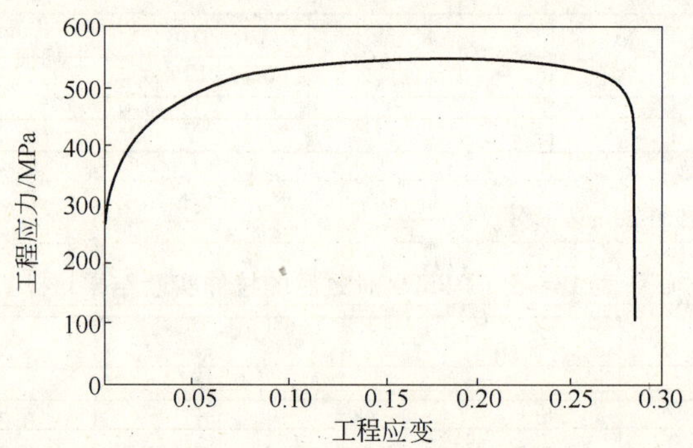

图 10-5 室温存放 4 个月后的 DP500 的工程应力应变曲线
(未发现出现屈服点伸长)

10.3 双相钢和其他高强度钢、先进高强度钢在高应变速率下的响应特性

10.3.1 双相钢和其他高强度钢在高应变速率下的响应特性的实验结果

双相钢和先进高强度钢的许多构件是汽车中承受碰撞保证安全的安全部件,高应变速率下的特性是先进高强度钢的重要性能之一。然而,对高强度钢这方面的性能研究报道还不多,实验方法和操作也不同,数据处理也不一致,应变速率对高强度钢性能影响的研究见文献[7,8,9,10],其中文献[7]的研究较系统,并得出了一些有意义的结果。实验用钢的力学性能列于表 10-6。由于增加了应力波扩展的影响,因此高应变速率实验要比准静态试验复杂的多。目前这类试验有几个不同的实验方法,每个实验方法适用于不同的应变范围,作为对比,选择了 6 个应变速率进行实验:0.05/s,0.1/s,10/s,100/s,500/s 和 1000/s,以显示汽车碰撞时的应变速率范围。每个应变速率下检测 3 个试样,应变速率

为0.005/s,0.1/s,10/s,100/s 和 500/s 的实验在液压伺服加载机架上进行,500 s^{-1}和1000 s^{-1}的应变速率在SHB(Split Hopkinson Bar——霍甫金森杆)上进行,同时可进行拉伸和压缩。500 s^{-1}的应变速率与液压伺服的设备测量的应变速率重叠,以互相验证并比较其两种实验技术,除SHB的压缩实验外(试样取样方向为板材厚度方向),全部试验试样纵向取样。表10-6为应变速率敏感试验用钢力学性能和能量吸收。

表10-6 各应变速率下的双相钢和其他钢类的力学性能和能量吸收

钢 号	应变速率 /s^{-1}	σ_s/MPa	σ_b /MPa	δ_u /%	δ_t /%	n值	$(\sigma_s+\sigma_b)\times(\delta_u/2)$ /$J\cdot mm^{-3}$	$E_{10\%}$ /$J\cdot mm^{-3}$
BH300	0.005	312	419	25.5	47.2	0.190	0.093	0.0357
	0.1	337	431	18.7	34.7	0.178	0.072	0.0374
	10	388	469	23.4	41.3	0.178	0.100	0.0413
	100	408	490	22.7	47.5	0.148	0.102	0.0443
	500	443	526	23.2	53.3		0.112	0.0463
	1000		533	17.8				0.0473
HSLA350	0.005	352	443	19.7	41.1	0.129	0.078	0.0417
	0.1	377	458	14.1	29.3	0.128	0.058	0.0422
	10	429	506	15.6	33.5	0.126	0.073	0.0468
	100	475	528	17.7	44.5	0.132	0.089	0.0493
	500	519	554	14.9	44.4		0.080	0.0527
	1000		577	15.7				0.0545
440W	0.005	325	460	22.7	43.1	0.196	0.089	0.0394
	0.1	350	484	16.4	31.7	0.186	0.068	0.0419
	10	390	527	23.2	38.5	0.189	0.106	0.0450
	100	421	548	24.4	47.5	0.180	0.118	0.0473
	500	458	575	20.7	51.7		0.107	0.0504
	1000		592	19.3				0.0518
HSS590	0.005	409	589	19.2	35.9	0.197	0.096	0.0498
	0.1	440	610	14.6	27.7	0.190	0.077	0.0526
	10	469	650	19.4	34.2	0.179	0.108	0.0571
	100	492	683	21.2	42.6	0.195	0.124	0.0579
	500	533	705	19.5	42.1		0.121	0.0596
	1000		718	19.0				0.0591

续表 10－6

钢　号	应变速率 /s^{-1}	σ_s/MPa	σ_b /MPa	δ_u /%	δ_t /%	n 值	$(\sigma_s+\sigma_b)\times(\delta_u/2)$ /J·mm^{-3}	$E_{10\%}$ /J·mm^{-3}
TRIP590	0.005	428	629	27.5	43.4	0.216	0.145	0.0507
	0.1	451	637	16.6	28.8	0.190	0.090	0.0538
	10	492	676	23.2	36.8	0.209	0.135	0.0549
	100	525	705	25.7	45.1	0.213	0.158	0.0578
	500	572	723	24.7	46.1		0.160	0.0606
	1000		715	24.6				0.0582
DP600	0.005	448	660	14.4	34.8	0.170	0.080	0.0570
	0.1	457	678	12.6	22.7	0.140	0.072	0.0611
	10	498	728	18.0	27.8	0.172	0.110	0.0628
	100	555	768	19.6	34.6	0.169	0.130	0.0659
	500	580	777	21.9	39.7		0.149	0.0697
	1000		825	20.8				0.0745
DP800	0.005	547	827	11.6	24.4	0.130	0.080	0.0740
	0.1	566	872	12.0	21.8	0.135	0.086	0.0786
	10	600	901	11.4	22.5	0.150	0.086	0.0807
	100	678	902	15.1	29.6	0.128	0.119	0.0831
	500	746	936	17.1	39.7		0.144	0.0897
	1000		972	16.6				0.0900

液压伺服实验采用标距 20 mm 的板状拉伸试样，用 LVDT 测得的位移，除以标距长度作为应变，也可在标距范围内安装应变片，实验时随时间跟踪记录载荷和位移。SHB 用于研究应变速率为 200/s 到 10^3/s 的材料力学性能。关于 SHB 试验时所用的盘状、拉伸试样和实验过程描述见文献[9]。

图 10－6*a* 示出了修正的电液伺服法测量的 440 W 钢的工程应力应变曲线，应变速率为 500 s^{-1}，图 10－6*b* 为多项式拟合的工程应力应变曲线。图 10－7 为用 SHB 测量的 DP800 的应力应变曲线。列举在表 10－6 的不同应变速率下的屈服强度，抗拉强度，均匀伸长率和总伸长率就是从修正和多项式拟合的平滑曲线上测得的；用 SHB 测量的拉伸和压缩真应力真应变曲线（400W 钢）示于图 10－8*a*、*b*。由图 10－8 可以看出：拉伸和压缩测量的 400 W 钢的真应力和真应变曲线明显不同（500 s^{-1}的应变速率），这可能与拉伸时，试样承受的为单轴拉伸载荷，而压缩时载荷通过厚度施加，试样承受的变形与双轴应力平面延展相当。已经表明[11]：IF

钢在等效应变8%的双轴延展变形时的流变应力比同样应变下的拉伸流变应力高40%(分别为375 MPa和266 MPa);两种不同的应变路径下的流变应力十分不同;材料的各向异性(即$\bar{r}$值,但当$\bar{r}$值达到1.0时,则这种影响减小)、表面摩擦(对拉伸性能无影响,但对压缩影响明显),以及应变路径对不同组织变形的影响程度[11]等因素,都是影响不同路径下流变应力不同的原因。应变速率增加时,拉伸和压缩之间的区别降低(见图10-8);液压伺服和SHB的拉伸实验结果具有很好的可比性。SHB实验数据可以较好表征拉伸时高速应变速度下的材料特性;表10-6中应变速率为1000 s^{-1}的数据全部为SHB测量值,考虑到液压伺服数据振荡较小,表中应变速率为500 s^{-1}的数据均取自液压伺服实验数据。

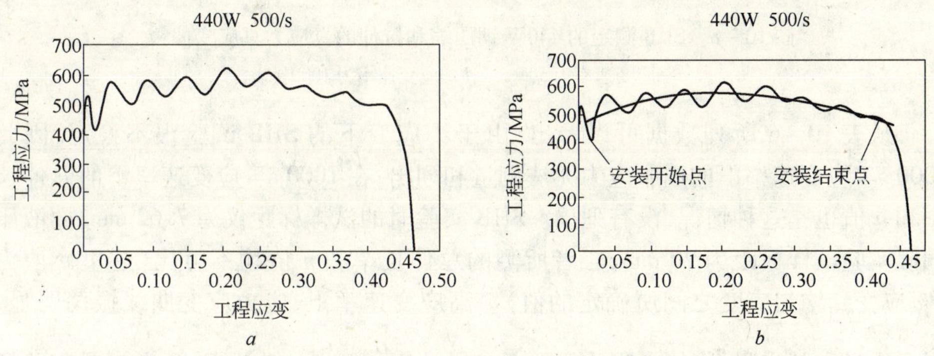

图10-6 在应变速率为500 s^{-1} 440 W钢的工程应力应变曲线(a)和多项式拟合的工程应力应变曲线(b)

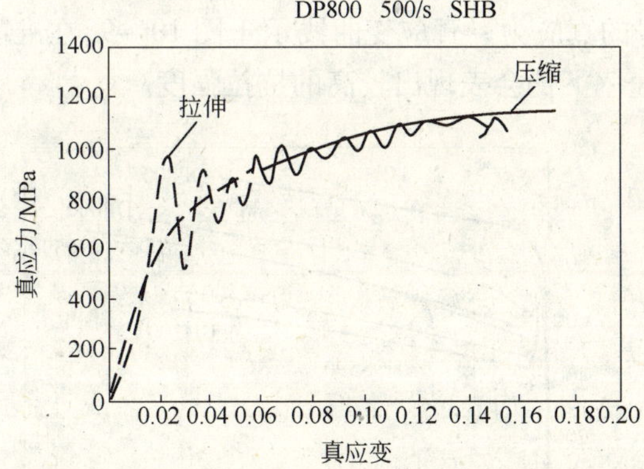

图10-7 用SHB测量的DP800的应力应变曲线

对BH300钢在不同应变速率下的弹性模量的测量表明:各不同应变速率下的应力应变曲线直线段的斜率平均值为206.49 MPa和准静态下钢的弹性模量已经十分相近,即高应变速率下的钢的弹性模量和准静态条件下基本相同。

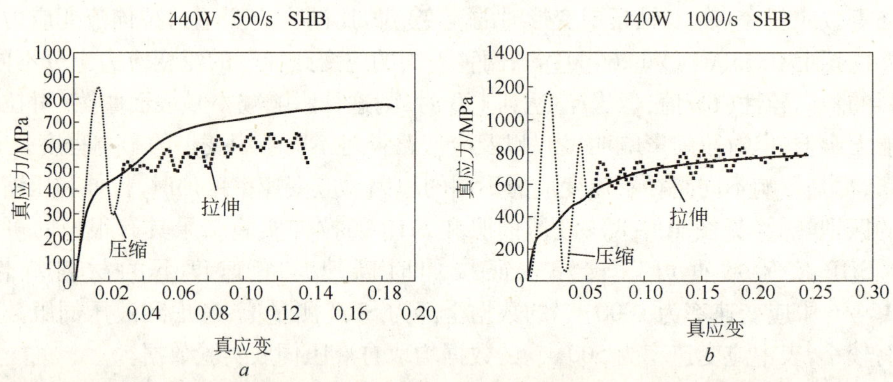

图 10-8 SHB 测定的 440W 钢压缩和拉伸的真应力真应变曲线

a—应变速率为 500 s^{-1}；*b*—应变速率为 1000 s^{-1}

从表 10-6 所列数据可以看出：由于小应变下的 SHB 试验很不稳定，因此 1000 s^{-1}应变速率下的屈服应力无法测量和列出；在 1000 s^{-1}应变速率下的总伸长率和 n 值也是这种情况，没有列出。SHB 实验时的试样标距仅为 7.62 mm，而液压伺服实验试样标距为 20 mm，二者所测的总伸长率和 n 值均不可比（这里 n 值为 2% 应变到均匀应变之间所确定的值）。高应变速率下，应力应变曲线振荡明显，拟合质量和效果降低；能量吸收用两个参量计算$\frac{\sigma_s+\sigma_b}{2}\times\delta_u$或 $E_{10\%}$，前者是实验钢到缩颈时的能量吸收的度量，后者是应力应变曲线在应变≤10% 时所包围的面积，可以作为钢材抗碰撞能力的度量，并在 ULSAB-AVC 项目中应用[12]。不同钢种在应变速率为 500 s^{-1}的真应力－真应变曲线示于图 10-9，在准静态下有较高强度的钢，在高的应变速率下仍会表现出较高的抗拉强度。

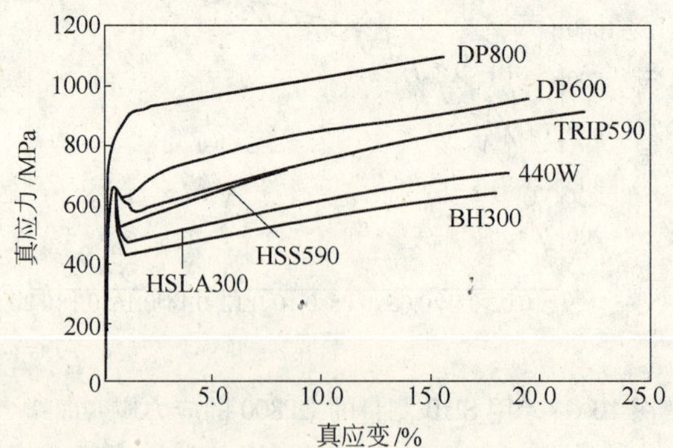

图 10-9 不同钢种在应变速率为 500 s^{-1}的真应力真应变曲线

表 10-6 中各钢种的屈服强度和抗拉强度，均随应变速率的增加而增加。

当应变速率低于 0. 1 时,其强度性能随应变速率增长而增加的变化较小;当应变速率超过 0. 1 后,则增长变得明显。而 δ_u 和 δ_t 随应变速率增加的变化较复杂,一般是首先下降,在 0. 1/s 时达到最小值,然后随应变速率增加而上升;当应变速率大于 100/s 时,又下降。但文献[13]则得出,应变速率对 δ_t 无影响,这可能与实验的应变速率范围、试样的标距长以及测试误差有关。从微观上看,塑性变形来自于位错滑移,也包括位错的热激活运动,如交滑移就常常需要克服障碍,在高的应变速率下,由于可用的时间很短,因此热激活过程变得困难[27],即导致延性下降,而流变应力提高;同时,如果材料对应变速率是敏感的,高的应变速率也可能推迟缩颈形成,而增加均匀延伸(δ_u);由于局部缩颈区会产生硬化,而温度也会升高,变形向邻近区扩展,正如发生的超塑性那样;这两个相反的过程控制了在不同的应变速率下的均匀延伸;当应变速率低于 0. 1/s 时,抗拉强度的应变速率敏感性增加,抑制缩颈变为主导因素,δ_u 增长;但缩颈的抑制毕竟是一个时间相关过程,因此在更高的应变速率下(大于 100 s^{-1}),由于进一步的变形和使应变扩展到整个试样的标距部分的时间不足,又导致在高应变速率下 δ_u 猛烈地下降。不同应变速率下的总伸长率 δ_t 的变化类同于 δ_u,但 δ_t 包含缩颈后变形,因而更为复杂。

当钢的强度较低时,加工硬化指数 n 值,对应变速率有较大的敏感性,但随强度升高,n 值的应变速率敏感性下降,这意味着高强度钢的成形性不会像 DQSK 钢随应变速率增加而恶化。

高应变速率下的能量吸收是测量钢抗碰撞能力的指标,用参量 $\frac{\sigma_s+\sigma_b}{2}\times\delta_u$ 表征颈缩前的吸能随应变速率的变化,其趋势与 δ_u 变化趋势相同,这足见 δ_u 是能量吸收的重要贡献者。TRIP590 钢由于 δ_u 很高,因此吸能最高。除在准静态条件下以外,HSLA350 钢的吸能最低,在能量吸收方面,AHSS 的优点明显超过普通的 HSS。在 100/s 的应变速率下,HSS590 的吸能比 HSLA350 钢高 51%,而 DP600 和 TRIP590 则分别比 HSLA 钢高 81% 和 100%。用 $E_{10\%}$ 作为能量吸收的比较参量时,DP800 的 $E_{10\%}$ 值最高,第二组钢中的 DP600 最高,而 HSS590 和 TRIP590 类同。DP 钢的这一特点分别与 DP 钢高的初始加工硬化速率密切相关,在不同的应变速率下,$E_{10\%}$ 与 σ_b 的关系大体呈线性关系,随 σ_b 增加而增加。

HSS590,DP600 和 TRIP590 的 $E_{10\%}$ 均优于 HSLA350,然而在 100/s 的应变速率下,这三个钢种在 $E_{10\%}$ 的吸能增量分别下降 17%、34%、17%,比以 $\frac{\sigma_s+\sigma_b}{2}\times\delta_u$ 作参量时,由于应变速率增长而引起的吸能增量的下降要低的多。这就指出:在碰撞时结构变形允许某一固定值时或者 10% 的变形值,则用 AHSS 代替普通 HSS,使碰撞性能的改进值要小于 AHSS 能够提供的潜在值。

10.3.2　描述应变速率敏感性的方程或模型

Johnson-Cook(JC)模型:

$$\sigma = (A + B\varepsilon^{b})(1 + C\ln\dot{\varepsilon}) \tag{10-2}$$

式中　σ——流变应力;

A,B,C——拟合常数,常数 C 代表了应变速率敏感性,C 值越高则应变速率敏感性越高;

b——材料常数;

ε——应变;

$\dot{\varepsilon}$——应变速率。

当考虑到温度影响时,则 Johnson-Cook(JC)方程可以表示为:

$$\sigma = (A + B\varepsilon^{b})(1 + \ln\dot{\varepsilon})(1 - T^{*m}) \tag{10-3}$$

$$T^{*} = (T - T_{室温})/(T_{熔} - T_{室}) \tag{10-4}$$

式中　T——实验温度;

$T_{室}$——室温;

$T_{熔}$——熔化温度。

Cowper-Symonds(C-S)模型

$$\dot{\varepsilon} = D\left[\frac{\sigma}{\sigma_0} - 1\right]^{q} \tag{10-5}$$

式中　σ_0——准静态应力;

D,q——常数。

Zerilli-Armstrong(ZA)模型(适应于 BCC-体心立方金属)。

$$\sigma = C_0 + C_1(-C_3T + C_4T\ln\dot{\varepsilon})C_5\varepsilon^{b} \tag{10-6}$$

式中　C_0,C_1,C_3,C_4,C_5 和 b——常数;

T——绝对温度。

JC 和 CS 模型是基于材料加工硬化和应变速率敏感性的数字形式,从数字上,这两种方程都是倍增方程,计算的不同应变速率下的应力应变曲线都是发散型的;而 ZA 模型是加和的,计算的不同应变速率下的应力应变曲线是平行的。在大应变下,流变应力饱和就可得到收敛的应力应变曲线,高速应变速率下的应力收敛是与绝热加热有关;在这种情况下,用有关模型进行的应力曲线的预测就不能严格反映实验数据的变化趋势,考虑到这种情况,文献[11]提出了修正的 JC 模型。

$$\sigma = B\varepsilon^{b}\left[1 + C\varepsilon^{b'}\ln\left(\frac{\dot{\varepsilon}}{\dot{\varepsilon}_0}\right)\right] \tag{10-7}$$

该模型的优点是：当应变速率为准静态时，公式 10－7 就可简化为指数硬化模型，这时 JC 模型就简化为广泛应用的指数模型：$\sigma = A + B\varepsilon^b$，即 Hollomon 方程，此时应变硬化指数 b 定义为屈服应力或作为曲线的拟合常数；如果常数 A 作为屈服应力，那么在 $A + B\varepsilon^b$，参数 b 就不与指数模型 b 值相对应；如果参数 A 从严格的数学拟合获得，则方程 $A + B\varepsilon^b$ 中的常数便不具物理意义；实际方程 $A + B\varepsilon^b$ 与路德维克方程 $A + B\varepsilon_p^b$ 很相似，但在后者方程中 ε_p 为塑性应变。基于实验项 ε 就可修正 Johnson-cook 模型，以拟合不同模式的应力应变曲线；根据 $b + b'$ 的值，则模型可以描述为发散的（$b + b' > 0$）、收敛的（$b + b' < 0$）和平行的（$b + b' = 0$）的应力应变曲线（分别见图 10－10a、b、c）。

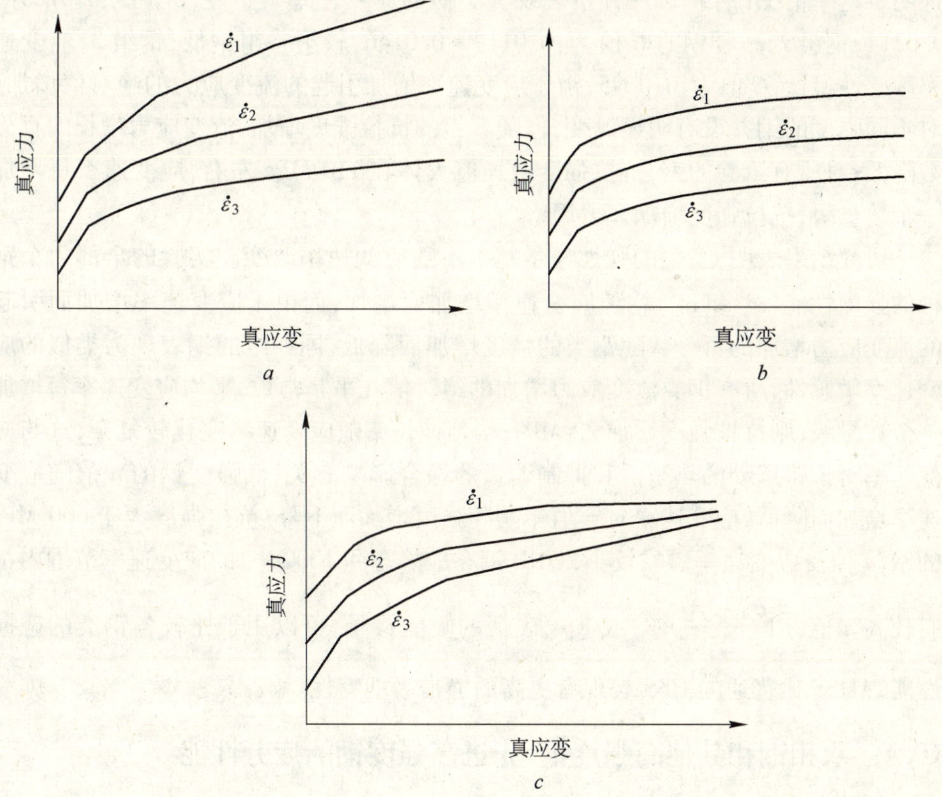

图 10－10 三种不同应力应变曲线图解（$\dot{\varepsilon}_1 > \dot{\varepsilon}_2 > \dot{\varepsilon}_3$）

文献［7］中用 Johnson-Cook 模型拟合所得的实验数据，各拟合常数列于表 10－7，常数 C 表征了应变速率敏感性，C 值越高，则应变速率敏感性越高，b 值为拟合常数。

表 10－7　Johnson-Cook 模型中的拟合常数

级别钢类		σ_s/MPa	σ_b/MPa	A	B	b	C
钢组 1	BH300	312	419	363	701.2	0.725	0.020
	440W	325	460	403	599.1	0.595	0.0214
	HSLA350	352	443	370	684.6	0.594	0.0188
钢组 2	HSS590	409	589	455	1006.8	0.663	0.0146
	DP600	448	660	478	741.5	0.399	0.0141
	TRIP590	428	629	472	1024.7	0.676	0.0119
钢组 3	DP800	547	827	583	900.2	0.357	0.0095

一般认为，应变速率敏感性随钢的强度增加而降低；从表 10－7 中的 C 值再次证明了这一情况；钢组 1，三种钢表现为类似的应变速率敏感性，C 值为 0.0188～0.0214；钢组 2，三种钢的 C 值为：0.0119～0.0146，较第一组钢低；钢组 3，应变速率敏感性最低，C 值为：0.0095；由于应变速率增加引起的流变应力的绝对值增加，对不同强度的钢并没有明显改变，但随着钢的抗拉强度增加，流变应力增长的百分数降低；对所有试验的钢，抗拉强度增加值大体在 110 MPa 左右，应变速率每增加一个数量级，抗拉强度增加 22 MPa。

研究结果表明[7]：钢的弹性模量基本不随应变速率改变。实验的全部 7 个钢种的强度性能（σ_s 和 σ_b）均随应变速率增加而增加，而由于应变速率增加而引起的流变应力增加的百分数随钢类的强度增加而降低；同一组的钢表现为类似的应变速率敏感性，所有钢类流变应力增加的绝对值几乎是常数，平均应变速率每增加一个数量级，则抗拉强度增加 22 MPa；均匀伸长率随应变速率变化较复杂，这与应变速率对位错运动的热激活和抑制缩颈的综合影响有关；低强度钢的 n 值随应变速率增加而降低，应变速率对 n 值影响随强度增加而下降；抗拉强度大于 600 MPa 的钢，n 值受应变速率影响较小，TRIP 钢在准静态和 1000 s^{-1} 的应变速率范围内都有较高 n 值；用 $\frac{\sigma_s+\sigma_b}{2}\times\delta_u$ 或 $E_{10\%}$ 表征的吸能参量，可以用于比较各钢类的碰撞性能，AHSS 比普通的 HSS 表现有更高的撞击吸能特性。

10.4　双相钢和其他高强度钢、先进高强度钢的疲劳性能

疲劳是先进高强度钢的重要特性和属性，因为大部分的汽车构件均承受循环载荷，在本书第 9 章中已有专门章节论述了双相钢的有关的疲劳特性。文献[14]对汽车用先进高强度钢的疲劳特性进行了系统的对比研究。

实验用钢共 3 组 7 种，其型号、规格及力学性能（交货状态、按 ASTM E8 标准沿纵向取样测量）列于表 10－8。表中 GI 为镀锌板、GA 为热镀锌合金板、CR 为冷轧板、EG 为电镀锌板。

表 10-8 疲劳实验用高强度钢和先进高强度钢的力学性能

力学性能	1 组			2 组			3 组
	BH300 GI	440W GA	HSLA350 GI	HSS590 CR	DP600 GI	TRIP590 EG	DP800 GA
σ_s/MPa	300	326	356	431	412	428	462
σ_b/MPa	412	462	441	608	666	605	839
δ_t/%	35.8	29.0	28.1	24.5	23.2	32.0	17.9
δ_u/%	20.4	16.3	15.8	15.1	15.3	22.6	12.3
n 值 (6% ~12%)	0.19	0.18	0.13	0.16	0.20	0.20	0.13

应变疲劳(按 ASTM E606 进行)试样和缺口疲劳试样的尺寸示于图 10-11*a*、*b*。应变控制疲劳过程按文献[15]的规定进行,实验设备为 MTS 电液伺服设备,应变幅从 0.1% ~0.8%;每一个应变水平做三个试样,最高应变幅由钢的强度和试样厚度确定,以不发生弯折为准;实验为反复拉压试验,当拉伸时载荷下降 60% 时,即表明试样开裂;当循环 500 万次后,试样无失效出现时,实验终止并完成。

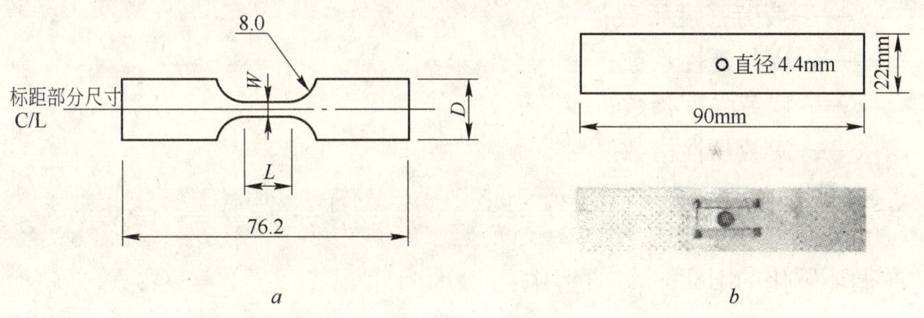

图 10-11 应变疲劳试样(*a*)和缺口疲劳试样(*b*)

缺口敏感性的疲劳试验是用带应力集中因子 $K_t = 2.5$ 的中心孔试样,试样尺寸见图 10-11*b*;在载荷控制下,按 ASTME466 进行试验,载荷比 $R = -1$,对称拉压载荷,疲劳裂纹从孔的边部萌生,沿宽度方向扩展,缺口试样比光滑试样的截面大的多。如果实验终止的载荷降相同于应变疲劳,则缺口试样的疲劳寿命将比光滑试样包含更长的扩展寿命。为保持缺口疲劳实验的裂纹长度与光滑试样类同,在孔的两边贴上裂纹的检测标尺,当裂纹扩展,通过标尺时,标尺破裂,实验终止。经验表明:在平滑试样中实验终止时裂纹一般为 1 mm 长,因此裂纹检测标尺和孔边缘之间距离设定为 1 mm。实际表明:裂纹标尺效果较好,实验终止时的裂纹长度为 0.9 ~1.2 mm,具有较好的一致。实验在 20 t MTS 液压伺服试验机上进行,经 500 万次循环后仍没有失效时,实验终止。

各种钢的应变寿命曲线示于图 10-12,图中用反复次数代替循环次数,拉压循环次数为实际循环次数的 2 倍,应变疲劳方程,即 Manson-Coffin 方程:

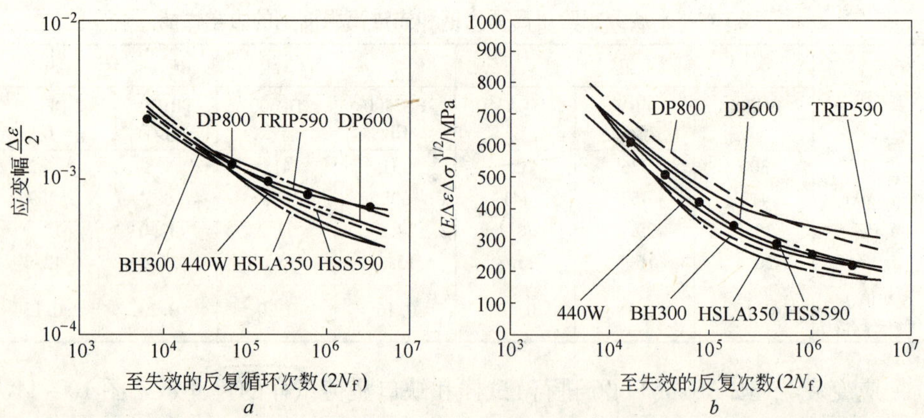

图 10-12 不同钢种的应变疲劳曲线(a)和参数 $\sqrt{\Delta\sigma\Delta\varepsilon E}$与疲劳寿命关系曲线(b)

$$\frac{\Delta\varepsilon_t}{2} = \frac{\sigma_f'}{E}(2N_f)^b + \varepsilon_f'(2N_f)^c \quad (10-8)$$

式中 σ_f'——疲劳强度系数；

ε_f'——疲劳延性系数；

b——疲劳强度指数；

c——疲劳延性指数。

式 10-8 可分为弹性分量 $\frac{\Delta\varepsilon_e}{2} = \frac{\sigma_f'}{E}(2N_f)^b$，塑性分量 $\frac{\Delta\varepsilon_p}{2} = \varepsilon_f'(2N_f)^c$

在循环硬化的 Holloman 方程中：

$$\sigma' = K'\varepsilon^{n'}$$

式中 σ'——循环应力；

K'——循环强度系数；

n'——循环应变硬化指数。

利用方程 10-8 拟合相应的实验曲线，其相应的回归参量列于表 10-9。

表 10-9 双相钢、高强度钢和先进高强度钢的疲劳性能

拟合方程参量和应力疲劳极限	BH300 GI	440W GA	HSLA350 GI	HSS590 CR	DP600 GI	TRIP590 EG	DP800 GA
σ_f'/MPa	549	841	806	886	983	813	1205
ε_f'/%	0.969	0.468	1.920	0.480	0.211	0.496	0.104
b	-0.063	-0.105	-0.098	-0.095	-0.101	-0.063	-0.101
c	-0.614	-0.523	-0.668	-0.538	-0.457	-0.572	-0.394
K'/MPa	530	966	671	983	1363	871	2104
n'	0.097	0.198	0.133	0.173	0.219	0.109	0.253

续表 10-9

拟合方程参量和应力疲劳极限	BH300 GI	440W GA	HSLA350 GI	HSS590 CR	DP600 GI	TRIP590 EG	DP800 GA
耐久极限 σ_{-1} MPa	193	209	203	230	228	336	307
缺口耐久极限 σ_n/MPa	120	130	125	144	142	178	147
在 10^7 循环下的 $K_f=\sigma_{-1}/\sigma_n$	1.61	1.61	1.62	1.60	1.61	1.89	2.09

根据回归的参量,方程 10-8 可以用于疲劳寿命预测。实践表明:大部分汽车零件的失效出现在应力增长处,用参量$\sqrt{\Delta\sigma\Delta\varepsilon E}$对疲劳寿命作图,有利于比较不同钢种的疲劳强度;参数 $\Delta\sigma$ 和 $\Delta\varepsilon$ 是试验时的应力幅和应变幅,参数$\sqrt{\Delta\sigma\Delta\varepsilon E}$首先被 Newber[16] 和 Topper[17] 等人应用并建立了在缺口尖端的局部应力的联系,该参数等同于 FEA 模拟所得出的缺口尖端的弹性应力,用于确定疲劳寿命,亦可以作为等效缺口应力。从图 10-12*b* 所示曲线可以看出,各不同钢类的$\sqrt{\Delta\sigma\Delta\varepsilon E}\sim 2N_f$曲线的区别明显大于应变疲劳曲线;作为板材疲劳,不同盘卷之间将会相差较大,有时分散因子会高达 2.0。分散因子定义为$\sqrt{\dfrac{N_{max}}{N_{min}}}$,$N_{max}$ 和 N_{min} 定义为特定应变幅下的最大和最小循环次数;每一组钢类,可能会表现出类同的疲劳强度,一般抗拉强度越高,则疲劳强度越高。第一组钢中的 BH300、HSLA350 和 440 W 疲劳强度类同;第二组钢,由于抗拉强度为 590~600 MPa,其疲劳强度优于第一组;第三组则比第二组更高。

HSS590 和 DP600 表现为类似的疲劳寿命,TRIP590 则表现出特高的疲劳寿命。在高周疲劳区,TRIP590 的疲劳强度甚至高于 DP800,显然这是疲劳过程中,残留奥氏体渐渐转变为马氏体而产生附加强化和相变诱发塑性的结果,从而推迟裂纹萌生和扩展,因而提高疲劳寿命。先进高强度钢 TRIP590 的疲劳寿命高于普通高强度钢,并表现出最佳疲劳寿命。

表 10-9 还列出了应力控制下的实验所确定的疲劳极限,BH300,400W 和 HSLA350 的应力疲劳极限类似,约为 200 MPa;HSS590 和 DP600 的疲劳极限高于前者 15%,而 DP800 则高 50%。TRIP590 的疲劳极限为 336 MPa,比第一组高 68%;比同一组内的其他两个钢(HSS590 和 DP600)高 45%,甚至比 DP800 高 10%。(此处疲劳极限的定义为 5×10^6循环不发生失效)。

最近研究表明[18]:疲劳失效的循环次数向着更高的循环次数发展。在低于疲劳极限应力下,甚至在 $10^8\sim10^9$次仍然发生失效;已有应用 10^9 次的疲劳循环次数不失效的应力称为疲劳极限。此外,由于在成形过程中,会发生应变强化和组织转变,因此成形零件的疲劳寿命和钢材供货状态下的疲劳寿命是明显不同的。

图 10－13a 示出了一些钢种的应力疲劳曲线（$\Delta S/2 \sim 2N_f$），图中显示的为实验数据的回归曲线。光滑试样实验结果表明：在一组内（除 TRIP590 外），各钢的疲劳极限类同。对 $K_f = 2.5$ 的缺口试样 BH300、HSLA350 和 440W 亦表现出类似的疲劳强度；HSS590 和 DP600 的缺口疲劳强度类同；DP800 在低循环区缺口疲劳强度高于 DP600，但在高周区则二者缺口疲劳类同。从图 10－13b 可以看出：先进高强度钢缺口疲劳强度高于普通 HSLA350，并以 TRIP590 的疲劳强度最优。

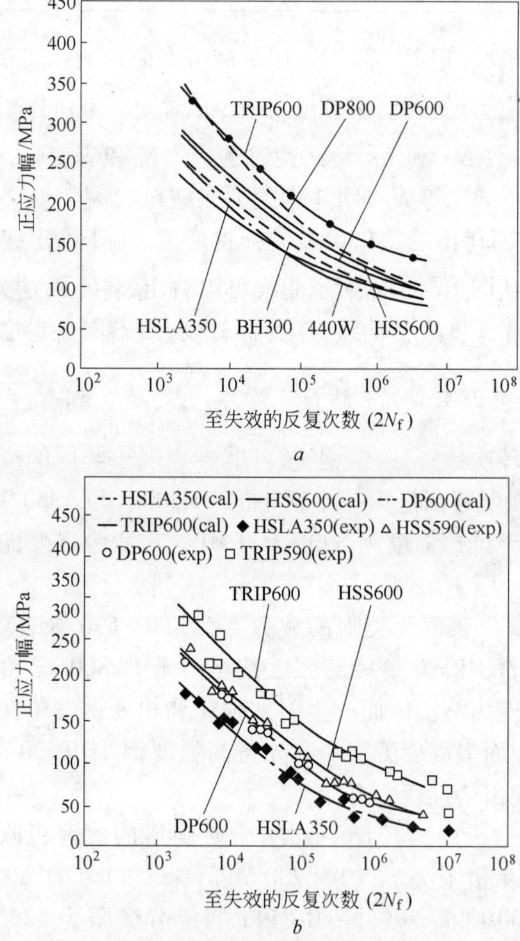

图 10－13 $\Delta S/2 \sim 2N_f$缺口疲劳试验（a）和 HSS590、DP600 及 TRIP590 的 $\Delta S/2 \sim 2N_f$与 HSLA350 钢比较（b）

缺口存在时，其疲劳极限明显下降，与光滑试样类同。HSS590 和 DP600 的缺口疲劳高于第一组 10%～15%，TRIP590 表现有更高的缺口疲劳极限；这些钢的缺口敏感性很相近，当缺口存在时，并不影响先进高强度钢的高于普通高强度钢的高的疲劳抗力，但 DP800 的缺口疲劳极限只是略高于 DP600。

疲劳缺口敏感性可用疲劳应力集中因子（K_f，$K_f=\sigma_{-1}/\sigma_n$）评价，该值表征了高周疲劳的缺口敏感性，实验钢在高周区的 K_f 值相近（1.60～1.61），TRIP590 和 DP800 除外，DP800 由于高强度而有较高的缺口敏感性 $K_f=2.09$。TRIP590 的缺口敏感性 $K_f=1.89$，比一般钢略高。这一现象的原因是：由于光滑试样的 TRIP590 在疲劳过程中的残留奥氏体转变而产生的强度和延性增加，使得疲劳极限有较大幅度提高，比 HSLA350 提高 68%，而缺口试样 TRIP590 的疲劳极限只比 HSLA350 提高 35%，造成表观上看 TRIP590 比其他钢具有较高缺口敏感性。从应力状态与残留奥氏体发生转变，使缺口周围的强度迅速提高，这明显提高了缺口附近的强度。而强度提高，降低了裂纹扩展阻力，从而导致缺口疲劳极限下降，此处的强化大于韧化，从而导致表观上的 K_f 值升高。

文献[2,3]指出，双相钢等先进高强度钢比普通高强度钢具有更好的疲劳性能和疲劳强度，而 TRIP 钢比类似强度级别的非 TRIP 先进高强度钢有明显高的疲劳强度。文献[4]对 DP500 和 BH210 的疲劳强度进行了对比研究，疲劳试验也在电液伺服疲劳机上进行，检测了总应变幅从 0.15%～0.5% 的六个应变下的疲劳寿命。每个应变幅检测 3 个试样。图 10－14 示出了双相钢 DP500 和 BH210 的 Neuber 应力下疲劳强度比较，其 Neuber 应力的定义为$\sqrt{\Delta\sigma\Delta\varepsilon E}$（$\Delta\sigma$ 和 $\Delta\varepsilon$ 表征在应变控制疲劳试验中的应力和应变范围）。由图 10－14 可以看出：DP500 的疲劳强度远高于 BH210。

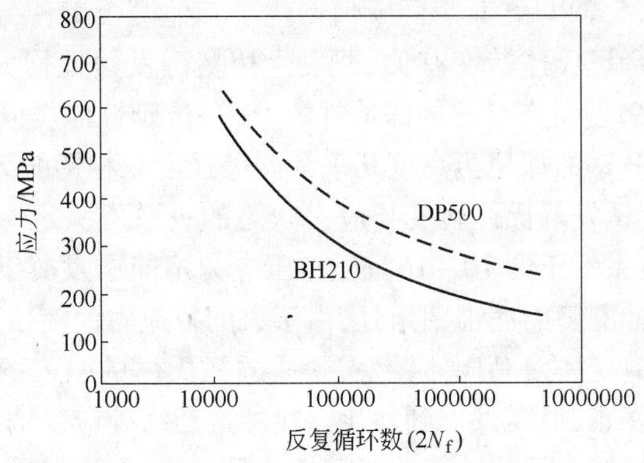

图 10－14 DP500、BH210 的 Neuber 应力和反复循环数（$2N_f$）之间的关系

10.5 双相钢和高强度钢、先进高强度钢成形性的比较

10.5.1 双相钢与先进高强度钢的加工硬化、瞬时 *n* 值及应力状态的影响

评价成形性需要了解不同材料的加工硬化特性，而材料的真应力真应变曲线较好地表征了材料的这一特性。从图 10－1 所列的各钢种真应力真应变曲线可以

看出:在同样的抗拉强度下,DP600 和 T600 具有较高和较好的应变硬化能力,尤其是 DP600,加工硬化能力最强;较高的应变硬化特性表明材料不易发生缩颈和局部应变累积,具有较强的均匀变形能力。

评价材料的应变硬化特性另一参量是瞬时的 n 值,三种钢的瞬时 n 值和工程应变之间的关系示于图 10-15。

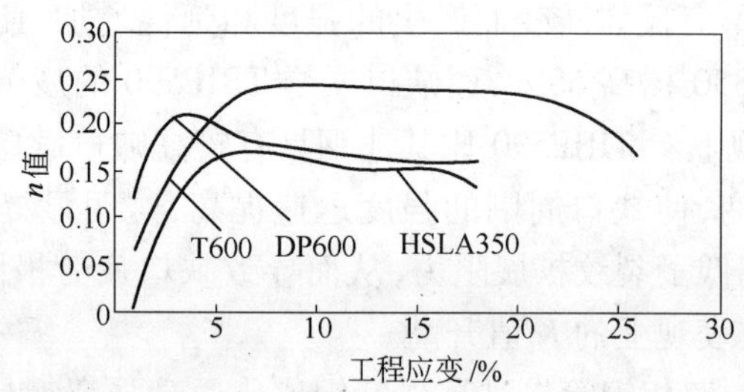

图 10-15 三种钢的瞬时 n 值和工程应变之间的关系

就图中所列的三种钢的比较可以看出:在工程应变 5% 以内,双相钢 DP600 比 HSLA 350 和 T600 具有更高的瞬时应变硬化指数 n 值;而高于 5% 的工程应变,T600 的瞬时 n 值迅速增长并超过 DP600,此时双相钢 DP600 的瞬时 n 值先较快下降,后平缓下降。大部分汽车零件成形时工程应变都在 5% 以内,因此,双相钢对汽车零件的成形性改善和成形后得到较高的强度都是很有意义的。TRIP 钢 T600 在工程应变大于 4.5% 以后,其瞬间 n 值都优于其他两个钢种,这与在较高工程应变下,应变诱发残余奥氏体转变有关,即发生相变诱发塑性均分布效应。TRIP 钢 T600 的 r 值并不高,但具有良好的深冲性能,其深拉延性能类同于软钢;当抗拉强度为 980 MPa,TRIP 钢的深拉延高度几乎为同等强度双相钢的 7 倍,这一特性是由残留奥氏体的应变诱发马氏体转变与应力状态的关系所决定,各种应力状态与残留奥氏体转变的关系示于图 10-16。显然压应力不能诱发奥氏体转变,当冲制深冲翻边零件时,深冲圆筒的底部圆角处,由于大的拉应力而使残余奥氏体到马氏体的转变加速,由于应变诱发马氏体转变,硬质的马氏体的引入,和奥氏体发生马氏体转变,发生体积膨胀,使零件得到强化。在翻边凸缘处应变诱发马氏体转变会被凸缘处的压缩应力抑制,因此这部分区域仍然是软的,金属容易从翻边凸缘处流变到模具的空腔处。基于这一特性,就提出了控制深拉延翻边成形的一个新概念,改善深拉延翻边凸缘成形性不是以前的依赖于晶体织构效应而产生大的 r 值,或 r 值趋近于零的各向同性钢,而是依赖于组织中的残留奥氏体的 TRIP 效应、应力状态和冲压时的零件的受力情况。深冲拉延翻边零件的受力状态示意图见图 10-17,边部固定进行深冲时零件所受应力分析下边还将评述。

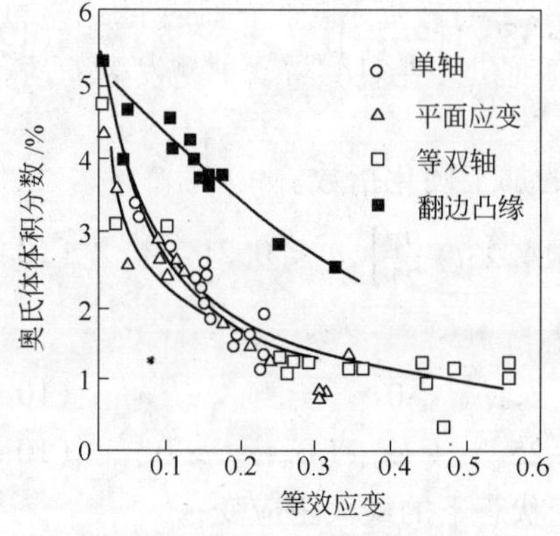

图 10-16 应力状态和应变诱发残留奥氏体转变量的关系

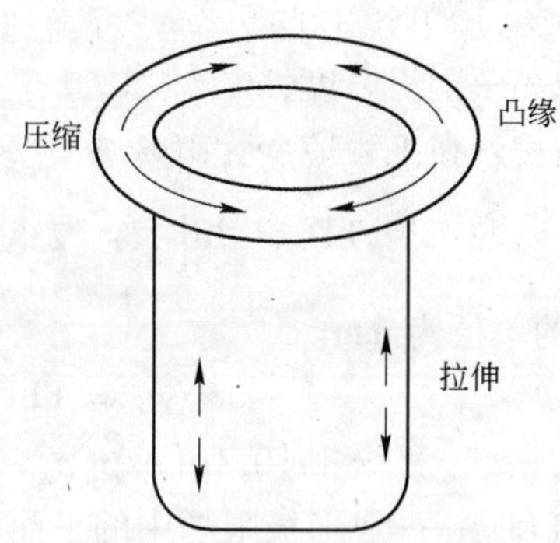

图 10-17 深冲拉延翻边零件的受力示意图

10.5.2 双相钢与高强度钢的成形极限图的比较

评价成形性的另一重要方法是测量成形极限图，由于图中包含有各种应力应变状态，因此可以更全面表征不同材料的成形特性；按文献[19,20]中的定义，成形极限图是指板材基本处平面应力的条件下，塑性失稳开始时的最大主应变 e_1（工程应变）和次主应变 e_2 的函数关系曲线；关于这一图的测试，物理意义和实际应用以及不同的理论计算方法，在本书第 7 章中有详细论述。

图 10-18*a*、*b* 示出了 DP600 和 DP800 的 1.2 mm 板厚的成形极限图的实验值和计算值。对这两种钢，计算值和实测值均具有较好一致性，这时计算值是采用下列方程[19,20]计算的。对于双相钢，计算和实测值具有较好的一致性。

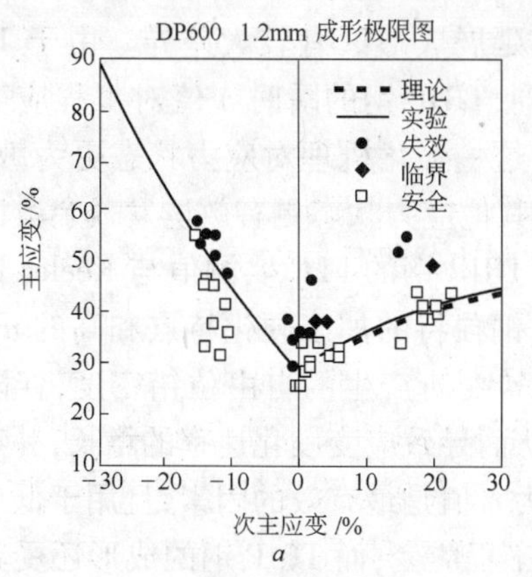

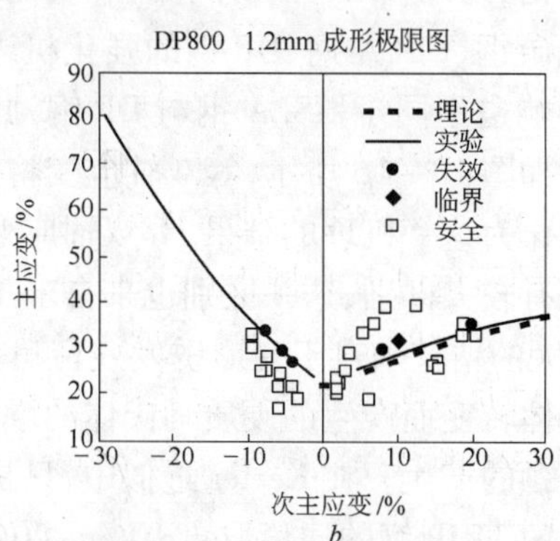

图 10-18 DP600(1.2mm)(*a*)和 DP800(1.2mm)(*b*)的成形极限图(FLD)

$$FLD_0 = (23.3 + 359t)\left(\frac{n}{0.21}\right) \tag{10-9}$$

式中 t——钢板厚度,in;

n——在工程应变为10% ~20%时的加工硬化指数。

$$FLD_0 = \ln\left[1 + (23.3 + 14.23t)\frac{n}{21}\right], n < 0.21 \tag{10-10}$$

式中 t 的单位为mm。

$$\varepsilon_1 = FLD_0 - \varepsilon_2, \varepsilon_2 < 0 \tag{10-11}$$

$$\varepsilon_1 = \ln\{0.16[\exp(\varepsilon_2) + 1.25]\} + \exp FLD_0, \varepsilon_2 > 0 \tag{10-12}$$

式中 FLD_0——成形极限图中的平面应变状态下的最大主应变;

ε_1——FLD图上的主应变;

ε_2——FLD图上的次主应变。

文献[21]考虑到 n 值、r 值和板厚对FLC的综合影响,而提出了如下计算FLC和 FLD_0 的方程组:

$$FLD_0 = \ln\left[1 + (23.3 + 14.13t^{\frac{1}{x}})\frac{n}{21}\right] \tag{10-13}$$

$$t \leqslant 2.5\text{ mm},\quad x = 1$$

$$2.5 < t \leqslant 6\text{mm},\quad x = 1.2 \sim 1.4$$

$$\varepsilon_1 = FLD_0 - 1.63\varepsilon_2, \varepsilon_2 < 0 \tag{10-14}$$

$$\varepsilon_1 = \exp FLD_0 + \ln\{0.16[\exp(\varepsilon_2) + 1.25]\}, \varepsilon_2 > 0 \tag{10-15}$$

这一方程组计算的热轧板和双相钢及部分先进高强度钢的FLC值与实验值吻合更好。

TRIP600(1.2 mm)和TRIP600(1.6 mm)的成形极限图示于图10-19[3,22]。可以看出,对于TRIP钢,计算值和实测值在延展成形区有较大差异。由于TRIP钢和低碳钢、HSLA钢、DP钢的强化机理不同,TRIP钢的瞬时 n 值对工程应变分布的影响也不同于HSLA钢与DP钢,此外,这一强化机理对应力状态更为敏感。

正如图10-16所示,等双轴应变将会比其他应力状态更有效诱发残余奥氏体转变。作为这一机理的结果,等双轴应变区,TRIP钢的FLC实测值与Keeler近似计算值有较大区别,这一区别也来自于TRIP钢独特的加工硬化特点和高的 n 值。n 值较大的增长来自于变形诱发残留奥氏体转变所产生的自由位错密度,伴随残留奥氏体转变而产生的硬质马氏体的增加,从而导致应变硬化速率的增长,并有效推迟缩颈的产生。在Keeler近似中,只是认为 n 值是最有效的因素,且用于低应变速度下的TRIP钢的 n 值取自10% ~20%的工程应变;而TRIP钢的成形还受其他因素影响。

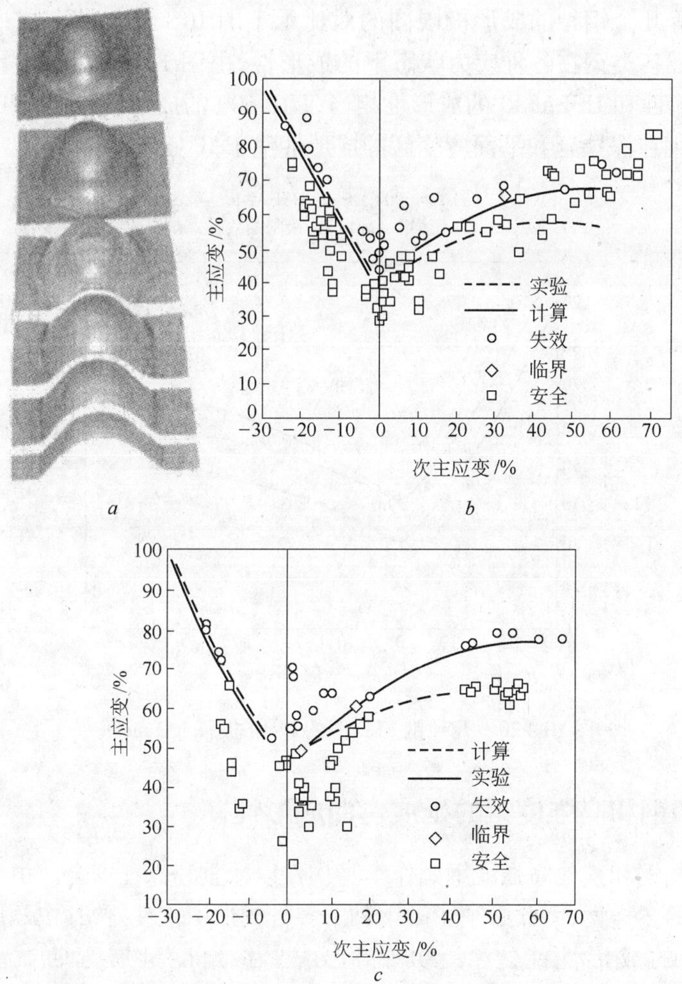

图 10-19 TRIP600(1.2 mm)(*b*)和 TRIP600(1.6 mm)(*c*)
FLD 图和测试 FLD 的试样(*a*)

目前的 TRIP 钢,不论是 C-Mn-Si 系或 C-Mn-Al 系,其残留奥氏体的 M_s^σ 点通常为(10±5)℃。该温度还受残留奥氏体的化学成分,热机械加工过程、形态和拓扑形貌以及机械载荷的强度和加载模式等因素影响。M_s^σ 与残留奥氏体的稳定性密切相关。在 M_s 点以上,一定温度下形变将可导致马氏体形成,该温度称为 M_d 点,为应变诱发马氏体形成的温度上限。高于此温度,再大变形也不能诱发 TRIP 效应。塑性变形还会使试样温度增加;高的应变速率可能导致由 TRIP 机制诱发的马氏体成核会部分被抑制;反过来,这点又可能引起成形性的部分降低,以致在某些情况 TRIP 钢只比普通碳钢的成形性略有改善;但在复杂几何形状冲压件中应用时,TRIP 钢是有吸引力的首选材料。

双相钢等几个钢种的成形极限图的对比示于图 10－20。鉴于成形极限图可较全面地表征各类钢在各种应力状态下的成形性，由图 10－20 可以看出，双相钢 DP600 的成形性和 HSLA340 的成形性相当，TRIP600 的成形性和 IF 钢的成形性相当，且 TRIP 钢在深拉延和平面应变区的成形性优于 IF 钢。

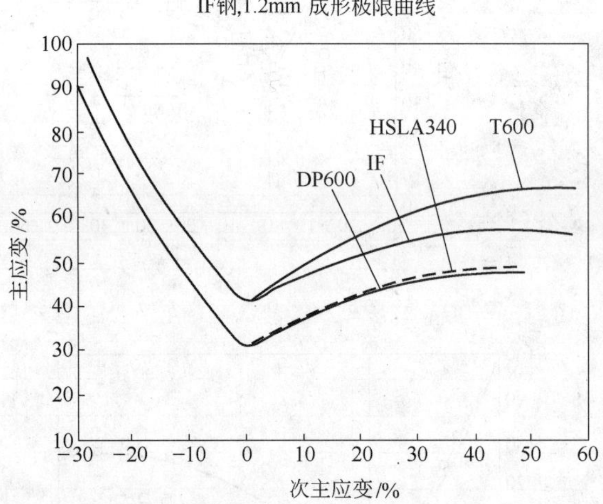

图 10－20 几种钢 FLD 图的对比（板厚 1.2 mm）

10.6 双相钢和高强度钢的延展弯曲成形性

应用双相钢和其他高强度钢制作车身构件以减重和保证安全。由于这些构件的成形模式的多样性，因此必须了解钢种的多种成形工艺性能，其中延展弯曲成形性也是重要的成形性能之一。其试验方法为：角度延展弯曲试验（Angular Stretched Bend-ASB），这种试验可以模拟在板状试样拉伸的作用下弯曲的工艺性能。该试验方法最先由 Demeri 等人[23]提出，文献[24]等详细研究了双相钢和其他高强度钢的延展弯曲成形性，其实验用钢列于表 10－10，其钢类分别为深冲钢、表面涂层的车身面板用钢和车身结构钢。

表 10－10 用于延展弯曲成形性的钢类和力学性能

钢 种	材 料	厚度/mm	σ_s/MPa	σ_b/MPa	δ_u/%	$\bar{n}$	$\bar{R}$	均匀应变下的 n 值（n_u）
基础钢	DQSK	0.77	167	314	21.5	0.241	1.931	0.210
	DQSK	1.19	184	316	21.0	0.224	1.975	0.203
	DDQ +	0.70	140	295	23.8	0.264	2.254	0.222
	DDQ +	1.19	142	296	23.5	0.274	2.150	0.228

续表 10－10

钢 种	材 料	厚度/mm	σ_s/MPa	σ_b/MPa	δ_u/%	$\bar{n}$	$\bar{R}$	均匀应变下的 n 值(n_u)
面板钢	BH210	0.70	249	359	19.3	0.183	1.641	0.186
	BH210	0.93	248	353	19.0	0.171	1.754	0.176
	BH280	0.71	333	424	17.9	0.168	1.132	0.176
	BH280	1.00	281	402	16.0	0.157	1.469	0.147
	BH280	1.04	299	401	19.5	0.184	1.002	0.177
	ULCBH340	0.74	256	366	18.0	0.168	2.080	0.177
	ULCBH340	1.02	229	356	21.2	0.206	1.535	0.196
	IF-Rephos	0.63	201	359	22.0	0.237	1.898	0.196
	IF-Rephos	0.89	199	355	22.2	0.239	1.829	0.189
	DP500	0.66	310	528	18.9	0.201	0.833	0.178
	DP500	0.81	332	555	17.4	0.182	0.917	0.159
结构件钢	BH300	1.24	351	483	16.5	0.179	1.043	0.152
	BH300	1.19	307	414	18.5	0.179	1.598	0.177
	HSLA350	1.16	412	468	19.1	0.210	1.065	0.176
	HSLA350	1.21	376	501	16.1	0.167	1.156	0.138
	HSLA350	1.62	364	445	14.6	0.125	1.085	0.177
	HS440W	1.24	354	483	16.7	0.179	0.903	0.152
	HS440W	1.58	347	468	16.7	0.171	0.938	0.155
	DP600	0.96	378	617	14.8	0.181	0.835	0.146
	DP600	1.19	376	635	14.9	0.180	0.945	0.151
	DP600	1.39	397	671	16.2	0.188	0.869	0.149
	DP600	1.23	433	676	13.9	0.147	0.933	0.128
	DP600	1.64	337	583	18.5	0.244	1.010	0.177
	DP600	1.49	434	675	13.8	0.144	1.002	0.125
	TFIP600	1.40	439	673	19.9	0.237	0.930	0.199
	TRIP600	1.60	430	680	19.3	0.234	0.890	0.186
	DP800	1.20	500	837	10.7			0.110
	DP800	1.59	448	785	10.5			0.109
	DP980	1.15	907	1037	5.80			0.067
	DP980	1.52	862	1024	6.00			0.064
	RA830	1.32	664	879	0.15			
	RA830	1.53	735	886	0.18			
	RA830	1.25	816	940	1.30			
	RA830	1.80	723	880	1.80			
	M190	1.03	1237	1432	2.50			
	M190	1.58	1210	1376	2.50			

实验试样和夹具示于图 10－21a，不同 R/t 值的增加方向参见图 10－21b。以延展弯曲失效的高度对 R/t 作图，作为表征材料角度延展成形性的比较，其有关实验结果示于图 10－22 和图 10－23。

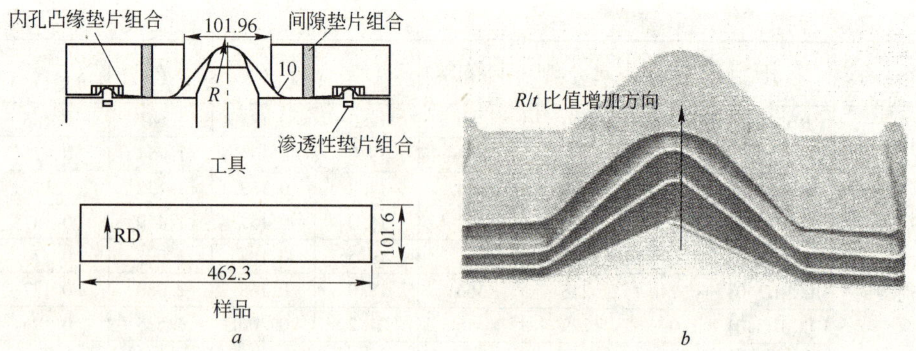

图 10-21 角度延展弯曲实验试样和夹具(*a*)及不同 *R/t* 值的增加方向(*b*)

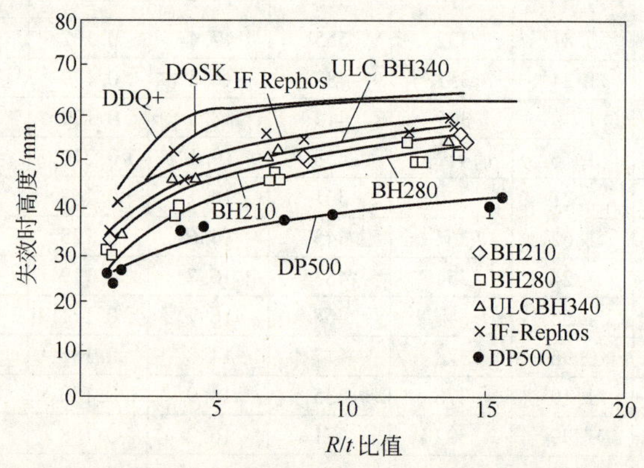

图 10-22 深冲钢和面板用钢延展弯曲时的失效高度与 *R/t* 的关系

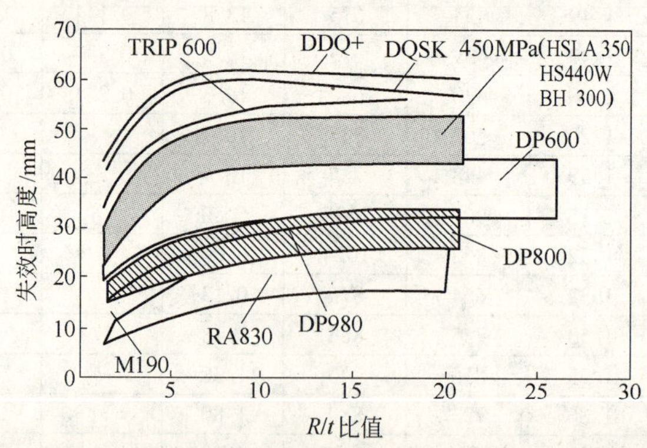

图 10-23 车身用结构钢延展弯曲失效高度与 *R/t* 的关系

可以看出，在 *R/t* 小时，失效高度对 *R/t* 有强的依赖性，但 *R/t* 达到一定值后，这种依赖性变小和减缓，并最终达到饱和。对失效后的试样观察表明：当 *R/t* 增加达到某一限度时，失效位置由冲头处移向试样侧壁，这种情况除双相钢外，对所有钢都类同；即当 R/t 超出一定值后，弯曲尖锐度对成形性能影响变小。但对双相钢在本实验条件下，即使最大的 R/t 也不产生侧壁失效，失效全产生在冲头的鼻部；此时弯曲性能将继续限制双相钢可以达到的成形性能，也就是说，双相钢对弯曲失效要敏感于拉伸；但 DP980 例外，在 R/t 达到最大值时，失效出现在侧壁。

图 10-22 表明：对于某些冲压用的钢类和表面涂层的面板用钢，其延展弯曲成形试验结果落在相近的范围内。但对于一些车身结构件用钢，不同钢种的延展弯曲成形性有明显不同（图 10-23），这与表 10-10 中车身结构件用钢中同一类钢其力学性能的波动和变化相一致。而表面涂层的面板用钢的力学性能变化较小，这表明该钢类更为成熟些；在给定的 R/t 值的情况下（如 $R/t=5$），用 ASB 试验测量的失效高度随材料的强度上升而下降，但 TRIP 钢的延展弯曲成形性则明显高于其他钢类，且 DP980 的延展弯曲成形性也远优于同样强度下的其他钢类。ASB 的实验结果还表明：延展弯曲成形性不仅取决于板材力学性能，显微组织及化学成分对其亦有明显影响。应该说明：ASB 试验的失效高度仅是在同样条件下材料成形性的相对比较，并不能作为实际生产条件下确定 R/t 值的依据。

图 10-24 示出了 ASB 实验时的失效高度和抗拉强度之间的关系，除个别点外，所试验的钢种，其失效高度均随抗拉强度上升而下降。可以看出，TRIP600 和 DP980 的延展弯曲成形性超出曲线变化趋势之上，即这两种钢具有更好的延展弯曲成形性。

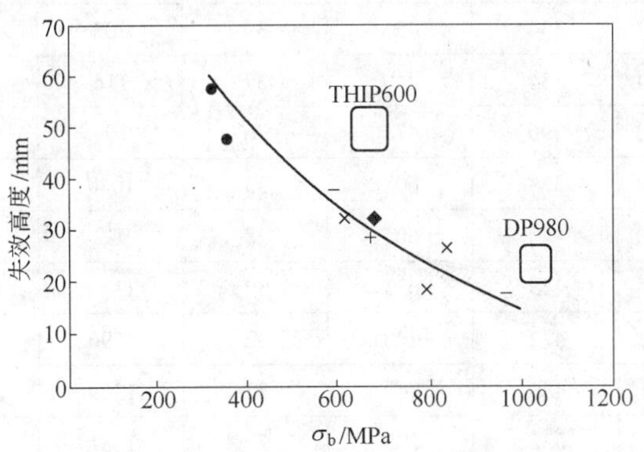

图10-24 $R/t=5$ 时的失效高度和抗拉强度的关系

用有限元对 ASB 过程中试样进行应变分析，则可以作为分析和确定延展弯曲性能的测度，确定一般零件几何的近似的 R/t 指南；有关分析结果可参考文献[24]，分析结果与 ASB 实验结果变化趋势是相近的。

10.7　双相钢和高强度钢的深拉延延展成形性

另一种成形试验模式是深拉延延展成形，其成形试验过程和工装示意图示于图 10－25，该实验又称极限深拉延比实验（LDR 试验）。实验时，板材边部保持力（BHF）为：9800N。冲头半径 r_p 设定为 2.6 mm 和 25 mm。当 r_p = 25 mm 时，即球形冲头。实验用钢的种类和力学性能列于表 10－11。

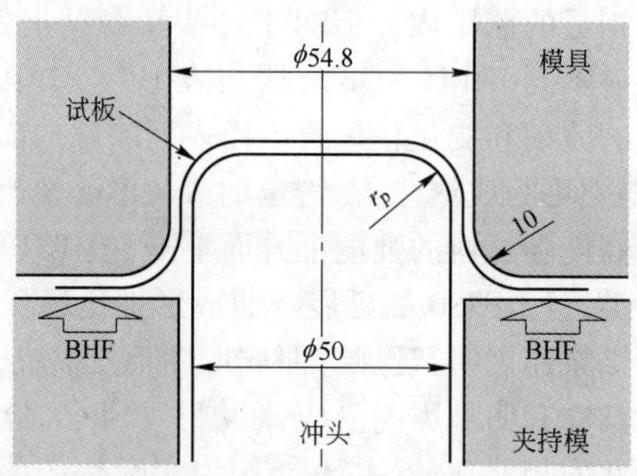

图 10－25　深拉延延展成形实验示意图

表 10－11　实验用钢的力学性能、显微组织以及流变方程参量

钢　类	显微组织	σ_s/ MPa	σ_b/MPa	δ_t/%	$\sigma = K'(E_0 + \varepsilon_P)^m$		
					K'	E_0	m
270E	IF	163	282	54	556	0.017	0.302
440W-1	FP（C-Mn）	354	455	39	703	0.014	0.158
440W-2	FB（C-Mn）	334	440	37	716	0.020	0.192
440R	FB（HSLA）	396	471	36	704	0.020	0.144
590Y	DP	338	602	33	1040	0.04	0.204
590R	FB（HSLA）	480	605	28	922	0.011	0.146
590T	TRIP	445	631	39	1149	0.033	0.272
780T	TRIP	472	820	32	1596	0.019	0.288
780YL	DP（低屈服）	480	840	22	1369	0.004	0.166
780YM	DP（中屈服）	532	775	23	1181	0.007	0.139
9800y	DP	726	1020	16	1483	0.002	0.105

注：IF—铁素体；FP—铁素体＋珠光体；FB—铁素体＋贝氏体；DP—铁素体＋马氏体；TRIP—铁素体＋贝氏体＋残余奥氏体。

流变方程为 Swift 方程：

$$\sigma = K'(\varepsilon_p + \varepsilon_0)^m \qquad (10-16)$$

式中　σ——流变应力；

ε_p——塑性真应变；

ε_0, m, K'——常数。

各实验用钢的流变曲线示于图 10－26，总伸长率和抗拉强度的关系示于图 10－27。

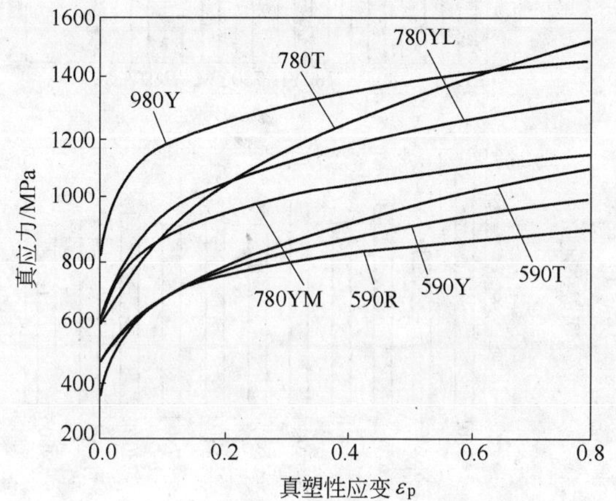

图 10－26　用 Swift 方程近似的流变曲线

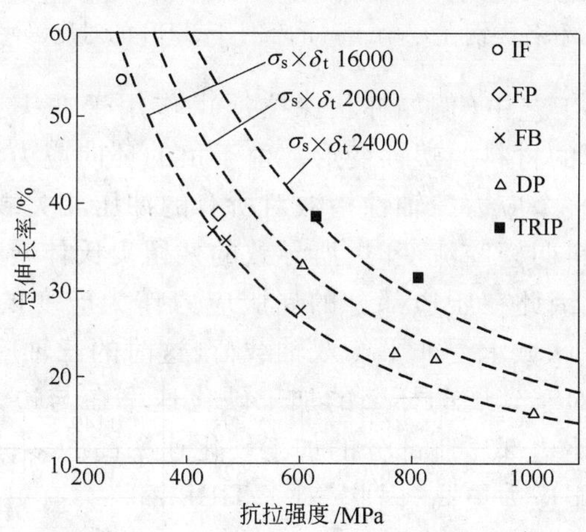

图 10－27　实验钢的抗拉强度和伸长率的关系

各类钢在 r_p = 6 mm 下的极限拉延比（LDR）示于图 10－28a，而冲头 r_p 的影响示于图 10－28b。可以看出：各类钢的 LDR 都在 2～2.2 之间（r_p = 6 mm），但 270E 例外，LDR 值最高，这与 270E 有较高的 r 值有关；而 DP780 和 980 钢对冲头的 r_p 值大小有明显的敏感性，TRIP590T 和 780T 则对其敏感性很小，这与 TRIP 钢很高的加工硬化性能有关，从而使成形应力分散，推迟了断裂的发生。

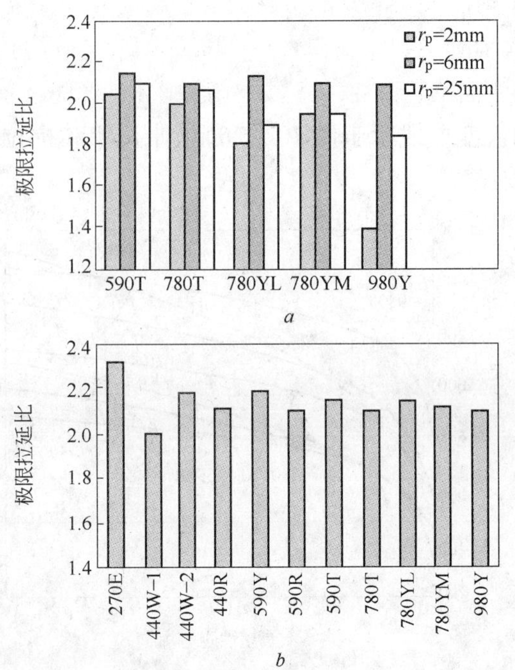

图 10 – 28　冲头肩部半径对各类钢的 LDR 值的影响(a)
和各类钢在 r_p = 6 mm 的条件下,LDR 的对比(b)

在深拉延成形工艺中(例如杯状深拉延),作用于冲头上的力大部分来自于毛坯夹持支架下的材料的塑性变形。由于负的环向应力和来自于夹紧保持圈的负的压力,在整个应力三轴性指数对所有的冲压相关载荷状态下,有一个最低值;当板坯材料向模腔流变时,所导致的残留奥氏体转变成马氏体出现在相对低的速率下。因此在压边部分的屈服应力作为应变的函数,其变化是比较小的,相反,杯壁区域承受非平衡双轴载荷,这时的三轴应力指数,较边部压制部分要多的多;对于延展的杯壁的加工硬化速率在与边部压制部分的相同的等效应变下,将比边部压制部分的加工硬化速率高的多,这就导致在相同的应变下,杯壁的屈服应力更高,因此,对于 TRIP 钢将会有更多的材料很容易从压紧边部区域拉延到杯壁。

据此,可以预测,用极限拉延比表征的 TRIP 钢的深拉延性能将比类似级别的 HSLA 钢要高的多,这种分析方法可以推广到任何深拉延过程,并且可以得出以下结论:TRIP 钢的相变诱发塑性机理在提高深拉延性方面有类似于 DDQ 钢的高的 r 值的作用。上述分析思想,可以用残余奥氏体转变的体积分数与不同变形模式下的等效应变量的关系测量结果予以支持(见图 10 – 16)[2,25]。图 10 – 16 示出了不同的变形模式(单轴拉伸、平面应变、双轴应变和翻边凸缘等)下的奥氏体转变量与等效应变量的关系。翻边凸缘的奥氏体转变率最低,而双轴延展的变形模式,残奥的转变率最高。文献[28]也指出:对于 C-Mn-Al 成分的 TRIP 钢,在深拉延条件下,奥氏体的稳定性也比其他加载条件下高的多,有可能获得将样品变形到 LDH 试验时的断裂水平;进一步的 FLC 方面的工作是探讨在冲压工况下冲压参数对 TRIP 钢成形性的影响。

延展成形的高度和抗拉强度的关系示于图 10－29,图中亦示出了不同冲头肩部的半径对延展成形高度的影响。TRIP 钢也表现了优良的延展成形性,r_p 为 6 mm、2 mm 时的 780T 与 σ_b 为 590 MPa 或 440 MPa 的其他钢类的延展成形性相当。延展成形性主要由应变分布均匀的能力及成形极限决定,TRIP 钢有高的加工硬化速率和伸长率,因而有高的延展成形性,然而,在冲头肩部半径为 25mm 时,这一优点极大地降低甚至消失,此时,TRIP 钢和双相钢的延展成形高度差距缩小。

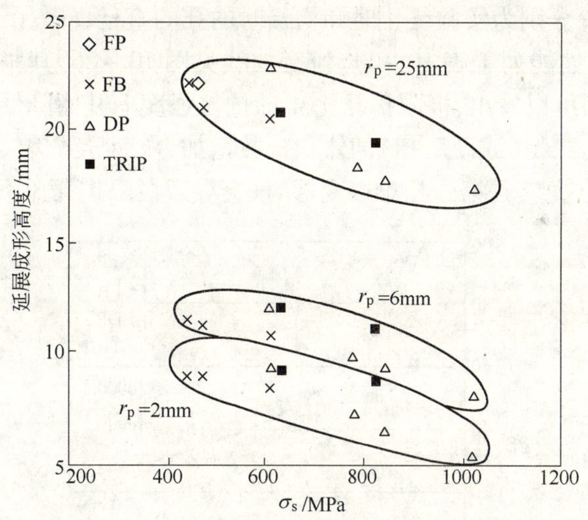

图 10－29 延展成形高度和抗拉强度的关系

10.8 双相钢和其他高强度钢的胀孔成形性

胀孔试验用于评价板材的剪边延性或翻边操作中的成形性。胀孔的试验装置和方法尚不统一。实验试样的周边全部压紧固定,中心开一圆孔,而冲状头有圆顶冲头和锥形冲头。胀孔试验装置示于图 10－30[26]。试样放置时其试样的剪切毛边放于冲头前进方向的对边,进行试验时,冲头逐步向上,在首次观察到试样中出现穿透厚度的裂纹时,冲头终止前进,用极限扩孔比 λ 作为胀孔试验的表征参量。

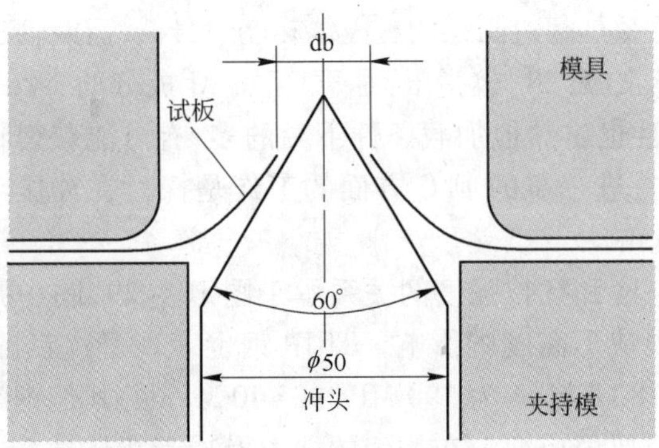

图 10－30　胀孔实验装置示意图

$$\lambda = \frac{D_f - D_i}{D_i} 100\% \qquad (10-17)$$

式中　D_f, D_i——分别为实验终止时和初始时的孔的直径，mm。

实验用钢的性能列于表 10－11，流变曲线见图 10－26，其胀孔实验结果示于图 10－31。由图可以看出，极限扩孔比 λ 随抗拉强度上升而降低。当抗拉强度超过 590MPa 时，第二相（或硬质相）的体积分数增加，从而导致裂纹在晶界或相界面的产生几率增加，尤其是第二相难以变形时，会导致极限扩孔比下降。

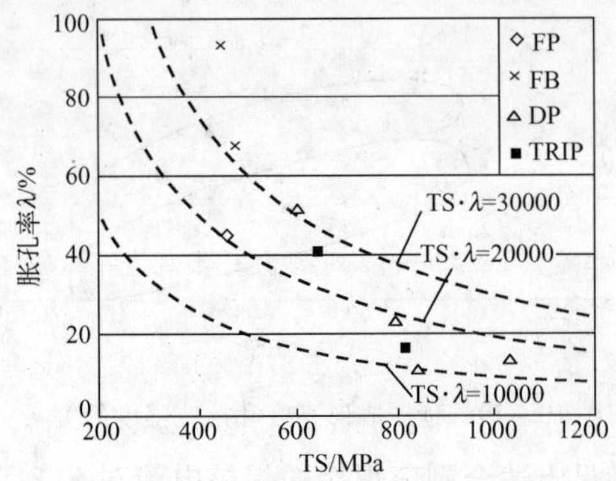

图 10－31　λ 和抗拉强度 σ_b 的关系

10.9　双相钢和其他高强度钢的电阻点焊性能及烘烤硬化性

由于双相钢的强度较高，为达到取得所要求的电流范围，在点焊时要求更高的电极压力。当应用较低电极压力时，由于板之间的接触电阻，排气将会在低于所希望的电流水平下出现，这可能导致电流范围低于 0.8 kA；合适的电极力和电极面直径，可获得满意的电流范围（1.0～1.5 kA）。

电极寿命是指在满足最小点焊接核大小的情况下，所作的焊接次数，而电极顶端并不降低。实验时采用厚度为 0.71 mm 的 DP500 和 0.71 mm EG BH280 进行比较，BH280 钢的最小屈服强度为 280MPa，实验结果见图 10－32[4]。正如所预测的，两种钢板的焊核大小均随电极寿命的降低而降低，这是由于电极表面的恶化或变性所致。但在 2000 个焊点时，其两种钢的焊核大小仍大于 6 mm，可以满足汽车板的点焊要求。在电极寿命的早期阶段 EG BH280 的焊核大小，并不明显下降，但在电极尖部寿命的较后期阶段则很快下降；对于双相钢 EGDP500、0.65 mm 的钢板点焊时，在电极寿命的早期阶段，焊核大小则很快下降，但在焊接次数 1500 次以后，则变得更加稳定，由此可推测，由于应用双相钢的规格减薄，生产时点焊性能更为有利，为后阶段的电极大小的稳定，提供了更高的电极寿命的潜势。

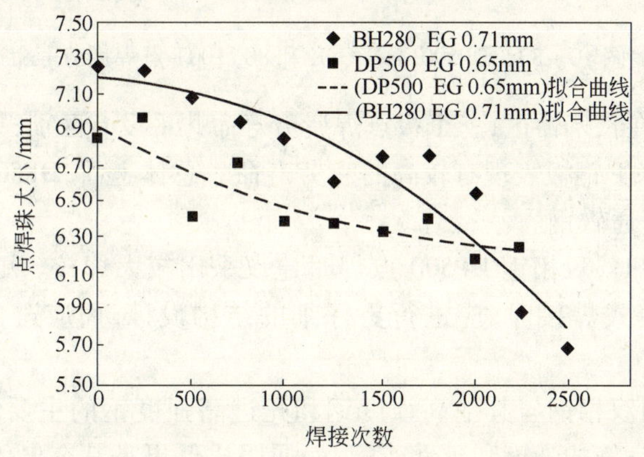

图 10－32 焊核大小对焊极焊接寿命的影响

点焊电极寿命与焊接镀锌板时，锌的渗入和电极端部黄铜化有关，同时也与电极端部的烧损和磨损有关。

断裂模式是在汽车工业中评价焊接质量的重要判据，多年的试验结果和经验表明：剥离试验是评价焊接质量的简单而有效的方法。通常，全焊核的剥离对钢材焊接评定是必须的；满足上述全剥离焊接的焊核电流对 EG DP500 是略低于排气电流（9.8 万 kA），焊核为典型的全拔出，以相同的电流焊接 2000 次后，断裂模式仍然为典型的全拔出剥离。

点焊的疲劳强度也越来越引起人们的重视，因为许多车身构件是由于在使用中承受疲劳载荷而使焊接部位操作失效的。对双相钢 DP500、DQSK、80Y100T 等不同裸板和镀锌板 EG DP500 的相同规格的板材点焊后的疲劳试验（钢板厚 0.8～0.84 mm，电极端面直径为 6.4mm，焊接工艺参数相同），其疲劳试验采用载荷控制。按照 ASTM E466 标准进行，加载方式为拉－拉，应力比 R 值为 0.1，结果示于图 10－33。

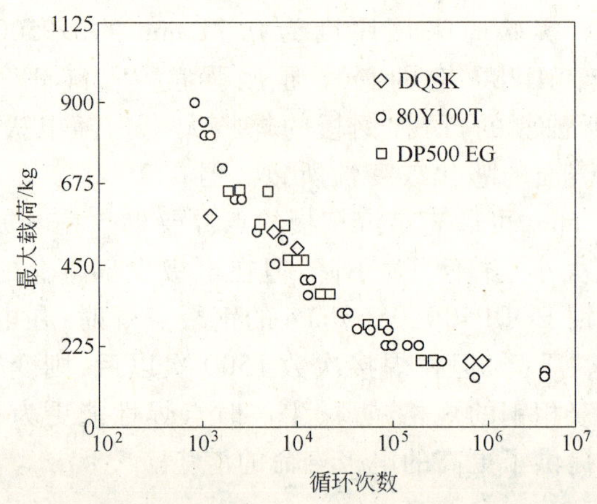

图 10－33　DP500EG、DQSK 和 80Y100T 点焊疲劳寿命

可以看出，在长寿命区，三个板点焊疲劳寿命几乎没有区别，只是在低寿命区，DP500 和 80Y100T 钢板表现有较高的疲劳寿命。总体上看，DP500 的点焊疲劳强度十分类似于普通软钢。

当减薄规格时，双相钢 DP500 点焊时建议采用较大焊核。更多的焊点，对于承受剪切载荷模式焊接时，应进行更仔细的结构设计，而应避免在焊接区的高应力。

从以上所列双相钢与其他高强度钢和先进高强度钢的主要性能比较可以看出，双相钢具有良好的强度和延性匹配，而屈服比低更是其突出优点，从而使双相钢和普通高强度钢相比具有更好的成形性、应变硬化性以及高的成形构件性能（高的撞击吸能和良好的抗凹性），在汽车工业轻量化和车身外板及车身结构件上应用具有广阔前景。虽然其成形性与相变诱发塑性钢相比还有差距，其反边延性及胀孔成形性亦有待改进，但通过控制第二相的量和马氏体相的硬度，可望使这些性能得到提高。

双相钢在用户满意、保证满足零件要求、避免和减少工厂生产中的损伤、重量减轻和成本下降等 5 个方面均具有优势。

参考文献

1　马鸣图．先进汽车用钢．北京：化学工业出版社，2007. 18～130

2　马鸣图．Ming F. Shi. 钢铁，2004，7：68～72

3　Ming F. Shi. Advanced High Strength Steels，Properties，Performance and Applications，in China-America Automotive Materials Semina，Detroit，MI，March，8，2003

4　Yan B，Laurin K，et al. SAE inter. 2003-01-0518，11～16

5　Ohjoon Kwon，Sueng Chul Baik. Iron and Steel，2005，40，（11）：64～68

6 Holloman J H, Jaffe I D. Trans. Met. Soc AIME, 1945, 162:223 ~ 230

7 Benda Yan, Ken Xu. 44th MWSP Conference Proceedings, 2002, XL, 443 ~ 507

8 Xu K, Wong C, Yan B, Zhu H. SAE SP – 1765, Modeling of Materials and Structures for Crash Application, 2003:19 ~ 25

9 Srdan Simunovic, Phani Kumar, et al. SAE SP-1765, Modeling of Materials and Structures for Crash Application, 2003, 85 ~ 95

10 Link T M, Hance B M. SAE Sp1764, Innovations in Sheel & Bar Products, 1 ~ 9

11 Yan B, Belanger P, Citrin K. SAE 2001-01-0083, 1 ~ 14

12 Zackay V F, Parker E R. Trans., ASM, 60, 1967:255 ~ 259

13 Shi M, Meuleman D J. SAE paper, 920245, SAE Inter, 1992

14 Benda Yan. 44th MWSP Conference Proceedings, Vol, XL, 2002, 509 ~ 516

15 Testing Procedures for strain controlled Fatigue Test(Supplement Internations for A/Sp Sheet Steel Fatigue Program), Feb, 1998, Auto/Steel Pcotnership

16 Newber H. J. of Applied Mechanics, 1961, 12:544 ~ 550

17 Topper T H, Wetcel R M, Jodean Morrow. J. of Materials, JMLSA, 1996, 4(1):200 ~ 209

18 Murakami Y, Nomoto T, Veda T. Fatigue Fracture Engne Mater Struct, 1999, 22:581 ~ 591

19 Keeler S P. SAE preprint, 650535, 1965

20 Goodwin G M. SAE Preprint, 680093, 1968

21 Ma Mingtu, Li Zhigang, Yi Hongliang. Iron and Steel Supplement, 2005, 40:734 ~ 739

22 Alesksy A Konieczny. SAE Inter., Innovations in Steel Sheet & Bar Products, 2003, 35 ~ 40

23 Demeri M Y. J. Applied Metalworking, 1981, 2(1):3 ~ 10

24 Sriram S, Wong C, *et al.* SAE Inter. SP1767, 2003, 3:107 ~ 115

25 Takashi. 中国汽车工程学会材料学会年会和首届中国汽车用钢学术会议论文集,北京,中国汽车工程学会,2002,12 ~ 18

26 Manabu Kamura, Yoshinobu Omiya, et al. SAE Inter SP1767, 2003-01-0522, 41 ~ 45

27 Thomas H C. Mechanical Behavior of Materials, MC. Groaw Hill 1976, 2nd, 85 ~ 120

28 Tsal-Martine L, Jacobsetal J S. Proc of int. Conf on TRIP De Cooman B. C. 2002, 353 ~ 358

11 双相钢的工业生产和应用

11.1 概述

自双相钢产生以来,人们在深入探讨有关理论的同时,也致力于工业生产和应用的研究,以满足机械工业尤其是汽车工业对高强度和良好成形性板材的需求。

各国生产的双相钢板大体分为两类:热轧双相钢和热处理双相钢。所谓热轧双相钢是指钢锭或板坯(或连铸板坯)经高温粗轧后,在临界区温度精轧(控制终轧温度和压下量),然后急冷到钢的马氏体转变点以后或高于马氏体转变的温度(如盘卷窗口)进行盘卷,从而得到所要求的双相钢组织和性能。热处理双相钢是将热轧板或冷轧板重新加热到临界区温度,保温一定时间,以一定的速率冷却,得到所希望的双相组织。这种工艺可在周期退火炉中(亦称批量退火炉),亦可在连续退火炉(如自动化的连续退火生产线或改造的镀锌生产线)中进行。

日本在双相钢的生产方面曾处于领先地位,这不仅与日本汽车制造厂为了减轻车体自重,提高燃料效率,要求供应强度高、质量轻的材料和构件有关,而且与日本拥有先进的轧制和热处理设备,特别是大型连续退火生产线有关。起初日本以生产热处理双相钢为主,其钢种多系低碳钢或低碳锰钢,在连续退火生产线上生产。后来开始研制低合金热轧双相钢,以满足汽车工业对一些厚规格双相钢板的要求。

北美(美国和加拿大)生产的热处理双相钢含有一定的合金元素,多以周期退火炉生产,较成熟的系列为 VAN-QN 系列(低 C-Mn-V 钢)。这些国家生产的热轧双相钢有代表性的牌号为美国克里马克斯钼公司研制的 ARDP(Mn-Si-Cr-Mo 钢),这类双相钢制成的车轮和保险杠加强体等构件已在汽车上试用。

在双相钢研制和生产方面,欧洲各国次于日本和美国,但不少钢厂和汽车厂已进行了双相钢的生产,其钢种和工艺与北美类似。

我国从 1979 年开始双相钢的研制工作。1985 年至 1990 年,一些钢厂已试制出双相钢板,提供有关汽车厂进行部分汽车零件的冲压成形性试验。近期一些钢厂关于双相钢生产和应用的具体情况在 11.5 节中有论述。

11.2 双相钢的工业性试验、生产和应用概况[1~17]

11.2.1 日本

日本在双相钢的商品生产方面领先于其他国家,20世纪90年代已有一些钢铁公司生产双相钢,如川崎制铁(株)、神户制铁(株)、日本钢管(株)、住友金属(株)和新日铁(株)。这些公司生产的双相钢的主要牌号、化学成分和性能列于表11-1。

表11-1 日本一些钢铁公司生产的双相钢的牌号、成分和性能

编号		牌号	工艺	化学成分/%								力学性能					
				C ≤	Mn ≤	Si ≤	Cr ≤	Al ≤	S ≤	P ≤	其他	$\sigma_{0.2}$ /MPa	σ_b /MPa	$\sigma_{0.2}/\sigma_b$	e_t /%	n	$\bar{r}$
新日铁(株)	1	SAFH-55D	热轧	0.15	2.00	1.50	0.50	0.08	0.01	0.020	RE	363	588	0.62	30	—	—
	2	SAFH-60D	热轧	0.15	2.00	1.50	0.50	0.08	0.01	0.020	RE	402	637	0.63	29	—	—
	3	SAFH-80D	热轧	0.15	2.00	1.50	0.50	0.08	0.01	0.020	RE	539	834	0.64	22	—	—
	4	SAFC-50D	热处理	0.11	1.90	痕量	—	0.05	0.01	0.025	RE	314	539	0.58	32	0.23	1.0
	5	SAFC-55D	热处理	0.11	2.00	痕量	—	0.05	0.01	0.025	RE	333	569	0.59	30	0.22	1.0
	6	SAFC-60D	热处理	0.11	2.20	痕量	—	0.05	0.01	0.025	RE	363	647	0.56	27	0.22	1.0
	7	SAFC-80D	热处理	0.11	2.20	0.30	—	0.05	0.01	0.025	Ti0.10	451	834	0.54	20	—	1.0
	8	SAFC-100D	热处理	0.11	2.20	0.30	—	0.05	0.01	0.025	Ti0.10	755	1079	0.70	12	—	1.0
	9	EGSAFH-55D	热轧	0.15	2.00	1.50	0.50	0.08	0.01	0.020	RE	363	588	0.62	30	—	—
	10	EGSAFH-60D	热轧	0.15	2.00	1.50	0.50	0.08	0.01	0.020	RE	402	637	0.63	29	—	—
	11	EGSAFH-80D	热轧	0.15	2.00	1.50	0.50	0.08	0.01	0.020	RE	539	834	0.64	22	—	—
	12	EGSAFHC-50D	热处理	0.11	1.90	痕量	—	0.05	0.01	0.025	—	314	539	0.58	32	0.23	1.0
	13	EGSAFC-55D	热处理	0.11	2.00	痕量	—	0.05	0.01	0.025	—	333	569	0.59	30	0.22	1.0
	14	EGSAFC-60D	热处理	0.11	2.20	痕量	—	0.05	0.01	0.025	—	363	647	0.56	27	0.22	1.0
	15	EGSAFC-80D	热处理	0.11	2.20	0.30	—	0.05	0.01	0.025	Ti0.10	451	834	0.54	20	—	1.0
住友金属(株)	16	SHXD-60	热轧	0.12	2.00	1.00	—	0.08	0.01	0.025	—	365	621	0.59	27	0.20	0.86
	17	SHXD-70	热轧	0.12	2.00	1.00	—	0.08	0.01	0.025	—	393	648	0.61	26	0.19	0.84
	18	SHXD-80	热轧	0.12	2.00	1.00	—	0.08	0.01	0.025	—	476	738	0.64	23	0.19	0.81
	19	SHXD-90	热轧	0.12	2.50	1.50	—	0.08	0.01	0.025	—	434	827	0.64	20	0.18	0.74
	20	SHXD-100	热轧	0.12	2.50	1.50	—	0.08	0.01	0.025	—	510	917	0.56	18	0.18	0.73
	21	SCXD-40	冷轧①	0.12	2.50	1.50	—	0.08	0.01	0.025	—	200	434	0.46	33	0.23	1.2
	22	SCXD-45	冷轧	0.12	2.50	1.50	—	0.08	0.01	0.025	—	228	462	0.49	30	0.21	1.1

续表 11－1

编号		牌号	工艺	化学成分/%								力学性能					
				C ≤	Mn ≤	Si ≤	Cr ≤	Al ≤	S ≤	P ≤	其他	$\sigma_{0.2}$ /MPa	σ_b /MPa	$\sigma_{0.2}/\sigma_b$	e_t /%	n	$\bar{r}$
住友金属(株)	23	SCXD-50	冷轧	0.12	2.50	1.50	—	0.08	0.01	0.025	—	269	503	0.53	29	0.20	1.1
	24	SCXD-60	冷轧	0.12	2.50	1.50	—	0.08	0.01	0.025	—	365	641	0.57	25	0.20	1.1
	25	SCXD-70	冷轧	0.12	2.50	1.50	—	0.08	0.01	0.025	—	372	696	0.54	22	0.20	0.8
	26	SCXD-90	冷轧	0.12	2.50	1.50	—	0.08	0.01	0.025	—	434	827	0.52	20	0.18	0.9
川崎制铁(株)	27	CHLY-40	冷轧	0.10	1.30	0.50	1.00	0.08	0.02	0.020	—	196	412	0.48	41	0.24	1.1
	28	CHLY-45	冷轧	0.10	1.30	0.50	1.00	0.08	0.02	0.020	—	206	461	0.45	38	0.24	1.1
	29	CHLY-50	冷轧	0.10	1,30	0.50	1.00	0.08	0.02	0.020	—	226	510	0.44	33	0.24	1.1
	30	CHLY-55	冷轧	0.13	1.80	1.00	1.00	0.08	0.02	0.020	—	294	569	0.52	31	0.24	1.1
	31	CHLY-60	冷轧	0.13	1.80	1.00	1.00	0.08	0.02	0.020	—	333	608	0.55	29	0.24	1.1
	32	CHLY-80	冷轧	0.13	2.20	1.50	1.00	0.08	0.02	0.11	RE	412	814	0.51	20	—	1.1
	33	CHLY-100	冷轧	0.13	2.20	1.50	1.00	0.08	0.02	0.11	RE	657	1010	0.65	14	—	1.1
	34	HHLY-50	热轧	0.15	2.00	1.50	1.00	0.08	0.01	0.020	—	323	529	0.61	36	—	—
	35	HHLY-60	热轧	0.15	2.00	1.50	1.00	0.08	0.01	0.020	—	343	598	0.58	33	—	—
	36	HHLY-80	热轧	0.15	2.00	1.50	1.00	0.08	0.01	0.020	—	461	804	0.57	27	—	—
日本钢管(株)	37	NKHA-60L	热轧	0.08	1.48	0.45	—	0.04	0.001	0.009	专用加入剂	353	618	0.57	30	—	—
	38	NKHA-80L	热轧	0.14	1.70	0.75	—	0.04	0.002	0.012	专用加入剂	451	824	0.55	22	—	—
	39	NKCA-40	冷轧	0.05	0.20	0.02	—	0.04	0.016	0.011	—	275	402	0.68	39	0.20	1.1
	40	NKCA-45	冷轧	0.06	0.25	0.03	—	0.04	0.015	0.070	—	314	451	0.70	35	0.19	1.1
	41	NKCA-50	冷轧	0.07	0.51	0.03	—	0.04	0.009	0.068	—	353	510	0.69	34	0.18	1.1
	42	NKCA-55	冷轧	0.08	0.69	0.15	—	0.04	0.006	0.071	—	363	550	0.66	32	0.18	1.1
	43	NKCA-60	冷轧	0.09	0.82	0.20	—	0.04	0.007	0.072	—	392	608	0.65	29	0.17	1.0
	44	NKCA-80	冷轧	0.11	1.20	0.40	—	0.04	0.005	0.015	—	471	834	0.56	21	0.15	0.9
	45	NKCA-100	冷轧	0.15	0.70	0.03	—	0.04	0.006	0.018	—	618	1049	0.59	14	—	—
	46	NKCA-40H	冷轧	0.05	0.20	0.01	—	0.04	0.015	0.014	—	294	422	0.70	35	0.18	1.1
	47	NKCA-45H	冷轧	0.06	0.35	0.02	—	0.04	0.016	0.011	—	324	461	0.70	33	0.18	1.1
	48	NKCA-50H	冷轧	0.05	0.40	0.17	—	0.04	0.011	0.059	—	363	510	0.71	32	0.18	1.0
	49	NKCA-55H	冷轧	0.08	0.40	0.15	—	0.04	0.009	0.071	—	402	559	0.72	30	0.17	1.0
	50	NKCA-60H	冷轧	0.08	0.70	0.16	—	0.04	0.010	0.072	—	432	618	0.70	28	0.17	1.0

续表 11－1

编号		牌号	工艺	化学成分/%								力学性能					
				C ≤	Mn ≤	Si ≤	Cr ≤	Al ≤	S ≤	P ≤	其他	$\sigma_{0.2}$ /MPa	σ_b /MPa	$\sigma_{0.2}/\sigma_b$	e_t /%	n	$\bar{r}$
日本钢管（株）	51	NKCA-50L	冷轧	0.05	1.62	0.02	—	0.04	0.007	0.013	—	255	510	0.50	36	0.25	1.0
	52	NKCA-55L	冷轧	0.06	1.60	0.24	—	0.04	0.004	0.012	—	294	509	0.52	35	0.25	1.0
	53	NKCA-60L	冷轧	0.07	1.60	0.46	—	0.04	0.005	0.012	—	314	618	0.51	33	0.24	1.0

① 表示由冷轧板经热处理而获得的双相钢。

川崎制铁（株）已经研制和生产了一系列冷轧连续退火的热处理双相钢（定名为 CHLY，即冷轧高强度、低屈服点双相钢）和热轧双相钢（定名为 HHLY，即热轧高强度、低屈服点双相钢）。CHLY 系列的双相钢用于较薄规格（0.8 mm），制作车门外部面板、车顶内板、行李盖板、车身面板和保险杠；HHLY 系列用于较厚规格（2.9 mm 以上），主要用于冲制保险杠加强体、车轮的轮辐和轮盘等零件。

日本钢管（株）供应的一系列热轧双相钢板，定名为 NKHA（表示日本钢管热轧合金），其抗拉强度在 500～800 MPa。该公司生产的冷轧双相钢定名为 NKCA（表示日本钢管冷轧合金），其抗拉强度在 400～1000 MPa。采用特殊的淬火回火工艺生产的烘烤硬化双相钢定名为 NKCA-H。在连续退火生产线上生产的热轧和冷轧双相钢分别定名为 NKCA-L 和 NKHA-L。在这些钢中，强度级别较高的钢用于门撞击横梁、保险杠加强体，以减薄规格；强度级别较低的钢用于车身外部面板、车盖板、门外部面板等，以改善冲压成形性和压痕抗力。

新日铁（株）成批供应热轧（SAFH 和 EGSAFH）和冷轧（SAFC 和 EGSAFC）双相钢，这些钢提高了汽车零件的压痕抗力，降低了路面噪声和汽车总量，从而降低了油耗。该公司供应的双相钢有三个强度级别，强度较低的双相钢（σ_b = 340～440 MPa）用于制造车门外板和内板、车身面板、车身后盖板、车顶面板等。强度中等的双相钢（σ_b = 490～590 MPa）用于制造车身各种框架和其他结构零件。强度较高的双相钢（σ_b = 780～980 MPa）用于制造汽车中各类安全零件，如框架、抗撞击横梁、弹簧支架、座位方框架、车体装配支架等。

住友金属（株）生产供应一系列热轧（SHXD）和冷轧热处理双相钢（SCXD）。该公司通过改变合金中的碳、硅、锰含量和工艺过程获得了各种强度水平的双相钢板。热处理工艺一般在连续退火生产线上进行，生产的双相钢供给一些汽车厂进行成形、车轮制造及疲劳寿命试验。

11.2.2 北美

1975 年美国通用汽车公司开始研究和试制双相钢，经过 5 年左右在一些钢厂和汽车厂试验之后，制定了用双相钢制造汽车零件（如保险杠、控制臂、轮辋、轮辐等）的技术规范。早期北美试制或生产的双相钢的牌号、化学成分和力学性能见表 11－2。

表 11－2　早期北美试制或生产的双相钢的牌号、成分和性能

编号	牌号	公司	化学成分/%											力学性能							
			C	Mn	Si	Cr	Mo	V	Al	N	S	P	其他	$\sigma_{0.2}$/MPa	σ_3/MPa	σ_b/MPa	$\sigma_{0.2}/\sigma_b$	n	e_u/%	e_t/%	$\bar{r}$
1	ARDP	克里马克斯钼公司	0.06	0.09	1.35	0.50	0.35	—	0.03	0.008	0.010	0.010	RE	368	—	653	0.57	—	—	28.5	0.70
2	ARDP	福特汽车公司	0.06	0.09	1.35	0.50	0.35	—	0.03	0.008	0.010	0.010	RE	363	531	588	0.62	—	—	30	—
3	ARDP	底法斯科公司	0.05	1.37	1.37	0.39	0.52	—	0.26	0.017	0.009	0.009	RE	380	480	620	0.56	—	—	30	0.85
4	ARDP	底法斯科公司	0.08	1.51	1.37	0.57	0.38	—	0.18	0.009	0.010	0.021	—	372	532	650	0.59	0.21	20	30	—
5	VAN-QN50	詹斯拉古林钢公司	0.12	1.25	0.30	—	—	0.10	0.01	—	0.03	0.03	RE	310	—	518	0.60	0.23	26	32	—
6	VAN-QN80	詹斯拉古林钢公司	0.16	1.60	0.60	—	—	≥0.04	0.02	—	0.015	0.04	RE	345	—	620	0.55	0.20	21	27	—
7	VAN-QN100	詹斯拉古林钢公司	0.18	1.60	0.60	—	—	0.15	0.01	—	0.03	0.03	RE	380	—	760	0.50	0.17	18	24	—
8	—	麦克劳斯钢公司	0.12	1.73	0.57	—	—	0.045	—	—	—	—	—	350	456	669	0.54	0.20	24.4	34.8	—
9	—	詹斯拉古林钢公司	0.10	1.45	0.61	—	0.12	—	—	—	—	—	—	404	479	674	0.61	0.19	21.7	31.7	—
10	—	内陆钢公司	0.12	1.30	0.46	—	—	0.066	—	—	—	—	—	292	423	613	0.50	0.22	25.4	34.2	—
11	TM7350	美国钢公司	0.11	0.47	<0.005	—	—	—	0.01	0.012	0.012	0.010	—	414	—	611	0.66	0.11	15.2	20.3	0.91
12	P1520B	美国钢公司	0.11	1.45	0.55	—	0.21	Nb 0.04	NA	0.005	0.006	0.010	—	375	—	751	0.52	0.20	14	19	NA
13	P1527	美国钢公司	0.11	1.43	0.55	—	0.10	Nb 0.07	0.05	0.008	0.006	0.010	—	305	—	704	0.43	0.20	15	23	—
14	980XTi	通用汽车公司	0.08	0.33	0.03	0.01	0.011	0.01	NA	0.006	NA	0.010	Ti 0.001	363	424	469	—	0.17	16	24	1.21
15	980X-V	通用汽车公司	0.12	1.46	0.51	—	0.008	0.11	NA	0.019	NA	0.012	—	363	550	650	0.55	0.24	—	30	—
16	GM980X	通用汽车公司	0.11	1.43	0.61	0.12	0.08	0.04	0.04	0.007	0.012	0.015	—	364	503	659	0.58	0.18	18	28	—
17	980XDP	克里特莱克公司	0.12	1.55	0.61	—	—	0.064	0.05	0.007	0.006	0.010	RE	422	522	675	0.63	0.19	20	29	—
18	980XDP	克里特莱克公司	0.11	1.79	0.63	—	—	0.033	0.06	0.008	0.024	0.001	RE	429	593	692	0.62	0.19	19	28	—

注:1～4 为热轧双相钢,5～18 为热处理双相钢;NA 表示未分析。

最初,北美生产的双相钢都含有 Cr、Mn、Si、V 和 Mo 等提高淬透性的元素。临界区热处理是在连续热处理生产线(如不锈钢退火生产线,改造的镀锌、镀锡生产线)或批量退火炉中进行的。美国钢公司、麦克劳斯钢公司、詹斯拉古林钢公司等就采用这些生产方法,其典型牌号为 VAN-QN50、80、100 或 GM980X。

美国克里马克斯钼公司研究和发展了一种不需要热处理的双相钢(即通过控制终轧温度、终轧至盘卷的冷却速度及盘卷温度获得所需的双相组织),取名为 ARDP,其性能和普通热处理双相钢相当,但钢中含有较高的 Mn、Si、Cr、Mo 等合金元素。美国克里马克斯钼公司与美国的其他一些钢厂(如底特律钢公司、克里特莱克钢公司和福特汽车公司炼钢部)以及加拿大的底法斯科公司已生产了 ARDP。

1978 年,通用汽车公司开始用双相钢制造某些汽车零件,如"凯特勒克"牌汽车的前保险杠,"塞奇那"转向齿轮的轴向联轴节加强体,尤其是联轴节加强体采用双相钢后,不仅改善了成形性,而且不再需要热处理来提高强度。同时通用汽车公司研究得出,弯曲和拉延成形操作可使双相钢零件产生最大的强度增量,因此质量可大大减小。例如,用双相钢 GM980X 制造保险杠时,弯角处的屈服强度达到 550 MPa,质量减轻 30%。用 GM980X 制造轮盘、轮辐时,成形工艺很方便,扩孔和焊接工艺未引起开裂。而普通低合金高强度钢制造这类零件,很难通过焊接和扩孔操作工序。

通用汽车公司和福特汽车公司用双相钢制造的轮盘,除质量减少 14%外,疲劳寿命为普通碳钢的 2 倍。由双相钢制造的客车轮辐,在超过整车试验载荷 50%以上的负载下进行疲劳试验,寿命完全合格。

美国福特汽车公司用双相钢制造小汽车发动机罩壳,使板厚从原来的 1.8 mm 减少到 0.7 mm,并保证了刚度要求。

由双相钢制造的小汽车车轮、底盘支架的实物照片见图 11-1。

11.2.3 欧洲

在双相钢的工业生产方面,欧洲一些主要国家落后于日本和美国。由于受钢厂的设备条件限制,这些国家对热轧双相钢的兴趣高于热处理双相钢。欧洲试制或生产的双相钢牌号、化学成分和力学性能见表 11-3。意大利的特柯赛德、法国的尤西诺、德国的霍斯奇,英国的 BSC 和 GKN 等公司在双相钢的研究、发展和生产方面都已取得进展,并试制和生产了一些板材供许多汽车厂进行零件成形试验。

图 11－1　由双相钢制造的典型汽车零件

表 11－3　欧洲曾试制或生产的双相钢的牌号、成分和性能

编号	牌号	公司	化学成分/%										力学性能						
			C	Mn	Si	Cr	Mo	V	Al	S≤	P≤	其他	$\sigma_{0.2}$ /MPa	σ_b /MPa	$\sigma_{0.2}/\sigma_b$	n	e_u /%	e_t /%	$\bar{r}$
1	HS55-25Dual	意大利特柯赛德	0.08	1.30	1.30	0.60	0.40	—	0.02	0.015	0.015	—	350	620	0.55	—	—	28	0.87
2	Si-Cr-Mo	索拉科	0.06	0.90	1.35	0.45	0.40	—	0.02	0.015	0.015	RE	380	620	0.61	—	—	27	—
3	Usilight80	法国尤西诺	0.06	0.95	1.30	0.50	0.40	—	—	0.015	0.015	RE	420	620	0.65	0.19	0.21	28	0.90
4	—	西德霍斯奇	0.06	0.90	1.35	0.45	0.40	—	—	0.015	0.015	RE	410	620	0.65	0.19	0.21	29	—
5	HF500Dual	意大利特柯赛德	0.11~0.15	1.10~1.35	0.12~0.20	—	0.07~0.15	0.04~0.08	0.02	0.020	0.025	—	220~248	500~600	0.44	—	—	—	1.10

注:1～4 为热轧双相钢;5 为热处理双相钢。

意大利的特柯赛德钢公司已试制和生产了 Mn-Si-Cr-Mo 热轧双相钢和 Mn-V 热处理双相钢,其牌号分别为 HS55-25Dual 和 HF500Dual,并且已用热轧双相钢制成菲亚特(Fiat)131 汽车车轮(板厚 3.5 mm),用 1 mm 厚的热处理双相钢制成 AI-FA 汽车的挡风板和加强体构件。其车轮实物疲劳试验由普通碳钢的循环次数 65000 次提高到双相钢 HS55-25Dual 的 420000 次,即疲劳寿命提高了将近 7 倍。而普通低合金高强度钢 HS40-30VAD 制造的车轮,其实物疲劳强度仅为 280000 次,远低于双相钢。

索拉科公司生产的各种规格的热轧 Si-Cr-Mo 双相钢,已在欧洲各汽车厂进行成形性评价和试验。该公司在热轧 Si-Cr-Mo 双相钢中加入少量稀土或锆,以控制夹杂物的形状;其具体成分依据轧制工艺、零件的厚度、形状和用途而定。

法国尤西诺钢公司研究了化学成分(Mn、Si、Mo、Cr、Al 和 B 等)以及工艺参数(终轧温度、冷却速率、盘卷温度等)对双相钢性能的影响,确定了热轧双相钢的合理成分和工艺参数,并试制了定名为 Usilight80 的热轧双相钢。现已用这种热轧双相钢板制造汽车车轮和其他各种复杂形状的冲压构件。

前联邦德国霍斯奇公司试制了类似于克里马克斯钼公司的 ARDP 双相钢,并用于制造汽车车轮,其成形性和疲劳寿命试验都令人满意。

英国不仅对双相钢的变形和加工硬化特性[16]、缩颈和断裂抗力[17]、延性断裂机制以及改善延性断裂抗力的途径[18]等基础理论进行了研究,而且对双相钢的生产工艺、合金成分和性能进行了各种试验。例如,Anelli 等人[19]进行了各种钼含量的热轧双相钢的工艺和性能试验,测定了各种合金含量的 Mn-Si-Cr-Mo-B 系的未变形奥氏体的转变特性,完成了实验室模拟试验,找出了适合于工业生产的不含钼的热轧双相钢的成分和工艺,降低了热轧双相钢的价格。BSC 公司[20]在宽、窄轧机上试制了热轧双相钢,并对合金元素对热轧和热处理双相钢性能的影响进行了研究,选定了两种更经济和更有效的合金成分进行工业试制。

瑞典在进行双相钢性能研究的同时,引进了日本的连续退火生产线,进行热处理双相钢的试制和生产。目前瑞典 SSAB 公司高强度双相钢的生产和应用在世界上颇具特色。

总之,欧洲大多数钢厂和汽车厂都积极参加了双相钢的研究、试制和性能评价。目前,双相钢在欧洲的生产和应用亦将迅速增长。尤其是米特尔 - 阿赛罗公司和蒂森公司生产的双相钢已在欧洲一些著名汽车厂中的名牌汽车上广泛应用。

11.2.4 前苏联

前苏联对双相钢的研制和生产的报道较少,仅在 1980 年以后才发表一些研究结果[22]和评论文章[21]。1980 年,苏联中央黑色冶金研究院与伏尔加钢管厂共同研究了厚截面(14 mm 厚)双相钢 16ГФР,其合金成分为 0.16% C、1.35% Mn、0.3% Si、0.065% V、0.002% ~0.005% B,经 760 ~ 800℃加热后,以 30 ~ 50℃/s 的冷却速度冷却,从钢板上取样测得的性能为:$\sigma_{0.2}=430$ MPa,$\sigma_b=760$ MPa,$e_t=24.5\%$。

11.2.5 中国

中国从 20 世纪 70 年代后期,开始研究双相钢,除进行了双相钢的组织、性能、变形特性、断裂特性、强化机制等应用基础研究外,一些钢厂如鞍钢、武钢等已试制了一些热轧和热处理双相钢板,供有关汽车厂进行成形性试验和冲压构件的使用试验。

11.3　双相钢的生产工艺

11.3.1　热处理双相钢的生产工艺

生产热处理双相钢可在连续退火生产线上进行,亦可在批量退火炉中进行。连续退火生产线是近年来发展的一种新技术[23],与批量退火相比,连续退火的优点是:(1)钢板的表面质量好;(2)退火成本降低;(3)产品的适应性(钢板的长短、宽窄等)强;(4)钢板的平整性得到改善;(5)温度控制比批量退火好,沿盘卷长度上的钢板性能较均匀;(6)加热和保温时间短,冷却速率快,生产效率高。由于在加热后,冷却速率的变化范围宽(从空冷、喷雾冷却到水淬),因此特别适合于生产双相钢。但采用快速冷却时,在时效温度下终止冷却有一定困难,故需补充回火,以保证钢板的抗时效稳定性。

日本称水淬连续退火生产双相钢的工艺为 CAL HiTEN 法[24],其工艺过程为:将冷轧钢带加热到800℃左右,保温很短时间后,在水淬设备中以2000℃/s 的速率冷却到室温。在这样高的冷却速度下,即使奥氏体中不含合金元素,也可转变为马氏体,并保持了钢板的良好形状。但冷却后,铁素体中保留了较高的固溶碳,为减少铁素体中的固溶碳,水淬后的钢板应在200℃左右进行非常短时间的回火处理(通常 1min),此时,铁素体中有相当一部分固溶碳析出,但仍保留烘烤硬化所必须的固溶碳量(约 0.003%)。加热、保温和冷却过程用电子计算机自动控制,保证了钢板性能的均匀性和重现性。

日本钢管(株)福山制铁所于 1978 年建成并投产了 CAL HiTEN 生产线,采用的热处理工艺为 750 ~ 800℃ 加热后水淬,250 ~ 300℃ 回火 1 min。所生产的双相钢牌号为 NKBH40、NKBH50、NKBH60,其化学成分和力学性能分别与表 11 - 1 中的 NKCA-40H、NHCA-50H、NHCA-60H 相当,实测的烘烤硬化量分别为112.7 MPa、88.2 MPa、108.8 MPa。

采用这种工艺和设备生产的双相钢,由于合金元素含量不高,钢板本身价格便宜,同时钢板具有良好的成形性、高的烘烤硬化性、室温抗时效稳定性以及良好的电阻点焊性和油漆耐蚀性,这类钢板已用于制造汽车车身面板。

采用改造的镀层生产线生产热处理双相钢的工艺流程示意图见图 11 - 2[21]。由于这种设备加热和冷却速度的限制,在这种设备上生产的双相钢通常含有一定的合金元素,以细化晶粒和提高淬透性。

热处理双相钢也可在周期退火炉中生产。当采用这种设备时,钢中应含有较多的提高淬透性的元素、或者通过控制热轧后的盘卷工艺,进一步调整钢板在冷轧后退火冷却时的淬透性,以保证在所采用的冷却条件下,得到理想的双相组织。在热处理双相钢的生产中,有时可以通过调整和控制加热温度和冷却速率,并与镀锌工艺相结合,生产出镀层双相钢板[25]。

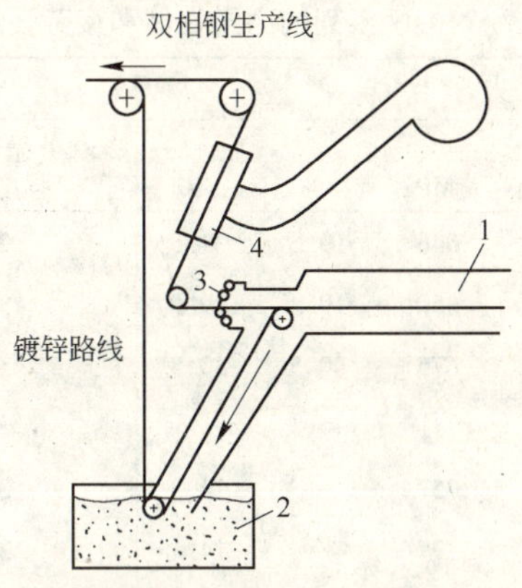

图 11－2 利用镀锌线进行双相钢连续退火的工艺流程示意图

1—镀锌前的加热炉；2—镀锌槽；3—导辊；4—冷却装置

美国已采用周期退火炉生产了热处理双相钢 VAN-QN 系列，该钢经 1063 K 加热 3 min 后空冷，力学性能见表 11－2，其中 VAN-QN80 双相钢在均匀变形阶段具有两个 n 值，$n_1=0.24$，$n_2=0.19$[13]；表面磨光试样的弯曲疲劳极限为 305.8 MPa，经 14% 冷变形，疲劳极限提高到 340.6 MPa。FLD_0 为 0.41；而 VAN80 的 FLD_0 只有 0.34。詹斯拉古林钢公司用周期退火炉生产的 VAN-QN 系列双相钢的抗拉强度与硬质相体积分数、晶粒大小的回归关系为[26]

$$\sigma_b = 367 + 10.37 f_m + 6.903 d^{-1/2} \tag{11-1}$$

均匀伸长率与抗拉强度的关系见图 11－3。三个强度级别的供货状态及冷轧变形 14% 后的力学性能和疲劳强度列于表 11－4。

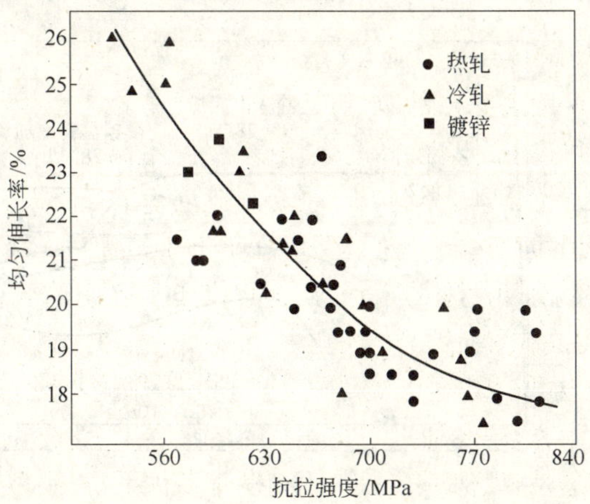

图 11－3 工业生产条件下生产的热处理双相钢 VAN-QN 系的均匀伸长率与抗拉强度的关系

表 11 - 4　VAN-QN 系列的力学性能和疲劳强度(或寿命)

供货状态	力学性能					疲劳性能	
	$\sigma_{0.2}$ /MPa	σ_3 /MPa	σ_b /MPa	e_u /%	e_t /%	2×10^6循环下的疲劳强度/MPa	在 420 MPa 下的疲劳寿命
VAN-QN60	380	527	646	19.5	31.5	297	124×10^3
VAN-QN80	400	556	650	19.3	29.0	314	118×10^3
VAN-QN100	435	581	675	20.5	30.8	314	209×10^3
冷轧变形	14%						
VAN-QN60	702	—	757	—	14.3	367	322×10^3
VAN-QN80	722	—	777	—	14.1	367	318×10^3
VAN-QN100	723	—	782	—	13.1	367	326×10^3

11.3.2　热轧双相钢的生产工艺

热轧双相钢的生产工艺流程大体可分为两种:一种是以美国克里马克斯钼公司开发的 Mn-Si-Cr-Mo 热轧双相钢为代表。其工艺流程示意图见图 11 - 4,即板坯在 1150 ~ 1315℃加热后,以大压下量短时间进行轧制,终轧温度为 870 ~ 925℃,轧材在冷床上以 28℃/s 的冷却速度冷至卷取窗(钢的等温转变曲线上的亚稳奥氏体稳定区)进行盘卷。在冷床上冷却时钢中析出部分铁素体,盘卷冷却后获得双相钢。工艺过程容易进行,板卷性能也较均匀。加拿大的底法斯科公司采用这种工艺生产了热轧双相钢 ARDP,其拉伸性能见表 11 - 2。当板厚为 3.4 mm 时,FLD_0 为 0.42,用该双相钢制造 GM“E”型小汽车轮盘可使质量减少 5% ~20%,疲劳强度比普通 HSLA 钢提高 50% ~100%,且成形性良好[33]。

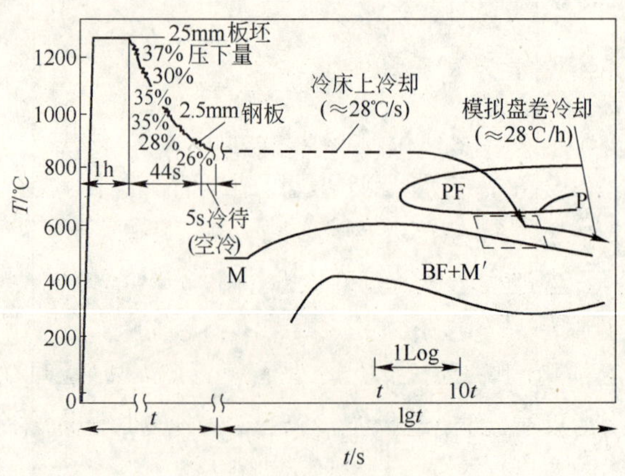

图 11 - 4　实验室模拟热带轧制过程示意图

另一种热轧双相钢的生产工艺是：在热轧或热轧后的冷却过程中使铁素体从奥氏体中析出，然后快速冷却到 M_s 点以下进行盘卷，最终获得双相组织，这种工艺主要依靠热轧工序，快速冷却，和在低于 M_s 点的温度盘卷来控制。用这种工艺生产的双相钢有锰钢[34]、Si-Mn 钢[31,34~40]、Mn-Cr 钢[41]。日本新日铁(株)将这种应用低合金 Si-Mn 钢生产热轧双相钢的方法叫"双相轧制工艺"，其工艺过程示意图见图 11－5。例如板厚为 2.47～3.31 mm 的 Si-Mn 钢(成分为 0.07% C、0.50% Si、1.30% Mn、0.03% Al、0.02% P)，终轧温度为 780～800℃，盘卷温度低于 375℃，其拉伸性能为：$\sigma_{0.2}\leqslant 380$ MPa，$\sigma_b\geqslant 600$ MPa，屈强比≤0.57，$e_t\geqslant 28\%$，极限扩孔比≥1.4。而由转炉熔炼的 Mn-Cr 钢(成分为 0.05% C、1.5% Mn、0.30% Cr)，终轧温度 740～780℃，急冷到 350℃以下的温度进行盘卷，得到的热轧双相钢的性能为：$\sigma_{0.2}\leqslant 140$ MPa，$\sigma_b\leqslant 780$ MPa，屈强比≤0.65，$e_t\geqslant 24\%$。

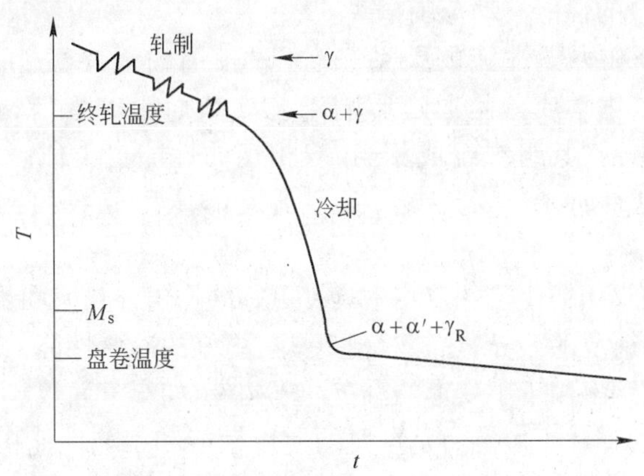

图 11－5　双相轧制工艺过程示意图

11.3.3　两种双相钢的生产工艺和特点对比

热轧双相钢用于较厚规格的板材(3 mm 以上)，其生产工艺方法不需要附加的热处理和退火设备，一般轧钢厂都可进行生产，但对终轧温度、终轧后的冷却速率和盘卷温度都有一定要求，不同钢种、不同合金含量，其工艺参数亦应相应地变化。工艺过程较复杂，钢板盘卷后不同部位的冷却速率不同，亦会影响性能的均匀性。

热处理双相钢多用于较薄规格的冷轧板材，其生产工艺研究较多，生产方法日趋成熟，钢板性能也较稳定；但这种生产方法需要热处理设备和能量消耗，增加了钢材的成本。

欧洲和北美的热轧双相钢均含有 Mn、Si、Cr、Mo 等元素，并加入少量稀土，以控制夹杂物的形状和板材横向性能。这类热轧双相钢的工艺性能较好，工艺操作也较容易，但由于合金元素含量较高，故钢板价格较高。

日本利用“双相轧制”工艺生产的热轧双相钢多为 C-Mn 系、C-Mn-Si 系，C-Mn-Cr 系。这些热轧双相钢的工艺性能较差，工艺参数要求较严格，工艺实现相对要困难些，尤其是终轧后的冷却工序，控制较困难。但钢中合金元素含量较少，因此价格较便宜。

美国在周期退火炉中生产的热处理双相钢为 VAN-QN 系，为了提高钢的淬透性加入少量钼，工艺过程较简单，但钢板价格较高。

日本由于设备较先进(连续退火生产线)，热处理双相钢多为低碳系，低 C-Mn 系，钢中基本不含合金元素，钢板价格较便宜。但由于采用水淬工艺，故需补充回火以降低铁素体中的固溶碳，提高双相钢的延性。

不论热处理或热轧双相钢，钢的化学成分范围均较窄、即合金成分范围均应精选，这样可使合金的性能波动范围窄些。

从化学成分和力学性能的关系来看，双相钢的最终性能和钢的化学成分似乎关系不大。化学成分是通过影响工艺参数而影响性能，如按不同的工艺参数生产的双相钢，其组织组成相当，双相钢的性能也类似。当然固溶强化元素对双相钢的延性亦有一定影响，但和马氏体体积分数相比，则处于较次要地位。

一般热处理双相钢比热轧双相钢具有更好的均匀伸长率和更高的$\bar{r}$值，但是由于硬质相分布特征上的差异，热轧双相钢具有更好的冷弯性能[11]。

热处理双相钢多用于小变形的汽车冲压构件，如车身面板、车门内板和外板以及行李盖板等，回弹和压痕抗力是重要的使用性能和工艺性能指标。热轧双相钢多用于运动构件和安全构件，如车轮、大梁、保险杠等，疲劳强度和撞击吸能是重要的使用性能指标。

11.4　影响工业生产的双相钢性能的因素

影响工业生产双相钢性能的因素有合金元素和工艺参数，而合金元素又是通过工艺参数影响双相钢的性能。但工艺参数的制定，应考虑到合金元素的存在和作用。如果双相钢的最终组织相同，那么不同合金元素的双相钢性能亦类似。合金元素的存在为双相钢的工艺实施提供了方便，例如提高钢淬透性的合金元素可以降低热处理双相钢的临界冷却速率，可以提高热轧双相钢的盘卷温度，降低终轧至盘卷的冷却速度，这也有助于双相钢性能的改善和稳定。

11.4.1　影响热处理双相钢性能的因素

11.4.1.1　合金元素和冷却速度

实验和理论计算表明[23,27,28]：临界区加热后获得双相组织所需的临界冷却速率与钢中锰含量具有一定关系（见图 11－6）。其他合金元素的影响可以通过相应的锰当量来计算（见第 4 章公式 4－49）。根据钢中存在的合金元素，就可估算获得双相组织所需要的临界冷却速率，为热处理双相钢生产时，选择适当的冷却方法提供依据。

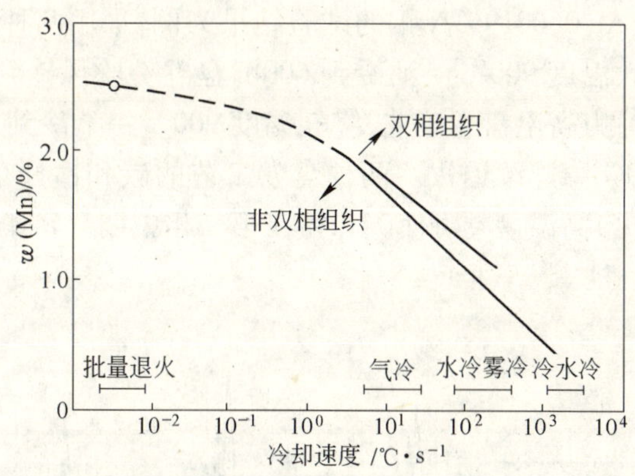

图 11－6 获得双相组织的临界冷却速率（冷却方法）与锰含量的关系

当钢的化学成分一定时，应在保证获得双相组织的前提下，尽可能采用较低的冷却速度，使铁素体中的碳有充分的时间扩散到奥氏体中，从而降低双相钢的屈服强度，提高双相钢的延性。如果钢中合金元素含量较低，临界冷却速度过高，冷却后铁素体中会含有较高的固溶碳，不利于获得优良性能的双相钢，这时应改变钢的化学成分，增加钢中合金元素含量，从而降低临界冷却速度，或者在双相钢的生产工艺中，加入补充回火工序，降低铁素体中固溶碳，改善双相钢的性能。如果钢中含有强的碳化物形成元素，当估算临界冷却速率时，应该考虑到这些元素对临界区加热时所形成的奥氏体淬透性的有利影响，V 和 Ti 的碳化物粒子可以通过相界面的钉扎作用提高奥氏体的淬透性，降低临界冷却速度。

11.4.1.2 两阶段冷却工艺

当钢中合金元素含量较低时，冷却速度较慢会得到铁素体加珠光体组织；冷却速度较快时，则铁素体中保留的固溶碳较高，不利于降低屈服强度和提高延性。采用两阶段冷却可以改善双相钢的性能[29]，即从临界区加热温度缓冷到某一温度，然后快冷。缓冷可以使铁素体中的碳向未转变的奥氏体富集，而快冷则可避免未转变的奥氏体等温分解，保证获得所需的双相组织和性能。例如 0.08% C-1.40% Mn 钢，从 800℃ 加热后水冷的力学性能为：$\sigma_{0.2}=365$ MPa，$\sigma_b=700$ MPa，$\sigma_{0.2}/\sigma_b=0.52$，$e_u=18\%$，$e_t=21\%$。如采用两阶段冷却工艺，即在 800℃ 加热后，空冷到 600℃，然后水冷，其性能为：$\sigma_{0.2}=280$ MPa，$\sigma_b=600$ MPa，$\sigma_{0.2}/\sigma_b=0.467$，$e_u=21\%$，$e_t=29\%$。两阶段冷却使双相钢的屈服强度降低，延性提高。

11.4.1.3　钢板热轧后盘卷温度的影响

对于一个给定成分的钢，临界区加热时奥氏体的淬透性可以通过钢板热轧后高温盘卷来修正[31]。高温盘卷可使碳、锰等合金元素在第二相（珠光体或贝氏体）中明显富集，有利于提高随后临界区处理时双相钢的综合性能。以 0.049% C-1.99% Mn-0.028% Al-0.0019% N 钢的试验结果为例，采用两种工艺过程：一种为普通轧制工艺，终轧温度 900℃→油冷到 600℃盘卷→吹风冷到室温→冷轧 70%→连续退火；另一种为高温盘卷工艺，终轧温度 900℃→油冷到 750℃盘卷→吹风冷到室温→冷轧 70%→连续退火。两种盘卷工艺的碳和锰分布的分析结果示于图 11－7。由图可见，高温盘卷可使碳和锰在第二相中明显富集，而普通的轧制工艺锰基本无富集趋势。

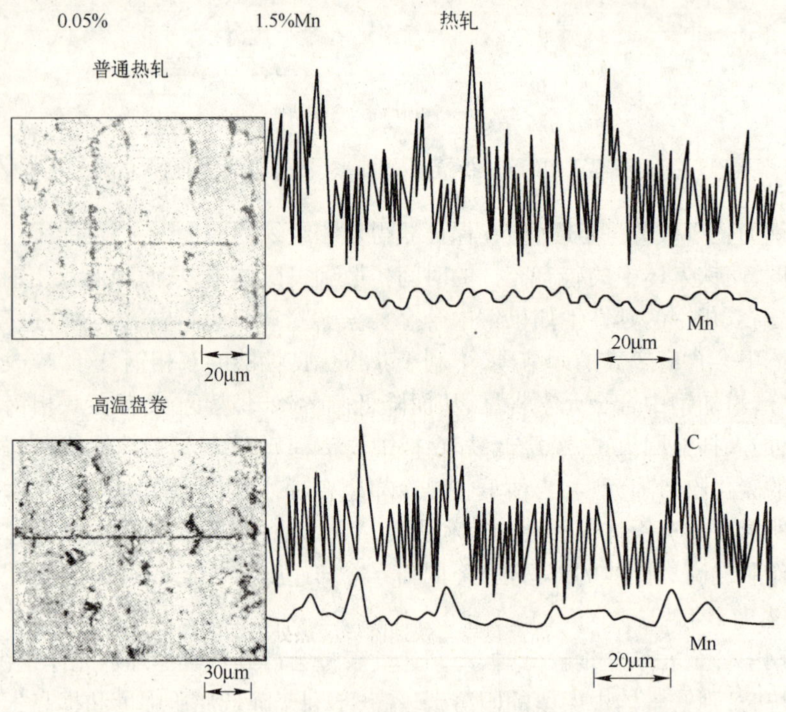

图 11－7　普通轧制和高温盘卷的试样中碳和锰在第二相中分布的对比

将上述两种盘卷温度的板材，冷轧 70% 后，于 770℃加热然后空冷，其拉伸性能对比列于表 11－5。

用高温盘卷以修正合金含量较低的钢在随后临界区处理时的淬透性，并降低热处理双相钢的屈服强度，提高其延性的技术，已在有关工厂用于热处理双相钢的生产，所得到的热处理双相钢板综合性能良好，板材各部位的性能均匀，纵向、横向性能一致。例如对 0.09% C-0.44% Si-1.54% Mn-0.023% Al 钢，热轧后 740℃盘卷,780℃退火,以12℃/s的冷却速度冷至室温(2.0 mm×930 mm钢带),重7 t的带卷中各部位的力学性能见表11-6。

表11-5 不同盘卷工艺后的热处理双相钢性能对比

工艺号	盘卷温度/℃	钢板状态	σ_y/MPa	σ_b/MPa	屈服点伸长YEL/%	e_t/%
(1)	600	770℃空冷	295	420	3.33	36.4
(2)	700	770℃空冷	200	425	1.11	37.0
(3)	600	(1)+2%精轧	300	435	0	35.6
(4)	700	(2)+0.6%精轧	195	420	0	35.0

表11-6 7 t重热处理双相钢板卷长度方向性能分布

在盘卷上取样部位	取样方向	σ_y/MPa	σ_b/MPa	σ_y/σ_b	e_t/%
头部	纵向	311	551	0.56	32.1
	横向	324	553	0.58	32.0
中部	纵向	329	557	0.59	33.2
	横向	297	551	0.54	33.3
尾部	纵向	307	561	0.55	31.5
	横向	307	538	0.57	32.3

注:1. 拉伸试样宽12.5 mm,标距长50 mm;

2. 板材经很轻微的精轧。

高温盘卷与临界区加热后两阶段冷却相结合,可使热处理双相钢的性能进一步得到改善,经过这样处理,钢板不需再经精整轧制。

高温盘卷与快速临界区热处理相结合(即快速加热到临界区温度、短时间保温、快速冷却)可获得良好烘烤硬化性能的热处理双相钢。例如对0.07%C-0.5%Si-1.1%Mn和0.06%C-0.7%Si-1.5%Mn钢板经740℃盘卷,冷轧和快速临界区热处理(以40℃/s加热到775℃保温40 s,以200℃/s的冷却速度冷却)后的性能列于表11-7。

表11-7 高温盘卷与快速临界区热处理后的钢板性能

钢成分/%	$\overline{\sigma_y}$/MPa	$\overline{\sigma_b}$/MPa	$\overline{e_u}$/%	$\overline{e_t}$/%	$\overline{YEL}$/%	$\overline{\sigma_y/\sigma_b}$	$\overline{WH}$/MPa	$\overline{BH}$/MPa
0.07%C-0.5%Si-1.1%Mn	343	609	24.3	28.4	0	0.56	79	85
0.06%C-0.7%Si-1.5%Mn	304	601	24.3	28.8	0	0.51	105	91

注:1. 试样尺寸为0.7 mm×12.5 mm×50 mm;

2. $\overline{\sigma_y}$表示下列各方向的平均值$[\sigma_y(l)+2\sigma_y(D)+\sigma_y(T)]/4$,其他性能也为这3个方向的平均值;

3. $\overline{WH}$为2%应变所引起的加工硬化,$\overline{BH}$表示170℃,20 min引起的烘烤硬化;

4. YEL为屈服点伸长。

影响热处理双相钢性能的其他因素（如加热温度、原始组织状态、马氏体的分布和形态、回火等）请参考本书第 4 章。

11.4.2　影响热轧双相钢性能的因素

影响热轧双相钢性能的因素是合金元素[34,35,42~44]终轧温度[34,39,40,44,45]、终轧后的待冷时间和开始冷却的温度[45]、终轧后的冷却速度和盘卷温度[31,34~36,44,45]等，而这些因素又是互相联系的。

11.4.2.1　合金元素

热轧双相钢一般都含有较低的碳（≤0.1%）和较高的合金元素，其目的是使钢具有必须的淬透性，同时也可减少轧制工艺、冷却速度以及盘卷工艺的变化引起的性能波动。Goldren 等[43]提出"冷却速率宽度"（即获得最佳的双相钢组织和性能，终轧后板材在冷床上所允许的冷却速率的最大值 CR_{max} 与最小值 CR_{min} 之比）来表示合金元素对热轧双相钢工艺性能和组织的影响。不同合金系列的 Si、Cr、Mo 含量的影响见图 11-8。根据这一试验结果和有关的性能参数，得出的热轧双相钢较为合理的成分为 0.04% ~0.07% C、0.8% ~1.0% Mn、1.2% ~1.5% Si、0.40% ~0.5% Cr、0.33% ~0.38% Mo、0.02% Al，S、P 的含量尽可能低，如 $w(S) \geqslant 0.003\%$ 时，则需添加稀土（RE）或铒（Er）以控制夹杂物的形状。

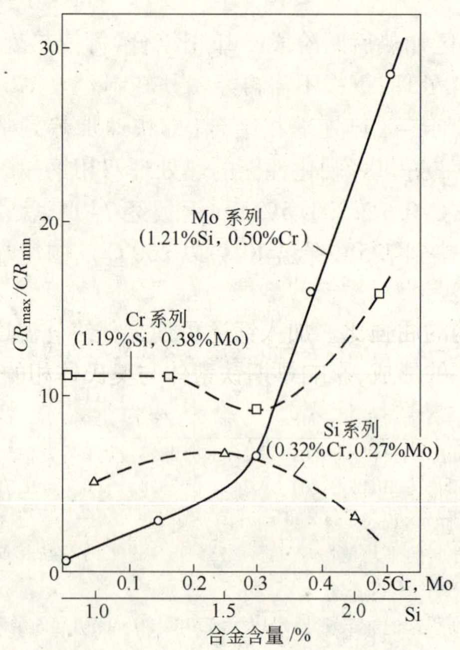

图 11-8　不同合金系列的合金元素（Si、Cr、Mo）含量对 CR_{max}/CR_{min} 的影响

采用图11－9所示的热轧双相钢带生产工艺的模拟过程，检验了碳含量为0.05%～0.08%的Mn-Si、Mn-Cr、Mn-Si-Cr、Mn-Mo、Mn-Si-Mo等合金系热轧后的组织和性能[44]。结果表明，在生产热轧双相钢板时，如果盘卷温度高于400℃，则钢中应含有一定的Mn、Cr、Mo、Si。在所采用的热轧工艺条件下，以Mn-Si-Cr和Mn-Si-Mo系合金的性能为最好，组织为马氏体加铁素体组织，无屈服点伸长，屈强比小于0.60。加入硅可使Mn-Cr或Mn-Mo系合金的铁素体的形成温度升高，使同样冷却条件下的铁素体量增加，使等温转变图上铁素体和贝氏体区之间形成一个间隔（也就是Coldren和Tither所说的盘卷窗口）。此外硅还增加铁素体中碳的活性，阻止在马氏体－铁素体界面上碳化物的形成，提高双相钢的延性。

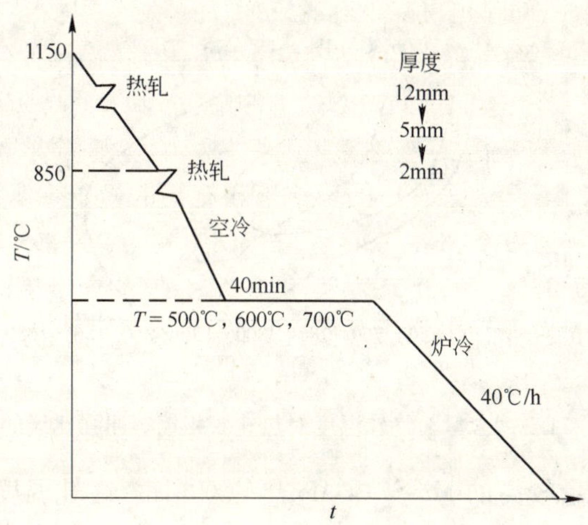

图11－9　热轧双相钢生产过程模拟示意图

在热轧双相钢中，Cr、Mn、Mo可使奥氏体稳定化，推迟珠光体转变，降低冷床上的冷却速度，有利于改善双相钢的延性。加入铬可使热轧双相钢的卷取温度范围加宽，并降低双相钢的屈强比。加入锰还可使最佳终轧温度范围降低，但锰含量过高时，会抑制铁素体的形成，影响早期铁素体与奥氏体相的分离过程。

11.4.2.2　终轧温度

终轧温度对热轧双相钢性能的影响与钢中的合金元素种类及含量有关。一般说终轧温度升高，热轧双相钢的抗拉强度升高。对一个给定成分的合金，有一个最佳的终轧温度范围。在这一温度范围内，热轧双相钢的屈服强度最低，屈强比较低，均匀伸长率和总伸长率最高。最佳终轧温度通常与未形变材料的Ar_3相对应。硅含量增加时，则Ar_3升高，最佳终轧温度范围也升高。钢中锰含量增加对最佳终轧温度的影响与硅的作用相反。硅含量、锰含量与终轧温度对热轧双相钢等屈强比线的影响见图11－10和图11－11。

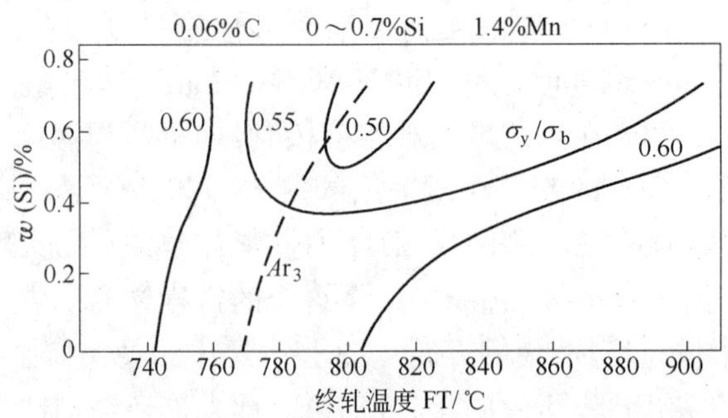

图 11-10　硅含量与终轧温度对热轧双相钢等屈强比线的影响

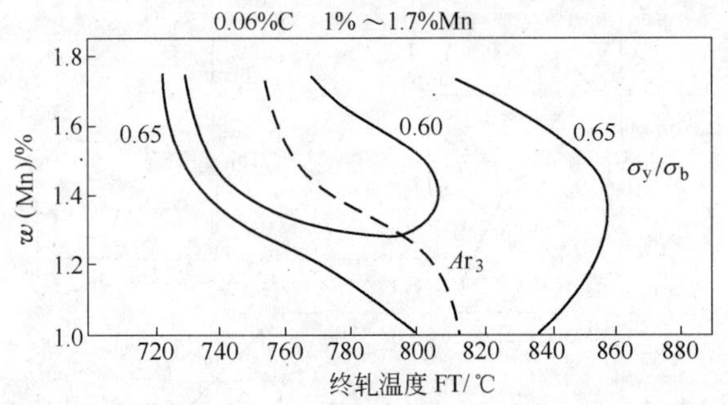

图 11-11　锰含量与终轧温度对热轧双相钢等屈强比线的影响

对合金元素含量较高的 Mn-Si-Cr-Mo 热轧双相钢，终轧温度的变化对其性能没有明显影响，但对合金含量较少的 C-Mn、C-Si-Mn 热轧双相钢，终轧温度对其性能有明显影响（见图 11-12）。只有在最佳的终轧温度范围，才可获得良好的综合性能。透射电镜观察指出，对 C-Mn 钢来说，终轧温度为 840℃、760℃和 730℃时，热轧双相钢中的硬质相分别为贝氏体、板条马氏体和孪晶马氏体，这种不同形态的硬质相，显然会影响双相钢的屈服强度及延性。终轧温度不同还会影响双相钢中两相的性能和比例，这是终轧温度影响热轧双相钢性能的另一些因素。

11.4.2.3　终轧后冷却速度的影响

终轧后冷却速度的选择应该保证得到适量的先共析铁素体，同时又可避免其他非马氏体组织（如珠光体和上贝氏体）出现，以使在盘卷后得到马氏体加铁素体双相组织。如果终轧后的冷却速度太快，则析出的铁素体量不足，盘卷后的马氏体量较高，双相钢的屈服强度较高，而延性不足。因此，对不同的钢种，应选择不同的冷却速度。例如，对合金含量较高的 Mn-Si-Cr-Mo 钢，终轧后在冷床上空冷或吹风冷既可保证析出适量的铁素体又可避免非马氏体转变产物的出现。但对合金含量较少的 C-Mn 或 C-Mn-Si 系，由于其奥氏体的稳定性较差，必须采用较快的冷却速度才可避免珠光体等非马氏体转变产物的出现。实验得出，当冷却速度为 60℃/s

(C-Mn 钢)和45℃/s(C-Mn-Si 钢)时,盘卷后便可得到良好的双相钢的组织和性能。此外,控制终轧后淬火前的待冷时间,可以调节盘卷后双相钢中的铁素体量及硬质相的结构和形态。例如,对低碳锰钢(0.07% C-1.4% Mn),在770℃终轧后水冷至盘卷温度,盘卷后双相钢中的铁素体量较少,硬质相为板条马氏体加少量贝氏体。如终轧后空冷到750℃水淬,则盘卷后,双相钢中铁素体量适中,硬质相为板条马氏体。如终轧温度为900℃,空冷至750℃淬水,则盘卷后硬质相为贝氏体。如空冷到700℃淬火至盘卷温度,则盘卷后硬质相为板条马氏体。可见,各工艺参数对热轧双相钢组织和性能的影响也是互相联系的。

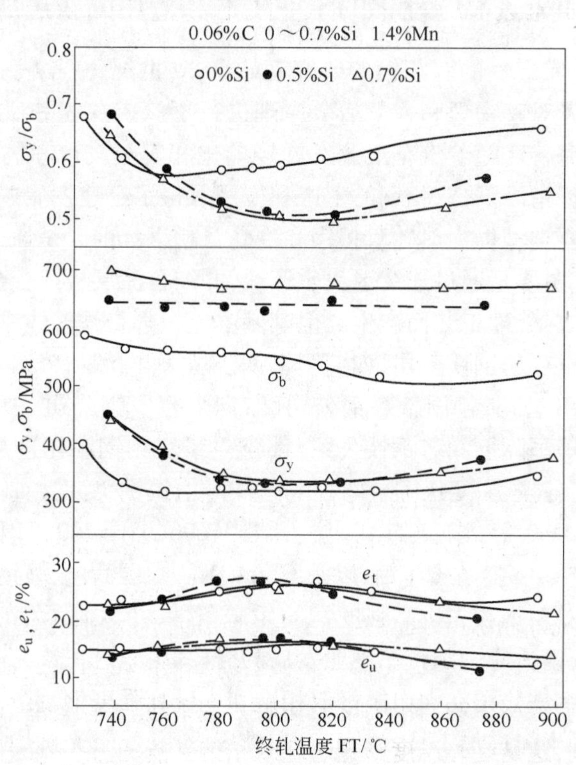

图 11－12 终轧温度对 C-Si-Mn 热轧双相钢力学性能的影响

11.4.2.4 盘卷温度

为了得到性能满意的热轧双相钢,应在保证得到马氏体加铁素体的双相组织前提下,尽量选取较高的盘卷温度。一般盘卷温度升高,对屈服强度没有明显影响,但在高于一定的温度后,有些钢种由于出现屈服点伸长,会导致屈服强度升高,屈强比上升。抗拉强度则随盘卷温度升高而下降,这与组织中马氏体量减少及马氏体的回火有关。总伸长率一般随盘卷温度升高而升高,但盘卷温度升高仅使均匀伸长率略有改善。目前根据钢中的合金元素含量不同,热轧双相钢的盘卷温度的选择有两种类型。一类是对于合金元素含量较高的钢(如0.06% C-0.90% Mn-1.35% Si-0.50% Cr-0.35% Mo 钢),盘卷温度选择在铁素体与贝氏体转变区之间(455~630℃),在这一温度范围内,盘卷温度变化,对热轧双相钢的最终性能基本没有影响。另一类是对合金元素含量较低的 C-Mn,C-Si-Mn、C-Mn-Cr 等热轧双相钢,其盘卷温度选择在该钢的马氏体转变点以下,盘卷温度的变化,对这类热轧双相钢的性能则有一定的影响。此外盘卷温度还受终轧温度、终轧后的冷却方法等因素的影响。

11.5 双相钢和先进高强度钢的工业生产和应用的新进展

对高强度、高成形性的双相钢的研究起始于20世纪70年代初,直至90年代初广大材料工作者对其物理和力学冶金原理进行了深入探讨和研究,相关的基本理论日渐成熟或完善。随着汽车工业发展轻量化和安全设计和制造技术的需求,在这些理论或原理指导下,双相钢的生产和应用取得了迅速发展。

双相钢的主要类型仍为热轧双相钢和冷轧双相钢。前者是通过合金化和轧后控冷而产生,后者主要是通过连续退火生产线,并结合涂层板或合金涂层板的生产过程,经过合理的热处理工艺而产生。但其基本组织都是铁素体 + 马氏体。

世界上一些重要的钢铁公司,如美国钢铁公司、韩国浦项公司、日本 JFE 公司、新日铁、瑞典 SSAB 公司、德国蒂森钢公司、欧洲阿塞罗钢公司、中国上海宝钢、中国台湾中钢公司等国际上知名钢铁公司,都建立了双相钢和先进高强度钢的生产线并可批量供应各类强度级别的双相钢和其他高强度钢,如 DP500、DP600、DP700、DP800、DP980 等,以及 TRIP 钢,如 TRIP600、TRIP700、TRIP800、TRIP1000 等,还可批量供应 CP 钢、马氏体钢,以及 HSLA 钢。中国武钢、鞍钢、马钢等钢铁公司也具备了各类双相钢和先进高强度钢的生产条件,并试制了相应的各类双相钢和先进高强度钢,以适应中国汽车工业发展的需要。

各国和各大钢铁公司在大力搞好双相钢和先进高强度钢生产技术的开发和产品生产外,还进行了先进加工技术的开发和推广应用,如激光拼焊板(tailored welding blanks-TWB)、液压成形(hydro forming)以及热成形技术(hot press forming),这些先进的加工技术和先进的高强度钢相结合,无疑会拓展高强度钢的应用和汽车轻量化的技术与用材的发展。

JFE 钢公司是2003年由 NKK 和 Kawasaki 钢公司联合组建而成,同日本其他钢厂一样,其双相钢的生产采用一般 C-Mn 钢,在水淬连续退火生产线上进行生产,其 CALQ 的水淬过程工艺及实物示意图示于图 11-13,用这种方法生产的 DP980 低屈服点钢的典型应用示于图 11-14(门 B 柱和高强度座椅件)。JFE 公司生产的 DP 钢和先进高强度钢的一个典型特点是性能的稳定性,以抗拉强度为 780MPa 的高强度钢为例,其普通沉淀强化钢的强度值的统计偏差为 $\sigma = 29$ MPa。

而JFE公司采用Nano技术生产的同样强度级别的高强度钢,其抗拉强度的统计偏差$\sigma = 12$ MPa,同时,采用Nano技术生产的高强度钢具有优良的扩孔延性,抗拉强度为780MPa的扩孔率λ高达100%,而同样级别的普通高强度钢,其λ仅为25% ~40%。

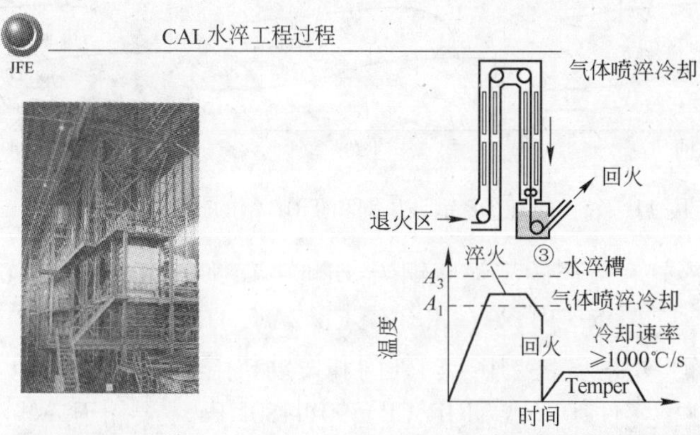

图11-13 连续退火线中的水淬工艺过程及实物示意图

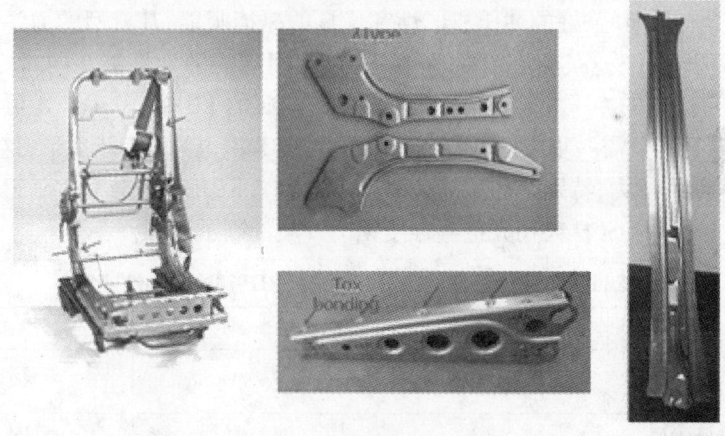

图11-14 JFE在CALQ上生产的DP900的典型应用(门B柱和座椅的典型构件)

韩国浦项公司的光阳工厂主要生产汽车板,2005年生产先进高强度钢5.1万t,2006年为7.7万t,2007年达到11.0万t,预计2009年将生产19.5万t,整个汽车板产量高达340万t。POSCO公司的热轧双相钢已在批量供应DP590、DP780用于涂层板和GA板;相变诱发塑性钢有TRIP780和TRIP 980,后者在试制中。铁素体贝氏体钢有FB590、FB690、FB780。沉淀强化钢有PH540、PH590、PH780、PH980(在开发中);热轧DP钢、FB钢及TRIP钢工艺示意图示于图11-15,即轧制变形后,控制在铁素体区的中间温度保温,使碳在奥氏体中富集,改变贝氏体转变的鼻部温度,快冷到室温。

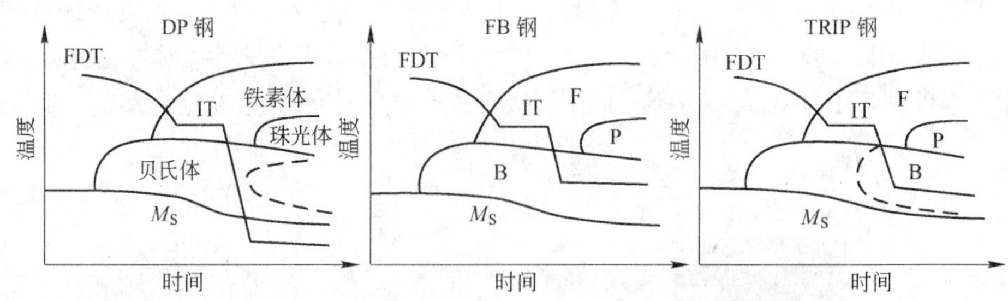

图 11－15　热轧 DP 钢、FB 钢和 TRIP 钢的转变过程示意图

POSCO 的冷轧和涂层的高强度钢为：DP490、DP590、DP690、DP780、DP980（CR/EG 和 CI/GA），复相钢 CP1180（CR/EG，CI/GA），TRIP590，TRIP780（CR/EG，CI/GA），其中双相钢 DP490，主要用于门外门和发动机盖板；DP（或 TRIP）590，780MPa 主要用于一些碰撞零件；DP（或 TRIP，CP）590，1180MPa 主要用于一些汽车的结构件和增强件；CP（或马氏体钢，贝氏体钢）590，1470 MPa，主要用于车身结构件的增强件。近期浦项公司还开发了 TWIP 钢（孪生诱发塑性钢），这类钢产品有热轧产品和冷轧产品，具有质量轻，好的冲压成形性和优良的碰撞吸能，其典型的力学性能列于表 11－8，可以看出：这类钢在高的强度下，具有很高的力学性能。同时实验指出，TWIP 钢具有很高的冲压性能，抗拉强度为 540 MPa 的 FB 钢，需 4 步才可完成的冲压件，用 TWIP 钢只需一步成形；而 780 MPa 的 TWIP 钢也只需 2 步成形，这类钢具有很优的延迟断裂抗力，特别是在添加 1.5% Al 的情况下，几乎不会发生延迟断裂抗力（见图 11－16）。POSCO 公司先进高强度钢的发展计划示于图 11－17。

表 11－8　POCSO 的热轧和冷轧 TRIP 钢的力学性能

强度和分类	力学性能		
	σ_b/MPa	σ_s/MPa	δ/%
780 MPa（PO）	＞780	450	65
980 MPa（CR/CG）	＞980	500	55

POSCO EVI（Early Vehicle Involvement）的模式也是很有特色的。在用户开发新车型实验车时，提供：新材料信息、材料数据、FEA 模拟、材料选样意见、价格信息；在原型设计阶段提供：零件/模具设计、材料选择、零件/模具制造设计和制造可行性分析、实验材料供应：原型开发、实验和评价；在中试阶段提供：质量保证、故障消除时等服务；评价材料成形性时提供：材料数据、FEA 模拟、工具开发和原型制造；对焊接和连接提供：可焊性评价、优化焊接条件、连接问题的解决。对 DP590 的焊接评价示于图 11－18，涂层板与焊接电极寿命的评价结果示于图 11－19。可以看出，焊接电极寿命与镀层厚度有关，并随镀层厚度增加而下降。

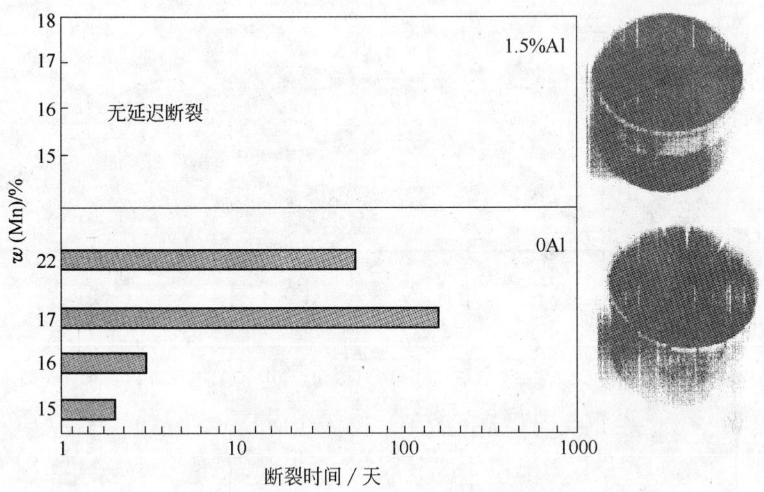

图 11－16 TWIP 钢的延迟断裂抗力

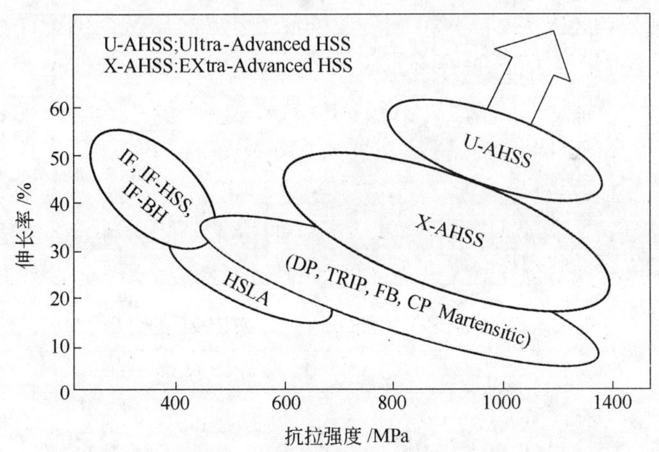

图 11－17 POSCO 公司先进高强度钢进一步发展计划

对涂层进行评价:包括磷化特点、结合力性能、ED－涂层特点、腐蚀特点、对涂层工艺进行优化,确定高功能涂层等内容。

对零件功能提供:刚度、压痕抗力、耐疲劳性、碰撞性能等信息。车门、车身进行优化设计,对白车身进行车体下部的强化,并应用 TWIP 钢液压成形。韩国浦项公司有 7 条 TWB 生产线(5 条直线,2 条多折线),年产 6.7 百万片,其典型的 TWB 生产线见图 11－20;浦项公司还拥有两条液压成形生产线(现有 5500 t 和 3500 t 的液压成形设备)和一条液压成形中试生产线。其典型的液压生产线示于图 11－21,其典型的热成形马氏体钢生产线示于图 11－22。

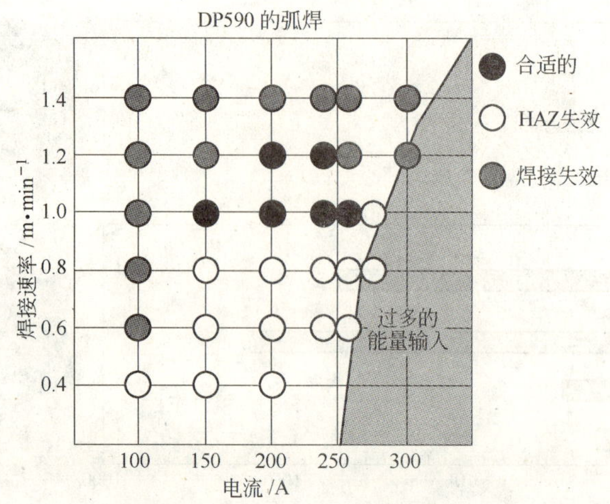

图 11－18　DP590 焊接的评价

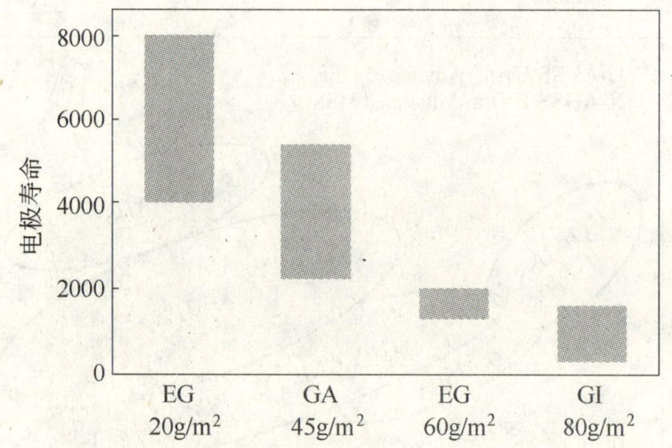

图 11－19　涂层厚度与电极寿命关系

图 11－20　典型的激光拼焊板生产线

图 11-21 典型的液压成形生产线

图 11-22 典型的热成形生产线

POSCO 已批量供应 Ford 公司各种双相钢和 TRIP 钢,有:A1(DP450),A2(DP500),A3(DP550),A4(DP600),A5(DP600),以上类型包括各种冷轧、热镀锌、电镀锌,A4(DP600)还包括热轧板;TRIP 钢有 TRIP590,TRIP780 和 TRIP980,其品种有热轧、冷轧、热镀锌和电镀锌,以上这些钢种取得了日本 Malda 的认证和中国一些汽车厂的认证。

POSCO 认为高强度钢板的应用会迅速增加,这是因为油耗法规严格,车辆必须进行轻量化;而安全法规中抗碰撞性能提高,也导致汽车用材料中高强度钢用量增加。目前韩国和日本的高强度钢用量已由 30% ~40% 提高到 50% ~70%,欧洲已由 40% ~60% 提高到 50% ~70%,而 ULSAB-AVC 已提高到 98%;POSCO 生产的各类双相钢和其他高强度钢的性能示于图 11-23;典型的热镀锌线示意图见图 11-24,其多种功能镀层线示于图 11-25。

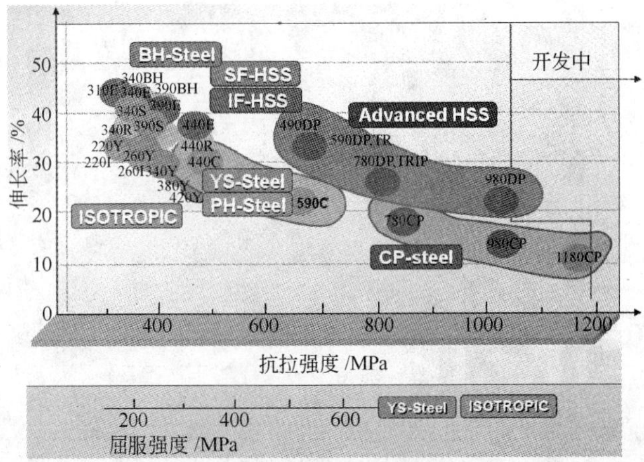

图 11－23　POSCO 双相钢和高强度钢的强度延性关系

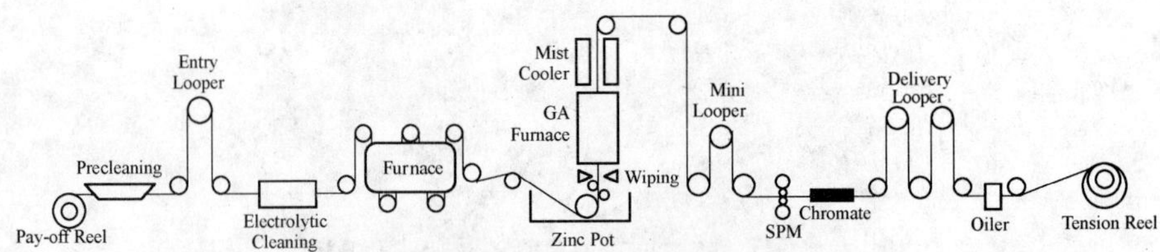

图 11－24　汽车板热镀锌(GA)板生产线

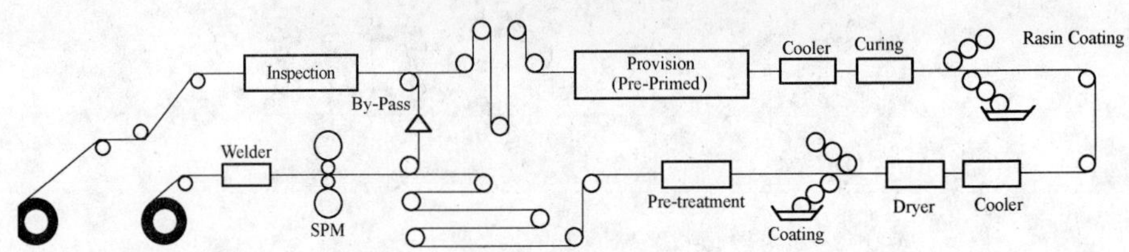

图 11－25　多功能连续镀层生产线

瑞典 SSAB 公司生产的各类高强度钢和双相钢的化学成分列于表 11－9，其相应的力学性能列于 11－10。

表 11－9　高强度含铌双相钢和高强度钢的化学成分

钢　种	类　型	w(C)/%	w(Mn)/%	w(Nb)/%	其　他	备　注
Domex 500 MC	HR-MA	0.07	1.4	0.04	V、Ti	HR-MA
Domex 600 MC	HR-MA	0.07	1.4	0.05	Ti	热轧微合金钢
Domex 700 MC	HR-MA	0.07	1.8	0.06	Ti	
Docol 280 YP	CR-MA	0.05	0.40	0.01		CR-MA
Docol 350 YP	CR-MA	0.05	0.40	0.03		冷轧微合金钢
Docol 420 YP	CR-MA	0.05	0.60	0.04		
Docol 500 YP	CR-MA	0.06	1.20	0.05		

续表 11－9

钢　种	类　型	w(C)/%	w(Mn)/%	w(Nb)/%	其　他	备　注
Docol 800 DP	CR-DP	0.13	1.50	0.02		CR-DP
Docol 1000 DP	CR-DP	0.15	1.50	0.02		冷轧双相钢
Docol 1200 M	CR-M	0.11	1.60	0.02		CR-M
Docol 1400 M	CR-M	0.17	1.60	0.02		冷轧马氏体钢
Dogal 350 YP	HDG-MA	0.08	0.70	0.01		
Dogal 420 YP	HDG-MA	0.08	0.80	0.04		HDG-MA
Dogal 500 YP	HDG-MA	0.13	1.60	0.04		热镀锌微合金钢
Dogal 800 DP	HDG-DP	0.15	1.80	0.02	Cr	HDG-DP
Dogal 800 DPX	HDG-DP	0.15	1.80	0.02	Cr	热镀锌双相钢

表 11－10　高强度合金双相钢和高强度钢的力学性能

钢　种	类　型	屈服强度/MPa (≥)	抗拉强度/MPa (≥)	伸长率 A_{80}/% ($t<3.0$ mm)	伸长率 A_{50}/% ($t\geq3.0$ mm)
Domex 500 MC	HR-MA	500	550	14	18
Domex 600 MC	HR-MA	600	650	13	16
Domex 700 MC	HR-MA	700	750	10	12
Docol 280 YP	CR-MA	280	370	26	
Docol 350 YP	CR-MA	350	410	22	
Docol 420 YP	CR-MA	420	480	16	
Docol 500 YP	CR-MA	500	570	12	
Docol 800 DP	CR-DP	500	800	8	
Docol 1000 DP	CR-DP	700	1000	5	
Docol 1200 M	CR-M	950	1200	3	
Docol 1400 M	CR-M	1150	1400	3	
Dogal 350 YP	HDG-MA	350	420	22	
Dogal 420 YP	HDG-MA	420	490	18	
Dogal 500 YP	HDG-MA	500	600	10	
Dogal 800 DP	HDG-DP	500	800	10	
Dogal 800 DPX	HDG-DP	620	800	10	

相应的典型钢号的深冲成形性(后排)、延展成形性(中间)和扩孔实验后的照片(前排)见图 11－26,从左到右相应的牌号为:DC04、Docol 600DL、Docol 600DP、Docol 800DP、Docol 1000DP 和 Docol 1400M,其成形性逐渐下降,冷弯性能列于表 11－11,表中数据为进行 90°冷弯的最小弯曲半径。

图 11－26　SSAB 公司一些典型钢号的成形试验结果

三种钢典型的成形极限曲线示于图 11－27,图中列出了板厚对高强度双相钢性能的影响。一些含铌双相钢和高强度钢的典型应用示于图 11－28。

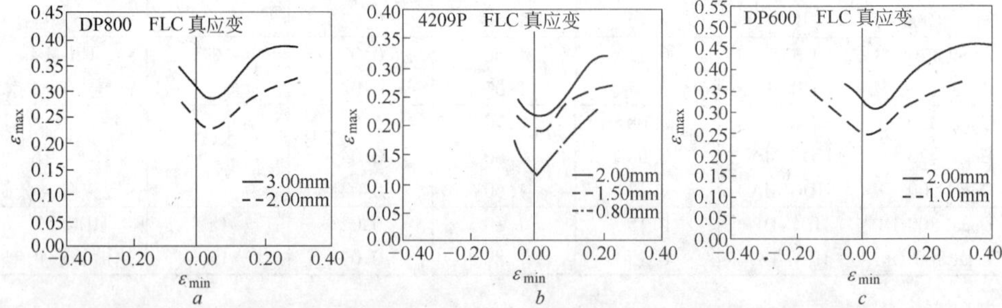

图 11－27　SSAB 公司三种典型钢号的成形极限曲线

图 11－28　一些含铌双相钢和高强度钢的典型应用

表 11－11　SSAB 公司的双相钢和高强度钢的冷弯性能

钢　种	进行 90°弯曲时推荐的最小弯曲半径($t \leqslant 3$ mm)
Domex 500 MC	$0.6 \times t(0.8 \times t)$①
Domex 600 MC	$0.7 \times t(1.1 \times t)$①
Domex 700 MC	$0.8 \times t(1.2 \times t)$①
Docol 280 YP	$0 \times t$
Docol 350 YP	$0 \times t$
Docol 420 YP	$0.5 \times t$
Docol 500 YP	$1.0 \times t$
Docol 800 DP	$1.0 \times t$
Docol 1000 DP	$3.0 \times t$
Docol 1200 M	$4.0 \times t$
Docol 1400 M	$4.0 \times t$

续表 11-11

钢　　种	进行 90°弯曲时推荐的最小弯曲半径($t≤3$ mm)
Dogal 350 YP	$0×t$
Dogal 420 YP	$0.5×t$
Dogal 500 YP	$1.0×t$
Dogal 800 DP	$1.0×t$
Dogal 800 DPX	$0.7×t$

① t—厚度:3 mm < t ≤ 6 mm。

Mitlal 钢铁公司的有关技术人员曾研究了 CA 生产线和 HDG 生产线上生产的双相钢 CAHT600X 和 HDGHT600XD,其和相同屈服强度的微合金钢 H320LA 的性能相比,双相钢的抗拉强度和 n 值及均匀伸长率均提高 20% ~25%。

宝钢对双相钢和先进高强度钢进行了多年研究,并取得较大进展。2007 年,宝钢汽车板产量达 300 万 t,目前宝钢可生产的汽车板的品种列于表11-12。各种双相钢(不同强度级别,不同轧制品种和不同镀层品种)宝钢均可生产,为中国汽车工业发展,作出了贡献。宝钢生产的各类高强度钢的屈服强度和伸长率的关系示于图 11-29,各牌号见图 11-30,双相钢 DP500 的性能列于表 11-13。各种双相钢具有无屈服点伸长,初始加工硬化速率高,变形 2% ~3%,可使屈服强度提高 140 ~220 MPa,屈服比在 0.50 ~0.65,具有高的烘烤硬化性,其成分为 Fe-C-Si-Mn 的双相钢组织示于图 11-31。宝钢各类热镀锌双相钢的性能列于表 11-14。

表 11-12　宝钢可生产的汽车板的品种

名称	级别	TS/MPa									
		340	370	390	440	490	590	780	980	1180	1430
热轧	CMn	—	●	●	●	●	—	—	—	—	—
	HSLA	—	—	●	●	●	●	●	—	—	—
	DP	—	—	—	—	—	●	⊙	—	—	—
	TRIP	—	—	—	—	—	⊙	⊙	—	—	—
	SF	—	—	—	—	⊙	●	⊙	—	—	—
	CP	—	—	—	—	—	—	—	●	⊙	—
冷轧及电镀锌	HSLA	●		●	●	●	●	—	—	—	—
	P-added	●	●	●	●	—	—	—	—	—	—
	HSSIF	●	●	●	●	—	—	—	—	—	—
	BH	●	●	●	—	—	—	—	—	—	—

续表 11－12

名称	级别	TS/MPa									
		340	370	390	440	490	590	780	980	1180	1430
冷轧及电镀锌	IS	●	—	●	—	—	—	—	—	—	—
	DP	—	—	—	●	●	●	●	⊙	⊙	—
	TRIP	—	—	—	—	—	●	⊙	⊙	—	—
	Mart	—	—	—	—	—	—	—	⊙	⊙	⊙
热镀锌	HSLA	●	●	●	●	●	●	—	—	—	—
	P-added	●	●	●	●	—	—	—	—	—	—
	HSSIF	●	●	●	●	—	—	—	—	—	—
	BH	●	●	●	—	—	—	—	—	—	—
	DP	—	—	—	⊙	⊙	●	●	⊙	—	—
	TRIP	—	—	—	—	—	●	⊙	—	—	—

注：●—商业化生产；⊙—研发中。

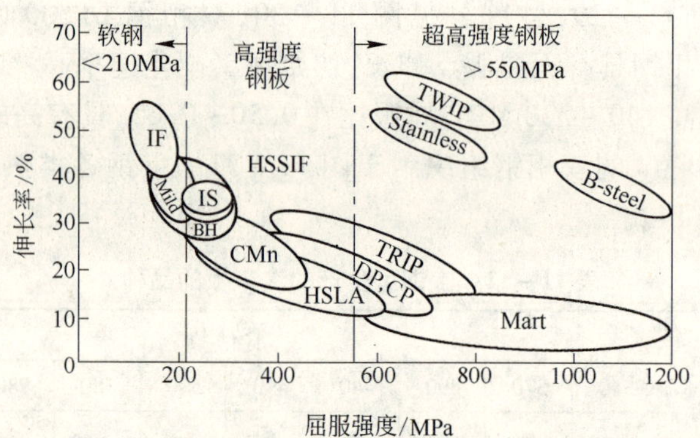

图 11－29 宝钢双相钢和各类高强度钢的屈服和伸长率的关系

IF—无间隙原子钢；Mild—低碳铝镇静钢；HSSIF—高强度 IF 钢；BH—烘烤硬化钢；IS—各向同性钢；CMn—碳锰钢；HSLA—高强度低合金钢；DP—双相钢；CP—复相钢；TRIP—相变诱发塑性钢；Mart—马氏体钢；TWIP—孪晶诱发塑性钢；Stainless—不锈钢；B-steel—热冲压用钢

表 11－13 宝钢 DP500 冷轧双相钢性能

项目	$\sigma_{0.2}$/MPa	σ_b/MPa	δ_{50}/%	n 值	屈强比
性能要求	300～370	≥500	≥26	≥0.15	
典型性能	332	533	33	0.191	0.62

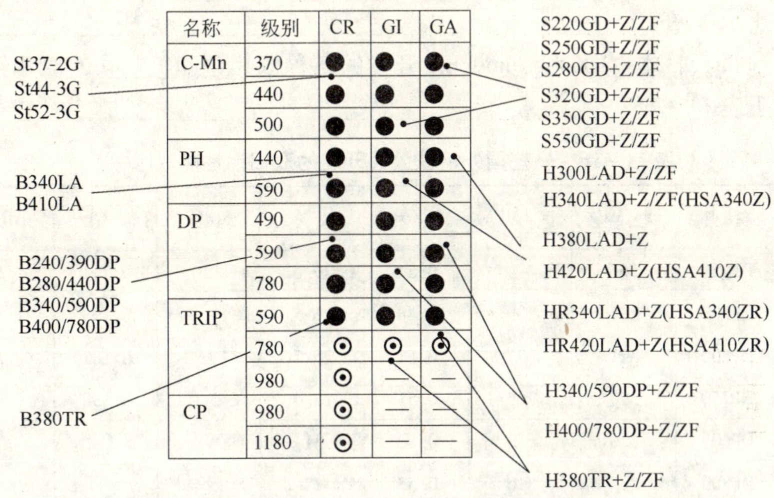

图 11－30 宝钢双相钢和其他高强度钢

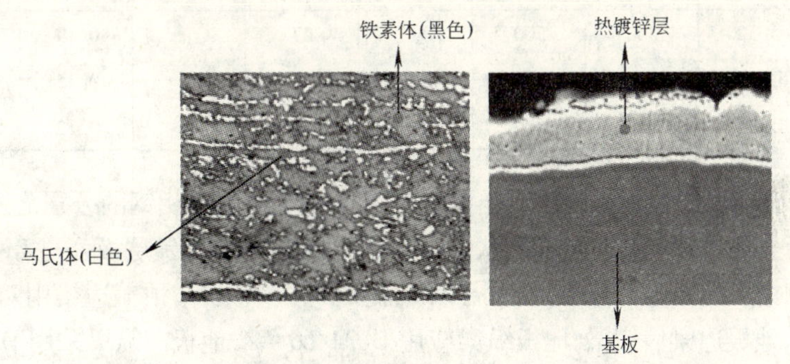

图 11－31 C-Si-Mn 双相钢的显微组织和镀层组织

表 11－14 宝钢各类热镀锌双相钢的性能和规格

材料	规格		σ_s/MPa	σ_b/MPa		δ/%	n 值	σ_s/σ_b	用途
	厚度/mm	宽度/mm		GI	GA				
DP440	0.8～2.0	<1400	≥260	≥440	≥490	≥30	≥0.20	≤0.61	车门内板,外板,结构件
DP500	0.8～2.0	<1400	≥300	≥500	≥490	≥28	≥0.18	≤0.61	结构件,加强件
DP600	0.8～2.0	<1400	≥340	≥600	≥590	≥24	≥0.15	≤0.61	结构件,加强件
DP800	0.8～2.0	<1400	≥480	≥800	≥780	≥18	≥0.12	≤0.61	结构件,加强件

注:镀层:OT 弯曲合格,无漏镀。

美国钢铁公司(美钢联)也是世界上开发双相钢和先进高强度钢较早的钢铁公司,先后开发了 DP500、DP600、DP780、DP980 等双相钢,同时也开发了 TRIP600～800,其双相钢和 TRIP 钢的典型力学性能列于表 10－3,其相应的典型真应力真应变曲线对比示于图 10 - 1。

法国 Sollac、日本 NKK 和 Sumitomo 开发的各种双相钢和美钢联的双相钢的性能对比列于表 11 - 15。

表 11 - 15　一些国外钢铁公司开发的双相钢性能对比

公 司	材 料	σ_s/MPa	σ_b/MPa	σ_s/σ_b	δ/%	δ_u/%	n 值	BH/MPa
法国 Sollac	DP450	266	494	0.54	29.6	20.1	0.211	55
	DP500	285	599	0.48	26.5	19.3	0.198	49
	DP600	321	627	0.51	25.7	19.4	0.182	47
	DP750	390	766	0.51	17.4	13.0	0.138	101
日本 NKK	DP600	320	620	0.52	31			
	DP800	430	810	0.53	22			
日本 Sumitomo	DP600	329	587	0.56	28.6			
美钢联（USS）	DP500	300	500	0.6	27		0.19	
	DP600	340	600	0.57	25		0.15	
	DP800	500	800	0.63	16		0.12	

Thyssenkrupp 公司也是国际上开发和应用高强度钢和双相钢的公司之一，有关产品经过国际上多家知名汽车公司的认证，并在中国大连建立了镀层板公司 TaGal。蒂森公司的双相钢产品 DP-W600 + ZE 用于保时捷的地板纵梁，车顶盖边梁用双相钢 DP-K34/60 + Z，地板边梁后横梁，地板纵梁应用 DP34/60 + Z，地板前纵梁采用 DP-W600 + ZE 的拼焊板，在宝马系列也用了大量双相钢，此外蒂森公司的激光拼焊板也在汽车工业中大量应用。2002 年德国本土的 4 个工厂，年产拼焊板超过了 400 万片，阿塞勒 2004 年生产拼焊板 40 万 t。浦项已有 7 条拼焊板生产线。2001 ~2004 年激光拼焊板生产量大的企业示于表 11 - 16，采用 TWB 不仅降低了成本，而且还减轻了质量，减少了零件数量，更好地发挥了高强度钢和双相钢的减重效果，其应用零件示于图 11 - 32，其拼焊板的形式有 TB、普通拼焊板、TEB-I 拼焊板以及 PB 型补片拼焊板，并可将低碳钢板、双相钢板、不锈钢板等不同类型钢板组合在一起。

表 11 - 16　2001 ~2004 年 TWB 生产量大的企业

公司所在国	公司名称	年产量/万 t			
		2001 年	2002 年	2003 年	2004 年
德 国	TKS	34.1	44.5	49.7	59.0
卢森堡	Arcelor	10.2	35.7	38.2	39.7

续表 11-16

公司所在国	公司名称	年产量/万 t			
		2001 年	2002 年	2003 年	2004 年
美 国	Noble	9.0	16.8	23.5	24.2
奥地利	Voest/Euroweld	3.0	11.1	15.1	17.0
美 国	OWB	—	17.1	12.9	10.1
德 国	Salzgitter	—	3.9	5.5	6.7

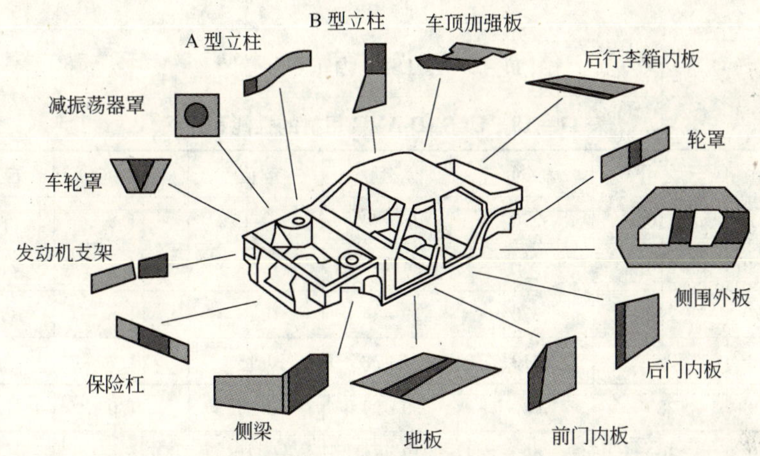

图 11-32 拼焊板的应用零件示意图

双相钢和先进高强度钢在汽车工业中应用是一种必然的发展趋势，在 ULSAB 项目中，已经大量采用了双相钢和先进高强度钢。在该项目中，设定白车身满足 2004 年的碰撞要求，和 2000 年 BIW 的质量相比，减重 20%，且成本不增加。该白车身如图 11-33 所示。项目效果列于表 11-17，具体用材性能和用途列于表 11-18。德国蒂森公司双相钢和其他高强度钢如表 11-19 所示。

表 11-17 ULSAB 项目效果和用材比较

项 目		2000BIW 普通型	ULSAB	ULSAB AVC
碰撞要求		2000 年法规	2000 年法规	2004 年法规
BIW 质量/kg		270	203	218
BIW 成本/美元		979	947(平均)	972
用材比例/%	软 钢	80	7	—
	高强度钢	20	85	36
	超高强度钢	—	8	64

图 11－33　ULSAB 白车身示意图

表 11－18　ULSAB-AVC 用材的性能和用途

钢　种	σ_s/MPa	σ_b/MPa	δ_t/%	n 值	$\bar{r}$	应用代号
Mild 140/270	140	270	38 ~ 44	(5% ~ 15%)	1.8	A, C, F
BH 210/340	210	340	34 ~ 39	0.23	1.8	B
BH 260/370	260	370	29 ~ 34	0.18	1.6	B
IF 260/410	260	410	34 ~ 38	0.13	1.7	C
DP 280/600	280	600	30 ~ 34	0.20	1.0	B
IF 300/420	300	420	29 ~ 36	0.21	1.6	B
DP 300/500	300	500	30 ~ 34	0.20	1.0	B
HSLA 350/450	350	450	23 ~ 27	0.16	1.0	A, B, S
DP 350/600	350	600	24 ~ 30	0.22	1.1	A, B, C, W, S
DP 400/700	400	700	19 ~ 25	0.14	1.0	A, B
TRIP 450/800	450	800	26 ~ 32	0.14	0.9	A, B
HSLA 490/600	490	600	21 ~ 26	0.24	1.0	W
DP 500/800	500	800	14 ~ 20	0.13	1.0	A, B, C, W
SF 570/640	570	640	20 ~ 24	0.14	1.0	S
CP 700/800	700	800	10 ~ 15	0.08	1.0	B
DP 700/1000	700	1000	12 ~ 17	0.13	0.9	B
Mart 950/1200	950	1200	5 ~ 7	0.09	0.9	A, B
MnB	1200	1600	4 ~ 5	0.07	n/a	S
Mart 1250/1520	1250	1520	4 ~ 6	n/a	0.9	A

注：A = 车身面板，B = 车身结构件，C = 覆盖件，F = 燃油箱，S = 悬架支撑，W = 车轮。

表 11－19　德国蒂森公司双相钢和其他高强度钢

钢　种	TKS 德国	TAGAL 大连
FB-W450，FB-W500	☑	☐
DP-W600	☑	☐
DP-K 30/50；DP-K 34/60；	☑	☑
DP-K 34/60^{HF}；DP-K 40/80；	☑	☑
DP-K 54/100	☑（D）	☐
RA-K 40/70；RA-K 42/80	☑	☐
RA-K 56/100	☑（D）	☐
CP-W 800；CP-W 1000	☑	☐
CP-K 60/80	☑	☐
CP-K 72/100	☑（D）	☐
MS-W 1200	☑	☐
MB-W 1500，MB-K 1500	☑	☐

结构件及其加强件的用钢示于图 11－34。

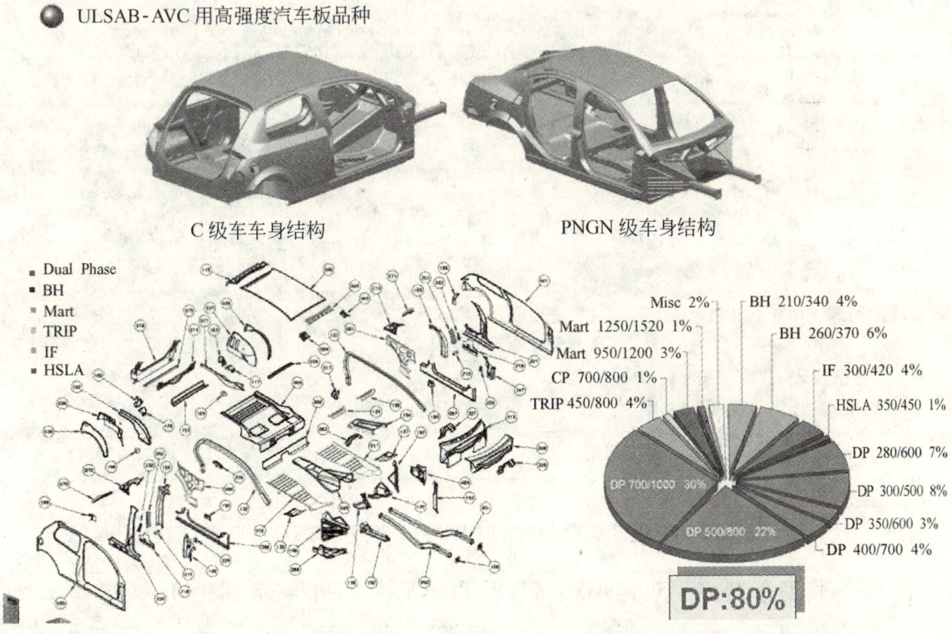

图 11－34　ULSAB-AVC 中结构件用钢情况图示

应用 DP 700/1000、CP 700/800 和马氏体钢的侧边梁和横梁结构件示意图如图 11－35 所示。应用低屈服强度的双相钢 DP 280/600～DP 500/800 的车身前后端结构件示于图 11－36。

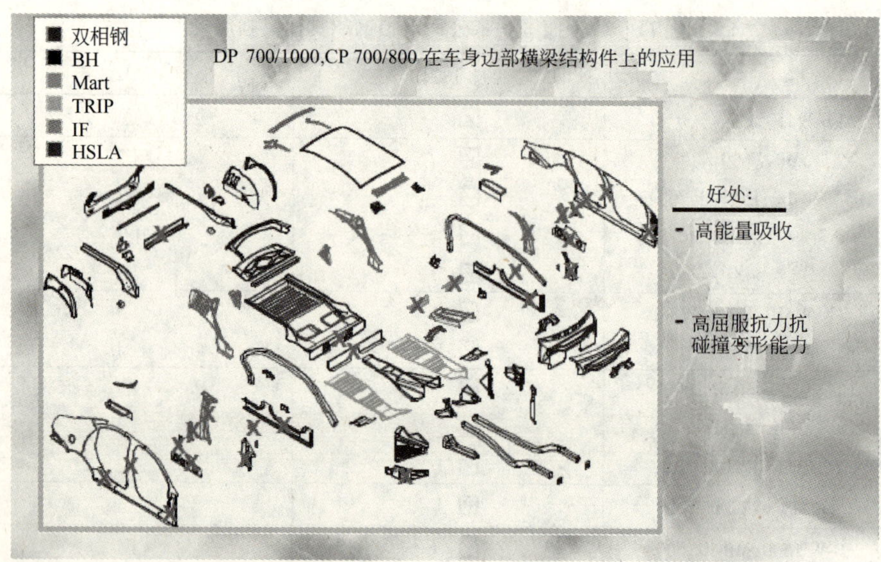

图 11－35 应用 DP 700/1000 和 CP 700/800 的结构件

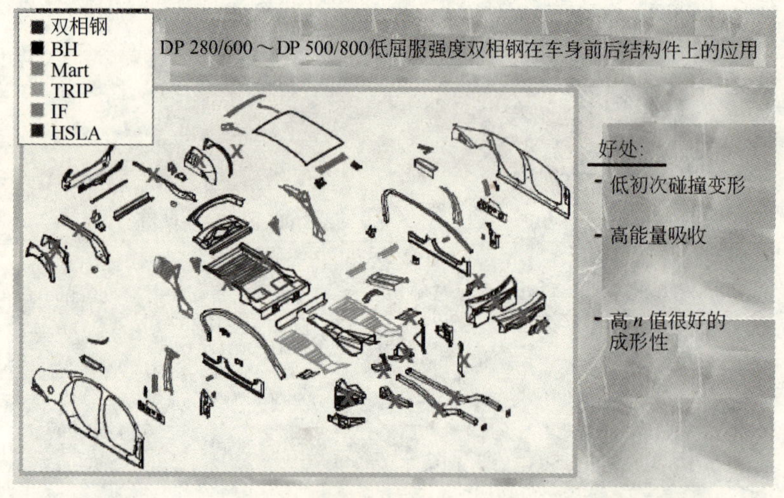

图 11－36 应用低屈服强度的 DP 280/600 ~ DP 500/800 的结构件

一些典型车型应用双相钢和高强度的情况见图 11－37 ~ 图 11－44。

在我国知名品牌的汽车中，双相钢和先进高强度钢的应用量还有待扩大，以在减重、节能和改善碰撞安全性等方面提高国产品牌轿车的技术含量和性能，同时钢厂生产的双相钢和先进高强度钢亦有待稳定质量和性能，降低成本，为扩大应用创造相应的条件，将发展势态良好的国产汽车产业做大做强。

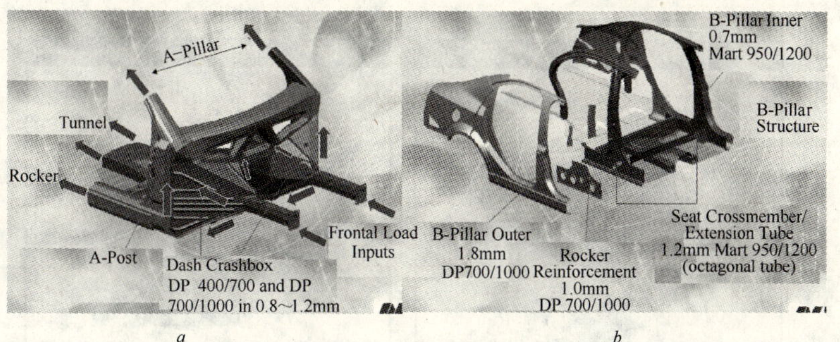

图11－37 应用DP 400/700和DP 700/1000(0.8～1.2mm)的前端体结构件和应用DP 700/1000和DP 950/120的门B柱、座椅横梁等结构件

a—前端结构件;*b*—门B柱、座椅横梁结构件

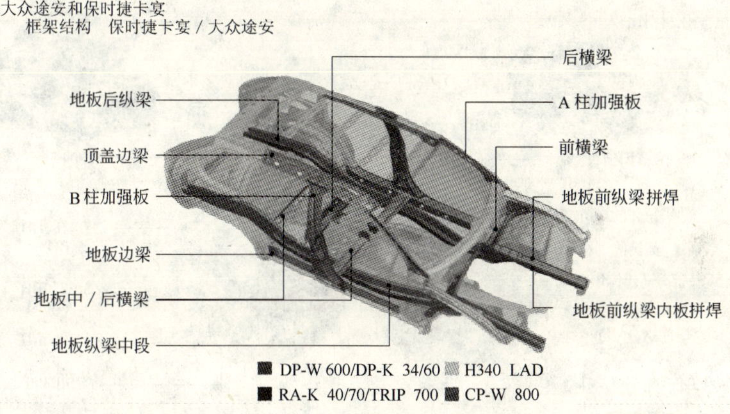

图11－38 保时捷卡宴车车身结构件应用双相钢和高强度钢示意图

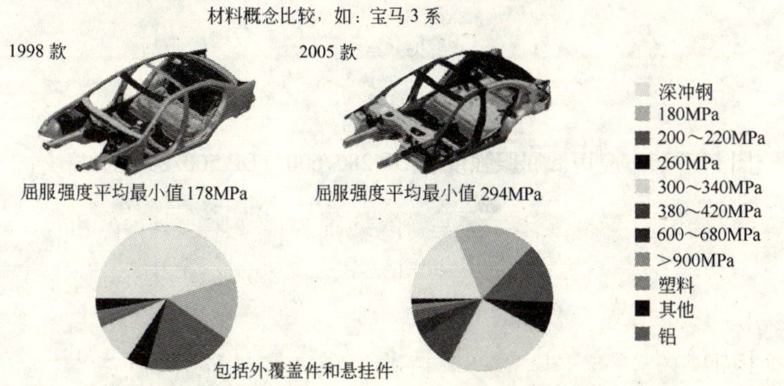

图11－39 宝马3系列应用高强度钢示意图

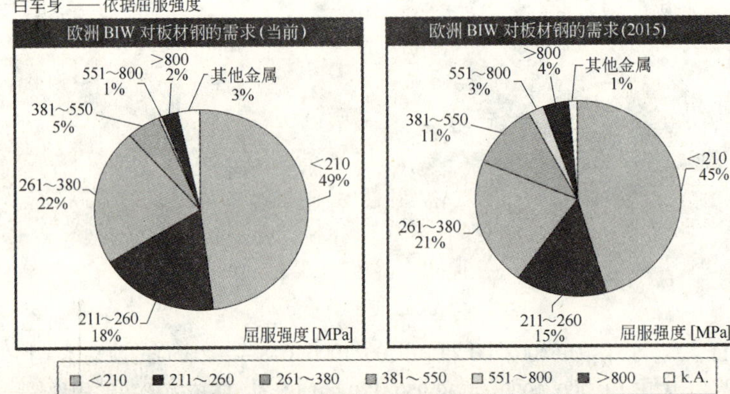

图 11-40　欧洲白车身用材强度的变化示意图

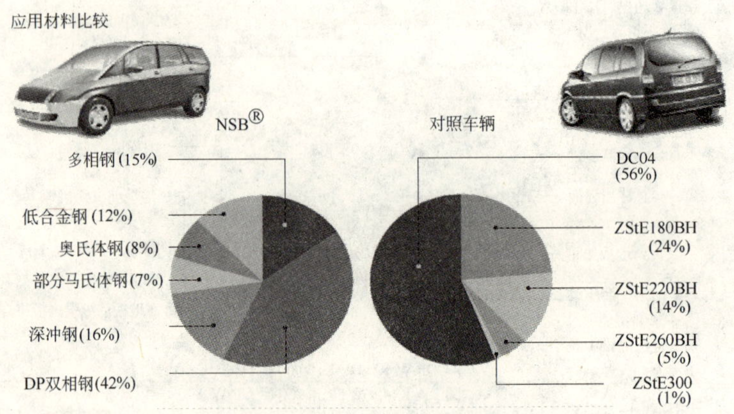

图 11-41　NSB(新钢车身)车型用材示意图

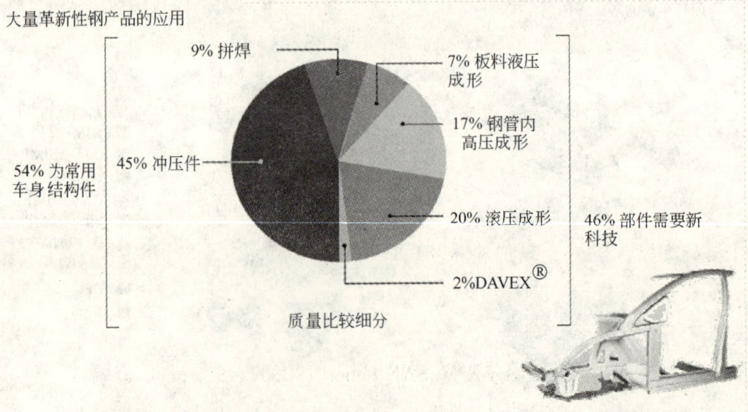

图 11-42　新车设计中的高强度钢加工新工艺的应用

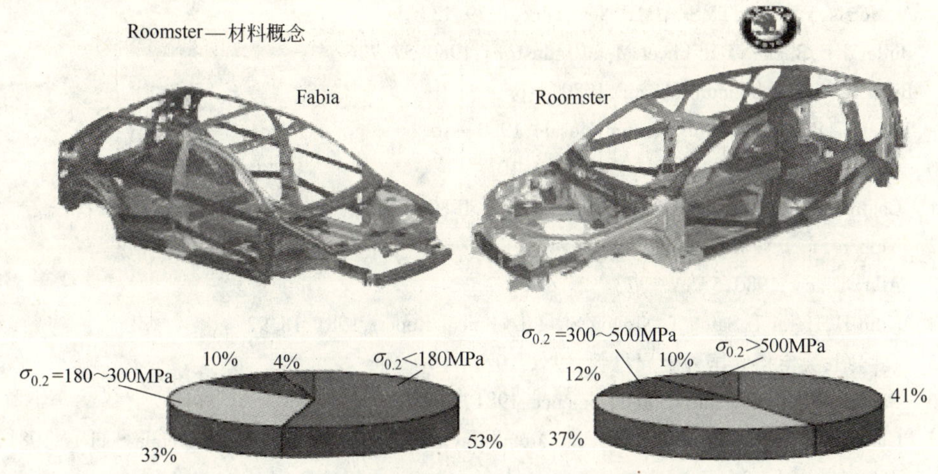

图 11－43　Fabia 和 Roomster 车身结构件应用高强度钢的零件示意图

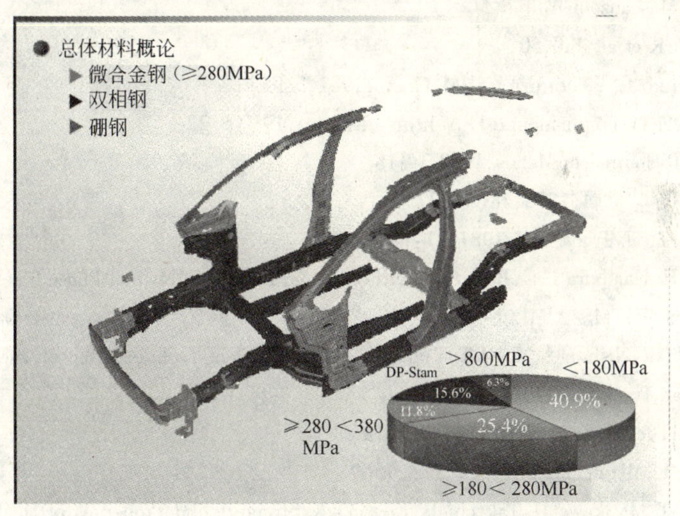

图 11－44　Ford S Max 车型应用双相钢和其他高强度钢的结构件

参 考 文 献

1　马鸣图,吴宝榕. 国外金属材料,1981,1. 1

2　Owen W S. Metal Technology,1980,7(1):1

3　Repas P E. SAE Paper,790008,1979,Feb.

4　Cornford A E. Hiam J R. Hobbs R M. SAE Paper,790007,1979,Feb.

5　Öström P,Holmström A,Iangneborg R. Scand. J. of Metall. ,1981,10(10):163

6　Gerbase J,Embury J D,Hobbs R M. Structure and Properties of Dual Phase Steels. eds. by Kot R

A, Morris, J W Jr. , TMS/AIME New York, 1979, 133
7 Butler J F, Bucher J H. Sheet Metal Industries, 1980, 57:726
8 Buck R M. Molybdenum Mosaic, 1980, 4:6
9 Tither G, Boussel P. Molybdenum Mosaic, 1980, 4:8
10 Chihara T. Molybdenum Mosaic, 1980, 4:10
11 Coldren A P, Eldis G T. Molybdenum Mosaic, 1980, 4:3
12 Nippon Steel News, 1980
13 Alloy Digest, 1980, 5. SA—373
14 Nitto H, Herai T, Satoh T. Nippon Steel Technical Report, 1981, 18. 92
15 马鸣图, 吴宝榕. 国外金属材料, 1982, 10:9
16 Balliger N K, Gladman T. Metal Science, 1981, 15:95
17 Gladman T. Advances in the Physical Metallurgy and Applications of Steel, Metals Society. 1981, September, 21—24, University of Liverpool, 6
18 Balliger N K. ibid, 7
19 Anelli E, Mascanzoni A. ibid, 5
20 Balliger N K et al. ibid, 50
21 Голованенко С А, ФонштейнНМ. Сталь, 1981, 3. 95
22 Франтов И И, Голованенко С А. и др. , Митом, 1980 6. 22
23 Mould P R. Journal of Metals, 1982 34:18
24 鈴木驍一等. 金属, 1978, 48(4). 37
25 Kishida K et al. Trans. ISIJ, 1981, 21:B460
26 Bucher J H, Hamburg E G, Butler J F. Structure and ProPerteis of Dual Phase Steels. ed. by Kot R A, Morris J W, TMS/AIME. New York, 1979, 346
27 Hashiguchi K, Nishida M, Kata T, Tanaka T, Kawasaki Steel Technical Report, 1980, 1:70
28 Irie T et al. Trans. ISIJ, 1981, 21:793
29 Furukawa T, et al. Trans ISIJ, 1981, 21:812
30 Marder A R, Metall. Trans. , 1981, 12A. 1569
31 Furukawa T, Morlkawa H, Takechi H, Koyama K, Structure and Properties of Dual Phase Steels. ed. by Kot R A , Morris J W, TMS/AIME, New York, 1979, 281
32 Waddington E, Hobbs R M, Dancan J L. J. Appl. Metal Working, 1980, 1:35
33 Lasday S B. Industrial Heating, 1980, 9. 18
34 花井谕等. 鉄と鋼, 1982, 67:1306
35 渡辺國男等. 鉄と鋼, 1979, 65:346
36 渡辺國男等. 鉄と鋼, 1979, 65:347
37 德永良邦等. 鉄と鋼, 1981, 67:536
38 橋丰嘉雄等. 鉄と鋼, 1981, 67:537
39 大北智良等. 鉄と鋼, 1981, 67:539
40 佐伯真事等. 鉄と鋼, 1981, 67:540

41 岸田宏司等. 鉄と鋼,1979,65:344

42 古川敬等. 日本金属学会会报,1980,19:541

43 Goldren A P,Eldis G T. J. of Metals,1980,3:41

44 Kato T,et al. Fund amentals of Dual Phase Steels. ed. by Kot R A,Bramfitt B L,TMS/AIME,New York,1981,199

45 Furukawa T,Tanino M. ibid,221

46 Goldren A P,Tither G. J of Metals,1978,4:6

47 Thomas G,Koo J Y. Structure and Properties of Dual Phase Steels. ed. by Kot R A,Morris J W, Jr.,TMS/AIME,New York,1979,183

48 马鸣图. 先进汽车用钢. 北京:化学工业出版社,2007

49 马鸣图. Shi Ming F. 钢铁,2004(7):68~72

50 Shi Ming F. China-America Automotive Material Semina,Detroit,MI March,8,2003

51 Ohjoon Kwon,Sieng Chul Baik. Iron and Steel,2005,40(11):64~68

52 Ohjoon Kwon,et al. 在重庆汽车研究所的交流资料,2007 年 3 月

53 Liu Sheng dong. China-America Automotive Material Semina,Detroit,MI,March,8,2003

54 王利,杨雄飞,陆匠心. 中国汽车工程学会材料分会第 15 届年会论文集,2006 年,55~64

55 张志勤,何立波,高真凤. ibid,14~20

附　　录

附录1　数点法(或截线法)测定双相钢中马氏体体积分数的统计处理

所有显微组织的定量分析方法都是统计分析法。表征空间组织结构的几何参数是统计平均值,因此分析和处理数据的统计分析方法广泛用于体视学或定量金相中。

假定沿磨面测试某些组织要素,其真实平均值为 x,而实测值在所观察的视场里可以在一个范围里变化。若在一定数量视场里,对某一组织要素随机地测定 n 次,得到 n 个不同的结果:$x_1, x_2, \cdots, x_n$。

表征某一组织要素特征的基本参数是算术平均值,定义为

$$\bar{x} = \frac{x_1 + x_2 + \cdots + x_n}{n} = \frac{\sum_{i=1}^{n} x_i}{n} \tag{A1-1}$$

当平均值相同时,测量值的变化范围也可以有很大差异。因此单用一个算术平均值并不能将各次测量值的情况如实地反映出来,故引进均方差(或标准误差)

$$\sigma = \sqrt{\frac{\sum_{i=1}^{n} (x_i - \bar{x})^2}{n}} \approx \sqrt{\bar{x^2} - (\bar{x})^2} \tag{A1-2}$$

式中,σ 与平均值$\bar{x}$有相同的度量单位。σ 值小表示测量数据分布比较集中,密集在狭窄的范围内。

有时用误差系数[CV]描述测量数据的分布情况:

$$[CV] = \frac{\sigma}{\bar{x}} \tag{A1-3}$$

误差系数愈小,则表示被测相的大小愈均匀。

被测的某组织要素的平均值$\bar{x}$与该组织要素的真值 x 之差的绝对值叫绝对统计误差 ε(表 A1-1)。

表 A1-1　不同 K 值下的概率 P

K	0	0.32	0.67	1.00	1.15	1.96	2.00	2.58	3.00
P	0	0.25	0.50	0.68	0.75	0.85	0.95	0.99	0.997

$$\varepsilon = |x - \bar{x}| \tag{A1-4}$$

由于真值 x 是未知的,故用式 A1-4 不容易求出 ε,但根据概率统计 ε 可按下式计算:

$$\varepsilon = K\sigma \tag{A1-5}$$

$$K = \sqrt{2}t \tag{A1-6}$$

t 值(即 K 值)与所取的概率 P 有关:

$$P = \frac{2}{\sqrt{\pi}}\int_0^t e^{-t^2}\,dt \tag{A1-7}$$

式 A1-7 可查概率积分表求解,不同 K 值时的概率 P 列于表 A1-1,然后根据式 A1-5 即可求出与概率 P 相对应的绝对误差。

利用式 A1-1 ~ A1-5 和表 A1-1 就可计算测量误差。

例如测定的第二相的面积百分数为 10%,均方差 $\sigma = 1.5\%$,测量的总点数为 400,在给定概率 $P = 0.95$ 时,求绝对误差 ε。

在 $P = 0.95$ 时,查表 A1-1 求得 $K = 2$,$\varepsilon = K\sigma = 3\%$,即实验的绝对误差为 3%,即在 95% 的测量值中,误差不会超过 3%。或者说测量的正确值有 95% 的几率落在 $\bar{x} \pm 2\sigma$ 的区间内。

为了提高测量精度,必须提高测量次数。例如要求 $\varepsilon = 2\%$,P 仍为 0.95,则 $K = 2$,$\sigma = \frac{\varepsilon}{K} = \frac{0.02}{2} = 1\%$。由于 $\sigma^2 \propto \frac{1}{n}$,则求得 $n = 900$。如仍保持 400 个测量点,则将使 P 值下降,可靠性减少。这时 $\varepsilon = 2\%$,$\sigma = 1.5\%$,则由 $K = \varepsilon/\sigma = 1.5/2 = 1.33$,查表 A1-1 得 $P = 0.85$。

利用上述方法,如预先选定测量的绝对误差和分析的可靠性,则可事先计算所必须的测量点数。如已测定了组织参数和测量点数,就可以计算在各种可靠性下测量误差的大小。现以数点法测定第二相的体积分数为例进行说明。

假定待测相在磨片中所占的面积为 $F(\%)$,用数点法测量时,落在待测相上的点的几率为 P,则 $P = F/100$。测试点落在其余面积上的几率为 q,$q = 100 - F/100$。如测量的总点数为 Z,其中有 x 个点落在待测相上,这时测出的待测相的面积分数 $F_1 = \frac{x}{Z} \times 100$,那么测量的绝对误差 $\varepsilon = |F_1 - F| = \left|\frac{x}{Z} - P\right|$,由 $\varepsilon = K\sigma$,则 $\varepsilon = K\sqrt{\frac{Pq}{Z}} = K\sqrt{\frac{F(100-F)}{Z}}$,根据体视学的原理,则有

$$\varepsilon = K\sqrt{\frac{V_m(100 - V_m)}{Z}} \tag{A1-8}$$

对于截线法测定时,式(A1-8)右边应乘组织分布系数 K_1,则

$$\varepsilon = KK_1\sqrt{\frac{V_m(100 - V_m)}{Z}} \tag{A1-9}$$

当组织中两相均匀分布时，$K_1 = 0.65$，如组织中存在带状组织，则测试线应垂直于带状方向放置，此时 $K_1 = 0.35 \sim 0.40$。

在进行马氏体体积分数测定时有两种情况：一种是对已进行的测试结果进行误差分析；另一种是在保证不超过一定误差条件下求必须的测量点数。计算方法是：

1. 进行误差分析

假定从观察的1200个点中有452个点落在马氏体相上，则马氏体的体积分数为 $F_m = \frac{452}{1200} = 37.7\%$，测量误差为 $\varepsilon = K \times \sqrt{\frac{37.7(100 - 37.7)}{1200}} = 1.40K$。如果可靠性即概率 $P = 0.50$，查表 A1－1 得 $K = 0.67$，因此求得测量误差为 $\varepsilon = 1.40K = 0.94$，即表示在1200个分析点中，有50%的分析结果，误差不超过0.94%。在概率 $P = 0.50$ 下的误差称为或然误差。

2. 求必须的测量点数

在保证所需的分析的可靠性和测量误差条件下，所必须的测量点数为

$$Z = K^2 \frac{V_m(100 - V_m)}{\varepsilon^2} \tag{A1-10}$$

例如马氏体的体积分数的分析值为37.3%，或然误差不超过1%，求所需的测量点数。在 $P = 0.50$ 时，查表 A1－1 求出 $K = 0.67$，则

$$Z = (0.67)^2 \times \frac{37.7(100 - 37.7)}{1.0^2} = 1069$$

如仍以同样的可靠性来测定 V_m，但误差不超过0.5%，则所需的测量点数 $Z = (0.67)^2 \times \frac{37.7(100 - 37.7)}{0.5^2} = 4276$。如误差仍为0.5%，但 P 值提高到0.95，那么查表 A1－1 求得 $K = 2$，所需的测量点数 $Z = 2^2 \times \frac{37.7(100 - 37.7)}{0.5^2} = 37452$。如 P 值和 ε 值不变，则 $V_m = 0.50$ 时，$V_m(100 - V_m)$ 值最高，即当 $V_m = 0.50$ 时，由式A1－10计算的测量点数出现峰值。

附录2 FLD的三种理论分析对比

1. 缩颈理论

板材变形时存在两种类型的缩颈，扩散缩颈和局部缩颈。其失稳应变的图解示于图 A2－1。局部缩颈的开始与最大正应力成一定角度，而扩散缩颈区与最大正应力垂直。两种不同类型的缩颈现象已由 Hill（R. Hill, Mathematical Theory of

Plasticity, Xoford 1967)、Keeler 和 Backofen(S. P. Keeler 和 W. A. Backofen, Trans. ASM,56(1963),25)以及 G. Moore 和 J. Wollace(G. Moore 和 J. Wallace, Inst, Metal,93(1964),33)等人进行了分析和讨论。

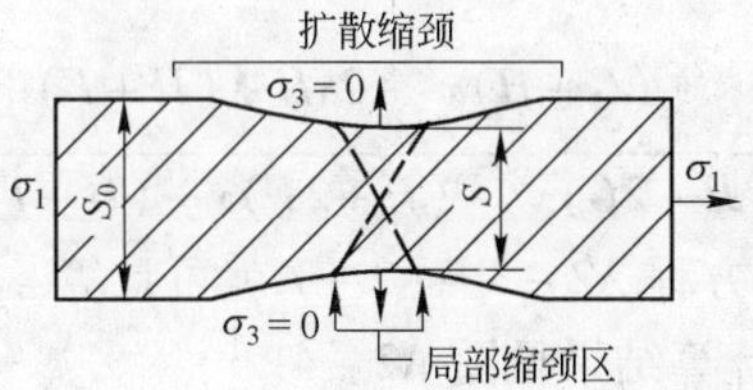

图 A2－1　扩散缩颈区中的局部缩颈

按照 Hill, Keeler 等人的分析,当各向异性材料受力变形时,等效应力 $\bar{\sigma}$ 和等效应变 $\bar{\varepsilon}$ 可以写为

$$\bar{\sigma}=\left\{\frac{3}{2}\frac{1}{F+G+H}\left[F(\sigma_2-\sigma_3)^2+G(\sigma_3-\sigma_1)^2+H(\sigma_1-\sigma_2)^2+2L\tau_{12}^2+2M\tau_{31}^2+2N\tau_{23}^2\right]\right\}^{\frac{1}{2}} \tag{A2-1}$$

$$\mathrm{d}\bar{\varepsilon}=\left[\frac{2}{3}(F+G+H)\right]^{1/2}\times\left\{\left[\frac{F(G\mathrm{d}\varepsilon_2-H\mathrm{d}\varepsilon_3)^2+G(F\mathrm{d}\varepsilon_3-H\mathrm{d}\varepsilon_1)^2+H(F\mathrm{d}\varepsilon_1-G\mathrm{d}\varepsilon_2)^2}{(FG+GH+HF)^2}\right]+\frac{2\mathrm{d}\gamma_{32}^2}{L}+\frac{2\mathrm{d}\gamma_{31}^2}{M}+\frac{2\mathrm{d}\gamma_{12}^2}{N}\right\}^{1/2} \tag{A2-2}$$

式中　F,G,H、L 和 M——各向异性系数。

假定符合比例加载条件,利用 Levy-Mises 准则 $\mathrm{d}\varepsilon=\frac{2}{3}\mathrm{d}\lambda\bar{\sigma}$ 或 $\mathrm{d}\lambda=\frac{3}{2}\frac{\mathrm{d}\bar{\varepsilon}}{\bar{\sigma}}$,在平面应力条件下,主应变 ε_1 和 ε_2 可以写为

$$\varepsilon_1=\frac{\bar{\varepsilon}[(G+H)x-H]}{\left\{\frac{2}{3}(F+G+H)[(G+H)x^2-2xH+(F+H)]\right\}^{1/2}} \tag{A2-3}$$

$$\varepsilon_2=\frac{\bar{\varepsilon}[(F+H)-xH]}{\left\{\frac{2}{3}(F+G+H)[(G+H)x^2-2xH+(F+H)]\right\}^{1/2}} \tag{A2-4}$$

式中　x——应力比,$x=\sigma_2/\sigma_1$。

假定 $\bar{\sigma}=K\bar{\varepsilon}^n$,$K$ 和 n 为常数,则

$$\bar{\varepsilon}=nZ \tag{A2-5}$$

式中　Z——次切距,对于局部缩颈 $Z=Z_l$。

$$Z_l = \frac{\left\{\frac{2}{3}(F+G+H)[(G+H)x^2 - 2xH + (F+H)]\right\}^{1/2}}{Gx+F} \quad (A2-6)$$

对于扩散缩颈，$Z = Z_d$

$$Z_d = \frac{\left\{\frac{2}{3}(F+G+H)^{1/2}[(G+H)x^2 - 2xH + (H+F)]\right\}^{3/2}}{(H+G)^2x^3 - (H+2G)x^2 - (H+2F)x + (H+F)^2} \quad (A2-7)$$

如果材料参数给定，利用方程 A2－3～A2－7 就可计算 ε_1 和 ε_2。现已发展了计算 ε_1 和 ε_2 的计算机程序，计算结果见图 A2－4。

2. 板厚不均匀性理论（又称 M-K 理论）

在该理论中，假定板材的初始厚度是不均匀的，局部缩颈首先在板材不均匀的地方出现，并产生缩颈区，该缩颈区与最大正应力垂直。作用于具有初始不均匀性的一个板材单元上的外力示意图如图 A2－2 所示。板材的初始不均匀性并不一定是在厚度较小处，也可以在其他地方出现，如多孔和疏松等处。

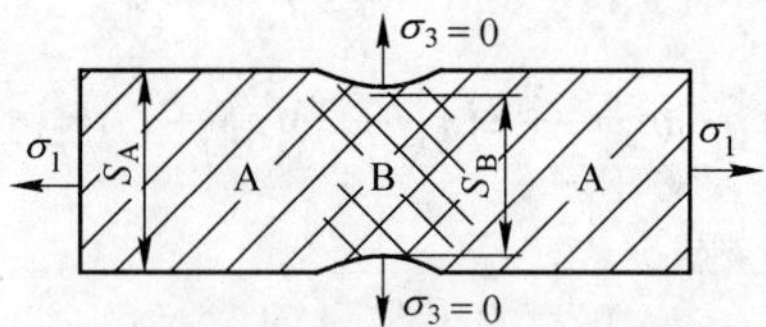

图 A2－2　板材中不均匀性的板元和受力情况示意图

初始不均匀性 T_0 的定义为

$$T_0 = \left(\frac{S_B}{S_A}\right) \quad (A2-8)$$

式中　S_B, S_A——分别为沟槽内外的板材厚度。

T_0 值的确定通常较困难。因此假定 $T_0 = 0.98$，具有一定的任意性。当板材变形时，缩颈区 B 和周围的区域都发生变形，并且断裂亦在缩颈区 B 内出现。

假定 Hill 的各向异性材料的塑性理论仍然适用。材料的流变特性可用 Swift 方程描述：

$$\sigma = K(\varepsilon_0 + \varepsilon)^n$$

Levy-Mises 关系可以用于各向异性材料，其等效应力定义为

$$\bar{\sigma} = \frac{\sqrt{3}}{2\sqrt{2R+1}}[(R+1)\sigma_1^2 + (R+1)\sigma_2^2 - 2R\sigma_1\sigma_2] \quad (A2-9)$$

式中　R——法向各向异性比。

垂直于 B 区的力的平衡方程可由图 A2－2 给定：

$$\sigma_{1B}S_B = \sigma_{1A}S_A \quad (A2-10)$$

当B区缩颈开始时，就产生了一个平面应变状态($d\varepsilon_2=0$)，而初始内应力参数u可定义为

$$u=\frac{\sigma_{1B}}{\overline{\sigma}_B}\times\frac{\sqrt[4]{3(2R+1)}}{\sqrt{2(R+1)}} \tag{A2-11}$$

式中，u值确定了B区的应力状态。在平面应变状态下，$u=1$。如已知应变比为α，相应的应力比为ψ，将σ_{1B}和$\overline{\sigma}_B$代入方程A2-11并化简，则可导出

$$\frac{du}{u}=\left[\frac{1}{A+B\varepsilon_2}+\left(C\times u-\frac{1}{D+B\int\frac{b\varepsilon_2}{\sqrt{1-u^2}}}\right)\frac{1}{\sqrt{1-u^2}}+E\right] \tag{A2-12}$$

式中　A,B,C,D,E——常数。

由式A2-12，有

$$\overline{\varepsilon}_A=\frac{2\sqrt{\frac{1}{2}(R+1)\psi^2+\psi+1}}{\sqrt[4]{3(R+1)}}\times\varepsilon_2 \tag{A2-13}$$

式中
$$\psi=\frac{\varepsilon_{3A}}{\varepsilon_{2A}}=\frac{-\alpha-1}{(R+1)-R\alpha_0}。 \tag{A2-14}$$

利用方程A2-12、A2-13，可求出

$$\varepsilon_{1A}=\frac{(R+1)\alpha-R}{2\sqrt{(2R+1)/3\overline{\sigma}}}\times\overline{\varepsilon_A} \tag{A2-15}$$

$$\varepsilon_{2A}=\frac{(R+1)-R\alpha}{2\sqrt{(2R+1)/3\overline{\sigma}}}\times\overline{\varepsilon_A} \tag{A2-16}$$

ε_{1A}、ε_{2A}的计算结果见图A2-4。该理论所导出的方程较复杂，计算也较困难。

3. 板材中的夹杂物引起的失效理论

虽然在纯金属中，孔洞可以根据交割的剪切滑移带萌生，但在大多数延性金属材料中，孔洞的萌生是由于夹杂物粒子和母相的分离(脱聚)或由于夹杂物的开裂，这种情况多在变形过程中发生，并且在断裂前有相当大的塑性流变。在板材变形中，孔洞长大的剪切连接过程图示于图A2-3。

根据
$$(Hk)\sigma_1^2=K \tag{A2-17}$$

式中　K——常数；

k——应力比，$k=\sigma_1/\sigma_2=\frac{1}{\chi}$。

参照塑性理论，断裂时的主应变为：

$$\varepsilon_1=\frac{[A'^2K(1+k-P'k)/C^2(1+k)]^{\frac{1}{2}n}}{n'(H\alpha^2+P'\alpha)} \tag{A2-18}$$

$$\varepsilon_2=\varepsilon_1\alpha$$

式中 A',P',C——常数。

如果材料的 n、R、K 已知,那么 ε_1 和 ε_2 即可确定。用计算机计算的 FLD 见图 A2-4。

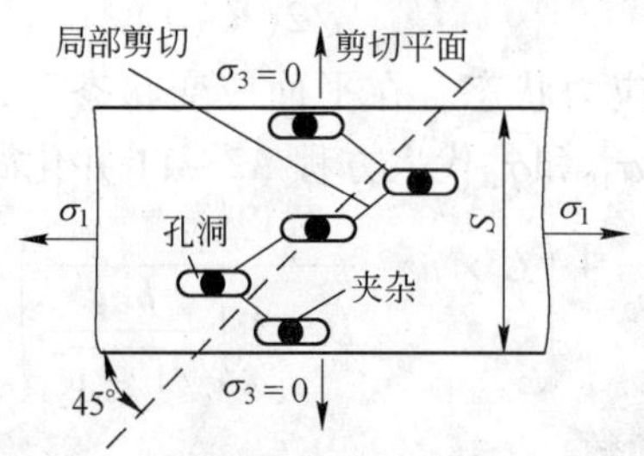

图 A2-3 含有夹杂物和孔洞的板元示意图

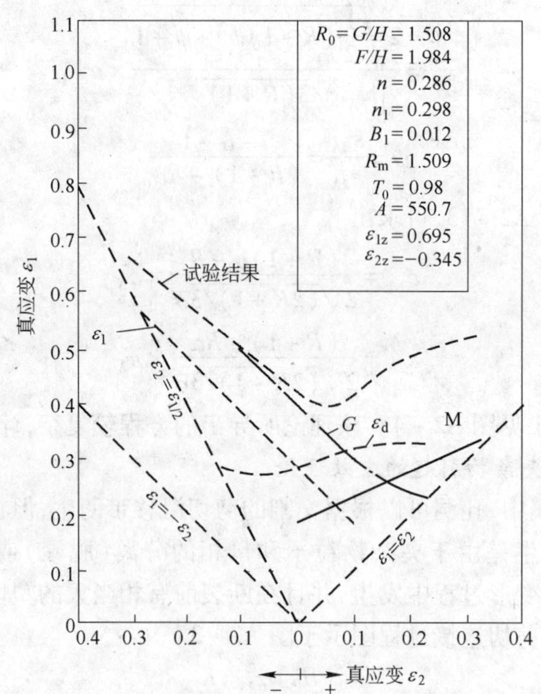

图 A2-4 理论计算的 FLD 与实测值的比较

材料:RRST1045(各向异性)

ε_1—局部缩颈;ε_d—扩散缩颈;M—不均匀性理论;G—夹杂物理论

由图 A2-4 可见,三个理论计算的 FLD 均低于实验值。在(ε_1、ε_2)区域内,初始不均匀性理论和夹杂物理论计算的 FLD 与实验值的偏差大于缩颈理论。这可能与 T_0 值选择的任意性及假定夹杂物均呈球形有关。而在(ε_1,$-\varepsilon_2$)区域中,以夹杂物理论与实测值最接近。

缩颈理论和夹杂物理论在解方程时并没有困难，初始厚度不均匀性理论所导出的方程求解较为复杂，而且前两个理论可以计算 FLD 全部应变范围(ε_1, $-\varepsilon_2$; ε_1, ε_2)的极限应变曲线，而初始厚度不均匀理论仅可计算在(ε_1, ε_2)应变范围的 FLD 的极限应变线。

显然，这些理论只是提供了一些缩颈出现的可能的机制，并未排除测定 FLD 的必要性。